国家出版基金项目
NATIONAL PUBLICATION FOUNDATION

中国水旱灾害防治：
战略、理论与实务

水旱灾害防治战略

刘树坤◎主　编

姜付仁　邓玉梅　杜　一◎副主编

中国社会出版社

国家一级出版社 ★ 全国百佳图书出版单位

图书在版编目（CIP）数据

中国水旱灾害防治：战略、理论与实务.水旱灾害防治战略/刘树坤主编.
—北京：中国社会出版社，2016.12
ISBN 978-7-5087-5365-2

Ⅰ.①中… Ⅱ.①刘… Ⅲ.①水灾—灾害防治—中国
②干旱—灾害防治—中国 Ⅳ.① P426.616

中国版本图书馆ＣＩＰ数据核字（2016）第 141479 号

书　　名：中国水旱灾害防治——战略、理论与实务.水旱灾害防治战略
主　　编：刘树坤

出 版 人：浦善新
终 审 人：王　前
责任编辑：侯　钰　　　　　　责任校对：籍　荣
策划编辑：侯　钰　　　　　　助理编辑：曲丽媛

出版发行：中国社会出版社　　　　邮政编码：100032
通联方法：北京市西城区二龙路甲 33 号
电　　话：编辑部：（010）58124865
　　　　　邮购部：（010）58124848
　　　　　销售部：（010）58124845
　　　　　传　真：（010）58124856
网　　址：www.shcbs.com.cn
　　　　　shcbs.mca.gov.cn
经　　销：各地新华书店

中国社会出版社天猫旗舰店

印刷装订：保定彩虹印刷有限公司
开　　本：210mm×285mm　1/16
印　　张：31.25
字　　数：735 千字
版　　次：2016 年 12 月第 1 版
印　　次：2016 年 12 月第 1 次印刷
定　　价：138.00 元

中国社会出版社微信公众号

编委会

主 编

刘树坤

副主编

姜付仁　邓玉梅　杜 一

编 委

前　言

　　水旱灾害一直是中华民族发展的心腹之患，它始终伴随着我国历史演变的全过程，可以说我国的历史是从治水开始发端，并惠泽于治水。如大禹治水是我国历史上早期治理水旱灾害的代表，其调动人力物力的能力和机制奠定了建立国家的基础；都江堰是最伟大的古代水利工程，造福川蜀子孙2000多年，成就了天府之国。同时，中华民族也饱受水旱灾害之苦，黄河在1938年前的2540年间，改道26次、决堤543次，发生洪水灾害1590次。发生在公元755年的黄河大洪水，死亡人数超过100万；家破人亡、流离失所是广大洪泛区人民的生活写照。19世纪末在山西、河北、河南及山东等省的广大范围内，发生持续3年的大旱灾，引发饥荒，死亡人数达到1300万。这些特大水旱灾害常常对中国历史的发展进程造成重大冲击，因此"欲治国者，必先治水"也是我国几千年历史的鲜明写照。

　　新中国成立以来，党和国家领导人非常重视水利建设。据2010～2012年开展的全国水利普查公报显示：全国现有水库98002座，总库容9323.12亿m³；堤防总长度为413679km；建成农村供水工程5887.46万处，灌溉面积达0.67亿hm²，总受益人口达到8.12亿。通过长期以来对长江、淮河、黄河、海河等多灾河流的重点治理，以及全国持续不断的流域综合治理，水旱灾害得到了有效控制。我国的大江大河基本可以应对各自在新中国成立以来出现过的最大洪水，确保了粮食的持续增产，全国粮食产量突破6亿吨。对水旱灾害的有效控制，确保了国家经济社会的稳定发展和国力的持续增长，中国水利所取得的成就举世瞩目。

　　为了记录和总结我国在防治水旱灾害方面的经验和成就，国家新闻出版广电总局批准将《中国水旱灾害防治：战略、理论与实务》列入2014年度国家出版基金重点项目。全书共6卷：第一卷，水旱灾害防治战略；第二卷，水旱灾害防治规划；第三卷，防洪减灾体系；第四卷，防洪抢险实务；第五卷，涝渍灾害防治；第六卷，干旱灾害防治。

本书的编写宗旨是：一，充分总结长期积累的有中国特色的水旱灾害防治技术和经验，使其得到保留和传承；二，充分反映当代水旱灾害防治的现代技术，推进由灾害控制向灾害管理的转变；三，吸收国外在水旱灾害防治方面的新技术和新理念，丰富和完善我国水旱灾害防治的技术体系。

本书编写工作量庞大，在成书过程中，收集和阅读了大量资料，经反复修改讨论，历时3年完成书稿。丛书在编写过程中，参考了大量资料，这些资料的出处已在文中作了注明，并列出了主要的参考书目。

在写作过程中，得到了编委会各位专家的指导，提供了很多宝贵的建议；出版社的各位编审也对书稿进行了严格的把关和反复审查。

本书的出版是多方共同努力的成果，在此一并致谢。

随着社会经济的快速发展以及人口的增加，水旱灾害对经济社会的影响规模和形式也在不断地发生变化。如何应对现代水旱灾害是今后社会面临的新课题。希望本书的出版能起到抛砖引玉的效果，诚恳地希望各位读者和水利同人对本书给予批评和指正，期望本书得到进一步完善。

编者
2016年6月

目 录

第 5 篇　灾害经济学 / 441

第1篇

水旱灾害防治概论

第一章 水旱灾害概述

第一节 水旱灾害的基本概念

水旱灾害是我国最主要的自然灾害,主要包括洪水灾害、涝渍灾害和干旱灾害。按照《中国水利百科全书》,其定义如下。

洪水灾害。洪水灾害是指河流洪水给人类正常生活、生产活动带来的损失和祸患,简称洪灾。沿河湖及近海平原地区,是人类文明发祥地和聚居区,又是工农业生产发展的沃土,但是最易遭受洪水威胁和危害。世界上发生洪灾的范围很广,有些地区洪灾频繁,严重的洪灾影响经济的发展,甚至影响国家的盛衰。

涝渍灾害。涝是地面受淹,而渍主要是由于地下水位过高,导致土壤水分经常处于过湿状态。单纯的渍造成的灾害称为渍害。由于涝和渍在多数地区是共存的,如水网圩区、沼泽地平原洼地等既易涝又易渍,因此在这类地区又难以分开,统称为涝渍灾害。

干旱灾害。干旱灾害是由于土壤水分不足,不能满足农作物和牧草生长的需要,造成减产或绝收的灾害,简称旱灾。旱灾是普遍性的自然灾害,不仅农牧业受灾,严重的旱灾还影响工业生产、城乡供水、人民生活和生态环境。我国通常将农作物生长期内因缺水而影响正常生长的现象称为受旱,受灾减产三成以上称为成灾。

第二节 我国水旱灾害的基本特征及成因

一、我国自然地理气候

我国幅员辽阔,江河纵横,地势落差大,地形复杂多样,自然气候变异强烈。因受季风的影响较大,从时间上来看,一年中降水时间分布不均,有明显的丰水期和枯水期。从地域上来看,降水分布南方多、北方少，相当一部分地区非旱即涝，旱涝交替发生，水旱灾害既频繁又严重。就全国而言，降水分布在时空上不均衡，不同的地区和不同的季节，每年都会不同程度地发生水旱灾害，防汛抗旱任务十分艰巨。

（一）地形地貌

我国地形复杂，山地、高原和丘陵占有很大比重。整体地势西高东低，自西向东按高程分为三级阶梯。第一级阶梯是西南部的青藏高原，面积约250万km²，平均海拔为4500m，为世界上海拔最高的高原，降水稀少。第二级阶梯在青藏高原以北和以东，地面高程迅速下降到海拔1000～2000m，包括黄土高原、云贵高原、内蒙古高原、四川盆地、塔里木盆地等，浩瀚的高原与广阔的盆地相间分布。第三级阶梯在大兴安岭、太行山、巫山及云贵高原东缘一线以东，由海拔1000m以下的丘陵和200m以下的平原交错分布，自北至南包括东北平原、华北平原、长江中下游平原、珠江三角洲等。这一地带夏季季风活动频繁，降水量丰沛，人口密集，经济发达，是我国重要的工农业基地。

（二）河流湖泊

我国江河众多。见表1—1所示，根据《2011年第一次全国水利普查公报》，流域面积在50km²及以上的河流有45203条，总长度为150.85万km；流域面积在100km²及以上的河流有22909条，总长度为111.46万km；流域面积在1000km²及以上的河流有2221条，总长度为38.65万km；流域面积在10000km²及以上的河流有228条，总长度为13.25万km。主要大江大河有黄河、长江、淮河、海河、辽河、松花江和珠江等7条。此外，还有黑龙江、图们江、鸭绿江、闽江、钱塘江、塔里木河、

表1—1　河流分流域数量汇总表

流域名称 ＼ 流域面积	50km²及以上（条）	100km²及以上（条）	1000km²及以上（条）	10000km²及以上（条）
黑龙江	5110	2428	224	36
辽河	1457	791	87	13
海河	2214	892	59	8
黄河	4157	2061	199	17
淮河	2483	1266	86	7
长江	10741	5276	464	45
浙闽诸河	1301	694	53	7
珠江	3345	1685	169	12
西南西北外流区诸河	5150	2467	267	30
内流区诸河	9245	5349	613	53
合计	45203	22909	2221	228

数据来源：2011年第一次全国水利普查公报。

玛纳斯河、拉萨河、雅鲁藏布江、怒江、澜沧江等江河。

我国天然湖泊遍布全国。见表1－2所示，根据《2011年第一次全国水利普查公报》，水面面积大于1km²的湖泊有2865个，水面总面积约7.80万km²（不含跨国界湖泊境外面积），约为全国国土总面积的0.8％，总储水量约7088亿m³。湖泊对调节洪水和影响地区气候环境有着重要的作用。

表1－2　湖泊分流域数量汇总表

流域名称＼湖泊面积	1km²及以上（个）	10km²及以上（个）	100km²及以上（个）	1000km²及以上（个）
黑龙江	496	68	7	2
辽河	58	1	0	0
海河	9	3	1	0
黄河	144	23	3	0
淮河	68	27	8	2
长江	805	142	21	3
浙闽诸河	9	0	0	0
珠江	18	7	1	0
西南西北外流区诸河	206	33	8	0
内流区诸河	1052	392	80	3
合计	2865	696	129	10

数据来源：2011年第一次全国水利普查公报。

（三）山脉

我国的山脉按其走向不同，可大致分为三个体系。

1. 东西走向的山脉

包括天山—阴山—燕山山系、昆仑山—秦岭—大别山山系、喜马拉雅山以及南岭等。天山山脉阻挡了来自西北大陆的水汽。秦岭是我国南方和北方不同特点气候的分界。秦岭以南气候温暖，降水十分充沛。

2. 南北走向的山脉

包括贺兰山、六盘山、西南横断山脉等。横断山脉阻挡来自孟加拉湾的水汽东进，西侧降水大于东侧。

3. 西南—东北走向的山脉

主要有长白山、大兴安岭、太行山、巫山、武夷山等。这些山脉拦阻了来自东南方海洋的水汽，容易造成降雨或形成暴雨中心。

这些山脉与山间的高原、盆地、平原等纵横交错，形成了许多大小不等的网格状地貌组合。因水汽输送受其影响，从而使我国降水形成了大尺度带状分布的特点。

（四）气候

我国位于欧亚大陆的东南部、太平洋的西岸，具有明显的季风气候特点。冬季主要受大陆气流影响，夏季一般受海洋气流影响。每年9～10月至次年3～4月，冬季风从西伯利亚和蒙古高原吹到我国，向东南逐渐减弱，形成冬季寒冷干燥、南北温差大的气候特点。每年4～9月，受海洋上吹来的暖湿空气的影响，大兴安岭、阴山、贺兰山、巴颜喀拉山、冈底斯山一线以东以南的广大地区，形成高温多雨、南北温差较小的气候。夏季风最盛的7～8月为明显的多雨季节。夏季风又可分为东南季风和西南季风。来自印度洋的西南季风主要影响中国西南和南部地区，而来自太平洋的东南季风主要影响中国东部。

我国大部季风地区，天气的变化和雨季的移动随着西太平洋副热带高压脊线的西伸、东退、北进和南撤而发展。一般每年6月以前，副热带高压脊线位于北纬20°以南，雨季于4月在华南形成。自6月中旬至7月中旬，副热带高压脊线北跳至北纬25°一带，雨区也移至长江中下游，江淮地区梅雨开始。7月中旬后副热带高压脊线移至北纬30°附近，雨区北进到淮河以北，黄河流域、华北地区开始进入雨季盛期，即俗称的"七下八上"时期，此时多发生暴雨。8月下旬以后，副热带高压脊线南撤，降水自北向南逐渐减弱。在上述雨季期间，受西南暖湿气流北上影响，常常会引起长江、淮河流域和华北大范围暴雨。

我国冬季因受极地大陆气团控制，不论南方和北方都比世界上同纬度的其他地区气温低，越靠北偏低越多；而夏季气温南北方温差远小于冬季，但都比世界上同纬度的大多数地区气温高，且雨热同期，有利于作物生长。各种作物的种植范围普遍比世界同纬度的其他地区偏北，如水稻可以种植到黑龙江，是世界水稻种植的最北位置。这一地区冬季封冻，地面蒸发减弱，有利于在土壤中蓄存夏秋降雨，在春季化冻后供作物利用。东北平原与华北平原年降水量相近，但东北平原气温较低，蒸发量较小，干旱程度不像华北平原那么严重。

（五）降水

我国属降水偏少的国家，多年平均降水量为648mm，比全球陆地多年平均降水量（800mm）少19%。

1. 降水量的地区分布

我国年均降水量自东南向西北变化显著，离海岸线越远，年降水量越小，东南沿海及西南部分地区多年平均降水量在2000mm以上，黄河流域以北地区为400～600mm，西北地区西部不足200mm。自大兴安岭向西南穿越张家口、兰州和拉萨北部，一直到喜马拉雅山的东部，为多年平均降水量400mm的等值线。此等值线西北部为典型的亚洲中部干燥地带，等值线东南部为受季风控制的相对湿润地带。湿润地带中，东北平原年降水量一般为400～600mm；华北平原年降水量一般为500～750mm；淮河流域和秦岭山区以及昆明到贵阳一线至四川的广大地区，一般年降水量为800～1000mm；长江中下游两岸地区年降水量为1000～1200mm；东北鸭绿江流域约为1200mm；云南西部、西藏东南角因受西南季风影响，年降水量超过1400mm。

2.降水量的季节分配

我国大陆受夏季风进退影响，降水的季节变化大。各地多年平均连续4个月最大降水量的分布，在淮河及长江上游干流以北以及云贵高原以西、华北、东北等广大地区，均发生在6～9月；江西大部、湖南东部、福建西部和南岭一带发生在3～6月；长江中游、四川、广东、广西大部为5～8月；其他地区为4～7月或7～10月。连续4个月最大降水量占全年降水量的比值，北方大于南方。如淮河和秦岭以南、南岭以北的广大地区，多年平均连续4个月最大降水量占多年平均降水量的60%，而北方地区这个比值大多在80%以上。降水在过程上集中程度较高的地区，在7～8月两个月降水量可占全年降水量的50%～60%，甚至其中1个月的降水量可占全年降水量的30%。这种情况常导致暴雨成灾。

（六）水资源

我国多年平均河川径流量为27115亿m³，地下水资源量为8288亿m³，扣除重复水量后，水资源总量为28124亿m³。

我国河川径流量与降水量相似，年际、年内变化很大，南方地区每年5～8月、北方地区每年6～9月径流总量占全年径流总量的60%～80%，集中程度超过欧美大陆，与印度相似。年际间河川径流量的变化也很大，南方各江河年径流量极值比在5以下，而北方河流年径流量极值比可达10以上，大江大河都曾出现过连续枯水年和连续丰水年的现象。

我国水资源的地区分布很不均匀，南多北少，相差悬殊。水资源地区分布与生产力布局不相匹配，与人口、耕地和经济的分布不相适应。淮河及其以北的北方地区，人口占全国总人口的46.5%，耕地占全国的65.2%，GDP占全国的45.2%，但水资源量只占全国的19%，人均水资源占有量为1127m³，为南方地区的1/3。

二、我国水利工程基本情况

（一）水库

见表1—3所示，根据《2011年第一次全国水利普查公报》，全国共有水库98002座，总库容9323.12亿m³。已建水库97246座，总库容为8104.10亿m³；在建水库756座，总库容为1219.02亿m³。

表1—3 不同规模水库数量和总库容汇总表

水库规模	合计	大型			中型	小型		
		大（1）	大（2）	小计		小（1）	小（2）	小计
数量（座）	98002	127	629	756	3938	17949	75359	93308
总库容（亿m³）	9323.12	5665.07	1834.78	7499.85	1119.76	496.38	207.13	703.51

数据来源：2011年第一次全国水利普查公报。

（二）堤防

见表1—4，根据《2011年第一次全国水利普查公报》，全国堤防总长度为413679km。5级及以上堤防长度为275495km，其中已建堤防长度为267532km，在建堤防长度为7963km。

表1—4　不同级别堤防长度汇总表

堤防级别	合计	1级	2级	3级	4级	5级	5级以下
长度（km）	413679	10739	27286	32669	95523	109278	138184
比例（%）	100	2.6	6.6	7.9	23.1	26.4	33.4

数据来源：2011年第一次全国水利普查公报。

（三）塘坝窖池

根据《2011年第一次全国水利普查公报》，全国共有塘坝456.51亿处，总容积303.17亿m^3；窖池689.31万处，总容积2.52亿m^3。

（四）灌溉面积

根据《2011年第一次全国水利普查公报》，全国共有灌溉面积0.67亿hm^2。其中耕地灌溉面积0.61亿hm^2，园林草地等非耕地灌溉面积0.05亿hm^2。

（五）灌区建设

根据《2011年第一次全国水利普查公报》，全国共有设计灌溉面积20万hm^2及以上的灌区456处，灌溉面积0.19亿hm^2；设计灌溉面积666.7～20万hm^2的灌区7316处，灌溉面积0.15亿hm^2；3.33万～666.67万hm^2的灌区205.82万处，灌溉面积0.23亿hm^2。

（六）地下水取水井

表1—5　不同规模地下水取水井数量和取水量汇总表

取水井类型			数量（万眼）	取水量（亿m^3）
机电井	灌溉	井管内径＜200mm	441	140
		井管内径≥200mm	407	613
		小计	848	753
	供水	日取水量＜20m^3	4496	70
		日取水量≥20m^3	39	217
		小计	4535	287
	人力井		4366	44
	合计		9749	1084

数据来源：2011年第一次全国水利普查公报。

根据《2011年第一次全国水利普查公报》，全国共有地下水取水井9749万眼，地下水取水量共1084亿m³，见表1—5。

（七）地下水水源地

见表1—6，根据《2011年第一次全国水利普查公报》，我国共有地下水水源地1847处。

表1—6 不同规模地下水水源地数量汇总表

地下水水源地规模	数量（个）	比例（%）
小型水源地（0.5万m³≤日取水量＜1万m³）	824	44.6
中型水源地（1万m³≤日取水量＜5万m³）	870	47.1
大型水源地（5万m³≤日取水量＜15万m³）	137	7.4
特大型水源地（15万m³≤日取水量）	16	0.9
合计	1847	100

数据来源：2011年第一次全国水利普查公报。

三、我国水旱灾害基本情况

我国大部分地区属亚洲季风区，受海陆分布、地形、季风和台风影响，降水在地区间差异很大，东南多，西北少；在年际分配上，夏秋多，冬春少；年际变化大，丰水年与枯水年的降水量变幅，一般南方地区为2～4倍，东北地区为3～4倍，华北地区为4～6倍，西北地区则超过8倍。这些地区还经常出现连续丰水年或枯水年的情况。①洪涝灾害方面，我国是世界上洪涝灾害最为频繁的国家之一。自古以来，洪涝灾害就是中华民族的心腹之患，历史上有"治国先治水，治水即治国"的名训。新中国成立后，各级政府加大了投入，全国主要江河初步形成了以堤防、水库、蓄滞洪区为主的防洪工程和水文、通信等非工程措施结合的防洪减灾体系，江河防洪能力有了较大提高。但随着人口的增长和经济的发展，洪涝灾害损失呈上升趋势。②干旱灾害方面，东北地区以春旱和春夏连旱为主；黄淮海地区为春夏连旱，以春旱为主；长江中下游地区主要是伏旱或伏秋连旱；西南地区多冬、春旱，以冬春连旱为主；华南地区虽然降水总量丰沛，但因年、季分布不均，春、夏、秋也常有旱情；西北地区降水量稀少，为全年性干旱，农作物灌溉水源主要靠高山融雪和少量雨水，如果积雪薄，或因气温偏低而融雪少，灌溉水不足，将会产生严重旱情。新中国成立后，虽然抗灾能力有了较大提高，但随着经济快速发展和人口增长，水资源供需矛盾越来越突出，旱灾波及的范围已从传统的农村扩展到城市，并对生态环境造成严重影响，旱灾损失呈增加趋势，城市旱情也不容忽视。

历年水旱灾害情况见表1—7。

表1-7　历年水旱灾害

年份	洪涝灾害							干旱灾害		
	受灾（千hm²）	成灾（千hm²）	成灾率（%）	受灾人口（万人）	死亡人口（人）	直接经济总损失（亿元）	水利设施经济损失（亿元）	受灾（千hm²）	成灾（千hm²）	成灾率（%）
1949	9282									
1950	6559	4710	71.8		1982			2398	589	24.6
1951	4173	1476	35.4		7819			7829	2299	29.4
1952	2794	1547	55.4		4162			4236	2565	60.6
1953	7187	3285	45.7		3308			8616	1341	15.6
1954	16131	11305	70.1		42447			2988	560	18.7
1955	5247	3067	58.5		2718			13433	4024	30.0
1956	14377	10905	75.9		10676			3127	2051	65.6
1957	8083	6032	74.6		4415			17205	7400	43.0
1958	4279	1441	33.7		3642			22361	5031	22.5
1959	4813	1817	37.8		4540			33807	11173	33.0
1960	10155	4975	49		6033			38125	16177	42.4
1961	8910	5356	60.1		5074			37847	18654	49.3
1962	9810	6318	64.4		4350			20808	8691	41.8
1963	14071	10479	74.5		10441			16865	9021	53.5
1964	14933	10038	67.2		4288			4219	1423	33.7
1965	5587	2813	50.3		1906			13631	8107	59.5
1966	2508	950	37.9		1901			20015	8106	40.5
1967	2599	1407	54.1		1095			6764	3065	45.3
1968	2670	1659	62.1		1159			13294	7929	59.6
1969	5443	3265	60		4667			7624	3442	45.1
1970	3129	1234	39.4		2444			5723	1931	33.7
1971	3989	1481	37.1		2323			25049	5319	21.2
1972	4083	1259	30.8		1910			30699	13605	44.3
1973	6235	2577	41.3		3413			27202	3928	14.4
1974	6431	2737	42.6		1849			25553	2296	9.0
1975	6817	3467	50.9		29653			24832	5318	21.4
1976	4197	1329	31.7		1817			27492	7849	28.6
1977	9095	4989	54.9		3163			29852	7005	23.5
1978	2820	924	32.8		1796			40169	17969	44.7
1979	6775	2870	42.4		3446			24646	9316	37.8
1980	9146	5025	54.9		3705			26111	12485	47.8
1981	8625	3973	46.1		5832			25693	12134	47.2

年份	洪涝灾害							干旱灾害		
	受灾（千hm²）	成灾（千hm²）	成灾率（%）	受灾人口（万人）	死亡人口（人）	直接经济总损失（亿元）	水利设施经济损失（亿元）	受灾（千hm²）	成灾（千hm²）	成灾率（%）
1982	8361	4463	53.4		5323			20697	9972	48.2
1983	12162	5747	47.3		7238			16089	7586	47.2
1984	10632	5361	50.4		3941			15819	7015	44.3
1985	14197	8949	63		3578			22989	10063	43.8
1986	9155	5601	61.2		2761			31042	14765	47.6
1987	8686	4104	47.2		3749			24920	13033	52.3
1988	11949	6128	51.3		4094			32904	15303	46.5
1989	11328	5917	52.2		3270			29358	15262	52.0
1990	11864	5605	47.5		3589	239		18175	7805	42.9
1991	24596	14614	59.4		5113	779		24914	10559	42.4
1992	9423	4464	47.4		3012	413		32980	17049	51.7
1993	16387	8610	52.5		3499	642		21098	8659	41.0
1994	18859	11490	60.9	21523	5340	1797		30282	17049	56.3
1995	14367	8001	55.7	20070	3852	1653		23455	10374	44.2
1996	20388	11823	58	25384	5840	2208		20151	6247	31.0
1997	13135	6515	49.6	18067	2799	930		33514	20010	59.7
1998	22292	13785	61.8	18655	4150	2551	287	14237	5068	35.6
1999	9605	5389	56.1	13013	1896	930	132	30153	16614	55.1
2000	9045	5396	59.7	12936	1942	712	103	40541	26777	66.0
2001	7138	4253	59.6	11087	1605	623	98	38480	23702	61.6
2002	12384	7439	60.1	15204	1819	838	166	22207	13247	59.7
2003	20366	13000	63.8	22572	1551	1301	173	24852	14470	58.2
2004	7782	4017	51.6	10673	1282	714	113	17255	7951	46.1
2005	14967	8217	54.9	20026	1660	1662	249	16028	8479	52.9
2006	10522	5592	53.2	13882	2276	1333	208	20738	13411	64.7
2007	12549	5969	47.6	17698	1230	1123	177	29386	16170	55.0
2008	8867	4537	51.2	14047	633	955	172	12137	6798	56.0
2009	8748	3796	43.4	11102	538	846	148	29259	13197	45.1
2010	17867	8728	48.9	21085	3222	3745	692	13259	8987	67.8
2011	7192	3393	47.2	8942	519	1301	210	16304	6599	40.5
2012	11218	5871	52.3	12367	673	2675	468	9333	3509	37.6
2013	11901	6623	55.7	12022	775	3146	445	11220	6971	62.1

数据来源：2014中国水利统计年鉴。

四、我国水旱灾害的基本特征

纵观世界各国经济发展史，经济越发达，人类社会对生态环境的变化越敏感，因自然灾害，特别是水旱灾害造成损失的绝对值也就越来越大。我国是世界上自然灾害最为严重的国家之一，尤其是水旱灾害更是中华民族长期以来的心腹之患。千百年来，人们就在与洪水旱魔抗争中求生存、谋发展。我国水旱灾害包括如下基本特征。

（一）水旱灾害频繁，大灾频率高

特殊的地理气候条件使得我国水旱灾害频繁，大灾频率高。据历史记载，自公元前206年到1949年的2155年间，全国发生较大洪水灾害1092次，较大旱灾1056次，平均每年发生一次较大水灾或旱灾。按照朝代统计，平均每年遇灾次数，隋朝0.6次，唐朝1.6次，两宋1.8次，元朝3.2次，明朝3.7次，清朝3.8次。1949年以来，水旱灾害基本年年都有，1951～1990年，我国平均每年遭遇洪涝5.9次，最多年份达10次，最少年份也有3次；我国平均每年出现干旱7.5次，最多年份达10～11次，最少也有3次。20世纪50年代出现大灾1次、灾害发生频率为12.5%；60年代出现中灾1次、特大灾2次，灾害发生频率为42.9%；70年代出现中灾4次、大灾2次，灾害发生频率为60.0%；80年代出现中灾3次、大灾4次，灾害发生频率高达70%；特别是90年代的10年中，有6年发生严重水灾，4年发生严重干旱，出现大灾5次、更大灾2次、特大灾2次，灾害发生总频率为100%，即年年遭灾。以旱灾为例，据统计，1950～1990年的41年间，我国有11年发生了特大干旱，发生频率为27%。1991～2010年，我国有9年发生了重大干旱，发生频率为45%。2005年至今，虽然成灾面积有所下降，但区域性跨年跨季的干旱，特别是南方连年的大旱，在经济超前发展的大环境下，对人们日常生活、生产，对国民经济、社会心理、社会稳定都造成巨大冲击。21世纪以来，干旱灾害的成灾率，除2004年、2009年之外，均在50%～67%间徘徊，高于1950～2010年平均水平的44%。这意味着抗御干旱自然灾害能力总体下降。其中，20世纪90年代的10年中，有4年发生了严重干旱；进入21世纪后又发生了2次大旱。出现灾害的频率在不断提高，出现大灾以上的频率也在提高。

（二）伴发灾害广，次生灾害多

水旱灾害经常与许多灾害同时发生，或引发、连锁导致其他灾害相继生成。在我国东部地区，洪涝常与台风、风暴潮、大风、冰雹等灾害同时发生，洪涝灾害又经常引发山崩、滑坡、泥石流、城市积水、水土流失、交通事故，甚至某些生物灾害等次生灾害。次生灾害与洪涝灾害的规模、程度、历时、损坏与影响等因素有密切关系。一些强度大、灾情重的洪涝灾害，其诱发的一连串灾害也越严重，有时甚至比原生灾害更为严重。1861年，安徽省春夏阴雨成灾，又暴发瘟疫，时值太平军与清军在长江一带激战，徽州百姓"死于战乱者十之二三，死于瘟疫者十之六七"。到1862年，又暴发了大范围的瘟疫，范围涉及河北、河南、山东、安徽、江苏、浙江、陕西、云南、贵州等省。江苏松江"自七、八月以来城中时疫之外，兼以痢疾，十死八九，十室之中仅一二家得免，甚至有一家连丧三四口者"。随着社会的进步，人们控制疫病扩散的能力不断加强，但洪水造成疫病传播的可能性仍然很大。1981年，四川省发生大水，全省7～10月的发病率高于前一年同期73%，有19种传染病流行。痢疾、伤寒、肝炎、疟疾等疾病的发病率明显高于常年（李坤刚，2006）。此外，干旱也常导致或与许多灾害同时发生，如虫害、高温、热浪等。我国历史资料表明，蝗灾与旱灾同年发生的概率最大，在清代的193次旱灾中，并发蝗灾的有109次。1912～1948年发生的35次旱灾中，伴有蝗灾的有29次。20世纪80年代以来，沙尘暴发生的频率随着旱灾发生频率增加而加大。据统计，我国20世纪60年代特大沙尘暴发生过8次，70年代发生过13次，80年代发生过14次，而90年代至今已发生过20多次，波及的范围也越来越广。

（三）水旱灾害范围广、强度大、灾情重

我国2/3以上的国土面积受洪涝灾害威胁，主要在大江大河的中下游地区，特别以黄淮海平原和长江中下游最为严重。而这些地区大都经济相对发达、人口稠密，因此，一旦发生洪涝灾害，损失非常严重。据历史记载，1950～1990年，全国平均每年农田受灾面积780万hm²，成灾面积430.8万hm²，平均每年倒塌房屋190万间，因水灾直接死亡5500人。1954年，长江流域大水，被淹耕地313.3万hm²，受灾人口近2000万；1975年8月，淮河流域降特大暴雨，板桥、石漫滩两座大型水库垮坝，冲毁铁路约31km，淹没农田119万hm²；1991年淮河、太湖大洪水，淮河流域受灾人口5243万，农田受灾面积552万hm²，直接经济损失339亿元，太湖流域受灾人口1435万，农田受灾面积69万hm²，直接经济损失118亿元；1998年发生全国性大洪水，特别是嫩江和松花江等区域发生了超历史记载的大洪水，全国农田受灾面积2229万hm²，直接经济损失2551亿元。近几十年，我国每年平均受涝面积为848万hm²，以1954年的面积最大，约1613万hm²。干旱危害的范围更为广泛，不仅降雨量稀少的西北内陆地区经常遭受旱灾的危害，就连降水量较多的东部地区和西南地区，也由于降水量年际、年内分配不均匀，常常出现季节性干旱。近几十年，我国平均每年受旱面积高达2085万hm²，约占全国播种面积的17%。其中受旱成灾面积867万hm²，占全国总播种面积的7%，严重的干旱年，如1959年、1960年、1972年、1978年、1986年和1988年，受旱面积均在3000万hm²以上。20世纪以来，1920年，陕西、河南、河北、山东、山西5省大旱，灾民2000万人，死亡50万人；1942～1943年大旱，仅河南省饿死、病死者约为300万人；1950～1999年，平均每年受旱面积2180万hm²，成灾面积890万hm²；2006年夏季，四川、重庆地区由于持续少雨，出现了百年一遇的高温干旱；2010年西南五省（区、市）遭遇严重旱灾，云南、广西、贵州、四川、重庆受旱面积占到全国的83%，农作物受灾面积4348.6千hm²，其中绝收940.2千hm²，共5104.9万人因旱受灾，直接经济损失190.2亿元。据粗略统计，1990～2000年，我国年均洪涝灾害损失占同期GDP的1.5%左右，年均干旱灾害损失超过同期GDP的1%，水旱灾害造成的损失和影响位居我国各类自然灾害之首。

（四）水旱灾害存在明显的阶段性和交替出现的特征

由于我国许多地区的降水量和暴雨的长期变化具有明显的阶段性，即在一段时间内降水偏多或偏少相对稳定，存在着阶段性变化，多暴雨和少暴雨持续且交替出现，因此，旱涝灾害也存在一定的阶段性和交替出现的特征。据统计，在过去的2200多年，共发生1600多次大水灾，1300多次大旱灾，常常是旱涝异地同时出现，越到后来，灾害次数越频，时间间隔越短。南旱北涝、北旱南涝、先旱后涝、先涝后旱、旱涝急转的事例在历史上比比皆是。1963年，中国发生北涝南旱严重灾情，北方海河流域发生旱灾，正部署抗旱时出现暴雨，旱涝急转，海河流域五大水系普遍漫决，京广铁路400多km沿线桥涵和路基遭到严重破坏，发生严重洪水灾害，而南方的广东、广西、福建、江西、湖南、云南、贵州、四川等省（自治区）却发生了严重旱灾。再以淮河流域为例，近539年，年内洪涝干旱插花分布或交替出现的有123年，约占23%。我国洪涝面积的多年变化也存在着阶段性，大致自20世纪50年代至60年代中洪涝面积较大，60年代中至70年代末，洪涝面积较小，70年代末至今，洪涝面积又有所增加，但不如60年代中期以前大。又如近40年来，我国特别是北方地区存在着大范围的干旱化趋势，受旱面积和受旱成灾面积存在三个明显的高值期和三个低值期。2007年6月，江南北部、江淮大部、华北北部、东北大部及海南、云南西北部、新疆、西藏部分地区降水偏少；7月，江南、华南大部、华北、东北大部及宁夏、内蒙古中部和东部降雨量偏少；8月，西南、江南等地前期来水偏枯，旱情显著，但后期受局部暴雨及2007年第9号台风"圣帕"登陆影响，部分中小河流水位上涨迅速，局部发生了大洪水或特大洪水。2011年，长江中下游地区6省发生了严重的春夏连旱，受旱区域十分集中，给粮食作物生长带来极大影响，之后，旱情影响范围逐步从农业发展到人畜饮水。6月3日开始，长江中下游旱区出现连日强降水过程，造成湖南、贵州、江西、浙江等地出现旱涝急转现象，发生了不同程度洪涝灾害，局部地区发生了超历史纪录的特大洪水。

（五）水旱灾害的区域分异明显

我国水旱灾害存在着明显的区域差异，即常常出现某些地区某种灾害特别集中的情况。我国暴雨主要产生于全国地势第二阶梯和第三阶梯的交界区，即燕山、太行山、伏牛山、武陵山和苗岭以东地区，其中七大江河中下游和滨海河流是我国洪水灾害最严重的地区。特别是聚集着全国50%以上人口、35%耕地、2/3工农业总产值的东部和南部经济较发达地区，是遭受洪水威胁最为严重的地区。我国多雨涝区主要出现在黄河以南的华南、东南沿海、江南和淮河流域，大体上由东南向西北和北部减少，与地势高低、离海远近有密切关系，沿海和平原地区多雨涝，内陆和高原少雨涝。由于降水受海陆分布、地形等因素影响，旱灾发生的时期和程度有明显的地区分布特点，我国共有5个多旱、重旱及持续干旱的中心，它们分别是黄淮海、东南沿海、西南地区的西南部、东北地区的西部以及西北地区。特别是秦岭淮河以北春旱突出，有"十年九春旱"之说，黄淮海地区经常出现春夏连旱，甚至春夏秋连旱，是全国受旱面积最大的区域。从总体来说，我国东部季风区，冬半年多为寒潮、低温霜冻以及干旱灾害，夏半年则多遇雨涝、高温伏旱和台风灾害；西北常年气候干旱，这一地区连同青藏高原的牧区亦遭受到雪灾的危害；青藏高原雷暴、冰雹等强对流天气特别多见；西南地区地形复杂，干旱和暴雨是其主要灾害。

五、我国水旱灾害成因

我国水旱灾害的产生归根结底是由于自然水文循环受到扰动和破坏而造成的。这种扰动和破坏不仅包括全球气候变暖、厄尔尼诺现象和拉尼娜效应等自然界的因素，也包括砍伐森林、围垦湖泊等人类活动的因素。我国水旱灾害问题凸现不仅是自然演化和全球气候变化作用所导致的，更是不合理的人类活动和经济发展模式综合作用的结果。

因此，我国水旱灾害成因可归纳为以下几点。

我国位于世界最大的大陆——欧亚大陆东南部，西部是全球海拔最高的高原青藏高原，东临世界第一大洋太平洋，地域辽阔，气候多变，人口众多，地形地貌复杂、生态环境脆弱。受地理位置、地形地貌、海陆分布等因素的强烈影响和制约，大陆性季风气候显著，冷暖、干湿变化复杂多样，年降水量呈现由东南沿海向西北内陆递减的分布特征，分4个降水带，湿润带、半湿润带、半干旱带和干旱带。不同地区、不同时间的降水量变化是形成全国易洪、易涝、易旱季节和地区分布的自然基础。因此，我国形成了北方以旱灾居多，南方则旱涝灾害均有发生的基本特征。同时，受夏季季风和冬季西伯利亚高压控制，不同年份冬、夏季风进退时间、强度和影响范围以及登陆台风次数的不同，致使降水量年际变化大，降水主要集中在夏季，冬季降水少，年内分配不均且与作物生长需水不匹配，这是我国大面积洪涝干旱灾害发生的重要自然原因。

全球气候变暖、厄尔尼诺现象和拉尼娜效应使得极端天气增多趋势明显。气候变化通过海平面上升、大气环流变化、气温变化、冰雪条件变化等引起降雨、蒸发、入渗、径流等一系列变化，从而改变整个水文循环过程，增加水旱灾害发生频次，进一步影响到农业、牧业、渔业、航运、水力发电等多个部门。联合国政府间气候变化专业委员会（IPCC）的科学报告中指出："与全球变暖有关的水文极值的变化，将比平均水文条件的变化更加显著。"受极端天气影响，干旱、风沙、局部暴雨洪涝、高温、冻雨、暴雪、台风等自然灾害频发。仅2013年7月，全国有109个气象观测站发生极端日降水量事件，主要分布在山西、陕西、甘肃、四川等23个省（自治区、直辖市），30个气象观测站突破历史极值。根据中国气象局国家气候中心提供的数据显示，1908～2007年中国地表平均气温升高了1.1℃，年平均气温升高了0.4～0.5℃，最近50年北方地区增温最为明显，部分地区升温高达4℃。由于人类大量燃烧煤炭、天然气等产生大量温室气体，加上肆意砍伐原始森林，使得全球气候变暖。根据气候模式预估结果显示，与1980～1999年相比，到2020年中国年平均气温可能升高0.5～0.7℃，这更加剧了我国的水旱灾害问题。

防洪抗旱基础设施建设相对滞后，减灾能力还远远不能满足经济社会发展的要求。部分堤防、水库等水利工程及农田基础设施的质量较低，加之使用年限较长，水库泥沙淤积，工程隐患严重，缺乏良性运行机制，防洪抗旱效益衰减。如2000年前全国水库普遍存在防洪标准低的问题，约有40%的水库处于病险库状态，大约30%的大型水库（约355座）被列入病险，其中43座列为全国重点病险水库。这些水库不仅不能正常发挥效益，汛期还会威胁城乡人民的生命财产。此外，水利工程失修及农田基础设施的薄弱，导致我国抵御水旱灾害的能力下降，这也是使灾情日趋严重的原因和隐患。近几年，中央加大了对病险水利工程的除险加固力度，加大了对大中型灌区节水改造和配套，使这种状况有所好转，但目前仍有相当部分的水利工程设施老化失修问题没有得到根本解决。

由于我国人口基数大，历史上生态环境问题比较严重。新中国成立后，对生态环境保护建设又缺乏认识，仍追求发展单一粮食生产为特点的自然农业经济，在经济发展中，急于求成，急功近利，目光短浅，以牺牲生态环境为代价谋求发展。由于人类肆意砍伐森林，一方面在暴雨之后不能蓄水于山，洪水峰高量大，提高了水灾的频率；另一方面增加了水土流失，河道淤积抬升，水库淤积，库容减少，降低了调洪和排洪的能力，并易导致干旱。比如黄河流域，在周朝时期森林覆盖率曾为53%，随着人口增加，毁林造田，至1949年森林覆盖率已降至3%。不合理地利用土地导致严重的水土流失，泄洪能力大为降低。长江流域在唐代以前森林覆盖率达85%以上，随着人口持续增长，迫使人们毁林开荒，水土流失面积急剧增长，水旱灾害频率加大。以四川为例，元朝时期森林覆盖率为50%，1949年降至20%，20世纪80年代末又降至12%；20世纪50年代水土流失面积为9万km²，70年代增至36.4万km²，年损失土壤5亿t。四川省水灾在20世纪50年代出现4次，70年代出现8次，80年代几乎年年发生；旱灾20世纪50年代出现2次，70年代出现8次。因此，生态环境的破坏是我国水旱灾害日趋严重的主要原因之一。

随着城镇化进程的加速，下垫面发生变化，影响局地或区域的气候并造成水旱灾害。盲目围垦江湖滩地，使河道变窄，湖泊水库淤积，导致区域蓄、滞洪面积缩小，泄洪能力降低，是造成我国主要江河流域洪涝灾害的重要原因。如长江下游河道及太湖地区，由于盲目围垦，已减少蓄洪面积约530km²，致使1991年大水到来之时，下游地区大范围农田和村庄被淹。特别是围湖造田，加快了湖泊沼泽化进程，使湖泊面积不断缩小，地表径流调蓄出现困难，导致旱涝灾害频繁发生。以湖北省为例，由于湖泊面积不断减少，萎缩后的湖泊已经基本丧失了原有的调蓄功能，水旱灾害受灾面积呈现逐年增长趋势，20世纪50年代平均46万多hm²，80年代增长到170多万hm²，90年代后更是有增无减。

随着人口的增长与经济社会的发展，水资源刚性需求增加，同时对水质、供给保证率的要求也越来越高，使得生活、生产、生态之间以及不同行政区域之间争水的矛盾更加尖锐，导致水资源供需矛盾更加突出，进一步加剧和放大了水旱灾害的影响。21世纪以来，全国用水量由2000年的5498亿m³增加到2013年的6183.4亿m³，平均每年增长52.7亿m³；耗水量由2000年的3012亿m³增加到2013年3263.4亿m³，平均每年增长19.3亿m³，水资源供需矛盾进一步加大，水资源短缺日益严重，加之污水的大量排放，致使水资源质量下降而无法利用，这都加大了水旱灾害的发生和影响。此外，由于水资源短缺，人们对地下水寄予了更多的希望。在各种现代化手段被用来开采地下水时，出现了大量的地下漏斗，导致地面沉陷、海水入侵、陆生生态系统退化，对整体水循环产生极大的不利影响。

第三节　水旱灾害对我国社会经济的影响

水旱灾害对我国社会经济的影响很大，直接关系到工农业生产、人民生活以及社会的方方面面，特别是一些特大旱灾和特大涝灾，其范围之广、强度之大、灾情之重，实属罕见。如明朝崇祯年间（1628～1644年）的特大旱灾，是近500年来影响范围最大、持续时间最长、灾情最重的灾害。这次旱灾波及16个省份，持续长达16年，造成我国赤地千里、井泉涸竭、江河断流、禾苗干枯，随之而来的是严重饥荒，死亡人畜不计其数。又如1954年是近代特大雨涝年，不仅雨期长、雨量大，而且暴雨频繁，影响范围大，全国一些主要江河水位普遍上涨，尤以江淮为甚，出现百年未有的特大洪水，南起两广、北至河北的广大地区都遭受雨涝灾害，受涝面积高达1613万hm^2，死亡人口4.2万，因大水直接经济损失200亿元。

水旱灾害具有多种次生效应，主要表现为：①造成人口伤亡以及饥饿、疫病，危害人类生命、健康和正常生活；②破坏房屋、道路、桥梁及其他工程设施，损毁公共和私人财产，造成直接经济损失；③破坏农业、工业、交通运输以及其他产业活动，造成间接经济损失；④破坏土地、水、森林植被、海洋等资源和生态环境，恶化人类生存与可持续发展的条件；⑤激化社会矛盾，影响社会稳定。

水旱灾害的破坏作用会从两个方面对社会经济产生影响：一是因人口伤亡、财产损失和生产损失影响当年或近期经济增长和社会发展；二是因资源环境破坏，加剧地区贫困，阻碍社会经济的长期发展和可持续发展。此外，洪涝和干旱对人类社会造成危害的程度，与人口、工农业生产布局和经济发展水平有着密切的关系。相对居民区、商业区等建成区而言，在水塘、荒地或湿地等区域，即使发生了较大的洪涝灾害，对人类社会的影响也相对较小。同样，气象条件是形成干旱的重要自然因素，但是气候干旱不一定会形成旱灾，这取决于干旱所发生的区域。在那些极为干旱但有稳定可靠的水源发展灌溉的地区，如著名的黄河河套灌区，即使气候干旱也不一定发生旱灾，当灌区生产水平继续发展，农作物由一熟改为二熟时，作物需水量增大，而灌溉能力不能相应提高，才会由于气候干旱发生缺水而导致减产。

一、洪涝灾害对我国社会经济的影响

洪涝灾害造成的损失和影响在各种自然灾害中位居第一位，损失约占全部各类自然灾害的60%以上，重大水灾往往直接关系到社会的安定与国家的盛衰。中国自古就有"治国先治水"之说。近年来，我国从南到北的大城市连遭暴雨袭击，由此产生的洪涝灾害给城市生活造成了很大的麻烦，如道路积水、地面塌陷、交通瘫痪、建筑倒塌、树木倒地、行人触电、途中坠井、地铁进水、地下商场遭水浸泡等。由于洪水主要发生在特殊的暴雨天气系统下，往往具有暴雨强度大、历时短、突发性强、灾害强度大等特点，常规的观测设备、防洪设施及预警预报系统往往难以奏效，会给工农业生产、防洪排涝、供水用水、交通能源、公共服务乃至人民生命财产及社会生活的各个方面带来极大影响，主要表现如下。

（一）对经济的影响

洪涝灾害对国民经济的影响主要表现在对工农业、交通运输和城市的影响及对水利设施的破坏。1949～1993年，全国粮食总产量平均年增长率为3.43%。而受洪灾影响，1954年的粮食总产量增长率仅为1.61%；1991年增长率为-2.45%。洪水对铁路、公路等交通干线的破坏十分严重。据统计，1981～1990年，由于山洪、泥石流等洪水灾害造成全国主要铁路干线平均每年中断行车120余次，在大洪水年份中断行车现象更为严重，如1954年江淮大水使京广线中断100天。

（二）对社会的影响

洪涝灾害对社会的影响主要指对人口伤亡、灾民的安置等带来的一系列社会问题。如1954年长江、淮河特大洪水死亡3.3万人；1975年河南大水死亡2.6万人；1998年长江、松花江流域发生大洪水，受灾人口达1.86亿，倒塌房屋685万间。大量的灾民安置、生产恢复、疫病防控，给国家经济带来沉重负担。洪水灾害也常常导致农村大量人口流离失所，导致社会稳定问题。1931年长江和淮河发生大洪水，受灾人口共5100多万，据湖北、湖南、江西、安徽、江苏等省资料，平均每1000个当地农村人口中就有125人因灾离开村庄。大量灾民成群结队外出逃荒，致使社会治安受到严重影响。

（三）对环境的影响

大洪水可能打乱江河水系，造成巨大破坏。1860年和1870年，长江先后发生两次特大洪水，湖北省枝城附近的洪峰流量均高达11万m^3/s，致使右岸江堤分别在藕池和松滋附近决口，形成了至今仍存的藕池河和松滋河，从此改变了长江中游的水系布局。当洪涝灾害发生时，会使垃圾、污水、人畜粪便、尸体等随水漂流漫溢，河流、池塘、水井等水源都可能受到病菌的污染，会使河道、湖泊、水库中的水生生物，例如淡水性鱼类遭破坏甚至灭绝，还会冲毁河道及岸边的水生植物。暴雨洪水还会导致水土流失，土地贫瘠，并造成上游流域农田、耕地内大量的土壤养分、化肥、农药及各种对生态系统有害的物质流失，危害生态系统。1981年四川发生洪水，绵阳、内江、南充、重庆、成都、永川等6市被洪水冲走的有毒、有害物质有60多种，数量约有3550t。此外，水流中挟带的大量泥沙也会淤积河湖，导致河流功能衰减、湖泊萎缩、耕地沙化，后果难以估量。1963年海河流域发生大洪水，水冲沙压造成失去耕作条件的农田达13万hm^2。由于泥沙淤积，黄河下游的河床平均每年淤高0.05～0.1m，目前的河床高程已高于背河地面2～6m，最大超过10m，形成了"悬河"。

二、干旱灾害对我国社会经济的影响

旱灾同样对我国社会、经济发展和生态环境造成了严重影响。随着人口增长、经济发展和社会的不断进步，干旱灾害的影响范围，已经由传统的农业领域扩展到工业、城市、生态环境等多个方面，旱灾的损失也越来越大，严重地威胁着我国的粮食安全、城乡居民饮用水安全和生态安全。我国干旱常常造成数千万人饮水困难，成千上万人因旱粮食短缺，生活需要救济。重旱区群众的主要精力放在找水上，无力顾及生产。严重旱灾还造成一些大中城市被迫实行限时限量供水，不仅影响了城市居民的正常生活，也对城市社会经济的发展造成不利影响。1959~1961年发生在陕西省的旱灾，造成受灾面积达392.1万hm²，成灾面积210万hm²，粮食减产达14.0亿kg。伴随减产或绝收而来的则是可怕的饥荒、瘟疫、传染病及社会腐败现象滋生。21世纪以来，受流域持续干旱、上游来水偏枯，河道变化加速等影响，全国600多座城市中有400座供水不足，110座严重缺水，14个沿海开放城市中有9个严重缺水。北京、天津、珠海、青岛、澳门等都面临着不同程度的缺水问题，多次通过应急调水解决。特别在2000年北方地区百年不遇的大旱，使许多水库河流出现干枯和断流，400多个城市严重缺水，给人民正常生活带来极大影响。

干旱灾害对我国经济社会的影响主要表现在如下方面。

（一）对经济的影响

旱灾的发生主要影响粮食生产，干旱会造成土壤水分亏缺，作物体内水分平衡遭到破坏，影响其正常生理活动，对作物造成损害，特别是农作物从营养生长向生殖生长的转换期对水分最为敏感，在此期间如果水分条件不能保证需要，作物生长和产量将受到影响。旱灾造成的粮食损失要占全部自然灾害粮食损失的一半以上。根据《中国水旱灾害公报2013》显示，全国农作物多年平均因旱受灾面积约3.1亿亩，多年平均成灾面积1.4亿亩，多年平均因干旱产生的粮食损失1599.9万t。工业方面，因干旱缺水平均每年直接影响工业产值2300多亿元，持续干旱会造成企业水电供应不足、部分行业原材料供应不足以及企业生产成本增加等问题。畜牧业方面，干旱一方面使牧区牲畜饮水发生困难；一方面使牧草返青、生长受到严重影响，甚至造成牧草枯黄，草场退化和土壤沙化，牧草产量下降，影响当年家畜的抓膘和冬季饲草的储备，严重的干旱还会造成牲畜死亡，从而使畜产品的数量和质量均受到影响。全国牧区中，内蒙古牧区1949~1990年因旱损失草量估计约2700万t，减少养羊900万只。除直接对经济产生的损失外，因旱灾而间接产生的经济损失更是惊人，据有关部门估算，由于农业、工业受旱给其他行业造成的间接经济损失，按1990年价格计算，全国每年平均达852亿元。

（二）对社会的影响

全国每年都有数千万人和数千万头牲畜因旱发生临时性饮水困难。根据《中国水旱灾害公报2013》显示，全国每年平均有2707多万农村人口和2031万多头大牲畜因旱发生饮水困难，直接经济损失1022.09亿元。城市供水方面，缺水问题也日益突出，全国2/3左右的城市供水不足，不少城市居民正常生活受到很大影响，特别是近些年来北方大部分地区的连年干旱使城市供水短缺问题更加突出。干旱主要由于少雨缺水而造成，由于其速度慢、历时长，一般不易引起人们的警觉。而当其一旦形成以后，损失也是灾难性的。同洪涝灾害相比，干旱在对社会经济环境的影响方面，不仅造成农业生产的大面积减产或失收，人民生命财产以及社会生产、生活等各方面的损失，它更是造成社会不稳定的一个重要因素。据文献记载，在1929年发生的极端干旱灾害中，陕西全省92县，受灾80余县，死亡250万人。总计逃亡、流亡人口达40多万，使全省人口由原来的940万减少到了650万。2000年大旱，全国有18个省（自治区、直辖市）620座城镇缺水（包括县城），影响人口2600多万，直接经济损失470亿元。

（三）对环境的影响

随着经济社会的快速发展和城乡居民生活水平的不断提高，用水需求大幅增加，导致我国许多地区水资源短缺日益突出。为维持经济社会的发展，多年来我国许多地区都是以挤占生态用水为代价。干旱对生态环境的影响，主要表现为对植被的破坏最为严重。干旱缺水不仅会使大面积的农作物受旱而死，而且会使河道断流、湖泊干涸、草场退化、冰川退缩以及土壤沙化，从而使许多鱼类及水生植物因水源枯竭而亡，影响野生动物的生息。干旱往往会加剧水土流失，引起大面积耕地或草原的沙漠化。据统计，近年来我国土地沙漠化在以年均2460km²的速度扩展，全国水土流失面积达367万km²，占国土面积的1/3以上。干旱造成地下水超采，导致地面沉降，海水入侵。据统计，全国每年地下水超采量超过80亿m³，已形成地下水漏斗区56个，面积达8.7万km²，仅华北平原大漏斗面积就将近4万km²，漏斗最深达100多m，有30多座城市不同程度出现地面沉降、塌陷、裂缝等破坏现象。环渤海地区和胶东半岛有1200多km²发生海水倒灌。20世纪90年代黄河下游断流加剧，1997年累计断流长达226天，华北明珠白洋淀20世纪80年代以来多次出现干淀，西北内陆河塔里木河、黑河下游长期断流，天然绿色走廊萎缩，尾闾湖泊长时间消失。

第四节　国外水旱灾害防治经验

洪水与干旱是世界影响范围最广、对人类的生存与发展危害最为显著的自然灾害。据统计，1975~2005年，全世界受到自然灾害影响的人口中，有50.8%缘于洪水，33.1%缘于干旱（如1所示）。20世纪90年代后期以来，世界进入了一个水旱灾害频发并重的阶段，20世纪70年代至80年代中期，世界上受旱灾影响的人口最多；80年代后期至90年代初期，受旱灾人口明显下降，受水灾人口急速上升。20世纪中，世界人口从16亿增长到了60亿，世界城市人口占总人口的比值从10%上升到了50%，人与水争地、与生态系统争水的矛盾明显激化。尽管人类修建了规模空前的防洪抗旱工程体系，然而，即使在美、日等发达国家，水旱灾害损失的绝对值依然呈现上升的趋势。水旱灾害损失的增长不仅与气候变化及其伴随的极端事件频发密切相关，而更重要的原因是人类自身活动加剧，以及社会面对水旱灾害的脆弱性日趋显现。特别是20世纪90年代后期至

21世纪初，不仅受水灾人口居高不下，而且受旱灾人口再攀新高。20世纪后期，人们自恃实力强大，在"征服自然，改造自然"等口号的鼓舞下，开展了大规模的江河整治工程建设。修筑水库拦蓄洪水，修筑堤防防止洪水泛滥。从此陷入了经济发展与洪水灾害相互竞争的恶性循环之中。面对全球不断发生的严重洪水灾害，人们发现尽管不断地增加对防洪减灾的投入，但根治洪水灾害的梦想仍无法实现。非但如此，随着人类社会经济的不断发展，洪水灾害所造成的经济损失仍与日俱增。1993年美国密西西比河大洪水，中国长江流域1991年、1996年、1998年、1999年大洪水，促使人类重新思考应当如何面对洪水，如何学会与洪水长期共处。

自19世纪末期以来，全球气温处于上升的总趋势。大量观测资料表明，在此背景下，一方面局部地区因高强度暴雨袭击引发稀遇洪水的事件有明显增多的趋势；另一方面，受干旱影响的范围在扩展，一些降水量超过1000mm的地区，近年来也频频发生干旱。气候变化对未来的影响目前正在成为世界各国关注的热点。涉及的内容从对区域水资源平均可用水量的长期变化趋向，已逐步扩展为对洪水与干旱等极端事件的影响分析；从对典型小区域案例研究与评价，延伸为气候变化对大陆整体未来水旱风险分布规律的情景分析。Betmhard Lehner等人运用全球整体水模型Water GAP对欧洲大陆的研究成果表明，在各种提议的气候变化情景下，欧洲的北部和东北部将更加易于遭受洪水的袭扰，南部和东南部干旱将发生得更为频繁。在变化最显著的地区，目前百年一遇的洪水与干旱，到2070年前后，将变为10～50年一遇的事件。

21世纪全球比较大的洪涝灾害有：2013年6月12～27日，印度北部连降暴雨，导致洪水泛滥、山体滑坡，数百个村庄受灾；北阿肯德邦首席部长维贾伊·巴胡古纳表示，印度军方展开了最大规模的救援行动，有大量的受灾民众滞留在丛林和偏远的上游地区，共造成约5000人死亡，直接经济损失达11亿美元。2013年8月上旬，强烈的季风降雨诱发了从巴基斯坦北部到南部城市卡拉奇的骤发洪水。截至8月21日，洪水导致234人死亡，共计149.8万人受灾，经济损失19亿美元。

干旱灾害有：2002～2003年澳大利亚持续严重干旱灾害，2006年亚洲、美洲和欧洲的高温干

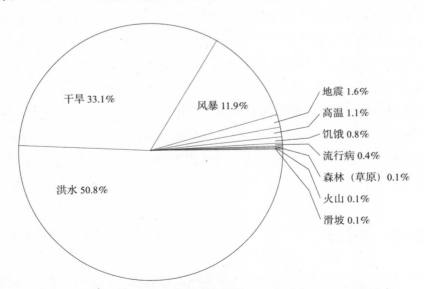

图1-1 全球不同自然灾害影响人口所占百分比（1975～2005年）

旱灾害,2010年中国西南五省(自治区、直辖市)大旱,2012年美国大旱等。

日益严重的洪涝和干旱灾害严重威胁了世界粮食安全、生态安全和供水安全,也阻碍了社会经济的快速发展,成为全球关注的问题,引起了世界各国的高度重视。从水旱灾害事件发生的区域看,35%发生在以季风气候为主的亚洲地区,29%发生在非洲,20%在美洲,13%在欧洲,3%在大洋洲。根据慕尼黑一保险公司统计的资料,2002年全球因灾死亡10576人,其中亚洲8570人,占81%。死亡成因中,洪水占42%。同时资料分析表明,发展中国家因灾死亡人数约为发达国家的13倍。而从经济损失来看,洪水造成的损失占了50%。

从社会面对水旱灾害的脆弱性来看,在人口激增、快速城市化、工业化、信息化、老龄化等背景下,不仅水旱灾害风险区内人口、资产密度急速加大,用水需求剧增,用水保障率要求提高,而且社会正常生产、生活对生命线系统(供水、供气、供电、交通、通信、网络等)的依赖性日益增加。重大灾害一旦发生,易于引发次生灾害,构成灾害链,影响范围远远超出受灾范围,间接损失甚至超过直接损失。社会的脆弱性还表现为人们面临灾难时的应急能力。随着防洪工程体系的发展,一般中小洪水可能不再泛滥成灾,人们的水灾风险意识随之淡漠。然而,一旦发生稀遇的超标准洪水,由于缺乏水灾经验与必要的准备,人们往往难以采取有效的自保互救措施,从而在灾害面前显得更为脆弱。社会的水灾脆弱性已成为水旱灾害管理研究的重要课题。美国1937年大洪水,直接经济损失为50多亿美元,占当年GDP的比重为0.48%;1993年密西西比河流域大洪水,直接经济损失超过160亿美元,但占当年GDP的比重降为0.26%。值得注意的是,2005年袭击美国的卡特里那飓风达到了罕见的5级,新奥尔良市堤防决口,水灾直接损失超过2000亿美元,死亡1209人。事实表明,一座现代化大都市遭受灭顶之灾,其经济损失甚至比流域性洪水的损失还要大。日本自1960年以来,连续实施了9个治山治水计划,逐步形成了高标准的防洪工程体系,水灾受淹面积不断减少,有效抑制了水灾损失上升的趋势。但是近10年来,水灾损失再度抬头,除受极端气象事件频发的影响之外,主要原因是社会的水灾脆弱性在加速增长。在发展中国家,贫困也是导致水灾风险增加的基本原因之一。在快速城市化的进程中,大量农村贫困人口涌入沿江沿海的城市。他们居住的环境往往风险较大,而自身的承灾能力又相对较低。1986~2006年,全球因自然灾害死亡的人口有71.1%在亚洲,其中因与水相关的灾害造成的死亡人口亚洲所占比例更高达83.7%,且主要分布于东亚、东南亚与南亚地区,说明亚洲发展中国家受水灾害的影响更为显著,水灾脆弱性问题也更为突出。

面对当前全球水旱灾害并重的形势,水的危机更加引起国际社会的关注,无论发达国家还是发展中国家,都感受到了极大的压力与挑战。在治水方略的探讨上,殊途同归,都走上了加强水旱灾害管理的道路。

一、国外防洪排涝经验

近年来,新兴的防洪减灾思路是对洪水灾害风险进行管理,调整人与水的关系。对江河的整治由过去以防洪为主要目标逐渐转变为以防洪减灾、水资源保障、改善环境及生态系统等多目标的综合整治。并且由对水系的整治转变到对全流域的国土综合整治，在可持续发展的前提下，由"防御洪水"转向"洪水管理"，从而协调流域内人与水的关系。世界各国的国情不同，在水旱灾害防治中所强调的理念与采取的措施也有各自的特点。但是，在倡导以风险管理理论为指导，实施流域洪水综合管理，将工程与非工程措施相结合，完善突发性水旱灾害的应急管理体制，因地制宜地选择治水方略与促进减灾社会化等方面，仍然可以找出一些共同的特点与趋向。

（一）采取防洪工程与非工程措施相结合的综合治理手段

20世纪中，随着世界人口的成倍增长，向洪水风险区域扩展生存的空间并以工程手段加以保护，成为社会经济发展的必然需求。防洪要从无序、无节制地与洪水争地转变为有序、可持续地与洪水协调共处的战略。为此，要从以建设防洪工程体系为主的战略转变为在防洪工程体系的基础上，建成全面的防洪减灾工作体系。

水利工程是支撑人类社会生存与发展，保障防洪安全、供水安全、粮食安全和生态环境安全的基础设施。强调人与自然和谐共处，绝不是否定工程措施，也不是今后就可以忽视工程措施，而是强调更为科学合理地规划、设计、建设、管理与运用好水利工程体系，充分发挥水利工程体系除害兴利的综合效益。当然，工程措施防洪抗旱的能力总是有限的，超标准洪水与干旱的残余风险依然存在。随着工程规模的不断增大，工程自身的一些副作用也日益明显。因此，关键的问题，是如何运用工程措施去重构人与自然之间良性互动的关系。

同时，人们还认识到，标准适度、有利于全局的工程措施，与局部地区以最小代价争取最大利益的愿望往往是相矛盾的，此类方案一般不会被局部地区自愿接受。因此，为提高水安全保障水平，满足发展需求，必须要有科技手段的大力支持、法律手段的强制实施、经济手段的补偿诱导、行政手段的推动落实，从而促使水利工程体系的建设与管理更加有利于整体与长远的利益。

面对突发性的超标准洪水，为了有效地减轻人员伤亡与财产损失，社会需要紧急动员起来，投入抗灾救灾工作。动员的必要范围与灾害规模及其特性密切相关。应急管理与通常的风险管理有所不同，应急管理所应对的突发事件，往往是稀遇的、少有先例且难以预测的；应急管理要求决策者在信息不完备的情况下迅速作出决断，紧急动员与有效调用大量人力物力，而不能像风险管理那样反复权衡与协调各种利害关系。但是，应急管理中依然存在水灾的风险问题。过度的应急响应，如紧急转移范围过大、过早，也会付出不必要的代价。

目前，各国已更加重视并加强应急管理体制的建设。其主流是从立法入手，明确各个相关部门在应急行动中的责任与义务，制订不同等级的应急预案与启动标准，设立应急管理的特别基金与启用程序，落实应急组织管理体系，储备必要的应急物资，开展全民的应急训练，在紧急情况下及时确定警报发布的等级、范围与应急响应的时机，采取强有力措施保护灾害弱者，保障通信与交通畅通，并对灾情作出快速的评估，为救援决策提供必要的依据。

（二）因地制宜制定水旱灾害防御战略

虽然世界各国以洪水管理为方向，相继走上了治水方略调整的道路，但是各国国情不同，具体采取的洪水管理模式存在显著的差异。即使在同一个国家，不同流域的自然地理与经济状况不同，也需要选择不同的战略。受自然条件与经济发展水平的制约，发展中国家更加强调因地制宜的原则。

以越南为例，20世纪90年代改革开放之后，经济进入了快速发展期。由于国土狭长，各地洪水的成因与自然特性不同，防洪减灾战略也因地而异。①对红河三角洲实行"积极防洪"的战略。在上游植树与保护森林，兴建调洪水库；在防洪区强化堤防系统，对河道进行清障，合理分蓄洪水与加强防汛抢险。红河的堤防系统总长达3000km，每年坚持维护与加固。②在中部，该区山地陡峭，平原低洼、狭窄，洪水泛滥频繁，一年多次发生，实行"积极预防、减轻与适应洪水"的战略。减灾措施包括：建设海堤，利用灌溉工程防御早期的洪水，以稳定冬春、夏秋两季作物的产量；区内基础设施的建设要适应于受淹的环境等。③对湄公河三角洲，实行"与洪水共存并调控洪水"的战略。政府提供贷款，帮助民众加固房屋基础，修建高脚屋；在居民区外围修筑圩堤，尽量减少洪水灾害的损失；同时，随着生产、生活结构发生巨大变化，社会经济的稳定发展对防洪安全保障提出了更高的要求，需要加强防洪工程措施以便更有效地调控洪水。

日本的堤防建设不仅具有很高的防洪标准，而且对堤身的建设质量要求极高，即使出现漫堤的情况，也应保证不发生溃堤事故。日本已将这一原则作为现代化堤防建设的标准。①超级堤建设。日本拟用50年时间将城市段堤防全部建成超级堤。超级堤的概念是坝身宽度为堤高的30倍，一般可达数百米。这样即使发生漫堤，堤顶流速较小，不致造成冲刷破坏。堤顶可建公路及住宅楼。建设超级堤要大量占用土地，但政府并不收购土地，土地所有权仍归原主，政府负责将土地垫高，修筑超级堤。一旦超级堤建成，原土地升值较大，因为既提高了安全性，又改善了景观。②堤身质量较高。江河堤防护坡标准较高，一般用砌石或大型预制块，并用不同颜色拼成美丽图案或壁画，配合滩区河道公园，形成美丽的景观。堤基大多进行过处理，软基多采用桩结构，防渗用钢板桩、旋喷、地下防渗连续墙（TRD工法）等技术。在险工段多采用四脚体抛堆保护堤脚。堤身植树规定根系不能侵入堤身基本断面，可将堤身培厚植树。堤身设置引水、排水等建筑物时，要有统一规划，以大型建筑物为主，减少小型穿堤建筑物，对穿堤建筑物实施严格的质量管理，防止在高水位时沿穿堤建筑物与坝身连接处发生破坏。③临堤土地管理。为保障堤身安全，为防洪抢险提供足够的活动空间，一般将背水侧堤脚以外30～50m范围内土地由国家收购，交河道管理部门统一管理。在该范围内任何单位不能从事建设、挖土和堆放物品。除堤顶公路外，在滩区或陆侧建有专用防汛道路，平时封闭，只供防洪及地震、火灾、战争等特殊情况下使用。④回归自然。在邻近城市的地段，回归自然的呼声日益高涨，日本明确提出：建设有丰富自然特色的河流。在此带动下沿堤大量种植观赏林，护坡改用天然石材，对已建混凝土材料护坡采用土坡覆盖，再大量植花、植草等。对市区内的防洪墙也尽量后撤，沿河留出足够的滨河地带，供城市居民活动，防洪墙临街一侧，多种植藤类及垂挂植物，或绘壁画加以美化。

（三）以风险管理理论为指导，实施流域综合治水战略

目前，国际上流行"人类社会必须学会与风险共存"的观点。在实施洪水管理的过程中，更加

强调洪水的综合管理。洪水综合管理的核心，就是洪水风险的管理。这种观点在欧洲大陆和美国最为盛行，在英国、澳大利亚和日本等其他国家也开始逐渐被认可。这些国家有的已经投入巨额资金建成了高标准的防洪工程体系，但是近年来发生的严重洪水灾害表明，超标准洪水的风险依然存在。例如，英国1998年严重洪水灾害后，洪水管理的方式重新受到重视，英国环境、粮食和农业事务部以及威尔士议会向人们提供了一个可持续的、广泛的洪水风险综合管理的框架。

洪水风险管理体制应当是全方位、全社会的工程措施与非工程措施相结合的流域洪水管理体制，主要包括6个方面内容。①洪水风险管理，包括对洪水的预测和调度中的风险管理，如对洪水预报的精度、预报中可能出现的失误的评价；提高预报精度，避免失误的方法及相应的补救措施。②防洪工程风险管理，主要对各类防洪工程在洪水状态下的安全性进行评估、工程安全监测及事故预警、工程失事的后果预测及应急方案制订等。③防洪投资风险管理，主要是对防洪投资效益进行评估和跟踪调查。根据国家经济实力确定合理的投资预算和投资方向，避免投资浪费和积压。④洪泛区风险管理，主要针对在正常时为干燥地域而当发生某种频率洪水（美国定为1%洪水）时可能淹没的区域内的土地进行管理。包括域内土地开发利用方式的管理、城市防洪减灾设施的管理、建筑物结构及耐水标准的管理、洪水预警报系统及防洪救灾体制的建立和管理、洪水保险制度的建立以及灾后重建的社会、国家补偿制度等。⑤洪水生态环境风险管理，包括对各类防洪工程建设对流域内生态系统、环境质量的影响进行评估；制订改善环境、生态保护的补偿计划并逐步实施；对洪水灾害发生后产生的环境和生态影响进行调查和评估等。⑥防洪决策风险管理，主要针对上述各项管理过程中的决策进行管理，避免由于决策失误造成的不良影响和失误，包括决策科学化、制度化。如建立决策信息管理系统、决策支持系统，以及建立和完善相关的法规体制等。

洪水管理对策的制定，应以洪水风险分析为基础，包括风险辨识、风险估算与风险评价。风险辨识侧重于定性描述可能发生的事件类型及其造成的后果和影响；风险估算则需要定量地描述事件的成因、发生的概率、相应于不同规模洪水的影响范围与强度，影响区域内的人口、资产分布以及可能导致的后果等；风险评价是权衡风险的大小，回答怎样才算安全，为决策者制定减灾对策提供可靠的依据和清晰的思路。由于局部地区将风险减少到最小的方案，可能意味着风险的转移，影响到其他地区和系统整体的长远利益，因此，风险管理特别强调要以流域为单元，统筹处理好上下游、左右岸、干支流、城乡间基于洪水风险的利害关系。采取规避风险、降低风险、分担风险、增强风险的承受能力，提高风险的预见能力，健全风险的应急能力与避免人为加重风险等多重策略，全面提高防洪安全保障水平。此外，当代社会中，为了从洪泛区土地利用中获取支撑发展的更大效益，并通过洪水资源化解决快速发展中日趋严重的水资源短缺与水环境恶化问题，在洪水管理中，又提出了适度承受风险的要求。适度承受一定风险以合理利用洪水资源，并有助于水环境的改善，是可持续发展的必然需求，也是水旱灾害管理的重要内容。

（四）提高公众参与度，将防洪减灾社会化

防洪减灾属于社会公益性活动，各级政府负有不可推卸的责任。但是政府的能力不是无限的。因此在防灾减灾中，政府也只能承担得起有限的责任。社会公众、媒体与非政府组织等，在防灾减灾中也发挥着不可替代的作用。水旱灾害风险管理需要全社会的参与，需要管理者、专家与公众之间更为密切地协作与配合。今天，无论是出于开发还是保护的目的，由于人类活动的规模已经足以达到改变人与自然之间、区域与区域之间基于水的利害关系，而不当行为的受害者，才是纠正不当行为的最有力的支持者，因此，"统筹兼顾，因地制宜"，有更多的公众参与，是求得良好平衡的关键。

美国和日本在公众参与方面走在前列。美国制定的21世纪防洪战略就是充分发挥联邦、州、郡、市、街、村、企业、居民的积极性迎接洪水挑战，即全民防洪减灾的战略。日本在1998年提出的《水灾害、泥沙灾害的危机管理》报告中也明确规定防灾第一线由市、町、村负责，都、道、府、县及中央加以支持。日本在1997年第140次国会通过了对《河川法》的修改，其中一些重要的修改就是对河流整治过程中增加了公众参与的程序。

减灾社会化的形式很多。①公众参与制度化。建立公众（或称利益相关者）参与机制，在政府重大减灾决策实施之前，充分听取利益相关者的意见和建议，避免决策的重大失误，将有利于建立公正和谐的社会。社区和民间组织对受灾群体的关爱和帮助，可使他们及早从灾难的阴影中解脱出来，恢复正常、健康的生活。此外，通过多种形式的防灾教育和训练，使民众熟悉应急警报和预案，掌握应对突发性洪水时自保互救的措施，并与社区和民间组织相结合，及时救助灾害弱者，可有效减轻人员的伤亡。②公布洪水灾害风险图。一些国家的政府通过不同类型洪水风险图的形式，将不同规模洪水的淹没范围与可能的水深等信息公之于众，是增强全社会风险意识的有效手段。美国和日本都先后完成了全国洪涝灾害风险图的编制，在媒体公开发表。据民意调查，有60%以上的被调查者看过洪水风险图，有90%的人认为公布风险图是有益的。日本从1981年开始公布水灾实际发生的灾害图，至1994年已有485条河流公布实际灾害图。居民广泛了解自己生活的地区可能发生的灾害风险及曾经发生过的灾害情况，可以使居民增强防洪减灾意识，自觉地避开高风险区域，或采取自主的防洪减灾措施。③防洪信息向社会公开。日本气象厅及国土交通省设立可以覆盖全国的雷达雨量监测网及河道水位、流量自动监测站。每一个居民随时都可以通过电话及新闻媒体获取所关心的防洪信息。气象厅负责发布气象警报，洪水预报由气象厅及国土交通省共同发布，防洪警报由国家及都、道、府、县的河流管理者发布。此外，还设立了全国海啸自动警报系统，设立了河流信息中心，用户可由终端随时提取中心的气象、水文、洪水信息。防洪警报分注意、待命、出动、停止、解除5级，由市长、町长、村长负责发布。④指导居民避难。如果判断灾害可能发生时，日本的市长、町长、村长应对本地区居民发出避难劝告或避难指令，并帮助居民避难。一般地区都有明显标志指示避难路线及避难场所。日本经常进行演习演练，可避免无序混乱局面，并由消防团负责避难指挥。对可能发生泥石流的地区，一般由专家确定避难降雨量，当地居民根据降雨量自行决定避难。此外，建立援救活动自愿组织，灾害发生时到指定地点报到，分别按特长参与相应医护、建筑、运输等支援活动。并重点援助老、弱、病、残等防灾弱者。

总之，减灾社会化，不是推卸政府的职责，也不是让群众陷入灾难的恐慌，而是有利于动员全社会的力量,大灾面前同心同德、众志成城,共同战胜灾难。

(五)加强法规建设,规范防洪社会行为

防洪减灾是一项复杂的社会行为,涉及国家的各级政府、企业、社团和个人。因此,需要有完善的法规才能规范社会行为。

美国的防洪相关法规如下。①《防洪法》,于1917年发布,1928年、1936年、1938年、1960年先后修订。②《TVA法》,1933年发布,规定成立田纳西流域开发局,批准田纳西流域综合开发计划。③《联邦灾害法》,1950年公布。④《水资源计划法》,1965年公布,设置水资源理事会(WRC)。⑤《关于全美洪水损失管理的基本方针》,1966年美国众议院465号文。⑥《全美洪水保险法》,1968年公布。⑦《国家环境政策法》,1969年公布。⑧《沿岸区域管理法》,1972年公布。⑨《洪水灾害防御法》,1973年公布。⑩《灾害救助法》,1974年公布。⑪《全美洪泛区管理的基本方针》,1976年公布。⑫《沿岸滩涂资源法》,1982年公布,禁止联邦投资开发滩涂。⑬《水资源开发法》,1986年公布。⑭《全美洪泛区管理的基本方针》,1986年公布。

日本的防洪相关法规如下。①《砂防法》,1897年发布。②《水灾预防组织法》,1908年发布。③《运河法》,1913年公布。④《公有水面填埋法》,1921年公布。⑤《防洪法》,1949年发布。⑥《森林法》,1951年发布。⑦《海岸法》,1956年发布。⑧《特定综合利用大坝法》,1957年发布。⑨《下水道法》,1958年公布。⑩《滑坡防治法》,1958年发布。⑪《治山治水紧急措置法》,1960年发布。⑫《治水特别会计法》,1960年发布。⑬《灾害对策基本法》,1961年发布。⑭《水资源开发促进法》,1961年发布。⑮《水资源开发公团法》,1961年发布。⑯《河川法》,1964年制定,之后废除1896年旧《河川法》。⑰《河川审议会令》,1964年发布。⑱《沙石采取法》,1968年发布。⑲《陡坡崩塌灾害防治法》,1969年发布。⑳《水源地域对策特别措施法》,1973年发布。

二、国外抗旱减灾经验

近年来,全世界局部性、区域性的干旱灾害连年发生,重特大干旱灾害也呈现出频发的态势,干旱化趋势已成为全球关注的问题。20世纪全世界"十大灾害"中,旱灾高居榜首有5个,分别是:1920年,我国北方大旱,山东、河南、山西、陕西、河北等省遭受了40多年未遇的大旱灾,灾民2000万;1928~1929年,我国陕西大旱,陕西全境共940万人受灾;1943年,我国广东大旱,许多地方年初至谷雨没有下雨,造成严重粮荒,仅台山县饥民就死亡15万人;1943年,印度等地大旱,无水浇灌庄稼,粮食歉收,造成严重饥荒,死亡350万人;1968~1973年,非洲大旱,涉及36个国家,受灾人口2500万,逃荒者逾1000万人,累计死亡人数达200万以上,仅撒哈拉地区死亡人数就超过150万。21世纪以来,全球旱灾呈频发趋势。2010年,俄罗斯遭遇了罕见干旱,粮食产量减少约1/3。2011年,全球发生大范围的旱灾。法国、德国等欧洲国家遭遇连续干旱,小麦产量下降。墨西哥也出现70年来最严重旱灾,使99万hm²作物减产。2012年旱灾再一次袭击全球,其中美国遭遇了过去50年间最为严重的旱情,得克萨斯州灾情尤其严重,几乎全州受灾,损失超过

30亿美元。根据美国国家干旱减灾中心旱情检测工程最新数据，截至2012年7月，美国本土约有56%的面积遭遇中等至严重程度的旱灾，约8.64%的本土面积遭遇罕见旱灾。朝鲜也正在经历60年不遇大旱，29万hm²农田受灾，粮食不足状况继续恶化。欧洲也遭受大范围干热灾害的袭击，其中英国的干旱是30年来最严重的一次，法国近1/3的地区因干旱采取限水措施。非洲东部地区的肯尼亚、埃塞俄比亚、索马里和乌干达等国家由于旱情严重，已出现因缺水而导致的大量牲畜死亡和粮食危机。美国、澳大利亚等国家都是旱灾频发的国家，长期以来积累了较为丰富的干旱管理经验，考察借鉴其减灾理念和有效做法，对进一步完善我国干旱管理体系、提升抗旱减灾能力、保障经济社会发展具有重要意义。

（一）加强抗旱工程建设

美国较早实施了利用与保护并重的水资源开发战略。近一个世纪以来，大力开展水利建设，建库蓄水，跨流域调水，开发地下水，弥补地表水源不足，扩大灌溉面积。以防御洪水和合理配置水资源为目标，实施了一大批水资源开发利用工程，如加州北水南调工程、中西部大规模水利工程等，为合理配置和有效利用水资源奠定了基础。"水银行"是美国加利福尼亚州正在兴建的应对干旱的系统。所谓"水银行"，就是利用地下蓄水层形成大型蓄水库，在雨季将雨水或从远距离调来的地表水灌入地下，旱季则从地下抽出使用。利用天然蓄水层储存雨水比建造蓄水池或者将雨水引入干涸湖泊中具备更多优点，不仅可以节约资金，而且由于蓄水层外层由不透水的岩层包裹，能够有效防止储存在其中的水外流。尽管利用蓄水层储存雨水有很多优势，但也有劣势存在，比如水质可能会被污染，或者水的所有权会产生争议等。不过，专家认为，尽管有缺陷，"水银行"仍不失为解决旱季供水的一个不错方法。除了加利福尼亚州，美国其他一些缺水地区也已经开始实施"水银行"工程。

（二）健全抗旱法律法规体系

美国经过长期探索实践，形成了较为完备的干旱管理政策和法规体系，走上了依法管水、依法治水的道路，相关机构设置比较健全，职责分工相对明确。自20世纪70年代开始，美国调整了水资源开发利用思路，进一步强化了相关立法。联邦、州、地方制定了一系列的包括干旱预防应对、水资源管理、环境保护、排水、地下水开采方面的法规，明确了各方权利和责任，有效促进了水资源保护，提高了水资源的利用效率。1970年国会针对植被和水源保护问题通过了《环境保护法》，1978年颁布《未来的水政策》，1995年通过《水质法》，1997年通过《土壤和资源保护法》，将包括对水资源在内的资源环境保护措施进一步细化。1998年7月第105届国会通过《国家干旱政策法》，其宗旨是"为预防和应付严重的干旱危机，对建立综合、协调的联邦干旱政策提供意见和建议"；2002年美国众议院通过《国家干旱预防法》，确立了基于预防和减灾的国家干旱管理政策，批准设立了联邦干旱管理机构并明确了其协调管理相关联邦援助的责任。此外，各州及地方也出台相关法规对水资源生产、流通、分配、供应及保护等环节进行严格规范，为干旱管理提供了法律保障。上述立法行为有效加强了水资源保护，提高了水资源利用效率。根据美国相关法律，一旦发生旱灾,从美国联邦政府到相关各州政府、各县均会按照相关法律进入抗旱状态,相关的应急预案逐级展开。

澳大利亚是较早进行干旱管理政策改革的国家,经过几十年的发展,在应对干旱方面已经取得了较大的成就。1992年澳大利亚联邦、州、区的部长第一次制定并通过国家干旱政策(National Drought Policy),1994年重申并实施了这一具有鲜明特色的抗旱政策,即农业部门的自力更生宗旨和有效的风险管理。抗旱政策鼓励农民及与农业有关的部门采取自力更生的方法来对付澳大利亚气候的复杂性和易变性,同时,新的抗旱政策也适应了极端气候条件下,维持和保护澳大利亚农业和环境资源的基础,确保农业和农业产业尽早恢复,使澳大利亚的农业长期保持在世界先进水平上。

由于西班牙干旱频发、造成损失大,西班牙政府逐步建立起了一整套行之有效的干旱管理制度。这一制度在应对历次灾害中发挥了重要作用。归纳起来,包括干旱监测、管理规划和风险管理等几个环节。

(三)加强监测和预警系统建设

经过长期发展和改进,美国的干旱监测体系已相当完备,联邦及各州政府均明确了有关机构,建立了基于空、天、地等各类监测和统计手段的监测网络,能够及时获取各种尺度的气象、水文、农作物、森林火灾及经济、社会等方面的干旱影响信息。仅以美国地质调查局建立的全国地下水监测网为例,20世纪30年代已有3000多个地下水监测井,50年代发展为20000多个,迄今已有42000多个,其中相当部分已实现自动实时监测、远程数据传输和互联网发布,一旦地下水位低于预警水位值时,可立即发出预警信息。综合性干旱监测预警系统建设开始于20世纪末,1998年国家干旱减灾中心与国家海洋和大气管理局气候预测中心、农业部、商业部等共同开发了国家级的干旱分级和监测系统,综合运用地质调查、人工观测、远程传感器、航空航天遥感等多种手段,定期汇总分析气象资料以及来自联邦、州、地方等相关机构的监测数据,实时追踪分析全美范围内的干旱程度、空间范围及其影响,及时发布干旱监测预警信息。在信息预报上,美国于2003年正式建立了国家干旱信息综合系统(NIDIS),这个系统是以使用者为主的干旱信息系统,此后进行了多次升级。系统结合了气象数据、干旱预报及其他信息,对潜在的干旱发展进行预报和评估,并为减轻旱灾提供详尽的数据和建议,以降低旱灾的破坏。实际运行中一般是每周发布一次,包括图形产品和文字产品,主要内容是过去一周干旱状况、当前全国各地区受干旱影响程度,以及未来一周干旱发展趋势预测等信息。除此之外,用户还可从该系统获取诸如历史干旱监测分布图、干旱改变对比图、干旱影响评估图、干旱短期混合指标图、干旱长期混合指标图等,较好地满足了不同行业和领域的干旱信息需求。这个由美国政府出资建立的系统目的在于提供科学信息给美国大众和私人部门,让社会各界了解干旱的威胁,提早采取应对措施。NIDIS主要通过互联网、电台以及报纸等媒体发布信息,自开始运行以来因其分类分级标准合理多样、监测图示文字准确翔实的优点,应用领域不断扩大,用户涵盖了农产品生产经营者、股票期货交易商、议会代表及联邦、州政府机构等诸多群体。

过去的30年里,欧盟国家的干旱在数量和强度上都有大幅的增加。1976~2006年,干旱影响面积和人口增加了近20%,其中一次影响范围最广的干旱发生在2003年,超过1亿人口和欧盟领土面积的1/3受到影响,灾害给欧洲经济造成了至少87亿欧元的损失,30年里的总损失更是高达1000亿欧元,年平均损失是同期的4倍。随着人口增长、旅游业发展及灌溉需求的不断增加,地中海国家的水资源长期处于短缺状态。针对这一问题,自2006年开始,塞浦路斯、西班牙、意大利、希腊、摩洛哥、突尼斯等国的相关政府和部门开始实施地中海地区干旱应对和减缓计划(Mediterranean Drought Preparedness and Mitigation Planning,MEDROPLAN),旨在加强地中海各国抗旱防灾的准备工作,缓解持续干旱造成的恶劣影响。该计划的具体工作包括收集和分析干旱相关信息、为各国进行旱情分析和风险预测、定期更新干旱管理指南、在地中海国家宣传抗旱知识、为地中海各国建立干旱预防网站的框架等。目前该计划已经取得一定成果,包括已出版《干旱管理指南》、发布抗旱相关电子读物、建立了干旱预防网站等。

(四)加强抗旱组织建设

1998年,美国成立了国家干旱政策委员会(NDPC),由农业部部长担任主席,主要负责统筹考虑联邦、州及地方的干旱管理法律和项目,研究拟定综合性的国家干旱管理政策。2002年设立了国家干旱理事会,成员包括联邦应急管理局局长、内务部长、国防部长、农业部长,各州、郡、市的行政首长,以及有关部落、自然资源保护区的代表。其主要职责是制定、实施国家干旱管理政策和行动规划并对其开展评估,研究建立相关的激励机制,促进有关援助的一致性和公平性,改进国家干旱监测网络,制定干旱预防和应对规划编制指南,提升公众的干旱防灾、减灾意识等。通过一系列的法律明确了联邦层面各涉水机构的职责划分问题:农业部负责农业水资源的开发、利用和环境保护;美国地质调查局水资源处负责收集、监测、分析、提供全国水文资料,为水资源开发利用和工程建设提供政策建议;美国环保署负责制定和实施水资源环保规定和标准;陆军工程兵团负责政府投资兴建大型水利工程的规划设计与管理。根据《国家干旱预防法》设立的国家干旱理事会,负责统筹各方资源制定国家层面的干旱管理政策和行动规划。总体上看,各机构之间的职责划分是清晰明确的,实践中的沟通和协作比较顺畅高效。

(五)加大政府对防灾减灾的投入

在资金方面,美国联邦政府每年都有专门的预算,并注重多方融资,综合运用财政、保险、再保险、贷款、期货、债券等手段,为干旱管理提供资金保障。特别是在农业干旱减灾方面,经过多年发展和完善建立了较为完备的旱灾风险管理体系。与干旱有关的农业补贴政策主要有灾害补贴、作物保险补贴、农业资源保护和保护性利用补贴、土地休耕保护补贴、资源保护培育补贴等。资金投入力度较大,仅1980~1990年就出资250多亿美元,用于补贴农业巨灾保险项目"特别灾害救助计划"。1994年出台了《农作物保险改革法》,并据此建立了具有强制性的"巨灾风险保障机制",并推出了"农民家庭紧急贷款""农民互助储备"等计划,保证农民因干旱、洪涝、风雹和病虫害等灾害造成农作物损失时可以获得及时救助和补贴。通过财政补贴、向私营保险公司提供再保险、发行农业自然灾害债券等方式,有效降低和分散了巨灾保险风险,保障了农作物保险制度的平稳进行。

澳大利亚联邦政府正在实施一项新的乡村改革计划(The New Rural Adjustment Scheme),这一援助措施包括四个方面的内容:对农业结构调整和提高生产力进行援助;在旱灾或其他原因造成的异常困难情况下提供援助;对农民提高生产技能提供援助;在农民经济特别困难时提供援助。在旱灾或其他原因造成的异常困难情况下提供援助方面,在农业异常萧条时期,高于商业贷款利率和(或)现有债务利率50%的利率补贴将由联邦和州联合提供。农业经营必须符合以下条件才可以获得利率补贴:暂时处于严重的经济困难时期,从长远看有效益,但只有提供利率补贴才能获得商业资金。资助额度灵活以及利率补贴率高于50%是国家干旱政策的永久特征,从而可以避免在危机时执行临时政策。银行允许灵活的贷款偿还期限,提供利率补贴的措施也将持续很长一段时间,这对避免农民在异常萧条时期偿还债务将会大有帮助。对于不能应付日常生活开支的农民,将引入新的援助措施。对于有严重经济困难,且不能获得商业资金以满足生存需要的农民,可以接受农业家庭援助。新的立法规定,农业家庭援助将由社会安全部委托代理机构进行。申请农业家庭援助这项新措施的必要条件正在考虑之中。

(六)加强科技抗旱

澳大利亚特别重视科技抗旱,卫星技术是澳大利亚农业科技革命的又一部分。澳大利亚内陆连绵广阔的农田十分适合卫星导航耕种,这场农业科技革命使澳大利亚农产品出口收益在过去10年增长了30%,使自然降水利用率提高了250%左右。在卫星导航系统帮助下,拖拉机精确作业,误差不超过2cm,可以将整块地分成一垄一垄,每垄25cm宽,撒种与施肥一次完成。在新南威尔士洲纳拉布里郡棉花生产基地,待2/3棉桃成熟吐出洁白的棉絮后,对棉田喷洒脱水剂,使整个棉株失水,促使全部棉叶迅速脱落,同时强制顶部棉干裂吐絮。这时,由采棉机进行采收作业。每台采棉机一天可完成上百公顷棉花的采收。昂伯斯估计,澳大利亚约20%的农场利用卫星导航系统进行耕种,尽管可能只有5%甚至更少的农民使用这种技术。

此外,随着科技的发展,免耕技术在澳大利亚农业机械化作业中也得到广泛应用。澳大利亚谷物理事会的艾伦·昂伯斯估计,澳大利亚现已有60%的耕地采用先进的免耕或少耕技术。这种耕作技术取代了传统的耕作方式,由于不需要犁地,秸秆残茬的水分和营养得以保存在土壤里,这样一方面增加了水分渗透到土壤里,另一方面增加土壤有机物的保留和土壤养分的循环,在许多农业地区它还可以减少或消除水土流失。昂伯斯估计,如果使用20世纪七八十年代的耕作方式,澳大利亚2008年从干旱土地上获得的小麦收成可能只有300万t,而不是现在的1000万t。目前,采用免耕技术,澳大利亚正常年份的小麦总产量接近2500万t。昂伯斯说:"澳大利亚率先开发免耕技术。重复犁耕、焚烧秸秆等传统耕作时代已经一去不复返了。"

(七)加大公众教育

公众教育是成功预防干旱的一个关键因素。很多人在干旱时期能够意识到需要采取节水措施和其他抗旱措施。美国目前已有很多成功的公众教育运动的范例，这些活动大多数是由地方和州政府或由私人和非政府机构组织实施的。例如，加利福尼亚州城市节水理事会总结的14条最有效果的节水管理实践中，有三条和开展公众教育、增强公众意识和加强交流有关。其中一条要求建立一个节水协调中心专门负责干旱信息联络，另外两条要求制定并实施协调的公众和学校教育项目。这些教育项目包括培训班、干旱新闻通信、公共服务信息发布、媒体宣传、会议讨论、课程设置、公益事业决议和交互性的参与决策过程等。这些活动不仅将提供服务的部门和需要服务的用户联系在一起，而且有助于人们提高干旱预防意识，从而减少高昂的干旱损失。

在澳大利亚，当许多农民都实施了有效的风险管理，并采取了提前应对干旱的措施后，农业管理人员学习新技术、提高生产技能的需求将进一步增加。农民在生产经营中需要获取信息，获得教育和培训材料，参加培训课程以及学会操作设备，这样才能提高他们应对风险的能力，实现财产管理计划目标。联邦政府的一项重要任务是制订和实施一系列计划，向农民提供信息、服务和培训，以帮助农民实施决策；每个州都要成立指导小组，以针对农民和农业顾问的特殊要求制订和实施相关援助计划。

第二章 我国水旱灾害防治的 发展阶段及主要经验

第一节 我国水旱灾害分析

一、我国水旱灾害现状

我国是世界上水旱灾害最为严重的国家之一。据2014年中国水利统计年鉴,1950~2013年全国洪涝灾情年平均受灾面积983.8万hm²,其中成灾面积543.9万hm²;据1990~2013年灾情统计资料,洪涝灾害造成的直接经济损失居各种自然灾害之首(2008年四川地震灾害除外)。旱灾方面,1950~2013年全国干旱灾情年平均受灾面积2112.5万hm²,其中成灾面积943万hm²。随着气候变化和工业化、城镇化发展,我国水利形势更趋严峻,增强防灾减灾能力要求越来越迫切。

从统计看,我国洪涝灾害呈现受灾范围广、人员伤亡较重,直接经济损失严重等特征。在经济社会快速发展的过程中,一方面人类应对洪涝灾害的科学技术水平明显提升,另一方面社会经济系统的脆弱性也日益增强,在经济发展过程中出现的与水争地、快速城市化等行为已经或将会加剧洪涝灾害的破坏程度。受灾面积方面,因洪涝造成的受灾面积呈现增长趋势,特别是1991年、1996年、1998年、2003年,均超过2000万hm²。死亡人口方面,从1976年开始,因洪涝灾害造成的死亡人口逐渐减少,1999~2013年,平均每年因洪灾死亡的人口为1441人。因此,从长远来看,随着全球气候变化加剧,台风、强降雨等极端气候事件日益增多,我国洪涝灾害在长期将表现出发生频率上升、不确定性增强的趋势。

干旱发生的频率和影响范围也在扩大。回顾新中国成立以来出现的数次干旱灾害高峰期,从受旱、成灾面积看,1957~1962年、1972年、1978~1982年、1985~1989年、1991~1995年、1997年、1999~2001年属于干旱高峰期(含高值年),年均受旱面积均在3000万hm²以上。特别是1959年、1960年、1961年、1972年、1978年、1986年、1988年、1992年、1994年、1997年、1999年、2000年和

2001年这13年，每年受旱面积均超过3000万hm²。据1950～2013年的统计资料，在全国范围内，局地性或区域性的干旱灾害几乎每年都会出现，我国旱灾发生的频率和强度，以及受灾人数和

图1-2 全国1949～2013年洪涝灾害损失情况

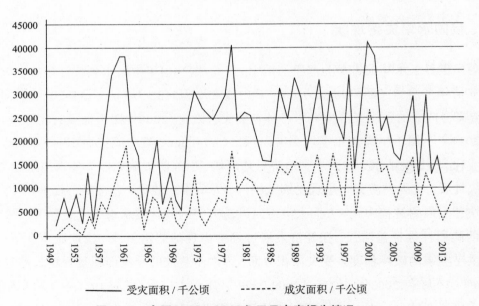

图1-3 全国1949～2013年干旱灾害损失情况

财产损失程度均有增长的趋势。严重的干旱灾害对我国社会生产力造成了严重破坏。特别是进入21世纪，中国北方地区旱灾持续，南方多雨地区季节性干旱也日趋严重，干旱呈现从北向南、从西向东扩展的趋势。因区域降水变率加大，气温、地温升高，社会经济迅猛发展，水资源供需处于紧平衡状态，全国水资源总量下降，北方地下水浅层水位与储存量持续下降，加剧了农业干旱。2000年和2001年是特大干旱年，2001年是2000年的延续；2002年、2003年、2006年、2007年、

2009年是严重干旱年；2010年局部地区干旱严重，但从全国范围来看，属于中度干旱年；2004年、2005年、2011年、2013年没有发生大范围程度重的干旱过程，干旱较轻，2008年春旱严重，但后期影响较小，也属轻度干旱年。

20世纪90年代以来，我国水旱灾害呈现以下发展趋势。

水旱灾害损失呈增加的趋势。全国年均受灾面积、成灾面积不断增加，水旱灾害对经济社会的影响越来越大。

洪涝灾害方面，大江大河得到基本治理，防洪减灾能力增强，江河水患减少，而中小河流洪水灾害有所增加，随着城市化发展，城市暴雨灾害加剧。此外，人类活动深入高风险区，山洪、泥石流等灾害增多。例如，湖南省由于位于长江中游以南，由于特殊的地理位置和气候条件，洪涝灾害频发，其中山洪灾害占有相当大比例，造成的人员伤亡多、财产损失重。

干旱灾害方面，不仅北方而且南方和东部一些多雨区旱灾发生的概率也在增加。例如，黑龙江东部的三江平原涝区近几年也发生干旱，2001年长江流域发生了春夏秋连旱，2002年广东东部、福建西南部发生了新中国成立以来最为严重的干旱，2003年长江以南部分省份还发生了历史上罕见的大范围的严重伏旱和秋冬连旱，许多地区旱情还持续到2004年春季。影响的范围从农村向城市蔓延。在连年发生干旱，水利工程蓄水严重不足时，城市出现了供水紧张的局面。2000年我国北方地区出现了新中国成立以来最为严重的城市供水紧张局面。

水旱灾害影响的领域已由农业为主扩展到林业、牧业、工矿企业和城乡居民生活，甚至影响航运交通、能源等基础产业，已成为影响经济社会可持续发展的制约因素。如1997年黄河下游断流，对农田灌溉、油田生产、河口生态以及沿黄地区城乡人民生活都造成了影响。此外，水旱灾害还加剧了生态环境恶化。如北方地区一些河流有河皆干、有水皆污，牧区草场退化，土地沙化，大自然对水旱灾害的承受能力下降，又增加了水旱灾害发生的频率和损失。

二、1950～2000年我国汛期旱涝气候的年代际变化

受季风气候的影响，我国汛期降水的年际变化较大，而且还存在着年代际气候振动，特别是进入20世纪90年代以来，我国汛期旱涝灾害越发频繁。1990～1998年，华南、长江流域、淮河流域、辽河以及松花江流域等地相继都发生过严重的洪涝灾害，其中1998年长江流域发生了仅次于1954年的特大洪涝灾害。而1994年长江流域夏季高温干旱，也是历史上严重干旱的年份之一。气候的异常变化不仅影响了国民经济的发展，而且使人民生命财产受到很大损失。

通过对1951～1998年我国汛期降水资料的分析，我国东部地区季风降水总趋势具有年代际尺度的气候振动，其中，长江中下游梅雨、华北雨季、黄河流域强降水以及台风活动等都表现出一定的年代际气候振动。总的来说，近50年内我国北方汛期降水为由多到少的变化趋势，南方尤其是长江流域，20世纪80～90年代为增多时期。90年代夏季全国降水比80年代明显增多，洪涝灾害频繁，但分布不均，年际变化较大。

（一）我国东部地区季风降水总趋势的年代际变异

1. 汛期（4～9月）降水总趋势的10年际时间尺度的变化

我国东部地区汛期降水总的趋势有着比较明显的气候振动，其中年代际变化特征较突出。具体表现为在近50年内，20世纪50年代全国雨水偏多，60年代和70年代降水减少，到了80年代降水减少最为明显，进入90年代后降水又开始增多。

2. 汛期季风雨带分布的年代际变化

汛期降水不仅在总趋势上有年代际变化，而且在季风雨带的位置分布上也具有年代际的特点。我国雨带分布基本上有两种形式，一种是雨带呈纬向分布，如20世纪60年代、70年代和80年代，其中，60年代为北多南少，主要多雨带在黄河流域；70年代为中间少南北多，主要多雨带位于华北北部至西北东部一带，同时在江南也有一条多雨带；80年代为中间多南北少，主要多雨带位于长江流域。另一种是全国大范围多雨，雨带的纬向分布不明显，如50年代和90年代。降水的气候变化特征，在各个区域降水中同样也有不同程度的反映。下面分别对长江中下游、黄河流域以及华北和东北等地区汛期降水进行分析。

（二）长江中下游梅雨的气候变化

1. 长江中下游梅雨强度的年代际气候振动

长江中下游梅雨强度不仅有着较大的年际变化，而且也有一定的年代际气候振动。根据国家气候中心的梅雨资料，1951～1998年长江中下游梅雨强度存在两种变化趋势，一种是4～5年的准周期波动，另一种是年代际尺度的气候振动。长江中下游梅雨强度在50年内经历了一个由强转弱和由弱转强的气候变化过程。其中，20世纪50年代中期梅雨为偏强时期，50年代末到70年代为减弱时期，70年代末到90年代为加强时期。在梅雨期长度上，其变化趋势基本上是相同的，即60～70年代梅雨季节长度相对较短，而80～90年代梅雨期长度相对较长。

2. 长江中下游入梅的年代际气候振动

通过分析长江中下游入梅和出梅发现，入梅的迟早有年代际时间尺度的气候振动。根据长江中下游入梅各年代的统计值可知，20世纪70年代和90年代入梅偏早，平均在6月14日；而60年代和80年代入梅偏晚，平均在6月22日。近50年的多年入梅平均日期是6月18日。据此可推算，50年代梅雨开始期接近常年稍偏晚，而从60年代以后梅雨期具有10年左右的准周期变化。因此，长江中下游的雨季降水具有比较明显的年代际气候振动，而90年代是入梅偏早、雨季长度较长和雨季强度偏强的气候时期，正是在这种气候背景下，90年代是长江流域发生洪涝最频繁的时段，根据资料显示，在近50年内长江流域梅雨最强的7年中，90年代有3年，包括1991年、1996年、1998年，其中，1998年长江流域的洪涝灾害仅次于百年不遇的1954年。

（三）黄河流域强降水的气候变化

黄河流域汛期旱涝往往与强降水过程的异常变化相关，根据黄河流域1966～1998年共33年汛期(5~9月)22个站的大雨(25~49mm)和暴雨(大于50mm)日数资料,分析黄河流域强降水气候变化。22个站包括黄河上游的兰州、中宁、银川、磴口、东胜和河曲6站,黄河中游的隰县、运城、洛阳、天水、西安、平凉、西峰镇、吴旗、洛川、太原、介休、阳城12站,黄河下游的郑州、菏泽、济南、惠民4站。

1. 黄河流域汛期大到暴雨频次的气候振动

根据黄河流域历年5~9月大到暴雨资料,1966~1974年大到暴雨日数的年际变化虽然相对较小,但也反映出一种偏弱的减少趋势;之后从1975年开始到1985年则是大到暴雨日数明显增多时期;与此相反,其后1986~1995年为明显减少时期。由于20世纪80年代中期以后大到暴雨强降水频次的减少,在这10多年里黄河流域的干旱越来越发展,黄河断流也逐趋严重,相反,洪涝灾害较少。此外,1996年以后大到暴雨日数的偏少趋势已有很大的减弱,这可能预示着从90年代后期开始,黄河流域将进入强降水的增多时期。同时,在黄河流域上,每年汛期期间平均大雨日数和暴雨日数的年际变化基本上是一致的,但仍有1/3的年份二者的年际变化不一致。虽然如此,它们的年代际气候振动是同步的。而90年代中期以后,黄河流域强降水转为增多趋势,暴雨频次比大雨频次更明显些。

2. 黄河上、中、下游流域强降水的气候变化特征

黄河流域从西北到华北经9个省、自治区,因此这些地区的汛期降水特征不可能完全相同。为此,在整个流域分析的基础上,研究发现,各地区都具有明显的年代际气候振动,但是各区强降水气候变化的主要转折时期并不一致,且黄河下游强降水气候变化具有特殊性。上、中、下游地区均存在10年际尺度的气候变化趋势。上游地区,汛期平均大雨日数在20世纪60~70年代是明显的增多时期,80年代以后是明显的减少时期。暴雨日数的变化趋势大致相仿,但60年代后期至70年代前期是一个减少时期。中游地区,大雨日数在1975年以前的10年中呈减少趋势,1976~1985年是增多时期,1986年以后是减少时期,其中80~90年代变化幅度较大。暴雨日数的变化与大雨日数的变化基本一致,只是前10年的气候变化趋势不太明显。下游地区,大雨日数在60~70年代相对偏少,80~90年代相对偏多。黄河下游地区暴雨日数的气候变化与大雨日数并不一致,70年代初暴雨日数明显增多,之后则持续为减少时期,80~90年代减少较明显。此外,近10年黄河流域强降水变化具有同步性。黄河流域上、中、下游地区强降水气候变化虽然有着各自的变化特征,但在20世纪80年代中期以后它们的变化趋势却基本上是一致的,到了90年代中期以后强降水的减少势头明显减弱,而且都表现有可能转为增多的气候倾向。

(四)华北和东北地区降水的年代际变化

1. 华北雨季降水的年代际变化

根据1951~1998年雨季强度和雨季时间长度资料,20世纪50年代华北雨季强度较强,雨季长度也较长,从60年代开始雨季强度和长度却为减弱趋势,80~90年代初是华北地区雨季降水最弱的时期,1994年以后雨季的降水强度和长度开始有了增强的趋势。

2. 华北主汛期(7月下旬至8月上旬)降水的年代际变化

通常7月下旬至8月上旬是华北汛期降水的主要时期,因此主汛期的降水量基本上也能反映华北的雨季状况。华北地区20世纪50年代和60年代降水最多,80年代降水最少,平均50年代比80年代的降水量要多44%。此外,华北汛期降水的强降水时段出现时间也存在着一定的年代际气候变化,出现时间有前后移动,即最大旬平均降水量50年代偏晚(8月上旬),60～70年代偏早(7月下旬),80～90年代偏晚(8月上旬)。此外,根据90年代的旬平均降水量变化,虽然最大旬平均降水量出现在8月上旬,但汛期降水的时间分布与其他年代有很大的不同。表现在7月上、中旬的平均降水量都大幅度地增加,并且是50年代以来同期的最大值。与此相应,7月中旬的平均降水量已超过7月下旬的平均降水量。相反,90年代汛期后期8月中旬的平均降水量却是明显减少,而且也是50年代以来同期的最小值。90年代汛期降水的这些气候特点,似乎反映出华北地区汛期降水季节有提早的气候趋势。

3. 东北地区夏季降水的年代际变化

通过分析东北松辽平原地区夏季降水指数的气候变化,发现同样也存在着15年左右的气候振动。其中,20世纪50～60年代中期降水偏多,60年代后期至80年代初降水偏少,80年代中期至90年代降水又复增多。1994年、1995年和1998年东北接连发生严重洪涝,与90年代的降水气候背景也有一定关系。

(五)结论

由以上分析可初步得出以下结论。

第一,1950～2000年全国汛期降水存在着明显的10年际尺度的气候振动,总体上,出现北旱南涝的气候趋势,即北方汛期降水为由多到少的气候变化趋势,南方地区尤其是长江流域,在20世纪80～90年代为增多趋势。

第二,20世纪90年代气候异常显著,全国夏季降水趋势比80年代明显增多,但分布不均,年际变化大,长江流域洪涝频繁,同时北方地区由于强降水有所增加,局地洪涝和突发性灾害增多。

第三,1950～2000年我国汛期旱涝气候的年代际振动,特别是20世纪90年代的异常变化,均与气候变化有关。其中,赤道太平洋和北太平洋海温距平场,在60～70年代与80～90年代就有明显的不同,70年代中期以前平均海温距平场为拉尼娜气候位相占优势;70年代后期以后则基本相反,平均海温距平场为厄尔尼诺气候位相占优势。同样,对于北半球500hPa月平均高度距平场,在70年代中期以前高度场相对偏低,在70年代中期以后高度场相对偏高。与此相应,北半球副热带高压在60～70年代相对偏弱,80～90年代相对偏强。

三、人类活动对水旱灾害的影响巨大

近年来的大量理论研究和观测分析表明,人类活动正在无意识地改变着区域,乃至全球气候,甚至是区域的水旱灾害。人类活动的影响主要通过两个方面。一方面是使CO_2等温室气体增加，从而改变大气中非绝热加热的分布，使全球变暖，进而影响大气环流、气候和水旱灾害；另一方面通过改变下垫面的物理属性，如草原、森林植被、土壤温度和湿度、反照率、粗糙度等，影响局地或区域的气候和水旱灾害。

（一）毁林开荒导致森林植被减少和大面积水土流失，破坏了水旱灾害的缓冲作用，使灾害日趋严重

众所周知，森林植被既可减少蒸发、减少地表径流，增加降水，又可截留降水、涵养水源、保持水土、调节径流，改变局部地区的水分循环，从而调节气候，既能防治洪水又能防治干旱。据推算，1万hm²森林所能蓄的水量，相当于一座库容为300万m³的水库。森林被盲目砍伐，一方面在暴雨之后不能蓄水于山上，使洪水峰高量大，增加了水灾的频率；另一方面增加了水土流失，使水库淤积，库容减少，也使下游河道淤积抬升，降低了调洪和排洪的能力，并易导致干旱。

以黄河流域为例，在周朝时期森林覆盖率曾为53%，随着人口增加，毁林造田，至1949年森林覆盖率已降至3%。不合理地利用土地导致严重的水土流失，目前黄河流域水土流失面积达54万km²，年输沙量16亿t，约1/4的泥沙淤积于下游河道，使河床平均每年抬升8～10cm，泄洪能力大为降低。长江流域在唐代以前森林覆盖率达85%以上，随着人口持续增长，迫使人们毁林开荒，水土流失面积急剧增长，水旱灾害频率加大。以四川为例，元朝时期森林覆盖率为50%，1949年降至20%，20世纪80年代末又降至12%；20世纪50年代水土流失面积为9万km²，70年代增至36.4万km²，年损失土壤5亿t。四川省水灾在20世纪50年代出现4次，70年代8次，80年代几乎年年发生；旱灾50年代出现2次，70年代8次。许多人认为，生态环境的破坏是中国水旱灾害日趋严重的主要原因。

此外，盲目围垦江湖滩地，使河道变窄，湖泊水库淤积，导致蓄、滞洪面积缩小，泄洪能力降低，也是造成洪涝灾害的重要原因。如长江下游河道及太湖地区，由于盲目围垦，已减少蓄洪面积约530km²，致使1991年大水到来之时，不得不炸开多处大堤泄洪，导致下游地区大范围农田和村庄被淹。

（二）部分堤防、水库等防洪水利工程及农田基础设施的质量较低，加之老化失修，导致淤积，隐患严重

1954～2006年全国有3498座垮坝水库，按年代划分，1954～1990年，共有3260座水库垮坝，年均约88座；1991～2000年，共有227座水库垮坝，年均约23座；2001～2006年，共有35座水库垮坝，年均6座。在各类溃坝原因中，漫顶是最主要的原因，占47.8%，其中由超标准洪水导致漫坝破坏的占12.9%，由泄洪能力不足导致溃坝的占34.9%。从我国建坝的历史来看，绝大多数坝都是新中国成立初期几个年代修建的，水文系列短，对水库防洪库容和泄洪能力估计不足，再加上技术水平有限和没有意识到后果的严重性，许多水库设计和建设标准低。在所有漫坝而溃决的水库中，处于施工期破坏的占18%，处于停建状态破坏的占10.1%。此外，水利工程失修及农田基础设施的薄弱，导致抵御水旱灾害的能力下降，也是使灾情日趋严重的原因和隐患。

第二节　我国水旱灾害防治的发展阶段

我国疆域辽阔,自然地理条件复杂,降雨的时空分布十分不均,由此导致水资源的时空分布不均与耕地分布和生产力布局不相匹配,是导致我国干旱灾害频繁发生的主要致灾因素。从水和人的关系上来看,在历史长河中,我国的水旱灾害防治活动大体上经历了三个阶段。第一阶段,以人类适应自然为主要特征的远古洪荒时代,人类发展处于初始阶段,生产力水平低,认识自然、改造自然的能力有限,人类更多的是惧怕水,一旦洪水来临,人类"择丘陵而处之",主要以躲避洪水为主,更有地方将水尊为神。第二阶段,以人类改造自然为主要特征的近现代,随着生产力水平和人类认识水平的提高,人类改造自然的意愿和能力随之增强,在洪涝、干旱等自然灾害面前,逐渐总结经验,修建水利工程控制洪水、蓄水备旱、引水抗旱,从而达到抵御洪水侵扰、减少洪旱损失的目的。第三个阶段,以人水和谐相处为主要特征的现代,随着人类对自然认识逐渐深入,人类开始反省盲目改造自然带来的严重后果,逐渐开始意识到人与水和谐相处的重要性,坚持以人为本,全面、协调、可持续的科学发展观,解决由于人口增加和经济社会高速发展出现的洪涝灾害、干旱缺水等水问题,使得人和水的关系达到一个协调的状态,使得有限的水资源为经济社会的可持续发展提供久远的支撑,为构建和谐社会提供基本保障。

与人水关系的发展相似,新中国的水旱灾害防治工作大致可以分为三个阶段。

一、起步阶段：1949年至20世纪70年代中期

新中国成立以后,党和国家把"农业是国民经济的基础""水利是农业的命脉"作为治国安邦的大事来抓,中国人民开展了声势浩大的江河治理和防汛抗旱工作,水利基础设施建设快速发展,农业的基础地位不断增强,抗旱减灾的能力不断提高。

新中国成立初期,我国河流众多,水患灾害频发,长江、黄河、淮河等在新中国成立后不久都相继出现洪水灾害。水患灾害的频发不仅严重危害到人民群众的生命财产安全,而且也影响着我国的经济建设。在这样的条件下,毛泽东将水利工作的重点放到消除水患上来,提出了修好淮河、办好黄河、根治海河等治理措施,他关于淮河、黄河、海河、长江等治理的这些指示以及随后的治理行动在中国水利建设中具有重要地位。新中国成立之初毛泽东亲自抓的四大水利工程(周文姬,2009),为我国防洪抗旱工作打下了坚实的基础。

在这一时期,主要做了以下几方面工作。

(一)初步建立了组织体系

1950年,中央防汛总指挥部和黄河防汛总指挥部正式成立,随后成立了长江防汛总指挥部,根据防汛工作需要,一些重点省防汛指挥部也陆续建成。

（二）编制实施了江河治理规划

新中国成立初期，中央确立了"蓄泄统筹、以泄为主"的重要江河治理方针，根据各江河流域特点，研究落实各种治理措施，完善防洪工程体系。淮河、黄河、长江、海河等流域的全面治理先后展开并取得成效。

（三）初步构建了防汛抗旱工程体系

防汛抗旱是一个宏大的、涉及面广泛的、流域性的系统工程。新中国成立初期，中央初步构建了防汛抗旱工程体系。一是大江大河堤防初步形成，陆续新建、加固了淮河、长江、黄河、海河等流域骨干河道堤防。二是大中型水库群初具规模，在各大江河干支流上加紧修建综合利用水库。三是在主要江河上开辟了蓄滞洪区。四是初步进行了河道治理，对稳定河势、扩大河道泄洪能力起到了显著作用。

二、发展阶段：20世纪70年代中期至1998年

20世纪70年代中期以来，在对"75·8"淮河大水反思后，我国防汛抗旱逐步从依靠工程措施向工程与非工程措施相结合转变。这一时期的防汛抗旱工作主要体现在如下几方面。

（一）大幅度提高了工程防洪标准

根据"75·8"大水资料，对国家工程设计洪水计算规范进行了修订，并对全国重要防洪工程进行了安全复核，大幅度提高了工程防洪设计标准。与此同时，国家较大幅度地加大了水利投入，黄河、长江等流域堤防得到新一轮加固、整修，分期分批展开了病险水库的除险加固工作。

（二）加强了蓄滞洪区安全建设

1988年，国务院批转了《蓄滞洪区安全与建设指导纲要》，据此，国家防办组织编制了《全国蓄滞洪区安全与建设规划》，在荆江分洪区等重要蓄洪区修建了撤退道路、安全台等安全设施。

（三）加强了水利基础设施建设

国家高度重视农业灌溉在抗御干旱、发展农业、保障粮食安全中的关键作用，坚持不懈地组织广大农民开展农田水利建设，不断扩大灌溉面积，完善灌溉设施，增强抗旱能力，在历年抗旱减灾斗争中发挥了不可替代的重大作用。1991～1998年，全国平均每年抗旱浇灌农田0.33亿hm²左右，挽回粮食损失3300多万t。

（四）加强了预警预报系统建设，预案建设取得突破

这一时期，其建成防汛专用微波通信干线15000多km，微波站500多个，同时在全国19个重点

防洪地区建成了集群移动通信网，在26个重要蓄滞洪区建立洪水预警反馈系统，在大中型水库建立了200多个库区自动测报系统。1985年，国务院批复了黄河、长江、淮河、永定河防御特大洪水方案，随后，国家防总和各地防指相继制订了其他大江大河的洪水调度方案。

（五）加强了法律法规建设

1988年，国务院颁布了《中华人民共和国河道管理条例》；1991年，国务院颁布了《中华人民共和国防汛条例》；1997年，《中华人民共和国防洪法》颁布施行。这些法律法规为我国防治洪水、减轻洪涝灾害提供了法律依据。

（六）加强了组织体系建设，确立了行政首长防汛责任制

国务院和中央军委于1988年决定撤销中央防汛总指挥部，成立国家防汛总指挥部，并于1992年将国家防汛总指挥部更名为国家防汛抗旱总指挥部，将防汛和抗旱两项职能合并为一个机构管理，全国地方各级政府也相应依次逐级单设了防汛抗旱指挥部办事机构，国家、省、市、县各级政府的指挥体系逐步建成。1991年《中华人民共和国防汛条例》的颁布实施，在法律意义上明确建立了以行政首长防汛责任制为核心的防汛负责制，切实加强了对防汛工作的组织领导。

（七）建立了专业化防汛抗旱抢险队伍

随着农村外出务工人员的增多，我国的防汛抢险和抗旱救灾工作也从主要依靠群众为主向专群结合转变，相继在黄河流域和河南、河北、辽宁等省成立了重点防汛机动抢险队，各地抗旱服务组织建设取得了突破性进展，在防汛抗旱减灾中发挥了重要作用。

三、完善阶段：1998年至今

1998年长江、松花江大水结束后，党中央、国务院确立了"全面规划、统筹兼顾、标本兼治、综合治理、兴利除害结合、开源节流并重、防汛抗旱并举"的治水方针，水利部确立了"由控制洪水向洪水管理转变，由单一抗旱向全面抗旱转变"的新治水思路，并进行了一系列富有成效的治水实践。防汛抗旱工作步入了一个全新的发展时期，为实现人和自然和谐相处提供了实现途径，同时也对进一步做好新时期防汛抗旱工作提出了更高要求。这一时期的防汛抗旱工作主要体现在以下方面。

（一）工作思路不断创新

国家防总提出了"由控制洪水向洪水管理转变，由单一抗旱向全面抗旱转变"的防汛抗旱工作新思路。在防汛工作中，注重实施洪水风险管理，依法科学防控，统筹上下游、均衡左右岸、协调干支流；注重规范人类活动，给洪水以出路；注重推行洪水资源化，在保证防洪安全的前提下，想方设法调蓄和利用洪水资源。在抗旱工作中，从农业扩展到各行各业，从农村扩展到城市，

从生产、生活扩展到生态;采取综合措施,增强预案的可操作性,提高抗旱工作的主动性。

(二)工程体系不断完善

全国开展了新一轮大江大河治理工作,长江三峡等重要水利枢纽相继建成,大江大河干流堤防加固加快实施,平垸行洪、退田还湖、疏浚河湖等工作全力推进,病险水库除险加固和人饮解困工程不断展开。目前,我国大江大河主要河段已基本具备了防御新中国成立以来最大洪水的能力,中小河流具备防御一般洪水的能力,重点海堤设防标准提高到50年一遇;遇到中等干旱年份,可以基本保证城乡供水安全。

(三)责任制度不断落实

在建立健全防汛负责制的同时,逐步提出并在法规中确定了抗旱工作行政首长负责制。每年汛前,国家防总都要落实全国重点防洪工程的防汛责任人,并向社会公布。近几年来,国家防总通过联合监察部公布防汛责任人名单,强化了责任制监督力度。与此同时,各地也按照分级管理的原则,向社会公布了辖区内重要防洪工程防汛行政责任人,除此之外,还结合实际举办了形式多样的专题培训。

(四)组织机构不断健全

长江等7个流域成立或重组了防汛抗旱统一管理的指挥机构,进一步加强了流域防汛抗旱工作,中央、流域、省、市、县各级防汛抗旱组织指挥体系也已建立健全,并在一些水旱灾害易发地区,探索成立了乡镇级防汛抗旱组织。

(五)法规预案不断完善

国务院于2000年颁布了《蓄滞洪区运用补偿暂行办法》,此后又下发了《关于加强蓄滞洪区建设与管理的若干意见》,并于2009年颁布实施了《中华人民共和国抗旱条例》。《中华人民共和国抗旱条例》的颁布施行改变了以前抗旱工作无法可依的局面。近年来,国家又批复实施了《国家防汛抗旱应急预案》,修订了长江、黄河、淮河、永定河、大清河、松花江等流域防御洪水方案和洪水调度方案。随后,各省(自治区、直辖市)也陆续颁布实施了一大批防汛抗旱配套法规。

(六)保障能力不断健全

目前,国家在全国重点防洪区域组织建设了100支重点防汛机动抢险队,112支省级防汛机动抢险队,232支市、县级防汛机动抢险队。此外,1999年以来,解放军还建设了19支抗洪抢险专业应急部队。2009年武警水电部队被正式纳入国家应急救援队伍体系进行管理建设。截至目前,全国累计建成县级抗旱服务队1653个,乡镇级抗旱服务队9038个。此外,还在全国16个中央防汛物资定点仓库储备了价值1亿元的防汛抢险救援物资。

（七）科技水平不断提高

以国家防汛抗旱指挥系统为龙头的现代化建设全面推进，监测、预报、预警和调度的现代化水平进一步提高，初步建成了水情雨情监测系统、台风预报预警系统和大江大河主要河段的洪水预报系统。截至目前，全国20多个省份共建立了1000多个旱情监测站，建成3.7万余处水文监测站、8600多个报汛站点、50多套大江大河水文自动测报系统，建成了水情、工情、旱情等信息采集系统、计算机骨干网络和异地视频会议会商系统。

第三节　我国水旱灾害防治的主要成就

兴水利、除水害，历来是我国兴国安邦的大事。新中国成立以来，党和政府领导人民与水旱灾害进行了不懈斗争，取得了举世瞩目的成就。特别是近年来，党中央、国务院把防汛抗旱减灾当作改善民生的大事和要事来抓，不断总结治水经验，创新工作机制，防汛抗旱除涝并举，工程措施、非工程措施并重，推动防汛抗旱工作由控制洪水向洪水管理转变，由单一抗旱向全面抗旱转变，水旱灾害综合防御能力明显提高。在体制机制方面，初步形成了统一指挥、反应灵敏、协调有序、运转高效的应急管理机制；在工程体系方面，目前全国大江大河主要河段已基本具备了防御新中国成立以来最大洪水的能力，重点海堤按50年一遇标准建设，遇到中等干旱年份，工农业生产和生态不会受到大的影响，可以基本保证城乡供水安全；在预警预报方面，建立了较为完善的大江大河主要河段洪水预报系统，初步建立了全国旱情监测系统；在预案建设方面，建立了国家防汛抗旱预案体系，有防汛抗旱任务的县级以上政府都制订了防汛抗旱应急预案；在法律法规方面，形成了以水法、防洪法为核心的防汛抗旱法律法规体系；在队伍保障方面，初步形成专群结合、军民结合的防汛抗旱队伍。

依靠逐步完善的防汛抗旱减灾综合体系和全社会的广泛参与，我国战胜了历次特大洪水和严重干旱，有效应对了频繁发生的台风和山洪水灾害袭击，保障了人民群众生命安全，最大限度地减轻了灾害损失。据统计，1949年以来，全国防洪减灾直接经济效益达3.93万亿元，防洪减淹耕地1.65亿hm²，每年因洪涝灾害死亡人数大幅减少。1991年以来，全国平均每年抗旱浇地0.31亿hm²，年均挽回粮食损失3767万t，平均每年解决2486万人的临时饮水困难。特别是夺取了2008年水利抗震救灾的重大胜利，有效防范了地震次生灾害，震损水库、水电站无一垮坝，震损堤防无一决口，堰塞湖排险避险无一人伤亡，灾区群众应急供水得到有效保障，创造了世界上处置大型堰塞湖的奇迹，谱写了水利抗灾史上的新篇章。

历史上，一场洪水或严重干旱往往导致数百万人甚至上千万人受灾，数十万人甚至上百万人死亡，大片耕地受淹或绝收，大范围瘟疫流行，大量灾民流离失所。新中国成立60年来，我国虽然经历了20世纪50年代和90年代两个洪水多发期，部分地区发生了超历史的特大干旱，但在党中央、国务院的坚强领导下，中国人民依靠几十年不断完善的防汛抗旱工程体系和非工程体系，战胜了历次旱灾，使粮食总产达到5000亿kg的水平，并先后战胜了1954年江淮大水、1957年松花江大水、1958年黄河大水、1963年海河大水、1991年江淮大水、1994年珠江大水、1995年辽河及第二松花江大水、1998年长江大水、1998年嫩江和松花江大水、1999年太湖大水、2003年和2007年淮河大水、2005年珠江大水，为确保人民群众生命安全、社会稳定和国民经济的平稳较快发展提供了有力保障。

19世纪50年代以来，我国的最大两条江河——黄河和长江的格局发生了很大变化。

黄河在1855年再一次改道，从夺淮入海改为经山东的利津独流入海，使淮河和海河水系都摆脱了黄河的干扰，为淮河和海河的重新治理创造了条件。长江1860年和1870年两次特大洪水后，荆江河段形成四口（松滋口、太平口、藕池口和调弦口）分流入洞庭湖的局面，江汉平原的洪水威胁虽有所缓解，洞庭湖区的防洪问题却日趋紧张。在这种形势下，本来应该抓紧治理，适应江河格局的变化，但19世纪中叶以后的100年间，正是中国国势最衰微的时期，江河治理几乎趋于停顿；而山区滥砍滥垦、河湖洲滩无计划围垦，又使江河湖泊淤积加重，蓄泄能力减小。在这期间，主要江河多次发生大洪水和特大洪水：1915年珠江大水，1931年长江、淮河大水，1933年黄河大水以及1939年海河北系大水。1938年国民党政府掘开花园口黄河大堤，使黄河再次夺淮达8年之久。1949年长江、珠江、淮河、黄河同年发生较大洪水。历次大洪水灾害的受灾农田都在0.067亿hm²以上，受灾人口数千万，由于救灾能力极差，每次大洪水灾害死亡人口达数万，有的甚至10万以上，灾情惨重，震惊中外。

一、新中国成立后水旱灾害防治工作主要成就

新中国成立60年来，党中央、国务院高度重视防汛抗旱工作，不断厘清工作思路，明确目标任务，规范工作体制，创新工作机制，防汛抗旱应急能力显著提高。经过长期的水利建设，我国已初步形成了较为完善的水利减灾和保障体系。截至2011年年底，全国共修建加固堤防41万km，建成水库9.8万座，水库总库容9323亿m³，发展有效灌溉面积6680万hm²，累计治理水土流失面积99万km²，发展水电装机3.33亿kW。水利在保障饮用水安全、防洪减灾、粮食生产、经济发展、生态建设和环境保护等方面发挥了巨大作用。中国以占全球6%的可更新水资源、10%的耕地，基本解决了占全球22%的人口的温饱和发展问题，水利功不可没。

据分析，按照2000年不变价格估算，1949～2005年全国七大江河以及太湖流域防洪减灾的直接经济效益达3.4万亿元，是新中国成立以来防洪投入资金的10倍以上。抗旱工作平均每年挽回农作物经济损失约837亿元。随着防御水旱灾害体系的不断完善，防御能力大大提高。虽然经历了20世纪50年代和90年代两个洪水多发期，洪水量级与20世纪30年代相当，而洪涝灾害死亡人数却大幅度减少。随着对大江大河的治理，防洪标准的提高，江河决堤、洪水泛滥、肆意成灾的局面得到扭转，主要江河中下游发展成为我国重要的农业生产基地，防洪减灾效益显著。通过科学调配，以丰补枯，防御水旱灾害的生态效益显著。

我国防汛抗旱取得的主要成就具体体现在以下几个方面。

（一）工程体系方面，初步完善防洪抗旱工程体系

新中国成立前，我国防洪工程数量少、残缺不全、质量差，防洪能力很低，洪涝灾害频繁。据统计，1949年全国仅有堤防4.2km，除黄河下游、荆江大堤等少量堤防比较完整外，绝大多数单薄矮小，破烂不堪。全国只有6座大型水库，防洪库容仅118亿m³。由于防洪能力低，大雨大灾、小雨小灾，洪涝灾害频繁，严重制约经济社会的发展（鄂竟平，2005）。1949年新中国成立之初，百废待兴。要想恢复生产和稳定社会，必须首先保障江河防洪安全，使常遇洪水得到初步控制，改变大雨大灾、小雨小灾的局面。在此基础上，逐步过渡到有计划的流域性治理。新中国成立后，我国全面加强防洪抗旱工程建设，对大江大河进行了大规模治理，先后开展了堤防修建加固、水库修建、分蓄洪区修建、水土流失治理等方面的工作，至1998年年初步建立了由工程措施和非工程措施组成的防洪体系。经过大规模的水利建设，提高了主要江河的防洪能力，大江大河主要河段已基本具备防御新中国成立以来最大洪水的能力。新中国成立初期我国中小河流几乎没有治理，来水即成灾。新中国成立后，各地在中小河流陆续兴建了一些堤防，但除城市堤防外，大部分堤防标准较低。据评价，80%的中小河流防洪标准为5～10年一遇，少量中小河流达到10～20年一遇，中小河流城市段的防洪标准相对高一些，大部分达到了20～50年一遇的防洪标准，中小河流具备了防御一般洪水的能力。新中国成立后，沿海地区大力加强海堤建设，防御台风暴潮的能力不断增强，重点海堤设防标准提高到50年一遇。据统计，2013年全国有防洪任务的城市中，有321座城市防洪能力达到了国家防洪标准，占总数的50%。其中全国重点防洪城市31个，有10个达标，达标率32%；全国重要防洪城市54个，有16个达标，达标率30%。抗旱方面，党和政府把发展农田水利事业、提高抗旱能力作为经济社会发展的重点，为应对水资源紧缺形势，各地积极开展了节水抗旱工作。遇到中等干旱年份，工农业生产和生态用水一般不会受到大的影响。

（二）组织机构方面，初步形成了运转高效的管理体系

1950年6月，中央政府就成立中央防汛指挥部，由国务院领导担任总指挥。1993年，为适应形势的需要，更名为国家防汛抗旱总指挥部，负责组织和领导全国的防汛抗旱工作。流域机构方面，截至2010年年底，长江、黄河、淮河、海河、珠江、松花江、太湖等七大流域全部设立了防汛抗旱总指挥部，辽河成立了辽河防汛抗旱协调领导小组。各地有防汛抗旱任务的城市都设立了防汛抗旱指挥机构，统一管理全市的防洪排涝抗旱管理工作，其办事机构一般设在城市水行政主管部门；城市下属的区(县)人民政府也设立了防汛抗旱指挥机构；此外，为加强城区防洪排涝统一调度管理，部分城市设立了城区防汛指挥部，负责市区区域内防洪排涝应急管理工作，其办事机构根据实际情况设在城市水行政主管部门或建设部门。湖南、江西、浙江等省将防汛抗旱指挥机构设到乡镇，进一步完善了防汛抗旱组织指挥体系。因此，在组织机构方面，我国基本构建了统一指挥、统一调度的国家、流域、省、地市、县5级防汛抗旱指挥体系，各级地方政府逐渐健全了以行政首长负责制为核心的防汛抗旱责任制体系。防汛抗旱行政首长负责制进一步落实，逐

步形成了分类管理、分级负责、条块结合、属地为主的防汛抗旱应急管理体系和统一指挥、分级负责、协调有序、运转高效的防汛抗旱应急管理机制。国家防总每年会同监察部定期通报大江大河、大型及防洪重点中型水库、主要蓄滞洪区和全国重点防洪城市的防汛抗旱行政责任人，加强了公众监督和责任落实。此外，加强了水旱灾害防御协调联动机制，根据水旱灾害的灾前、灾中和灾后不同阶段，健全在各级防汛抗旱指挥部统一指挥、统一部署下，多部门联合会商、联合行动的工作机制。这种统一指挥、分级分部门负责的防汛抗旱救灾工作体制，久经考验，行之有效，确保了水旱灾害防御工作的有序进行。

（三）预警预报方面，建立了较为完善的洪水预报系统，初步建立了全国旱情监测系统

新中国成立以来，水利部门密切监视天气变化，加强气象、水文会商分析，及时掌握雨情水情发展趋势，努力提高预报精度，延长预见期，提早发布预测、预报、预警信息，把握防汛抗洪工作的主动权。逐步建立并完善了气象水文测报站网、防汛通信网络、防洪法规体系和防汛指挥系统，使洪水预报水平、水利管理工作水平和防汛抢险能力逐步提高。全国共建成水情测站3.4万余处、报汛站点8600多个，建立了较为完善的大江大河主要河段洪水预报系统，初步建立了全国旱情监测系统。根据防洪法、防汛条例、国家突发公共事件总体应急预案，我国各级防汛抗旱指挥部先后出台了防汛抗旱应急预案以及流域防御洪水或洪水调度方案，完善了大江大河和重要支流防御洪水方案或洪水调度方案，编制了城市防洪、防台风、山洪水灾灾害防御、蓄滞洪区运用、水库防洪抢险、抗旱、重点江河枯水期水量调度等专项预案并不断修订完善。重点抓好基层单位防汛抗旱预案的编制，进一步提高预案的可操作性、实用性和针对性。

（四）法律法规方面，形成了以水法、防洪法为核心的防汛抗旱法律法规体系

目前，防汛立法处于完善阶段，抗旱立法工作已经起步，防汛抗旱工作初步实现了有章可循、有法可依。新中国成立以来颁布的与防汛抗旱有关的法律法规主要包括：《中华人民共和国水法》《中华人民共和国防洪法》《中华人民共和国水土保持法》《中华人民共和国河道管理条例》《开发建设晋陕蒙接壤地区水土保持规定》《城市节约用水管理规定》《中华人民共和国水库大坝安全管理条例》《中华人民共和国防汛条例》《中华人民共和国水土保持法实施条例》《城市供水条例》《中华人民共和国水污染防治实施细则》《蓄滞洪区运用补偿暂行办法》《水利建设基金筹集和使用管理暂行办法》《取水许可和水资源费征收管理条例》《中华人民共和国水文条例》《中华人民共和国抗旱条例》等。国务院印发了《关于加强蓄滞洪区建设与管理的若干意见》《关于加强抗旱工作的意见》，初步形成了以水法、防洪法为核心，防汛条例、蓄滞洪区运用补偿暂行办法、河道管理条例相配套的防汛抗旱法律法规体系。同时还制定了一系列工作管理制度，例如：《国家防总应急响应工作实施办法》《防汛抗旱信息报告情况通报办法》《防汛抗旱突发险情灾情报告工作考评实施办法》《洪涝灾害检查暂行办法》《中央级防汛物资储备管理细则》《防汛储备物资验收标准》《国家防总防汛抗旱工作组管理办法》等，为防汛抗旱的规范化、法制化提供了有力保障和基础支撑。地方上，各地在遵照执行以上国家法律法规的同时，结合自身实际，陆续出台了一系列规范

城市防汛抗旱职责分工、日常管理、预报预警、监测巡查、应急转移等有关工作的地方性法规和管理办法。例如：《上海市防汛条例》《南昌市城市防洪条例》《四川省城市排水管理条例》《浙江省防御洪涝台灾害人员转移办法》《武汉市城市排水条例》《成都市排水设施管理办法》和《平湖市城市防洪工程运行管理办法》等，多层次、全方位的城市防汛抗旱法制化管理体系正在逐步建立和完善。

（五）队伍保障方面，初步形成了专群结合、军民结合的防汛抗旱队伍

防汛抗旱工作任务重、难度大、涉及面广，必须统一领导、统一指挥，依靠各部门、全社会的力量共同完成。积极整合各方面力量和资源，发挥社会力量的作用，形成防灾减灾救灾的合力。20世纪80年代以来，在认真总结新中国成立以来在防汛抗旱指挥机构建设上正反两方面的经验教训的基础上，我国各级党委和政府切实加强了防汛抗旱队伍的建设，主要进行了防汛抗旱指挥机构建设、各级政府防汛抗旱指挥办事机构建设、大江大河流域防汛指挥机构建设以及防汛机动抢险队和抗旱服务队建设，有防汛抗旱任务的县以上各级政府的防汛抗旱指挥机构已基本健全。截至2008年，我国31个省、自治区、直辖市和新疆生产建设兵团都成立了防汛抗旱指挥机构，有341个地级市（自治州和新疆建设兵团的13个师）设立了防汛抗旱指挥机构；有2626个县（区、市和新疆生产建设兵团的195个团）设立了防汛抗旱指挥机构。流域方面，先后成立了黄河防汛总指挥部、长江防汛指挥机构、松花江防汛总指挥部、淮河防汛总指挥部、珠江防汛抗旱总指挥部、海河流域防汛抗旱指挥机构等。抢险队和抗旱服务队方面，截至2005年年底，全国组建了国家级重点防汛机动抢险队100支、省级防汛机动抢险队44支、市县级防汛机动抢险队250支、县级抗旱服务队1653个、乡镇级抗旱服务队9000多个，解放军建立了19支抗洪抢险专业应急队伍，并将武警水电部队纳入国家应急救援体系，组建了数百支国家级、省级和市县级防汛抗旱机动抢险队和上万支抗旱服务队，基本形成了专群结合、军民联防的防汛抗旱体系。建立了中央防汛抗旱物资储备仓库，储备物资价值达4亿元；2011年，为加强基层抗旱能力，中央安排16亿元补助资金用于9个省（自治区）800支县级抗旱服务队抗旱设备购置；黄委、海委、淮委等流域机构储备价值3.3亿元的防汛物资；各省（自治区、直辖市）及新疆生产建设兵团也储备了价值34.2亿元的防汛储备物资，这些都为防汛抗旱提供了有力保障。

（六）应急管理方面，逐步完善了统一指挥、协调有序的应急响应机制

全面落实了以行政首长负责制为核心的各项防汛抗旱责任制，不断强化预报、预警、调度、抢险、救灾、重建等环节，及时制订防汛抗旱应急预案，初步形成了统一指挥、反应灵敏、协调有序、运转高效的应急管理机制。特别是在防洪排涝方面，根据国家防办2006年印发的《城市防洪应急预案编制大纲》，各城市逐步编制了防洪应急预案。目前除个别新建制城市未编制预案外，绝大部分城市编制了城市防洪应急预案，349座城市每1～3年修订一次预案，492座城市的下辖区（县）也编制了防洪应急预案，471座城市同时编制了交通、电力等其他行业防汛预案或地下空间防汛预案等专项预案。武汉、北京等地对下凹式排水泵站、立交桥、易积水点等重点部位和薄弱

环节，逐一制订应急排水抢险预案，深化构筑了全方位、多层次的防洪排涝应急预案体系。与此同时，根据城市防洪排涝减灾需求和应用特点，各城市进一步加快了防洪指挥系统信息化建设，加强信息采集系统、防汛通信和计算机网络系统、防洪排涝预警预报系统建设，整合城市各部门水文、气象、交通、工程监控等应用平台，实现城市防洪排涝应急管理信息共享和协调联动，为城市防洪排涝调度决策指挥提供有力支撑。北京、上海、济南、武汉、南宁等城市初步建立了城市防洪排涝应急管理平台，实现了多部门信息共享、应急联动机制。

二、典型水利工程建设

近年来，在国际社会普遍关注的中国长江、黄河、南水北调工程、西部大开发水利建设等方面，我国也取得了重大成就。

（一）长江水利建设

长江是我国第一大河，流域面积、河长、水量均居全国首位。1998年，长江流域发生了罕见的大洪水，给灾区人民生命财产造成了重大损失，也给人们带来了许多教训和启示，促使人们以新的思路构建江河的防洪体系，这就是坚持人与自然的和谐共处。既要防洪，又要给洪水以出路；要逐步从无序、无节制的人与水争地，转变为有序、可持续的人与洪水和谐。为此，在建设长江三峡水利枢纽工程的同时，从1998年开始，中国政府累计投资数百亿元开展了大规模的长江综合防洪体系建设。在重点加强堤防和控制性工程建设的同时，积极退田还湖、退耕还林、疏浚河湖、移民建镇。经过4年多的努力，长江中下游数千km干流堤防已基本达标，形成一道坚固的"水上长城"；退田还江还湖就近移民242万人，恢复水面2900km²，增加蓄洪容积130亿m³。这是我国历史上千百年以来第一次从围湖造地、人水争地，转变为主动地大规模退田还湖，给洪水以出路。2002年，长江流域中游及洞庭湖区发生较大洪水，江湖安然无恙。

（二）黄河水利建设

黄河是中华民族的发祥地，是中国的母亲河。由于对黄河水资源大规模开发利用，从20世纪90年代以来，黄河水资源供需矛盾不断加剧，下游频繁断流，其中最严重的1997年断流时间长达226天。严峻的现实使人们逐步认识到，必须强化水资源的统一管理，协调解决好生活、生产和生态用水的关系。从1999年3月开始，对黄河实施了全流域水资源合理配置和统一调度，实行计划用水、节约用水。已连续3年实现了黄河在大旱之年不断流，基本保证了沿黄城乡居民的生活和生产用水，下游生态得到明显改善。

（三）南水北调工程

中国南方水多，北方水少，南水北调工程是促进全国水资源优化配置的重要基础设施，是缓解北方水资源短缺和生态环境恶化的战略举措。按照"先节水后调水，先治污后通水，先环保后用水"的原则,对工程所涉及的问题进行了全面、深入、科学的论证。工程规划分别从长江的下游、中游和上游引水,建设东线、中线、西线3条调水线路,与长江、黄河、淮河、海河四大江河相连,形成"四横三纵"的总体格局,以实现中国水资源的南北调配和东西互济。工程规划到2050年建成,调水总规模为448亿m³,相当于黄河可利用的年水资源量。2010年东线和中线一期工程建成后,使中国北方受水地区增加134亿m³的供水能力,基本缓解北京、天津等华北地区和胶东半岛的城市缺水问题。

(四)西部大开发水利建设

关于西部大开发水利建设,1999年,中国开始实施西部大开发战略。西部地区是水资源短缺、生态环境脆弱的地区,在西部大开发中,水是基础,是关键。几年来,加快了水利基础设施建设步伐,重点加强了生态系统和环境保护工程的建设,大规模实施退耕还林(草)、封山育林、休牧、轮牧、禁牧等,加强了生态系统和环境保护;启动了塔里木河流域、黑河流域综合治理工程,向生态严重恶化的下游进行调水、分水。中国最大的内陆河塔里木河的下游363km河道,在干涸20多年后重新过流,挽救了濒临死亡的沙漠植被,绿色走廊重现生机,中国第二大内陆河黑河的下游生态得到明显改善。

第四节　我国水旱灾害防治的主要经验

新中国成立以来,我国开展了卓有成效的防汛抗旱工作,并取得了巨大成就。我国防汛抗旱工作之所以能够取得巨大成就,主要是在防汛抗旱工作中做到了以下几点。

一、领导重视,超前作出防汛抗旱安排部署

党中央、国务院高度重视防汛抗旱工作,领导人民开展了气壮山河的水利建设,取得了举世瞩目的巨大成就,为经济社会发展、人民安居乐业作出了突出贡献。早在1934年,毛泽东同志便作出了"水利是农业的命脉"的决断,新中国成立以后,他还对江河治理作出一系列重要指示,如"要把黄河的事情办好""一定要把淮河修好""一定要根治海河"等,这极大地鼓舞了全国人民的治水热情。邓小平同志对水利工作非常关心,多次视察黄河、长江,作出许多重要指示。江泽民同志对水利极为关注,多次赴水利建设和防汛抗洪一线。他在1991年曾指出:"水利是农业的命脉,是国民经济的基础设施,也是国民经济和社会安定的重要保障。大灾之后要大治。大力兴修水利是顺乎民心、合乎民意、造福当代、惠及后代的伟大事业。"1999年,江泽民同志又赴黄河视察,发表了"让黄河为中华民族造福"的重要讲话,全面、系统地阐述了黄河治理开发的目标任务和方针政策。党的十五届五中全会把水资源同粮食、石油一起作为国家的重要战略资源,提高到可持续发展的突出位置予以高度重视。胡锦涛在党的十八大报告中明确提出,大力推进生态文

明建设,加快水利建设,加强防灾减灾体系建设,推进水土流失综合治理,完善最严格水资源管理制度,加强水源地保护和用水总量管理,建设节水型社会。近年来,习近平总书记就防汛抗旱工作多次作出重要批示、提出明确要求。李克强总理主持召开国务院常务会议研究部署全国防汛抗旱工作。国家防总副总指挥、水利部部长陈雷先后主持召开多次防汛、抗旱、防台风会商会或异地视频会商会,贯彻落实党中央、国务院领导指示批示,及时安排部署各项防汛抗旱工作,多次带领工作组赶赴水旱灾区一线指导。国家防总各成员单位、各流域防总和地方各级防汛抗旱指挥机构按照中央领导的重要指示精神和国家防总的统一部署,积极开展防汛抗旱减灾工作。

多年的防汛抗旱工作实践证明,防汛抗旱工作实行行政首长负责制不仅是一条成功的经验,也是中国特色社会主义制度优越性的卓越体现。各级党委和政府通过切实加强对防汛抗旱的组织领导,明确责任,落实措施,有效组织各部门和动员全社会的力量,保证了防汛抗旱救灾各项措施的高效顺利实施。地方各级党委、政府坚决贯彻党中央、国务院和国家防总的决策部署,党政一把手动员、安排,赴现场检查指导,有力地推动了防汛抗旱各项工作的深入开展。

二、以人为本,切实保障人民群众根本利益

防汛抗旱工作事关百姓民生和社会稳定。以人为本是防洪抗旱的最高使命,实现好、维护好、发展好最广大人民的根本利益,是党和国家一切工作的出发点和落脚点。防汛抗旱工作与人民群众的生命安全和生产生活息息相关,是关系民生的重要工作。坚持以人为本,就是要始终把人民的长远利益和根本利益放在首位,作为防汛抗旱工作的出发点和落脚点,着力解决好人民群众最关心、最直接、最现实的"防洪保生命安全、抗旱保饮水安全",强化人员转移和安置避险工作,最大限度地减少洪涝和干旱灾害对人民群众的危害。

面对频繁发生的水旱灾害,在党中央、国务院的正确领导下,国家防总、水利部和各流域防总,各地党委、政府和各有关部门始终把确保人民群众生命安全和旱区饮水安全作为重中之重,加强组织领导,采取有效措施,全力以赴抗灾减灾。在防洪保全和抗旱供水工作中,要始终抓住"以人为本"这一主线,把确保人民生命安全放在首位,把防汛抗旱作为生命工程来抓,努力减少人员伤亡。在发生洪涝灾害时,要及时转移并妥善安置受威胁的广大人民群众;在发生严重干旱时,要将确保人民生活用水安全放在首位。

三、科学决策,制定正确的治水思路及方略

新中国成立后的60多年里,重要江河的开发利用规划与重点工程的建设一般都是在民主讨论、充分论证的基础上决策的。如对黄河上游水电梯级进行连续开发的决策,取得巨大的成功。首批电站于1958年开工,至1989年先后建成了青铜峡、盐锅峡、刘家峡、八盘峡和龙羊峡5个梯级,年发电量达156亿kW·h。对陕、甘、宁、青等四省(区)的经济发展以及西北工业基地的建设提供了条件。对长江的开发利用和治理,经过反复论证,作出了建设控制性工程正确部署。1958年首

先开工建设汉江的丹江口水利枢纽。1972年建成后效益十分显著；其后决定修建长江干流的葛洲坝水利枢纽，既能较好地适应国民经济发展的用电需要，也为建设三峡水利枢纽做了实战准备。三峡水利枢纽的论证立项就是一个民主科学决策的过程。三峡水利工程的提出最早可追溯到1918年，当时孙中山先生提出要开发三峡水利资源。新中国成立后，1953年毛主席视察长江时明确提出了在三峡修建大型水利枢纽的设想。周恩来总理先后多次深入实地察看，听取各方面的意见。经过反复论证，1983年国务院原则批准了正常蓄水位150m的可行性报告。由于一些单位对150m方案有不同意见，1986年国务院又委托水电部对三峡重新组织论证。这次论证工作阵容强大、专业范围广泛，在我国历史上是空前的(共聘请412位国内专家，还成立了以我国、加拿大和世界银行三方组成的论证指导委员会)。经过近70年的反复研究和论证，1993年全国人大投票终于正式批准三峡水利枢纽立项建设。我国在50多年的水利工作中，除"文化大革命"时期受到政治风浪的冲击外，各个时期提出的方针、政策基本上是正确的，这都是我国水利健康发展的重要保证。

此外，在防洪抗旱工作中，我国始终坚持工程体系和非工程体系建设相结合。国内外防汛抗旱减灾的实践都表明，单靠工程措施不仅不能消除水旱灾害，而且可能对人类的生存环境造成不良影响，逐步加深人与自然的矛盾。我国20世纪50～60年代兴建的水利工程，遭遇70～80年代的水旱灾害，就暴露出标准偏低的问题。1975年淮河大洪水还出现因通信中断加重灾害损失的沉痛教训。黄河三门峡水库建成蓄水后，虽然有效控制了黄河洪水对下游的危害，但由于库区泥沙不断淤积，抬高了库区支流渭河河床，致使渭河洪水灾害频繁，甚至影响西安市部分地区的防洪安全。吸取这些经验教训，我国从80年代开始，在继续建设防汛抗旱减灾工程的同时，把建设防汛抗旱非工程措施列入重要日程，从以建设工程减灾体系为主的战略发展到在工程减灾体系的基础上建设全面的防汛抗旱减灾体系。

四、多方筹资，充分发动群众修建水利工程

我国防汛抗旱减灾体系面广量多，需要进行大量的资金投入。各级党委、政府和防汛抗旱指挥部加强领导、统一指挥，发展改革、财政等部门积极筹措资金，大力支持防汛抗旱工作，有关部门各司其职、密切配合，提高了防灾抗灾的整体能力。20世纪50～60年代，防汛抗旱减灾体系主要依靠国家投资、群众出力完成大量的建设。改革开放以后，防汛抗旱减灾体系采取国家、地方和全社会多渠道筹集。《中华人民共和国防洪法》明确规定："中央财政应当安排资金，用于国家确定的重要江河、湖泊的堤坝遭受特大洪涝灾害时的抗洪抢险和水毁防洪工程修复。省、自治区、直辖市人民政府应当在本级财政预算中安排资金，用于本行政区域内遭受特大洪涝灾害地区的抗洪抢险和水毁防洪工程修复。""受洪水威胁的省、自治区、直辖市为加强本行政区域内防洪工程设施建设，提高防御洪水能力，按照国务院的有关规定，可以规定在防洪保护区范围内征收河道工程修建维护管理费。""国家设立水利建设基金，用于防洪工程和水利工程的维护和建设。""有防洪任务的地方各级人民政府应当根据国务院的有关规定，安排一定比例的农村义务工

和劳动积累工,用于防洪工程设施的建设、维护。"只有坚持国家、地方和全社会多渠道筹集,才能保证防汛抗旱减灾体系建设的不断健康发展。

大量水利工程是为农业生产服务的,必须依靠群众修建。新中国成立以来,大量工程是依靠群众投工投劳修建起来的。利用冬春农闲季节开展农田水利建设是我国农民的好传统,符合农民群众的根本利益。从1949年冬季起,每年冬春都在全国范围开展大规模的农田水利建设,尤其是改革开放以来,中共中央、国务院更加重视农田水利建设,1989年10月,国务院发布了《关于大力开展农田水利基本建设的决定》,重申"水利是农业的命脉",要求各级政府由主要领导负责农田水利基本建设工作,并将农田水利基本建设纳入农村的中心工作,规定了农村每个劳动力每年出10～20个工作日。1998年党的十五届三中全会作出的《中共中央关于农业和农村工作若干重大问题的决定》中,再次强调了要坚持不懈地搞好农田水利基本建设,努力解决干旱缺水问题。最近20年来,每年农村参加农田水利的劳动积累工都达到数十亿个工作日。如果不发动和依靠广大农民群众参加农田水利基本建设,要取得这样巨大的成绩是难以做到的。

五、依法治水,切实提高防汛抗旱法制化水平

党的十一届三中全会后,党中央提出了加强社会主义法制国家和历史性任务,要求各级政府贯彻"一手抓建设,一手抓法制"的方针,依法行政,逐步实现政府工作法制化。从20世纪70年代末水利部先后出台了一些水利工程管理规章,并着手制定《中华人民共和国水法》。1988年《中华人民共和国水法》终于经全国人大常委会审议通过后颁布施行;《中华人民共和国水法(修订案)》于2002年8月29日经九届全国人大常委会第二十九次会议审议通过。新《中华人民共和国水法》《中华人民共和国水土保持法》《中华人民共和国水污染防治法》和《中华人民共和国防洪法》等相继颁布,我国已初步建立了与社会主义市场经济相适应的水法规体系框架。各地也根据自己的实际,加强了立法工作,做到有法可依。在加快立法工作的同时,加强了水行政执法体系建设,强化了水行政执法。加强水法制建设,有效保护了水利的成果,促进了水资源合理开发利用。

依法治水,就是要在防汛抗旱救灾工作中履行法律法规,规范防控程序,约束防控行为,将防汛抗旱救灾工作全面纳入法制轨道,确保各项防范工作有力有序有效进行。当前,我国正处于大力推进依法治国和建设法治型社会的进程中,要进一步完善防汛抗旱法律法规体系,坚持依法治水,切实提高防汛抗旱的法制化水平。

六、科学治水,突出科技在水利中的重要作用

科学治水,就是要尊重客观规律,多种手段并用,多项措施相济,既有效控制洪水又给洪水以出路,既积极抗洪救灾又主动规避风险,既保障重点地区安全又兼顾一般地区利益,以最小的代价换取最大的减灾效益,既要注重工程措施,又加强非工程措施;既重视发生洪水干旱时的应急防控,又加强防御水旱灾害的日常管理;既重视应对水旱灾害的自然属性,又加强对水旱灾害

社会属性的管理。在2009年的抗洪实践中，国家防总和各级防汛抗旱指挥部按照"上拦、中畅、下泄"的调度原则，合理安排"拦、分、蓄、滞、排"措施，统一协调上下游、左右岸，各部门和地区间的关系，对洪水实施了有效管理。在防汛抗旱工作实践中，从雨情水情监测预报到工程联合调度运用，从洪水、干旱风险分析到规范人类社会活动、强化水旱灾害的社会管理，从兼顾上下游、左右岸到城乡统筹、局部与整体协调，进行综合防控，实现科学治水。

几十年来，我国水利建设始终把科技进步放在突出位置。世界科技的迅猛发展，为加快水利发展创造了条件。20世纪80年代以来，我国在防汛抗旱工作中积极引进、开发国外新的科技成果，运用计算机、卫星、微波、遥感遥测等技术以及各种高效节水先进技术和新材料、新工艺、新设备，有力地推动了防汛抗旱减灾体系的现代化建设。特别是为实现防洪减灾目标正在筹建的全国防汛指挥系统，应用目前电子通信、计算机网络、决策支持系统软件开发领域的最新技术和成果，通过信息采集系统、通信系统、计算机网络系统、决策支持系统和天气雷达系统的建设，建成覆盖七大江河重点防洪地区，先进、实用、高效、可靠的防汛指挥系统，能为各级防汛部门准确、及时地提供各类防汛信息，准确作出洪水预报，为防洪调度决策和指挥防洪抢险救灾提供科学依据和技术支持手段。实践证明，防汛抗旱减灾体系要实现正规化、规范化和现代化，必须依靠科技进步。为此，在防汛抗旱减灾体系的建设中，要把防御突发水旱灾害与建立防汛抗旱长效机制紧密结合起来，进一步加大防汛抗旱关键环节的改革攻坚力度，加快构建充满活力、富有效率、有利于防汛抗旱科学发展的体制机制。要在大力开展防汛抗旱现代化、数字化、信息化建设的同时，对事关防汛抗旱长远发展的重大科技问题进行联合攻关，力求重点突破，全面提升防汛抗旱科技创新水平。未来5～10年内信息技术、测控技术、3S技术、数字流域、决策支持系统以及新材料等领域的开发研究，将会迅速提高我国水利行业的整体科技含量。科技始终围绕水利工作的主战场，为推动我国的防洪抗旱工作作出了重要贡献。

七、及时响应，强化水旱灾害防治应急管理

我国水旱灾害发生范围广、突发性强、危害性大，必须不断加强应急体制机制建设，修订完善各类应急预案，细化机制运行配套措施，强化防汛抗旱应急管理，根据汛情旱情灾情，及时启动应急响应，以快捷有效的方法强化防灾减灾工作，不断提高应对各种突发水旱灾害的能力。及时妥善的应急处置，是减轻灾害损失，提高水旱灾害应急管理能力的关键环节。洪旱灾害发生时，及时地作出反应，掌握防汛抗旱救灾的主动权，方能将损失降至最低。

为了增强我国的防汛抗旱应急处置能力，我国进一步强化应急保障。成立了防汛抗旱抢险应急专家库和防汛抗旱应急抢险专业队伍，加强了防汛应急物料储备和管理，加强了三防信息化建设，提升了应急指挥决策能力，在汛期和节假日期间，按照"统一领导、分级负责"的原则，形成指挥统一、反应灵敏、协调有序、运转高效的水利行业应急管理机制，时刻保持高度警惕性，密切掌握雨情、水情、风情和灾情，严格按照应急信息报送制度，及时、准确、全面地报送紧急情况，部署落实防御措施。增强应对水利突发公共事件的快速反应能力，提高应急处置工作水平。

第三章 现阶段水旱灾害防治存在的 主要问题和面临的严峻挑战

新中国成立以来，特别是1998年以后，国家加大了大江大河防洪工程的投入，但防洪减灾体系还不够完善，一些中小河流整体防洪能力不高，病险水库问题突出，洪水预报、预警能力有待提高。山洪灾害防治仍然是防洪减灾体系中的薄弱环节，全国1836个有山洪灾害防治任务县中，仅有103个县开展了山洪灾害防治试点，仅占6%左右，监测预警系统覆盖面远远不够。总体而言，当前中国水旱灾害的防治能力和整体水平与经济社会发展的要求还有一定的差距。

当前和今后一个时期，是全面建设小康社会、加快转变经济发展方式的关键时期，也是推动水利跨越发展、促进传统水利向现代水利加快转变的重要时期。近年来，国际国内形势发生了深刻变化，经济社会发展面临前所未有的复杂环境，保民生促发展的要求越来越迫切，防汛抗旱任务也越来越艰巨。

第一节 现阶段水旱灾害防治面临的主要问题

降水年内分布不均、年际变幅很大，在与水旱灾害的抗衡中求生存谋发展，是我国恒久不变的基本国情，自古就流传有"治国者必治水"的哲言。新中国成立后，国家专门设立了水利部与中央防汛总指挥部，20世纪50～80年代，先后设立了水利部门的七大流域管理机构，制订并多次修编了各大流域防洪规划，经长期努力已奠定了各大流域防洪工程体系的基本格局；为有效组织防汛抗旱抢险救灾工作，2002年以来，效仿黄河、长江，松花江、淮河、珠江、海河、太湖流域等防汛抗旱总指挥部也陆续成立；"非典"过后随着国家四级应急响应制度的设立，防汛抗旱应急管理进入了新的阶段。2000～2010年，我国水灾死亡人数从20世纪50年代的年均8571人减少为年均1454人；水灾年均经济损失占当年GDP的比例，从20世纪90年代的2.39%下降至0.64%，我国防汛抗旱体系的建设，无疑为支撑经济社会的快速发展起到巨大的保障作用。

尽管我国在防御洪涝和干旱灾害方面作出了很大的努力，并取得了巨大的成就，但由于自然、社会和经济条件的限制，我国现在的防洪抗旱减灾能力仍较低，不能适应社会、经济迅速发展的要求，防灾减灾仍是一项长期而艰巨的任务。特别是近年来的水灾再次给人们敲响了警钟。极端气候灾害强度增加，频率增多，影响增大，暴雨洪水、超强台风、高温干旱等极端天气事件明显增多，水资源时空分布不均问题更加突出，对经济社会发展和生态系统的影响增大，水旱灾害广泛性、突发性、严重性的特点更为明显，防御难度加大。特别是在城市里，随着城镇化的加速，城市暴雨突发频发、强度骤增；城区雨洪汇流速度加快，大大超过城市排水能力，容易形成内涝灾害；城市空间的立体开发及对供水、供电、供气、交通、通信等生命线系统的依赖性增大，基础设施高度集中，关联度高，增大了城市面对暴雨洪涝的脆弱性；城市防洪排涝设施建设滞后于城市发展，城市洪涝灾害损失难以降低。此外，随着人民生活品质的提高，对生活用水、景观用水以及生态需水提出更高要求，加剧了水资源的短缺程度。2010年，在大江大河水势调控基本平稳的情势下，我国洪灾人员伤亡与资产损失均超过了发生特大水灾的1998年。其中，人员伤亡主要发生在中小河流、山区河流，汛期有11座小型水库垮坝，8780处堤防决口；山洪及其引发的滑坡、泥石流造成的死亡失踪人数占洪灾死亡失踪总人数的92%。在2010年洪涝灾害直接经济总损失的3745亿元中，农林牧渔业直接经济损失仅占35.3%，而其他近2/3的损失是由工业交通运输业、水毁工程等其他类别构成的。2010年，全国县级以上受淹城市超过了250座，其中大多为暴雨内涝造成。从2010年10月开始持续干旱少雨，2011年2月第一场雨水过程之前，中国北方冬麦区持续少雨雪，像山西、山东、河南、河北、江苏、安徽6个省平均降水量是历年以来最少的一年。2月9日普遍达到中度气象干旱，像山西南部、河北南部、河南大部、山东大部、安徽北部、江苏北部达到特旱等级。事实表明，在经济社会发展的新形势下，我国洪涝灾害和干旱灾害依旧非常严重。

根据预测，2030年前后，我国人口将达到16亿左右，届时，全国粮食产量要求达到6亿多t，而人均占有水资源量下降到1700m³左右。粮食安全、水资源有效供给和水生态环境保护将随着人口增长面临巨大的压力。21世纪中叶，我国国内生产总值(GDP)将比目前增长10倍以上，一旦发生洪水灾害，造成的经济损失将不可估量。此外，工业用水量将增加1倍多，水的供需矛盾会更加突出，防洪减灾、开源节流的任务十分艰巨。

一、基础设施建设薄弱，防汛抗旱手段不足

（一）已建工程还存在不少质量问题

由于种种历史原因，我国现有防洪排涝体系中的多数堤防是经过历年加高加固形成的，由于地质条件复杂，堤身隐患很多，在高水行洪时往往会形成管涌和滑坍，加之缺乏应有的防浪护坡工程，不得不依靠"人海战术"来防汛抢险，造成沿岸居民的沉重负担。许多水库涵闸，设计施工中的质量问题很多，并且老化失修，至今仍有很多病险工程，有的不能充分发挥效益，有的成为防洪中的隐患。1950～2006年我国共垮坝3498座，其中因工程质量失事的占41.2%，因洪水漫顶失事的占47.8%。这些水库不仅不能发挥效益，汛期还威胁城乡人民的安全。城市排水系统中，

排水设施大部分兴建于20世纪50～70年代，老损问题突出，一些设备设施至今没有更新。水利灌溉方面，设施不足，配套率低。目前，全国大部分耕地丰歉受制于天，有效灌溉面积不到总耕地面积的一半。此外，这些灌溉设施大部分是20世纪70年代以前修建的，标准低、质量差、不配套，加之长期以来重建轻管思想尚未从根本上扭转，缺乏工程良性运行机制，致使许多工程设施老化失修严重，抗旱效益衰减。

（二）中小河流建设进展缓慢，城市防洪排涝问题突出

长期以来，我国大江大河治理工作一直受到广泛关注，但中小河流防洪治理迟缓，由于投入不足，防洪标准一般只有5～10年，仍然很低，由于许多中小河流，特别是河流沿岸的县城、重要集镇和粮食生产基地的防洪设施少、标准低，甚至很多处于不设防状态，遇到常遇洪水就可能造成较大洪涝灾害。一些中小河流流域水土流失严重，加之拦河设障、违章建筑、向河道倾倒垃圾等侵占河道的现象日益增多，多年未实施清淤，致使河道行洪能力逐步降低，对所在地区城乡的防洪安全构成了严重的威胁。此外，大部分中小河流分布在一些比较偏远的山区、城镇，交通不便利，经济发展程度不高，治理资金不到位，因此治理工作得不到充分的开展。城市防洪方面，全国639座有防洪任务的城市中只有236座达到国家规定的防洪标准。由于城市防洪管理体制还没有完全理顺，防洪规划滞后等原因，严重影响了城市防洪工程的建设，致使城市经常发生严重的洪涝灾害，影响当地经济发展。城市排涝方面，我国城市内涝灾害频繁发生，2011年北京、武汉、成都等多个大城市发生了严重内涝，136个城市受淹。2012年7月下旬，北京、天津、河北等地普降暴雨，城市内涝严重，尤其是7月21日北京遭遇了61年以来最大的暴雨，造成79人遇难，房山、通州、石景山等11区（县）12.4万人受灾，4.3万人紧急转移安置。全市受灾人口达到190万。

（三）治理目标单一，治理标准偏低

现有防洪抗旱体系中的工程设施在规划设计时大都局限于局部的、部门的目标，缺乏全局的、整体和长远的目标。目前水文情势改变很大，流域的蓄泄格局发生了很大的变化，流域治理观念和思路有了很大提高。水灾害的治理需要由单一的治水逐步转变为综合治理。即除了防洪排涝抗旱安全外，还要兼顾灌溉、供水、排渍、水质、生态、环境、景观的要求。如城市内河防洪建设往往以排为主，河道往往会被裁弯取直，河床和河岸进行硬化处理，加快了水体在河道内的流动，在一定程度上使得丰水期雨水快速离开城市，但是却造成了水资源的浪费和生态环境的破坏。健康的城市内河应兼顾防洪、生态、景观等多种功能，即应以防洪安全为基础，以维护河流的自然属性为原则，在维系河流系统自然功能的前提下，以人水和谐的理念为基础，以河流系统健康为目标，以改善河流的水资源、水环境、水生态环境状况，传承区域特色历史文化，美化城市滨水区的人居环境为主要内容，通过综合治理，建立城市内河防洪减灾、城市排水、生态修复、城市建设、景观营造等方面良好的协同关系。此外，防洪排涝抗旱设施目前治理标准偏低，农田排水治理仅能达到5年一遇除涝标准，且由于工程老化、年久失修等原因，有些工程的排水能力

只有设计标准的40%左右，治渍标准更低。

（四）分蓄行洪区和行洪河滩不能保证按计划使用

新中国成立初期，为了迅速安排洪水出路，许多江河都利用沿岸的湖泊洼地，安排了临时的分蓄行洪区，并在海河水系和淮河水系的沂沭河，开辟了漫滩行洪的入海河道，这些设施在过去的防洪中都发挥了很大作用。但是，经过几十年的发展变化，许多当年人口稀少、贫穷荒凉的分蓄洪区和行洪河滩，已变成富饶的农田，不少地方建成了繁荣的村镇，但是安全建设又严重不足。就目前看来，要落实原定的分蓄行洪任务有很大困难。在长江、黄河等天然行洪的河滩上，由于缺乏应有的管理，还修建了许多侵占河滩、妨碍行洪的设施，并有大量人口定居。这些问题若不能及时解决，实际的洪水位将大大超过规划设计的水位，从而降低原定的防洪标准。

（五）城市防洪基础设施建设东西部进度相差较大

我国中西部欠发达地区城市防洪排涝较为薄弱，主要表现在：一是防洪排涝设施建设滞后，城市防洪达标率较低，西部地区163座有防洪任务的城市，仅78座达到国家规定防洪标准；二是基层防汛组织体系较弱，人员配备严重不足，城市基层的防洪应急预案不完善，全国92座城市未编制下辖行政区防洪预案，其中西部地区城市占1/3；三是防汛信息化建设滞后，存在河道汛情测报手段落后、城区雨情监测点布设密度不足、信息资源共享平台建设滞后、预报预警信息传输发布手段单一、落后等问题，监测预报预警能力难以满足实际需求。

二、管理体制不够健全，防汛抗旱能力不足

（一）城市防洪排涝规划滞后于城市发展，抗旱减灾能力滞后于经济社会发展的要求

从总体看，城市防洪排涝规划进度滞后，对于指导和规范城市开发和防洪排涝建设不利。目前，全国有54座城市尚未编制防洪规划，有290座城市尚未实施规划。一些新建城区缺乏防洪设施，面临洪水威胁，原有排水管网不足以承担新增城区排水需要；一些新城区缺乏排水治涝设施，面临逢暴雨必受淹等状况。此外，在现状条件下，各江河首先应当按已定规划达到规定的防洪标准，今后还将随着经济的发展继续提高防洪标准。但即使这样，每年在一定范围内仍将发生超标准或特大洪水。这种洪水发生的概率虽然不高，但是一旦发生灾害却十分严重，不能不对其采取预防措施。改革开放后，全国人大常委会也曾经确定主要江河遭遇特大洪水时的非常措施，但由于种种原因，落实情况不佳。抗旱方面，目前，全国正常年份缺水量近400亿m³，其中灌区缺水约300亿m³；城市、工业年缺水60亿m³，影响工业产值2309多亿元。全国有400多座城市缺水，其中110座城市严重缺水，尤其是京津等特大城市，在连续遭遇枯水年时将会出现供水紧张的严峻局面。随着人口的持续增长和经济社会的快速发展，用水需求将不断增加，对供水量和水质的要求不断提高，水资源供需矛盾将更加突出，缺水已成为我国经济社会发展的严重制约因素。

（二）对跨省、自治区、直辖市的江河水系缺乏全流域的统一管理

江河洪水的汇集、调蓄和宣泄，是一项巨大的系统工程。改革开放以来，虽然陆续制定了《中华人民共和国水法》《中华人民共和国防洪法》《中华人民共和国水土保持法》及《中华人民共和国河道管理条例》等基本法规，但缺乏相应的行政组织措施。对各跨省、自治区、直辖市的江河流域，虽有统一规划，但不能进行有效的统一管理。上下游、左右岸、各行业的建设往往互相矛盾，抵消效益。为保护河谷平原而加高上游支流堤防，不可避免地要减少洪水调蓄，加快支流洪水的汇集，从而加速和加大干流的洪峰。如果筑堤保护干流两岸的行洪河滩和湖泊洼地，或提高其原定的防洪标准，将直接抬高干流的洪水位。河流上的道路、港口、桥梁、排灌等各种设施，都将影响河流的洪水位，甚至影响河流流势和上下游的冲淤平衡。多年来，由于缺乏统一的流域管理，造成一些河流在同样洪水条件下，洪水位不断抬高。有的河流在洪水过后，又进行新一轮的堤防加高，这样就形成了堤防加高与洪水位抬高的恶性循环。

（三）防汛抗旱应急预案和应急管理不够健全

目前绝大部分城市都编制了防洪抗旱应急预案，但基本是针对防御流域性洪水或者外江洪水的总体应急方案，预案体系的完备性、预案的针对性和可操作性都亟待提高。一是防御不同类型不同级别流域性或外江洪水行动方案不够完善；二是针对城市低洼区域、重要基础设施的防洪排涝应急方案不够完整，操作性较差；三是城市洪涝威胁区内企事业单位、街道社区防洪排涝行动方案覆盖面不够等。此外，按照《中华人民共和国防洪法》要求，各地城市人民政府建立了防汛抗旱指挥部，统一指挥协调全市防汛抗灾工作，但在城区应急管理方面不同程度地存在一些不足：一是基层防汛抗旱机构力量薄弱，城市街道、社区和企事业单位等基层防汛机构存在人员和设施不足、岗位和职责不细等情况；二是城市防汛抗旱指挥机构各成员单位职责交叉、衔接不够顺畅，甚至存在管理缺位等现象；三是已实施水务一体化管理的城市，仍不同程度地存在水利、排水部门之间配合不足、防洪与排涝规划以及工程项目建设协调不够等问题。

（四）城市防洪排涝社会管理薄弱，干旱科学管理水平显著落后

在城镇化进程中，目前城市的涉水管理仍较薄弱，各地不同程度存在以下情况：一是由于发展需要，城市在开发建设过程中占用大量的河、湖、塘、洼、淀等自然水面，导致滞洪区域减小，滞涝容量减少，城市调蓄和排泄暴雨洪水能力降低；二是由于城市基础设施建设项目多、规模大，城市自然行洪排水通道被人为改变，有的单位和个人还随意向水体区域弃置工业和生活垃圾，挤占河湖空间、淤塞地下排水管网，加大了城市防灾难度；三是一些基础设施建于洪水危险区或低洼地带，加大城市防洪排涝压力，也造成建设项目洪涝灾害隐患。干旱灾害管理包括旱灾的监测、预报和警报、减灾工程的调控、灾期救援和灾后恢复等多个方面。干旱灾害是由长期干旱少雨引起农田供水不足而渐变形成的一种严重灾害。长期和超长期干旱预测、预报还处于探索研究阶段，预报准确度较低，旱情和灾情的实时监测、通信、信息处理等现代科学技术应用不多，全国还没有建立示范地区。为适应今后防旱减灾工作的要求，必须充分应用现代科学技术，对干旱进行科学管理。

三、水旱灾害仍将长期存在，防洪抗旱任务艰巨

（一）水资源短缺加剧，供需矛盾突出

中国是个缺水国家。全国水资源总量约28000亿m³，人均水资源量约2200m³，位列世界第121位，到21世纪中期，人均水资源量将减至1700m³。现有水资源的分布极不均匀，如北方地区人均仅700m³，其中黄淮海平原仅500m³（海河流域仅358m³），低于国际公认的缺水界限1000m³及严重缺水界限500m³，全国水资源可利用量以及人均和亩均的水资源数量极为有限。此外，降雨时空分布严重不均，导致地区水资源分布差异极大，更加剧了我国水资源的供需矛盾。尤其在北方地区，由于干旱少雨，加之水利基础设施薄弱，水资源短缺的矛盾越加突出。值得注意的是，由于人类活动的影响，降雨与径流关系，产流与汇流条件都在发生变化，有些江河的天然来水量已呈现衰减的趋势。黄河下游频频发生断流、海河成为季节性河流，以及内陆河部分河流干枯。2000年发生的旱灾，经济损失严重，充分暴露了我国城市供水系统和农村抗旱能力的脆弱性，是水资源供需矛盾的集中表现。目前，全国每年缺水量近400亿m³，其中，农业缺水300多亿m³，平均每年因干旱受灾的耕地达2666.67万hm²，年均减产粮食200多亿kg；城市、工业年缺水60亿m³，直接影响工业产值2300多亿元；农村还有2400多万人饮水困难；在全国668座城市中，有400多座缺水，其中100多座严重缺水。以天津为例，由于连续4年遭受华北干旱影响，为天津供水的潘家口水库水位已接近死库容，于桥水库已无水可供，直接威胁到天津市的生活和生产用水。

此外，随着人口的不断增长，工农业生产及城市化的不断发展，水资源的开发及利用程度也随之剧增。我国水资源的不合理开发利用，进一步加剧了已经形成的经济和生产力格局与水资源地区的分布不相匹配的矛盾。特别在北方地区，黄河水资源利用率已达67%，淮河已达59%，而海河竟高达90%，远远超过合理程度。水资源的过度开发，引发了湖泊干涸、河流断流、地下水超采和河口及干旱地区生态恶化等一系列问题。南方水源工程建设滞后，特别是在西南地区，工程性缺水严重，而北方地区属于资源性缺水，加上用水浪费和水污染，致使缺水范围扩大、缺水程度加重、供需矛盾加剧。全国农业灌溉水的利用系数为0.3～0.4，落后先进国家（可达0.7～0.8）30～50年。全国工业单位产值用水量是先进国家的5～10倍。工业用水的重复利用率为30%～40%，先进国家为75%～85%。上述现象在严重缺水地区也同样存在。例如，西北新疆、宁蒙灌区仍多实行大水漫灌，农业用水利用率仅40%。淮河流域的工业用水重复率仅30%，乡镇企业甚至低达15%。黄淮海地区每m³水产粮仅1kg，而以色列可达23kg。缺水最严重的河北各城市，现在生活水平还很低，而城市人均年用水达216m³，超过首尔、马德里和阿姆斯特丹。

进入21世纪，随着我国人口的增长、生活质量水平提高、城市化进程加快，人均水资源占有量将进一步减少，而用水量却进一步增加，水资源供需矛盾将会更加突出。目前我国年供水能力

达到了5800亿m³。初步估计，我国未来水需求将达到7500亿～8000亿m³，在现有基础上再增2000亿m³左右的供水能力，任务十分艰巨，尤其北方地区水的供需矛盾将会更加尖锐。缺水已成为影响我国粮食安全、经济发展、社会安定和生态环境改善的首要制约因素。

（二）水旱灾害仍将长期存在，防洪抗旱任务艰巨

水旱灾害历来是中华民族的心腹大患。我国地处季风气候区，汛期降雨集中，暴雨量大，洪涝灾害频繁，是世界上洪涝灾害最严重的国家之一。防洪减灾将是我国经济建设的一项长期而艰巨的任务。目前仍有70%的城市、50%的海堤未达到国家规定的防洪标准，有1/3的水库带病运行，蓄滞洪区安全建设严重滞后，启用困难，非工程措施又很不适应抗灾抢险的要求，而全国70%以上的固定资产和50%的人口，1/3的耕地，600多座城市，以及重要铁路、公路、油田等国民经济基础设施和工矿企业均处于七大江河中下游，受到洪水严重威胁。据分析，受洪水威胁严重的中等以上城市258个，其中防洪标准达到50年一遇以上的只有61个；低于20年一遇的有98个，20～50年一遇的有99个；一般城市排涝标准较低，内涝问题突出；沿海地区和城市，海堤标准不高，防御风暴潮能力弱；山丘区的山洪、泥石流分布广、危害大。北方一些河流凌汛灾害时有发生，黄河最为严重。因此，一旦发生较大洪水灾害，就有可能严重干扰国家正常的社会经济秩序。虽然1998年以来开展的以长江、黄河等大江大河堤防建设为重点的防洪工程建设在一定程度上提高了防洪能力，但由于长期以来投入不足，建设滞后，我国主要江河原有的防洪能力和标准仍然偏低，堤防的险工险段和病险水库较多，不可能在短时间内有根本性的改变。我国城镇化将进入新一轮快速发展期，据预测2018年城镇化率将达到60%左右，随着国民经济的快速发展和城市化进程的加快，防洪保护区内的经济存量、人口密度、公民财产将大幅度增长，对防洪的要求越来越高，洪水的风险越来越大，所造成的经济损失将越来越重，防洪形势仍然严峻，未来一段时期，我国城市防洪排涝抗旱的任务将会越来越重。

（三）气候变化对水资源和水旱灾害影响更大

全球气候变暖的趋势已引起广泛的关注，因为气候变暖将给人类的生存环境带来一系列的影响。联合国政府间气候变化专业委员会（IPCC）的科学报告指出："与全球变暖有关的水文极值的变化，将比平均水文条件的变化更加显著。"我国是旱涝灾害发生频繁的地区，气候变暖对旱涝灾害的发生发展将产生怎样的影响是值得重视和需要研究的问题。

首先需要了解未来气候变暖的可能性，包括变暖的时间表及变暖的幅度。大气中温室气体增加是全球气候变暖的根本原因。虽然《气候框架公约》已经在考虑限制温室气体的排放，但是温室气体增加的趋势是无可挽回的。在此不可能详细分析对气候变暖的研究结果，仅扼要给出按最可能的排放方案所得到的气候变暖估计。过去用气候模式研究大气中温室气体对气候的影响，多采用平衡态气候响应，即计算CO_2浓度增加1倍（$2 \times CO_2$）达到平衡态的气候影响。如果能估计何时大气中CO_2浓度加倍，就可以知道到那时可能发生的气候变化。但是，这种做法有严重缺陷。因此，近年来人们多采用另一种称作瞬变气候效应的研究方法，即计算CO_2浓度逐渐增加

的气候影响。

关于平衡态的气候效应，人们应用的气候模式，大多为全球环流模式耦合全球混合层海洋模式。在IPCC1990年和1992年的科学报告中，给出了各国科学家用这类模式进行研究的结果，共计有29个模式。总结这29个模式的模拟结果，得到大气中CO_2浓度加倍将使全球地面气温上升$1.7 \sim 5.2℃$，平均$3.8℃$。全球年降水量增加$2.5\% \sim 15\%$，平均增加6.5%。但变暖的地理分布不均匀，以高纬和极地区最明显，而低纬区较弱。

关于瞬变气候效应，主要是考虑了深层海洋的延缓作用，大气中的CO_2不是突然增加1倍的。因此，近年来一些作者利用全球多层大气模式与多层海洋模式耦合，研究温室气体增加的气候效应。1992年IPCC：报告中列举的4个模式。计算方法主要是分别对大气和海洋模式积分一段时间，使之达到平衡状态，然后再耦合积分60年到100年。在这个过程中令大气中CO_2逐渐增加，约每年增加原有值的1%。通常积分60年到70年，CO_2浓度已增加1倍，这时全球平均温度上升$1.3 \sim 2.3℃$。这个值小于上面所述平衡态气候效应值，不过，值得注意的是这时气温仍处于上升过程，即使此后CO_2不再增加，气温仍然会继续上升。

知道了全球气温变化，并不等于中国的气温也一定会发生同样的变化。因为要了解中国的气温变化，需要进行区域气候模拟。但目前大气——海洋耦合总环流模式模拟区域气候的能力还不强。所以，要想准确地预测在未来全球气候变暖的情况下中国的气温上升幅度是很困难的。更何况未来全球气候变暖，主要依赖于未来温室气体的排放量，不只是CO_2，还包括CH_4、N_2O、CFC等的排放量。而这些温室气体的排放量，不仅与工业的发展有关，还取决于各国的能源政策。因此，对今后50年气候变暖的估计，存在很大的不确定性。尽管如此，今天的科学发展，已经可以提供一个最初步的估计。

分析近百年的降水量资料，对东亚地区来讲，10年平均降水量变化的幅度约15%。平均降水量增加，显然会增加雨涝的频率与强度。所以总的来讲，在未来50年中，随着全球气候变暖，冬季我国北方降水可能增加。夏季我国大部地区降水量增加，以新疆北部、河西走廊一带较为突出，华南及西南雨涝，特别是暴雨灾害可能增加。对中国北部水文气象观测资料分析的结果表明，这里自1981年已开始了近250年来的最暖期，$1981 \sim 1987$年的平均气温比常年值高$0.5℃$，而同期的降水却低于常年值（北京低4%）。对100年来自然气候变化的研究显示，华北的变暖将继续到下个世纪。赵宗慈根据国外5个模式模拟的结果指出，由于大气中CO_2浓度增加1倍，我国各地降水变化有些地区可能会变干，有些地区则可能变湿。其中夏季我国华北、黄河中下游以及华中部分地区可能变干，而冬季在我国华南地区则有可能变干。全国各地土壤湿度的变化也是有些地区增加，有些地区减小，其中夏季我国北方与华中的土壤湿度则可能减小，而冬季南方和西南地区的土壤湿度可能减小。傅国斌等对中国水资源对气候变化的响应也作了分析研究，指出在华北地区若气温升高$2℃$，青龙河、唐河、沙河年径流量大致减少$10\% \sim 20\%$，白河则减少40%以上。而降水减少10%时，上述4个中小流域的径流减少$15\% \sim 25\%$。此外，他们对中国热带和温带地区的水文研究表明，对于相同的气候变化幅度，热带与温带的水文响应显著不同，当温度升高$2℃$、降水减少10%时，华北地区河川径流减少$40\% \sim 60\%$，而热带地区的万泉河径流仅减少25.6%。一般来说,热带地区水文情势对降水量比对温度的变化更敏感,而温带地区对降水和温度的变化都很敏感。值得指出的是,目前模拟的水平仍然有限,有许多不确定因素,不同作者的研究结果甚至完全相反。上述气候趋势的预测只能作为未来气候的一种可能展望。

(四)我国未来降水趋势更加严峻

根据1951年以来观测的降水资料分析,近60年全国洪涝的频率有所下降。从史料中记载的雨涝分析,近2000年来,长江流域和黄河流域的雨涝变化,除具有周期性变化外,也都有下降趋势。因为涉及长期气候变化预测问题,今后旱涝变化趋势将会十分复杂而困难。在我国,由于生产发展的需要,自20世纪60年代起,已开始应用一些统计学方法编制10年以上的气候展望。即用统计学方法作气候趋势分析,通常也只考虑预报对象本身演变的周期性,进行外推作出预报。或者寻找与预报对象有关的因子,例如发现雨涝与太阳活动有密切关系,而且又能够预测未来几十年太阳活动的变化,那么也可以作出雨涝趋势预测。下面主要是利用周期分析和根据太阳活动的变化,预测未来50年我国旱涝变化趋势的结果。

1. 周期分析

周期分析是针对一个序列进行的,首先需要建立一个表征全国旱涝分布的序列,将全国的旱涝分布划分为6种类型。即,1型为全国多雨,2型为长江流域多雨,3型为南多北少,4型为长江流域少雨,5型为北多南少,6型为全国少雨。并定义各型编号的旱涝指数,每年的旱涝分布就可以用旱涝指数来表示。旱涝指数越大表示出现全国多雨或长江流域多雨的概率越小;反之,则出现全国少雨或长江流域少雨的概率小。利用1470~1989年的数据,将每10年和每50年的平均值组成两个时间序列,然后作周期分析,得到在近500年期间,我国旱涝型总指数的变化大致有130年和30~40年的周期。从每10年旱涝型总指数的变化分析看,近期的几个高值,分别出现在19世纪90年代和20世纪的20年代与60年代。70年代至今,指数持续下降。这表明1、2型即长江或全国多雨型出现概率增加,估计这种下降趋势可能持续到21世纪末。每50年总指数的变化表明,最近一个高值出现在21世纪20~60年代。预计未来20年,指数将由高值向低值过渡,22世纪的10年代至30年代,指数将下降。即全国或长江流域多雨型将增加,全国少雨或降雨北多南少型将减少。2040年以后,全国或长江流域多雨型将减少,而全国少雨型将再次上升。

2. 根据太阳活动进行的预测

太阳活动有170~180年的行星周期,而每个行星周期是由一强一弱的两个世纪周期所组成。分析近500年我国的旱涝变化与太阳活动的关系,结果表明,大范围旱涝分布与太阳活动的世纪周期有一定联系。在行星周期减弱阶段的世纪周期内,大范围干旱的出现频率增加。反之,在行星周期增强阶段的世纪周期内,大范围干旱的出现频率减少。从21世纪60年代开始,太阳活动进入一个弱的世纪周期,据估计它将持续到22世纪的40年代。根据上述太阳活动与旱涝的对应关系,估计到2050年前,我国将处于大范围干旱频率上升的时期。

总体上,未来50年由于全球变暖,中国气候也变暖,因此中国四季的降水均有增加趋势。但人类活动造成的夏季降水增加远不如冬季,且其自然变化又有下降趋势,以西南地区下降最为明显。因此这可能抵消了人类活动造成的降水增加。而未来华北降水的自然变化有增加的趋势，从而有可能加强人类活动造成的降水增加。平均降水量增加，在一定程度上反映雨涝频率增加，强度增强。

第二节　现阶段水旱灾害防治面临的严峻挑战

新中国成立以来，特别是改革开放以来，党和国家始终高度重视水利工作，领导人民开展了气壮山河的水利建设，取得了举世瞩目的巨大成就，为经济社会发展、人民安居乐业作出了突出贡献。2011年，全国建成堤防26.7万km、水库9.8万座、重点蓄滞洪区97处；全国水利工程供水能力达到7441亿m³，有效灌溉面积5847万hm²。近年来，病险水库除险加固、农村饮水安全工程建设、大型灌区续建配套与节水改造的步伐进一步加快。目前，中国大江大河主要河段已基本具备防御新中国成立以来最大洪水的能力，中小河流具备防御一般洪水的能力，重点海堤设防标准提高到50年一遇。遇中等干旱年份，工农业生产和生态用水不会受到大的影响，可基本保证城乡供水安全。但是，与经济社会的发展要求相比，我国水旱灾害防御工作还需要不懈努力。人多水少、水资源时空分布不均、水土资源与国民经济和生产力布局不相匹配的基本水情尚未根本改变，干旱缺水、洪涝灾害、水污染和水土流失等问题尚未根本解决，防灾减灾基础薄弱、防汛抗旱能力明显不足尚未根本改善。近年来，随着全球气候变化趋势加剧，极端天气事件增多，暴雨洪水、超强台风、山洪泥石流滑坡、高温干旱等极端灾害事件明显增多，水旱灾害呈现强度增加、频率增多、影响增大的趋势，仍是中华民族的心腹之患。同时，水资源时空分布不均的问题更加突出，水资源供需矛盾突出仍然是可持续发展的主要瓶颈，农田水利建设滞后仍然是影响农业稳定发展和国家粮食安全的最大硬伤，水利设施薄弱仍然是国家基础设施的明显短板。对经济社会发展和生态系统的影响增大，水旱灾害广泛性、突发性、严重性的特点更为明显，防御难度加大。随着工业化、城镇化深入发展，全球气候变化影响加大，我国水利面临的形势更趋严峻，防汛抗旱工作面临许多新情况、新问题和新挑战。增强防灾减灾能力要求越来越迫切，强化水资源节约保护工作越来越繁重，加快扭转农业主要"靠天吃饭"的局面的任务越来越艰巨。

从经济形势看，当前国民经济继续朝着宏观调控预期方向发展，呈现增长较快、价格趋稳、效益较好、民生改善的良好态势，在世界经济中一枝独秀，但经济发展方式没有根本转变，推动物价上涨的因素没有根本消除，外部环境对我国经济发展的不利影响明显加大，稳增长、控物价、调结构、惠民生、抓改革、促和谐的任务十分繁重。特别是我国粮食生产已经实现历史罕见的"八连增"，面临着产量基数高、生产成本高、资源约束强等新形势，保持农业稳定发展，保障重要农产品供给，对稳定物价和宏观经济全局至关重要。从气候变化看，受全球气候变暖影响，我国气候形势越发复杂多变，反常性、不可预见性、突发性日益凸显。近年来，局地突发强降雨、超强台风、区域性严重干旱以及高温热浪等极端天气事件明显增多，往往是多灾并发、重灾频发，时空异常、旱涝急转，远远超出了以往的认识和经验，防御难度极大，安全威胁与日俱增。从保障民生看，防洪保安全、抗旱保供水是人民群众最基本的需求，是人民群众最关心的利益，是最直接、最现实的民生。党和国家出台了一系列重大政策，实施了一揽子保障措施，夯实民生水利基础，提高防汛抗旱能力。这些措施既顺应了民意、满足了群众的期盼，也赋予了人们更加艰巨的任务和更为重大的责任。

水利是现代农业建设不可或缺的首要条件，是经济社会发展不可替代的基础支撑，是生态环境改善不可分割的保障系统，具有很强的公益性、基础性、战略性。加快水利改革发展，不仅事关农业农村发展，而且事关经济社会发展全局；不仅关系到防洪安全、供水安全、粮食安全，而且关系到经济安全、生态安全、国家安全。要把水利工作摆上党和国家事业发展更加突出的位置，最大限度地减少水旱灾害的发生。

与经济社会的发展要求相比，我国水旱灾害防御工作还需要不懈努力。

努力与加快推进农业发展方式转变的要求相适应。我国农业生产受制于水，加快农业发展方式转变，必须提高农业抗灾减灾水平和水资源利用效率效益。但目前我国农田水利基础设施和抗御水旱灾害能力仍然十分薄弱，全国仍有一半以上的耕地望天收，缺少基本灌排条件。现有灌区普遍存在灌溉设施标准低、工程配套差、老化失修、效益衰减等问题。

努力与加快推进城镇化的要求相适应。预计到2030年我国城镇化率将达到70%以上，城镇供水人口将超过11亿。巨大的城市群、庞大的城市人口带来的供水压力是前所未有的。同时，城镇化使城市水文特性与水旱成灾机制均发生显著变化，人水争地日趋突出，局部水系紊乱，河道与排水管网淤塞，人为导致城市防洪排涝能力下降，防洪风险和负担日益加大。

努力与促进区域经济协调发展的要求相适应。水利是区域发展的重要支撑，但自身发展不协调不平衡问题十分突出。我国人口密集、财富集中的东部和沿海地区，也是洪水风险度较大的地区，单位面积水旱灾害损失呈加重趋势。相当多的农村饮水不安全人口和规划内病险水库分布在水资源承载力和水环境承载力比较脆弱的中西部地区。统筹流域区域水利协调发展、优化水利工程布局、完善区域防汛抗旱减灾体系，任务十分繁重。

努力与发展社会事业和改善民生的要求相适应。水旱灾害防御是人民群众最基本的民生需求。目前，我国还有2亿多农村人口存在饮用水不安全问题，每年仍有4500多万城乡居民因旱生活用水受到不同程度的影响。全国还有3万多座病险水库，蓄滞洪区安全建设严重滞后，2/3的中小河流达不到规定的防洪标准，这些都威胁着人民群众的生命财产安全。

努力与生态文明建设的要求相适应。水是生态环境的基础因子，生态供水安全是保护生态环境、建设环境友好型社会的前提和基础。一些地区长期以来忽视生态用水问题，工农业生产用水大量挤占生态用水，工业废水的不达标排放，农药过量使用以及超采地下水等，导致生态环境严重恶化。

努力与应对全球气候变化挑战的要求相适应。水资源是受气候变化影响的重点领域。受气候变化影响，近年来局部地区强暴雨、极端高温干旱及超强台风等事件突发多发并发，水旱灾害广泛性、突发性、反常性、不可预见性、严重性更为明显，防御难度加大。同时，我们在预测预报预警能力、防汛抗旱社会保障能力、防汛抗旱技术水平等方面存在不少差距，人民群众的水患意识、防灾避险知识和自救互救能力较为薄弱。

一、构建社会主义和谐社会对防汛抗旱工作提出了更高要求

水是生态环境的基础因子,生态供水安全是保护生态环境、建设环境友好型社会的前提和基础。一些地区长期以来忽视生态用水问题,工农业生产用水大量挤占生态用水,工业废水的不达标排放,农药过量使用以及超采地下水等,导致生态环境严重恶化。

和谐社会要求统筹兼顾各方的利益和需求,要求各行各业、各个地区协调发展。这就要求防汛抗旱工作,既要统筹城市与农村,又要兼顾上下游、左右岸;既要统筹区域和流域、东部和西部,又要兼顾大江大河与中小河流;既要确保重要堤防、重要设施安全,又要保障蓄滞洪区、一般堤防保护区的利益;既要考虑江河湖泊平原区的防汛,又要防御山丘区山洪、滑坡、泥石流灾害;既要保证缺水地区供水需求,又要对水源调出地区给予合理补偿;既要考虑水旱灾害对经济社会的影响,又要考虑经济社会发展对水旱灾害防御的要求;既要科学安排洪水出路,又要合理利用洪水资源,为人与人、人与社会、人与自然的和谐发展提供有力支撑。

二、应对全球气候变化对防汛抗旱工作提出了更高要求

水资源是受气候变化影响的重点领域。近年来,在全球变暖的大背景下,我国气候也发生了明显变化,以洪涝、干旱为主要特征的水矛盾更加凸显,并将长期存在。受气候变化影响,近20年北方水资源总量不断下降,局部地区强暴雨、极端高温干旱及超强台风等事件突发多发并发,强台风、强暴雨、特大洪水、特大干旱发生的频率加大,发生的方式不断变化,特别是局部强降雨和突发的山洪、泥石流、滑坡的发生几无前兆,水旱灾害广泛性、突发性、反常性、不可预见性、严重性更为明显,防御难度加大。同时,我国在预测预报预警能力、防汛抗旱社会保障能力、防汛抗旱技术水平等方面存在不小差距,人民群众的水患意识、防灾避险知识和自救互救能力较为薄弱。

三、粮食安全的形势对防汛抗旱工作提出了更高要求

我国是粮食生产和消费大国。随着人口的增长,我国粮食的需求量也不断增长。据预测,到2030年,人口将达到峰值16亿,粮食需求量6.4亿t,在基本保持耕地不减少的情况下,实现这一项粮食高产量指标挑战的战略目标,首先要加强农业基础设施建设。近年来,我国粮食已连续7年增收,但粮食供需仍处于紧平衡状态,一旦发生大范围的重大水旱灾害,粮食紧平衡状态极易被打破,从而引发粮食安全问题,引起世界粮食市场价格上涨。近年来,我国冬麦区发生的气象干旱,就引起世界粮农组织的极大关注,也引发全社会对粮价走势的担忧。尽管经过各方努力,旱情得到缓解,但是也传递了一定的减产预期,导致麦价上涨,并带动玉米、早籼稻等关联品种价格上

涨。在当前市场流动性充裕的情况下，很容易被人借旱灾大肆炒作，放大灾害的减产预期，加剧粮价波动，进而影响到我国的物价水平，影响我国粮食安全，引发社会和经济问题。农业生产受制于水，加快农业发展方式转变，必须提高农业抗灾减灾水平和水资源利用效率效益。但目前我国农田水利基础设施和抗御水旱灾害能力仍然十分薄弱，全国仍有一半以上的耕地望天收，缺少基本灌排条件。现有灌区普遍存在灌溉设施标准低、工程配套差、老化失修、效益衰减等问题。

四、城镇化快速发展对防汛抗旱工作提出了更高要求

近年来，我国城镇化进程逐步加快，城镇常住人口急剧增加，而城市防洪排涝设施建设的进展较慢，难以满足城镇化建设的实际需要。目前，仍有300多座城市尚未达到国家规定的防洪标准，占有防洪任务城市总数的一半；70%以上的城市管线系统排水能力不足1年一遇，90%以上老城区的排涝能力甚至比排水规范中规定的下限还要低。导致城市排水设施不足、治涝能力较低的主要问题在于：一是排水管网体系建设标准低，主次管线承接不协调，排水主管难以及时排泄汇集的积水；二是城区内排水与滞涝设施不配套，或缺乏城市河湖滞蓄涝水，每遇高强度降雨，积水汇集于低洼地带，造成居民小区受淹或交通受阻；三是城市排水河道淤积堵塞，外排不畅，特别是平原地区城市更为突出。干旱方面，随着城镇化进程加速，不透水面所占比例越来越大，由此而引发的热岛效应等也加重了干旱的严重程度。此外，随着社会经济发展，科技发展、现代化水平得以提高，人类在享受现代文明的同时，对现代化的依赖程度越来越高，现代化本身抗御水旱灾害的局限性和脆弱性也日益显露。一旦现代化链条中的一些环节因水旱灾害发生断裂，很容易诱发大的灾害或危机。因此，城镇化在给人类带来便利的同时，也使人类对现代化产生很强的依赖，这种依赖一旦因水旱灾害而失去，必将产生大的灾害，甚至引起大的社会动荡。

五、水旱灾害防御与经济社会发展要求相适应的巨大压力

水利是区域发展的重要支撑，但发展不协调不平衡问题十分突出。我国人口密集、财富集中的东部和沿海地区，也是洪水风险度较大的地区，单位面积水旱灾害损失呈加重趋势。相当多的农村饮水不安全人口和规划内病险水库分布在水资源承载力和水环境承载力比较脆弱的中西部地区。统筹流域区域水利协调发展、优化水利工程布局、完善区域防汛抗旱减灾体系，任务十分繁重。预计到2030年我国城镇化率将达到70%以上，城镇供水人口将超过11亿。巨大的城市群、庞大的城市人口带来的供水压力是前所未有的。同时，城镇化使城市水文特性与水旱成灾机制均发生显著变化，人水争地日趋突出，局部水系紊乱，河道与排水管网淤塞，人为导致城市防洪排涝能力下降，防洪风险和负担日益加大。

第四章　新时期我国水旱灾害防治的主要任务和发展战略

长期以来水旱灾害一直是中华民族的心腹之患。特别是21世纪以来我国气候异常，洪涝、干旱、台风、山洪、泥石流等灾害频繁发生，量级大、频率高、灾情重。给国家安全、经济社会、生态环境以及人类健康带来诸多不利影响。增强全社会防洪减灾能力、保障人民生命财产安全是构建社会主义和谐社会的重大现实课题，也是人民群众最关心、最直接、最现实的重要利益问题。在党和政府的正确领导下，依靠不断完善的防汛抗旱工程和非工程体系，我国人民战胜了历史罕见的洪涝灾害和百年不遇的特大干旱，最大限度地减轻了灾害损失。但是，随着社会经济的发展，国家和社会对防灾减灾的要求越来越高，防洪和抗旱面临一系列新情况、新问题，需要进行认真研究，不断完善对策和措施，将之妥善解决。加强水旱灾害防治，涉及治水理念、技术手段、管理体制、运作机制等诸多方面的调整与转变，是一项长期而艰巨的工作。

第一节　水旱灾害防治的指导思想、基本原则和战略目标

一、指导思想

以邓小平理论和"三个代表"重要思想为指导，深入贯彻落实科学发展观，紧紧围绕四个全面的重大战略部署，认真贯彻《中共中央国务院关于加快水利改革发展的决定》（中发〔2011〕1号）（以下简称2011年中央一号文件）精神，深入贯彻落实中央关于新时期治水兴水的决策部署，努力践行可持续发展治水思路，坚持以人为本、统筹兼顾、科学防控等原则，全面落实防汛抗旱各项措施，确保大江大河、大型和重点中型水库、大中城市防洪安全，努力保证中小河流和一般中小型水库安全度汛，保障人民群众生命安全和城乡居民生活用水安全，千方百计满足生产和生态用水需求，切实增强我国水旱灾害防治能力，为促进经济平稳健康发展、保持社会和谐稳定提供有力保障。

二、基本原则

（一）以人为本，民生优先

防洪抗旱要以人为本，将维护人民群众的根本利益作为防御工作的出发点和落脚点，把解决民生水利问题摆在优先位置，把防洪保人民生命安全、抗旱保生活用水放在工作的首位，着力解决人民群众最关心最直接最现实的水利问题。通过防洪抗旱工程建设以及体制、机制创新和法制建设，对水旱灾害进行适当规避、科学调度和有效利用。如在河流上游地区，要选择有利于植被养护、水土保持的生产方式和生活方式；在中下游分蓄洪区，要选择与水环境相协调的经济发展模式，包括利用现代生物技术、农学技术解决耐涝问题、作物品种和耕作制度问题。在干旱缺水地区，要发展高效节水产业和旱作农业。在城镇化过程中，注重保护河流水系，防止侵占行洪通道。

（二）统筹兼顾，和谐发展

注重兴利除害结合、防灾减灾并重以及治标治本兼顾。既要统筹城市与农村，又要兼顾上下游、左右岸；既要统筹区域和流域、东部和西部，又要兼顾大江大河与中小河流；既要确保重要堤防、重要设施安全，又要保障蓄滞洪区、一般堤防保护区的利益；既要科学安排洪水出路，又要合理利用洪水资源；既要考虑平原区的防汛，又要防御山丘区山洪、滑坡、泥石流灾害；既要保证缺水地区供水需求，又要对水源调出地区给予合理补偿；既要考虑水旱灾害对经济社会的影响，又要考虑经济社会发展对水旱灾害防御的要求，从而为人与人、社会以及自然的和谐发展提供有力支撑。

（三）完善工程，加强管理

完善的工程体系是防汛抗旱工作的重要基础保障，要加大大江大河大湖、中小河流治理力度，把加快大中型骨干水源工程建设摆在突出位置，加快重点蓄滞洪区建设，抓紧实施全国山洪水灾害防治规划，建立群测群防体系，加快海堤达标建设、避风港建设和紧急避险安置区建设，加强水资源配置工程和抗旱应急水源工程建设。同时，要着力强化非工程措施建设，进一步完善各项防汛抗旱减灾责任制，建立健全防汛抗旱社会化服务体系；加强预案预报预警体系建设，为防汛抗旱决策指挥提供支撑和保障。

（四）快速反应，化解风险

水旱灾害的突发性决定了必须进一步强化应急管理，从法律、机构、人员、社会意识、民众技能等多个方面和灾害监测、预警准备、快速反应、救灾和重建等不同环节，构筑一个从政府、军队、媒体到民间组织的全方位、立体化、多层次、综合性的水旱灾害应急系统。同时，应通过建立健全并合理有效地运作防灾减灾的各相关系统，加强水旱灾害的风险管理。为此，要完善水旱灾害风险管理的法律法规体系和风险补偿机制，探索建立洪水干旱保险制度，从而减少和化解水旱灾害风险。

（五）有效协调，综合发挥

水库等工程体系建成之后，必须进行科学调度，统筹上下游、左右岸、干支流关系，全面发挥河道堤防、水库、蓄滞洪区等水利工程的作用，最大限度地提高防汛抗旱减灾效益。在防洪工作中，要综合采取拦、分、蓄、滞、排等措施，精心安排，科学防控，实现对洪水的有效管理。在抗旱工作中，要统筹生活、生产和生态用水，强化抗旱水源统一管理和科学调度。调度过程中要正确处理防洪、供水、航运、生态与发电的关系，正确处理社会效益、生态效益与经济效益的关系，坚持兴利调度服从防洪调度，坚持电调服从水调，保障中下游地区防洪安全和生活、生产、生态用水需求。

（六）科技创新，提高水平

科技创新是提高防汛抗旱工作水平，推动防汛抗旱事业不断前进的动力。要加大新技术、新材料和新设备的研究应用，努力提高灾害预测预报、信息处理、调度指挥、抗洪抢险和灾后评价等方面的科技水平。要把防汛抗旱指挥系统建设作为实现防汛抗旱指挥决策现代化的重要支撑，加快防汛抗旱基础信息的数字化建设，提高决策和指挥的科学水平。

（七）政府主导，多方筹措

坚持政府主导，发挥公共财政对防洪抗旱工作的保障作用，积极争取中央多渠道筹集水利资金；加大金融支持力度。用好用活国家财政和货币政策，建立与金融机构的沟通协调机制，引导和鼓励金融机构加大防洪抗旱信贷投入；积极进行招商引资，吸引社会资金和外资参与防洪抗旱建设。对供水、农田灌溉等有偿服务性项目，通过民营渠道筹集建设资金，政府适当给予补助。加快建立各类农民用水合作组织，引导和组织农民投工投劳兴建、维修、管护农村小型水利工程，推进农村小型水利工程管理社会化。按照多筹多补、多干多补的原则，加大财政奖补力度，调动农民兴修农田水利的积极性，利用水利综合经营收入反哺公益性水利基础设施建设和维护管理。

三、战略目标

水旱灾害防治是一项长期的艰巨任务，也是一项复杂的系统工程，应将兴利除害发展结合、防汛抗旱并重、开源节流并举、开发保护统一、治标治本兼顾、建设管理改革齐抓，协调推进流域与区域、城市与农村、东中西部水利发展，统筹解决洪涝灾害、干旱缺水、水污染、水土流失等问题，加快实现从控制洪水向洪水管理转变，从单一抗旱向全面抗旱转变，从供水管理向需水管理转变，从注重行政推动向坚持两手发力、实施创新驱动转变，统筹解决水安全问题，促进人水和谐相处，加快构建与全面小康社会相适应的完善的防汛抗旱减灾体系，积极探索应对水旱灾害的重大举措，切实提高防汛抗旱应急管理，全面提高水旱灾害防御能力。到2020年，基本建成防洪抗旱减灾体系，重点城市和防洪保护区防洪能力明显提高，抗旱能力显著增强，为保障经济社会持续健康发展作出新的贡献。

第二节 新时期水旱灾害防治的主要任务

水旱灾害是我国最主要的自然灾害,新时期应准确把握防汛抗旱工作面临的新形势、新任务以及新要求,切实把思想和行动统一到中央的决策部署和国家防总的工作安排上来,以对党和国家、对人民群众高度负责的精神,把防汛抗旱工作放在突出位置来抓。要把确保人民生命安全放在防汛抗洪工作的首要位置,加强监测预警和会商谈判,强化水利工程调度管理和突发险情应急抢护,及时转移受威胁区域群众,着力做好江河洪水和山洪等灾害防御,突出抓好水库水电站安全度汛和城市防洪排涝等重点工作,最大限度地减轻灾害损失。要把保障城乡供水安全作为抗旱减灾工作的重点,细化供用水方案,强化水源统一管理、科学调配和应急调度。要把防汛抗旱能力建设作为基础支撑,强化山洪灾害防治、中小河流治理、抗旱规划实施和国家防汛抗旱指挥系统建设等工作,不断提高防汛抗旱工作的科学化、规范化、法制化水平。

新时期,我国水旱灾害防治主要有如下几项任务。

一、继续加强防汛抗旱能力建设

继续加强防汛抗旱能力建设,进一步完善防汛抗旱工程体系,提高水旱灾害防御能力。加强防洪骨干工程和重要蓄滞洪区建设,加快中小河流治理和病险水库水闸除险加固步伐。加大防汛抗旱非工程措施建设力度,搞好防汛抗旱指挥系统工程建设。认真落实全国抗旱规划实施方案,在加快抗旱水源等基础设施建设的同时,大力加强节水技术的推广,特别是要加快水价、水权等制度的改革,建立起节约用水的新机制。

二、全力保障人民群众安全

围绕江河防洪安全,强化汛期值守、巡坝查险、险情抢护等工作,确保人民群众生命安全。健全防台风联动机制,完善山洪灾害防治体系和群测群防长效机制,落实好城市防洪排涝应急措施,加强对流动人口、留守人员的安全管理,避免人员伤亡。抗旱方面,增辟抗旱水源,进行应急水量调度和调配,细化抗旱用水管理,确保重点地区、重点部位和重要时段的供水安全。

三、强化组织领导和责任落实

各级政府和防汛抗旱指挥部要从大局出发,牢固树立防洪安全、供水安全、粮食安全的红线意识和底线思维,进一步统一思想,增强做好防汛抗旱防台风工作的责任感、使命感和紧迫感,把各项工作做实做细。国家防总各成员单位各司其职,通力合作,对汛前准备工作进行再动员、再部署、再督促。按照防汛抗旱行政首长负责制的要求,将重点区域、重点河段、重要环节的防汛抗旱责任落实到人。各级责任人要强化担当意识，切实履职尽责。对责任不落实、措施不到位的，要严肃问责。

四、及早做好防灾减灾准备

坚持以防为主，汛前准备周密细致。各地区各有关部门要早准备、早部署，确保工程、队伍、预案、物资等各项防汛抗旱措施落实到位。抓紧病险工程除险加固、水毁（震损）工程修复和抗旱应急工程建设，为安全度汛和抗旱供水打下坚实基础。每年汛期开始之前，在国家防总的带领下，开展七大江河流域的汛前检查工作，防总各成员单位认真做好相关行业备汛检查工作。各地也要认真组织开展全方位、多层次的防汛抗旱检查，确保不留死角、不留隐患。

五、搞好监测预报预警和调度管理

完善预报方案，改进监测方法，提高预报精度、延长预见期，为防汛抗旱正确决策、合理部署、科学调度提供可靠依据。根据雨情、水情、旱情、工程标准和社会经济发展等实际情况，在确保群众生命安全和闸坝安全的前提下，充分发挥水库、闸坝、蓄滞洪区等工程的拦洪错峰、分洪滞洪和水资源调配作用，最大限度地发挥工程的防汛抗旱和防灾减灾效益。

六、加强统一指挥和协同配合

加强对全国防汛抗旱工作的组织、协调和调度，各成员单位要通力协作，长期坚持并发扬光大统一指挥、部门协同、社会动员、军地联防、全民参与的中国特色防汛抗旱减灾制度优势。进一步加强与人民解放军、武警部队和公安消防队伍的紧密联系，强化信息共享和联训联演，充分发挥部队在抗洪抢险和抗旱减灾中的重要作用。积极主动地做好防汛抗旱信息发布、新闻宣传和舆论引导工作，营造全社会关心、支持、参与防汛抗旱工作的良好氛围。

第三节　新时期水旱灾害防治的发展战略

从战略层面来说，发达国家的经济水平已经处于高水平、低增长的阶段，其水旱灾害防治的基本需求与总体思路应该是维持与修复已有的治水格局；而对于从低水平向高水平过渡的发展中国家来说，治水的迫切需求与时代使命是构建新的治水格局。显然，新时期，我国防洪抗旱减灾体系的建设既不能一味沿袭既往，也不能照搬硬套发达国家的最新理念与模式，而必须从我国基本国情出发，从可持续发展的需求出发，走自主创新之路。

一、新时期治水方略的制定必须基于我国的基本国情

（一）我国加强水旱灾害管理的战略需求

在现代社会中，水旱灾害问题不仅依然存在，而且表现得更为复杂，同时，随着社会发展的安全保障需求越来越高，对防洪抗旱工作的要求也越来越高。作为快速发展中的人口大国，我国长久以来在区域之间、人与自然之间形成的基于水的脆弱平衡必将会受到更大的冲击。江河流域自然调蓄洪水的能力下降，洪水期同流量水位抬高，小流量高水位的现象更加频繁，堤防被迫不断加高，洪水风险有增大的趋势；干旱期由于江河水量减少，又不得不开发更多的水源。如何摆脱治水中恶性循环的窘境，建立人与自然之间良性互动的新型关系成为迫切的需求。因此，在支撑与保障全面建成小康社会的过程中，必将面临大量的治水新问题，防治水旱灾害也将是一项长期而艰巨的任务。

1. 自然影响

21世纪初期，我国以水灾害加剧、水资源短缺、水环境恶化为标志的水危机仍将趋于激化；人与自然之间、区域与区域之间基于洪水风险的利害关系更为敏感，价值观念的差异与利害关系的冲突使得不同治水方案之间的矛盾更加难以协调。受全球气候变化的影响，降水的时空分布会显得更不均匀，超强台风、暴雨与干旱可能出现得更为频繁，使得已有水利工程难以达到规划建设的预期标准，水利工程体系的合理调度也将变得更为困难。

2. 人口增长

至21世纪中叶，我国人口预计将从13亿增长到16亿，届时对粮食与土地的需求压力会进一步增大，在水土资源相对平衡的洪水高风险区域中，土地利用不可避免，人与水争地以及人与生态系统争水的矛盾将更加突出。此外，我国城市人口占总人口的比重可能由21世纪初的37%上升到21世纪中叶的60%，城市中小河流的整治与现代社会中"城市型水患"的防治将日益重要，治理难度与所需的投入将成倍增加；保障城市供水量与供水保障率的要求进一步提高，城市水源地建设与城市周边地区经济发展的矛盾将会加剧。

3. 需求提高

随着经济的发展，人民生活水平的提高，面对重大水旱灾害，民众将不仅要求确保生命安全，最大限度地减少损失，而且要求大灾之后能够基本维持或尽快恢复正常的生产、生活秩序，全社会的防洪抗旱安全保障需求不断提高，防洪抗旱安全保障的难度大为增加。此外，现代社会对供水、供电、供气、交通、通信、互联网等网络系统的依赖性越来越大，一旦遭受水旱灾害，影响的范围将远远超出实际受灾的范围；由于单位面积上人口、资产密度的增长、脆弱性的显现，直接经济损失将呈增长趋势，间接经济损失甚至可能超出直接经济损失，灾中救援与灾后重建的负担显著加重。

徐乾清院士指出："防洪减灾的本质属性是在人类与洪水相互竞争生存与发展空间的矛盾对立中寻求平衡点，并以此为中心建立防洪减灾对策和有效措施。"随着社会经济发展与综合国力

的增强，通过加强管理，全社会对水旱灾害的抗御能力、承受能力、应急反应与恢复重建能力有所提高，人与自然的关系向良性互动转变，水旱灾害风险的增长趋势得到抑制。但是，为了更好地维护、修复或重构区域之间、人与自然之间基于水的平衡，支撑与保障全面、协调、可持续的发展，21世纪中防洪抗旱减灾必将极大地依赖科技与管理的进步。对于传统模式，继承而需不断发展；对于他国经验，学习但非简单照搬，因此，我国现代水利的发展，必须走自主创新之路。

（二）新时期治水方略的调整必须克服两种倾向

新时期治水方略的调整必须克服两种倾向。

1. 克服在治水方略调整中，盲目照搬他国"最新理念"的倾向

治水实践表明，对于不同特性的江河流域，因目标、要求、投入等不同，治水的措施和方案要有明显的不同。即使是同一条河流或同一个区域，在经济社会的不同发展阶段，其治水的目标、要求、投入能力与管理水平也处于动态的变化之中。美国、日本、澳大利亚等发达国家最新的治水理念，是针对发达经济社会形态下的治水新问题而提出的。虽然目前我国社会经济实力已有所加强，但区域发展很不平衡，在治水方略中，如果盲目引入超越我国经济社会发展阶段的治水理念与措施，将会违背经济社会发展规律，结果也可能事倍功半，甚至事与愿违。

2. 克服在治水过程中，期望靠短期高投入、一举消除水患的倾向

20世纪中，人类凭借自身不断增强的技术和经济实力，一度曾经宣扬"人定胜天"，要"根治河流"，让"山山水水听安排"，自以为能够依靠现代工程手段征服自然、主宰自然，从此消除水旱灾害的困扰。但是，利用自然与改造自然的活动，如果违背了自然规律，将无一不受到自然界的报复。如今，人们开始逐渐认识到，在违背自然规律的情况下，要根治江河水患，既不可能，也没必要。治水是一场长期的工作，需要在与自然的协调中共同开展。然而至今在某些计划安排中依然没有完全摆脱"一举根治"的追求，似乎依靠短期高投入，就可一举消除水患风险。

（三）治水方略调整中的若干问题

1. 水利工程体系的地位与问题

尽管存在某些负面影响，也不可能单纯依靠工程措施解决我国防洪抗旱减灾的复杂问题，但是，水利工程体系建设在我国的治水方略中，仍将占据主导的地位。未来20年，是我国大规模基础设施建设的黄金时期。2025年前后，我国55岁以上人口占总人口的比重将进占首位，国家财政将不可避免地转入福利社会的建设，从而影响基础设施的投入。而当前比重占优势的25～55岁的人中，农村剩余劳动力的比重很大，加强水利工程体系的建设对整个社会的协调发展有重要的意义。因此，在我国现阶段的治水方略中，必须抓住机遇，高度重视水利工程体系的建设。从"控制洪水"向"洪水管理"的转变，并不意味着从工程措施转向非工程措施，也不是两者的并立，而是两者的有机结合。关键的问题是如何综合运用法律、经济、行政、科技等手段，使水利工程体系的规划布局、建设与调度运用更有利于整体与长远利益，重构人与自然之间良性互动的关系。

2. 综合考虑防洪抗旱与环境保护的需求

发达国家的治水方略建立在其相对雄厚的经济、技术实力之上，并且是在较长时期中，针对逐步遭遇的水资源、水环境、水景观、水生态等问题而不断加以调整；而我国却几乎同步爆发了水危机。20世纪中，一些已经步入发达行列的国家（地区），在经济快速发展阶段，也曾经付出了牺牲生态环境的代价。一般在人均GDP达到8000～10000美元时，才走出"U"形的低谷。按此模式，我国生态环境恶化的总体趋势尚难逆转。要降低"逆转的阈值"，最为有利的条件是我国已有的水利工程体系。合理地规划、建设、调度、运用、管理好水利工程体系，充分发挥水利工程体系的综合效益，做好洪水资源化的文章，将在防洪减灾的同时，为解决水资源短缺与水环境恶化问题，提供有力的支持。为此，从治水的观念、管理体制、法规政策到现有工程体系的配套、改造，调度运行规则的调整等，都存在许多需要研究解决的问题。

3. 水旱灾害风险管理的关键在于把握适度

20世纪中，人类治水活动的根本教训之一，是懂得了治水必须要因地制宜，把握适度。无论怎样好的治水措施，怎样先进的治水理念，一旦实施过了头，效益就会大打折扣，甚至收到反面的效果。过去，为了推动一项治水措施，往往会出台一系列单向的鼓励政策，不仅在不适宜的地方会导致失败，即使在适宜的地方，也可能引发社会、经济、生态、环境等方面的麻烦。既然水旱灾害风险管理成败的关键在于把握适度，如何使政策具有双向调控的特点，从观念上克服单向追求的习性，从决策环节上增加公众的参与，从投入上形成双向诱导的机制，就值得深入研究。

4. 水旱灾害防治要有全局观念

治水要有全局观念，服从统一指挥，不能只顾局部。如1991年江淮地区的洪水所造成的损失是近40年来最严重的，实际上该年雨涝面积以及降水持续时间均不如1954年大，但经济损失却超过了1954年，尤其是江苏、安徽两省，损失更加惨重。其原因虽然是多方面的，但事后许多人的分析都表明，很重要的原因之一，是该地区原有的水利设施达不到抗御大洪水的能力，再加上一些地方的水利设施，不是从全局出发而是考虑局部利益搞起来的，如联圩工程、太湖堤防工程等，堵断了一些河道，造成排水困难。加之湖荡围垦，导致调节湖水的能力下降。总之，上述种种做法，在洪水期间不但没能起到抗洪的作用，反而人为地加重了1991年的雨涝灾情。这是一次深刻的教训，是值得今后在治水过程中引以为戒的。

5. 实施水旱灾害风险管理需要在减灾上狠下功夫

当前，从"以人为本"、缩小贫富差距的角度，从流域生态系统保护的角度，从协调区域之间基于水的利害关系的角度，总而言之，从支撑可持续发展的角度，人们对水利工程体系合理布局、科学调度运用的要求大为提高，同时对新的分担风险、更为可靠的补偿风险的模式呼声高涨。减灾工作的范畴，必须要从点与线扩展到面。在不可能单纯依靠工程手段消除是水旱灾害风险的情况下，防洪抗旱减灾要考虑如何增强人类社会自身适应水旱灾害的能力，努力减轻灾害的损失，且从总体上削弱水旱灾害的不利影响。

（四）治水方略的调整要从基本国情出发

我国是一个人多地少、生态环境相对脆弱的发展中国家。在水资源、土地资源与粮食的巨大需求压力下，人与水争地已是既成的状态，甚至在一些洪水高风险区，如河漫滩区、圩垸、蓄滞洪区以及山洪、风暴潮等区域也居住了大量人口。但是，在城市化进程加速的过程中，由于人口高出历史时期一个数量级，开发利用受洪水威胁的土地、开辟更多的水源是发展中难以回避的需求，人与自然之间基于水的"平衡"必然会不断被打破。水利建设的实质，是谋求在新的层面上重构人与自然之间的平衡，既支撑经济社会发展与保障生命财产安全，又保护人类赖以生存与发展的生态环境。因此，在治水方略的制定上，必须从我国的基本国情出发，围绕一系列两难问题，取得突破性的进展。我国的水患是慢性病，但是在当前的快速发展中又显现出一些急性病的症状，治水具有长期性、艰巨性与复杂性的特点。

在我国的国情下，人与水争地导致了人与自然之间矛盾的激化，但人若不与水争地，则可能与人争地、与林争地，由此引起的社会问题、环境问题将会更为尖锐。随着社会经济的发展，水资源短缺形势日趋严峻。为了提高供水的保障率，已兴建的农业灌溉与防洪水库被大量改变为城镇供水水库，许多水库甚至连河道的生态基流也因供水需要被拦断，这也加重了区域之间、人与自然之间的矛盾。

若单纯依靠工程措施，人与自然之间难免陷入恶性互动的关系，比如筑堤防洪是扩大防洪保护范围的手段，而加高堤防则是提高防洪标准的措施，但是，超过一定限度之后，就会"水涨堤高"接着"堤高水涨"，人与自然之间进入了恶性互动的循环。再如水库过量拦截径流导致下游河道干涸、行洪能力萎缩；地表水源枯竭或水质型缺水又使得抗旱形势更为严峻，加速地下水的过量超采，导致地下水位恶性下降甚至引起地面沉降，形成了人与自然之间更为复杂的恶性互动的关系。

以往防洪工程重点保护的是江河干流与中下游经济发达的地区，风险转移（即采取牺牲局部，保护整体的策略）无疑是合理的防洪方略，但随着社会的发展，基于缩小贫富差距、维护社会稳定、保障可持续发展的总体目标，需要更多考虑合理有效的风险分担与风险补偿政策与措施；同时，若普遍以修筑堤防的方式来提高支流或上游的防洪标准，洪水风险有可能向经济更发达的中下游区域转移。

我国处于计划经济向市场经济过渡的阶段，以最小投入获取最大利益，是市场经济一项普遍性的原则，而这将导致在处理人与水的关系时，容易引出以邻为壑、牺牲环境等发展不可持续的问题。任何局部区域的治水若只追求本地区的最大利益，则往往会以伤害其他地区的利益或者以破坏生态环境为代价。此外，我国中西部地区水问题加剧且难以治理的主要成因是"贫穷"，如果治水对策不考虑要依靠发展以摆脱贫困、缩小地区间贫富差距的需求，结果就可能是头疼医脚、南辕北辙。

因此，治水的关键在于把握适度与持之以恒，努力促使人与自然的关系向良性互动转变。任何"一蹴而就"的措施，都可能最终带来恶果。同时，针对因人类活动加剧导致人与自然之间基于水的关系严重失衡的区域，也需要采取包括工程建设在内的综合性措施，来重构人与水之间新的平衡。

（五）2011年中央一号文件对防洪抗旱的要求

2011年1月29日发布的中央一号文件，以水利改革发展为主题，向全党、全社会发出了大兴水利的明确信号，要抓住当前水利这个薄弱环节，解除水利这个瓶颈制约，夯实农田水利这个重要基础，尽快扭转水利建设滞后的局面。这是21世纪以来中央指导"三农"工作的第八个一号文件，也是新中国成立62年来中央文件首次对水利工作进行全面部署。2011年中央一号文件凸现了21世纪水利工作的重要性，明确了水利工作的战略地位、改革发展目标和重点方向；对"十二五"期间乃至2020年的发展目标进行了具体的阐述。这既是水利工作的里程碑，标志我国的水利工作已跨入新的里程；又是新航程的灯塔，照耀和指明了21世纪水利工作的改革发展方向。

2011年中央一号文件对水利工作的战略地位给予了史无前例的高度评价。"水是生命之源、生产之要、生态之基""不仅关系到防洪安全、供水安全、粮食安全，而且关系到经济安全、生态安全、国家安全。"这对水利工作者来说既感到鼓舞，又感到责任重大。2011年中央一号文件对我国未来20年的防洪减灾工作进行了战略部署。总的战略目标是到2020年，基本建成防洪抗旱减灾体系，重点城市和防洪保护区防洪能力明显提高。为了保障实现这一目标，首先要做好大江大河的防洪工程建设。中央的部署是："继续实施大江大河治理。进一步治理淮河，搞好黄河下游治理和长江中下游河势控制，继续推进主要江河河道整治和堤防建设，加强太湖、洞庭湖、鄱阳湖综合治理，全面加快蓄滞洪区建设，合理安排居民迁建。搞好黄河下游滩区安全建设。'十二五'期间，抓紧建设一批流域防洪控制性水利枢纽工程，不断提高调蓄洪水能力。"在防洪减灾的策略上中央提出"防灾减灾并重"的原则，"坚持工程措施和非工程措施相结合"，"建立专业化与社会化相结合的应急抢险救援队伍"，"尽快健全防汛抗旱统一指挥、分级负责、部门协作、反应迅速、协调有序、运转高效的应急管理机制"。

在非工程防洪措施方面，中央提出了加快国家防汛抗旱指挥系统建设、山洪灾害易发区预警预报系统建设、专群结合的山洪地质灾害监测预警体系建设，加快实施防灾避让、提高雨情汛情旱情预报水平、健全应急抢险物资储备体系、完善应急预案、鼓励和支持发展洪水保险等一系列内容，都需要在各流域、省市县的各级防洪减灾体系中认真规划，具体落实。

2011年中央一号文件中对我国防洪减灾体制的改革方向也提出了明确的方向，充分鼓励和发动群众参与防洪减灾活动，形成全民的防洪减灾体制。在资金来源方面，中央提出"加大公共财政对水利的投入，多渠道筹集资金"；"广泛吸引社会资金投资水利"；"有重点防洪任务和水资源严重短缺的城市要从城市建设维护税中划出一定比例用于城市防洪排涝和水源工程建设"；"积极稳妥推进经营性水利项目进行市场融资"。在水利工程维护方面，中央提出"鼓励农民自力更生、艰苦奋斗，在统一规划基础上，按照多筹多补、多干多补原则，加大一事一议财政奖补力度，充分调动农民兴修农田水利的积极性"；"探索社会化和专业化的多种水利工程管理模式"；"广泛动员全社会力量参与水利建设"等体制改革的方向，需要水利管理单位勇于探索，大胆实践。

（六）在实际工作中需要注意的几个问题

新时期的防洪抗旱工作应该与时俱进，强调综合性，避免片面性；强调全局性，避免局限性；强调科学性，避免盲目性。要正确处理防汛与抗旱工作的关系，正确处理城市与农村的关系，正确处理经济建设与生态保护的关系，正确处理近期与长远的关系，努力提高防汛抗旱能力。

在实际工作中应该注意以下几点。

1. 强调防汛抗旱新思路，不要抛弃传统的成功经验和做法

中国几千年的文明史，从某种程度上讲，也是与水旱灾害作斗争的历史。国运的兴衰，老百姓的贫富，很大程度上取决于治水的成败。因此，长期以来我国积累了丰富的防汛抗旱经验，这是中华民族的宝贵财富。有许多成功的经验和做法，要很好地继承和发扬，绝不能简单地抛弃。推进防汛抗旱理念转变，实际上就是用科学的观点来审视传统的防汛抗旱方略，克服其局限性，传承优秀，采取工程措施与非工程措施兼顾、行政管理和法律约束等综合措施，科学调度洪水和抗旱，在保证安全的前提下，适度承担水旱风险，规范人类行为，达到人与自然和谐共处。

2. 强调洪水管理，不是否定控制洪水

控制洪水是洪水管理的一个重要方面。洪水管理以控制洪水为前提和基础，克服了单纯控制洪水的缺陷和不足。洪水管理既考虑了利用工程控制洪水，又避免单纯用工程控制洪水的局限性，从而采取全方位的管理措施规范人与水的关系，两者并非对立。一些地区现阶段防洪工程体系尚不完善，应加强防洪工程建设，提高洪水调控能力，这也是实现洪水管理的重要步骤。需要强调的是，这部分地区在完善防洪工程体系时，要在"由控制洪水向洪水管理转变，由单一抗旱向全面抗旱转变"理念的指导下，完善工程规划，既要使防洪工程达到规划设计的适度标准及合理功能，又要使工程建设为洪水管理奠定基础和条件，避免走回头路，避免重复建设。

3. 强调全面抗旱，不能削弱农业抗旱

目前，我国抗旱工作有三个"关键点"。重点在农村，因为农业是基础产业，农民是我国的最大群体，即使是在城市化高度发展以后，确保农村群众饮水安全和国家粮食安全也是抗旱工作的重中之重。热点在城市，因为城市是一个地区政治、经济、文化的中心，人口密集，用水需求量大，对供水保证率、水质及水环境的要求高，一旦发生供水短缺，社会影响巨大；焦点在生态环境，要保证经济社会可持续发展，必须重视生态环境保护，目前生态抗旱越来越受到公众的关注。因此，全面抗旱要求在重视农业抗旱的同时，更加科学合理地做好城市的生活、生产和生态等全方位的抗旱工作，实现水资源的合理开发、优化配置和高效利用。

4. 强调洪水资源化，不可忽视防洪安全

从总体上看，我国是一个水资源短缺的国家，开发利用洪水资源是新时期防洪保安全、抗旱保供水、生态保良好的必然选择。但是，洪水资源化只是洪水管理的一个方面而不是全部，绝不能片面地认为洪水管理就是利用洪水资源。并且，洪水资源利用必须以确保工程安全为前提，要的是安全之后的洪水资源利用最大化，因此，必须建立在科学调度的基础之上。实现洪水资源化，要采取工程、预报和调度等综合措施，要科学论证，依法按规审批，严格监督。

5. 大力推进防洪抗旱理念转变，不应搞"一刀切"

近几年来，防洪抗旱理念转变在我国已经进行了大量实践，取得了重大成效。这些成效的取得归根结底就在于能立足中国国情，立足于省情，创造性解决我国或省（自治区、直辖市）防汛抗旱中存在的实际问题。由于经济发展水平的差距，各地治水和水利工程建设所处的阶段不同，社会保障、社会管理等方面的水平不等，当前和今后一个时期，不同地区防汛抗旱所面临的任务和所要解决的问题也不同。各地要结合本地的实际大力推进防洪抗旱理念转变，不应消极等待，要努力创造条件开展工作。对于经济发展水平较高，防御水旱灾害的工程和非工程体系相对完备的地区，要率先实现防洪抗旱理念转变，在全国起到示范和带头作用。对于基础条件一般和较差的地区，要选择突破口，要以防洪抗旱理念转变的思路审视和指导各项工作，逐步推进。

二、水旱灾害防治的发展战略

近年来，国家防总、水利部提出了水旱灾害防治的工作新思路，防汛工作更加注重规范人类活动，给洪水以出路；注重依法科学防控，统筹上下游、左右岸；注重推行洪水资源化，在防洪安全的前提下，充分利用洪水资源；注重实施洪水风险管理，有效地规避风险、承受风险和分担风险。抗旱工作强调服务领域从农村扩展到城市，从生产、生活扩展到生态；采取综合措施，提高抗旱工作的主动性，增强预案的可操作性。2011年中央一号文件《关于加快水利改革发展的决定》对防洪抗旱减灾工作的目标、任务提出了明确要求。新时期要认真贯彻落实2011年中央一号文件精神，创新思路，强化管理，破解难题，迎接挑战，大力提高我国的防汛抗旱减灾能力。

（一）持续坚持防灾理念创新

由于洪水灾害是洪水和人类活动共同作用的结果，因此，在防洪中，必须在适度控制洪水的基础上规范人类社会活动，对洪水实施全方位的社会管理，才能最大限度地减轻洪水危害的程度。由于旱灾从传统的农业扩展到工业、城市、生态和抗旱，其手段必须多元化，因此，在抗旱中，必须拓展抗旱的服务对象和应对手段。新时期防汛抗旱工作要从控制洪水向洪水管理转变，从单一抗旱向全面抗旱转变，从供水管理向需水管理转变，从注重行政推动向坚持两手发力、实施创新驱动转变。"洪水管理"有三个要点：一是规范人类社会活动，二是实施风险管理，三是实现洪水资源化。"全面抗旱"也有三个要点：一是扩大抗旱领域，二是抗旱手段多元化，三是变被动抗旱为主动抗旱。

（二）不断强化风险管理

实施水旱灾害风险管理，即承认水旱灾害风险的客观存在，认识到人们不可能完全控制风险，只能通过工程建设以及体制、机制创新和法制建设等手段，有效地防范、承受和分担风险，提高化解和承担风险的能力，从而将洪水及干旱酿成的灾害控制在人们可以接受的范围。我国的国情决定了必须建立风险共担的水旱灾害管理模式。通过体制机制创新和制度建设防范风险，要精心规划，通过建立标准适度、功能合理的防洪抗旱工程体系适度承担风险；通过科学调度分担风险，统筹考虑防洪安全、洪水资源利用，在可控的风险内，实现防洪抗旱减灾效益的最大化；通过补偿和救助政策化解和分担风险，开展重点流域和区域水旱灾害保险试点，逐步建立适合我国国情的水旱灾害保险制度和灾害补偿机制，充分发挥风险分担、互助共济的社会保障优势。一是着力推进洪水和干旱风险图的编制。全面启动洪水风险图的编制，积极推动干旱风险图的编制。二是进一步完善蓄滞洪区运用补偿政策，并及早出台，如黄河滩区淹没补偿政策。三是稳步推进水库汛限水位动态控制的研究和试点，不断提高洪水资源的利用程度。四是积极研究水旱灾害保险制度，开展保险试点，提高应对灾害的能力。

（三）着力规范人类活动

在利用工程技术措施控制水旱灾害发生的同时，必须通过规范人类社会活动、加强社会管理，避免不当的行为来减轻水旱灾害。运用法律、政策、经济、行政等手段和教育、协商、疏导等办法规范人类活动，从根本上减少和避免致灾的可能性，禁止不合理的开发活动，禁止挤占河道、湖泊，禁止在洪水高风险区盲目建设和开发，禁止在水资源严重匮乏地区建设高耗水企业。因此，要通过洪水风险图和干旱风险图的编制，逐步建立洪水和干旱风险公示制度，增强人类活动的风险意识。尽快颁布实施"洪水影响评价管理条例"和"蓄滞洪区管理条例"等法律法规，建立洪水影响评价制度，规范建设开发活动；通过税收政策调整，使经营性行为尽可能避开防洪高风险区；通过价格政策，促使社会公众节约用水，提高水的利用效率等。

（四）继续加强能力建设

针对防汛抗旱基层组织比较薄弱的问题，要继续加强能力建设，将防汛抗旱组织体系延伸到乡镇、村和相关单位，不断提高乡村、社区的抢险救灾能力。针对大量农村青壮年进城务工、群众性的抢险救援力量能力不强的问题，要进一步加强专业化的防汛机动抢险队和抗旱服务队建设。全国防洪抗旱专业化队伍在抗洪抢险和抗旱减灾中发挥了重要作用，但是相对于我国繁重的防汛抗旱抢险应急任务来说，必须进一步加强专业化应急抢险救援队伍建设，实现专业队伍跨越式发展，打造一批"政治坚定、业务过硬、作风优良、严谨务实、敢打硬仗、能打胜仗"的抗洪抢险和抗旱减灾队伍。根据2011年中央一号文件的要求，针对当前防汛抗旱工作中存在的薄弱环节，加强国家防汛抗旱督察工作，逐步建立分类清晰、职责明确、科学合理、覆盖面广、可操作性强的国家防汛抗旱督察制度，督促各地依法开展防汛抗旱工作。

（五）不断完善预警体系

防御山洪、泥石流、滑坡等灾害，要把灾害预警、安全转移作为确保群众生命安全的重要手段，注重主动预防和避灾自救，坚持专业预防与群测群防相结合，坚持应急转移和避灾安居相结合，最大限度减少人员伤亡。为此，完成全国1836个县级山洪、泥石流、滑坡灾害防治区的预警体系建设，实现预警及时、反应迅速、转移快捷、避险有效，全面提高山洪水灾害防御水平。

（六）稳步推进河湖连通

在加强中小河流、中小水库和山洪水灾害防治等防洪薄弱环节建设的同时，要把河湖连通作为防洪和提高水资源配置能力的重要途径。特别是水库等大型蓄水工程的建设越来越难、越来越少，主要是可开发布点的水库越来越少，受环境、生态和移民等的制约，修建水库越来越难。水库主要解决一定区域内水资源的时间分布不均的问题，而河湖连通工程可以解决水资源的空间分布问题。因此，在充分考虑生态和环境保护的条件下，稳步推进河湖连通工程，以空间换时间，调整和优化河湖水系连通格局，根据防汛抗旱需要，充分考虑环境生态的要求，合理确定连通河湖之间的水量交换规模，逐步形成水源可靠、河库联调、丰枯相济的防洪和水资源配置格局，全面提升防洪和水资源调控能力。

第四节　新时期水旱灾害防治的主要对策

水是生命之源、生产之要、生态之基。兴水利、除水害，事关人类生存、经济发展、社会进步，历来是治国安邦的大事。促进经济长期平稳较快发展和社会和谐稳定，夺取全面建设小康社会新胜利，必须下决心加快水利发展，防治水旱灾害，增强水利支撑保障能力，实现水资源可持续利用。近年来，我国在总结防汛抗旱经验的基础上，立足于我国水资源条件新变化、经济社会新发展和人民群众新期待，提出了可持续发展治水思路，推动水旱灾害防御工作发生了深刻转变。实践证明，可持续发展治水思路是解决我国复杂水问题的必然选择，是提高我国防御水旱灾害能力的基本要求，也是促进经济发展方式加快转变的重要支撑。我国虽然还不可能做到完全避免洪水灾害，但是在各种措施得到真正贯彻时，洪水和干旱灾害损失必将减至较轻的程度，从而最大化地降低水旱灾害带来的影响。新时期我国水旱灾害防治的主要对策包括如下内容。

一、加强基础设施建设，完善防汛抗旱工程体系

在防汛抗旱减灾工程的建设中，应除害兴利，统筹兼顾，即防洪与抗旱并举。不断完善防汛抗旱工程体系，逐步形成多层次的防洪抗旱工程体系。

加强城市防洪工程建设。继续实施大江大河治理，进一步搞好黄河下游治理、长江中下游河势控制以及淮河治理；继续推进中小河流综合整治，加快实施全国重点地区中小河流近期治理建设规划，加强堤防工程的维修和养护；加快病险水库除险加固步伐，特别是应紧急重点加固和处理的大中型病险水库，以保证下游安全，提高防洪抗旱成效；对易淹区的江河湖泊要加强整治，做好水利工程和配套设施的规划和建设，增大蓄洪和抗洪能力；全面加快蓄滞洪区建设，合理安排居民迁建，基本完成使用频繁、洪水风险较高、防洪作用突出的蓄滞洪区建设，保证发生大洪水时，洪水可以被有效地分流、滞蓄和退水；抓紧建设一批流域防洪控制性水利枢纽工程，不断

提高洪水调蓄能力。

加强城市排涝工程建设。按照国务院办公厅《关于做好城市排水防涝设施建设工作的通知》（国办发〔2013〕23号）要求，尽快完成城市排水治涝规划。加大科研力度，提高城市排涝标准，研究适应城市需求的区域治涝标准，尽快出台《城市治涝标准》等技术规范，规范指导城市防洪排涝建设，建成满足城市防洪排涝安全需求与防洪设施建设相协调的城市防洪排涝设施体系。农田涝渍治理中，实施水旱轮作，深松土壤，梯级开发，尽量利用天然排水沟和原有排涝工程，本着先上游、后下游，先骨干、后田间，坡水治理与水土保持相结合，排地表水与地下水并举，达到彻底根治涝渍灾害的目的。

加强水资源配置和调控能力，完善和优化水资源战略配置格局。在保护生态环境的前提下，尽快建设一批水源工程、引调水工程和河湖水系连通工程，以保障重点地区和流域的供水和生态安全；尽早启动实施西南五省（自治区、直辖市）重点水源工程近期建设规划，加快大中型灌区续建配套与节水改造，加快推进现代灌区建设，加强小型农田水利基础设施建设。建立应对特大干旱和突发水安全事件的水源储备制度。

二、转变防洪排涝抗旱理念，建设海绵城市

人们越来越不满足于单纯地防洪工程，要摆脱"水灾无情""干旱不可避免"的桎梏，应想到充分利用洪水。在中国的河川径流资源中，只有1/3左右是基流，是稳定依靠地下水补给的。而大约2/3是洪水径流，因此用好这部分径流资源，不仅可以减轻洪水灾害，又可化害为利，缓解我国水资源贫乏，防治干旱，从根本上解决水资源供需的矛盾。

2013年12月，习近平总书记在中央城镇化工作会议上提出"建设自然积存、自然渗透、自然净化的海绵城市"。所谓海绵城市，是指城市能够像海绵一样，在适应环境变化和应对自然灾害等方面具有良好的"弹性"。下雨时吸水、蓄水、渗水、净水，需要时将蓄存的水"释放"并加以利用。这不仅可以有效解决当前城市内涝灾害、雨水径流污染、水资源短缺等突出问题，而且有利于修复城市水生态环境，带来综合的生态环境效益。在城市建设中，不仅要尽量减轻暴雨造成的灾害，还要把雨水当作一种资源，尽量收集和利用，实施雨水资源化。概括起来就是把地面和地下的措施综合形成"点、线、面、空间"统一的雨洪蓄排系统。排水泵站是点，把保护范围积蓄的雨水强力排到其他区域；排水沟和排水管网是线，把收集到的雨水输送到下游；地面雨水调蓄设施包括湿地、低洼绿地、低洼公共空间、屋顶等可以蓄积雨水的区域；空间是指地下水库、大型地下河等地下雨洪调蓄设施。

海绵城市提倡开发区域内通过雨水调蓄、下渗等措施，尽量减少对原有区域水文过程的影响，同时通过蓄水区域的水生物净化作用改善水质，保护城市生物多样性。美国西雅图市对全市的社区、道路、公共场所都按照该理念进行了改造，巧妙地把一些空间改造为小型湿地，在改善城市环境、减轻内涝灾害方面取得了良好的效果。日本也规定每开发1hm²土地，要修建500m³的蓄水池，收集和调蓄雨水，很多有条件的家庭也自愿参与，把本住宅屋顶和院内的雨水收集起来，

处理后加以利用。海绵城市建设涉及整个城市系统，通过当地政府把规划、排水、道路、园林、交通、项目业主和其他一些单位协调起来，明确目标，落实政策和具体措施，转变了防洪排涝抗旱理念，从根本上解决了水资源供需矛盾。

三、加强城市防洪抗旱规划管理，依法加强城市防洪抗旱设施管理

科学合理适度超前的城市防洪排涝规划，对于指导城市开发和防洪减灾建设具有重要作用。水利部下发《关于加强城市防洪规划工作的指导意见的通知》后，各城市都在进行防洪规划编制修订工作，目前有6座重点防洪城市、20座重要防洪城市以及258座其他城市尚未完成城市防洪规划编制或修订工作。建议建立城市防洪规划工作督促机制，指导、促进规划的编制修订，妥善处理城市防洪规划与城市建设发展规划之间的关系，科学规划、合理布局，加强水利部门与住建部门沟通与协调，妥善处理城市排水、滞涝与防洪关系，做好城市排水管网、排涝河道与防洪河道衔接，形成科学合理的防洪排涝体系，如期完成城市防洪规划任务，并尽快实施。

城市河湖管网是防洪排涝的基础设施，《中华人民共和国防洪法》第三十四条明确规定："城市建设不得擅自填堵原有河道沟叉、储水湖塘洼淀和废除原有防洪围堤。"应督促各地城市水行政主管部门依法行使监督权，维护城市自然水系防洪排涝功能。城市扩建过程中涉及洪泛区、蓄滞洪区的，要按照《中华人民共和国防洪法》和水利部《关于加强洪水影响评价管理工作的通知》的要求做好建设项目洪水影响评价管理，防止将重要城市基础设施布设到洪水威胁区和低洼积水地带，保障设施的防洪排涝安全。加强城市建设项目施工管理，坚决制止城市建筑废弃物侵占河湖洼淀，防止施工不当而发生阻碍行洪、堵塞排水管网的行为，制止单位和个人向河道弃置工业和生活垃圾，维护河道、排水管网通畅。

四、强化水文气象和科技支撑，提高防汛抗旱管理能力

强化水文气象和科技支撑。加强水文气象基础设施建设，扩大覆盖范围，优化站网布局，着力增强重点地区、重要城市、地下水超采区水文测报能力。健全水利科技创新体系，强化基础条件平台建设，加强基础研究和技术研发，力争在水利重点领域、关键环节和核心技术上实现新突破，获得一批具有重大实用价值的研究成果。加大技术引进和推广应用力度，加强水利国际交流与合作，提高水利技术装备水平推进水利信息化建设。加快建设国家防汛抗旱指挥系统和水资源管理信息系统，提高水资源调控、水利管理和工程运行的信息化水平，以水利信息化带动水利现代化。

建立水旱灾害实时监测、快速评估和早期预警系统。及时将水旱灾害的发生、发展、持续、缓解、灾情，乃至对策向各级指挥部门传递。加大投入，整合资源，实现资料共享，全面提高服务水平，提高雨情汛情旱情预报水平。把现代化的空间遥感技术、信息系统与通信技术应用于灾害监测、评估和预警，可将灾害信息的接收、处理、分析和发布全过程压缩到灾害发生的动态过

程内，以赢得抗灾救灾时间，提高指挥决策的科学水平，保证最大限度地减轻水旱灾害损失，促进区域持续发展。建立应对特大干旱和突发水安全事件的水源储备制度。加强人工增雨（雪）作业示范区建设，科学开发利用空中云水资源。

加强防汛抗旱应急能力建设。出台防汛抗旱应急预案管理办法，规范预案的编制、审批、发布、备案、修订、演练、培训和宣传等环节，增强防汛抗旱应急预案的科学性、适用性、实效性和可操作性。组织各地深入开展防汛抗旱应急预案的编制与修订工作，完善应对各类各级洪涝和干旱灾害处置方案，健全乡镇、街道、社区、重要企事业单位、物业管理单位等基层防汛组织，全面提升防汛抗旱组织保障和应急响应能力，提高防洪抗旱应急管理水平。建立专业化与社会化相结合的应急抢险救援队伍，着力推进县乡两级防汛抗旱服务组织建设，健全应急抢险物资储备体系，完善应急预案。

五、提高雨情、洪涝及干旱预报的准确率，开展水旱成因和规律性研究

水旱灾害实际上是由气候系统异常并作用于人类社会造成的重大灾害。为了减轻损失应寻求气候异常的早期信号，发展准确性较高的水旱长期预报和短期气候异常预报的业务系统。正确的预报，可以给防洪抗旱带来巨大的经济效益。例如，1986年7号台风在登陆前约27小时，广东、福建两省就作出了正确预报，并及时采取了防御措施，命令正在海上作业的近万艘渔船提前返航，抢收早稻约27万hm²，同时加固堤防，使台风影响范围内的35座大、中型水库安全渡险，并对险区内的群众和大批商品物资进行转移，避免了人员和财产的损失。据估计，由于提前采取了这一系列措施，仅广东省就减少经济损失约10亿元以上。为了提高预报准确率，应加强水旱灾害的研究。目前，气象、水文、农业等部门对水旱已做了许多研究，但是在成因和发生规律方面还不够深入、系统。对于水旱灾害应从两方面着手：一是主要针对暴雨成因进行天气学的研究；二是着重对长期持续雨涝的大气环流条件和气候背景进行分析。这两方面均应采用现代动力学数值分析的方法。此外，还应加强洪涝、暴雨、干旱历史的研究，以便给预测研究和水利工程规划、设计提供基础数据。对于干旱，除进行历史演变、分布类型研究外，还应对各种类型的干旱进行成因分析，建立各种专业类型的预测模型。

六、加强城市防汛抗旱组织领导，建立持续稳定的投资机制

党的十八届三中全会审议通过的《中共中央关于全面深化改革若干重大问题的决定》（以下简称《决定》）明确指出，要"完善城镇化健康发展体制机制。优化城市空间结构和管理格局，增强城市综合承载能力"。为实现《决定》目标，必须进一步提高对城市防洪排涝减灾组织领导，坚持以人为本、人水和谐、统筹兼顾、科学防控、依法防控、群防群控，正确处理好城镇化建设与防洪排涝建设、城市防洪与流域防洪、近期建设与远期建设、工程措施与非工程措施、政府主导与社会参与、统一指挥与部门联动的关系，扎实推进城市综合防洪体系建设，全面提高城市防洪排涝

减灾能力。

从各地调查报告反映和实地调研座谈情况看，城市防洪排涝设施建设进展缓慢的主要原因是投入不足。《中华人民共和国防洪法》规定："城市防洪工程设施的建设和维护所需投资，由城市人民政府承担。"很多城市都着眼于发展经济尽快取得效益，普遍存在"重开发、轻安全，重地上、轻地下"现象，一些城市大灾之后才大治，亡羊补牢式地组织建设防洪排涝设施，缺少长期持续稳定的资金投入。为确保如期完成国务院确定的城市防洪设施建设任务，应出台持续稳定的城市防洪排涝投融资政策，并对中西部欠发达地区城市防洪排涝设施建设给予倾斜，保障城市防洪排涝设施建设需要，促进中西部地区城市防洪排涝设施与城市开发均衡发展。严格督促落实《水利建设基金筹集和使用管理办法》，"有重点防洪任务和水资源严重短缺的城市要从征收的城市维护建设税中划出不少于15%的资金，用于城市防洪和水源工程建设"。

七、加强宣传教育，提高全民防洪抗旱减灾意识

利用"世界水日""中国水周"等主题活动日以及电视、报刊、网站等媒介开展防洪减灾宣传教育，普及水法规和防灾避险知识，促进社会组织、单位和个人知法守法，共同管理维护好城市防洪排涝设施。利用专题网站、电视、广播、微博、微信等，建立公众参与的城市防灾互动平台，调动全社会积极性，共同做好城市防灾减灾工作。编辑出版科普书籍，提高公众防灾意识，培养公众避险自救能力。运用市场机制，充分发动人民群众作用，直接参与工程建设。要立足于人民的工程人民干、人民管，实行公开、透明原则，以市场机制为手段，在有关政府部门领导下，基层乡镇和村集体也参与组织，同级人大监督；充分发动人民群众投入各自家园的水旱工程治理，发动人民群众开展防涝治旱工程的全面治理。要提高群众的防灾和环境意识，加强广泛的宣传教育。要使人人都认识到，防灾不但是各级领导和有关部门的事，而且也是每个人的事。防灾是减轻灾害最主要的行为，防与不防大不一样。例如，1983年7月27日，陕南地区出现了大范围的暴雨，长江支流汉水水位陡涨，7月31日出现了近400年以来的最高水位，安康城将要遭到毁灭性灾害。但是在这之前，根据气象水文预报，及时动员群众，尽速撤出县城，不存侥幸心理，使近10万人大部分撤到了安全地区，避免了一场大的灾难。总之，我们应充分认识到"中国现代化伟力之最深厚的根源存在于民众的理解和历史的责任感"，为此，应告民以实情，晓众喻在义，尽早尽快地提高整个民族的素质和能力，通过各种手段和途径增强全民的环境意识及防洪抗旱的减灾意识。

参考文献

[1]《中国水利百科全书》编辑委员会会员会.中国水利百科全书(第二版)[M].北京:中国水利水电出版社,2006.

[2] 刘昌明,何希吾.中国21世纪水问题方略[M].北京:科学出版社,1998.

[3] 陈小江.水利辉煌60年[M].北京:中国水利水电出版社,2010.

[4] 刘树坤.中国水旱灾害防治实用手册[M].北京:中国社会出版社,2000.

[5] 刘树坤.中国生态水利建设[M].北京:人民日报出版社,2004.

[6] 国家防汛抗旱总指挥部,中华人民共和国水利部.2013年中国水旱灾害公报[M].北京:中国水利水电出版社,2014.

[7] 中华人民共和国水利部.中国水利统计年鉴2014[M].北京:中国水利水电出版社,2014.

[8] 中华人民共和国水利部.2013年中国水资源公报[M].北京:中国水利水电出版社,2014.

[9] 鄂竟平.经济社会与水旱灾害[J].中国防汛抗旱,2006(1).

[10] 程晓陶.加强水旱灾害管理的战略需求与治水方略的探讨[J].水利学报,2008(10).

[11] 李坤刚.中国洪水与干旱灾害[J].中国防汛抗旱,2006(2).

[12] 黄河流域及西北片水旱灾害编委会.黄河流域水旱灾害[M].郑州:黄河水利出版社,1996.

[13] 周文姬,霞飞.开国之初毛泽东亲自抓的四大水利工程[J].党史博览,2009(8).

[14] 王琳.毛泽东水利思想及其当代价值[D].山西大学博士学位论文,2012.

[15] 王浩.中国水资源问题与可持续发展战略研究[M].中国电力出版社,2010.

第2篇

洪水灾害防治：成就、问题与对策

第一章　洪水灾害概述

第一节　洪水与洪涝灾害

一、洪水基本概念

洪水是指由于暴雨、冰雪融化、水库垮坝、风暴潮等原因，使江河、湖泊水量迅速增加及水位急剧上涨的现象。一般可分为暴雨洪水、融雪洪水、冰川洪水、冰凌洪水、雨雪混合洪水、溃坝洪水等。我国河流的大洪水主要是暴雨洪水，多发生在夏、秋季节，一些地区春季也可能发生。以地区划分，我国中东部地区以暴雨洪水为主，西北部地区多融雪洪水和雨雪混合洪水。

洪水的形成和特性主要决定于所在流域的气候和下垫面等自然地理条件。此外，人类活动对洪水形成过程也有一定影响。我国地域辽阔，洪水在时间和地区的分布上千差万别。有些地区洪水频繁发生，有些地区较少发生洪水；有的季节洪水严重，有的季节较少发生洪水。

（一）影响洪水发生的气候因素

影响洪水形成及洪水特性的气候要素中，最重要、最直接的是降水。对于冰凌洪水、融雪洪水、冰川洪水来说，气温是重要要素；其他气候因素，如蒸发、风等，对降水、气温也有一定影响，又都受季风活动的影响。

1.季风气候的影响

由于我国所处中纬度和大陆东岸的地理位置，加上青藏高原的影响，季风气候异常明显，这是我国气候的一个基本特点。季风气候的特征，主要表现为冬夏盛行风向有显著变化，随着季风的进退，降水有明显的季节性。在我国，冬季盛行来自大陆的偏北气流，水汽不足，气候干冷，降水很少，形成旱季；夏季盛行来自海洋的偏南气流，水汽充沛，气候湿热多雨，形成雨季。我国气候总的特征是冬干夏湿，降雨主要集中在夏季。季风气候的另一重要特征是，随着季风进退，雨带出现和雨量的大小有明显的季节变化。

随着季风的进退，盛行的气团在不同季节中产生了各种天气现象。其中与洪水关系最密切的是梅雨和台风。梅雨是长江中下游和淮河流域每年6月上中旬至7月上中旬这段时间的大范围降水天气。一般是连续性降水间有暴雨，形成持久的阴雨天气。台风是发展强盛的热带低压气旋。台风所挟带的狂风暴雨，一方面会造成江河洪水暴涨，另一方面在沿海地区还会引起风暴潮灾害。

2.降水

我国是一个暴雨洪水多发的国家。降水是形成洪水的第一大因素，尤其是暴雨和连续性降水对于灾害性洪水的形成尤为重要。形成我国境内降水的水汽主要来自太平洋和印度洋，所以夏季风（包括东南季风和西南季风）的强弱对我国降水量的地区分布和季节变化有着重要影响。自北冰洋输入我国的水汽，仅对新疆北部降水有一定作用。我国多年平均年降水量地区分布的总趋势是从东南沿海向西北内陆递减。400mm雨量等值线由大兴安岭西侧向西南延伸至我国与尼泊尔边境。以此线为界，东部明显受季风影响，降水量多，属湿润地区；西部不受或受季风影响较小，降水稀少，属干旱地区。

降水对洪水的影响主要表现在降雨历时和降水强度。我国各地大强度降水一般发生在雨季，往往一个月的降水量可占全年降水量的1/3，甚至超过一半，而一个月的降水量又往往由几次或一次大的降水过程所决定。各地历年最大年降水量与最小年降水量相差悬殊，而且年降水量越小的地区，二者相差越大。据统计，西北地区（除新疆西北山地）二者比值大于8；华北一般为4～6；南方较小，一般为2～3。如河北保定1954年降水量为1316.8mm，是1975年降水量202.4mm的6.5倍；甘肃敦煌1979年降水量为105.5mm，是1956年6.4mm的16.5倍；新疆托克逊站1979年降水量为23.8mm，为1968年降水量0.5mm的47.6倍。

3.气温

气温对洪水最明显的影响主要表现在融雪洪水、冰凌洪水和冰川洪水的形成、分布和特性方面。另外，气温对蒸发影响很大，间接影响着暴雨洪水的产流量。

（二）影响洪水发生的下垫面因素

1.地形地貌及土地覆盖

影响洪水发生及洪水大小的第二大因素是流域的下垫面条件。流域的下垫面因素包括地形、地质、土壤、植被以及流域大小、形状等。下垫面因素可能直接对径流产生影响，也可能通过影响气候因素间接地影响流域的径流。

流域地形主要通过影响气候因素对年径流量发生影响。比如，山地对于水汽运动有阻滞和抬升作用，使山脉的迎风坡降水量和径流量大于背风坡。

植物覆被（如树木、森林、草地、农作物等）能阻滞地表水流，同时植物根系使地表土壤更容易透水，加大了水的下渗。植物还能截留降水，加大陆面蒸发。植被增加会使年际和年内径流差别减少，延缓径流过程，使径流变化趋于平缓，使枯水期径流量增加。

流域的土壤岩石状况和地质构造对径流下渗具有直接影响。如流域土壤岩石透水性强，降水下渗容易，会使地下水补给量加大，地面径流减少。同时因为土壤和透水层起到地下水库的作用，会使径流变化趋于平缓。当地质构造裂隙发育，甚至形成溶洞的时候，除了会使下渗量增大，还可能形成不闭合流域，影响流域的年径流量和年内分配。

流域大小和形状也会影响年径流量。流域面积大，地面和地下径流的调蓄作用强，而且由于大河的河槽下切深，地下水补给量大，加上流域内部各部分径流状况不容易同步，使得大流域径流年际和年内差别相对较小，径流变化比较平缓。流域的形状会影响汇流状况，比如流域形状狭长时，汇流时间长，相应径流过程线较为平缓；而支流呈扇形分布的河流，汇流时间短，相应径流过程线则比较陡峻。

流域内的湖泊和沼泽相当于天然水库，具有调节径流的作用，会使径流过程的变化趋于平缓。在干旱地区，由于蒸发量增大，会使径流量减少。

2.人类活动影响

人类通过流域开发不断地影响洪水的天然过程，主要表现在两个方面，一是水利工程的修建，二是城市化发展。

在水利工程修建方面，经过多年的实践，我国已经初步形成了以水库—堤防—蓄滞洪区的防洪工程体系，通过对洪水进行错峰削峰、束水归槽、蓄滞等，改变了洪水过程的自然状态，对洪水和洪涝灾害具有直接影响。此外，跨流域调水工程、大型农田水利工程等通过对水资源的调配，也对洪水过程产生了直接或间接的影响。

在城市化方面，随着改革开放和社会经济的发展，城市化高速发展大大地改变了流域的下垫面条件，如地面硬化，下渗减少，汇流加速，导致了洪峰增加、峰现时间提前等现象，加大了洪水的危险性。

二、洪水基本特征

洪水从发生到消退往往体现为一个具体的过程。定量描述洪水过程的指标有洪峰流量、洪峰水位、洪水过程线、洪水总量（洪量）、洪水频率（或重现期）等。

（一）洪峰流量和洪峰水位

降雨产生径流并陆续汇入河道，使流量和水位不断增长，我们将洪水通过河川某断面的瞬时

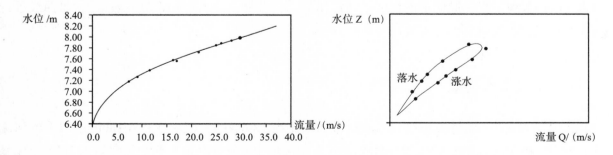

图2－1　水位流量关系示意图

最大流量值称为洪峰流量，以立方米每秒（m³/s）为单位；洪峰水位是指一次洪水过程中的最高洪水位，以米（m）为单位。在断面水位流量关系呈单一关系时，洪峰流量与洪峰水位一一对应。若呈现绳套关系，则洪峰水位与洪峰流量的对应关系在涨水和退水过程有所不同，如图2—1所示。

（二）洪水过程线和洪水总量

洪水流量由起涨到达洪峰流量，此后逐渐下降，到暴雨停止后的一定时间，河水流量及水位回落到接近原始状态。以时间为横坐标，以江河的水位或流量为纵坐标，可以绘出洪水从起涨至峰顶再回落到接近原来状态的整个过程曲线，称为洪水过程线；一次洪水过程通过河川某断面的总水量，称之为该次洪水的洪量，其单位常为亿m³；水文上也常以一次洪水过程中，一定时段通过的水量最大值来比较洪水的大小，如最大3天、7天、15天、30天、60天等不同时段的洪量，如图2—2所示。

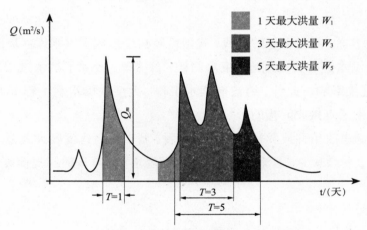

图2—2　洪水过程线及时段洪量示意图

（三）设计洪水

设计洪水是按照某种标准计算的洪水过程线，是水利工程设计与建设的依据。通常运用设计标准洪水来确定水利水电枢纽工程的设计洪水位、设计泄洪流量等水工建筑物设计参数，这个标准的洪水称为设计洪水。设计洪水发生时，工程应保证能正常运用，一旦出现超过设计标准的洪水时，则水利工程一般就不能保证正常运用了。在进行设计洪水计算时一般采用PⅢ曲线进行频率分析，示意图如图2—3所示。

三、主要洪水类型

我国江河众多，流域面积在100km²以上的河流约2.3万多条，流域面积在1000km²以上的河流约2221条，按照河流洪水的成因条件可以分为暴雨洪水、融雪洪水、冰凌洪水、冰川洪水、风暴潮、泥石流、溃坝洪水等，各种类型的洪水都可以造成灾害。在我国，绝大多数河流发生的洪水

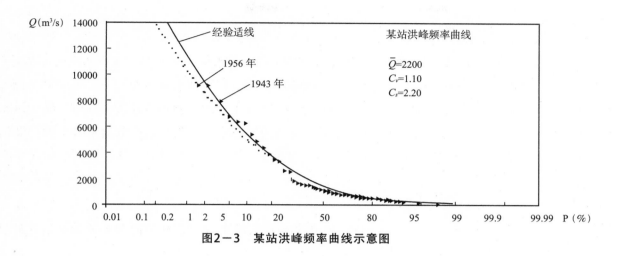

图2-3 某站洪峰频率曲线示意图

以暴雨洪水为主。

（一）暴雨洪水

暴雨洪水多发生在夏秋季节，发生的时间自南向北逐渐推迟。大范围暴雨主要由两种天气系统形成。一是西风带低值系统，包括锋、气旋、切变线、低涡和槽等，影响全国大部分地区。这类暴雨一般持续时间长、覆盖面广、降水总量大，在大流域内往往形成组合型的暴雨洪水，常可造成大面积的、严重的洪水灾害。二是低纬度热带天气系统，主要是热带风暴、强热带风暴和台风，常见于东南沿海和华南各省。台风带来的暴雨洪水峰高量大，能在较大范围造成洪水威胁。此外，在干旱或半干旱地区，因强对流天气作用，也可以形成局地性雷暴雨，常在小流域上形成来势猛、涨落快、峰高量小的洪水，造成小范围的严重灾害。

暴雨洪水的特点取决于暴雨，也受流域下垫面条件的影响。同一流域不同的暴雨要素，如暴雨笼罩面积、过程历时、降水总量及其强度以及暴雨中心位置、移动的路径等，可以形成大小和峰形不同的洪水。暴雨洪水一般特点是，洪水涨落较快，起伏较大，具有很大的破坏力，特大暴雨形成的洪水常可造成严重洪水灾害，导致巨大的经济损失、人员伤亡以及对生态环境的破坏；洪水年际变化很大，经常出现的洪水与偶尔出现的特大洪水其量级相差悬殊，给江河治理带来很大困难。

（二）融雪洪水

融雪洪水是由冰融水和积雪融水为主要补给来源的洪水。融雪洪水主要分布在我国东北和西北高纬度山区，经漫长的冬季积雪到翌年春夏气温升高，积雪融化，形成融雪洪水，若遇急剧升温，大面积积雪迅速融化会形成较大洪水。融雪洪水一般发生在4～5月，洪水历时长、涨落缓慢，受气温影响，洪水过程呈锯齿形，具有明显的日变化规律。洪水大小取决于积雪面积、雪深、气温和融雪率。西北高寒山区的积雪，因春夏强烈降雨和雨催雪化可以形成雨雪混合型洪水，在融雪径流之上，再加上陡涨陡落的暴雨洪水，可以产生更大的洪峰流量。

（三）冰凌洪水

冰凌洪水是由大量冰凌阻塞，形成冰塞或冰坝，使上游水位显著壅高，当冰塞融解，冰坝突然破坏时，槽蓄水量下泄所形成的洪水过程。冰塞、冰坝的形成或破坏常常造成严重灾害，例如1969年2月黄河下游涑口以上形成长20余km的冰坝，冰坝上游水位壅高，超过了1958年特大洪水位，大堤出现渗水、管涌、漏洞等险情。危害较大的冰凌洪水，主要发生在黄河干流上游宁蒙河段和下游山东省河段，以及松花江哈尔滨以下河段。

（四）冰川洪水

冰川洪水（高山冰雪融冰洪水）是由冰川和永久积雪融水为主要补给而形成的洪水。这种洪水发生在拥有冰川和永久积雪的高寒山区河流。

我国有永久积雪区即现代冰川5870km²，主要分布在西藏和新疆境内，占全国冰川面积的91%，其余分布在青海、甘肃等省区。冰川洪水一般发生在7～8月，洪水峰、量的变化取决于冰川消融的面积和气温上升的梯度，一般无暴涨暴落现象，但有明显日变化。突发性冰川洪水，往往由冰湖溃坝形成，洪峰陡涨陡落，具有很大的破坏力。冰川洪水主要分布在天山中段北坡的玛纳斯地区，天山西段南坡的木札特河、台兰河，昆仑山的喀喇喀什河，喀喇昆仑山的叶尔羌河，祁连山的西部昌马河、党河，喜马拉雅山北坡的雅鲁藏布江部分支流。

（五）风暴潮

风暴潮是沿海地区一种严重的洪水灾害，是由强风和（或）气压骤降等剧烈大气扰动引起的沿海或河口水面异常升高的现象，又称风暴增水。风暴增水与天文高潮或江河洪水遭遇，水位陡涨，漫溢堤岸，则造成风暴潮洪水灾害。

通常把风暴潮分为热带风暴（台风、飓风）引起的热带风暴潮和温带气旋引起的温带风暴潮两类。在我国，热带风暴潮即通称的台风风暴潮，温带风暴潮则是在北部海区由寒潮大风引起的风暴潮。

台风风暴潮主要是由台风域的气压降低和强风作用所引起。这种风暴潮在我国沿海从南到北都有发生，在东南沿海发生频次更多，增水量值更大。其发生的季节与台风同步，一年四季都有可能，而以台风盛行的7月、8月、9月最为频繁。

温带风暴潮主要出现在莱州湾和渤海湾沿岸一带，与寒潮大风季节同步，主要发生在春秋和冬季。

（六）泥石流

泥石流是一种发生在山区河流沟谷中的包含泥、石、水的液固两相流，是一种破坏力很大的突发性特殊洪流。暴雨和（或）冰雪融水是其发生的诱因。泥石流按其固体物质构成的不同，可分为泥石流、泥流和水石流等3类。

泥石流形成的基本条件是：沟谷内有丰富的松散固体堆积物；沟谷地形陡峻、比降很大，有暴雨和(或)冰川积雪融水等足够的水源补给。乱垦滥牧、弃土堆渣不当等人类活动也会促成或加剧泥石流的发生。

泥石流发生的时间和地区有以下特点。

(1)在时间方面，泥石流往往发生在暴雨季节，或者冰川和高山积雪强烈融化的时期。

(2)在地区方面，泥石流主要发生在断裂褶皱发育、新构造运动活跃、地震活动强烈，植被不良、水土流失严重的山区及有现代冰川分布的高山地区。

(七)溃坝洪水

溃坝洪水包括堵江堰溃决、水库垮坝和堤防决口所形成的3类洪水。堵江堰溃决主要是地质或地震原因引起的，水库垮坝和堤防决口则与气象、人为因素有关。地震破坏坝体结构也可能导致水库垮坝。垮坝洪水很少发生，一旦发生往往是毁灭性的。

由于地质或地震原因引起的山体滑坡，堵江断流，经过一段时间后，壅水漫坝，导致溃决，河槽蓄水突然释放形成骤发洪水。这类洪水在我国主要发生在人烟稀少的西南高原山区。2008年5月12日发生在四川汶川的地震形成了北川唐家山堰塞湖，2014年8月3日云南昭通发生的地震在牛栏江形成了堰塞湖。

水库溃坝洪水的突出特点是洪峰高、历时短、流速大，往往造成下游毁灭性灾害，特别是人员伤亡。如1975年8月淮河上游洪水，板桥及石漫滩水库垮坝。我国水库数量多，防止水库垮坝是防洪工作的重中之重。

堤防决口洪水是指洪水超过堤防设计标准，或堤防质量差，主流直冲堤防而抢护不及，或者因人为设障壅高水位而造成的漫决、冲决或溃决洪水。

四、洪涝灾害主要类型

我国洪涝灾害的主要致灾因素是暴雨洪水、风暴潮、融冰融雪和冰凌洪水。由于自然地理条件、地形地貌特点以及人类经济社会活动特征与规模的不同，洪水灾害形成的条件、机制以及对经济社会发展的影响和对生态环境的影响与冲击也不尽相同。我国洪水灾害主要有以下类型。

(一)平原洪涝型水灾

平原洪水灾害主要是指由江河洪水漫淹和当地渍涝所造成的灾害。洪水泛滥以后，水流扩散，波及范围广；受平原地形影响，行洪速度缓慢，淹没时间长。涝灾是因当地暴雨和洪水泛滥致使低洼地区的积水不能及时排除而形成的一种水灾，主要分布在平原和水网地区。我国平原地区的洪涝灾害往往相互交织，外洪阻止涝水外排，因而加重了内涝灾害；而涝水的外排又加重了相邻地区的外洪压力，洪涝水不分是其主要特点。平原洪涝型水灾波及范围广，持续时间长，造成的损失巨大，发生频繁，是我国最严重的一种水灾。

我国平原总面积115.2万km²，占国土总面积的12%，主要分布在受到洪涝灾害严重威胁的七大江河(含太湖)的中下游地区。这些地区经济发达、人口稠密、财富集中，集中了全国1/3的耕地、40%的人口及60%的国内生产总值。上述地区江河主要依靠堤防束水，洪水位普遍高于地面高程。如黄河下游由于泥沙来量大，河床逐渐淤积抬高，形成"悬河"，对两岸构成严重威胁。

平原地区的涝灾问题十分突出，洪涝灾害往往相伴而生。随着城市化的发展，城市涝灾的问题也越来越突出。

(二)沿海风暴潮型水灾

风暴潮灾害是海洋灾害、气象灾害及暴雨洪水灾害的综合性灾害，突发性强，风力大，波浪高，增水强烈，高潮位持续时间长，引发的暴雨强度大，往往与洪水遭遇，一旦发生风暴潮常常形成严重的水灾。据统计，20世纪80年代末90年代初我国由于沿海风暴潮导致的水灾损失约占同期全国水灾总损失的19%，仅次于暴雨洪水形成的洪涝灾害。

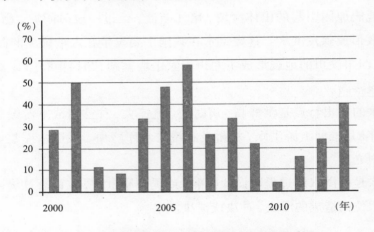

图2-4 2000年以来台风灾害损失占总损失比重

根据统计资料(见表2-1)，全国平均每年因风暴潮造成的农田受灾面积达118.7万hm²(1780.5万亩)，倒塌房屋19.22万间，受灾人口340万，死亡665人，经济损失达65亿元。

1992年8月31日至9月2日，9216号台风在福建长乐登陆，后蜕变为低气压继续北上，至徐州、菏泽一带，然后向东北方向移动，于2日从莱州湾出海，向辽东半岛方向移动。沿海福建、浙江、上海、江苏、山东、河北、天津、辽宁8省(直辖市)受灾，共造成直接经济损失92亿元，死亡近200人。

1994年8月21日22时(农历七月十五)，199417号台风在浙江瑞安登陆，台风登陆时中心气压760hPa，中心附近最大风力12级，最大风速超过40m/s。由此造成浙江沿海飞云江至瓯江口的瑞安、龙湾、温州等站出现历史最高潮位，浙江省直接经济损失达124亿元，死亡1216人，倒塌房屋10万余间。

199711号台风为风、雨、潮相互叠加，引起异常汹涌的浪潮，大大超过沿海现有海堤的防御能力，使沿海的浙江省、上海市、江苏省、山东省以及天津市、河北省部分地区遭受极大经济损失。其中以浙江省灾害损失最为严重，其直接经济损失达186亿元，死亡236人，倒塌房屋8.5万余间。

表2—1 2001～2014年登陆我国的台风个数及致灾情况统计表

年份	登陆个数	农作物受灾面积（千hm²）	受灾人口（万人）	倒塌房屋（万间）	死亡人数（人）	直接经济损失（亿元）	转移群众（万人）
2001	9	2109.19	4037.55	24.61	201	311.62	—
2002	6	746.00	2265.42	6.21	59	95.36	—
2003	7	862.90	2989.00	3.19	61	103.80	—
2004	8	985.58	2216.17	8.54	196	242.17	—
2005	8	4453.30	7074.64	32.46	414	799.90	—
2006	6	2952.08	6623.28	47.80	1522	766.29	814.58
2007	7	2085.62	4226.05	8.07	62	297.70	727.33
2008	10	2310.20	3791.56	12.77	127	320.75	492.24
2009	9	1145.69	1943.56	2.54	43	190.90	278.60
2010	7	458.20	847.71	3.46	123	116.42	132.38
2011	7	653.71	1530.93	2.04	24	216.40	248.95
2012	7	3041.41	3082.91	8.82	45	645.03	32.58
2013	9	2870.68	4758.87	7.80	159	1249.88	644.45
2014	5	2396.63	2299.18	4.76	75	617.34	267.61

200604号强热带风暴"碧利斯"引发的超强暴雨洪水，造成湖南、福建、广东、广西等省（自治区）655人死亡，194人失踪。200608号强台风"桑美"造成459人死亡，111人失踪，沉没避风船只952艘，损坏1594艘渔船。

200709号台风"圣帕"造成福建中部、浙江大部、广东局部、湖南局部降暴雨到特大暴雨。暴雨洪灾造成福建、浙江、江西、湖南、广东、湖北、广西等省（自治区）农作物受灾面积549.21千hm²，受灾人口1334万、因灾死亡52人，倒塌房屋3.67万间，直接经济总损失86.47亿元。

200814号强台风"黑格比"在广东电白登陆，暴雨洪水致使广东、广西、海南、云南等省（自治区）农作物受灾面积879.19千hm²、受灾人口1501.95万，因灾死亡35人，倒塌房屋4.13万间，直接经济损失133.30亿元。

200908号台风"莫拉克"在台湾花莲、福建霞浦先后登陆，暴雨造成福建、浙江、安徽、江苏、江西、上海等省市177个县市受灾、农作物受灾面积655.75千hm²，受灾人口1152万，倒塌房屋1.03万间，直接经济损失128.23亿元。

201311号强台风"尤特"在广东登陆，暴雨造成广东、广西、海南、湖南等省（自治区）165县市受灾，农作物受灾面积534.15千hm²，受灾人口1080.95万，因灾死亡79人，倒塌房屋3.77万，直接经济损失195.76亿元。

201319号强台风"天兔"在广东汕尾登陆，暴雨造成广东、福建、湖南、广西、江西等155县受灾，农作物受灾面积346.80千hm²，受灾人口1122.65万，因灾死亡34人，倒塌房屋1.92万人，直接经济损失265.05亿元。

201323号强台风"菲特"在福建福鼎登陆，暴雨造成浙江、福建、上海、江苏等省（自治区）

131县市受灾，农作物受灾面积804.46千hm²，受灾人口1169.54万，因灾死亡11人，倒塌房屋0.58万间，直接经济损失624,51亿元。

201409号超强台风"威马逊"先后3次登陆，强风暴雨造成海南、广西、广东、云南等省（自治区）156县市受灾，农作物受灾面积901.72千hm²，受灾人口1134.66万，因灾死亡62人，倒塌房屋4.15万间，直接经济损失378.08亿元。

（三）山地丘陵型水灾

根据洪水形成原因，山地丘陵洪水又可分为暴雨山洪、融雪山洪、冰川消融山洪或几种原因共同形成的山洪，其中以暴雨山洪最为普遍和严重。其特点是历时短、涨落快、涨幅大、流速快且挟带大量泥沙，冲击力强，破坏力大。

山洪灾害是指山丘区因暴雨引起的洪水灾害、泥石流灾害、滑坡灾害等。

泥石流是由山洪诱发而突然暴发的裹挟大量泥沙和石块的特殊山洪，多发生在有大量松散土石堆积的陡峻山区。山洪泥石流等灾害虽然波及范围较小，总经济损失一般不大，但往往造成较多的人员伤亡，而且有些年份相当严重。据2000～2014年统计，山洪泥石流、滑坡等造成的人员伤亡往往占当年水灾总死亡人数的2/3以上。

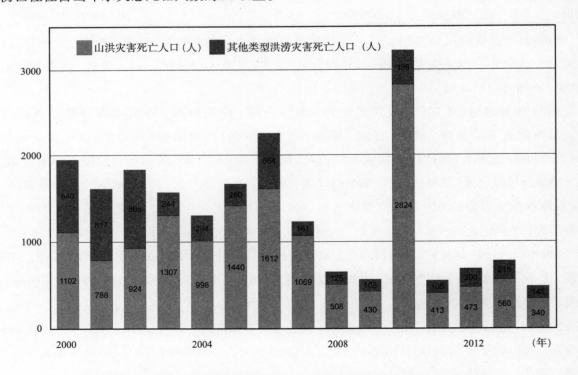

图2-5　2000年以来山洪灾害死亡人口与洪涝灾害总死亡人口关系

1981年7月27日，辽东半岛一次特大暴雨山洪挟卷巨石、树木倾泻而下，所经之处，人畜、房舍、村落、建筑物席卷一空，1835余间房屋冲毁，664人死亡，长大铁路冲毁7km，406次列车被颠覆。

1984年5月30日，云南省东川市黑水沟暴发泥石流，仅30多分钟就造成121人死亡，30多人受伤，1000多人受灾，冲毁建筑物5万m²和大量生产、生活设施，矿山停产半个月，直接经济损失1100万元。

2010年8月8日，甘肃舟曲发生特大山洪泥石流灾害，泥石流形成堰塞湖。灾害造成舟曲2个乡镇13个行政村20227人受灾，因灾死亡1501人，失踪264人。

山地丘陵区中平川和盆地的洪水灾害主要分布在四川盆地中部约2.9万km²的平川和谷地，云贵高原约2.8万km²的平川谷地和我国中部与东部山地丘陵间的中小盆地。这类水灾虽然范围不大，但由于这些平川和盆地多是我国山区城镇所在地，人口集中，工农业产值在所属省份占有举足轻重的地位，因此对区域经济社会发展造成重大影响。

（四）冰凌灾害

冰凌洪水主要发生在黄河下游、黄河上游的宁蒙河段和中游的河曲河段及松花江依兰河段。由于天寒地冻，历来有"伏汛好防，凌汛难抢"之说。

黄河下游1951年、1955年曾发生两次凌汛决口。例如，1955年利津凌汛，冰凌插塞成坝，堵塞河道，造成决口，淹没村庄360个，受灾人口17.7万，淹没耕地88万亩，房屋倒塌5355余间，死亡80人。1974年3月14日，黄河宁夏河段开河时水鼓冰开，结成冰坝，垮后复结，淹没农田4000余亩，房屋倒塌260余间，受灾人口431人。局部的冰凌灾害每年都不同程度地发生，防凌工作是有关地区防汛的重要任务。

（五）其他洪水灾害

由于战争或由地质灾害造成水灾以及水库、堤防失事等原因所引发的水灾，在中国历史上和当代都有发生。

明崇祯十五年（1642年）李自成围攻开封久攻不克，下令扒开黄河大堤水淹开封城，城内37万人中淹死达34万人。

1933年，岷江上游叠溪发生地震，崩塌物堵塞岷江，形成4个堰塞湖。后因堵体溃决，造成下游严重洪水灾害，受淹人口高达2万余人，冲毁农田4万余亩。

1938年6月6日，国民党当局为阻止日军西进，在河南省郑州花园口扒开黄河大堤，酿成惨重水灾，泛区达44个县，89.3万人死亡，391万人外逃他乡，经济损失达10.92亿银元。并造成黄河夺淮入海8年。

五、洪涝灾害特点及其危害

（一）涉及范围广

根据我国洪水类型和地区分布情况，我国绝大部分地方都有可能发生洪涝灾害。中部地区大部分处在大江河中下游，地势平坦，洪涝灾害十分严重。东部沿海地区还受风暴潮的影响，暴雨、洪水频繁发生；局部的暴雨、泥石流、滑坡等灾害经常威胁山区安全。新疆等西部地区干旱少雨，但也受融雪、冰凌、洪水威胁；黄河、松花江等流域冬春季还会受凌汛灾害。

（二）发生频次高

由于特殊的地理位置和气候系统，导致我国洪水发生频繁，加之特殊的地形特征和人口的压力及不合理的生产活动方式，使我国成为世界上洪涝灾害出现频次最高的国家之一。据史料记载，从公元前206年至1840年的2046年中，我国洪涝灾害发生频次总体呈上升趋势。特别是16世纪以来，洪涝灾害发生频次递增速度加快。20世纪洪涝灾害高达987次，比19世纪增长了122%。

20世纪以来，七大江河洪涝灾害频繁，共发生特大水灾31次，大水灾55次，一般性水灾127次（水灾等级划分标准为特大水灾频率5%以下；大水灾5%～10%；一般水灾10%～20%）。

（三）灾害损失大

据记载，公元前206年至1949年的2155年间，全国发生较大洪涝灾害1092次，平均每两年发生一次较大水灾。新中国成立后，各级加大了投入，全国主要江河初步形成了较为完善的防洪工程和非工程措施相结合的防洪减灾体系，但每年都发生不同程度的洪涝灾害。据《中国水旱灾害公报》统计，1950～2014年年平均洪涝受灾面积9774.45千hm^2，成灾5397.78千hm^2，死亡4327人，并且灾害损失呈年际分布不均的态势。如洪涝灾害直接经济损失最大的是2010年，达3745.43亿元；受灾面积最大的是1991年，达24596.00千hm^2；死亡人数最多的是1954年，达4.25万人；洪涝灾害受灾面积最少的是1966年，为2508.00千hm^2；死亡人数最少的是2014年，为485人。

据资料统计，我国20世纪90年代由于水灾造成的平均直接经济损失高达1169亿元，约占同期GDP的2.24%，2000～2014年全国洪涝灾害直接经济损失占当年GDP百分比的平均值降为0.58%，略高于发达国家的水平。如日本洪灾灾害损失约占GDP的0.2%～0.3%。

我国地域辽阔，自然环境差异很大，具有产生多种类型洪水和严重洪水灾害的自然条件和社会经济因素。我国山地丘陵和高原占全国总面积的70%，平原盆地占总面积的30%。据统计，我国平原区农田受灾面积和倒塌房屋数约占全国总数的2/3，山丘区占1/3；而死亡人数的分布恰恰相反，平原区约占全国总数的1/3，而山丘区占2/3。

（四）危害影响

洪水灾害的危害主要表现为：影响国民经济发展，危及社会繁荣与安定，破坏生态环境。

洪涝灾害造成的经济损失在各种自然灾害中列居第一位，常常导致交通、能源、通信等重要设施破坏，大面积农田被淹，农作物减产甚至绝收。同时，为了防洪减灾，国家和人民群众不得不投入大量财力、物力和人力，严重制约了国民经济发展，并对正常的社会生活造成冲击。伴随大的洪涝灾害发生，往往对水利、交通、通信、能源等国家基础设施造成不同程度的毁坏，对国民经济的影响范围广，影响时间长。

洪水灾害对社会生活的影响一方面表现为人口的大量死亡。1931年江淮水灾，受灾人口

4950万，占湖南、湖北、江西、浙江、安徽、江苏、山东、河南8省当时人口的1/4，死亡达36.5万人。1954年长江中下游水灾，受灾人口1888余万，受灾农田4755万亩，死亡3万余。1862年一次特大风暴潮袭击珠江口，死亡人口逾10万。洪水灾害对社会生活影响的另一方面是，大量的人口迁徙，增加了社会的动荡和不稳定因素，而安置灾民，帮助其重建家园，恢复生产给社会带来沉重的负担。1931年全国性水灾，仅江淮8省灾民达5100余万人，大量灾民成群结队逃荒流移，社会处于动荡不安的状态。

洪水还对人类生存环境造成极大的破坏，主要表现在：破坏生态环境；毁坏农田，造成耕地失去耕作条件；打乱河流水系，造成河道排洪泄洪能力降低；污染水环境，危及人类健康。洪水泛滥区水冲沙压，破坏农田，加剧低洼地区土壤盐碱化。如1963年海河大水，由于水冲沙压而失去耕作条件的农田历史文献记载达200多万亩；1938年黄河人为扒口南泛之后，约有100亿m³泥沙带到淮河流域，黄泛区黄土堆积，低者数尺，高者丈余，整个黄泛区原先肥沃的土地受到毁灭性破坏。洪水泛滥往往引发对水环境的污染，使有害病菌孳生蔓延和有毒物质扩散，直接危及人民的身体健康。淮河流域1931年大水后瘟疫流行，急性传染病蔓延城乡，仅江苏高邮县死于瘟疫者就有数千人。

六、洪水灾害的主要影响因素

就洪水灾害而言，包括两方面的含义：一是发生洪水；二是形成灾害。洪水的影响因素主要有流域的气候和下垫面两个方面。另外，由于洪水有对社会造成危害的可能，洪水造成的损失主要取决于经济、社会因素，洪水灾害又具有社会属性。影响洪水灾害的主要因素有以下方面。

（一）自然因素

1.暴雨因素

我国地处欧亚大陆东岸，濒临西太平洋，属典型的亚热带季风气候区域，雨带和暴雨分布都有明显的季节性变化，暴雨是我国季风盛行期的一种常见天气现象。暴雨尤其是大暴雨往往造成丘陵山区的山洪、滑坡、泥石流灾害、平原区的洪水泛滥以及城市渍涝等灾害，是我国洪涝灾害的主要成因。

2.自然地理因素

自然地理因素的影响涉及对流域气候、地形地貌和地质条件等多方面。对流域气候影响最大的地理环境主要是流域地理位置、海陆分布和地形差异等三大因素。

洪水组成因素。对大流域和水系复杂的河流，不同的洪水组合往往产生不同特性和量级的洪水，造成的洪水灾害差别亦很大。如影响长江流域暴雨洪水特点的因素，除天气系统外，还有暴雨笼罩面积、强度、过程历时、降雨总量以及暴雨中心位置、暴雨中心是否移动、移动路径等，在同一流域上可以形成大小和峰型不同的洪水。

（二）人类活动的因素

人类活动的影响主要表现有三方面：一是修建水利工程调节或控制洪水；二是与洪水争夺空间；三是改变地形、地貌特征。

人类通过修建水库蓄丰补枯，调节天然洪水过程，实现兴利除害；通过修建蓄滞洪区，对洪水进行调节；此外，人类还通过修建引水、导水的建筑物进行农业灌溉。

对洪水活动空间的制约主要是通过工程手段筑堤围垦、筑堤挡水、围湖造田等活动。一方面，人类通过不断地修筑堤防工程，获得越来越多的土地，人类的生活、生产空间扩大，这在很大程度上改善了人类的生活、生产环境，也有效地促进了社会经济发展。但另一方面，大量的沼泽、湿地的围垦也使得洪水活动范围逐步缩小。任何侵占洪水宣泄空间的活动都将抬高洪峰水位，加大洪水风险。工程的防洪标准总是有限的，一旦遇到超标准洪水堤防溃决，就会加重洪水灾害损失。

围湖造田是人类与洪水争夺空间的一种形式。历史上长江中下游两岸通江湖泊星罗棋布，对洪水有较大的调蓄作用。随时间的推移，因泥沙淤积等自然原因以及人类围垦的作用，使得几乎所有湖泊都有不同程度的萎缩，部分湖泊消亡。除洞庭湖、鄱阳湖两大湖泊外，其他湖泊均建闸进行控制。由于堤防的建设和对通江湖泊的控制，使得洪水的活动仅限于河道和部分湖泊，同样的洪水洪峰水位越逼越高，其致灾性越来越大。

森林植被破坏和耕作技术粗放是人口不断增加和生产力水平的限制，开垦荒山、荒地以及开矿等活动造成的，由于森林植被的大面积破坏，加速降雨的产汇流速度，使得同样降水产生的洪水洪峰流量加大，同时洪水泥沙含量的增加，加剧了河道、湖泊淤积。洪峰流量加大又会进一步加大水土流失的速度，造成恶性循环。

在洪泛平原上建大城市和工业基地，不仅破坏森林植被，而且由于大量建造房屋和修路，使地面不透水层增加，地表水不易渗入地下，使得地下水位降低，城市化后抬高洪峰水位，加大洪峰流量。同时暴雨汇流速度加快，更易发生洪水灾害。

露天采矿或道路建设经常发生弃渣、弃土石倾倒入河槽，造成河道堵塞，阻塞洪道，诱发洪水灾害。

第二节　我国主要江河洪水特性

一、我国江河分布情况

我国江河众多，流域面积在100km²以上的河流约有2.3万条，流域面积在1000km²以上的有河流2221条，超过1万km²的河流有228条。河流受地形、地貌等因素的影响，绝大多数分布在气候较为湿润和多雨的东部与南部地区；西北地区气候干旱，河流稀少，并有较大范围的无流区。我国主要河流特征如表2—2。

（一）外流河与内陆河

我国的河流按其归宿不同，可分为外流河和内陆河（或内流河）两大类。外流河最终流入海洋，内陆河则注入陆地封闭的湖沼或消失于沙漠。外流河流域面积较大，约占国土面积的65.2%；内陆河流域面积较小，约占国土面积的34.8%。与世界河流比较，我国内陆河流域面积比重则高于世界平均数（21.5%）。

表2—2　中国主要河流特征表

河名	河长（km）	流域面积（km²）	注入
长江	6300	1808500	东海
黄河	5464	752443	渤海
淮河	1000	269283	黄海
海河	1090	263631	渤海湾
滦河	877	44100	渤海湾
珠江	2214	453690	南海
黑龙江	3420	1620170	鞑靼海峡（经俄罗斯）
松花江	2308	557180	黑龙江
辽河	1390	228960	渤海湾
闽江	541	60992	东海
钱塘江	428	42156	东海
南渡江	311	7176	琼州海峡
韩江	285	30000	南海
雅鲁藏布江	2057	240480	孟加拉湾（经印度、孟加拉国）
浊水溪	186	3155	台湾海峡
澜沧江	1826	167486	南海（经老挝、柬埔寨）
怒江	1659	137818	安达曼海（经缅甸）
沅江	565	39768	北部湾（经越南）
鸭绿江	790	61889	黄海（中朝界河）
额尔齐斯河	633	57290	喀拉海（经哈萨克斯坦、俄罗斯）
伊犁河	601	61640	巴尔克什湖（经俄罗斯）
塔里木河	2046	194210	台特玛湖（内陆河）

流域面积包括我国境外部分。在我国境内：黑龙江为903418km²，鸭绿江为32466km²。

我国内、外流域的主要分界线，北起大兴安岭西麓，向西南经阴山山脉、贺兰山、祁连山、巴颜喀拉山、念青唐古拉山和冈底斯山，至西端国境。在此线以东、以南，除松嫩平原、鄂尔多斯高原及西藏山南羊卓雍湖地区有零星内流区外，均属外流河流域；在此线以西、以北，除新疆额尔齐斯河为外流河以外，其他均属内陆河。

外流河中，注入太平洋的流域面积最大，约占国土面积的58.2%。主要河流包括长江、黄河、珠江、淮河、海河、辽河、流经俄罗斯入海的国际河流黑龙江以及流出境外入海改称湄公河的澜沧江等大江河。注入印度洋的河流流域面积占国土面积的6.4%，主要河流有怒江（流入邻国缅甸后，改称萨尔温江，最后注入印度洋的安达曼海）、雅鲁藏布江（由我国流入印度，改称布拉马普特拉河，再流经孟加拉国，最后注入印度洋的孟加拉湾）以及印度河上游的朗钦藏布和森格藏布等。注入北冰洋的流域面积最小，约占国土面积的0.6%，它所包括的唯一河流额尔齐斯河是鄂毕河上游，出国境后，流经哈萨克斯坦、俄罗斯注入北冰洋的喀拉海。

我国内陆河主要分布在西北干旱地区和青藏高原内部，深居内陆，海洋水汽不易到达。这里干燥少雨，水网很不发育，河流稀少，存在大片的无流区。区内河流主要依靠高山冰雪融水补给，主要河流如新疆的塔里木河、伊犁河，甘肃的黑河，青海的青海湖及西藏众多的内陆湖泊。

（二）水系分布

受气候和地形条件的制约，我国水系分布很不均衡，外流河流域处于东南季风和西南季风影响范围之内，降水丰沛，水源充足，而且大部地表起伏显著，极少封闭地形，因而河流众多，形成许多庞大水系。内流河流域距海较远，又受山地和高原环绕，湿润气流难以深入，降水稀少，蒸发旺盛，故水系不发育，河流稀少。

河网密度的地区差别很大，它受降水量、径流量、地质和地貌条件的制约和人类活动的影响。河网密度总的情况是外流区大，内流区小。在外流区域内，南方大于北方，东部大于西部，与降水量、径流量的地区分布大致相适应。在外流区，秦岭、淮河以南和武陵山、雪峰山以东地区河网密度较大（长江三角洲和珠江三角洲河网密度最高，其中杭嘉湖平原尤高，对人类活动有一定影响）；秦岭、淮河以北的外流区域内，河网密度山区大于平原，而松辽平原、华北平原河网稀疏；武陵山、雪峰山以西的外流区内，滇东、贵州、广西一些岩溶发育地区，地表河网密度较小。内流区域河网稀少，其中上游山区支流多，密度较大。中游无支流加入，密度最小。出山口后，河流在洪积冲积扇上分汊，加以人工开挖引水渠道，使得河网密度亦较大。塔里木盆地、准噶尔盆地、柴达木盆地和内蒙古高原是我国河网密度最小的区域，西藏内流区河网密度也很小，有大片无流区，无洪水问题。

地形特点对河流发育（源地、流向、分布）影响深远。我国三个地形阶梯之间的交接地带，是现代突出的三个隆起带，也是我国外流河的三个主要发源地带。第一级阶梯，青藏高原东、南边缘，是我国最大的一些江河，如长江、黄河、澜沧江、怒江、雅鲁藏布江等的发源地。第二级阶梯，东缘，即大兴安岭—冀晋山地—豫西山地—云贵高原一线，是黑龙江、辽河、滦河、海河、淮河、珠江和元江的发源地。第三级阶梯，即长白山—山东丘陵—东南沿海山地，则是我国较次一级河流，如图们江、鸭绿江、沂河、沭河、钱塘江、瓯江、闽江、九龙江、韩江以及珠江支流东江和北江等的发源地，这些河流虽然长度和流域面积较以上河流为小，但因降水量丰沛，水量很大，洪水发生频繁。

我国外流河流的流向，除西南地区部分河流外，受我国地形西高东低总趋势的控制，干流大都自西向东流。由于我国夏季风所形成的雨带往往近于东西向，且雨区移动也多系自西向东，与干流洪水汇流方向基本一致，因此往往造成同一流域上、下游洪水遭遇和叠加，洪峰流量很大。河流走向对洪水形成具有密切关系。

我国内陆河发育在封闭的盆地内，绝大多数河流均单独流入盆地。因地理位置、地形、水源补给的不同，内陆河之间也有差异。

（三）河川径流量

我国多年平均河川年径流总量为27115亿m³，年径流深为284mm，地区分布和年际变化都很大。

因为河川径流量主要由降水补给，年径流量的地区分布特点，基本上是由年降水量分布的特点决定的。我国河川年径流量地区分布总的趋势是：自南向北递减，近海多于内陆，外流河多于内陆河，山地大于平原，特别是山地迎风坡，年径流量远远大于邻近的平原或盆地。外流区面积占国土面积的65.2%，其径流量（25950亿m³）占全国总量的95.7%；而内流区面积占国土面积的34.8%，其径流量（1165亿m³）仅占全国总量的4.3%。

河川年径流的年际变化主要取决于年降水量的变化，通常采用年径流的变差系数C_v值来表示。年径流的C_v值一般大于年降水的C_v值，而其地区分布趋势则与年降水变差系数的分布基本一致。冰川融水补给或地下水补给比重较大的河流，其年径流的C_v值较小。径流形成条件类似的河流，流域面积大者，其年径流的C_v值一般较小。径流的年际变化还存在连续丰水年或连续枯水年的情况。

洪水往往构成年径流的主要部分。因此，年径流量大的河流，其相应的洪水总量较大，洪水发生频次较多，汛期持续时间较长。

（四）湖泊

我国湖泊很多，面积在1km²以上的湖泊有2865个，湖泊总面积约为7.8万km²。位于外流河流域的湖泊，以淡水湖为主，湖泊水面面积为3.1万km²；位于内陆河流域的湖泊，以咸水湖和盐湖为主，面积为4.7万km²，多为河流的尾闾。

湖泊对水量具有调蓄功能，直接影响流域内洪水的形成和演变过程。位于平原的湖泊，例如著名的太湖、洞庭湖、鄱阳湖、洪泽湖、巢湖、南四湖等，一般都是重要的防洪区域。

二、主要江河流域洪水特性

(一)长江流域

长江洪水基本上是由暴雨形成的。长江流域的暴雨集中在5~10月,汉水流域多秋汛洪水。雨季一般是中下游早于上游,南岸先于北岸。一般年份各河洪峰互相错开,中下游干流可顺序承泄中下游支流和上游干支流洪水,不致造成大的洪水灾害。成灾的大洪水主要有两种类型:一种类型是上游若干支流或中游汉江、澧水以及干流某些河段发生持续性、高强度的集中暴雨,形成洪峰特别高而洪量大的洪水。历史上的1860年、1870年及1935年、1981年即为此类。还有一种类型是某些支流雨季提前或推迟,上、中、下游干支流雨季相互重叠,形成全流域的普遍暴雨,使洪水遭遇,形成特大洪水,这类洪水洪峰高,特别是洪水总量很大,持续的时间长,1931年、1954年、1998年即属此类。但由于中下游地区要承泄上游干支流及中游支流的来洪,故不论哪一类洪水均对中游平原区造成很大的威胁。

长江洪水特性如下。

1.洪水峰高量大、历时长

干流实测最大洪峰流量92600m³/s(1954年大通站),调查最大洪峰流量达110000m³/s(1860年、1870年枝城站);主要支流如汉江、嘉陵江实测最大流量都超过40000m³/s,调查最大洪峰流量超过50000m³/s。一次洪水过程历时长,干流屏山、宜昌为20~30天,汉口、大通站超过50天,各支流一次洪水过程一般在10天左右。洪水来量大,河湖蓄泄能力不足是成灾的主要原因。洪峰流量大大超过河道安全泄量,超额的洪水量很大,因此一旦发生大洪水泛滥,被淹时间可以长达数月。

2.洪水比较稳定,年际变化小

干流宜昌、汉口、大通等站,年最大洪峰流量变差系数C_v分别为0.16、0.12、0.17,相应60天洪量变差系数为0.15、0.12、0.17,各主要支流洪水年际变化也比较小,年最大洪峰流量变差系数一般在0.20~0.40。

3.含沙量低,输沙量大

宜昌多年平均含沙量1.2kg/m³,但水量大,多年平均年输沙量5.3亿t;大通站多年平均含沙量0.157kg/m³,多年平均年输沙量4.7亿t。上游泥沙主要来自金沙江下游和嘉陵江流域。

(二)黄河流域

黄河下游洪水分为暴雨洪水和冰凌洪水两种类型。暴雨洪水由暴雨形成,一般发生在6月下旬至10月中旬,7月、8月最大。洪水主要来源于中游地区,上游洪水仅能构成下游洪水的基流,下游为地上河,基本无洪水进入。在中游地区,洪水来源又可以分为河口镇至龙门区间(简称河龙区间)、龙门至三门峡区间(简称龙三区间)、三门峡至花园口区间(简称三花区间)。河龙区间与龙三区间位于三门峡大坝以上,洪水遭遇频繁,把这类洪水简称为"上大洪水",把以三花区间来水为主的洪水称为"下大洪水"。

黄河下游洪水特点有以下几个方面：

1.洪水峰高量小，历时短

花园口一次洪水涨落过程10～12天，历史调查最大洪水1761年12天洪量为120亿m³。大洪水历时、总量远小于其他主要江河。因此，运用蓄滞洪工程可以显著削减洪峰。

2.洪水含沙量大，水沙异源

陕县（三门峡）多年平均年输沙量16亿t，年输沙量80%以上集中在汛期（7～10月），而汛期又主要集中在一次或几次洪水过程中。91.3%的泥沙来源于中游，而58%的径流来自上游，这种水沙异源的特点，使高浓度的含沙水流造成下游河道严重淤积，每年平均约有4亿t泥沙淤积在下游河道和引水渠道内，使河床不断抬高。河道善淤善徙，水位、河势常发生突变，给河道整治、防汛带来复杂问题。

3.洪水年际变化大

目前威胁黄河下游的洪水主要来自三门峡至花园口区间，这个地区是黄河暴雨中心区之一，洪水年际变化较大，年最大洪峰流量变差系数C_v值为0.92，远大于上游（一般小于0.4）和中游（一般小于0.6）。

4.河道削峰作用明显

黄河下游河道上段（花园口—陶城埠）堤距5～10km，最宽处达20km，下段（陶城埠利津）堤距0.4～5km，这种上宽下窄河道形态可以起到显著削峰沉沙作用。

由于下游河道高悬于两岸平原，水流多沙，洪水灾害比一般河道更为严重，生态环境破坏影响深远。如果决口泛滥，后果非常严重。据分析，在不发生重大改道的情况下，现行河道洪水威胁范围共约12万km²。

（三）淮河流域

复杂的气候条件和河川地理条件是淮河流域水旱灾害频繁的决定性自然因素。在伏牛山、大别山、沂蒙山区极易形成特大暴雨，加之河流错综复杂、出口不畅，极易形成洪涝灾害。淮河干流特大洪水年与特枯年的年径流量相差10倍之多，沂沭泗水系洪水变化幅度更大。淮河洪水大致分成如下三类。

（1）由连续一个月左右的大面积暴雨形成的全流域性洪水，量大而集中，对淮河干流中下游威胁最大（如1931年、1954年洪水）。

（2）由连续两个月以上的长期降水形成的洪水，整个汛期洪水总量很大但不集中，对淮河干流的影响不如前者严重。

（3）由一两次大暴雨形成的局部地区洪水，洪水在暴雨中心地区很突出，但全流域洪水总量不算很大。

淮河干流的洪水特性是洪峰持续时间长、水量大，正阳关以下一般情况是一次洪峰历时一个月左右。每当汛期大暴雨时，淮河上游及两岸支流山洪汹涌而下，首先在王家坝形成洪峰；由于洪河口至正阳关河道弯曲、平缓、泄洪能力小，加上绝大部分山丘区支流相继汇入，河道水位迅速抬高,洪水经两岸行蓄洪区调蓄后至正阳关洪峰既高且胖。正阳关以下洪水位高于地面,淮北平原靠淮北大堤保护,洪泽湖以下地势更低,靠洪泽湖大堤及里运河大堤保护。支流洪水分两种情况:一种是山丘区河道,暴雨多,径流系数大,汇流快,在河槽不能容纳时就泛滥成灾;另一种是平原河道,暴雨也较大,径流系数随持续时间增长变大,加上地面坡降平缓,河道防洪标准低,受干流洪水顶托,常造成严重的洪涝灾害。

（四）海河流域

洪水由暴雨形成,洪水发生的时间和分布与暴雨基本一致。洪水发生时间一般都在6～9月。大洪水多出现在7月、8月。海河洪水的特点如下。

1.洪水发生时间集中

大洪水主要集中在7月下旬至8月上旬,是全国各大江河洪水季节最集中的地区,少数年份也可以迟至9月。

2.洪峰流量年际变化很大

海河山区洪水除量级大以外,年际变化也极大,如永定河官厅站1925～1952年(建库前)记录到最大流量400m³/s(1939年),最小年份最大流量仅204m³/s(1930年),据调查,历史最大洪峰流量达9400m³/s(1801年)。

3.洪水地区来源比较集中

海河大洪水主要来源于太行山和燕山的迎风山区。1956年、1963年的大水,主要来自南系;1939年则属于北系洪水。

（五）珠江流域

珠江的洪水主要由暴雨形成,较大洪水的暴雨的成因多为锋面、西南槽、热带低压及台风等。4～7月为前汛期,8～9月为后汛期,大洪水主要发生在前汛期。由于流域面积广,暴雨强度大,上中游高山丘陵地区洪水汇流快,中游又无湖泊调蓄,因此遇上大面积的连续暴雨,往往形成峰高、量大、历时长的洪水,危及中下游沿江地势低洼、人口众多、经济发达的城镇和广大农村。

（六）松花江流域

松花江洪水主要由暴雨形成,大洪水多发生在7～9月,尤以8月为多,4月还会出现冰凌洪水。洪水主要来自嫩江和第二松花江。由于河槽的调蓄影响,洪水传播时间较长,涨落较慢,一次洪水历时,嫩江和第二松花江为40～60天,松花江可达90天。洪水的峰型,嫩江和松花江由于受河槽调蓄影响较大,多为平缓的单峰,有时出现双峰型洪水,前峰多为支流来水,后峰多为干流上游来水。第二松花江因暴雨出现次数频繁,年内可出现2～3次洪峰。

（七）辽河流域

辽河流域暴雨多集中在7～8月,暴雨历时一般在3天以内,主要雨量集中在24h内。

由于暴雨历时短，雨量集中，主要产流区为山区、丘陵，产流速度快，故洪水峰高量小，陡涨陡落。西辽河洪水主要来源于老哈河。东辽河、浑河、太子河洪水主要来源于上游山区。辽河干流洪水主要来源于东辽河及干流左侧支流清河、柴河、泛河。辽河流域的洪、枯水流量变化较大，历史上发生的最大洪峰流量与相应河段的多年平均流量的比值超过100，河道经常处于小流量状态，主槽断面小，过水能力低，主要依靠滩地行洪。

（八）太湖流域

流域地形周边高中间低，呈碟形，高差约2.50m，河道比降平缓；流速约0.2～0.3m/s，故泄水能力小，每遇暴雨，河湖水位暴涨，加上河网尾闾泄水受潮位顶托，泄水不畅，高水位持续时间长，极易酿成洪涝灾害。另外，平原区由于地势平坦，河道比降小，水流流向不定。往往洪涝合一，很难区分。

第三节　我国灾害性洪水的特点和规律

我国是世界上洪水灾害最严重的少数国家之一，在各种自然灾害中，洪涝灾害所造成的经济损失和人员伤亡列居首位。

洪水是暴雨或急骤融冰化雪等自然因素引起江河湖库水量迅速增加、水位急剧上涨的自然现象。洪水的大小、性质决定于流域自然因素，洪水之所以成灾，除掉自然原因外，还有社会经济方面的原因。我国地域辽阔，自然环境差异很大，具有多种类型的洪水和不同性质、不同程度的洪水灾害，而严重的洪水灾害主要是由暴雨形成的。下面就暴雨洪水、洪水灾害基本特点和变化规律加以论述。

一、我国暴雨洪水的主要特点

（一）影响暴雨洪水的自然因素

1.气候条件

我国位于欧亚大陆东南部，东南面临辽阔的海洋，西部为世界屋脊青藏高原，海陆地理配置，使得我国大部分地区气候具有强烈的季风特征，冬季受大陆气团控制，盛行寒冷干燥的西北风，夏季受热带和副热带海洋气团控制，盛行温湿的西南风和东南风，雨量主要集中在夏季，东部地区汛期4个月雨量占全年雨量的60%～80%，暴雨频繁。

2.地理环境

地形地势对暴雨洪水的强度、地区分布影响十分显著，主要表现如下：①海拔高程在5000m以上的青藏高原，阻挡了西部地区南北冷暖气流的交换，加强了东部季风的强度，增强了暴雨洪水发生的频率和强度。②呈三级阶梯状自西向东倾斜的地势，对东南暖湿气流向大陆输送的途径和热带风暴登陆后的影响范围都有明显的制约作用。第二阶梯与第三阶梯接壤地带，地形水平梯度变化剧烈，是我国大暴雨集中分布地区。③山地、高原、丘陵的面积占国土面积的69%，山多且高。山脉的分布主要有东西向和南北向两大类，东西走向分布的秦岭和南岭对气候的分布产生巨大影响，南北走向的山脉，最主要的是大兴安岭—太行山—巫山—武陵山—雪峰山这一列山脉，对暴雨洪水分布产生重大影响。④北方广袤的黄土高原的存在和南方大面积红色风化壳的广泛分布，使我国广大地区地表侵蚀强烈，水土流失严重，江河泥沙问题特别突出，河湖大量淤积，河道行洪功能日趋衰减，给江河整治带来特殊困难。

（二）暴雨特点

按气象部门规定，24h雨量超过50mm称为暴雨，雨量100～200mm为大暴雨，超过200mm为特大暴雨。我国暴雨主要出现在夏季，其次是春秋季，冬季出现暴雨的机会很少，大部分地区没有出现过暴雨。从云南腾冲经兰州往北至黑龙江省呼玛，可以绘出一条年最大24h平均降水量50mm等值线，这条东北—西南向斜线，走向大致与平均年降水量400mm等值线相一致。这条线将我国分成东部和西部两大区，暴雨主要发生在东部地区，西部地区出现暴雨机会很少，偶尔也出现短历时大强度暴雨。

1.暴雨集中强度极大

从全国记录（或调查）到的最大暴雨资料看，一些地区暴雨强度非常大，如青海大通县小叶坝（1976年6月19日）30min雨量240mm；甘肃武山县天局村（1985年8月12日）70min雨量436mm；1975年8月河南西部特大暴雨，林庄6h雨量830mm，24h雨量1060mm；1963年8月海河特大暴雨，内丘县獐狐村连续7天雨量达2050mm；1977年8月内蒙古乌审旗出现猛烈特大暴雨，据调查估算，10h雨量达1400mm。

2.暴雨极值地区分布具有明显的地带性

暴雨极值是反映暴雨特性的重要方面。受海陆远近和地形等因素影响，暴雨极值地区上的变化很大。东部地区极值的地区分布有明显的地带性，有两条突出的高值带：一条高值带，从辽东半岛往南至广西十万大山南侧沿海地带，包括台湾、海南等沿海岛屿，这一地带受热带风暴和台风影响，暴雨强度很大，24h雨量600mm特大暴雨是常见的，粤东沿海多次出现超过800mm特大暴雨，台湾岛达1672mm（新寮）；另一条高值带分布在燕山、太行山、伏牛山的迎风山麓，24h雨量极值，一般可达600～800mm，最大可以达到1000mm以上，是我国大陆暴雨强度最高的地区。此外，长江上游四川盆地周边山区、中下游幕阜山、大别山、黄山山区也是暴雨极值较高地区，24h雨量极值可达400～600mm；东北地区、云贵高原暴雨极值较低，24h雨量极值一般在200～400mm。

3.大面积暴雨的区域特征

严重洪水灾害主要是由高强度大面积暴雨造成的。形成暴雨的天气系统主要有两类：一类是西风带低值系统，包括锋、气旋、切变线、低涡和槽等，影响我国绝大部分地区；另一类是低纬度热带天气系统，主要是热带风暴和台风，主要影响华南各省份和东南沿海地区。受天气系统和地形影响，大面积暴雨特征要素有一定地区性。暴雨笼罩面积和降水总量按以下规定量算：一次暴雨历时为天者，计算至100mm等雨量线闭合的面积和相应面积内降水总量；历时超过3天者，则按200mm闭合等雨量线计算；历时3天以下者，则按50mm闭合等雨量线计算。如果暴雨图在国界线或海岸线处不闭合，只量算国界内或大陆部分的笼罩面积和相应降水总量。东北地区一次大暴雨历时一般2～3天，笼罩面积5万～10万km²，相应总降水量100亿～250亿m³；海滦河流域一次大暴雨历时一般3～7天，笼罩面积7万～10万km²，最大可达19万km²，降水总量150亿～550亿m³；黄河流域一次大暴雨历时3～5天，笼罩面积3万～7万km²，降水总量100亿～200亿m³；淮河流域一次大暴雨历时3～7天，笼罩面积在10万km²以下，降水总量100亿～300亿m³；长江中下游，大面积暴雨多由梅雨锋形成，暴雨历时比上述地区都长，一般5～9天，笼罩面积10万～20万km²，相应总降水量300亿～700亿m³，如果梅雨锋位置稳定少动，青藏高原不断有中尺度系统扰动东移，就可能产生连续多次大面积暴雨，如1954年、1998年在梅雨期内连续出现9次和11次大面积暴雨，造成全江性大洪水。东南沿海热带风暴和台风引发的暴雨，强度大，历时短，雨区范围较小，一次大暴雨历时一般1～2天，笼罩面积在8万km²以下，相应降水量100亿～170亿m³。

地形对大面积暴雨分布有显著影响，大面积暴雨主要出现在三级阶梯平原丘陵区，在二级阶梯与三级阶梯接壤的丘陵区是特大暴雨集中出现的地带，如1930年辽西特大暴雨、1963年海河特大暴雨、1975年河南特大暴雨、1935年长江中游特大暴雨都出现在这一地带。地势登上高原以后，大面积暴雨出现的机会较少，其规模和强度也比东部地区要小得多，如1977年7月黄河中游特大暴雨，是该地区近50年来最大的一次，历时3天，笼罩面积6.5万km²，降水总量101亿m³；1981年7月四川特大暴雨，历时7天，笼罩面积7万km²，降水总量192亿m³。

（三）洪水特点

1.季节性明显

洪水集中出现的季节时段称为汛期，各大江河每年汛期来临的时间有一定规律，它主要决定于夏季雨带的南北位移和秋季频繁台风暴雨。一般年份4月初至6月初，西太平洋副热带高压脊线位于15°N～20°N，雨带出现在南岭以南，珠江流域进入前汛期。6月中旬至7月初，副高脊线第一次北跳至20°N～25°N，雨带北移至江淮流域，华南前汛期结束，江淮梅雨期开始。7月中下旬副热带高压脊线第二次北跳至30°N附近，江淮梅雨结束，华北和东北地区进入全年雨季全盛期。各地汛期时间有规律地自南往北错后。8月下旬副高脊线迅速南撤，在南撤过程中，川东、秦巴山区出现连绵秋雨，形成黄河和长江流域秋汛。此时，华南地区受赤道辐合带影响，热带风暴和台风不断登陆，出现全年第二个降雨高峰期，形成珠江流域后汛期。

据资料统计，珠江流域西江梧州站，洪峰流量大于40000m³/s的大洪水，70%出现在前汛期；长江流域各大支流入汛时间自下游往上游推迟，鄱阳湖水系和洞庭湖水系的湘江、资水汛期最早，4～5月即进入汛期；沅江、澧水稍迟；上游岷江、沱江、嘉陵江7月初入汛；干流宜昌站洪峰流量超过50000m³/s的洪水，60%出现在7月份，30%出现在8月份。由于上游川江洪水季节比中游各支流洪水(汉江除外)要晚一个月左右,一般年份上游洪水与中游洪水不会碰头,如果天气气候反常,中下游汛期时间延长,上游洪水提前,就有可能造成全江性大洪水;淮河流域6～7月受梅雨锋影响,8月又受台风影响,汛期时间较长,大洪水主要发生在6～8月;黄河中游,秋雨影响趋弱,陕县站85%洪水集中在伏汛7～8月,三门峡至花园口区间,洪水季节与海河相近,集中在7月中旬至8月中旬;海河流域洪水出现的季节时段非常集中,大洪水主要出现在7月下旬至8月上旬,普查近300年资料,9月发生大洪水的机会很少;滦河、辽河流域,大洪水主要出现在7月中旬至8月中旬。处于高纬度的松花江流域,入汛时间最晚,上游嫩江大洪水主要出现在8月上旬至9月上旬,至松花江哈尔滨河段,大洪水主要发生在8月中旬至9月下旬。

2. 洪峰高、流量大

受流域暴雨、地形、植被等因素的影响,一些河流常可以形成极大洪峰流量。例如1935年7月长江中游特大暴雨,暴雨中心五峰站5天雨量达1282mm,暴雨中心区澧水流域,洪峰流量达31100m³/s(三江口站,集水面积15240km²);1975年8月河南西部特大暴雨,林庄站6h雨量830.1mm,汝河板桥水库(集水面积768km²)洪峰流量达13000m³/s,都接近世界相同流域面积最大记录。

将各地调查或实测的不同流域面积最大流量,统一转换成标准面积为1000km²流量值进行比较,洪水量级在地区上有悬殊差别。西部冰雪洪水和内蒙古森林、草原地区,洪水量级低,地区变化也比较平缓,每1000km²最大流量一般在100～1000m³/s,东部暴雨洪水地区每1000km²最大流量均在1000m³/s以上,最高可达15000m³/s,地区变化剧烈。

我国洪水量级最高的地区主要分布在沿辽东半岛、千山山脉东段往西沿燕山、太行山、伏牛山、大别山迎风山区以及滨海地带和岛屿,此外还有几处局部高值区,即陕北高原、峨眉山区、大巴山区和武陵山区澧水流域,以上地区每1000km²最大流量均可达到6000m³/s以上,其中以辽西大凌河流域、沂蒙山区、伏牛山区、大别山区、浙闽沿海、台湾岛、海南岛等地区洪水量级最大,每1000km²最大流量在8000m³/s以上,最高的是伏牛山区,每1000km²最大流量达15000m³/s。江南丘陵地区洪水量级比上述地区为小,每1000km²的最大流量一般在6000m³/s以下,其中位于南岭、武夷山背风区的地区,锋面停滞机会少,受地形影响,暴雨活动较弱,洪水量级比四周地区都小,每1000km²最大流量在2000～4000m³/s。西南地区暴雨强度较小,岩溶发育,洪水量级显著减小,每1000km²最大流量一般只达到1000～2000m³/s,其量级与东北森林地区相当。

我国的暴雨洪水不仅峰高,量也很大。据资料统计,流域面积介于10000～150000km²的中等流域,按实测系列中最大5次洪水平均计算,7天洪水量占全年径流量的比例:珠江、长江流域为10%～15%;松花江流域占15%～20%;黄河流域占20%～25%;海河、辽河流域占25%～30%;气候越是干旱地区所占的比例越高。大江大河一次大洪水总水量很大,例如长江汉口站1954年一次洪水总量高达6000亿m³,相当全国平均径流总量的22%;海河1963年8月特大洪水,南系三河8月总径流量相当全流域平均年径流量的1.32倍。洪水量高度集中,不仅对防洪减灾带来很大困难,而且对水资源的开发利用也很不利。

3. 江河洪水年际变化不稳定

暴雨洪水区大洪水年和枯水年洪峰流量变幅很大,例如海河支流滹沱河黄壁庄站,在实测资料中，最大洪峰流量13100m³/s（1956年）。最枯年份，年最大流量仅140m³/s（1920年），相差几乎近100倍。从最大洪峰流量与年最大洪峰流量多年平均值之比来看，长江及长江以南地区变化幅度较小，一般为2～3倍；淮河、黄河中游为4～8倍；海滦河、辽河最不稳定，一般可达5～10倍。洪水年际变化不稳定程度，通常用变差系数C_v值来表示，C_v值越大，表示变化也越大，反之亦然。从各地C_v值来看，江南丘陵区、珠江、浙闽沿海洪水年际变化相对比较稳定，洪峰流量的C_v值在0.3～0.5，由此往北逐渐增大，淮河、秦岭一带，C_v值为0.5～1.0；黄河、海滦河、辽河流域，C_v值最大，达1.0～1.5；松花江流域C_v值也比较高，在0.8～1.10。暴雨洪水的这种特性，给江河治理、水利工程建设带来很大困难。

二、我国重大灾害性洪水的变化规律

特大洪水发生的机会毕竟比较少，对它形成的机理、变化规律的认识也很有限，但从近500年历史大洪水调查研究发现，重大灾害性洪水在时间序列上的变化和空间分布有一定的规律性，主要表现在以下几个方面。

（一）重复性

所谓重复性是指在同一地区有可能重复出现雨洪特征相类似的特大洪水。例如，海河流域1569年（明隆庆三年）南系子牙河、漳卫河流域连续7天大暴雨，暴雨中心位于滏阳河流域，造成海河南系特大洪水；1688年（清康熙七年）在同一地区再次出现相类似的特大暴雨洪水，这两次洪水与1963年8月海河特大洪水雨洪特征和暴雨中心位置极为相似；1801年（清嘉庆六年）海河北系特大洪水，是由长历时淫雨和多次暴雨形成的，其成因和雨洪特征与1939年的洪水也很类似。其他流域也是如此，如1960年东北浑河、太子河地区特大暴雨洪水，与历史上1888年（清光绪十四年）特大洪水的雨区分布、洪水规模也都相近；1931年和1954年江淮特大洪水，其天气成因、雨洪特征也基本相同。举凡近代主要江河发生的特大洪水，历史上都可以找到相类似的实例。由于形成大暴雨的天气系统，地形条件比较稳定，这种重复性的特点，各地皆然，具有一定规律性。

（二）连续性

通常所说的50年一遇或百年一遇的洪水是就总体平均情况来讲的，在实际资料中，大洪水的出现，在时间序列上的分布是很不均匀的。据资料统计，在洪水的高频期内，可以连续出现大洪水或特大洪水，这种情况各大江河相当普遍，如海河流域，1652年、1653年、1654年连续3年大水灾，1822年、1823年又是连续两年大水；黄河中游，1841年特大洪水之后，紧接着，1843年又发生近千年来的最大洪水；长江上游金沙江1904年、1905年连续出现特大洪水，中游1860～1870年10年之内两次发生超过百年一遇特大洪水，中下游1848年、1849年、1850年连续3年大水灾；珠江流域1914年、1915年接连发生特大洪水。

新中国成立以后的情况也是如此，如松花江1956年、1957年洪水，辽河1951年、1953年洪水，长江1995年、1996年、1998年洪水，珠江1994年、1996年、1998年洪水，闽江1992年、1998年洪水都是连续出现的稀遇洪水。大洪水连续性的特点，值得引起重视，特别是大洪水过后的年份，防汛任务不能松懈。

（三）周期性

新中国成立之前的百余年中，是我国历史上水灾最频繁的一个时期。据资料统计，1840～1949年的110年中，全国平均每年受水灾的县（市）为149个（台湾未计入），最严重的年份，水灾县（市）数达592个（1931年），最轻的年份仍然有43个县（市）（1927年）。历年水灾县（市）数变化有明显的阶段性，如19世纪末期是水灾最严重的一个时期，1882～1898年的17年中，各大江河频频出现大洪水或特大洪水，全国水灾县（市）数每年平均达192个；1899～1908年转入洪水低频期，这个10年中全国平均每年水灾县（市）数下降至116个；再如1922～1929年，连续干旱，七大江河连续8年没有发生大洪水，全国水灾县（市）数每年平均87个；至1930年以后，突然转入洪水高频期，1930～1939年，全国平均每年水灾县（市）数剧增到261个。洪水高频期和低频期呈阶段性地交替出现。滤波分析显示，1840～1950年存在5个准周期性变化，这种周期性变化可能与大尺度气候波动有关。

将东部气候相近地区划分成五个区，即东北地区、华北地区（黄河中游、海滦河流域）、江淮流域（长江中下游、淮河流域）、长江上游（宜昌以上流域）、珠江流域（包括浙闽地区）。通过整理1840～1950年的数据，发现：①东北、华北、江淮、长江上游4个地区，周期长度相近，平均都在22年左右，珠江流域周期长度平均30年左右。②珠江流域与东北地区有良好的相位同步关系，华北地区与江淮流域的相位有时表现出相反趋势，如19世纪90年代，华北地区连年大水，而江淮地区却处于小水期。③灾害性洪水从一个阶段转变到另一个阶段，有时变化比较平稳、缓慢，有时表现得十分迅速，洪水频率、强度出现突变性质，如1922～1929年连续8年全国性大旱以后，突然转入1930～1939年连续10年全国性大涝。目前对灾害性洪水周期性波动、阶段性转变的原因还不清楚，尚需深入研究，如果能进一步认识洪水阶段性转变，尤其是阶段性转变突变机理，掌握突变的条件，对预测今后可能出现的洪水情势有重要的意义。

（四）灾害性洪水空间分布持续性

从全国来看，每年灾害性洪水出现的地区不尽相同，据1840～1949年110年资料分析，按其空间分布特征，大体上可以归纳为6种基本类型，即：①全国型——东部地区七大江河普遍发生大洪水；②分散型——七大江河水势平稳，以分散局地性洪水灾害为主；③南北型——长江干流一线以南和东北地区；④中部型——江淮流域或黄淮海地区；⑤北方型——海滦河以及东北地区；⑥南方型——长江下游干流一线以南地区。6种类型发生频率统计如表2-3所示。

表2-3表明，发生频率最高的是分散型洪水，占53.6%。一般来说，分散型年份，水灾较轻，旱情比较严重，这类年份要占半数以上。除分散型以外，频率最高的是中部型洪水，频率为22.7%，相当于其他4种类型之和，说明江淮流域或海淮河流域是灾害性洪水最集中的地区。其

表2-3　我国110年灾害性洪水空间分布类型发生频率统计

类型	年数	频率（%）	类型	年数	频率（%）	类型	年数	频率（%）
全国型	4	3.6	南北型	6	5.5	北方型	15	13.6
分散型	59	53.6	中部型	25	22.7	南方型	1	1

次是北方型洪水，其频率为13.6%。南北型分布的洪水，1998年即属此种类型，出现的机会较少，其频率为5.5%。纯属南方型的洪水，机会很少，频率为1%。除以上5种类型外，还有可能在七大江河普遍发生大洪水，称之为全国型。这种类型的洪水，往往造成极为严重的灾情，如1931年除长江、淮河特大洪水外，珠江、黄河、辽河、松花江也都出现流域性或区域性大洪水，当年新闻报道"南起百粤北至关外，大小河川尽告涨溢"，这种类型的洪水，110年中出现过4年，频率为3.6%。以上统计说明：①就七大江河而论，并非每年都会发生大洪水，半数以上的年份水势比较平稳，主要是分散、局部性洪水灾害。②江淮或海淮河流域是灾害性洪水发生频率最高地区，平均4~5年发生一次。③如果天气气候异常，有可能七大江河中大多数河流均发生大洪水或特大洪水，造成东部地区大范围水灾。

三、我国主要江河洪水的情势分析

（一）20世纪灾害性洪水阶段性特征

从过去110年的资料分析，初步可以看出灾害性洪水阶段性特征是很明显的。从20世纪大洪水的情况来看60年代以前出现过两次洪水特别集中的频发期。第一次频发期为1930~1939年，这10年期内，各大江河连年出现历史上罕见的特大洪水。如1930年辽西地区出现大陆上罕见特大暴雨，暴雨中心（义县附近）24h雨量超过1000mm，大小凌河、绕阳河等河发生百年未遇特大洪水、渤海湾西岸"南北六七百里、东西二三百里一片汪洋"，淹死万余人。

1931年长江、淮河发生流域性特大洪水，武汉市水淹百日之久，长江流域淹死14.5万人；淮北平原一片汪洋，里运河东西大堤漫溢、溃决，淮河流域淹死22万余人，除长江、淮河外，黄河三门峡至花园口区间伊、洛河出现近百年来最大洪水，珠江流域北江、西江也同时出现特大洪水，海河支流永定河、大清河，东北的辽河、嫩江也都发生洪涝灾害。

1932年松花江特大洪水，哈尔滨站洪峰流量达16200m³/s（还原值），在1998年特大洪水之前，为松花江干流历史上最大洪水，哈尔滨市区水淹1月之久，全市淹死2万多人。

1933年黄河特大洪水，陕县站洪峰流量为22000m³/s，兰考以下黄河南北大堤决口50多处，北金堤滞洪区一片汪洋，死伤1.8万人。

1934年东北地区大凌河、辽河、浑江、第二松花江大水，辽、吉两省60余县重灾；同年长江上游岷江、沱江、嘉陵江大水，四川省50多县重灾。

1935年长江中游特大暴雨洪水，暴雨中心5天雨量1281.8mm（五峰站）、澧水、汉水出现百年未有的特大洪水，长江干流宜都至城陵矶洪水位超过1931年，荆江大堤多处溃决；汉江左岸遥堤溃决，淹死8万余人；澧水下游淹死3万多人；湘、鄂、赣、皖4省共淹死14.2万人。除长江外，黄河、珠江以及东北地区也都发生了大洪水。

1939年海河特大洪水，7月、8月全流域洪水总量304亿m³，仅次于1963年(8月、9月两月总量332.6亿m³)，北部平原洪泛区面积4.94万km²。天津市区78%的面积被淹。

第二次洪水频发期为1949～1963年，各大江河也普遍发生特大洪水。

1949年洪水范围很广，珠江、长江、黄河、沂沭泗河、海滦河都发生了大洪水。珠江西江发生了一次罕见的特大洪水，仅次于1915年。长江洪水也很大，干流沙市、城陵矶、湖口洪水位超过1931年和1935年，江河圩垸堤防大多溃决，死亡5.7万人；黄河花园口站洪峰流量12300m³/s，15天洪量101.3亿m³，超过1958年。

1950年淮河特大洪水，正阳关站洪峰流量12700m³/s，洪河口至蚌埠洪水位超过1921年和1931年，上自颍河的太和下至五河一带300余km汪洋一片，灾情极为严重。

1951年辽河特大洪水，铁岭站洪峰流量14200m³/s，为铁岭河段"前所未有"的特大洪水。当时辽东、辽西31个县(市)受灾，死亡3100人。

1953年辽河再次出现特大洪水，铁岭站洪峰流量11800m³/s，仅次于1951年。

1954年出现类同于1931年特大洪水，长江、淮河、珠江、黄河、海河均发生大洪水或特大洪水。长江干流宜昌、汉口、大通站洪峰流量分别达到66800m³/s、76100m³/s和92600m³/s，荆江3次分洪和多处扒口分洪，分洪溃口水量1023亿m³，如果将扒口、分洪水量全部归槽，则城陵矶站最大流量将达108900m³/s，汉口站达到114300m³/s，为20世纪长江最大一次全流域性的洪水；淮河也同时发生特大洪水，王家坝站最大流量9600m³/s，淮干行、蓄洪区相继开闸分洪以后，蚌埠站最大流量仍达11600m³/s，正阳关、中渡站30天洪量均超过1921年和1931年，也是20世纪最大的一次全流域性洪水；黄河也发生大洪水，花园口站洪峰流量约15000m³/s，下游河道普遍漫滩，滩区18.9万人受灾；海河大面积涝灾，农田受涝面积293万hm²。

1956年海河南系特大洪水，滹沱河黄壁庄站洪峰流量13100m³/s，约40年一遇，漳河观台站洪峰流量9200m³/s，为百年一遇。五大水系均发生漫溢决口，全流域5873万亩耕地、500万人受灾。同年，松花江也发生大洪水，哈尔滨站实测洪峰流量11700m³/s，黑龙江、吉林两省，66.4万hm²耕地、122.6万人受灾。

1957年松花江流域再次发生大洪水，哈尔滨站实测洪峰流量12200m³/s，灾情更甚于1956年，全流域93.3万hm²耕地、370万人受灾。

1958年黄河大洪水，花园口站洪峰流量22300m³/s，约30年一遇。兰考以下400km河段洪水位均超过保证水位，黄河下游出现极为严重的水情，经大力抢险，才保住了黄河大堤免遭决口危险。

1960年辽河流域浑河、太子河地区出现百年未有的特大暴雨洪水，太子河参窝站洪峰流量16900m³/s，约150年一遇。鸭绿江支流浑江桓仁站洪峰流量13400m³/s，为50年一遇。浑河、太子河下游洪流汪洋一片，造成严重灾害。与此同时，松花江下游也发生特大洪水，佳木斯站洪峰流量18400m³/s。

1962年，滦河、西辽河特大洪水，上游红山水库入库洪峰流量12700m³/s，相当于200年一遇。滦河滦县站洪峰流量34000m³/s，为50年一遇。

1963年海河流域南系遭遇到数百年来未曾有过的特大暴雨洪水，暴雨中心内丘县獐么村7天雨量2050mm，大清、子牙、漳卫三水系均暴发特大洪水，大清、子牙两水系同时越过京广线的最大流量约43200m³/s，8月三水系下泄至平原的径流量301亿m³，冀中、冀南、天津市南部广大平原地区一片汪洋，邯郸、邢台、石家庄、保定、衡水、沧州、天津等7个地区71%耕地被淹，灾情极其严重。

以上两次洪水频发期的特点是：

（1）在频发期到来之前都经历了一段较为严重的干旱期。

（2）频发期内七大江河普遍发生了特大洪水。

（3）频发期内七大江河也余间有水势平稳的年份。

进入20世纪90年代，松花江1991年发生15～20年一遇大洪水之后，1998年又发生超历史记录的特大洪水；海河南系1996年出现类似1956年大洪水；淮河1991年大水灾；长江1991年下游大水后，1995年、1996年、1998年连续相继发生大洪水；珠江1994年、1996年、1998年连续发生大洪水；闽江1992年、.1998年两次发生近百年来最大洪水。大洪水发生频率比七八十年代显著加快，我国东部地区又面临新一轮的洪水频发期。

（二）七大江河洪水情势分析

1991年以后，长江、珠江、松花江大洪水比较频繁，淮河、黄河、海滦河以及辽河相对比较平静。今后一个时期的情况将会如何？现将主要江河洪水情况作一简要分析。

长江，从近代历史上看，就发生过多次重大灾害性洪水，如1849年、1860年、1870年、1931年、1935年、1949年和1954年等大洪水。在1840年至1954年的115年中，这种重大灾害性洪水出现了7次，平均16年左右发生一次。长江干流大洪水有连续性特点，前后两次大洪水之间往往相隔时间很短，如历史上罕见的1860年和1870年特大洪水，相隔仅10年时间。1931年和1935年、1949年和1954年前后两次大洪水相隔时间都很短，1848～1850年长江中下游连续3年大水灾。1998年特大洪水之后，在不太长的时期内，是否有可能再次出现特大洪水，也是值得注意的。

黄河在20世纪两次洪水频发期内，分别出现1933年和1958年大洪水，花园口站洪峰流量都超过20000m³/s。近50年还发生了1949年、1954年、1982年大洪水，花园口站洪峰流量分别为12300m³/s、15000m³/s和15300m³/s。1982年以后，黄河处于枯水段，连续16年没有出现洪峰流量超过8000m³/s的洪水。从洪水周期性的变化来看，这是正常现象，但是枯水段不可能长期持续下去。20世纪90年代黄河年年出现断流，而且断流的时间和河段长度越来越长，但是这同黄河是否会出现大洪水并没有直接联系，断流的时间发生在春季和晚秋，断流的原因主要是上游灌溉用水量不断增加造成的，而黄河的大洪水集中在7～8月。

海河在20世纪前半叶大洪水频繁，1917年、1924年、1939年出现全流域性大洪水，雨洪地区分布主要在海河北系。新中国成立以后，1956年、1963年大洪水，特别是1963年海河南系大洪水，是数百年来未曾有过的特大洪水。1963年以后，30多年没有发生过大面积的大洪水，1996年子牙河水系发生了大洪水,部分支流洪峰流量超过百年一遇,峰高量小。这3次洪水,主要在海河南系。值得注意的海河北系自1939年以后近60年没有发生过大洪水。今后一个时期,海河北系出现大洪水的可能性更大。

淮河自1921～1954年中,发生了1921年、1931年、1954年3次全流域性大洪水。1954年后,1974年沂沭泗洪水,1975年淮河上游洪汝河、沙颍河洪水,在当地洪水量级很高,但范围是局部性的;1991年淮河大水,干流王家坝站洪峰流量不到10年一遇,正阳关、蚌埠站最大30天洪量约15年一遇,中渡站最大30天洪量仅及1954年的2/5,洪水并不算大,但干流水位很高,接近1954年,而且高水行洪的时间长。之所以洪涝灾情特别严重,不仅是水文条件,还同社会经济活动有很大关系。从1954年以后,也是40年多没有发生过流域性大洪水。

进入20世纪90年代以后,七大江河的洪水情势是:珠江、长江、松花江大洪水比较频繁,黄河、海河、淮河流域,自20世纪60年代中期以后30余年基本上没有发生过流域性的大洪水或特大洪水,北方地区连续干旱,随着气候周期性的波动,这种情况将时移势转,从灾害性洪水空间分布规律和各大江河洪水变化趋势来看,在新一轮洪水频发期内,要警惕江淮地区和海、黄河流域暴发大洪水或特大洪水的可能性。

第四节　我国洪涝灾害的概况、趋势和成因分析

一、我国洪涝灾害基本情况

我国是世界上洪涝灾害最为严重的国家之一。据史料记载,自公元前206年至1840年的2046年中,我国共发生洪涝灾害2397次;其中较大的灾害984次,平均每两年就有一次。根据《中国灾情报告》统计,我国由洪涝灾害造成的农作物受灾面积占各种自然灾害造成的农作物受灾面积的22%,成灾面积占28%,是我国危害最为严重的自然灾害之一。

水灾是世界普遍和经常发生的一种自然灾害,据估算,世界上平均由于水灾造成的死亡人口和受灾人口约占各种自然灾害死亡和受灾人口的3/4以上。据国家防汛抗旱总指挥部办公室统计,1950～2014年全国洪涝灾情年平均受灾面积9834.68千hm²,平均成灾面积5437.90千hm²,平均每年经济损失1380.28亿元;2000年以来全国平均每年受灾面积11458.76千hm²,其中成灾面积6196.43hm²(1.35亿亩)。据1950～2013年灾情统计资料,洪涝灾害造成的直接经济损失居各种自然灾害之首(2008年四川地震灾害除外),约占全国各类自然灾害总损失的62.95%,约为同期GDP的1.2%,比欧、美、日等发达国家和地区的0.1%～0.2%的比例高出6～12倍。

根据《中国灾情报告》1949～1995年统计,中国自然灾害中由水灾造成的农作物受灾面积占22%,成灾面积占28%,仅次于旱灾,但水灾造成的直接经济损失却为各种自然灾害直接经济损失之最。这充分表明洪涝灾害是对我国人民生命财产安全、社会稳定和经济发展构成威胁最严

重的自然灾害。

由于灾情统计中对洪水灾害与涝灾往往不分，对全国而言没有统一的涝灾统计资料。根据《中国水旱灾害公报（2014）》统计分析，1950～2014年全国农田洪涝平均受灾面积9834.68千hm²，平均成灾面积5437.90千hm²，平均每年经济损失1380.28亿元。

二、洪水灾害的基本态势

洪水灾害是由于大雨降至地面，因地表高低不平的地形特征，使水量沿地表重新分配在一定的条件下产生的。因此，洪水灾害实际上是气象灾害、地质灾害甚至人为灾害之间的一种边缘灾害类型。

人类与洪水已经斗争了几千年，尽管人类社会有了很大的变化，防洪的科学技术有了极大的发展，但洪水灾害为诸害之首的事实仍未改变。不论是在受灾面积、分布地域、受影响的人数还是经济损失方面，在我国频发的若干自然灾害中都首推水灾。水灾对人类的威胁是巨大的，它的气象现象是暴雨，主要影响和危害表现为：山洪暴发，河流泛滥，内涝溃水，毁坏庄稼、建筑物和物资，造成人员伤亡、疾病、农作物歉收或绝收，交通和通信受阻。水灾的次生灾害主要为：农林灾害（病虫害）、地质灾害（崩塌、滑坡、泥石流），水圈灾害（洪水、内涝）。因而，它对人类社会的可持续发展构成了实际威胁。长期以来，洪水灾害始终危及人民的生命财产和社会的安定，不断吞噬着我们辛勤劳动所得到的和将要得到的巨额财富。

随着社会的进步，经济的发展，在防洪中存在一种表面矛盾的现象：经过几十年的努力，控制洪水的工程能力有很大提高，水灾发生频率有所遏制。与此同时，洪水灾害带给人类的损失却急剧增长。究其原因，一方面是由于经济、技术和社会的密集发展，受灾地区单位面积的国民生产总值增加，公共部门和居民个人的财产密度比以往加大了很多，因而即使是相同强度的灾害，造成的经济损失也成倍地增长；另一方面是由于人口迅速增长及其对自然环境的严重破坏，洪水灾害发生的频次增加了。问题还在于，经济和人口的不断增长，社会物质文明的进步，对减少洪水灾害还要提出更高要求，因此防洪任务非但不可能一劳永逸，而且负担还会增加，这是我们面临的客观现实，灾害增长的事实要求我们作出新的更多的努力。

在遍及全球的各种自然灾害中，洪水灾害是当今世界上给人类带来损失最大的自然灾害之一。据统计，在世界范围内每年的洪涝灾害损失占各种自然灾害总损失的40%。

据统计，1961～1970年的10年间，亚太地区洪水灾害损失共计约98.85亿美元，超过同期世界银行对世界的累计贷款约4.69亿美元。此外，约有2.24亿人口受灾，1400万所房屋及其他建筑物遭到破坏。统计调查显示，随着经济发展，洪水灾害损失越来越大，1957年、1966年及1980年洪水灾害损失分别为15.96亿美元、17.37亿美元及24.39亿美元，而1993年密西西比河大水损失更是高达150亿美元，预计2020年洪水灾害损失将达到51.5亿美元。日本自明治维新至1969年防洪总投资约100亿美元，洪水灾害损失重建费达52.78亿美元。虽然大量投资，但是洪水灾害损失还是越来越重，第二次世界大战前，日本每年因洪水灾害死亡失踪约280人，经济损失约9200万美元；战后初期每年因洪水灾害死亡失踪人口攀升至1340人，经济损失达8.39亿美元，洪水灾害损失占国家收入的比例从1.4%增至3.0%。

我国幅员辽阔、江河众多、地形复杂、气候多样，属多暴雨国家，独特的自然地理气候条件，决定了我国是世界上洪涝灾害最严重的国家之一。我国有10%的国土面积、5亿人口、5亿亩耕地、100多座大中城市，全国70%的工农业生产受到洪水灾害的威胁，这给中华民族的生存和发展带来了严峻的挑战，特别是大江大河的洪水灾害始终是中华民族的心腹之患。关于洪水灾害的记载史不绝书。其中洪水灾害特别严重的黄河下游，自公元前602年至1938年的2540年，决口泛滥的年份达543年次，决溢次数达1590余次，重要改道26次。长江流域自唐代至清末（618～1911年）1293年内，共发生较大洪水灾害223次。20世纪50年代前的40年中，我国共发生洪水灾害8次，其中1931年、1935年、1949年和1954年4次最为严重，受灾农田9887万hm²，受灾人口6549万，死亡人数达32.6万。不难看出，洪水灾害随时间推移而日趋频繁，从古代的20年一遇，演变到5～10年一遇。20世纪90年代以来，长江中下游相继在1991年、1996年和1998年发生了3次严重的洪涝灾害，其他江河如淮河、海河、辽河、松花江、珠江等，也频繁发生洪水灾害。淮河流域分别于1921年、1931年、1954年、1975年、1991年发生大洪水，其中1931年、1954年更是100年一遇的特大洪水。1975年8月，淮河上游发生洪水，死亡26000余人，京广铁路冲毁102km；1957年，松花江发生大洪水，黑龙江全省受灾人口达370万，直接经济损失2.4亿元；海河流域于1917年、1939年、1956年、1963年发生大洪水，其中1939年洪水造成13300人死亡；辽河流域分别于1917年、1951年、1953年、1960年、1962年、1985年、1986年出现过7次大范围的洪水；珠江流域分别于1915年、1931年、1949年、1968年、1974年、1982年、1994年、1998年发生了大洪水；钱塘江1955年6月发生暴雨洪水；闽江分别于1968年6月和1992年7月发生了50年一遇的洪水，1998年6月发生了百年一遇大洪水。

新中国成立以来，我国平均受灾面积为1.22亿亩，成灾面积为6720万亩。每年因洪水灾害造成的直接经济损失数达百亿元，尤其进入20世纪90年代后，洪水灾害损失更呈上升趋势。近年来，国家虽然加大了防洪工程建设的投入，但洪涝灾害造成的直接经济损失仍然比较严重，同量级洪水造成的损失呈增加的趋势，因此，洪涝灾害每年都造成数千人死亡。2002年虽没有发生流域性洪水，但全国仍有1.51亿人不同程度地受到洪涝灾害影响，直接经济损失达840亿元。这些损失虽然低于90年代的平均水平，但是绝对数值仍然很大。根据1991～2014年的灾害统计资料（如表2—4），洪涝灾害的直接经济损失呈现逐年增加趋势。由此可见，洪涝灾害正呈现出越演越烈的趋势，并且随着经济的快速发展，洪涝灾害造成的损失也越来越大。

三、洪涝灾害的基本情况

我国是一个洪涝灾害多发的国家。据不完全统计，在过去2197年间黄河流域发生洪涝灾害147次，长江出现洪涝灾害178次。这些洪水灾害有些属于暴雨洪水灾害，有些属于持续多雨高水位涝灾，有些属于溃决洪水灾害。

我国洪水灾害威胁最大的河流依次为黄河、长江、淮河、海河、珠江、辽河、松花江。这些流

表2-4 1991～2014年洪涝灾害统计表

年份	受灾面积（千hm²）	成灾面积（千hm²）	因灾死亡人口（人）	倒塌房屋（万间）	直接经济损失（亿元）
1990	11804.00	5605.00	3589	96.60	239.00
1991	24596.00	14614.00	5113	497.90	779.08
1992	9423.30	4464.00	3012	98.95	412.77
1993	16387.30	8610.40	3499	148.91	641.74
1994	18858.90	11489.50	5340	349.37	1796.60
1995	14366.70	8000.80	3852	245.58	1653.30
1996	20388.10	11823.30	5840	547.70	2208.36
1997	13134.80	6514.60	2799	101.06	930.11
1998	22291.80	13785.00	4150	685.03	2550.90
1999	9605.20	5389.12	1896	160.50	930.23
2000	9045.01	5396.03	1942	112.61	711.63
2001	7137.78	4253.39	1605	63.49	623.03
2002	12384.21	7439.01	1819	146.23	838.00
2003	20365.70	12999.80	1551	245.42	1300.51
2004	7781.90	4017.10	1282	93.31	713.51
2005	14967.48	8216.68	1660	153.29	1662.20
2006	10521.86	5592.42	2276	105.82	1332.62
2007	12548.92	5969.02	1230	102.97	1123.30
2008	8867.82	4537.58	633	44.70	955.44
2009	8748.16	3795.79	538	55.59	845.96
2010	17866.69	8727.89	3222	227.10	3745.43
2011	7191.50	3393.02	519	69.30	1301.27
2012	11218.09	5871.41	673	58.60	2675.32
2013	11777.53	6540.81	775	53.36	3155.74
2014	5919.43	2829.99	485	25.99	1573.55

域占全国国土面积的44.5%，人口占88%，耕地面积占80%。该地区中下游是我国人口最集中、社会经济最发达的区域。特有的流域水文条件是洪涝灾害频繁的直接原因，随着经济的进一步发展，洪涝灾害威胁将有增无减。

因此，正确认识我国的洪涝灾害形势，减轻或避免洪水灾害的影响，甚至利用洪水，化害为利，以保证和促进流域和区域稳定持续发展，这对我国可持续发展战略的实施有着极其重要的意义。

（一）我国洪涝灾害的特征规律

1.洪涝灾害的地域分布规律

我国洪涝灾害的形成受整个区域地理环境背景所控制，其中海陆交错带多受潮灾和风暴影响;东南季风活动区易发生特大洪涝灾害;二级阶梯和三级阶梯变化处则是暴雨洪水灾害多发区;大江大河两岸平原多受涝灾和溃决洪水灾害的影响。在我国华南地区、两湖盆地、东部沿海、淮河、海河流域为多灾区,平均2~3年出现1~2次洪水灾害;松花江、辽河、黄河中下游、汉水及江南南部地区、珠江流域为次多灾区;云贵高原、黄河中游、东北平原为少涝区;西北大部、青藏高原、内蒙古大部分和东北的大兴安岭、小兴安岭地区为最少涝区。

2.洪涝灾害的年内时间分布规律

我国洪涝灾害与各地雨季的早晚、降雨集中时段以及台风活动等密切相关。华南地区雨季来得早且长,夏秋又易受到台风侵袭,因此是我国受涝时间最长、次数最多的地区。从季节来看,夏涝最多,春涝和春夏涝其次,秋涝第三,夏秋涝最少。长江中下游自4月出现雨涝,5月开始明显增加,主要集中于江南,6月为梅雨季节;黄淮海地区春季雨水稀少,一般无雨涝现象,7月、8月雨涝范围较大,次数增加,占全年的70%~90%;东北地区雨涝几乎全部集中于夏季;西南由于地形复杂,洪涝出现的迟早和集中期不一样;西北地区终年雨雪稀少,很少出现大范围的雨涝现象。

3.洪涝旱灾交替发生

我国气候受季风影响显著,致使各地降雨均具有明显的阶段性,即在一段时间内降雨的偏多或偏少较为稳定,多暴雨和少暴雨常呈持续且交替的特点。这样,我们往往在同一时期内在一个地区组织抗洪抢险,在另外一个地区又要动员抗旱。如1991年6月、7月江淮地区发生特大洪涝灾害时,湖南省等地却久旱无雨。另外,由于旱涝在年内交替出现常使一个地区在很短的时间内要由抗旱转向防洪。如1975年8月淮河流域正当当地政府奋力组织抗旱之际,突然发生特大暴雨洪水,死亡26000余人。在年际间,不仅洪涝旱灾交替发生,而且旱灾还有多年连续发生的特点。

从近几十年的资料看,我国洪涝面积的多年变化存在阶段性,大致自20世纪50年代至60年代中期,洪涝面积较大;60年代中期到70年代末,洪涝面积较小;70年代末至今,洪涝面积又有所增加,但不如60年代中期以前大。

洪涝灾害在时间和空间上的交替发生加深了洪涝灾害的复杂性,也增加了防洪难度。

4.洪涝灾害多发生于人口稠密和经济发达地区

洪涝灾害常在人口稠密和经济发达地区发生,一方面是由于洪泛区的诸多优势,使得人们习惯于傍水而居,因此人类的文明往往与河流密不可分,这就隐伏了洪涝灾害的危险;另一方面,常常由于人们对水土资源的不合理利用,形成人和山林争地、与草地争地、与江湖争地的局面,从而造成洪水灾害与生态环境之间的恶性循环,进一步加剧了洪涝灾害发生的频数和程度。

我国50%以上的人口、70%以上的工农业总产值集中于七大江河中下游约100万km²的土地上,这些地区地面高程多在洪水位以下,加之水土资源组合不平衡,这就必然引起水土资源利用上的不合理,造成洪涝灾害频繁而肆虐。如1860年、1870年长江中下游发生两次特大洪水,20世纪又有多次洪水灾害发生。1994年我国水灾造成的损失达1363亿元,1998年长江全流域洪水经济损失达3000多亿元。在经济发达社会文明的今天,人类对生态环境的变化越来越敏感,由洪涝灾害造成的损失也越来越大,值得我们深入地思考和研究。

（二）我国防洪亟待解决的几个问题

1.水土流失、水体淤积严重，给防洪带来了很大困难

我国是一个水土流失严重的国家，水土流失面积约占国土面积的17%，每年流失土壤约500亿t。中国的水土流失分布范围广、面积大，根据公布的中国第2次遥感调查结果，中国的水土流失面积达356万km²，占国土总面积的37%，其中水力侵蚀面积达165万km²，根据统计，中国每年流失的土壤总量达50亿t。长江流域年土壤流失总量为24亿t，其中上游地区年土壤流失总量达15.6亿t，黄河流域、黄土高原区每年进入黄河的泥沙多达16亿t。流域内多沙河水20世纪50年代平均含沙量为123kg/m³，60年代为131kg/m³，70年代为139kg/m³，80年代为147kg/m³，呈上升趋势。水土流失使黄土高原地貌沟壑纵横，水库和河道淤积十分严重。据80年代初对231座大中型水库的调查，累计泥沙淤积量达115亿m³，占总库容的14.3%，水库平均年淤积率为2.3%。长江、黄河、淮河近几年来淤积发展迅速，使得90年代以来的含沙虽属常遇洪水或小于历史大洪水洪峰流量，但洪水位高，泄洪时间长，形成"小水大灾"，给防洪带来困难。

2.部分防洪水利工程及农田基础设施质量较差，加之老化失修，隐患严重

我国早期修建的86000座水库防洪标准普遍较低，约有40%处于病险库状态。据2004年统计，全国约有30%的大型水库（355座）被列入病险库，其中43座列为重点病险库。这些水库不仅不能发挥效益，汛期还威胁城乡人民的安全。1950～2011年我国共垮坝3515座，其中中小型水库占98.8%。此外，水利工程失修及农田基础设施薄弱，也是灾情日益严重的原因之一。

3.城市水灾危及经济安全

（1）城市水灾的情况。随着工业化的进程，城市化是社会发展的必然之路。我国工业产值的80%都集中于城市，而我国城市大多集中于江河湖海沿岸，从而受到各类洪灾的威胁。城市水灾和防洪成为现今防洪的重点。我国城市洪水灾害的例子很多，1915年珠江流域西江、北江大洪水，广州市大部分被淹，数万人受灾；1931年长江中下游特大暴雨，长江沿岸汉口、南京等10余座城市被淹；1981年四川洪水，119个县受灾，53个县市被淹。1991年华东地区特大洪涝灾害，一半以上损失来自于城市水灾。1994年珠江洪水，广西柳州、梧州等城市均遭受洪水侵袭。1996年，河北、湖北、安徽等许多省市的城市受灾，直接经济损失达2200亿元。据《中国水旱灾害公报》统计，2006年以来我国每年遭受洪涝的城市都在百座以上。其中，2010年、2012年、2013年、2014年受淹城市分别高达258、184、243和125座，相应洪灾直接经济损失分别高达3745亿、2674亿、3168和1573亿元，在大江大河水势基本调控平稳的情况下，4年中竟有3年损失超过1998年特大洪灾损失的2551亿元。现阶段我国年洪涝直接经济损失明显与受淹城市数成正比。以往洪灾损失中占大头的农林牧渔损失，比例下降至30%～40%。事实表明，随着经济的快速发展和空前规模的城镇化进程，我国洪灾损失特性已经发生了显著的变化。

（2）城市水灾的原因。第一，城市的暴雨次数和暴雨量要比郊区多。由于城市"热岛效应"和城市的屏障作用，会使城市区域产生上升气流，当上游降雨云团移近城市时，就会使云团加速发展，出现郊区降小雨、市区降大雨、郊区降大雨、市区降暴雨的现象。据对上海市1959年至1985

年暴雨日统计分析，发现市区暴雨日数要比郊区多30%以上。第二，城市雨水极少渗入地下。城市街道、房屋多，绝大部分地面被不透水的房屋、水泥路覆盖。因此，降雨后，雨水只能在地面上向低处流，靠下水道排泄，一旦出现大雨，下水道来不及排放，就会出现积水。第三，城市排水设施薄弱，排水能力不足。由于历史原因，在过去的城市建设中，没有预计到现在城市发展如此迅速，因此，在当时设计排水系统时，设计标准不高，排水能力有限，致使在暴雨过后，积水现象比较严重。第四，城市河道湖泊淤塞，蓄水能力降低。城市内也有许多湖泊和河道，但是由于近年城市建设迅速，一些河道被填平，没有被填的河道也逐渐淤塞，湖泊缩小，河床抬高，导致城市的蓄洪能力减弱。第五，上游下泄的洪水加重了下游城市的压力。城市大多建造在既便利交通，又易于取水的沿江、沿河、沿湖、沿海地区。如上游暴雨频繁，下泄的洪水就会威胁下游城市。尤其是上游水土流失严重的地区，流失的泥土淤塞江河，河床抬高，对下游和江河两旁的城市威胁更大。第六，海潮顶托，沿海城市水灾加剧。由于气候变暖，冰川融化、海水增温、体积膨胀，海平面上升日趋加剧。据上海黄浦江苏州河口潮位资料表明，在20世纪80年代以前，最高潮位均在5m以下，80年代最高潮位超过5m的已出现2次，90年代最高潮位超过5m的已出现了3次，而且潮位绝对值也越来越高，80年代出现了5.22m，90年代出现了5.72m的高潮位。第七，城市地面下沉，加重城市水灾程度。由于地下水开采过量等原因，许多城市都出现地面下沉现象。据有关专家考察，我国中东部地区有50多座城市出现地面下沉，太湖流域有些城市地面在20年间下沉1m，也给城市水灾带来了隐患。面对城市水灾隐患加剧的严峻形势，笔者认为，加强防御，乃为上策。首先，要加强城市水灾的综合研究，联合气象、水利、水文、海洋等有关学科专家，开展专题研究，提出科学的综合防治对策。要加强城市综合规划，尽可能使高楼、街道、绿地、河道、湖泊合理布局，做到发展城市和减灾同步。因城制宜，采取加固加高堤坝、建造防汛防潮闸等措施，加强城市防灾工程建设。同时，对河道、湖泊清淤除障，增强城市蓄水和排泄功能。根据城市暴雨量，按照一定标准，科学改造和扩建城市地下排水系统。同时，要加强城市水资源管理，合理开采地下水，并采取回灌方法，尽量减轻地面下沉。据研究测定，在相同的降雨条件下城市地面产流系数可以达到农村的2～3倍，水流汇集时间则加快1倍。而且城市的"热岛效应"也会使城区的暴雨频率与强度有所提高，出现洪涝的可能性加大。近年有些新建城市向临时蓄滞洪水的低洼地域发展，必不可少的排涝防洪设施又未能及时建成或标准过低；还有些原为城郊的行洪河道变成市内排洪沟，清淤又不力，这些都是加重洪涝损失的人为因素。据2001～2013年的统计，太湖流域都市区年均洪涝灾害损失278.53亿元，年均因灾死亡136人以上。北京市区2012年7月21日的城市暴雨造成城市大范围受灾，160.2万人受灾，因灾死亡79人，全市经济损失高达116.4亿元。

四、洪涝灾害的成因分析

洪水灾害是当代世界上损失最大的自然灾害，给人类的生存和物质文明建设带来了严重的危害，加上近期人口（population）、资源（resource）、环境（environment）和发展（development）的不协调（简称PRED问题），致使洪水灾害成因背景复杂，成灾频率高，强度大，而且自然环境脆弱，社会经济系统的整体承灾和抗灾能力较低；可见洪水灾害与人口、资源、环境余间存在着一种交互作用的动态关系。它们既能相互影响、制约，又可相互激励、促进。社会发展协调是这种动态关系良性趋向的产物，但四大因子发展失调则可能是导致其恶性循环的反动力，成为制约国民经济持续、稳定、协调发展的瓶颈因素。所以要将洪水灾害与人口资源、环境作为一个整体进行研究，分析其中任何一个环节的不利因素对整体产生怎样的负面影响。

（一）不利的自然地理条件

洪水灾害的成因是复杂的，是多种因素综合作用的结果。我们先考察自然地理因素的作用，由于所处地理纬度、地形、季风气候的影响，我国的水土资源分布是很不均衡的，大约2/3的国土面积有着不同类型和不同危害程度的洪水灾害。我国大陆从东南沿海到西北内陆，年降水量从1600mm递减到不足200mm，多寡悬殊，东部地区不仅降水多，而且全年降水量的60%～80%又集中于6～9月的4个月里，其中最大的1个月降雨又往往占全年降水量的30%～50%（马宗晋，1993）。此外，我国从青藏高原向东呈阶梯状向太平洋倾斜的地貌特点，进一步加剧了气候的地区差异，加剧了降水的不均匀性，因此我国东部地区常常发生暴雨洪水。

由于与气候、土壤、交通等条件适应，我国人口和经济分布的大轮廓，也是从东南向西北递减。我国国土地总面积960万km²，大体以大兴安岭、长城和青藏高原东坡为界，以西地区为干旱、高寒地带，生产条件十分困难，人口稀少，总面积占全国52%，至今人口仅占全国7%；以东地区为亚热带和温带，雨热同期，自古以来就是经济发达和人口稠密地区，占全国48%的土地，聚居着92%以上的人口，东部地区也正是我国洪水灾害发生最为频繁而严重的地区（徐乾清，1989）。特别是各大江河中下游100多万km²的国土，集中了全国半数以上的人口和70%的工农业产值，然而这些地区的地面高度有不少是处在江河洪水位以下。可以说，它们都是从江河整治中争夺土地，因此这些地区是江河洪水威胁最大的地区。

从气象水文的自然条件来看，虽然洪水的年际变化较大，但从一个时段来看，各条江河的自然态洪水都有相对稳定的量级和发生概率，而水灾损失却大幅度提高。近年，我国降水格局发生改变，北方降水增加、南方降水减少的趋势更为明显。在北方地区，年降水量自2009年以后有所增加。其中，西北2008～2011年降水量增加，但2012年偏少；华北2010年以后降水量增加，特别是2012年显著增加；东北2007年以来降水量增加，2010年和2012年显著偏多，但2011年偏少。从主汛期（6月1日至8月31日）降水量来看，整个北方地区2012年降水量显著偏多。西北2008年以来降水量有增加趋势；华北2010年以后降水量显著增加；东北2007年以来增加，特别是2010年和2012年显著偏多。自20世纪90年代初期以来，我国夏季主雨带经历了由南向北移动的年代际（10年至数十年周期）变化，从长江以南向长江黄河之间移动。尤其在最近4年（2009～2012年），我国夏季主雨带主要位于华北南部至黄淮一带，较2009年之前的情况又略有北移。与之对应的是南方地区夏季降水呈现出先增多后减少的年代际变化，并且最近4年南方地区夏季降水总体偏少。

（二）人口剧增

人口作为社会经济活动的主体，是社会生产、分配、交换、消费等全部经济活动都不能离开的要素。据专家研究，战国时期以前，全国人口稀少，大多为农牧狩猎共存的生产形式，村落分散、林草丰茂，河流散乱，湖泊沼泽广泛分布，河流泥沙较少，洪水灾害发生的机会少，损失小，许多文献记载和古文物的出土，都可以说明这一情况。战国时期，人口可能达到3200万，主要集中在黄河流域的中下游沿河平原，已有较大的城市形成，农业已经相当发展，各国开始筑堤防洪，洪水灾害已被社会普遍关注。两汉、唐宋和明清三个时期，我国人口的繁衍呈波浪式发展，东汉末年全国人口达6000万，南宋时已接近1亿，明朝中叶至清朝末年，人口从6000万左右增加到4亿，历史上有记载的湖泊洼地已基本上不复存在。在清末（1911年）以后的70多年间，人口又从4亿增加到11亿。中国目前虽然是低出生率国家，但人口基数大、净增数量多的国情并没有改变。"低增长率，高增长量"的人口发展态势将持续到21世纪中叶，2014年年底人口13.6亿。但人口与经济仍处于低度协调状态，据2013年统计数据，我国人均GDP在181个国家中排名89位，属中等水平，排名首位的卢森堡是我国的20倍，日本是我们的10倍。按照2009年我国新的扶贫标准，贫困人口仍有4007万，占全国人口半数以上的中西部地区仍只是温饱水平，这仍将使粗放型增长方式继续肆虐，由于我国长期以农业经济为主体，人口大量增长的时期也正是大量开荒、扩大耕地的时期，而开荒的重点大都集中在沿江河两岸、湖区周围和盆地边缘土地肥沃易于得到灌溉的地带，与水争地成为必然的发展趋势。但是，这必须适度，要给洪水留有余地；否则，这种争夺非但无益，还将有害。

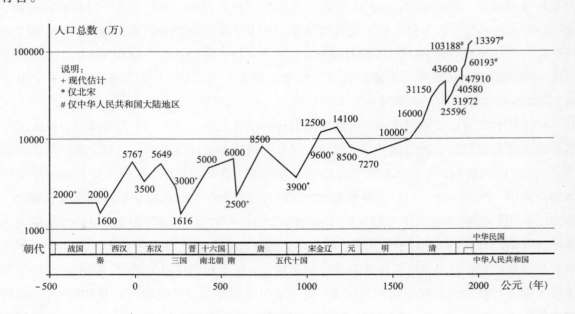

图2-6　历代人口变化

人口的过快增长造成了人口与资源、环境之间的和谐被打破。为了生存，人们对资源实行毁灭性的掠夺，如毁林开荒（人与树争地）、围湖造田（人与湖争地）、围垸建房（人与水争地）等，森林植被遭受严重破坏，水土流失，河床抬高，河道堵塞，疏泄不畅，终致水满为患。近30年来（王洪道，1995），仅湖南、湖北、江西、安徽、江苏5省的围湖面积多达12000km²以上。素称"千湖之省"的湖北，湖泊面积损失70％。在长江流域，洞庭湖在1949年还有湖面4350km²，至2007年只剩下2740km²；鄱阳湖水面积从1954年的5050km²减少到2007年的3583km²。

　　人口的大量增加导致耕地的急剧扩大、河道及天然湖泊洼地的泄洪和蓄洪的能力大幅度下降，成为洪水灾害不断扩大的重要原因。

（三）天然河湖被侵占

　　盲目与水争地，使河道变窄，湖泊淤积，导致蓄洪、滞洪面积缩小，泄洪能力和湖泊调节洪水能力降低，也是造成洪涝灾害的重要原因（如表2—5）。例如洞庭湖，由于围湖和泥沙淤积，其容量由1949年的293亿m³降为1983年的174亿m³（其中淤沙40亿m³），使洞庭洞调节荆江能力大为降低，洪水季节荆江洪水水位明显抬高，长江下游河道及太湖地区由于盲目围垦，已减少蓄洪面积520km²，致使1991年大水到来之时不得不炸堤泄洪。

表2—5　长江中下游湖泊水储存功能的主要特征变化

湖泊名称	历史面积	20世纪50年代		20世纪80年代		50年代和80年代的变化率（％）	
		面积（km²）	蓄水量（亿m³）	面积（km²）	蓄水量（亿m³）	面积	蓄水量
洞庭湖	清末5400km²	4350	313.4	2691	187.4	-38	-40
鄱阳湖		5050	321	3210	251	-36	-22
汉江平原湖泊		18000		6000		-67	
洪泽湖		2070		1570		-24	
太湖	民初3900km²	1950		1463		-25	

（四）森林破坏，水土流失

　　森林是生态系统的主体，它除了能为人类提供木材和其他林产品外，还具有吸收CO_2、释放O_2、防风固沙、涵养水源、调节气候、防止水土流失、为野生动物提供栖息环境等多种生态功能。

　　遗憾的是，随着人口剧增和开发活动的强化，森林面积在持续不断缩小（如表2—6）。在春秋战国时期，中国森林覆盖率达42.9％，而当前的森林覆盖率仅有12.98％。随着覆盖率的减少，森林的保水保土能力减弱，导致暴雨季节地表径流量和产流量增大。

　　由于森林对降雨有截留作用，林地可以增加入渗量，故有"绿色水库"之称。和1hm²裸地相比，1hm²林地至少多储水3000m³，这对防止洪涝有巨大效应。据研究，洪峰流量随采伐比例增加呈等比级数递增，造成土壤冲刷，洪水泛滥成灾，洪峰汇流时间随森林采伐比例增加而缩短，增加洪涝灾害的频率和灾情。

土壤本身是巨大的蓄水库，而大面积的森林被毁，加剧了水土流失，在土壤流失过程中，其蓄水量日趋减少，径流量相应增多，根据土壤持水量和产流量计算（史德明，1996），在蓄满产流情况下，当降雨为100～300mm时，无论是无明显侵蚀土壤（土层厚100cm）和轻度侵蚀土壤（土层厚75cm）以及中度侵蚀土壤（土层厚50cm），可全部蓄水于土，而不产生径流；在超渗产流情况下，当降雨量为300mm时，从轻度侵蚀土壤开始产流，并随着侵蚀程度增加径流量相应增加，在裸岩情况下，几乎全部降雨以径流方式流走。黄河、长江流域暴雨强度大，蓄满产流不多见，超渗产流普遍发生，因此，在水土流失严重的地区，不仅产流强度增强，而且产流时间加快，加剧了洪水灾害。

古语说："山低一尺，河高一丈。"这正是土壤侵蚀导致的必然结果。我国土壤侵蚀带来的泥沙淤积特别严重，如黄河下游河床平均每年淤高8～10cm，目前河床已高出地面4～10m，成为地上"悬河"，严重威胁黄、淮河平原人民生命财产的安全。泥沙是水库的大敌，泥沙淤塞已成为我国水库建设的严重灾害，全国各地因水土流失损失各类水库、山塘库容累计在200亿m³以上，影响了水库的防洪能力，如黄河三门峡水库，现已淤塞了80%的库容，连大坝也岌岌可危，不得不出巨资打洞泄沙；许多小水库往往2～3年内便全部淤平。同时泥沙淤塞河道湖泊，抬高洪水水位，大大减少河流行洪能力和湖泊调蓄容量，导致洪水暴涨。

综上所述，森林破坏和水土流失对洪水灾害具有明显的叠加效应。森林破坏后对降雨的截留率下降—蓄水量减少—削减洪峰效率下降—径流量增加，最终导致洪水总量增多，洪峰水位抬高；水土流失—土壤薄层化—土壤蓄水量降低，泥沙冲刷增多—抬高河床、淤塞湖泊水库，最终导致洪峰流量增多和河床水位抬高，加剧洪水灾害发生。

（五）草地资源退化

草地资源是发展畜牧业和现代农业，提高社会物质生活水平的重要物质基础。它适应性强，覆盖面积大，更新速度快，具有维持生态平衡、保持水土、防风固沙等环境效益和生产饲料、燃料、工业原料等多种经济效能。长期以来，在人口对粮食需求量增长和耕地减少的矛盾日趋尖锐的情况下，草地更成为垦草种粮和过度放牧的对象，致使草地的生态平衡严重失调。

中国有各类草地资源4亿hm²，占全国土地总面积的40%，4倍于全国耕地面积，占世界草地面积的13.3%，居世界第二位。保护和合理开发利用草地资源，可以减轻森林覆盖率下降所带来的危害，保持水土，涵养水源。由于草原地区人口剧增，特别是牧区人口剧增，人们的食物来源和经济收入来源都发生了困难，不得不靠增加各类牧畜头数来维持新增人口和原有人口的生活水平。在一定的条件下，草原的理论载畜量是一定的，如果牲畜数量超过理论载畜量，草原就会超载过牧。通常，过牧导致土壤结构过于坚实，有效水分减少，沙质土壤继而形成斑状裸地，进而又风蚀形成沙地，引起草地严重退化。据调查，因为过度放牧引起的沙化草地面积占全部沙化草场面积的20%。

同时牧区人口增长过多导致人们生活能源问题更加突出。由于牧区既缺少矿物燃料，又缺

表2－6 1700～1981年部分省份森林破坏情况

地区	主要省份	森林覆盖率%		1936年前（万km²）	20世纪60年代初期（万km²）	1976年（万km²）	1981年（万km²）
		1700年	1937年				
长江流域	四川	62.8	34	1466.9	719.92	746	681.08
	湖北	46.4	13	236.74	500.17	436	377.9
	安徽	30.8	5	713.45	128.02		
	浙江	30	8		396.67	396	342.89
	江苏	4.6	2.6				
	江西	47	12				
黄河流域	青海			145.64	20.5	19	
	甘肃			228.52	141.8	188	176.9
	宁夏			120.98	4.11	8	
	山西	18.8	6	97.11	65.5	109	81
	河南	6.3	0.6				
	陕西	25	16				
	山东	1.3	0.7	161.4	74.02	132	90.47
	河北	22.7	0.9				
松花江	黑龙江			1618.34	1808.6	2520	1529.44
	吉林			762.3	604.1		607.89
珠江	广东			762.3	421.4	749	587.86

资料来源：谢水刚.水灾害经济学.北京经济科学出版社,2003。

少木本植物燃料，其他丰富的能源如太阳能、风能等又未得到开发利用，牧民只好砍草、挖草根作燃料。据统计，全国每年均有533万hm²草场因割、挖而遭破坏，加剧了草畜矛盾。

在草场退化后，植被覆盖率降低，截留降水能力减小，致使暴雨季节形成严重的水土流失，加剧了洪水灾害的危害。

（六）矿产资源和地下水的超采

矿产资源的开发和利用一方面增加了社会财富，促进了经济发展；另一方面通过改变能量流动、物质的地质循环和生物化学循环，也带来了环境问题与灾害。

在采矿阶段，露天采矿的大规模剥离岩土，直接改变地表结构，人为造成水土流失，增加了河流泥沙量，引发洪水灾害。

为了满足生产和生活用水需要，过量抽取地下水，已使我国生态环境恶化，并引发了严重的灾害。由于大量超采地下水，地下水位大幅度下降，形成漏斗。漏斗上方地层中原来被水占据的空间就变成了空隙，于是在地面巨大的压力下，漏斗地区普遍发生地面下沉。据《全国地面沉降防治规划（2011—2020年）》权威发布，中国发生地面沉降灾害的城市超过50个，全国累计地面沉降量超过200mm的地区达到7.9万km²。中国地质调查局评估表明，近40年来，我国因地面沉降造成的经济损失超过3000亿元，其中上海地区最严重，直接经济损失为145亿元，间接经济损失为2754亿元；华北平原地面沉降所造成的直接经济损失也达404.42亿元，间接经济损失2923.86亿元。据中国地质调查局公布的《华北平原地面沉降调查与监测综合研究》及《中国地下水资源与环境调查》显示：自1959年以来，华北平原14万km²的调查范围内，地面累计沉降量超过200mm的区域已达6万多km²，接近华北平原面积的一半。其中，天津地区的沉降中心最大累计沉降量一度高达3.25m。长江三角洲地区最近30多年累计沉降超过200mm的面积近1万km²，占区域总面积的1/3。上海市、江苏省的苏锡常三市沉积中心区的最大累积沉降量分别达到了2.63m、2.80m，并出现了地裂缝灾害。北京市地勘局在进行地质环境监测工作后发现：到2003年年底，北京平原已经形成5个地面沉降区，分别位于东郊八里庄—大郊亭、昌平沙河—八仙庄、大兴榆垡—礼贤、东北郊来广营、顺义平各庄等地，沉降中心累计沉降量分别达到722mm、565mm、661mm、688mm、250mm。有专家认为，近年来北京平原地面沉降趋势越来越快，最严重的地方地表还在以每年20~30mm的速度下沉。

地下水位降低，一方面表层土壤含水量随之降低，使洪水强度增大；另一方面孔隙水压力减小，含水层压缩，从而导致地面沉降，防洪措施性能降低，使洪涝灾害加重。

（七）防洪工程系统效能降低

我们所建构的每一个防洪系统，都是在一定的约束条件下进行的，即在一定的约束条件下，防洪系统处于一种"平衡"状态。当这些条件发生变化时，防洪系统的那种平衡状态就会被打破，从而防洪效能降低。在这种情况下，就必须迅速在变化了的条件下去重新建构新的防洪系统，找到新的"平衡"点（李国英，1997）。

在长江防洪系统的建构中，洞庭湖是一个极其重要的要素。20世纪50年代初，洞庭湖的湖区面积达4000多km²，由于受泥沙淤积和人为因素的影响，到目前为止，湖区面积萎缩到2740km²，调蓄洪水的容量减少了40%。这种情况的急剧变化，使得长江防洪系统处于"失衡"状态。在防洪调度的具体运作中，对此必须给予高度重视，并采取相应对策。

为了有效控制宜昌以上的长江洪水，保证荆江河段的防洪安全，三峡水库已于1989年进行施工准备。该水库总库容393亿m³，其中，防洪库容221.5亿m³。在长江宜昌以上段发生100年一遇洪水时，可不再使用荆江分洪区。必须认识到，由于三峡水库的投入运用，长江原有的防洪系统将发生空前变化。因此，必须在此基础上协调各方面的关系，建构新的防洪系统并明确和规范相应的运作条件。

在黄河防洪系统的建构中，由于泥沙和其他有关因素的影响，系统约束条件始终处于一种"不稳定"状态，以1960年投入运用的三门峡水库为重要条件建立的防洪系统，因淤积问题被迫改变了水库功能。在每年进入黄河下游约16亿t的泥沙中，1/4淤积在下游河道内，使得河床在以0.05～0.1m/a的速度抬升，降低了泄洪能力。1994年9月，总库容达126.5亿m³的小浪底水库投入建设，它的建成将会使黄河下游目前紧张的防洪形势得到相当程度的缓解。上述一系列新的情况，将成为建构黄河防洪系统必须认真加以考虑的新的约束条件。

为了使新的防洪系统建立在可靠的基础上，就必须随时掌握各种变化情况及其变化的趋势，力求做到"全、准、快"。

综上所述，由于人口的膨胀，对资源不合理的开发利用而引起环境恶化，最终导致洪水灾害频次和强度的增多，成为自然地理变异因素外的第二个重要的致灾因素。另外，洪水灾害的发生，势必引起环境恶化，资源迅速毁坏减少，导致人口锐减。人口的减少使资源消耗量减少，生态环境又逐渐好转，人口又开始膨胀，于是又开始了人口—资源环境—洪水灾害和洪水灾害—环境—资源—人口的恶性循环。因此，保护我们的生存环境、合理开发利用资源、控制人口数量、减轻自然灾害，实现国民经济的稳步增长，是摆在我们面前的紧迫课题和任务。

五、中国洪水和洪水灾害的特点

在我国，从西部的崇山峻岭，到东部的滨海平原，可能产生各种类型、不同程度洪水的地区约占国土面积的2/3，其中大部分地区会形成洪水灾害。特别是我国东部和南部地区的江河中下游冲积平原，洪水灾害威胁最为严重，它的总面积约73.8万km²，虽然只占国土面积的8%，但人口占全国近半，耕地占全国的35%，工农业总产值占全国的2/3左右，对全国经济有举足轻重的影响。

（一）洪水形成的主要原因——夏季暴雨

1.暴雨发生的气候特征

我国的暴雨受季风影响集中出现于夏季，雨带的移动与西太平洋副热带高压脊线位置变动密切相关。一般年份，4月初至6月初，副热带高压脊线在15°N～20°N，暴雨多出现在南岭以南的珠江流域及沿海地带；6月中旬至7月初，副高脊线第一次北跳至20°N～25°N，雨带北移至长江和淮河流域，江淮梅雨出现；7月中下旬，副高脊线第二次北跳至30°N附近，雨带移至黄河流域，江淮梅雨结束；7月下旬至8月中旬，副高脊线跃过30°N，达到全年的最北位置，雨带也达到海滦河流域、河套地区和东北一带，此时处在副高脊线南侧的华南和东南沿海地带，热带风暴和台风不断登陆，南方出现第二次降水高峰；8月下旬，副高脊线开始南撤，华北、华中雨季相继结束。以上所述是正常年份的情况。如果副热带高压脊线在某一位置迟到、早退或停滞不前，就将在某些地方和另一些地方发生持续的干旱和持续的大暴雨。例如1931年、1954年和1998年造成长江特大洪水和大洪水的连续暴雨，就是由于副热带高压脊线停留在华南时间过长所引起。副高压脊线的走向和深入大陆的程度，对各地暴雨的分布也有明显影响。另外，热带风暴或台风登陆后，除在沿海局部地区形成暴雨外，少数台风深入内地与西北大陆性低涡和西南部气旋性涡旋东移北上相遇，也往往产生特大暴雨。如1963年8月造成海河南系部分支流特大洪水和1975年8月造成淮河上游两座水库漫决的特大暴雨，都是在这种背景下形成的。

2.暴雨的多发区和高值区

我国的年降雨量在东南沿海地带最高，逐渐向西北内陆地区递减。从黑龙江省呼玛到西藏东南部的东北—西南走向的斜线，大体与年均降水400mm和年均最大24h降雨50mm，的等值线一致。这是东部湿润、半湿润地区和西部干旱、半干旱地区的分界线。东部的湿润、半湿润地区也是暴雨多发区，雨区广、强度大、频次高；西部的干旱、半干旱地区也可能出现局部性、短历时、高强度的大暴雨，但雨区小，分布分散，频次也较小。在东部地区，24h暴雨的极值分布还有两条明显的高值带：一条分布在从辽东半岛往西南至广西十万大山南侧的沿海地带，600mm以上的大暴雨经常出现，粤东沿海多次出现800mm以上的特大暴雨；另一条分布在燕山、太行山、伏牛山的迎风面，即海河、淮河、汉江流域的上游，24h降雨极值为600～800mm，最大可达1000mm以上，是我国暴雨强度最高的地区。此外，四川盆地周边地区以及幕府山、大别山、黄山等山区也是暴雨极值较高的地区，最大24h降雨可达400～600mm。我国东部地区最大24h点。

3.暴雨的最大强度

有些地区的暴雨强度十分惊人，实测最大1h降雨达401mm（1975年，内蒙古上地），最大6h降雨达830mm（1975年，河南林庄），最大24h降雨达1748mm（1996年，台湾阿里山），都与世界纪录十分接近。这种强度大、覆盖面广的大暴雨，形成一些河流的特大洪峰流量。全国不同流域面积所产生的最大洪峰流量也十分接近甚至超过世界纪录。

4.大暴雨历时长、覆盖面大，形成巨大的洪水总量

大面积暴雨集中分布在山地、丘陵向平原过渡的地带，是大江大河洪水的主要来源。一次大暴雨的历时、笼罩面积和降水总量在地区之间有一定的差别。黄河流域及其以北地区，一次大暴雨2～7天，笼罩面积可达3万～7万km²，总降水量可达100亿～550亿m³；长江中下游，一次大暴雨历时一般5～9天，笼罩面积可达10万～20万km²，相应降水总量可达300亿～700亿m³；东南沿海热带风暴和台风引发的大暴雨，一般历时1～2天，笼罩面积在8万km²以下，相应总降水量可达100亿～170亿m³。大洪水或特大洪水年份，一个流域往往发生数次连续性大暴雨，形成巨大的洪峰流量和洪水总量。

（二）江河洪水和洪水灾害形成的特点

1.江河洪水存在着某种随机性和相似性

如上所述，我国特大暴雨的形成，是由于夏季在我国上空移动的西太平洋副热带高压脊线在某一位置上徘徊停滞以及热带风暴或台风深入内陆后产生的影响。特大暴雨又往往发生在我国山区丘陵向平原过渡的地带。这种气象特点使我国江河洪水的年际差别极大，大洪水和特大洪水年的洪峰流量和洪水量往往数倍于正常年份。

根据全国6000多个河段实测和历史调查，20世纪主要江河发生过的特大洪水，历史上都有极为相似的情况。如，海河南系1963年8月和北系1939年特大洪水分别与1668年和1801年发生的特

大洪水在成因和地区分布上十分相似；1931年和1954年在长江和淮河流域发生的特大洪水，其特点也基本相似。从历史资料中还可以发现，17世纪50年代，19世纪中期，20世纪30年代、50年代和90年代，都是我国的洪水高发期，在各大江河流域连续数年都发生大洪水的现象相当普遍。如，海河流域1652年、1653年、1654年连续3年大水；1822年、1823年又连续2年大水；黄河流域1843年前后2年大水；长江上游金沙江1904年、1905年连续出现特大洪水，长江中下游1848年、1849年、1850年连续3年大洪水；珠江流域1914年、1915年都遭遇大洪水和特大洪水。进入20世纪90年代，长江中下游1995年、1996年、1998年和1999年都连续出现较大洪水和大洪水，珠江也接连于1994年、1996年、1997年、1998年发生较大洪水或大洪水。更值得警惕的是，历史上还曾发生过比20世纪更大的洪水，如长江上游1860年和1870年的特大洪水，黄河流域1761年和1834年特大洪水都超过了20世纪的纪录，其他江河也有这种情况。

2.江河冲积平原的形成和开发

我国主要江河水系的基本格局在第四纪更新世中晚期已大体形成（距今约70万年）。在漫长的历史过程中，岩土受自然侵蚀后形成的江河泥沙，逐渐填平中下游的许多湖泊洼地和海湾，形成了今天的广大冲积平原。这些冲积平原气候适宜，地形平坦，土壤肥沃，水源丰富，雨热同期，适合人类的生存和发展。中华民族的绝大部分就是在这些冲积平原上，从原始部落逐步走向现代的文明社会。冲积平原由江河洪水挟带的泥沙淤积而成，因此必然是某个时期某条江河的洪水泛滥区。为了开发这些冲积平原，人们首先选择那些一般洪水不能淹没的地方；随着人口增长、经济发展、生产力逐步提高，又在河边和湖边修筑堤防，开发那些一般洪水可能淹没的地方。由于束窄了洪水宣泄的通道，缩小了洪水调蓄的场所，因此在同样的来水条件下，抬高了河道的洪水位。一旦洪水决破堤防，就形成洪水灾害。有时候，即使堤防没有决口，但因当地降雨过大，内水排泄不及，也会发生涝灾。许多地方因人口增加，在上游滥垦滥伐，加重了水土流失，使泥沙问题成为一些河流洪水灾害的重要因素。在我国北方，洪水灾害还和水资源严重短缺交织在一起，一些地方因缺乏地表径流，不能保持正常的河槽，更增加了防洪的困难。

3.江河洪水灾害的产生及其规律

江河洪水是一种自然现象，而江河洪水灾害则是由于人类在开发江河冲积平原的过程中，进入洪泛的高风险区而产生的问题。当洪水来量超过江河的蓄泄能力时，自然就对人类实行了报复。可以说，中华民族是在与洪水反复斗争中开发了广大的黄淮海平原、长江中下游平原、松辽平原以及各大江河的河口三角洲，洪水灾害是人类为争取生存和发展空间而与洪水反复斗争中不断出现的一种现象。

由于江河洪水存在着某种随机性，这些在冲积平原上开发的土地也存在着不同程度的风险性。一般说来，在枯水年份和正常年份，堤防可以保证安全；但若大洪水或特大洪水超过其防御能力，堤防就会可能被冲毁。在旧中国，由于经济条件的限制，许多江河的堤防系统不完整，标准也很低，一般只能防御3～5年一遇（即每年发生的概率为33％～20％）的洪水，遇稍大洪水即溃堤决口，使社会生产力难以提高，形成一种恶性循环。新中国成立后，多数江河建成了比较完整的防洪系统，其防洪标准一般可达10～20年一遇。在防洪有了初步保障的基础上，经济迅速发展，冲积平原的土地得到进一步开发利用。但是，洪水的宣泄通道和调蓄场所也相应地受到进一步限制，导致在同样洪水条件下洪水位的抬高。这就形成另一种性质的恶性循环：堤防越修越高，堤线越来越长，洪水位越来越高。一旦堤防决口，损失也更加严重。现在面临的问题是，能否使防洪系统达到最高标准，遇最大洪水也不至于溃口。事实说明，这是难以做到的。一些经济发达国家以很大的投入，也只能达到百年一遇左右的防洪标准。而稀遇的气象因素所形成的特大暴雨，其数值远远超过正常情况下的暴雨，它所形成的千年一遇、万年一遇以致可能发生的特大洪水，一般都大大超过经济、合理的防洪工程标准。这就是我国当前面临的，也是世界上一些防洪事业比较发达的国家，如美国、荷兰等国同样面临的问题。

第二章 我国洪水灾害防治的基本情况和主要成就

第一节 我国21世纪以来的主要洪水灾害

新中国成立以后，经50年水利建设，主要江河一般常遇洪水基本得到控制，洪水灾害频率显著下降。但由于人口激增，山区毁林垦荒，水土流失面积不断扩大，中下游围滩围湖与水争地，加上江河湖海的自然演变，给防洪减灾带来许多新的问题，遇到特大洪水，灾害依然十分严重。

一、全国洪水灾情统计

据《中国水旱灾害公报2014》，1950～2014年65年资料统计，全国平均每年受灾面积9774.45千hm²，成灾面积5397.78千hm²，平均成灾率55.2%，平均每年倒塌房屋187.42万间，因水灾直接死亡人口4327人。受灾面积超过10000千hm²的有26年，约占总年数的40%，成灾面积超过

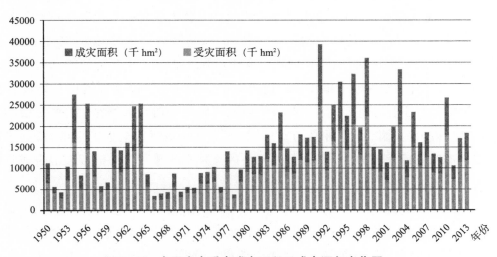

图2-7 全国水灾受灾成灾面积及成灾逐年变化图

10000千hm²的有9年，依次为1954年、1956年、1963年、1964年、1991年、1994年、1996年、1998年、2003年。受灾面积最大的1998年为22291.80千hm²，最小的1966年为2508.00千hm²，变化幅度达8.9倍（如图2—7）。

其变化过程大体可以分3个阶段。1954～1964年全国处于丰水期，大江大河几乎都发生了大洪水，阶段平均农田受灾面积在1000万hm²以上；1965～1978年，气候偏旱，在此期间全国没有发生大面积洪涝灾害，阶段平均农田受灾面积下降到468.6万hm²；1979～2014年，农田受灾面积迅速扩大，阶段平均农田受灾面积达1023.5万hm²，超过了前两个阶段，成灾率比1965～1978年期间上升6个百分点（表2—7）。

表2—7 不同阶段全国农田受灾、成灾面积和成灾率统计表

起止年份	年数（年）	阶段平均		
		受灾面积（千hm²）	成灾面积（千hm²）	成灾率（%）
1954～1964	11	10073.55	6521.182	64.7
1965～1978	14	4685.929	2149.357	45.9
1979～2014	36	12172.62	6611.491	54.3

二、主要江河洪水灾情分析

1900～2013年，各大江河都曾发生过严重或比较严重水灾，下面列举其中12次，略述其暴雨、洪水特性及其灾害情况。

（一）1905年长江水灾

1.雨情

暴雨中心在金沙江中下游及宜宾至重庆干流区间，岷江、沱江及嘉陵江支流培江同时亦有较大的降雨产生。这次降雨面积广、强度大，造成长江上游出现近百年来少有的大洪水。据文献记载，金沙江中下游于六月就"连降大雨"，七月上旬"大雨倾盆"，许多地方"山水骤发，冲坏民房，田禾淹没"。在云南省城昆明"七月初八、九等日大雨倾盆昼夜不止"，河堤同时漫决，势等建瓴顷刻过肩灭顶，东南西城外数十里民房田亩被淹没，"城东南各隅水深数尺及丈余不等。蒙化厅（巍山县）禀该厅六月中旬连日大雨，新兴州禀该州属七月初大雨倾盆，河水暴涨，堤多冲决"，其他各州县也有连日大雨、河水冲溢的禀报，同时长江干流宜宾至重庆区间，降雨量也很大，泸州"七月初八夜四更后大雨如注，初九日黎明势凶猛降水陡涨""内外江侵溢混合成巨浸，泸城东南北各门进水，瞬及丈余"。

2.水情

宜宾"五、六月来雨多涨水底厚，七月初五起叙城大雨经三昼夜未停，至初七晚水暴涨，午夜后续升，次晨涨势更猛，浪盖一浪，泛滥于街市"。南溪七月八日夜大雨倾盆，初九日晨江水

暴涨。三台"七月连日大雨山洪暴涨"。在泸州长江干流洪水与沱江洪水遭遇，"两江同时并发，其水尤大，顷刻涨至十余丈"。1905年洪水主要发生在金沙江。金沙江与岷江的洪水在宜宾汇合后，长江干流水位很高，金沙江屏山站最高水位达305.95m，洪峰流量34300m³/s；川江寸滩站最高水位达191.90m，洪峰流量83100m³/s。宜宾、南溪、江安、纳溪等沿江城市都发生了较严重的灾情。

3.灾情

南溪"江水暴涨"，"田禾庐舍漂没无数"，江安有江水泛滥成灾，北城淹塌，泸州"七月八日夜大雨如注，九日黎明水势更凶猛，大水入城……清代水之最大者，其灾情很严重"。合江、江律、重庆等滨河城市田庐多遭浸溢冲毁无数。合江"水陡涨城北门没水者五尺，南门城上游人可濯足……民房禾稼损失无数，均有严重的灾情"。叙州、泸州、重庆、长寿、丰都、万县、云阳、奉节等府厅州县滨河城市田庐多浸溢，冲毁无算，尤以叙州、泸州受金沙江、沱江洪水遭遇，两岸人民生命财产遭受巨大损失。

（二）1931年长江水灾

1931年入夏以来淫雨连绵，流域内雨水之多为数十年所未有。长江上游金沙江、岷江、嘉陵江均发生大水，川水东下时，又与长江中下游洪水遭遇，因此，洪灾遍及鄂、豫、湘、赣、皖、苏等省，是长江有实测洪水记录以来最严重的一次流域性洪水灾害，中下游地区沿江两岸堤防大都溃决，受灾十分惨重。

1.雨情

由于长江流域中下游1931年有较长时间的淫雨天气，因此降雨日数比常年多1倍左右，自6月下旬至7月中旬初，主雨区在长江中下游，洞庭湖水系的沅江及澧水流域、汉江支流唐白河流域也发生大暴雨。7月中旬末至下旬，主要雨区仍停留在长江中下游地区，但位置稍偏南，在洞庭湖区及长江中下游一带。7月底至8月中旬，汉水下游发生大暴雨，与此同时，川西也出现大雨。多次暴雨叠加造成长江中下游的大洪水。

2.水情

1931年长江汛期来得较早，4月洞庭湖水系的湘江、鄱阳湖水系的赣江均出现大洪水，长江中下游干流的水系也开始上涨。7月因长江中下游连续出现多次暴雨，长江中下游、洞庭湖水系、鄱阳湖水系以及汉江均发生大洪水。

3.灾情

1931年的洪水灾害范围很广，遍及长江中下游湘、鄂、赣、豫、皖、苏等省，此外，四川岷江、沱江中下游灾情也较重。湖北省7月下旬至8月上旬，长江、汉江和东荆河受洪水冲击，先后溃堤、溃口；汉江下游钟祥、荆门、潜江、天门等县大部分被淹；沿江的松滋、公安、江陵、监利等县灾情也很重；武汉三镇因金炉堤、丹水池拦江堤、单洞孔黄金堂滩堤及武昌堤等溃口，平地被淹，三镇成泽国，汉口市区行船，"大船若蛙半浮水面，小船如蚁漂流四周"。街道行船，史所罕见。直接受洪水侵害的灾民就有78万之多，市区洪水淹没达3月之久，武汉三镇死于洪水、饥饿、瘟疫的灾民达3万余人；荆江两岸溃垸很多，最重的是北岸荆江大堤内的齐家堤溃口，洪水横流，荆北一片汪洋，群众逃命困难，淹死者23000余人。全省灾民共达800余万，死亡约65000余人。湖南省洞庭湖水系的湘、资、沅、澧四水有67县（市）受灾，其中以沅、澧两流域和滨湖地区灾情最重，全沦为泽国，大量灾民往外逃亡。全省溃决堤垸1600处，淹田近760万亩，受灾人口630余万，死亡人口达5万多。江西省的灾情较轻，据当时报刊载：九江市地势稍低者，竟成泽国，南浔铁路九江至德安沿江铁路均没，附近的彭泽、德安、湖口、瑞昌均淹，江北圩堤冲决殆尽。安徽省据通志载：安徽的望江、安庆、贵池、无为、滁县、巢县、当涂、芜湖等44县被水淹，芜湖市大水成灾，交通中断，滁县境内各河暴涨丈余，沿河庐舍淹没无数，镇市荡平，田禾淹没。仅巢湖流域被淹没农田有300余万亩，受灾人口150万，房屋冲毁22万间。江苏省洪灾遍及全省，沿江各县均遭受洪水灾害，南京市低地尽被水淹，镇江属县遍受灾，街巷平地水深丈余。

（三）1935年长江水灾

1935年洪水是发生在长江中游地区的一次罕见的特大暴雨所造成的。这次暴雨范围位于长江中游洞庭湖水系的澧水、中游支流清江、三峡区下段的小支流及汉江流域中下游地区，灾害严重。

1.雨情

1935年7月上旬，发生在鄂西和湘西北山区的一次特大暴雨有两个暴雨中心，江南以湖北五峰的日雨量422.9mm，3～7天累积雨量1281.8mm为最大；江北以湖北北兴山附近的韩家湾日雨量调查估算值400mm，3～7天累积雨量1084.0mm为次之，为我国有名的长江"35.7"特大暴雨。

2.水情

长江支流澧水、清江水位从7月3日起涨，汉江7月4日起涨；澧水出现最高水位为7月5日，清江、沮漳河、汉江支流堵河、丹江等均出现在7月6日。汉江中下游河段堤防多溃决，两岸一片汪洋。

3.灾情

1935年的洪水灾害，主要在湖南、湖北两省，汉江中下游、长江干流荆江段及洞庭湖水系的澧水流域灾情最为严重。荆江大堤溃决，洪水淹没区达9.9万km²。江西、安徽、江苏等省也遭受不同程度的灾害。总计受灾农田2264万亩，受灾人口1003万，死亡人口14.2万，倒塌房屋40.6万间。汉江流域自光化、谷城、襄阳、宜城以下沿江一带尽成泽国。郧县"水灌入城，高过雉堞，房屋倒塌七八百栋"；光化县全县被淹；襄阳"仅樊城一地淹毙七千余人，此实数百年未有之浩劫"，灾情极为惨重；钟祥以下各县汉江堤防相抵溃口14处，使天门、潜江、汉川、京山、应城等县一片汪洋。洪水横扫汉北平原，光化以下淹没农田670万亩，受灾人口370万，死亡人口8万余，冲毁房屋约30万栋，受灾城镇达16个县（市）。清江则为1883年以来的第2大洪水，长阳县城受淹。在长江中游荆江河段，由于干支流洪水发生遭遇，致使枝城至沙市河段洪水位高，荆江段水流宣泄不畅，于7月5日荆江大堤横店子决口，城内外交通断绝，江陵水灌全城，坡外水深及丈，草市全镇遭到灭顶之灾，全城民宅灭顶，灾民栖身城墙上，人民淹死达2/3。此次洪水灾害使荆北大地陆沉，监利等淹去半数以上，仅江陵受灾良田164万亩，受灾人口达35万余。沮漳河则大片民垸溃决，湖北境内沿江各县均遭受不同程度的洪灾。在湖南，由于长江与洞庭湖水系的洪水发生遭，洞庭湖地区也遭受到惨重的洪水灾害。据载："二十四年夏，滨湖各区水势大涨，益阳雨水倒溢，田禾概付东流，人民死亡达数万。"澧水流域的慈利、石门两线受灾惨重，房屋居民扫荡一空，淹死近3万人。

（四）1954年江、淮水灾

1954年长江、淮河出现百年来罕见的流域性特大洪水。汛期雨季来得早，暴雨过程频繁，持续时间长，降雨强度大，笼罩面积广，长江干支流洪水遭遇，枝城以下1800km河段最高水位全面超过历史最高纪录。与此同时淮河也发生了特大洪水，淮河干流洪水位普遍高于1931年。

1.雨情

这年大气环流形势异常，从5月上旬至7月下旬，副热带高压脊线一直停滞在20°N～22°N附近。7月鄂霍次克海维持着一个阻塞高压，使江、淮上空成为冷暖空气长时间交绥地区，造成连续持久的降雨过程。汛期季风雨带提前进入长江流域。4月鄱阳湖水系即出现大雨和暴雨，赣江上游月雨量达500mm以上。5月雨区主要在长江以南，鄱阳湖水系和钱塘江上游雨量在500mm以上，安徽黄山站月雨量达1037mm，300mm以上雨区范围约74万km²。6月主要雨区依然在长江以南，位置比5月稍北移，鄱阳湖、洞庭湖水系雨量500～700mm，湖北洪湖县螺山站月雨量为1047mm，300mm以上雨区范围约71万km²。7月雨区北移，中心在长江干流以北及淮河流域，大别山区和淮河流域雨量500～900mm，金寨县吴店站月雨量达1265mm，长江南侧除沅水、澧水流域和皖南山区雨量在500mm以上外，一般在500mm以下，300mm以上雨区范围达91万km²，7月为汛期各月中雨量最大的一个月。8月雨区西移北上，四川及汉江中上游雨量在200mm以上，峨眉山区达600mm，长江中下游及淮河流域降雨接近尾声，月雨量在200mm以下。汛期5～7月3个月内大面积暴雨达12次之多，3个月累计雨量在600mm以上的范围达148万km²，雨量在1200mm以上的高值区主要分布在洞庭湖水系、鄱阳湖水系和皖南山区、大别山区。其中黄山、大别山、九岭山区局部地区雨量达1800mm以上，最大点雨量黄山站达2824mm。

2.水情

在全流域普降大雨的情况下，长江流域鄱阳湖水系的赣江等河在6月初和7月初发生了较大洪水，丁家埠最大洪峰流量分别达12900m³/s（6月4日）和13800m³/s（7月1日）。洞庭湖水系，沅江于5月下旬、6月下旬、7月中旬和7月下旬连续发生较大洪水，桃源站洪峰流量分别达到19200m³/s（5月26日）、17800m³/s（6月27日）、17800m³/s（7月16日）和23000m³/s（7月31日）；湘江也于6月初、6月中和6月底连续发生大水，其中6月30日湘潭站最大洪峰流量达18300m³/s，接近实测最大洪水；澧水、资水也都出现了较大洪水。在此期间汉江和大别山南侧各支流在7月中旬和8月上旬发生了中等偏大洪水，汉口以下至湖口区间支流最大入江流量达13582m³/s（7月13日），在上述情况下，江湖水位迅速上涨，汉口站6月25日超过警戒水位（26.3m），7月18日突破1931年最高水位28.28m。在下游全面高水位的情况下，6月25日至9月6日上游宜昌站先后出现4次大于50000m³/s的洪峰流量，8月7日最大洪峰流量达66800m³/s，枝城站洪峰流量达71900m³/s，在利用荆江分洪区3次分洪和多处扒口、溃口分洪，总分洪量达到1023亿m³的情况下，沙市水位达到44.67m，城陵矶水位达到33.95m，汉口水位达到29.73m（最大洪峰流量实测为76100m³/s），湖口水位达到21.68m，都突破了历史最高纪录。据推算，如果不溃口、扒口分洪和江湖自然滞蓄，城陵矶站最大流量为108900m³/s，汉口站为114183m³/s，八里江站为126800m³/s。

1954年长江洪水的重现期，由于其洪水的组成情况十分复杂，难以用某一站点的某一水文特征来表示，若以年最大30天洪量为分析指标，则1954年洪水在宜昌站约为80年一遇，在城陵矶站约为180年一遇，在汉口、湖口站均约为200年一遇。

在淮河流域，7月先后出现5次大面积暴雨，洪水主要来自上游干流和右侧支流。

上游干流息县站，7月5日、11日、17日连续出现3次洪水，洪峰流量均超过3900m³/s，22日出现最大洪峰流量5830m³/s，经流域调蓄，淮滨以下各站基本上是一次连续洪水过程。王家坝水位从7月初起涨至9月底落平历时3个月。7月6日王家坝涨至28.64m时濛洼开闸蓄洪，23日水位达到最高29.59m，相应最大流量9600m³/s（包括濛河分洪道及濛洼进水闸流量），在此期间濛洼3次开闸蓄洪，最大进洪流量1660m³/s。王家坝以下，右岸支流史河、灌河大量洪水汇入，干流洪水大增，7日城西湖开闸蓄洪，11日陈郢子扒口进洪，城西湖最大进洪流量达7600m³/s，23日城西湖最高水位27.82m，最大蓄水量36.4亿m³。城西湖上、下格堤相继溃口，此时城西湖相似于行洪区，失去了蓄洪作用。在沿淮各行蓄洪区相继行洪蓄洪的情况下，26日正阳关最高水位26.55m，最大流量12700m³/s（鲁台子）。在淮北大堤溃决（7月27日）的情况下，蚌埠站于8月4日才出现最高洪水位22.18m，超过1931年最高洪水位1.73m，最大流量11600m³/s。洪水进入洪泽湖后由于三河闸泄洪，8月16日蒋坝最高水位15.23m，比1931年低1.03m。据淮河水利委员会规划设计院1986年分析计算成果，1954年淮河干流正阳关和中渡以上30天洪水量分别为330亿m³和1522亿m³，其重现期相当于50年一遇。

3.灾情

长江流域：由于新中国成立初期全面恢复整修江河堤防，修建了荆江分洪工程，加上汛期军民全力抗洪抢险，保住了荆江大堤和武汉市的主要市区，但仍然造成了巨大的经济损失和社会影响。长江干堤和汉江下游堤防溃口61处，扒口13处，支堤、民堤溃口无数。湖南省洞庭湖区900多处圩垸，溃决70%，淹没耕地25.7万hm²，受灾人口达165万，溃口分洪量达245亿m³，其余圩区也都渍涝成灾。江汉平原的洪湖地区、东荆河两岸一直到武汉市区周围一片汪洋，荆江分洪区及其备蓄区全部淹没，湖北全省溃口、分洪水量达602亿m³，淹没耕地87.5万hm²，受灾人口达538万。江西省鄱阳湖区五河尾余间及湖区周围圩垸大部分溃决，分洪量达80亿m³，淹没耕地16.2万hm²，受灾人口171万。安徽省华阳河地区分洪，无为大堤溃决，决口分洪量达87亿m³，淹没耕地34.37万hm²，受灾人口达290万。堤防圩垸溃决、扒口共分洪1023亿m³，淹没耕地约166.7万hm²，受灾人口达1800余万。此外，广大农田积涝成灾，广大山地有山洪为害。全流域受洪涝灾害农田面积317余万hm²，受灾人口1888余万。京广铁路100天不能正常运行，灾后疾病流行，仅洞庭湖区死亡达3万余人。由于洪涝淹没地区积水时间长，房屋大量倒塌，庄稼大部分绝收，灾后数年才完全恢复。由于长江流域工农业生产和水陆交通运输在全国的重要地位，1954年大水不仅造成当年重大经济损失，对以后几年经济发展都产生了很大影响。

淮河流域：1954年淮河干流五河以上洪水位均超过1931年。淮北大堤禹山坝、毛滩决口，淮北平原颍河、涡河之间形成大片洪泛区，受灾最重的安徽省农田成灾面积174.7万hm²，河南、江苏两省农田成灾面积均为102.7万hm²，山东省灾情较轻。全流域农田成灾面积408.2万hm²。由于当年淮河干流、支流已经得到初步治理，洪水得到一定程度控制，洪泽湖出口的三河闸、高良涧闸及苏北灌溉总渠的建成和运用，使洪泽湖、高邮湖水位低于1931年最高水位，保住了里运河东大堤安全。1954年水灾，安徽、江苏两省淹死1920人，约为1931年淮河水灾死亡人数的1%。

（五）1957年松花江洪水灾害

1957年7月、8月两月松花江流域大雨、暴雨频繁，嫩江右岸支流雅鲁河、绰尔河、洮儿河，以及第二松花江、牡丹江均发生了20～50年一遇的大洪水。松花江干流哈尔滨站出现约60年一遇特大洪水，实测最大流量12200m³/s，依兰以上江段出现有记录以来最高洪水位。

1.雨情

受蒙古低压影响，7月、8月两月流域内大部分地区一直阴雨连绵，最多降雨日数达45天，大雨和暴雨有10次之多。其中大面积暴雨有4次：①7月24日～25日暴雨主要分布在嫩江支流雅鲁河、洮儿河一带，黑帝庙最大日雨量89.5mm；②7月26日～27日暴雨分布在伊通河和洮儿河，最大日雨量50～100mm；③8月1日～5日暴雨分布在嫩江下游右岸和第二松花江，最大次雨量洮儿河察尔森站136.9mm，第二松花江伊通河翁克站143.6mm；④8月20日～22日，暴雨分布在第二松花江上游和牡丹江流域，21日整个牡丹江流域雨量均在100mm以上，四季通站日雨量达154.5mm。前3次暴雨集中在7月下旬至8月上旬，分别形成嫩江和第二松花江洪水。

2.水情

在上述降雨条件下，松花江流域出现全江性大洪水。7月下旬嫩江各支流先后开始涨水，8月初雅鲁河、绰尔河、洮儿河次第出现洪峰，8月9日干流江桥站洪峰流量6300m³/s（约15年一遇），鉴于嫩江中下游河段比降平缓，洪水期间水面宽达10余km，河槽调蓄能力大，洪水传播速度缓慢，8月29日下游大赉站出现7790m³/s洪峰流量（20年一遇）。在此期间，第二松花江发生特大洪水，8月22日丰满水库最大入库流量16000m³/s（接近100年一遇），最大下泄流量6000m³/s，进入松花江干流最大流量5900m³/s并与嫩江下游洪峰遭遇，同时拉林河也涨水。9月6日哈尔滨站水位上升到120.33m，实测最大流量12200m³/s。其洪峰流量的组成情况如表2—8所列。

表2—8 1957年哈尔滨站洪峰流量组成情况表

河名	上游洪峰			传播至哈尔滨站	
	站名	洪峰流量（m³/s）	发生时间	洪峰流量（m³/s）	出现时间
嫩江	大赉	7790	8月29日	7020	9月6日
第二松花江	扶余	5900	8月31日	4160	9月8日
拉林河	蔡家沟	1090	8月30日	890	9月3日
松花江	哈尔滨			12200	9月6日

下游佳木斯站由于牡丹江和区间洪水加入，9月11日出现14300m³/s洪峰流量，主要站洪水过程如图2-8，干支流主要河段洪峰流量如表2-9。

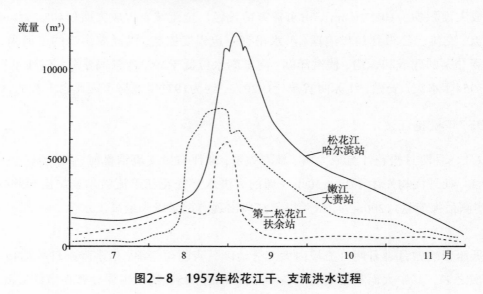

图2-8　1957年松花江干、支流洪水过程

表2-9　1957年松花江干支流主要河段洪峰流量表

	河流	站名	集水面积（km²）	洪峰流量（m³/s）	出现时间（月.日）	重现期（年）
干流	松花江	下岱吉	363900	14600	8.30	30
	松花江	哈尔滨	390500	12200	9.6	约60
	松花江	通河	450400	11900	9.8	30
	松花江	佳木斯	527800	14300	9.11	15
支流	嫩江	同盟	106700	3980	8.22	10
	嫩江	江桥	177300	6300	8.9	15
	嫩江	大赉	221700	7790	8.29	20
	雅鲁河	碾子山	13620	2570	8.7	
	洮儿河	洮南	27200	2230*	8.8	
	拉林河	蔡家沟	18340	1090	8.30	5～10
	第二松花江	扶余	77480	5900	8.31	
	牡丹江	长江屯	36200	5010	8.24	15
	穆棱河	杨岗	15340	1850	8.29	20

注：*为调查值；哈尔滨还原流量14800m³/s。

1957年哈尔滨站实测洪峰流量为1898年有实测记录以来最大值，超过1932年。1932年哈尔滨上游江堤多处决口，而1957年基本上没有发生溃堤、决口，但第二松花江洪水受丰满水库调蓄影响。为便于比较，对这两次特大洪水作了水量还原计算，按还原结果，哈尔滨站1957年洪水峰、量都比1932年为小（表2-10）。

表2-10 哈尔滨站1957年与1932年峰、量比较表

项目	1957年		1932年	
	实测	还原	实测	还原
洪峰流量(m³/s)	12200	14800	11500	16200
3天洪量(亿m³)	30.7	37.4	29.5	41.9
7天洪量(亿m³)	69.1	81.5	67.9	93.9
15天洪量(亿m³)	140.0	151.3	141.0	206.9
60天洪量(亿m³)	352.0	373.9	446.0	553.3

1957年洪水主要来自嫩江，哈尔滨站60天洪量373.9亿m³，其中嫩江占65.5%，第二松花江占31.3%，其余占3.2%。

3.灾情

据统计，黑龙江全省受灾人口约370万，农田受灾面积93万hm²，冲毁房屋22878余间，死亡75人，粮食减产12亿kg，直接经济损失约2.4亿元。吉林省第二松花江流域受灾农田10.2万hm²，受灾人口36万，死亡6人，冲毁房屋1980间。

为了战胜这场特大洪水，黑龙江省曾组织数十万人进行防洪抢险，8月末防汛人员达52万。松花江大堤除肇源的方喜、老虎背，哈尔滨市江北韩增店、宾县头道口等处决口外，其他江段大堤均安然无恙，使洪涝灾害大为减轻。

（六）1958年黄河洪水

1958年7月中旬，黄河中下游发生近40年来最大洪水，干流花园口站洪峰流量22300m³/s（相当于60年一遇）。洪水主要来自三门峡至花园口区间（简称三花区间）。

洪水峰高量大，下游东坝头以下约400km河段洪水位超过保证水位，东平湖水位与湖堤顶持平，出现了十分严重的水情。

1.雨情

1958年7月11~15日太平洋副热带高压中心经朝鲜半岛移向黄海南部，此时5810号台风在福建沿海登陆，受其影响7月14~18日黄河中游连降暴雨和局部大暴雨。次雨量和最大1天雨量均呈南北向带状分布。三花区间为本次降雨的高值区，面平均最大1天雨量69.4mm，最大3天雨量119mm，最大5天雨量155mm（其中三花区间干流为198mm，伊洛河168mm，沁河94mm）。暴雨中心在三门峡至小浪底（河南孟津县）区间及伊洛河中下游，洛河支流涧水仁村最大24h雨量达650mm（调查值），位于三门峡至小浪底区间的垣曲站最大24h雨量为366.5mm，最大5天雨量为498.6mm。

2.水情

在上述暴雨的影响下，黄河干流小浪底站14日20时起涨，至17日10时出现最大洪峰流量17000m³/s（三门峡相应流量6000m³/s），伊洛河黑石关站于17日13时30分出现洪峰流量9450m³/s，沁河小董站相应洪峰流量1050m³/s，干流洪峰与伊洛河洪峰相遇，造成花园口站17日24时最大

洪峰流量22300m³/s。花园口以下，经河槽调蓄，流量沿程递减，19日4时洪峰到高村，流量为17900m³/s，20日12时到达孙口，流量为15900m³/s，经东平湖滞洪后，洪峰于21日22时到达艾山，流量为12600m³/s，23日到达洛口流量为11900m³/s。主要站流量过程如图2-9。这次洪水，东平湖最大进湖流量9500m³/s，最大出湖流量8100m³/s，最高湖水位达44.81m，超过湖堤顶高程0.1m，湖水位较滞洪前增高3.53m，最大蓄洪量达9.5亿m³，超蓄水量2.5亿m³。由于东平湖滞洪使艾山站及其以下各站洪峰有较大削减，洪水顺利通过艾山以下窄深河道，保证了济南市和黄河两岸人民安全。

这次洪水花园口站最大流量为1938年有实测资料以来最大值，约60年一遇，干流小浪底及支流伊洛河洪峰流量相当于20～30年一遇，洪峰主要来自三花区间，干支流主要站洪水峰、量如表2-11。

花园口洪水量的组成，由于主峰段峰形尖瘦，长时段洪量三门峡以上的来水占相当大的比重，在花园口站1d洪量中三门峡以上来水占35.3%，3d洪量中占45.5%，5d洪量中占49.9%，随着时段的增长，三门峡以上来水所占比重也随之增大（表2-12）。来源组成这次洪水，三花区间来沙量小，花园口站最大5d沙量4.6亿t，三门峡站相应通过的沙量4.3亿t。

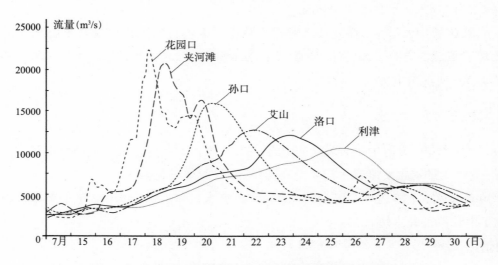

图2-9　1958年洪水黄河下游各水文站流量过程线图

3.灾情

1958年洪水，黄河干流下游出现严重水情，兰考县东坝头以下普遍漫滩，大堤偎水，堤根水深4～6m，约有400km长的河段水位超过保证水位，其中高村站水位超过0.38m，孙口站超过0.78m，洛口站超过0.79m。超过保证水位历时35～40h，出现不同程度险情，对黄河下游防洪造成严重威胁。京广铁路桥被洪水冲垮两孔，交通中断14d，东平湖最高水位达44.81m，个别堤段洪水位超过湖堤顶0.1m，经大力抢险才免遭决口。洪水灾害主要限制在黄河大堤之间的滩区，据不完全统计，山东、河南两省的黄河滩区和东平湖湖区，淹没村庄1708个，受灾74.08万人，淹没耕地20.3万hm²，倒塌房屋30万间。三花区间有关各县也遭受不同程度的水灾。

表2－11　1958年7月黄河中游干支流主要站洪峰、洪量表

河名	站名	集水面积 (km²)	洪峰流量			5天洪量 (亿 m³)	12天洪量 (亿 m³)
			出现时间	流量（m³/s）	重现期（年）		
黄河	三门峡	688421	18日16时	8890		27.79	51.37
黄河	小浪底	694155	17日10时	17000	约30	32.24	55.86
黄河	花园口	730036	18日0时	22300	约60	52.90	82.62
洛河	白马寺	11891	17日10时	7230	20～30	11.58	14.00
伊河	龙门镇	5318	17日5时42分	6850	20	6.65	8.06
伊洛河	黑石关	18563	17日13时36分	9450	约30	18.11	22.10
沁河	小董	12877	17日20时	1050	一般洪水	2.37	3.34

表2－12　1958年洪水花园口各时段洪量

时段（天）	花园口洪量 (亿 m³)	三门峡洪量		三花区间洪量	
		洪量（亿 m³）	占花园口（%）	洪量（亿 m³）	占花园口（%）
1	15.94	5.62	35.3	10.32	64.7
3	39.18	17.81	45.5	21.37	54.5
5	52.90	26.38	49.9	26.52	50.1
7	62.20	34.19	55.0	28.03	45.0
12	82.62	51.25	62.0	31.37	38.0

（七）1963年8月海河洪水灾害

8月上旬，海河流域南部地区发生了一场罕见特大暴雨，暴雨中心河北省内丘县獐仫村7天降雨量达2050mm，雨量之大为我国大陆7天累计雨量最高纪录。这场大暴雨强度大、范围广、持续时间长，海河南系大清、子牙、南运等河都暴发特大洪水（简称海河"63·8"洪水），8～9月总径流量达332亿m³，部分中小型水库垮坝，京广线400余km沿线桥涵、路基遭到严重破坏，豫北、冀南、冀中广大平原一片汪洋。经大力防洪抢险，保住了天津市和津浦线安全，但洪水灾害造成的损失仍然十分严重。

1.雨情

这场大暴雨从8月2日开始，至8日结束，雨区主要分布在漳卫、子牙、大清河流域的太行山迎风山麓，呈南北向分布。7天累计雨量超过100mm的笼罩面积达15.3万km²，相应总降水量约600亿m³。这场大暴雨的时空分布有3个特点：①大暴雨落区与流域分水岭配合紧密，暴雨200mm以上的笼罩范围10.3万km²，相应降水量545亿m³，其中90%以上的雨区在南系3条河流12.7万km²的流域之内，因此，造成流域汇流异常集中。②暴雨中心区所在的地面高程为200～500m（如图2－10），暴雨中心区位置均在山区水库坝址以下，水库对洪水拦蓄调节作用有限。③暴雨期间，雨区位置自南逐渐向北移动，滏阳河和大清河两个暴雨中心出现的时间错开，据海河水利委员会分析,大清河水系越过京广铁路线(断面)最大洪峰流量出现的时间比滏阳河洪峰出现的时间滞后33h,而滏阳河洪水流程比大清河长,暴雨中心出现的时间差,增加了两河洪水遭遇的机会。

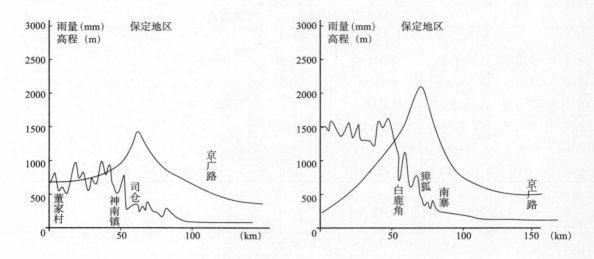

图2-10　1963年8月上旬暴雨地形-降雨剖面(西-东向)

此次暴雨的天气特点是:8月初贝加尔湖附近有一个稳定高压区,在暴雨期内从日本海到西太平洋一直维持着高压区,形成明显的阻塞形势,同时西藏高原也维持一个稳定高压脊。另外在我国东南沿海也有一个高压区。在四周稳定高压系统包围之下,从华北经华中到云贵,构成一条很深的稳定低压槽,华北地区处在冷暖气流交锋的辐合带内。环流形势稳定,有利于辐合流场的维持,加上低涡、切变等天气系统的连续叠加,以及地形的影响,促成了这次持久的特大暴雨。

2.水情

海河"63.8"洪水,主要发生在南系漳卫河、子牙河和大清河,北系洪水不大。南系三河流洪水情况如下。

(1)漳卫河。从8月2日开始涨水,各河大部出现3次洪峰,以8日洪峰最大,卫河在多处决口的情况下,北善村水文站洪峰流量1580m³/s。据推算漳河岳城入库洪峰7040m³/s,水库下泄流量3500m³/s。漳河南堤扒口5处分洪,洪水往东北侵入黑龙港地区。

漳卫河秤钩湾以上8~9月共来水82.86亿m³,其中67%水量通过四女寺、捷地、马厂3条减河入海,经九宣闸下泄入天津的水量不足1亿m³,使南运河洪水对天津威胁大为减轻,但北岸决口有12.96亿m³水量从黑龙港入贾口洼,却增加了天津外围的水势。

(2)子牙河。支流滏阳河位于大暴雨中心区,洪水峰高量大。8月2日各河开始涨水,4日、6日出现两次洪峰。东川口、马河、佐村三座中型水库被冲毁,低河乱木水库扒口,小型水库被冲毁的数量更多。京广铁路桥梁大部被冲毁。但众多大、中、小型水库仍然发挥了一定调洪削峰作用。从河系总的洪水状况分析,水库的作用大体正负相抵。京广铁路以东滏阳河干支流堤防溃决数百处,平地行洪,永年洼、大陆泽、宁晋泊连成一片。宁晋县城墙顶距水面仅1m。洪水在邢家湾一带以宽10余km的洪流顺滏阳河向东北奔向衡水县之千顷洼,石德铁路漫水段达20km,据估算，衡水8月12日最大流量达14500m³/s，最高水位为24.42m，高出附近堤顶1m多。滏阳河下游右岸洪水进入黑龙港地区，左岸洪水进入滹沱河泛区，与滹沱河洪水汇合。

滹沱河黄壁庄最大入库流量12000m³/s，最大下泄量6150m³/s。洪水主要来自区间支流冶河，冶河平山站8月5日最大洪峰流量8900m³/s。京广线以东滹沱河左堤在无极县附近漫溢，深泽、安平县3处决口，溃口水量约4.49亿m³，进入文安洼。

滹、滏合流后，献县以下洪流宽达30km，以每天10km速度流向贾口洼。子牙河系8～9月共来水166.85亿m³（包括漳河溃决水量12.96亿m³），水库、洼淀蓄水占11.2%，由南大排水道入海水量仅占5.1%，大部分洪水进入西三洼（文安洼、贾口洼、东淀）。

（3）大清河，南支包括潴龙河、唐河、清水河、府河、漕河、瀑河、萍河等。上游有横山岭、口头、王快、西大洋、龙门等5座大型水库及红领巾、刘家台、大牟山等中型水库。8日前后出现最高库水位，大部分水库相继溢洪，界河上游刘家台水库（集水面积174km²）8日凌晨溃坝失事，调查估算最大流量约17000m³/s。尚有小型水库如陈候、魏村、塔坡等被冲毁。有不少水库在这场洪水中发挥了显著防洪效益。如沙河王快水库，8月7日最大入库流量据推算为9600m³/s，而最大下泄量仅1790m³/s，削减洪峰81%，8月上旬洪水总量11.48亿m³，水库拦洪量达5.42亿m³，占来水量的47.22%。各水库以下到京广铁路一带地区的区间来水很大，加上刘家台等中小型水库溃坝失事后的洪峰，京广线西侧大部分平原地区成为一片泽国，保定市部分地区水深达1～3m。洪水横越铁路以后，向东直泻白洋淀，白洋淀水位9日下午开始陡涨，14日十方院最高水位为11.58m，相应蓄水量41.72亿m³。

大清河北支拒马河张坊站8日出现9920m³/s的洪峰流量，中易水安各庄水库8日推算的最大入库流量为6350m³/s，最大下泄量仅499m³/s，削峰92%。易水与南拒马河汇合后的北河店站，8日出现4770m³/s的洪峰流量，北河店以下至白沟镇站之间，沿途发生溃决漫溢。南拒马河与白沟河汇流后的白沟站，7日即开始向新盖房分洪道分洪，9日出现最大洪峰流量3540m³/s，白沟镇下泄水量直接进入东淀。

滏阳河、大清河位于两个暴雨中心区，洪水很大，京广线以西各河已是浑然一片。洪水越过京广铁路（断面）进入平原地区的洪峰流量，据海河水利委员会调查估算：8月7日3时子牙河最大流量为40200m³/s；大清河8日12时最大流量为31000m³/s。大清河洪峰出现时间比子牙河滞后33h两峰错开。据1963年汛后洪水调查，估算海河南系洪水过京广铁路最大流量为78000m³/s。8～9月南系三河洪水量变化情况如表2—13。

从南系三河总水量平衡计算结果可以看出，到9月底，入海水量占来水量的2/3，库、洼蓄水量约占1/4；若从8月底情况看，入海水量占来水量的33%，水库蓄水量占10%，洼淀蓄水量占37%，这里面还没有包括只起滞洪作用的洼淀如卫河一连串的坡洼、大名泛区、千顷洼、兰沟洼、刁窝套等，所以在流域汛期最紧张的时期，约有40%以上的洪水拦蓄于平原洼淀之中，这对于减轻洪水灾害起到重要作用。

3.灾情

据计算，海河三水系8月总水量301.29亿m³，远远超过1939年和1956年（1939年7～8月总水量为170亿m³,1956年8月为161亿~17亿m³),大清河、子牙河洪水越过京广线泄入平原后,冀中、冀南、天津市南部广大地区一片汪洋。

这场洪水主要发生在河北省境内,据邯郸、邢台、石家庄、保定、衡水、沧州和天津7个专区统计:

(1)淹没农田357.3万hm²,占7个专区耕地总面积的71%,其中13余万hm²良田由于水冲沙压,失去耕种条件。粮棉作物大幅度减产,粮食减产25亿kg,棉花减产1.3亿kg。

表2—13　海河南系三河8~9月水量平衡表

项目		水量（亿m³）		
		8月	9月	合计
来水量	南运河	64.44	18.42	82.86
	子牙河	148.38	5.51	153.89
	大清河	88.47	7.38	95.85
	合计	301.29	31.31	332.60
蓄水量	水库	30.15	0.06	30.21
	洼淀	111.21	-57.12	54.09
	合计	141.36	-57.06	84.30
入海水量	南运河	32.27	23.27	55.54
	南大排水道	4.21	4.26	8.47
	西三洼	62.88	93.89	156.77
	合计	99.36	121.42	220.78
损失量	各项损失			26.72
	入马颊河	0.80		0.80
	合计			27.52

(2)受灾人口约2200余万,房屋倒塌1265万间,约有1000万人失去住所,5030人死亡。

(3)水利工程遭到严重破坏,有5座中型水库、330座小型水库被冲垮,62%的灌溉工程、90%排涝工程被冲毁,大清、子牙、漳卫、南运河干流堤防决口2396处,滏阳河全长350km全线漫溢,溃不成堤。

(4)铁路、公路破坏也很严重。京广、石太、石德、津浦铁路及支线铁路冲毁822处,累计长度116.4km,干支线中断行车总计372天,京广铁路27天不能通车,7个专区84%的公路被冲毁,淹没公路里程长达6700km。

海河全流域受灾农田达486万hm²,成灾401万hm²,直接经济损失60亿元,用于救灾及恢复水毁工程等增加开支约10亿元。

（八）1975年8月淮河上游洪水灾害

1975年8月上旬,淮河上游山丘区发生了大陆上罕见的特大暴雨(简称"75·8"暴雨),中心河南省泌阳县林庄最大6h雨量830.1mm，成为世界相同历时最大雨量记录。淮河流域洪汝河、沙颍河下游造成极为严重洪水灾害。

1.雨情

7月雨量偏少，在淮河"75·8"暴雨到来之前，河南省各地尚在紧张抗旱，至8月4～8日，出现连续5天大暴雨，暴雨区主要位于河南省许昌、驻马店、南阳地区的山丘区，暴雨中心林庄24h、3天、5天最大雨量分别为1060.3mm、1605.3mm、1631.1mm。

这场暴雨连续5天累计雨量超过200mm的笼罩面积为4.38万km²，相应面积降水总量201亿m³。海河1963年8月暴雨（简称海河"63·8"暴雨），总雨量200mm以上的笼罩面积为10.3万km²，相应面积总降水量545亿m³。两相对比，淮河"75·8"暴雨笼罩面积和降水总量，比海河"63·8"暴雨要小得多。淮河"75·8"暴雨之所以造成严重灾害，主要是暴雨中心强度特别大。

这场特大暴雨是在多种天气系统作用下形成的。8月4日7503号台风在福建晋江登陆后，并不迅速消失，而向西北方向深入内陆，并在河南省境内停滞较长时间，造成持续大暴雨。除受台风影响外，还有其他天气系统的作用，主要是低层偏东急流和西风槽，使降水明显扩大和加强。此外，地形的影响也很明显，在暴雨中心地区，其西北部为海拔超过1000m的伏牛山，东南为海拔500～1000m的桐柏山，暴雨中心区正好分布在两列山系之间海拔介于200～500m的低山丘陵区，由于山脉走向与降雨时盛行的东北风向垂直，而且在这条弧形分布的低山丘陵区中，又有若干向偏东方向敞开的喇叭口地形（板桥、薄山、石漫滩等水库都位于这类地形的出口处），对暴雨起到明显的增幅作用。

2.水情

洪水主要发生在淮河支流洪汝河、沙河和汉江支流唐白河的左岸支流唐河。与之毗邻的流域洪水都不大，如淮河干流淮滨站最大流量4230m³/s；颍河李家湾站最大流量1140m³/s；北汝河襄城站最大流量3000m³/s；唐白河水系的白河新店铺站最大流量4630m³/s，都是一般洪水。而在暴雨中心地区洪水量级极大，洪汝河上游一条小支沟石河祖师庙河段，集水面积71.2km²，据调查测算最大流量2470m³/s；汝河板桥水库以上集水面积768km²，据调查，最大入库洪水高达13000m³/s，接近同等面积世界最大流量记录。主要河段洪峰流量见表2—14。

位于暴雨中心区的两座大型水库汝河板桥水库和滚河石漫滩水库，均于8日凌晨失事。板桥水库垮坝最大流量78800m³/s，6h下泄洪水7.01亿m³，溃坝洪水进入河道以后，以平均约6m/s的流速冲向下游，至遂平县附近水面宽展至10km，过遂平县以后，部分洪水进入宿鸭湖水库，另一部分洪水沿洪河、汝河漫流而下。石漫滩水库最大垮坝流量约30000m³/s，5.5h水库泄空，泄洪量1.67亿m³，下游田岗水库（中型）也随之垮坝，洪河左堤和右堤均行漫决，左堤漫决洪水向东进入老王坡滞洪区，右堤漫决洪水沿洪汝河下游平原漫流而下。老王坡、泥河洼先后漫溢决口，沙颍河、洪汝河堤防普遍漫决，洪水相互窜流，造成大面积洪泛区，泛区面积达12000km²。

淮河"75·8"暴雨洪水集中在洪汝河、沙颍河两水系，淮河干流洪水不大，上游淮滨站洪峰流量4230m³/s，正阳关（鲁台子）最大流量7990m³/s（约10年一遇）。自8月8日至9月15日鲁台子下泄总量146.37亿m³（包括7504号台风降水造成的洪水量）。淮河"75·8"暴雨产水量约129亿m³，其

表2－14　1975年8月主要河段洪峰流量表

水系	河名	河段名	集水面积 （km²）	峰现时间 （月．日）	洪峰流量 （m³/s）	稀遇程度
沙颖河	北汝河	紫罗山	1800	8.8	4020	1843年以来第3位
沙颖河	沙河	白龟山水库	2730	8.8	8070	1884年以来第2位
沙颖河	澧河	孤石滩水库	286	8.8	5360	1896年以来第1位
沙颖河	干江河	官寨	1124	8.8	14700	实测和调查期最大
洪汝河	滚河	石漫滩水库	230	8.7	6280	实测和调查期最大
洪汝河	洪河	班台	11280	8.13	6610	
洪汝河	石河	祖师庙	71.2	8.8	2470	
洪汝河	汝河	板桥水库	768	8.7	13000	1832年以来第1位
洪汝河	汝河	宿鸭湖水库	4715	8.8	24500	
洪汝河	臻头河	薄山水库	578	8.7	9550	1909年以来第1位
唐白河	唐河	郭滩	6877	8.8	13400	1896年以来第1位
唐白河	白河	新店铺	10958	8.9	4630	一般洪水
淮河	淮河	淮滨	16100	8.9	4230	一般洪水
淮河	淮河	王家坝（总）	30630	8.10	2520	一般洪水

中洪汝河（班台以上）来水量57亿m³，沙颖河（阜阳以上）来水量56亿m³，淮河干流淮滨以上来水量15亿m³，区间约1亿m³。蚌埠以上濛洼、城东湖蓄洪区和南润段，润赵段，赵庙段，唐垛湖，姜家湖，便峡段，上、下六方堤，石洮段，幸福堤，荆山湖等11个行洪区在8月15日～22日相继蓄洪、行洪，蚌埠站（吴家渡）在上游行、蓄洪区运用的情况下最高水位21.06m（8月25日），最大流量6900m³/s，为不到10年一遇的常遇洪水。蚌埠以下沿淮行洪区都未使用，洪水传至洪泽湖时影响已不明显。

3.灾情。这次特大暴雨洪水，虽然是局部性的，但受灾区域内灾情非常严重。①河南省有29个县市受灾，受灾人口1100万，560万间房屋被冲毁，淹死26000余人。洪水灾害主要集中在许昌、驻马店和南阳三地区。遂平、西平、汝南、平舆、新蔡、漯河、项城、临泉等县灾情最重，城内平地水深2～4m，工厂停产、建筑设施被毁。②农田受灾面积达113余万hm²，其中有73万hm²农田灾情极重，有的失去耕种条件。③水利工程遭到严重破坏，两座大型水库、两座中型水库、两个滞洪区和58座小型水库被冲毁，堤防决口2180处，漫决总长度810km。④京广铁路冲毁102km，中断行车18天，影响运输48天。这场水灾直接经济损失约100亿元。

（九）1998年长江、松花江洪水

1.雨情

1998年我国气候异常。主汛期，长江流域降雨频繁、强度大、覆盖范围广、持续时间长；松花江流域雨季提前，降雨量明显偏多。1998年6～8月长江流域面平均降雨量为670mm，比多年同期平均值多183mm，偏多37.5％，仅比1954年同期少36mm，为20世纪第二位。

（1）长江流域。6月12日～27日，江南北部和华南西部出现了入汛以来第一次大范围持续性强降雨过程，总降雨量达250～500mm，部分地区比常年同期偏多九成至2倍；6月28日～7月20日，降雨主要集中在长江上游、汉江上游，降雨强度相对较弱；7月21日～31日，降雨主要集中在江南北部和长江中游地区，雨量一般为90～300mm，部分地区比常年同期偏多1～5倍；8月1日～27日，降雨主要在长江上游、清江、澧水、汉江流域，其中嘉陵江、三峡区间和清江、汉江流域的降雨量比常年同期偏多七成～2倍。

（2）松花江流域。松花江上游的嫩江流域，6月上旬至下旬出现持续性降雨过程，部分地区降了暴雨。7月上旬降雨仍然偏多，下旬又出现持续性强降雨过程。8月上中旬再次出现强降雨过程，大部分地区出现了大暴雨，局部地区半个月的雨量接近常年全年的雨量。嫩江流域6～8月面平均降雨量577mm，比多年同期平均值多255mm，偏多79.2％。松花江干流地区6～8月面平均降雨量492mm，比多年同期平均值多103mm，偏多26.5％。

2.水情

由于1998年气候异常，汛期降雨量明显偏多，造成了长江、松花江等流域的大洪水。

（1）长江洪水。1998年汛期，长江上游先后出现8次洪峰并与中下游洪水遭遇，形成了全流域性大洪水。

6月12日～27日，受暴雨影响，鄱阳湖水系暴发洪水，抚河、信江、昌江水位先后超过历史最高水位；洞庭湖水系的资水、沅江和湘江也发生了洪水。两湖洪水汇入长江，致使长江中下游干流监利以下水位迅速上涨，从6月24日起相继超过警戒水位。

6月28日～7月20日，主要雨区移至长江上游。7月2日宜昌出现第一次洪峰，流量为54500m³/s。监利、武穴、九江等水文站水位于7月4日超过历史最高水位。7月18日宜昌出现第二次洪峰，流量为55900m³/s。在此期间，由于洞庭湖水系和鄱阳湖水系的来水不大，长江中下游干流水位一度回落。

7月21日～31日，长江中游地区再度出现大范围强降雨过程。7月21日～23日，湖北省武汉市及其周边地区连降特大暴雨；7月24日，洞庭湖水系的沅江和澧水发生大洪水，其中澧水石门水文站洪峰流量19900m³/s，为20世纪第二位大洪水。与此同时，鄱阳湖水系的信江、乐安河也发生大洪水；7月24日宜昌出现第三次洪峰，流量为51700m³/s。长江中下游水位迅速回涨，7月26日之后，石首、监利、莲花塘、螺山、城陵矶、湖口等水文站水位再次超过历史最高水位。

8月，长江中下游及两湖地区水位居高不下，长江上游又接连出现5次洪峰，其中8月7日～17日的10天内，连续出现3次洪峰，致使中游水位不断升高。8月7日宜昌出现第四次洪峰，流量为63200m³/s。8月8日4时沙市水位达到44.95m，超过1954年分洪水位0.28m。8月16日宜昌出现第六次洪峰，流量为63300m³/s，为1998年的最大洪峰。

这次洪峰在向中下游推进的过程中，与清江、洞庭湖以及汉江的洪水遭遇，中游各水文站于8月中旬相继达到最高水位。干流沙市、监利、莲花塘、螺山等水文站洪峰水位分别为45.22m、38.31m、35.80m和34.95m，分别超过历史实测最高水位0.55m、1.25m、0.79m和0.77m；汉口水文站

8月20日出现了1998年最高水位29.43m，为历史实测记录的第二位，比1954年水位仅低0.30m。随后宜昌出现的第七次和第八次洪峰均小于第六次洪峰。

（2）松花江洪水。1998年入汛之后，松花江上游嫩江流域降水量明显偏多，先后发生了3次大洪水。

第一次洪水发生在6月底至7月初，洪水主要来自嫩江上游及支流甘河、诺敏河。第二次洪水发生在7月底至8月初，洪水以嫩江中下游来水为主，支流诺敏河、阿伦河、雅鲁河、绰尔河、洮儿河发生了大洪水。第三次洪水发生在8月上中旬，为嫩江全流域型大洪水。支流诺敏河古城子水文站、雅鲁河碾子山水文站、洮儿河洮南水文站水位均超过历史纪录，洪水重现期为100～1000年。受各支流来水影响，嫩江干流水位迅速上涨，同盟、齐齐哈尔、江桥和大赉水文站最高水位分别为170.69m、149.30m、142.37m、131.47m，分别超过历史实测最高水位0.25m、0.69m、1.61m、1.27m。在嫩江堤防6处漫堤决口的情况下，齐齐哈尔、江桥、大赉水文站的洪峰流量都超过了1932年。

松花江干流哈尔滨8月22日出现最高水位120.89m，超过历史实测最高水位0.84m，流量16600m³/s，洪水重现期约为150年，大于1932年（还原洪峰流量16200m³/s）和1957年（还原洪峰流量14800m³/s）洪水，为20世纪第一位大洪水。

3.灾情

1998年洪水大、影响范围广、持续时间长，洪涝灾害严重。在党和政府的领导下，广大军民奋勇抗洪，新中国成立以来建设的水利工程发挥了巨大作用，大大减少了灾害造成的损失。全国共有29个省（自治区、直辖市）遭受了不同程度的洪涝灾害。据统计，洪涝受灾面积2229万hm²，成灾面积1378万hm²，死亡4150人，倒塌房屋685万间，直接经济损失2551亿元。江西、湖南、湖北、黑龙江、内蒙古、吉林等省（自治区）受灾最重。其中长江中下游的湖南、湖北、江西、安徽、江苏5省有8411万人受灾，农作物成灾9787万亩（按行政区划统计），倒塌房屋329万间，死亡1562人，直接经济损失1345亿元。

1998年长江的洪水和1931年、1954年一样，都是全流域性的大洪水，但洪水淹没范蜀和因灾死亡人数比1931年和1954年要少得多。一是洪水淹没范围小。1931年干堤决口800多处，长江中下游几乎全部受淹。1954年干堤决口60多处，江汉平原和岳阳、黄石、九江、安庆、芜湖等城市受淹，洪水淹没面积317万hm²，京广铁路中断100多天。1998年长江干堤只有九江大堤一处决口，而且几天之内堵口成功，沿江城市和交通干线没有受淹。长江中下游干流和洞庭湖、鄱阳湖共溃垸1075个，淹没总面积32.1万hm²，耕地19.7万hm²，涉及人口229万，除湖南安造垸为重点垸，湖北孟溪垸为较大民垸，湖南澧南垸、西官垸为蓄洪垸外，其余均属洲滩民垸。二是死亡人数少。在20世纪长江流域发生的3次大洪水中，1931年死亡14.5万人，1954年死亡3.3万人。1998年受灾严重的中下游5省死亡1562人，且大部分死于山区的山洪、泥石流。

（十）2007年淮河大洪水和重庆、济南等城市洪涝灾害

1.淮河大洪水

淮河发生流域性大洪水，灾情重，因涝致灾突出。2007年6月下旬至7月，淮河发生了1949

年以来仅次于1954年的第2位流域性大洪水。淮河流域性大洪水使沿淮河南、安徽、江苏遭受严重的洪涝灾害，共造成3省2556万人受灾，占全国洪涝灾害损失的14%，农作物受灾面积2577.0千hm²，占全国洪涝灾害损失的21%，直接经济总损失154.9亿元，占全国洪涝灾害损失的14%。其中因涝农作物受灾面积2366.7千hm²，占淮河流域洪涝受灾面积的91.8%，主要分布在淮河干流两侧附近、淮北支流平原地区和江苏洪泽湖、里下河等低洼易涝地区，因洪致涝明显。

6月29日～7月25日，受北方冷空气和西南暖湿气流的共同影响，淮河流域普降暴雨，降雨范围广、强度大、历时长，淮河水系累积面平均雨量约430mm，为常年同期的2～3倍，其中淮河上游部分地区为常年同期的3倍以上，致使淮河发生了新中国成立以来仅次于1954年的第2位流域性大洪水。受暴雨影响，淮河干支流洪水并发，淮河干流全线超警戒水位，因暴雨移动路径与洪水走向一致，淮河干流上游及淮南支流洪水与淮北洪汝河等支流洪水相遭遇，造成淮河中游干流水位持续超过警戒水位长达30天，在运用蒙洼等10个蓄滞洪区的情况下，淮河干流王家坝水位仍高达29.59m，与1954年持平。淮河主要支流洪汝河、沙颍河、竹竿河、潢河、白露河、史灌河、池河等均出现超警戒水位洪水。其中淮河干流王家坝至润河集河段水位超过保证水位0.29～0.72m，时间3～4天；润河集站洪峰水位高达27.82m，超过历史实测最高水位0.07m。淮河大水给沿淮安徽、河南、江苏三省造成严重的洪涝灾害，沿淮两岸共有113个县市、1634个乡镇受灾，农作物受灾面积2577.0千hm²，成灾1592.0千hm²，受灾人口2556.0万，倒塌房屋11.8万间，直接经济总损失154.9亿元。洪涝灾害对农林牧渔业生产、工业交通运输业以及水利工程设施等造成较大影响。

2.重庆、济南等城市暴雨洪涝灾害严重

城市暴雨引发的洪涝灾害严重。7月17日重庆市发生百年一遇的超强降雨过程，致使部分中小河流发生超过保证水位的洪水，重庆3个区（县）城区和一些村镇进水受淹；7月18日济南市突发特大暴雨，降雨强度大、历时短，加之特殊的"南高北低"的城市地形，导致洪水来势凶猛，引发了类似山洪的街道洪水，正值职工下班和学生放学的高峰时期，使人猝不及防。严重的暴雨洪涝造成两座城市107人死亡或失踪，直接经济总损失46.7亿元，因洪涝灾害造成大量的人员伤亡和财产损失为多年来罕见。武汉、西安、郑州、杭州等城市也因局部暴雨发生了较为严重的洪涝灾害。

（1）重庆特大暴雨灾害。7月16日～18日，重庆市发生了百年一遇的超强降雨过程，主城区24h降雨量高达266.6mm，为有气象记录115年以来的最高纪录。沙坪坝区陈家桥镇48h降雨量高达408.2mm。受强降雨影响，部分中小河流发生超保证水位洪水。璧山、沙坪坝、铜梁等3个区（县）城区和一些场镇进水受淹，大量水利和城市基础设施毁坏。此次特大暴雨造成农作物受灾面积200.1千hm²，成灾117.4千hm²，受灾人口643万，因灾死亡56人，失踪6人，倒塌房屋3万间，直接经济总损失31.3亿元。

（2）济南特大暴雨灾害。7月18日15时至19日2时，受北方冷空气和强盛的西南暖湿气流的共同影响，山东省济南市自北向南发生了一场强降雨过程，市区1h最大降雨量151.0mm。此次特大暴雨造成市区道路毁坏1.4万m²，140多家工商企业进水受淹，其中近1万m²的地下商城，不到20分钟的时间内积水深达1.5m，全市33.3万人受灾，因灾死亡37人，失踪4人，倒塌房屋0.2万间，市区内受损车辆802辆，直接经济总损失13.20亿元。全省有5个市16个县（市、区）59个乡（镇）47.2万人受灾，因灾死亡41人，失踪4人，农作物受灾面积73.7千hm²，成灾11.3千hm²，直接经济损失15.4亿元。

（十一）2010年最多城市洪涝灾害、长江流域洪涝灾害和甘肃舟曲等地山洪灾害

1. 258座县级以上城市进水受淹或发生内涝

2010年全国有30个省（自治区、直辖市）遭受洪涝灾害，有258座县级以上城市进水受淹或发生内涝，广州、武汉、杭州等大城市因强降雨一度遭受严重内涝，成为有史以来发生洪涝城市数最多的一年。2010年洪灾直接经济损失高达3745.43亿元，在大江大河水势基本调控平稳的情况下，超过1998年特大洪灾损失的2551亿元，直接经济总损失列1990年有记录以来第一位。

2. 长江流域洪涝灾害

（1）6月中下旬洞庭湖、鄱阳湖水系洪水。6月13日～28日，长江以南地区出现了大范围持续性强降雨过程，江西大部、湖南部分地区累积降雨量200～300mm，江西鹰潭、抚州、吉安、赣州等地300～500mm；最大点雨量江西资溪746mm，广昌县水南674mm。鄱阳湖水系信江、抚河、赣江相继发生超历史纪录洪水，洞庭湖水系湘江发生了历史第三高水位的洪水，鄱阳湖及长江干流九江段水位2003年以来首次超过警戒水位，江西抚河干流唱凯堤发生溃决。江西、湖北、湖南等省389个县（市、区）、4444个乡（镇）遭受洪涝灾害，农作物受灾面积1779千hm²，受灾人口3096万，因灾死亡83人，失踪136人，倒塌房屋19万间，直接经济总损失422亿元。

（2）7月长江上游及汉江洪水。7月15日～25日，长江上游和汉江流域出现两次强降雨过程，最大点雨量四川广元剑阁724.5mm，河南南阳南召530mm，陕西汉中镇巴503mm。长江上游嘉陵江支流渠江及汉江支流任河、坝河、白河、丹江、淇河等10多条河流发生超历史纪录洪水，长江上游、汉江干流先后发生两次洪水过程，长江上游干流发生1987年以来最大洪峰流量，长江三峡水库和汉江丹江口水库分别出现建库以来最大和第二大入库洪峰流量，尽管利用三峡水库和丹江口水库拦蓄洪水，长江中下游监利、螺山、汉口、九江、大通河段发生超过警戒水位洪水，汉江下游发生超过保证水位洪水。重庆市城口县庙坝镇因山体滑坡阻断罗江河道，形成堰塞湖，一度危及城口县庙坝镇、坪坝镇和四川万源市大竹镇三镇安全。江西、湖北、湖南、四川、重庆、贵州、云南、陕西等省（直辖市）709个县（市、区）、7102个乡（镇）遭受洪涝灾害，农作物受灾面积2950千hm²，受灾人口5719万，因灾死亡306人，失踪314人，倒塌房屋33万间，直接经济总损失576.27亿元。

（3）8月长江上游及汉江洪水。8月10～26日，嘉陵江、岷江、沱江和汉江出现大范围强降雨过程。最大点雨量四川眉山丹棱722mm，河南南召白土岗653mm；最大日雨量四川都江堰杨柳坪254mm，河南南召白土岗237mm，四川资阳丹山224mm。受强降雨影响，长江上游岷江、嘉陵江部分支流发生超历史纪录洪水，汉江上游多条支流及下游干流汉川河段发生超过警戒水位洪水。四川、重庆、云南、陕西、甘肃、江西、湖北等省（直辖市）343个县（市、区）、3260个乡镇遭

受洪涝灾害，农作物受灾面积481千hm²，受灾人口1225万，因灾死亡1638人、失踪406人，倒塌房屋10万间，直接经济总损失251.7亿元。

3.甘肃舟曲等地山洪灾害

2010年全国山洪灾害频发、重发，甘肃舟曲、贵州关岭、云南巧家、四川地震重灾区接连发生特大山洪灾害。全年共发生山洪灾害近2万起，其中造成人员死亡、失踪的山洪灾害371起，特别重大山洪灾害19起，重大山洪灾害16起。2010年山洪灾害共造成2824人死亡，占全国因洪涝灾害死亡总人数的87.6%，均为2001年有记录以来最多。

8月7日23时左右，甘肃舟曲东北部降特大暴雨，持续40多分钟，降雨量97mm，引发白龙江左岸的三眼峪、罗家峪山洪沟发生特大山洪泥石流，三眼、月圆、春场等村基本被冲毁。泥石流涌入舟曲县城，冲毁20余栋楼房和一些土木结构民房，大量冲积物堆积在三眼峪入江口至瓦厂桥约1km的江道内，阻断白龙江，形成堰塞湖。受堰塞湖影响，县城多条街道受淹，最深处约10m。特大山洪泥石流造成舟曲2个乡（镇）、13个行政村、4496户、20227人受灾，因灾死亡1501人、失踪264人。

（十二）2013年东北洪涝灾害

2013年，东北大部雨季早、降雨多、历时长，嫩江、松花江和黑龙江发生流域性洪水，辽河流域浑河上游发生特大洪水。洪水量级大，洪涝灾害重。黑龙江、吉林、辽宁3省和内蒙古自治区东部1030.35万人受灾，因灾死亡116人、失踪88人，倒塌房屋10.63万间，农作物受灾3926.68千hm²，直接经济损失590.58亿元，为全国洪涝灾害最严重地区，其中松花江、辽河流域洪灾损失为1998年以来最重。

8月中旬辽宁、吉林暴雨山洪灾害：8月15日～17日，辽宁北部、吉林中东部降大到暴雨，局部地区特大暴雨，累计过程最大点雨量辽宁抚顺红透山站456mm、吉林白山靖宇站375mm。辽河流域浑河上游发生超50年一遇特大洪水，辽河干流发生超警戒水位洪水。辽宁、吉林2省15市69县（市、区）受灾，受灾人口198.86万，因灾死亡88人、失踪94人（其中辽宁抚顺死亡77人、失踪87人），农作物受灾315.52千hm²，倒塌房屋1.27万间，直接经济损失112.79亿元。

黑龙江省洪涝灾害：2013年6～9月，黑龙江省出现13次较大降雨过程，全省平均降雨量427.7mm，比常年同期偏多27%，累计降雨量超过100mm的笼罩面积43万km²，占全省总面积的91%，100～200mm的笼罩面积3.3万km²，200～400mm的笼罩面积16.2万km²，400mm以上的笼罩面积23.5万km²。持续降雨致39条河流发生洪水，其中嫩江上游发生超50年一遇特大洪水，松花江发生1998年以来最大的流域性洪水，黑龙江发生1984年以来最大的流域性洪水，黑龙江下游同江至抚远江段发生超100年一遇特大洪水，嘉荫至抚远江段超过历史最高水位0.28～1.55m。8月16日、22日和23日，黑龙江干流二九〇农场堤段、萝北县柴宝段、同江市八岔乡堤段先后决口。全省有126县（市、区）916乡（镇、场）受灾，受灾人口541.59万，因灾死亡7人，农作物受灾2654.04千hm²，倒塌房屋7.4万间，直接经济损失327.47亿元。

第二节　我国洪水灾害治理取得的主要成就

一、洪水灾害防治工作的进展

新中国成立以来，党和国家对江河治理、根治水害高度重视，把防洪工程建设当作治国安邦的大事，投入了大量的人力、物力和财力。经过50年坚持不懈的努力，七大江河初步形成了以水库、堤防、蓄滞洪区为主体的拦、排、滞、分相结合的防洪工程体系，建立并不断完善非工程措施，防洪标准和抗洪能力显著提高。中下游地区已经彻底摆脱了新中国成立初期"两年一小灾、三年一大灾"的局面，达到防御常遇洪水的能力，避免或减轻了毁灭性洪水灾害的发生，确保重点地区的安全，防洪形势有了根本性的改变。但是，由于我国江河治理难度大，现有防洪标准与国民经济发展的要求还有很大的差距，以及我国所处的自然地理环境和社会经济状况，客观上决定了我国是一个多洪水灾害的国家，因此，洪水防治灾害将是我国的一项长期任务。

新中国成立以来防洪工程建设经历了两个快速发展的阶段。

第一个阶段在20世纪五六十年代，党中央领导全国人民开展了大规模的以堤防、水库等工程为主要内容的防洪工程建设高潮。新中国成立之初，百废待兴，黄河、淮河、长江、松花江等江河于1949年、1950年、1954年和1957年相继发生大洪水，人民群众在饱受战争疮痍之后，又连续遭受自然灾害之苦，大江大河的洪水灾害成为中华民族振兴与发展的心腹之患。为了解除洪水灾害对人民群众生命财产的严重威胁，党和政府十分重视大江大河的治理，把防治水患作为当时国家经济建设的首要任务。毛泽东同志曾分别就黄河、淮河、海河流域的水利工作作出指示，"一定要把淮河修好""要把黄河的事情办好""一定要根治海河"，充分表达了全国人民整治江河、造福人民的强烈愿望和坚强军心。从那时候起，各大江河的流域防洪规划、水文基础资料整编、防汛抗洪科学研究等工作全面展开，确定了蓄泄兼筹的江河治理方针，开展了大规模的防洪工程建设，相继开工兴建了官厅水利枢纽工程、长江荆江防洪工程、治淮工程等防洪工程，为初步控制常遇洪水灾害，进一步提高防洪标准奠定了基础。

第二阶段是改革开放以后，防洪工作走上了正规化、现代化、法制化的发展轨道。1978年党的十一届三中全会以来，改革开放极大地促进了国民经济的高速发展，使我国综合国力不断增强。经济的发展为防洪工程建设提供了强大的物质保障，防洪标准的提高为经济建设提供安全保障。在邓小平理论的指导下，防洪工作得到了空前发展。党中央、国务院和地方各级党委、政府把搞好水利防洪工程建设作为关系中华民族生存和发展的长远大计，把水利作为国民经济发展的基础设施和基础产业，坚持全面规划、统筹兼顾、标本兼治、综合治理、实行兴利除害结合、工程措施与非工程措施并重，防洪工作取得了飞速发展。开工兴建了长江三峡、黄河小浪底等世界瞩目的控制性防洪工程，连续战胜了长江、珠江、松花江流域发生的大洪水；建立健全了全国抗洪抢险的调度指挥系统以及防洪法制体系。防洪工程在质量和规模上都有了质的飞跃，进一步提高了我国的防洪抗灾能力，开创了防汛事业的新局面。截至1996年年底，全国已整修、新修堤防24.8万余km，建成水库8.5万座，总蓄水库容4571亿m³，形成了初具规模的联合防洪体系。

2000年以来，按照人水和谐的理念，坚持防汛抗旱并举，防治洪水与规避洪水相结合，科学合理安排各类防灾减灾措施。"十一五"期间完成、新建和加固堤防17080km，长江下游河势控制、黄河堤防建设稳步推进，治淮19项骨干工程、长江三峡、嫩江尼尔基、广西百色、湖南皂市、黄河西霞院等一批重点水利枢纽建成投入运行，四川亭子口、江西峡江、广东乐昌峡、内蒙古海渤湾等水利枢纽工程开工建设，洞庭湖、鄱阳湖综合治理顺利实施，开展了1000余条中小河流重点河段治理和103个县的山洪灾害防治试点建设。如期完成专项规划内6240座大中型及重点小型、东部1116座重点小型病险水库除险加固任务，启动实施新一轮小型病险水库除险加固。有效抗御了2006年川渝地区特大干旱、2007年淮河流域性大洪水、2009年大范围特大春旱、2010年西南地区特大干旱和全国大范围频发的洪水灾害，多次成功防御了强台风及风暴潮的侵袭。在应对汶川特大地震和舟曲特大山洪泥石流灾害中，妥善处置了唐家山堰塞湖和白龙江险情。

二、防洪规划

防洪规划是江河流域规划中的重要组成部分，是指导防洪建设的纲要，我国一些主要江河的流域规划，是在20世纪30年代以后才开始进行的。由于受历史条件的限制，当时的一些规划也没有完全实现，真正用于指导防洪建设的江河规划，还是在1949年以后，随着政局的稳定和国民经济建设的需要才着手制订的。

20世纪50年代初期，主要是进行各大江河规划的准备工作，如整编过去的水文资料，进行流域水文分析和重点地区的地形测量、地质勘探、土壤调查、勘查等工作。与此同时，还针对当时一些江河存在的最迫切的防洪问题，制订了一些纲领性的规划和计划。如淮河、黄河在前人研究的基础上，提出了全河治理方略；长江提出了治江基本方案和关于开辟荆江分蓄洪区、加固荆江大堤和扩大荆江泄洪计划，整治洞庭湖的计划，确保武汉市防洪安全计划等；海河除初步提出了大清河、潮白北运河下游和漳卫河下游的泄洪计划外，还配合官厅水库工程规划，编制了永定河的综合规划。

从50年代中期起各江河在前期准备工作的基础上，陆续编制出了全流域综合性规划。如1954年提出的《黄河综合利用规划技术经济报告》、1956年提出的《淮河流域规划报告》、1957年提出的《沂沭泗河流域规划报告》、1956年提出的《汉江流域规划要点报告》、1958年提出的《长江流域综合利用规划要点报告》、1957年提出的《海河流域规划报告》、1958年提出的《滦河流域规划报告》、1958年提出的《辽河流域规划要点报告》和1959年提出的《松花江流域规划报告》《珠江流域开发与治理方案研究报告》等。

20世纪60年代开始，对上述各江河流域规划，不断进行补充修订，80年代初随着社会经济的发展，又开展了全面的调查研究，在原规划成果的基础上，对于江河流域规划，进行了补充修订。各大江河的流域综合利用规划，有的已经国家批准。

在大江大河流域综合规划中，都把防洪作为重点问题提出，对防洪治理目标、总体部署、主要措施、实施步骤和超标准洪水的安排等进行了全面规划。这些防洪规划，通过防洪工程建设和管理运用的实践，又不断地进行了补充和修正，使防洪建设建立在更科学的基础上。

在80年代以前，一些江河、滨湖重要城市的防洪问题，分别纳入各江河湖泊治理规划中统一规划、统一治理。80年代起，在国家改革开放、搞活经济政策的推动下，我国城镇数量增加很快，城市建设发展迅速，因此城市防洪规划被提到重要议事日程，一些重要城市，在服从流域防洪规划和城市总体规划的前提下，编制了自身的防洪规划。

1998年特大洪水以后，我国进行了新一轮七大流域防洪规划和全国防洪规划，七大流域规划已经国务院批准，并开始实施。本轮规划的特点，一是首次按照防洪法完成了全国四区划分，即保护区、行洪区、洪泛区和保留区；二是突出了工程措施和非工程措施相结合的防洪新思路；三是首次绘制了各流域的洪水风险图，科学地编制流域防洪规划；四是流域防洪标准普遍提高，可以应对新中国成立以来各流域发生过的最大洪水；五是对各流域的设计洪水的出路作了妥善安排；六是落实了各流域的重要防洪工程布局和近远期建设安排。

关于防洪规划的原则和方针，在中国历史上不同时期对治河有不同的任务和要求，宋代、元代以前，大体以防洪为主，宋元以后从防洪转变到以漕运为主。无论历代治河方针怎样变化，但为了促进社会安定、保障社会经济发展这个宗旨是不变的，也是根本的。1949年后，在总结前人治河经验的基础上，参考、吸收国外有关江河防洪规划方面的内容，提出了"蓄泄兼筹""洪涝兼治""除害与兴利相结合"，以及"工程措施与非工程措施相结合"等适合中国国情的防洪规划和治理方针。在汛期防洪调度时还坚持了兴利要服从安全的原则。

防洪标准是江河防洪规划中的一项重要内容，包括工程建筑物的安全标准和保护对象的安全标准。开始时，曾采用能代表流域洪水特性的典型洪水，或历史调查洪水，现一般都通过对洪峰流量和一定历时的洪水总量等进行频率分析，选用某一重现期的洪水作为设计洪水标准，城市及滨海地区的防洪标准也是按曾经出现过的某一高水位（潮水和河水）加上一定等级的风暴潮或通过潮位频率分析来确定。对特别重要的水库枢纽工程，按规范规定要以可能最大洪水或万年一遇洪水作校核标准。

防洪保护对象安全标准的确定，是根据保护对象的重要程度和社会影响的大小，划分若干等级，通过经济效益分析选定，一般是防御常遇洪水（10～20年一遇）效益最高，但中国受洪水威胁的地区，大多是人口稠密，财富集中，交通发达，对大洪水的危害很难用可计算的经济损失来衡量，需要对洪水可能造成的大量人口伤亡、生态环境破坏，以及对整个社会经济当前和长远发展的影响进行综合分析研究。因此，防洪标准的确定，不仅要进行常规的经济分析，还要考虑对社会和环境的影响。对超标准洪水，特别是历史上发生过的特大洪水均要进行综合分析研究，以便采取必要的对策。例如我国黄河下游河段，由于所处的地理位置和河道本身的特点，一旦决口失事，不仅经济损失很大，其破坏影响也很难估量，因此下游河道的防洪标准要比其他河道高一些。长江荆江段防洪标准的处理，类似黄河下游。

水利水电工程建筑物的安全标准是按照建筑物的级别、结构形式和所处位置的不同而规定的。

1949年以来，国家水利行政主管部门根据不同时期社会经济发展和财力条件，对主要防护对象和建筑物先后提出了一些防洪标准和规定，以供大规模防洪建设的需要。如1964年水利电力部水电建设总局编制并颁布施行的《水利水电工程等级与设计标准（草案）》；1978年水利电力部颁发的《水利水电工程等级划分及设计标准（山区、丘陵区）》以及1990年所作的补充规定；1989年7月水利部颁发的《水利枢纽除险加固近期非常运用洪水标准》等。但是，由于各个时期制定的防洪标准存在着一些偏高偏低的问题，为了处理好防洪与经济的关系，协调各类防护对象的防洪标准，水利部于1995年1月1日发布实施国家统一防洪标准（GB50201—94）。

三、防洪工程建设

我国的防洪工程建设是根据流域和地区防洪规划要求进行的，一般是在上游山区兴修控制性的水库，拦蓄洪水，削减洪峰；在中下游平原进行河道整治、加固堤防、开辟蓄滞洪区，调整和扩大洪水出路，使其形成一个完整的防洪工程体系。

（一）河道整治与堤防建设

新中国成立初期，根据当时形势的需要和经济力量的状况，首先是以全面恢复整修江河堤防和圩垸为中心，对主要江河的干堤和圩垸堤防，以防御常遇洪水为标准进行了全面加固加高；洞庭湖、鄱阳湖、太湖和珠江三角洲等地区，还进行了圩垸调整，联圩并垸缩短防洪战线，提高防洪标准。与此同时，对当时水灾非常严重的淮河、沂沭泗河和长江中游河道，开始进行重点治理。

淮河流域，在中游整治了干支流河道，扩大了排洪排涝能力，使干流淮滨河段排洪能力由2000m³/s提高到6000m³/s；正阳关到洪泽湖段由5000～7000m³/s提高到10000～13000m³/s。在下游先后开辟了新沂河、新沭河、苏北灌溉总渠和淮沭新河，扩大了入江水道，使淮河水系的尾闾排洪能力由8000m³/s提高到13000～16000m³/s，沂沭泗水系入海排洪能力由不足1000m³/s提高到11000m³/s。还疏浚了平原排水河道，新挖了茨淮新河、新汴河、东鱼河、洙赵新河等骨干平原排水河道，提高了防洪排涝标准。

长江中下游地区，在修建荆江分洪工程后，开始对3750km干堤和约3万km支堤民垸进行加高加固，对重点河段进行了整治，20世纪60年代后期进行了下荆江裁弯工程，至1985年已将防洪标准由3～5年一遇提高到10～20年一遇。

海河流域在1963年南系发生特大洪水后，确定了海河南系按1963年型洪水，北系按1939年型洪水进行治理，按照"上蓄、中疏、下排、适当滞洪"的方针，加高培厚原有堤防，集中力量扩大中下游河道，先后扩建、新建了子牙新河、滏阳新河、独流减河、永定新河、漳卫新河、卫运河、卫河等骨干行洪河道，入海排洪能力由2420m³/s提高到24680m³/s。与此同时，还扩挖了南排河、北排河、徒骇河等骨干排涝河道。

黄河防洪重点在下游，从1950年起先后对黄河的临黄大堤进行了3次加高加固，累计完成土方7.7亿m³，修筑河道控导工程170多处，坝、垛护岸工程3000多道，还把以往软料（即柴草）工程逐步改成石料工程,累计完成石方1800万m³,强化了下游河道防洪工程体系,提高了黄河下游河段的抗洪能力。与此同时,按照"上拦、下排、两岸分滞"的原则,在上中游修建了大量综合利用的水库,在下游开辟了蓄滞洪区,形成了完整的防洪工程体系。

我国是一个海岸线很长的国家,仅大陆海岸线长度即达18000km,另外,还有大小岛屿6500多个,岸线长度共有14000km,沿海防洪防潮任务十分繁重,新中国成立前,沿海海堤数量很少,除钱塘江防洪防潮工程体系比较完整,标准较高外,其余的海堤既不完整,标准又很低。1949年后经过逐年建设现在已有海堤12000km,但是防潮防风标准仍比较低,达到10～20年一遇标准的占1/5约2400km。

至1993年我国已拥有各类堤防24.5万km,其中主要堤防6.1万km。这些堤防保护着近3300万hm²耕地和4亿人口,是我国精华地带防洪安全的屏障,是全国防洪的重要工程。黄河下游的黄河大堤,长江的荆江大堤和无为大堤,淮河的淮北大堤和洪泽湖、里运河大堤,珠江的北江大堤,海河的永定河大堤,以及钱塘江海堤等全国著名的堤防工程,都是经过数百年或数千年形成的,更是全国防洪工程中的重点。

(二)水库工程建设

1949年以前,我国主要江河水库很少。1949年以后,根据江河治理规划,修建了一系列承担防洪任务的综合利用性的水库,许多大型水电站,也承担下游地区一定防洪任务。至2013年,第一次全国水利普查公报的统计,全国已建成大、中、小型水库98002座,总库容9323.12亿m³,其中大型水库756座,库容7499.85亿m³,中型水库3938座,总库容1119.76亿m³,这些水库在防洪中发挥了重要的作用。如黄河干流三门峡、刘家峡、龙羊峡水库控制了黄河中游、兰州河段、宁蒙地区主要洪水,对防伏汛和凌汛都有控制作用;辽河、第二松花江、海滦河、淮河、汉江和珠江流域东江等水系的水库和水库群控制了山丘区的大部分洪水,大大减轻了下游平原的洪水威胁(如表2—15)。

表2—15　2013年已建成水库和库容(亿m³)

水库规模	合计	大型			中型	小型		
		小计	大(1)	大(2)		小计	小(1)	小(2)
数量(座)	98002	756	127	629	3938	93308	17949	75359
总库容(亿m³)	9323.12	7499.85	5665.07	1834.78	1119.76	703.51	496.38	207.13

1949年以后水库工程的建设,大体经过三个阶段,每个阶段都有各自不同的明显特点。第一阶段(即1949～1957年)建成的水库工程,由于当时严格按照基建程序审批,大多数工程质量都很好,但由于水文资料不全、系列较短,洪水分析计算成果往往偏小,致使大部分水库工程的安全标准偏低,后来把这些水库通称为"险库"。第二阶段(即1958～1975年)是我国水库工程飞速发展阶段,水库数量骤增。由于水库工程具有综合效益,因此为广大群众所接受,但因要求改变生产面貌的心情过于迫切,急于求成,致使大部分水库工程质量较差,有的工程不配套,严重影

响水库安全，这些水库通称为"病库"。多数水库的移民工作处理不彻底，遗留问题很多。第三阶段（即20世纪70年代中期至今），水库建设恢复正常，但由于受淮河流域板桥、石漫滩两座大型水库垮坝的影响，把1964年规定的水库安全标准普遍提高了很多，使许多已建成水库的原有防洪标准降低成为"险库"，如要想解决这些水库的安全达标问题，需要大量资金，为此于1990年对水库工程设计洪水标准又作了补充规定。历次设计洪水标准对照见表2—16。

表2—16 历次水库设计洪水标准对照表

| | 坝型 | 幅度 | 挡水建筑物级别 | | | | | 备注 |
			1	2	3	4	5	
1964年标准	不分坝型	无幅度	10000	1000	500	200	100	失事后造成较大灾害的重要大型、中型水库及特别重要的小型水库采用上限；失事后不致造成较大灾害的水库采用下限或上下限之间
1978年山区、丘陵区标准	土石坝	上限	（可能最大洪水）					
		下限	10000	2000	1000	500	300	
	混凝土坝	上限	（可能最大洪水）					
		下限	5000	1000	500	300	200	
1990年山区、丘陵区补充规定	土石坝	无幅度	10000或可能最大洪水	2000	1000	500	200	适用于一般坝高小于15m的水库
	混凝土坝	无幅度	5000	1000	500	200	100	
1990年山区、丘陵区补充规定	不分坝型	上限	2000	1000	300	100	50	
		下限	1000	300	100	50	20	

水库在我国防洪工程体系中占有非常重要的地位，但也存在许多问题，主要是：①一些以发电、灌溉为主的综合利用水库，有时兴利与防洪发生矛盾；②水库群的联合优化调度水平较差，水库群的防洪潜力未能充分发挥；③水库调洪时水位变幅较大，在正常蓄水位以上的库区移民安置，遗留问题很多。

（三）蓄滞洪区建设

蓄滞洪区是防洪工程体系的重要组成部分，是用以蓄滞河道承泄不了的超额洪水，减轻洪水灾害损失的措施。新中国成立以后，结合江河治理，有计划地把沿江河两侧自然调节洪水的湖泊、洼地，建设成有控制性可调节洪水的蓄滞洪区，这样既可以充分有效地发挥其分洪削峰作用，又提高了湖泊、洼地可耕地的利用率。现在长江、黄河、淮河、海河等主要江河共有蓄滞洪区98处，总面积3.45万km²，总容积近1000亿m³，内有耕地196.26万hm²，人口1615.71万，如表2—17。

我国已建的大型蓄滞洪区，如黄河的北金堤滞洪区、长江的荆江分洪区、淮河的濛洼蓄洪区、永定河的小清河分洪区等，分洪作用大，在防汛斗争中可发挥显著效果，如表2—18。

我国的蓄滞洪区，虽然在防洪中占着重要地位，在短期内难以用别的工程来代替，绝大部分将是一个长期存在的防洪设施。但是这些滞蓄洪区是在原湖泊、洼地上建成的，区内生活着大量群众，这样大的人口数量不可能全部外迁，同时由于蓄滞洪区是用来处理较大洪水的，一般使用

表2－17　长江、黄河、淮河、海河主要蓄滞洪区基本情况表

河流	蓄滞洪区数量	总面积 （km²）	耕地面积 （万 km²）	区内人口 （万人）	蓄洪量 （亿 m³）
合计	98	34506.62	196.26	1615.71	970.68
长江中下游	40	11865.94	54.86	568.57	636.83
黄河下游	6	9169.04	60.49	470.74	77.52
（其中：滩区）	（1）	（3956）	（24.97）	（168.8）	
淮河流域	27	3944.60	23.98	162.06	86.08
（其中：行洪区）	（19）	（1306.1）	（8.6）	（54.4）	
河海流域	25	9560.04	56.95	414.34	170.25

注：本表摘自国家防汛抗旱指挥部办公室，1995年江河防洪资料及各流域蓄滞洪区安全建设规划。

表2－18　主要蓄滞洪区规划分洪流量

名称	分洪时河道流量（m³/s）	分洪流量（m³/s）	比例（%）
黄河北金堤滞洪区	22300～30000	7500～10000	34
长江荆江分洪区（包括扩大区）	80000	20000	25
汉江杜家台分洪区	18400	4000	22
淮河濛洼分洪区	5000	1620	32
永定河小清河分洪区	4000	1500	38

机会不多，又因江河防洪能力提高，减少了蓄滞洪区使用的机会，因而滋长了太平麻痹思想，放松了管理，蓄滞洪区内人口剧增，乡镇建设不断扩大，厂矿企业事业单位也在增多，这不仅要影响蓄滞洪区的作用，还增加了动用时的阻力和加重用后的损失。针对上述情况，近些年来国家采取了以下措施。

一是在安全建设方面，1988年10月国务院批准了《关于蓄滞洪区安全与建设指导纲要》，使工作有了较大进展。据初步了解，现有蓄滞洪区内的1600多万人口，通过建设安全区、避水台、安全楼、预警系统和临时转移所需的公路桥梁船只，已解决了260万人的安全建设问题。所余大量人口要在分蓄洪时临时转移，很不安全。为此，各地在抓紧进行蓄滞洪区安全建设规划，按照"因地制宜、突出重点、平战结合、分期实施"的原则，不断完善安全建设。

二是在控制人口方面，近几年有些蓄滞洪区加强了人口控制，如使用机遇较多的汉江杜家台分洪区，其中有的乡就严格控制外来人口迁入，规定返迁人口需经政府批准，迁入的每一口人都要缴纳洪水保险基金10000元。另外，从事农业的还要缴纳农田基本建设基金。但总的看来，控制人口难度很大，管理薄弱，此问题尚待深入研究，制定政策和法规，加强管理。

三是在改进经济发展方向方面，有的地区沿用了已有的一些经验，例如农业上的"一水一麦"和一季夏收留足全年口粮等。改革开放以来又有所发展，例如安徽省从1984年起对淮河中游蓄滞洪区、行洪区的产业结构进行了调整，要求在土地种植上扩大夏收面积，据6个县统计，1985年

即比上一年增加小麦、油菜等洪水到来以前即能收获的作物面积约4万hm²；在抓好区内农林牧副渔业的同时，发展工、商、运输、建材、服务等新行业，使一些县市的产业结构有了明显改变。有的地方人均收入成倍增长，有的地方农业产值占经济的比例有所下降。这些政策对改善区内群众生活和减少受淹损失是有利的。

（四）城市防洪建设

我国的绝大多数城市都是分布在沿江河、滨湖滨海地区，以利于取水和航运，但也由于临水，又经常受到洪水的威胁，历史上经常遭受洪水灾害。至1994年，我国有城市619座，其中有防洪任务的为530座。1949年以后，在进行江河治理的同时，对一些沿江河湖海的重要城市进行了防洪工程建设，使位于我国七大江河中下游的重要城市的防洪能力得到了很大提高，详见表2—19。加上大力防守和适时调度，先后战胜了历次大洪水，如1954年长江、1957年松花江、1963年海河发生大洪水时，先后保住了武汉、哈尔滨、天津等大城市的防洪安全，减免了洪水灾害损失。

为了进一步促进城市防洪建设，提高城市防洪能力，保障城市防洪安全，我国于20世纪80年代起着重抓重要城市的防洪规划，把城市防洪规划逐步纳入江河治理规划和城市建设总体规划，使其成为城市发展建设中不可缺少的重要组成部分。1990年制订了《城市防洪规划编制大纲》，在全国各地试行。已经国务院批准的38座城市总体规划中，都有城市防洪专项规划。我国城市防洪工作，逐步走向正规化。

自从实施改革开放政策以来，我国城市经济迅速发展，城市人口日益增长，需要保护的范围不断扩大，城市防洪任务将越来越重，当前的主要问题是：①有防洪任务的城市，有80%的防洪标准不足50年一遇，65%的城市不足20年一遇，数以千计的县城和较大集镇的防洪标准更低，甚至根本没有设防；②由于受自然和人为因素的影响，已有防洪工程的防洪能力衰减，标准不断降低；③随着社会经济的发展，新兴城市增多，老城市的市区在不断扩大，市政建设、交通道路、通信设施、集中供水供电供煤气等类公用设施管线密布，抗洪能力一般很低，一旦受淹，很容易打乱城市生产生活正常秩序，甚至会造成瘫痪；④水资源不足地区的城市，超采地下水的现象十分严重，使一些防洪工程随着地面的下沉而下沉，给防洪工作带来了新问题。

（五）水土流失治理

我国是一个水土流失严重的国家，森林覆盖率只有12%，低于世界许多国家，全国水土流失面积约占国土总面积的1/6，每年表土流失量高达50亿t、每年平均河流带走的泥沙约有35亿t，其中约有12亿t淤积在河道、湖泊、水库、滞洪区和灌区内。水土流失从总量上排列，以黄河、长江最为严重。黄河每年通过三门峡站的泥沙量达16亿t，占全国每年河流总输沙量的45%，其中的11亿t输送入海，占全国入海总泥沙量的60%。长江宜昌以下干流的泥沙和主要支流入干流的泥沙量约7.4亿t，占全国每年河流总输沙量的21%，年平均入海沙量4.7亿t，占全国入海总泥沙量的25%。由于大量泥沙淤积在河道和水库内，给河道行洪和防洪工程的运用带来一系列问题。因此，减少水土流失，是我国防洪工作中的重大问题之一。

表2-19　全国重要城市现有防洪标准

城市名称	所在河流	现有防洪标准重现期/年	工程及运用条件	备注
北京	永定河	PMF	河道、堤防、水库、分洪	
上海	黄浦江	100	堤防	
天津	海河	50	河道、堤防、分洪	河口淤积严重,现标准降低
沈阳	浑河	300	河道、堤防、水库、分洪	
长春	伊通河	300	河道、堤防、水库	
哈尔滨	松花江	100	河道、堤防、水库	
齐齐哈尔	嫩江	50	河道、堤防	
盘锦	辽河	20	河道、堤防、分洪	
成都	岷江	10~15	河道、堤防	
武汉	长江	20	河道、堤防	采取分洪可防1954年洪水
长沙	湘江	20	河道、堤防	
南昌	赣江	5~20	河道、堤防	
南京	长江	10~40	河道、堤防	
沙市	长江	10	河道、堤防	
九江	长江	10	河道、堤防	
安庆	长江	20	河道、堤防	
芜湖	长江	20	河道、堤防	
郑州	黄河	黄河60 内河20	河道、堤防、水库、分洪	
济南	黄河	60	河道、堤防、分洪	
开封	黄河	60	河道、堤防、水库、分洪	
淮南	淮河	40	河道、堤防、分洪	
蚌埠	淮河	40	河道、堤防、分洪	
广州	珠江	100	河道、堤防	
南宁	邕江	10~20	河道、堤防	
梧州	浔江、桂江	10~20	河道、堤防	
佳木斯	松花江	20	河道、堤防	
吉林	第二松花江	100	河道、堤防、水库	
合肥	南淝河	20	河道、堤防、水库	
岳阳	长江	10	河道、堤防	
黄石	长江	20	河道、堤防	
柳州	柳江	5	河道、堤防	

我国政府对水土保持工作十分重视,新中国成立以后,成立了全国水土保持委员会,加强了各部门的综合协调,加快治理速度,截至1993年已初步治理水土流失面积61万km²,占流失面积的38%;20世纪80年代以来,大力推行了小流域综合治理,在全国开展流域治理的已有6500多条

河流，治理面积占每年总治理面积的一半，还推行各种承包责任制，提高了群众治理的积极性。治理后，除了减少水土流失，还促进了区域经济发展。截至2009年年底，全国累计完成水土流失初步治理面积105万km²，其中建设基本农田2.12亿亩，建成淤地坝、塘坝、蓄水池、谷坊等小型水利水保工程740多万座（处），营造水土保持林7.55亿亩。经过治理的地区群众的生产生活条件得到明显改善，有近1.5亿人从中直接受益，2000多万贫困人口实现脱贫致富。水土保持措施每年减少土壤侵蚀量15亿t，其中黄河流域每年减少入黄河泥沙4亿t左右。黄河的一级支流无定河经过多年集中治理，入黄泥沙减少55%。嘉陵江流域实施重点治理15年后，土壤侵蚀量减少1/3。

水土流失治理工作，虽然取得了很大成绩，但仍然存在一些问题，有些还相当严重，主要是：①森林过度采伐，南方边远地区甚至还在毁林开荒，形成越垦越穷，越穷越垦的恶性循环；②陡坡垦殖加快了水土流失；③大规模的修路、开矿、采石等活动，破坏了植被和土层，使大量的泥沙进入河道。因此，我国水土流失面积不仅没有明显减少，反而有上升的趋势。据水利统计资料，1957年至1993年的37年间，初步治理面积42万km²，平均每年治理1.1万km²，新增水土流失面积43万km²，平均每年增加1.2万km²，新增加水土流失面积与初步治理的水土流失面积大体相等，或者略大，如表2-20，这些数字足以说明问题的严重性，如不采取有力措施，加强水土保持管理工作，这种掠夺式开发自然资源和破坏自然环境的活动，不仅导致自然资源枯竭，环境恶化，而且还会造成河湖淤积蓄泄能力下降，水旱灾害加剧。如四川省20世纪50年代初森林覆盖率为19%，经过1958年前后大规模毁林开荒，到1993年下降到6.5%。长江流域各主要森林省的森林资源仍在下降，再加上气候因素年年都有不同程度的水灾发生，云南、湖南、江西等省也有大致相同的趋势。

表2-20 全国水土流失初步治理面积 单位：万km²

年份	水土流失面积	水土流失初步治理面积	治理面积占流失面积比重（%）	年份	水土流失面积	水土流失初步治理面积	治理面积占流失面积比重（%）
1957	120	19.30	16	1987	132	49.52	37
1962	120	33.69	28	1988	134	51.35	38
1975	120	40.76	34	1989	135	52.15	39
1978	120	40.44	34	1990	136	52.97	39
1979	120	40.61	34	1991	162	55.84	34
1980	120	41.15	34	1992	162.6	58.64	36
1985	139	46.39	36	1993	163	61.25	38
1986	131	47.91	36				

四、防洪非工程措施建设

防洪非工程措施涉及许多领域，包括法制、组织体制的建设，以及经济手段的防洪保险，还有宣传教育提高大众防灾意识等。现将新中国成立以来与防汛密切有关的已经做了大量工作而且成绩显著的几项具体措施分述如下。

（一）防汛抢险组织建设

60年来，从中央到县级以上各级人民政府，凡有防洪任务的，都已逐步建立起防汛指挥机构，由主要行政官员负责，当地驻军以及计委、经委、水利、财政、公安、物资、民政、铁路、邮电、交通、能源、卫生、气象等有关部门参加。防汛指挥部办公室多设在当地水利行政机关，负责日常工作。同时，上述各有关部门还根据工作需要分别建立了本专业的防汛机构，担任有关防汛工作。过去的防汛工作方针是"以防为主，防重于抢，有备无患"，"有限保证，无限责任"。1991年6月国务院发布的《中华人民共和国防汛条例》中提出了"安全第一，常备不懈，以防为主，全力抢险"的工作方针。防汛机构的工作内容：一是建立健全洪水预报、警报系统，经常掌握气象、雨情、水情、工情、灾情；二是研究制定防洪调度方案和非常措施，在出现洪水时，进行实时防洪调度；三是组织部队和地方群众的防汛抢险队伍，平时训练，遇险情时上堤抢险和抢救灾民；四是筹备防汛抢险料物、交通运输工具和救生设备。如发生洪水灾害，灾区群众的吃、穿、住等救济工作，由民政部门负责。

60年来，在抗御历年洪水特别是1954年长江、淮河洪水，1958年黄河洪水，1963年海河南系洪水，1991年淮河、太湖、滁河洪水和1994年珠江流域的西江洪水等多次大洪水中，充分显示出防汛机构的组织保证作用和防汛工作的减灾效果，使一些重要城市、厂矿、交通干线和大片土地在超标准洪水发生时免于受淹，灾区群众得以安全转移或被救脱险，并能得到安置救济，保持社会稳定，迅速开展生产自救恢复家园，大量水毁工程得以恢复重建。1991年淮河、太湖、滁河都出现了近几十年来少有的大洪水，大江大河大湖的干流堤防没有一处决口，大、中型水库无一垮坝，行蓄洪区临时组织撤退约100万人，无一人死亡，在大洪水年使洪水灾害损失降到最低限度。

经过多年锻炼，防洪保护区群众已经加强了对防汛工作重要性的认识，养成了习惯，国务院颁发了《中华人民共和国防汛条例》后，更使防汛机构的各项工作进一步走向制度化、规范化。

（二）防汛指挥调度通信系统建设

防汛指挥调度通信系统是工情、灾情和水文情报、预报信息传输的重要手段，要求做到准确、及时、可靠。但是长期以来这方面的技术设备、技术手段相当落后，水情、工情和灾情的测报一般都是靠手工计算，指挥调度命令靠有线电话、临时电台下达，远远不能适应防汛紧急需要。20世纪80年代以来已开始在某些方面进行更新改造，逐步改用微波通信网。

到1988年年底可供水利部门使用的微波通信干线有15000km，微波站500个，其中大部分属电力部门所有，少数为水利部门自建。这个通信网以国家防汛总指挥部办公室为中心，连接着七大河、湖流域机构，21个重点省（区、市）防汛指挥部和3个水利部直属的水库管理局。近些年来，还结合水文自动测报系统建设和蓄滞洪区安全建设，先后在长江的荆江分洪区和洞庭湖区，黄河的三花区间和北金堤滞洪区，淮河中游正阳关以上各蓄滞洪区、行洪区，永定河的官厅山峡、永定河泛区、小清河分洪区等河段和地区，形成了融防汛信息收集传输、水情预报、调度决策为一体的通信系统。另外一些重点地区和重点工程初步形成了自己的通信系统。为了进一步提高完善防汛信息管理系统,1994年又利用电子邮件系统把全国各流域、各省(区、市)防汛办公室的计算机联成一体。通信系统建设,虽取得了很大成绩,但覆盖面还不够,尤其是省级以下的各级防汛指挥部的通信手段还很落后。

(三)水文站网和洪水预报系统建设

水文情报、预报,是防汛指挥调度的重要依据。1949年全国仅有水文站148个、水位站203个、雨量站2个(不包括台湾、港澳地区),而且技术装备也十分落后。经过多年的建设,至1992年有水文站3172个、水位站1149个、雨量站15368个,报汛站现在已达8525个,如表2—21。

表2—21　水文测站统计表

年份	水文站	水位站	报汛站	预报站	雨量站
1949	148	203	0	0	2
1992	3172	1149	8525	1018	15368

注:报汛站是指向上级或有关部门报告汛情的各种类型的水文、水位、雨量站,预报站是发布水情预报的水文测站。

这些已经建成的水文测站,初步构成了覆盖全国、比较完整的水文站网,基本控制了主要河段、重要地区的雨情、水情,及时、准确地为防汛决策部门提供雨情、水情和洪水预报,为夺取抗洪防汛胜利,作出了很大贡献。

为了提高洪水预报精度和增长预见期,从20世纪70年代后期开始,我国先后在永定河官厅山峡、黄河的三门峡至花园口区间、淮河的正阳关以上等洪水多发地区和丹江口、潘家口等大型水库,建成了水文自动测报系统,使预报精度有了很大提高,并增长了预见期。

我国的防洪建设经过60多年的努力,迄今已经形成了以堤防、水库、蓄滞洪区为主体,工程措施与非工程措施相结合的全国防洪体系。主要江河流域的平原、湖区、盆地的洪水初步得到了控制,达到了防御常遇洪水的标准,重要城市的防洪结合江河治理,防御标准也较1949年前有了很大提高;威胁国民经济发展的严重的洪水灾害频次明显减少,灾害明显减轻,对促进工农业持续稳定增长、保障社会安定起着重要作用。

60年来,国家投入防洪资金约300亿元,广大群众付出了大量低酬劳动,进行了防洪工程建设和防汛抢险工作,战胜了历次大洪水,取得了很大的社会效益和经济效益。按照实际发生的洪水,对照新中国成立初期的河道防洪能力和修建工程后的实际防洪作用进行估算,1949年至1987年,防洪工程累计减淹农田约0.67亿hm²,包括城市工业等其他减免的洪水灾害损失,38年间减少经济损失约3000亿元,是投资额的10倍,成效显著。

五、水利建设取得的成就

"十二五"时期,在党中央、国务院的坚强领导下,国家防总密切监视雨情水情和汛旱灾情发展变化,加强会商研判和预报预警,超前部署,及时启动应急响应,科学调度水利工程,加大指导支持力度,有效引导舆论;有关部委密切配合、通力协作;地方各级党委、政府精心组织,有效应对;广大军民顽强奋战,团结抗灾。在各方的共同努力下,战胜了历次大洪水和严重干旱,有效应对了频繁发生的台风、山洪和地震等灾害袭击,保障了人民生命财产安全和供水安全,最大限度减轻了灾害损失,防汛抗旱工作成效显著。据统计,2011~2014年全国洪涝灾害损失率分别为0.28%、0.52%、0.55%、0.25%,年均损失率0.40%;全国干旱灾害损失率分别为0.22%、0.10%、0.22%、0.14%,年均损失率0.17%;分别低于全国水利发展"十二五"规划制定的洪涝0.7%、干旱1.1%的目标,全面完成了"十二五"规划防汛抗旱的目标任务。

(一)防洪抗旱减灾效益十分显著

"十二五"时期,防洪方面,全国累计减淹耕地1.78亿亩,避免粮食损失5592万t,减少受灾人口1.11亿,减灾效益约4350亿元;年均减淹耕地3575万亩,避免粮食损失1118万t,减少受灾人口2216万,减灾效益约870亿元。抗旱方面,全国累计完成抗旱浇地面积12.4亿亩,挽回粮食损失1.5亿t、挽回经济作物损失1420亿元,临时解决了7021万人、3659万头大牲畜的因旱饮水困难问题;年均完成抗旱浇地面积3.1亿亩,挽回粮食损失3732万t、挽回经济作物损失355亿元,临时解决了1755万人、915万头大牲畜的因旱饮水困难。

1.科学调度,全力防守,保障了工程防洪安全

国家防总、流域防总和地方各级防指科学分析水情、雨情和工情,统筹上下游,兼顾左右岸,精心调度防洪工程,综合采取拦、分、蓄、滞、排等措施,发挥了巨大的防洪减灾作用。各有关地区党委、政府组织广大军民加强巡查值守,全力做好险情抢护,有力保障了防洪工程安全。2012年,在防御长江连续发生的洪水过程中,国家防总、长江防总调度三峡、丹江口等骨干水库,其中三峡水库拦蓄洪水约200多亿m³,降低长江干流荆江河段水位1.5~2m,缩短了超警江段240多km,缩短了监利至螺山河段超警时间10天左右,大大减轻了中下游的防洪压力。2013年东北大水期间,国家防总、松花江防总和有关省防指调度尼尔基、丰满、白山、察尔森等大型水库拦蓄洪水60亿m³,将嫩江上游超50年一遇洪水削减为不足20年一遇,将第二松花江上游超20年一遇洪水削减为一般洪水;黑龙江、吉林、辽宁和内蒙古4省(自治区)累计投入320万人次参与抗洪抢险,有效处置险情9100多处,紧急抢筑子堤320多km,确保了堤防安全。

2.强化预警,有效避险,保障了人员生命安全

"十二五"期间,在历次的防汛抗洪防台风工作中,各级党委、政府坚持以人为本,把确保人民群众生命安全放在首位,及时发布预警信息,落实人员转移预案,迅速转移、妥善安置台风影响区、山洪灾害易发区、洪涝灾害威胁区和发生严重险情的水库下游地区群众达4222万人次,最大限度减少了人员伤亡,保障了人民群众生命安全。在台风防御工作中,各地突出抓好出海船只

回港避风、海上作业和养殖人员上岸避险工作，根据台风发展趋势和影响范围，分批次进行梯级转移，5年累计组织210万艘次出海船只回港避风，转移危险区域群众2006万人次。各地充分利用建成的山洪灾害防治县级非工程措施体系，5年累计发布转移预警短信3100多万条，启动预警广播14.8万次，转移人员1850万人次，避免人员伤亡数十万人次，极大减轻了人员伤亡和财产损失，全国山洪灾害死亡人数由"十一五"期间的6443人降低至1990人。

3.应急调水，广辟水源，保障了城乡供水安全

"十二五"期间，国家防总组织有关流域防总，加强水量应急调度管理，全力保障城乡供水安全。国家防总组织黄河防总、海河防总及山东、河北、天津三省（市）共实施了5次引黄入冀、2次引黄济津和2次引黄济淀应急调水，保障了天津市及河北省东南部地区用水安全，也满足了输水沿线生产、生活和白洋淀、衡水湖、大浪淀等湿地生态用水需求。太湖防总共组织实施了15次引江济太水量调度，维持了太湖及周边河网水位，保障了太湖流域供水安全和生态安全。珠江防总共组织实施了5次珠江枯水期水量调度，确保了澳门、珠海等地供水安全。此外，2014年国家防总组织实施了平顶山市抗旱应急调水及南四湖生态应急调水，保障了平顶山市100多万居民的供水安全，改善了南四湖及周边地区的生态环境。国家防总组织有关流域防总加强汛末蓄水，三峡水库连续6年实现175m试验性蓄水目标，2014年丹江口水库蓄水位创历史新高，为南水北调中线工程通水提供了充足的水量保障，小浪底水库蓄水达到建库以来第二高水位。

4.加强指导，全面排险，减轻了地震次生灾害损失

国家防总、水利部积极协助、配合地方开展水利抗震救灾工作，认真做好震损水利工程排查和灾后恢复重建工作。针对云南、贵州、四川、甘肃、西藏等地发生的震情，国家防总均迅速作出反应，及时发出通知要求地方排查震区水利工程，适时启动应急响应，密切跟踪险情灾情，加强信息报送，及时派出工作组协助指导震损水利工程排查和灾后恢复重建工作，并协商财政部安排特大防汛补助费支持震区损毁水利工程修复。2014年，云南鲁甸地震形成牛栏江红石岩堰塞湖，国家防总副总指挥、水利部部长陈雷担任水利抗震救灾协调组组长，国家防总秘书长、水利部副部长刘宁率领国家防总工作组和专家组赶赴地震灾区，会同云南省有关部门和武警水电部队对堰塞湖险情进行了紧急处置，消除了安全隐患，保障了受直接威胁的3万余群众及牛栏江干流水电站的安全。

（二）防汛抗旱应急能力全面提升

"十二五"期间，在做好洪涝和干旱灾害应急处置的同时，国家防总大力加强防汛抗旱能力建设，不断健全完善应急管理体制机制，全力推进山洪灾害防治、洪水风险图编制、抗旱规划实施、国家防汛抗旱指挥系统建设等专项工作，全面提高防汛抗旱防灾减灾能力。

1.防汛抗旱机构队伍建设不断加强

国家防总于2011年印发了《国家防总关于加强各级防汛抗旱指挥部办公室应急管理能力建设的指导意见》，各地按照国家防办的要求，积极加强各级防办能力建设，部分省（区、市）在防汛抗旱任务较重的地区探索设立了乡镇、社区一级的防汛抗旱指挥机构。初步建立了防汛抗旱督

察制度，国家防总设立了6名国家防汛抗旱督察专员，并于2012年印发了《国家防汛抗旱督察办法（试行）》。各地也加强了督察制度建设，目前已有15个省级防办设立了45名督察专员。督察制度的建立，有力加大了对各级各部门防汛抗旱工作的督促检查力度，有助于进一步提高防汛抗旱工作成效。

2.防汛抗旱方案预案体系进一步完善

国家防总不断加强防汛抗旱预案体系建设。一是报请国务院批复了长江、黄河和松花江防御洪水方案，批复了长江、珠江、松花江、沂沭泗河、漳卫河、北三河、韩江洪水调度方案，江河洪水防御和调度方案预案体系进一步完善。二是每年都组织长江防总编制三峡—葛洲坝汛期调度运用方案、长江上游水库群联合调度方案、三峡试验性蓄水实施计划等，为科学调度三峡水库和长江上游水库群联合调度提供方案预案支撑。三是批复了《黄河干流抗旱应急预案》《珠江枯水期水量调度预案》《松花江水量应急调度预案》《嘉陵江水量应急调度预案》等，进一步强化了抗旱水量应急调度工作。四是批复了《太湖流域洪水与水量调度方案》和《汉江洪水与水量调度方案》，统筹考虑流域防洪和供水、汛期和非汛期等方面的不同需求，流域洪水与水量统一调度机制取得了新的突破。五是批复了《长江口咸潮应对工作预案》、印发了《城市防洪应急预案管理办法》等，进一步丰富了防汛抗旱方案预案体系。

3.初步建立了山洪灾害防御非工程体系

国家防总全面开展了山洪灾害防治项目建设，"十二五"期间累计投入287.4亿元，其中中央财政补助资金208.4亿元，地方建设资金79亿元。项目涉及全国29个省（区、市）、305个地市、2058个县、3万个乡镇、43.9万个行政村、178.4万个自然村，防治区面积463万km²，受益人口1.5亿，是我国水利建设史上投资最大、建设范围最广的非工程项目。通过5年项目建设，我国已初步建成了山洪灾害防御非工程体系：一是基本查清了山洪灾害防治区范围、53万个小流域基本特征和暴雨特性、58万个村庄的人员分布、社会经济和历史山洪灾害情况，分析小流域洪水规律，评价防治区25万个重点沿河村落的防洪现状，具体划定山洪灾害危险区、明确转移路线和临时避险点，更加合理地确定了预警指标。二是建设完成自动雨量站4.5万个，自动水位站1.7万个、简易雨量报警器31万个，简易水位监测站7.8万个；安装无线预警广播23万多个，手摇警报器41万多个，铜锣、号和口哨等简易报警设备92.7万台套；建设完成全国2058个县的山洪灾害监测预警平台、29个省份、新疆生产建设兵团和305个地市的山洪灾害监测预警信息管理系统；编制县、乡、村和企事业单位山洪灾害防御预案27万件，制作警示牌、宣传栏100万块，发放明白卡7686万张，组织演练529万人次。

4.抗旱应急水源工程体系初步建立

为全面提升我国抗御干旱灾害的能力，水利部组织编制了《全国抗旱规划》，提出了未来10年我国抗旱减灾的总体目标、战略任务和区域布局，并于2011年11月通过国务院常务会议审议并批复。为推进《全国抗旱规划》的有序实施，根据2013年国务院第20次常务会议要求，水利部会同国家发展改革委、财政部、农业部修编完成了《全国抗旱规划实施方案（2014～2016年）》（以下简称《实施方案》），汪洋副总理两次主持专题会议，研究审定了《实施方案》。《实施方案》建设范围为《全国抗旱规划》确定的741个重点旱区县，建设任务包括310座小型水库、4791眼抗旱应急备用井、3331处引调提水工程，中央投资299.8亿元。2014～2015年，中央财政已安排200亿元，支持25个省（区、市）开展193座小型水库、3217眼抗旱应急备用井、2206处引调提水工程建设。目前，2014年工程项目已经全面完成，2015年工程项目建设正在有序进行，建成的工程项目有效提升了我国重点旱区的抗旱供水保障能力，并在抗旱工作中发挥了重要作用。

5.奠定了洪水风险管理基础

全国洪水风险图编制二期试点工作全面铺开，完善了相关技术、规范体系，并在试点基础上开展了全国重点地区洪水风险图编制工作。目前已编制完成227处重点防洪保防区、78处国家蓄滞洪区、26处洪泛区、45座重点和重要防洪城市、198处重要中小河流重点河段的洪水风险图，覆盖防洪保护区面积约42万km²。同时，组织开展《洪水风险图管理与应用办法》《洪水风险区划导则》等的研究制定工作，进一步完善并印发了《洪水风险图编制技术细则（试行）》《洪水风险图制图技术要求》《避洪转移图编制技术要求》等技术规范文件，研究开发了洪水风险图绘制系统和国家、流域、省级洪水风险图管理与应用系统，开展多层次的技术培训交流，为提升抗御水旱灾害能力和风险管理水平打下了良好基础。

扎实推进蓄滞洪区、洪泛区内非防洪建设项目的洪水影响评价工作，印发了《加强洪水影响评价管理工作的通知》，颁布实施了《洪水影响评价报告编制导则》，形成了分级负责、协调统一的洪水影响评价管理机制。编制实行了《非防洪建设项目洪水影响评价报告审批服务指南》，规范审批程序，简化审批流程。同时，督促各地加大执法监督力度，制止各类随意侵占洪泛区、蓄滞洪区建设行为，切实维护防洪安全；积极组织相关座谈、培训，逐步提高各流域和省（区、市）水行政主管部门依法行政能力和公共服务能力。近5年来，累计完成百余项建设项目洪水影响评价报告审批，洪水影响评价工作逐步走上法制化、规范化、专业化的道路。

6.推进了国家防汛抗旱指挥系统建设

国家防汛抗旱指挥系统一期工程于2011年全面建成，在5个流域、19个省（区、市）建设了125个水情分中心及1893个中央报汛站，建设了连接中央和地方异地视频会商系统，在水利部和流域机构建立了大江大河主要河段的洪水预报系统及重点地区重要河段的防洪调度系统，发挥了重要的防灾减灾作用。在国家防汛抗旱指挥系统一期工程的基础上，2014年开始实施指挥系统二期工程，总工期4年，重点实施水情工情旱情信息采集平台、数据汇集和应用支撑平台、移动应急指挥平台、防汛抗旱综合数据库、计算机网络、业务应用系统和系统集成整合等，建设189个水情分中心、380个工情分中心、覆盖2250个县的墒情监测站、216个重点防洪工程视频监控点、83个应急指挥平台，实现我国所有流域的防汛抗旱相关信息的采集和各级防汛抗旱指挥部指挥信息系统建设的全面覆盖。在近些年的防汛抗旱工作中，国家防汛抗旱指挥系统工程发挥了巨大的效益，提高了防汛抗旱指挥决策和调度的科学水平，提升了突发事件的快速应急能力，推进了洪水资源化管理和科学利用，全面提升了防汛抗旱减灾工作能力。

7.强化了应急队伍建设管理和物资保障

国家防总加强防汛抗旱应急队伍建设，商武警总部印发了《水利部贯彻落实国务院中央军委关于对武警水电部队实施双重领导的意见》，开展了防汛抗旱应急队伍建设调研和军地抗洪抢险对接查勘。2011年以来，中央财政先后分7批共安排抗旱资金42.88亿元，按照每县200万元的补助标准，支持全国2144支县级抗旱服务队购置抗旱设备，国家防总、财政部联合下发了《关于加强抗旱服务组织设备管理工作的意见》，国家防总印发了《县级抗旱服务队建设管理办法》，进一步加强了对抗旱服务组织的建设管理。

国家防总不断强化防汛抗旱物资储备和管理，新设立7个中央防汛抗旱物资储备仓库，全国防汛抗旱物资储备库增加到29个；新增防汛抗旱物资储备4亿元，全国中央防汛抗旱储备物资总价值增加到6亿元；各地和各流域机构储备防汛抗旱物资的价值达120亿元。印发了《中央防汛抗旱物资储备管理办法》《关于加强水利部流域机构防汛物资仓库建设的指导意见》等，完善了物资储备管理制度体系。"十二五"期间，应各地请求，紧急调运了价值1.32亿元中央防汛抗旱储备物资，有力支援地方抗洪抢险、抗旱减灾和震损水利工程抢险等工作。

8.信息宣传和舆情管理能力全面增强

信息报送方面，国家防总制修订了《防汛抗旱突发险情灾情报告管理暂行规定》《水旱灾害统计报表制度》等相关制度，与各省和流域机构建立了"全国防汛抗旱信息交换系统"平台，加大对各级防办信息报送的培训力度，定期对各地防汛抗旱信息报送情况进行通报，各地信息报送的时效性和准确性进一步提升。新闻宣传方面，与中宣部联合印发文件，就做好防汛备汛、抢险救灾和抗旱减灾的宣传报道提出明确要求，出台了《国家防总关于加强防汛抗旱宣传工作的指导意见》。建立健全了全国防汛抗旱新闻发言人制度，目前31个省（区、市）防办均设立了新闻发言人。与央视建立了信息直播连线机制，权威解读全国防汛抗旱情况。在央广电台开设《防汛抗旱公益报时》栏目，及时提醒公众科学防灾避险。先后多次在国务院新闻办公室召开新闻发布会，主动接受媒体采访，及时向中央媒体提供新闻稿件。各主流媒体及时报道全国汛情、旱情、灾情和防汛抗旱工作动态，每年报道防汛抗旱新闻均达3000条以上，营造了良好的社会舆论氛围。

第三章 洪水灾害防治面临的形势和存在的主要问题

第一节 洪水灾害的影响

洪水灾害造成的经济损失和人员的伤亡，在各种自然灾害中列居第一位。洪水灾害损失一般有两类，其一是可以用货币计量的有形损失，其二是难以用货币计量的无形损失。有形损失又分为直接损失和间接损失，直接损失是指洪水淹没造成的损失。如农作物减产甚至绝收，房屋、设备、物资、交通和其他工程设施的损坏，工厂、企业、商店因灾停工、停业和防汛、抢险费等。间接损失是由直接损失而引起的损失，如农产品减产给农产品加工企业和轻工业造成的损失，交通设施冲毁，给工厂企业造成产品积压、原材料供应中断或运输绕道使费用增加所造成的损失等。无形损失又称非经济损失，如由于洪水灾害造成的生命伤亡、疫病、社会不安定、灾区文化古迹遭受破坏以及文化教育和生态环境恶化等方面的损失。重大水灾往往直接关系到社会的安定与国家盛衰，我国自古就有"治国先治水"之说。

一、洪水灾害对国民经济各部门的影响

（一）对农业的影响

严重的暴雨洪水，常常造成大面积农田被淹，作物被毁，使作物减产甚至绝收。1950～1990年的41年中，全国平均每年农田受灾面积780.4万hm²，成灾面积430.8万hm²，其中1954年、1956年、1963年、1964年、1985年都是洪涝灾害比较严重的年份，农田受灾面积均在1400万hm²以上。

1949～1993年，全国粮食总产量平均增长率为3.43%，但历年增长率的变化很不稳定，增长率最高时为16.7%（1950年），最低时为−15.6%（1960年）。遇到严重洪涝灾害，粮食总产量的增长率就会出现大幅度的下降。例如：1954年遭受大范围水灾，全国农田受灾面积1613.1万

hm²，其中成灾面积1130.5万hm²，该年粮食增长率为1.61%，远远低于1949～1952年的平均增长率13.2%；1991年也是水灾比较严重的年份，全国农田受灾面积2459.6万hm²，成灾面积1461.4万hm²，粮食总产量的增长率为−2.45%，也远低于1990年增长率9.49%（见表2−22）。当然造成农业减产的因素是多方面的，但1954年、1991年的减产，洪涝灾害是重要原因之一。

洪涝灾害对农业的影响主要是粮、棉、油料等种植业，对林、牧、副、渔的影响较小。以1985年为例，该年全国农田受灾面积1419.7万hm²，成灾面积894.9万hm²，为20世纪80年代受灾、成灾面积最多的一年，按1980年不变价计算，农业总产值增长率为3.4%；80年代（1980～1989年）每年平均增长率为7.16%，1985年比80年代平均增长率低3.76%，其中种植业增长率为−2.0%，而林、牧、副、渔增长率为15.9%。1985年水灾受灾最重的辽宁省，全省农业总产值140.6亿元，比1984年农业总产值127.9亿元增加了9.9%；而种植业产值1985年为51.2亿元，1984年为61.2亿元，减少10亿元，下降了16.3%，出现负增长。

表2−22　中国历年粮食产量、人口和人均粮食量总览（1949～2012年）

年度	粮产量（万t）	增率	人口（亿）	增率	人均粮（kg）
1949	11318	—	5.4167	—	208.9
1950	13213	14.34%	5.5196	1.86%	239.4
1951	14369	8.05%	5.6300	1.96%	255.2
1952	16392	12.34%	5.7482	2.06%	285.2
1953	16683	1.74%	5.8796	2.23%	283.7
1954	16952	1.59%	6.0266	2.44%	281.3
1955	18394	7.84%	6.1465	1.95%	299.3
1956	19275	4.57%	6.2828	2.17%	306.8
1957	19505	1.18%	6.4653	2.82%	301.7
1958	19765	1.32%	6.5994	2.03%	299.5
1959	16968	−16.48%	6.7207	1.80%	252.5
1960	14385	−17.96%	6.6207	−1.51%	217.3
1961	13650	−5.38%	6.5859	−0.53%	207.3
1962	15441	11.60%	6.7295	2.13%	229.5
1963	17000	9.17%	6.9172	2.71%	245.8
1964	18750	9.33%	7.0499	1.88%	266.0
1965	19453	3.61%	7.2538	2.81%	268.2
1966	21400	9.10%	7.4542	2.69%	287.1
1967	21782	1.75%	7.6368	2.39%	285.2
1968	20906	−4.19%	7.8534	2.76%	266.2
1969	21097	0.91%	8.0671	2.65%	261.5
1970	23996	12.08%	8.2992	2.80%	289.1

续表

年度	粮产量（万 t）	增率	人口（亿）	增率	人均粮（kg）
1971	25014	4.07%	8.5229	2.62%	293.5
1972	24048	−4.02%	8.7177	2.23%	275.9
1973	26494	9.23%	8.9211	2.28%	297.0
1974	27527	3.75%	9.0859	1.81%	303.0
1975	28452	3.25%	9.2420	1.69%	307.9
1976	28631	0.63%	9.3717	1.38%	305.5
1977	28273	−1.27%	9.4974	1.32%	297.7
1978	30477	7.23%	9.6259	1.33%	316.6
1979	33212	8.23%	9.7542	1.32%	340.5
1980	32056	−3.61%	9.8705	1.18%	324.8
1981	32502	1.37%	10.0072	1.37%	324.8
1982	35450	8.32%	10.1654	1.56%	348.7
1983	38728	8.46%	10.3008	1.31%	376.0
1984	40731	4.92%	10.4357	1.29%	390.3
1985	37911	−7.44%	10.5851	1.41%	358.2
1986	39151	3.17%	10.7507	1.54%	364.2
1987	40473	3.27%	10.9300	1.64%	370.3
1988	39404	−2.71%	11.1026	1.55%	354.9
1989	40755	3.31%	11.2704	1.49%	361.6
1990	44624	8.67%	11.4333	1.42%	390.3
1991	43529	−2.52%	11.5823	1.29%	375.8
1992	44266	1.66%	11.7171	1.15%	377.8
1993	45649	3.03%	11.8517	1.14%	385.2
1994	44510	−2.56%	11.9850	1.11%	371.4
1995	46662	4.61%	12.1121	1.05%	385.3
1996	50454	7.52%	12.2389	1.04%	412.2
1997	49417	−2.10%	12.3626	1.00%	399.7
1998	51230	3.54%	12.4761	0.91%	410.6
1999	50839	−0.77%	12.5786	0.81%	404.2
2000	46218	−10.00%	12.6743	0.76%	364.7
2001	45262	−2.11%	12.7627	0.69%	354.6
2002	45711	0.98%	12.8453	0.64%	355.9
2003	43070	−6.14%	12.9227	0.60%	333.3
2004	46947	8.26%	12.9988	0.59%	361.2
2005	48402	3.00%	13.0756	0.59%	370.2

年度	粮产量（万t）	增率	人口（亿）	增率	人均粮（kg）
2006	49804	2.70%	13.1448	0.53%	378.4
2007	50160	0.81%	13.2129	0.52%	379.6
2008	52871	5.11%	13.2802	0.51%	398.0
2009	53082	0.44%	13.3474	0.50%	397.7
2010	54648	2.85%	13.4100	0.47%	407.5
2011	57121	4.34%	13.4735	0.47%	424.0
2012	58957	3.11%	13.5404	0.49%	435.4

洪涝灾害对农业的影响主要在当年，对国民经济其他部门的影响，不仅在当年，还可能滞后一年甚至几年。如1954年洪水灾害损失按1980年不变价计算，农业、工业和个人集体财产等综合损失约250亿元，再加上工商、交通运输等方面合计约300亿元。受洪水灾害影响粮、棉、油料减产，影响1955年国民经济发展。江苏、湖北等省由于严重洪涝灾害迫使部分工业停产，尤其是轻纺工业，1955年较1954年棉纱减产14%，棉布减产16%，麻袋减产11%；由于烟草减产，香烟减产14%。

（二）对交通运输的影响

铁路是国民经济的动脉，随着国民经济不断发展，铁路所担负的运输任务越来越繁重，但是每年汛期各类洪水灾害对铁路正常运输和行车安全构成很大危害。不少铁路干线处于洪水严重威胁之下，七大江河中下游地区，有京广、京沪、京九、陇海和沪杭甬等重要铁路干线，受洪水威胁长度1万多km，西南、西北地区铁路常受山洪泥石流袭击，其中成昆、宝成、天兰、阳安、兰新、兰青等铁路干线为山洪泥石流高强度多发区。据统计，近40年中，平均每年因上述原因导致列车脱轨、颠覆等重大行车事故约5起，中断行车5天以上的累计61次。1981～1990年全国主要铁路干线平均每年中断行车120余次，停车时间累计1850h。特大洪水灾害对铁路和破坏特别严重。如1951年、1953年辽河大水，沈山、长大铁路中断行车分别达40多天和59天。1954年江淮水灾，京广线中断100天。1958年黄河大水、严重危及黄河京广铁路大桥，行车中断14天。1963年海河大水，累计冲毁京广、石德、石太铁路路基116.4km，行车中断分别达27天、48天和11天。1981年铁路受灾事故频频发生，7月四川洪水，成毗、成渝、宝成线中断通车10～20天；同月辽东半岛山洪暴发，冲毁长大铁路7km，406次列车被颠覆，中断通车8天。8月，嘉陵江、汉江上游大水，宝天、阳安线行车分别中断61天、31天和11天。上述情况说明，因洪水灾害造成铁路中断、停止行车的事故是很严重的。

我国公路网络里程长，水灾造成公路运输中断的影响遍及全国城乡各个角落。随着公路建设迅速发展，水毁公路里程也成倍增加，据四川省、黑龙江省以及黄河、淮河流域资料统计，20世纪80年代每年平均水毁公路的里程，相当于1950～1990年41年平均数的3倍以上（表2—23）。

如果发生大洪水，公路的破坏更为严重。1963年海河大水，河北省的保定、石家庄、邯郸等7个专区，冲毁公路6700km，占县级以上公路里程的84%；1981年四川省洪水，全省有80条公路干线和48条县级以上交通线中断，占全部省、县公路线的32.2%；1985年辽河洪水，辽宁省9条国家级公路有的中断，有的仅能勉强维持通车，20条省级公路有8条中断，228条县级公路有70余条不能通车。

表2—23　部分流域和省份平均每年水毁公路里程统计（km）

省、流域	1950～1990年	1980～1990年
四川省	316	969
黑龙江省	206	634
黄河流域	658	2007
淮河流域	625	1212

我国所有山区公路都不同程度受到山洪、泥石流的危害，西部川藏、滇藏、川滇、川陕、川甘、滇黔等10余条国家干线，频繁受到泥石流、滑坡灾害。川藏公路沿线大型泥石流沟就有157条，每年全线通车时间不足半年。

（三）对水利设施的破坏

洪水灾害对水利设施包括水库、堤防、渠道、塘堰、电站、泵站等的破坏也很严重。从几次大洪水来看，1963年海河南系洪水，5座中型水库、330座小型小库（库容1万m³以上）垮坝，占邯郸、邢台、石家庄、保定4个专区原有水库数的37%，南系诸河主要河道堤防决口2396处，62%的灌区工程被冲毁，各专区水利机电设施37%～95%被破坏，平原排水工程90%以上被冲毁或淹没；1981年四川洪水，15座小型水库失事，冲毁塘堰14089座、堤防641km、渠道2576km、提灌站3401个；1985年辽河大水，辽宁省水毁工程18000余项，堤防决口累计长度1557km，冲毁排、灌渠道13000km，泵站300余座，影响灌溉面积30万hm²、排涝面积44万hm²。

（四）对城市和工业的影响

城市人口密集，是国家政治经济文化中心，工业产值中约有80%集中在城市。我国大中城市基本上是沿江河布设，受江河洪水严重威胁，有些依山傍水的城市还受山洪、泥石流等灾害的危害。全国有防洪任务的城市530座，其中防洪标准超过50年一遇的城市共有93座，约占18%；防洪标准不到20年一遇的城市共有222座，占42%；还有数以千计的县城和较大集镇，其防洪标准更低，大多数与当地农田防洪标准相当。遇有较大洪水，往往打乱城市生产、生活秩序，遇到特大洪水甚至遭毁灭性的灾难。例如，1983年汉江上游发生大洪水，洪水位高出安康城堤1.5m，安康城遭到毁灭性的灾害，城区最大水深达11m，89600人受灾，淹死870余人，除40多幢高层楼房完好外，9万多余间平房大多被冲毁。再如1960年太子河洪水，本溪市水淹面积7.9km²，淹死1064人，全市停水停电，交通中断，厂矿被迫停工停产，直接经济损失3亿元，相当于该市全年工业生产值的1/4。1988年广西柳江大水，柳州市18.8万人受灾，全市90%以上工厂停产。2012年北京7月21日暴雨，导致北京受灾面积16000km²，成灾面积14000km²，全市受灾人口190万，其中房山区80万人，灾害造成79人遇难。全市道路、桥梁、水利工程多处受损，全市民房多处倒塌，数千辆汽车损失严重。一是对基础设施造成重大影响。全市主要积水道路63处，积水30cm以上路段30处；路面塌方31处；3处在建地铁基坑进水；轨道7号线明挖基坑雨水流入；5条运行地铁线路的12个站口因漏雨或进水临时封闭，机场线东直门至T3航站楼段停运；1条110kV站水淹停运，25条10kV架空线路发生永久性故障，10kV线路已全部恢复供电；降雨造成京原等铁路线路临时停运8条。二是对居民正常生活造成重大影响。全市共转移群众56933人，其中房山区转移20990人。发生2起泥石流灾害，分别为房山区霞云岭乡庄户鱼骨寺泥石流灾害，造成1人失踪，1人受伤；房山区河北镇鸟语林景区泥石流，未造成人员伤亡。平房漏雨1105间次，楼房漏雨191栋，雨水进屋736间，积水496处，地下室倒灌70处，共补苫加固房屋649间，疏通排水141处。

二、洪水灾害经济损失变化趋势

（一）洪水灾害经济损失变化趋势分析

洪水灾害经济损失一般可以单位面积综合损失值或洪水灾害财产损失率等指标来度量。单位面积综合损失值是将一次洪水灾害造成的直接损失值，折合到淹没区内每亩成灾耕地上的损失值；洪水灾害财产损失率是指洪水灾害区各类财产损失的价值与灾前原有各类财产价值之比，是一个相对指标。

洪水灾害单位面积综合损失值，一般根据典型年、典型地区（农村地区）实际洪水灾害损失

表2-24　主要省份或流域单位面积综合损失指标表（当年价）

流域	省份或流域	单位面积综合损失值（元／亩）			
		20世纪50年代	20世纪60年代	20世纪70年代	20世纪80年代
长江	湖南	117	189	419	830
	湖北	111	211	458	800
	汉江中、下游	185	312	692	786
	安徽	100	240	400	600
	江苏	228	359	741	763
太湖	上海	108	145	368	970
	江苏		371	604	2000
黄河	流域综合	100	240	400	600
海河	河南	100	240	400	600
淮河	江苏	90	150	400	700
	河南	100	240	400	800
	安徽	150			630
	沂沭泗	90	150	400	700

的调查，并结合该地区社会经济资料综合分析确定。随着社会经济的发展和财富不断积累，单位面积综合损失值也在不断起变化，同时对于不同地区，由于经济民展水平不同，其单位面积综合损失值也有差别。表2—24为部分省（或流域）不同时期单位面积综合损失值。

根据表2—24和其他省份资料综合，得出20世纪不同年代全国平均单位面积综合损失值，其结果见表2—25。

从不同时期全国平均单位面积综合损失值的变化来看，60年代全国单位面积综合损失值比50年代增加约50%，而到80年代单位面积综合损失值比70年代又提高了80%。1979年以前，我国物价基本稳定，价格上涨因素对洪水灾害经济损失增长的影响不大。1980年以后，物价上涨幅度较大，物价上涨因素对1980～1989年洪水灾害经济损失值计算有较大影响，但是扣除了物价上涨因素后，洪水灾害经济损失仍然呈明显上升趋势。

表2—25　不同时期全国平均单位面积综合损失值

时期	单位面积综合损失值
20世纪50年代（1950～1959年）	2190元/hm²
20世纪60年代（1960～1969年）	3255元/hm²
20世纪70年代（1970～1979年）	5880元/hm²
20世纪80年代（1980～1989年）	12120元/hm²

（二）洪水灾害经济损失组成变化

洪水灾害经济损失之所以越来越大与国民经济各部门的比重变化有很大关系，20世纪50年代工业基础薄弱，洪水灾害损失主要以农业为主，随着经济发展，工业比重增大，洪水灾害经济损失的组成也发生了变化。我国不同时期国民经济各部门比例关系见表2—26。

表2—26　我国不同时期工农业各部门比例关系（%）

项目	1952年	1957年	1978年	1985年
一、工农业总产值中农、轻、重比例				
农业	56.9	43.3	27.8	34.3
轻工业	27.8	31.2	31.1	30.7
重工业	15.3	25.5	41.1	35
二、农业总产值中农、林、牧、副、渔比例				
农业	83.1	80.6	67.8	49.8
林业	0.7	1.7	3	3.8
牧业	11.5	12.9	13.2	14.5
副业	4.4	4.3	14.6	30.1
渔业	0.3	0.5	1.4	1.8

从表2—26所列的数字可以看出,1952年农业总产值在工农业总产值中占56.9%,工业总产值占43.1%,到1985年农业总产值占工农业总产值的比例下降到34.3%,而工业总产值的比例则上升至65.7%。下面列举的5次洪水灾害经济损失实例,可明显反映出这种比例关系的变化对洪水灾害经济损失的影响。

(1)1954年长江洪水,总经济损失240亿元,其中农业损失(包括个人和集体财产损失)200亿元,占总损失的83.3%;工商业、交通运输业损失40亿元,占总损失的16.7%。

(2)1960年辽宁省浑河、太子河地区洪水,总经济损失2.33亿元。其中农业损失1.38亿元,占总损失的59%,工业损失(包括铁路、公路、通信等)0.95亿元,占总损失的41%。

(3)1963年海河洪水,总经济损失59.3亿元。其中农业占81.8%,各类损失的比例分别是:种植业占5.1%,林牧副渔业占8.2%,农村居民财产损失(主要是房屋倒毁)占54.3%,集体财产损失占5.4%,毁坏耕地损失占8.8%,工业及其他损失占总损失的19.2%,各类损失比例为城乡工业占7.2%,工程设施损坏占3.9%,其他占8.1%。

(4)1985年辽河洪水,据盘山县洪水灾害损失调查,总损失2046.3万元,其中农业损失729.5万元,占总损失为35.6%,各类分项比例为:农业(包括个人、集体财产损失)占29.3%,林、牧、渔业占6.3%;工业损失占64.4%,各类分项比例为:工业占39.5%,水利工程、公路、供电损失占18.9%,事业单位损失占6%。

(5)1991年太湖洪水,江苏省总经济损失84.25亿元,各类分项比例为:农、林、牧、渔业占15.8%,农村财产损失占28.6%,工业损失占34.1%,事业单位损失占16.4%,防洪抢险、救灾、水毁工程恢复等占5.1%。

从以上分析可以看到,20世纪50、60年代,洪水灾害经济损失中,农业损失占总损失60%～80%,其中个人财产损失中房屋倒毁占很大比重。至80、90年代,农业损失的比重下降,工业、交通、电力、通信、工程设施等项经济损失的比重上升。在经济发达地区,工业和农业经济损失的比重一般都在35%～45%变化,其他诸如交通、电力、通信、事业单位等损失约占25%。

三、洪水灾害对我国社会的影响

这里所指的社会影响主要是指对社会生活、生产环境的影响,其中最主要的是人口伤亡、流徙以及对正常生活、生产秩序的破坏带来的一系列社会问题。

(一)人口死亡

洪水灾害对社会生活的影响,首先表现为人口的大量死亡。全世界每年在自然灾害中死亡的人数约有3/4是死于洪水灾害,我国历史上每发生一次大的水灾,都有严重的人口死亡的情况发生,但是各类文献中,关于人口死亡的记载多是"溺死者无算""死亡枕藉""人畜漂没无算"之类定性描述,而无具体统计数字。从20世纪30年代几次重大水灾来看,死亡人数是很惊人的。

1931年发生全国范围大水灾，灾情最重的湘、鄂、鲁、豫、皖、苏、浙等江淮8省，死亡人数达40万；1935年长江中下游大水，淹死14.2万人；1932年松花江大水，仅哈尔滨市就淹死2万多人，相当于当时全市总人数的7%；1938年黄河花园口人为决口，死亡89万人。这里还没有计及因水灾造成疫病、饥馑等间接死亡的人数。人口的大量死亡，不仅给人们心理上造成巨大创伤，而且给社会生产力带来严重的破坏。

新中国成立以后，因水灾死亡的人数大幅度下降，但遇到特大洪水，灾害仍然是很严重的。例如1954年长江特大洪水死亡3万余人，1975年河南特大洪水淹死26000余人。据统计，1950～2014年全国累计死亡281229余人，平均每年死亡4327人。

（二）灾民

水灾对社会生活影响的再一方面是大量人口的流徙，增加了社会的动荡不安。在历史上，严重的水灾对人口的伤亡、社会经济的破坏，其酷烈的程度往往是难以想象的。例如，明朝万历二十一年（1593年），淮河流域一次特大水灾，从农历四月至八月淫雨不止，据文献记载统计，河南、安徽、江苏、山东4省受灾区域达120个州县，实际上还不止此数。洪水淹没广大淮北平原，经久不退，淹没范围约11.7万km²。水灾之后随之而来的是严重饥荒，如县（今河南省周口市）志记载："四月初淫雨至八月方止，四野弥漫庐室颓圮，夏麦漂没，秋种不得播，百姓嗷嗷，始犹食鱼虾，继则餐树皮草根，乃至同类相食，饿殍遍满沟壑，白骨枕藉原野，至冬群盗四起，民多流亡。"这场水灾对生活、生产的破坏，不是短期内可以得到恢复的，逃亡的现象两年之后也没有停止。

我国东部地区人口密集，一次大范围的水灾，受灾人口动辄数百万乃数千万。以20世纪几次大水灾为例，1915年珠江大水，两广灾民600余万；1939年海河大水，灾民900余万；1931年全国性大水灾，仅江淮8省灾民即达5100余万，农村人口流离失所的很多，据调查，湘、鄂、赣、皖、苏各省农村人口每1000人中离村的平均有125人，约占灾区总人口的40%。大量灾民成群结队逃荒流移，无所栖止，求食困难，使社会处于动荡不安状态。在封建社会里，因水灾为诱因爆发农民起义的事是屡见不鲜的。即使到现代，水灾对社会的冲击依然是很严重的。1991年华东地区大水灾，灾情最重的淮河、太湖流域有156个县（市），6858万人受灾，房屋倒塌214万间；1994年我国南北相继发生大洪水，受灾较重的辽宁、河北、浙江、福建、江西、湖南、广东、广西8省（自治区）受灾人口达1.39亿人，倒塌房屋271万间。国家需要安置巨大数量灾民，帮助其重建家园，恢复生产，给社会带来沉重负担。

（三）疫病

水灾和疫病常有着因果的联系。水灾之后引起可怕的瘟疫流行是常有的事。如1849年（清道光二十九年）湖南省暴发全省性大疫，据《湖南省自然灾害年表》记载："上年水灾创伤未复，本年自三月至六月淫雨不止，湘资沅澧继续大水，全省大荒且疫……武陵户口多灭，沅陵饥死者枕藉成列，村舍或空无一人。"《湖南通志》记载："疫情到次年四月方止，死者无算。"1860～1863年（咸丰十年至同治二年）长江中下游一带连续4年暴发了大范围的疫病，也是与水灾有关的。1860年浙江淫雨为灾,嘉兴湖州两府大疫,死者无算;与此同时毗邻的江苏苏南一带也发生了瘟疫,无锡"农历五、六、七三个月疫气盛行,死亡相藉";常熟"时疫又兴死亡相继至七月十死二三";吴县一带"秋冬大疫死者甚众"。疫区主要在浙北苏南一带。1861年安徽春夏淫雨为灾,徽州、安庆又暴发瘟疫,安庆"染疫而死亡者十之八九"。时值太平军与清军激战于长江一带,徽州百姓"死于战乱者十之二三,而死于瘟疫者十之六七"。到1862年又暴发了大范围的瘟疫,直隶、山东、河南、安徽、江苏、浙江、陕西、云南、贵州等省都发生瘟疫,疫情最重的是江苏、安徽两省。江苏的松江、苏州、太仓、常熟一带,普遍发生疫病,如松江"自七、八月以来城中时疫之外,兼以痢疾,十死八九,十室之中仅一二家得免"。苏州、太仓、吴江一带情形大致相仿。安徽因上年秋收不足五分,造成严重春荒,入夏以后又发生蔓延极广的瘟疫。在安徽镇压太平天国运动的湘军在此疾疫中受到极大打击,据曾国藩称,"七月以后,大疫遍作,士卒十亡四五"。仅宁国一地(今安徽宣州市)兵民染疫而死者就有二三万人,至秋深而疫未息。

至1863年疫病范围较之1862年渐趋缩小,瘟疫主要发生在浙江、江苏、湖南和陕西4省,1864年浙江、江苏疫病仍然在继续,此外还有福建省和贵州省。

从上述实例可以看到,水灾具有伴生性的特点,水灾发生以后还会导致一连串的次生灾害,疫病即是其中一个方面。水灾造成瘟疫的暴发和蔓延,给社会带来的冲击和影响,更甚于水灾本身。

随着社会发展,科学技术进步,防洪水平提高,洪水造成的人员伤亡、疫病等灾情已可以得到有效控制,但是洪水造成的铁路、交通、输电、通信等线路设施的破坏,直接影响到社会正常生产和生活秩序。特别是交通、通信是现代化城市的生命线,即使局部受到破坏,也会影响到整个城市的正常运转。

新中国成立以后,先后开展了对淮河、海河、黄河等大江大河的治理,带动了全国水利事业的发展,为国家建设提供了一个较为安定的水利环境,工农业生产不断发展,但是也应当看到面临的洪水威胁仍然是很严峻的。黄河下游河床高出地面3～8m,成为海河和淮河的分水岭。历史上黄河曾发生过两次流量超过30000m³/s的特大洪水,一次为1761年(清乾隆二十六年),推算花园口洪峰流量为32000m³/s;另一次为1843年(清道光二十三年),陕县洪峰流量为36000m³/s,均远远超过现有工程的防御能力(花园口最大安全泄量22000m³/s)。黄河大堤万一失事,南决乱淮(河),北决乱海(河),都将造成毁灭性灾害。据调查分析,按现时情况,黄河如在济南以上向南或向北决口,洪水波及的范围将达15000～33000km²,受灾人口700万～1800万;京广、津浦、京九、陇海等主要铁路干线都将中断,开封、新乡、菏泽以及济宁、徐州等城市和中原油田都将遭到严重破坏,而且水沙俱下,土地沙化,几十年治淮、治海的成果将毁于一旦,人口的伤亡至对社会安定局面的影响更是无法估量。长江荆江河段目前安全泄量只有60000～68000m³/s,防洪标准仅10年一遇,即使动用荆江分洪工程,也只能防御枝城站80000m³/s的洪水,约合40年一遇。而1860年、1870年长江洪水,枝城站洪峰流量均达110000m³/s。巨大超额洪水无法安全宣泄,不管向南溃或向北溃,均将淹没大片农田和村镇,造成大量的人口伤亡和财产损失,甚至会打乱整个国民经济的部署。

四、洪水灾害对我国环境的影响

洪水灾害不仅带来巨大经济损失，而且对人类赖以生存的环境造成极大破坏。环境恶化对于人类社会的影响是长期的，不仅对当前经济、人民生活造成直接的损害，还将影响到子孙后代的利益。例如，暴雨洪水引起的水土流失，每年都会有大量土壤及其养分流失，致使土地贫瘠，同时水流中泥沙含量增加，导致河流功能衰减、湖泊萎缩、耕地沙化，造成的严重后果是难以估量的。洪水灾害引起的环境问题主要有以下几个方面。

（一）对生态环境的破坏

洪水对生态环境的破坏，最主要的是水土流失问题，全国水土流失面积163万km²（1993年），约占国土总面积的1/6，每年表土流失量约50亿t，带走大量氮、磷、钾等养分。

水土流失危害，不仅严重制约着山丘区农业生产的发展，而且给国土整治、江河治理以及保持良好生态环境带来困难。国际上普遍认为每年冲蚀表土2cm时即为灾害性水土流失。北方黄土高原严重的水土流失区，每年冲蚀表土近10cm，一些县每年损失耕地数十hm²乃至数万hm²。南方花岗岩或沙页岩分布地区，土层薄，水土流失后果比北方地区更为严重。

部分坡耕地，受雨水冲击，岩石裸露，土地石化，不能耕作，同时大量石英砂或岩屑冲进水稻田，使有限的可耕地被迫弃耕，且很难恢复。四川省万县地区自20世纪50年代以来，"石化"面积每年扩大2500hm²，毕节地区"石化"面积已达到耕地面积的13%，湖北省秭归、贵州省清镇等县每年增加"石化"面积达300~400hm²。如果发生特大暴雨洪水，水土流失更加严重。1981年7月四川省暴雨洪水，全省受冲刷的坡耕地约667万hm²，乐至县全县约160hm²坡耕地被冲成基岩裸露的光板山。

（二）对耕地的破坏

1.洪水灾害对耕地的破坏

从水利的角度看，一是水冲沙压，毁坏农田。如1801年海河大水，永定河漫决，新城"冯家营北引河淤塞，地被沙压者甚众"（《新城县志》）。1886年滦河大水，滦县马城一带"冲决尤酷，变膏腴为沙碛，富者立贫，贫者立毙"（《滦县志》）。1963年海河大水，水冲沙压失去耕作条件的农田达13万余hm²。黄河决口泛滥对土地的破坏更为严重。每次黄河泛滥决口，使大量泥沙覆盖沿河两岸富饶土地，导致大片农田毁灭。如1938年黄河人为扒口南泛之后，约有100亿t的泥沙带到淮河流域，豫东、皖北及徐淮地区形成了4.5万km²的"黄泛区"，在豫东黄泛主流经过的地区，如尉氏、扶沟、西华、太康等县境，黄土堆积浅者数尺，深者逾丈，昔日房屋、庙宇多数被埋入土中，甚至屋脊也渺无踪迹。整个黄泛区满目芦茅丛柳，广袤可达数十里，黄泛区内原先肥沃的土地受到毁灭性的破坏。据1985年对安徽北部的萧县、砀山二县调查统计，低产土地占耕地面积的22%，这些沙土中黏粒含量低，一般在5%左右，沙粒含量达85%以上，土粒松散，有机质含量低，保水保肥能力差。在低洼地方，如遇连续阴雨，易受渍害，成为大面积的低产区。

2.洪涝灾害加剧盐碱地的发展

洪水泛滥以后,土壤经大水浸渍,地下水位抬高,其中所含大部分碱性物质被分解,随着强烈蒸发,大量盐分被带到地表,使土壤盐碱化,对农业生产和生活环境带来严重危害。历史上就有这种情况,如河北省平原地区,据《武强县志》记载:"明万历三十五年(1607年)大水,滹滋交溢,先时城内井水甘美,地称肥腴,经水后地皆碱,水皆咸矣。"《新河县志》记载,清道光三年(1823年)大水,"一淹而三年碱卤无收,人多饿死"。新中国成立以后,经过治理,有所改善,但问题仍然存在,20世纪60年代连续出现几个大水年,引起地下水位上升,河北平原盐碱地面积由87余万hm²又增加到150余万hm²。

3.滨海地带还因海水入侵造成土地卤化,大片农田变为不毛之地

若无丰富淡水冲洗,单靠自然降水脱盐,须经10年以上才可能进行耕作。据近期调查,山东省胶东地区因盐碱抛荒的耕地有40万hm²。

(三)对河流水系的破坏

河流与人类的关系极为密切,我国的黄河、埃及的尼罗河、印度的恒河都是人类古代文明的发祥地。河流对航运、灌溉、发电、行洪、水产养殖和旅游等国民经济各方面有重要意义。我国河流普遍多沙,洪水决口泛滥,泥沙淤塞,对河道功能的破坏极其严重,尤其是黄河泛滥改道,对水系的破坏范围极广,影响深远。

黄河历次决口改道,使华北平原北至海河、南至淮河水系无不受其影响,凡黄河流经的故道都将过去的湖泊洼地淤成高于附近地面的沙岗、沙岭,使黄淮海平原水系紊乱,出路不畅,成为洪涝灾害频繁的根源。如淮河,原是一条独流入海的河道,水流畅通,从1194年黄河改道入淮至1855年止,660年中黄河给淮河留下数千亿m³的泥沙,不但淤废了淮河独流入海的尾闾,而且使沙颍河以东淮北平原河道全部淤塞壅滞,破坏了河道泄洪排洪能力。海河也是如此。由于黄河历次改道和本流域各支流的冲积,凡所流经地带,地势均高出附近地面,形成沙岗、沙垄,两河之间又形成相对洼地,经河流不断冲积、截割,形成垄岗交错、洼淀相间的复杂平原地貌,排水困难,一旦出现大洪水,即一片汪洋,形成大面积的洪泛区。

(四)对水环境的污染

洪水泛滥可引起水环境的污染,包括病菌蔓延和毒物质扩散,直接危及人民健康。

1.病菌和寄生虫蔓延

洪水泛滥,使垃圾、污水、人畜粪便、动物尸体漂流漫溢,河流、池塘、井水都会受到病菌、虫卵的污染,导致多种疾病暴发,严重危害人类身体健康。一些死亡率很高的疾病如霍乱、伤寒、痢疾等,主要通过肠道传染。大水期间水质受到严重污染,如1991年大水,据无锡市饮用水质化验,大肠杆菌比洪水前增加了10倍。安徽省农村情况更为严重,在一些重灾区,据医疗队取水样化验,细菌总数比标准饮用水高100倍,大肠杆菌比标准饮用水高出700倍以上。乙型脑炎、疟疾等疾病主要通过虫媒传染。夏秋季本来就是传染病多发期,洪水造成污浊的环境,加上高湿

高温的气候更有利于蚊蝇的滋生繁殖。虫蚊密度增高，在受灾人群聚集区域，使交叉感染的机会增多。

洪水期间还有利于地方性疾病流行和扩散。如血吸虫病，是由钉螺传染的。大洪水时，一些漂浮能力很高的2-4旋钉螺，随草茎残叶随水漂流，使钉螺范围扩大。每次水灾发生以后，随之而来的疾病蔓延，甚至导致瘟疫的流行，在历史上是屡见不鲜的。新中国成立以后，由于积极预防，水灾过后，大面积瘟疫流行的情况已杜绝，但是灾后传染病发病率上升的情况仍不可避免。

2.有毒物质的扩散

未经处理的工业废水、废渣、药剂、电镀废液中一些有毒物质如汞、锌、铅、铬、砷等从污染源直接排入水环境。其污染物的物理、化学性质未发生变化，属于一次污染物。水环境污染主要是由一次污染物造成的。一次污染物排入水体后，在物理、化学、生物作用下，发生变化，形成的新污染物，称二次污染物。二次污染物对环境和人体危害通常比一次污染物更严重，如无机汞化合物通过微生物作用转变成甲基汞化合物，对人体健康的危害比汞或无机汞要严重得多。

当一些城镇、厂矿遭到洪水淹没后，一些有毒重金属和其他化学污染物被大量扩散，对水质产生污染。如1981年四川省洪水灾害，仅据绵阳、内江、南充、重庆、成都、永川等6个地市统计，被洪水冲走的有毒、有害物质达60余种，数量达3550余t，给人民健康造成极大威胁。重庆东风化工厂，含铬废渣被洪水浸泡后，浸出大量高浓度的含铬废水，含铬量超过地表水水质标准200多倍。

乡镇企业发达的太湖地区，其中造纸、化工、电镀行业占的比重较大。这些行业，技术和管理水平不高，设备陈旧，防洪标准低。1991年大水使废水渣和有毒有害物质严重扩散，如溧阳市清安乡电镀厂镀槽被淹，废液溢入附近河中，使水流中氰化物浓度达0.062mg/L。还有不少临河而建的工厂、仓库被淹以后，大量农药、化肥流失，据无锡市6个镇供销社仓库调查，流失农药440余t、化肥2510t，严重污染附近水质。

此外，洪水灾害还可给名胜古迹、旅游风景区等带来损害。

五、洪水灾害对人类社会的综合影响

本节着重探讨洪水灾害对人类社会、经济、环境的影响。洪水作为自然事件，它早在地球上人类诞生之前的历史时期就不断出现，但作为灾害，却是针对人类社会而言，可以说没有人类社会就无所谓自然灾害。单从主客体关系来看，自然灾害是主体，人类社会是受体（或称客体）。但从因果关系来看，洪水灾害与人类社会的关系是相互作用、相互影响的关系，这种影响和作用有时甚至形成多次反馈。

洪水灾害对人类社会产生危害的直接对象不仅包括人类本身，而且包括人类赖以生存的生产、生活设施等，如房屋道路、耕地等，即影响了社会、经济、生态的持续发展。它主要表现在三个方面：一是破坏了社会正常的运行机制，造成了社会部门职能的紊乱，从而使社会在一定时期内陷入混乱，甚至处于瘫痪状态。二是在经济上造成了社会财产的巨大损失，甚至是毁灭性的损失，从而使人们的衣食住行发生不同程度的恐慌和危机，使数以万计的人流离失所，对人民的身体健康和生命安全构成了巨大的威胁。三是破坏了环境的生态平衡，毁坏了居民的水利及饮水系统，对动植物的生存环境造成威胁，加剧了水土流失及泥沙淤积。

（一）洪水灾害对社会的影响

洪水灾害对社会的影响问题涉及面很广，凡是灾前、灾期、灾后直接或间接对人类社会及人们的心理等产生的影响、变化，都可以纳入这一范围。在此，本小节侧重对洪水灾害引起的卫生状况、人口迁移、恐慌性、双重性以及道德观念与社会治安等问题进行讨论。

洪水灾害期间，洪水灾害影响区生活条件差，卫生状况恶化，可能引起某些传染病及瘟疫的流行；人与洪水搏斗，抢救人员的物资、食住困难，气候条件差，劳动强度大，会导致机体抵抗力下降，各种疾病的发生和传染病流行的危险性增加。

洪水灾害往往对人们居住及生活环境条件造成破坏，面对洪水灾害的严重威胁，人们不得不用价值观念衡量对某一生存环境的取舍去留。人口迁移是人们常常采取的退让方法之一，决定是否迁移的主要因素有：洪水灾害持续的时间和频率、灾害危害的程度及性质、人类对灾害的抵御能力、灾后恢复生存环境的可能性及代价、人类对受灾地区的依恋心理和灾区自然资源的蕴藏量等。人口迁移还可引起居民生活空间及可能的民俗变化。

洪水灾害造成的社会恐慌是对人类社会产生影响的又一类型。所谓社会恐慌，是指洪水灾害对人类造成的心理恐惧和行为慌乱，一般分为三个阶段：第一，社会上少数先知情者形成的局部躁动不安；第二，随着灾情征兆信息的迅速扩散，形成整个社会的恐慌；第三，发生灾害时产生社会的混乱无序。解决问题的根本应从普及洪水灾害知识教育入手，重视开展洪水灾害社会学研究。同时，洪水灾害使广大群众生活遇到极大的困难，精神上受到沉重的打击，大大降低了生产积极性，致使洪水灾害影响区域经济发展滞后，形成脆弱的社会环境，洪水灾害自救能力低。

从受灾角度着，洪水灾害是全人类共同面临的问题。每一个人都依赖于某一社会群体，当发生洪水灾害时，相互支撑、相互帮助乃是天经地义的事。其中，包括个体之间、群体与个体之间、地区之间乃至国家之间的相互援助。这既是灾害救援工作的客观需要，也是基本社会道德观念的体现。

但是，任何社会群体都可能鱼龙混杂。在发生洪水灾害时，少数社会渣滓趁火打劫，谋取他人财物，甚至危及他人生命，这类例子屡见不鲜。这些都是灾害治安问题。因此，应逐步建立和健全洪水灾害治安条例。在洪水灾害发生前，应控制住社会上的一些不稳定因素；在发生洪水灾害时，治安部门的工作重点和职能要迅速转移，以适应抗洪救灾的需要。

从马克思主义一分为二的观点来看，洪水灾害与其他事物一样，具有双重性（罗元华，1996），即利弊同时存在，洪水灾害确实给人类社会造成了严重危害，主要为"害"的一面，即矛盾的主要方面；然而我们也必须认识到洪水灾害并非"百害而无一利"，也要看到其"利"的一方面，即矛盾的次要方面。它在对人类社会起消极破坏作用的同时还起着积极的促进作用，洪水灾害以其迅急的突发性和巨大的毁灭性向人类、向科学提出挑战，不断产生新课题，人类在解决这些课题的过程中逐渐丰富和发展了人类对防洪减灾的认识，进而形成了具有普遍意义的科学理论，健全并完善了科学体系；反过来，人类又用这些科学知识去指导抗洪救灾的实践，在实践中进一步完善科学理论。

（二）洪水灾害对经济的影响

经济发展是推动人类文明进步的物质基础。洪水灾害造成人员伤亡和国家、社会与个人的财产损失，降低了社会生产力，毁坏了农业生产条件，必然对社会经济产生严重破坏。随着社会经济的发展，人类面对灾害已不是简单的逃避或消极的抵御，而是要在研究洪水灾害发生规律的基础上，充分运用现代科学技术和社会力量，在预报、防洪、抗洪以及灾后救助等各阶段工作中，积极进行技术可行性、经济合理性的防洪减灾方案比较，从而确定综合最佳方案，使洪水灾害损失最小，经济效益最大。

我们用图2—11表示一次洪水灾害对经济发展影响的简单模式（马宗晋，1992）。在无灾害时，随着时间的推移、生产的发展，社会经济发展从 a 到 c。直线 ac 是对除洪水灾害以外的其他影响社会经济发展的因素波动作简化处理后得出的，如果发生洪水灾害，在 b 点出现了中断，一下子掉到 d 的位置，de 是救灾过程，ef 是重建过程，到了 f 点恢复原来的社会经济发展速度，到与 c 点同样的时间，灾后只能达到 g 点。那么，一次洪水灾害对经济发展的影响包括洪水灾害损失 bd、救灾 de、重建 ef 和恢复 fg 整个过程，其大小是一个积分，即 $bdefgb$ 所包围的面积。

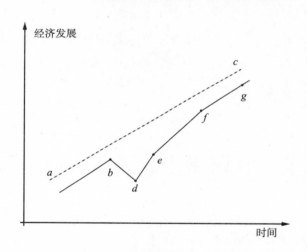

图2—11　一次洪水灾害对经济发展影响示意图

首先是灾害损失 bd，这是关键。bd 的大小将导致对社会经济发展的影响，bd 的大小由灾害大小和防御灾害的能力决定；其次是 de，它是抗洪救灾能力的结果，其回归 ac 的速度一般比重建 ef 要快；最后是重建 ef 和恢复 fg。

经济发展具有自调节功能，由 d 到 g 的过程，就是自调节功能的体现。我们讲减灾就是要增强从 d 到 g 的功能，使得测、报、防、抗、救援、重建到恢复几个阶段的减灾能力大大增强，从而减少 $bdefga$ 所包围的面积。

（三）洪水灾害对环境的影响

频繁的洪水造就了特有的洪泛区自然生态系统，孕育了三角洲文化和流域文化。但是随着人类活动的发展，泛区自然生态环境的恶化，大量次生环境的产生，使得抗击洪水灾害后果的能力不断降低，因而，洪水直接影响着流域的下垫面、水环境以及野生动植物。

洪水来势凶猛，突发性强，表现为水量大、峰高、流速加大、水位剧变，可能达到或超过河道的水力容量，伴随着洪水的发生而产生土壤侵蚀，洪水期水体含沙量激增，由于洪水挟带大量泥沙向下游平原河道、水库、洼淀、湖泊转输，除下游平原河道可能由于泥沙淤积提高土壤肥力外，一般都加剧了淤积危害，譬如抬高河床降低河道行洪能力，并可能造成改道。黄河悬河的形成，正是泥沙淤积的结果；水库淤积，影响水库的使用寿命及效益的发挥。据统计，我国水库因汛期拦蓄洪水而造成淤积损失库容达10%～43%（陈永柏，方子云，1994）。洪水造成的土壤侵蚀，还表现为产生水土流失、泥石流、滑坡及岩崩等灾害。

暴雨洪水是造成面源污染的主要途径。一方面，来自农业地区的洪水径流，携带有大量有机质和农药残留物；另一方面，洪水通过对城市地面堆积物、露天矿场、建筑工地、工业废渣的冲刷以及合流，导致下水道和街面浸溢，携带大量污染物质进入水体，从而导致污染物增加（陈永柏，方子云，1994）。洪水期间，水体混浊度及悬浮固体物质剧增，同时由于泥沙对于重金属及某些有毒物具有较大的吸附能力，这些随泥沙输移与沉积的悬浮物通过解吸作用又形成次生污染源。洪水期，流量增加，流速加大，河流径污比可能增加，有利于污染的输移和降解，有利于净化水体；另一方面，在某些地区，由于干流洪水期水位剧增顶托支流造成支流流水不畅，水质恶化，某些河流或湖泊因此形成洪水污染高峰期。此外，洪水期由于水体、水量、水质的剧变，对动植物的生长、繁殖都会造成严重的影响。

第二节　我国洪水灾害防治面临的形势

一、大江大河特大洪水仍是我国心腹之患

新中国成立以来，经过持续60多年的整治，七大江河的防洪形势有了改变，中下游地区已经摆脱了"两年一小灾，三年一大灾"的状态，达到可以防御常遇洪水的标准；中下游的重要城市、厂矿、重点农业基地的安全保障，更有明显的提高，确保了关键河段的主要堤防，大面积的洪涝灾害的发生频次明显降低。然而，一方面随着人口的持续增长和经济的迅猛发展，对防洪的要求日渐提高；另一方面，由于泥沙淤积，江河湖库的行蓄洪能力逐渐降低，因此这一地区的防洪形势仍十分严峻，洪涝灾害的风险仍是居高不下，特别是一旦遭受特大洪水，而形成大面积严重水灾灾害的威胁，迄今尚未能得到根本性解脱，成为危及我国经济发展和社会安定的心腹之患。

根据全国水灾(1950～1990年)统计资料，其中1954年、1963年和1975年3年，分别在长江、海河、淮河干流出现了特大洪水，并引发中下游较大面积的洪涝灾害。由于灾区的地势平坦，人口及资产高度集中，灾害的影响范围和严重程度，远比一般年份大得多。特大洪水年份与一般洪水年份的灾情对比情况见表2-27。

由这3年损失情况，可以说明一旦七大江河发生特大洪水时，洪涝灾害会有具体如下一些特点：在损失的数量上，要比一般年份成倍地加大，这3年的损失为历年的水灾损失中最高的，耕地的受灾和成灾面积扩大得很多，为多年平均数的175%和230%；而倒塌房屋和死亡人数增幅更为明显，达到正常年份的500%以上；此外，特大洪水灾害带来的间接损失(防洪抢险、疫病流行、交通中断和伤亡救助费用等)，也要远远大于多年平均值。

表2-27 全国多年平均水灾损失及特大洪水年份水灾损失对比分析表

统计年份	代表情况	受灾耕地(万hm²)	成灾耕地(万hm²)	倒塌房屋(万间)	死亡人口(人)
41年平均	全国河流多年平均洪涝灾害损失	780.4	430.8	190.2	5500
(1950～1990年)		100%	100%	100%	100%
3年平均	长江、淮河、海河发生特大洪水年份洪涝灾害损失	1366	991	1030.2	27514
(1954、1963、1975年)		175%	230%	542%	500%

"十二五"期间，长江、黄河、淮河、海河、松花江、黑龙江和太湖均发生了较大洪水。2011年，黄河发生罕见秋汛，干流出现1998年以来最大洪水。2012年，长江出现5次洪峰，上游发生1981年以来最大洪水，三峡出现建库以来最大入库洪峰；黄河出现4次洪峰，上游发生1986年以来最大洪水，中游发生1989年以来最大洪水；海河流域北运河水系发生超历史实测纪录大洪水，大清河水系拒马河发生1963年以来最大洪水；淮河沂沭泗水系沂河发生1993年以来最大洪水。2013年，松花江发生1998年以来最大流域性较大洪水，其中嫩江上游发生超50年一遇特大洪水，第二松花江上游发生超20年一遇大洪水；黑龙江发生1984年以来最大流域性大洪水，下游发生超100年一遇特大洪水。2015年，太湖出现2000年以来第二高水位，超警戒历时35天。

目前在七大江河中，矛盾最为突出的是黄河和长江，随着小浪底和三峡等水利枢纽的运行，防洪形势已有较大的改善。但是，由于黄河治理的根本难点是水少沙多、水沙异源，想要完全控制住下游河道的淤积是很难的，因此设法维持现有河道的行洪能力，是现阶段保证黄河防洪安全的关键。长江中游洞庭湖的萎缩和蓄滞洪区内人口及资产的增长，都是难于扭转的发展趋势，蓄泄洪水能力的日渐衰减和洪水成灾风险不断加大。

二、中小河流的洪水灾害不容忽视

分布在中小河流附近的工矿企业、城镇、居民点，多数防洪设施的标准很差或根本没有建设防护工程措施，沿河两岸的农田，特别是山地丘陵区沿河的滩地和盆地平原，有相当大部分的地面高程低于汛期洪水位，只要遭遇稍大的雨洪就会形成灾害，水灾的发生频率很高，一般为3～5年一遇，不过一次水灾的淹没面积并不很大，淹水历时也不很长，灾情一般较分散，往往容易为人们所忽视。但是，由于全国中小河流数量甚多，据统计汇水面积超过100km²的就有203万条，因此从全国范围的多年长时期来分析，中小河流所造成的灾害损失，是非常可观和不容忽视的。

全国洪水灾害损失是随逐年的雨情和水情而起伏波动，再由历年各项损失序列中分别取最小的5年求其平均值，可以说明在雨情偏低和洪水偏小的年份，中小河流的损失情况，见表2－28。从表2－28所示的41年逐年损失序列中，剔除七大江河发生大洪水的11年（1954年、1956年、1957年、1962年、1963年、1964年、1975年、1981年、1985年、1986年、1988年），其余30年的洪水灾害损失，基本上可以代表中小河流洪涝灾害损失的多年平均情况。

表2－28 全国水灾多年平均损失及中小河流水灾损失分析表

统计年份	代表情况	受灾耕地（万 hm²）	成灾耕地（万 hm²）	倒塌房屋（万间）	死亡人口（人）
41年平均（1950～1990年）	全国河流多年平均水灾损失	780.4	430.8	190.2	5500
		100%	100%	100%	100%
30年平均（1950～1990年，剔除七大江河大水的11年）	中小河流多年平均水灾损失	639.3	311.4	123.9	3762
		82%	72%	65%	68%
最低的5年平均（1950～1990年，各单项损失最低的5年）	雨情偏低洪水偏小年份的中小河流水灾损失	325.7	166.9	20	1560
		42%	39%	11%	28%

表2－28列的全国水灾损失统计数据表明，在一般年份，中小河流的水灾损失，特别是农业的损失，要占全国水灾损失的大部分，耕地的受灾和成灾面积分别为多年平均值的82%和72%；倒塌房屋和死亡人数所占比例略低一些。中小河流逐年的洪水灾害损失随各地雨情和水情而起伏波动，由于中小河流面广量大，分别处于不同的气候区，因此从全国来看，几乎每年必然要有一些局地性水灾发生。即使在雨情和水情相对偏低的年份，仍然存在相当可观的洪涝灾损失。损失序列中最低的5年，基本上可以代表这种情况，其损失的平均值如表2－28所列。虽然水灾损失特别是倒塌房屋和伤残人数仅为正常年份的10%～30%，农业的水灾损失比例仍达40%左右，但其绝对数量都是很可观的，即平均每年都要有1560人罹难，166.9万hm²耕地成灾，20万间房屋倒塌，约40万人无家可归，远远超过其他自然灾害的损失。对于受灾的局部地区来说，更是非同小可。以1994年为例，该年除珠江外全国大江大河的洪水比较平稳，但是全国洪涝受灾面积仍有1500多万hm²，成灾1000多万hm²，由于灾区位于东部经济发达地区，水灾直接损失高达1600多亿元，是1991年江淮大水灾害损失的两倍多，又一次说明了分散在各地的中小河流，当遭遇常遇洪水时，所造成的水灾损失是不容忽视的。如果不能解决各个地区的中小洪水灾害问题，就无法把全国的洪涝灾害损失大幅度降下来。

"十二五"期间，局地强降雨引发的中小河流洪水和山洪、滑坡、泥石流等灾害频发。全国5

年累计约有1600余条河流发生超警戒水位洪水，320余条河流发生超保证水位洪水，100余条河流发生超历史记录的大洪水。2011年9月嘉陵江支流渠江发生100年一遇超历史纪录的特大洪水，汉江发生20年一遇大洪水，渭河发生1981年以来最大洪水，长江流域、黄河流域多条江河同时发生较大洪水，在历年"华西秋雨"过程中实属罕见。山洪灾害仍是我国洪涝灾害致人员伤亡的主要原因，全国每年致死人数平均约为400人，占洪涝灾害死亡人数的60%～75%。2012年5月甘肃岷县特大山洪泥石流造成59人死亡和失踪；同年7月北京及其周边地区遭遇61年来最强暴雨，洪涝灾害造成79人死亡。2013年7月四川都江堰市特大型高位山体滑坡造成161人死亡和失踪；同年8月，辽宁浑河上游暴雨洪水灾害造成清原县164人死亡和失踪。

三、洪水灾害经济损失日益加大

全国逐年水灾损失资料表明，各流域都普遍存在水灾损失持续增长的趋势，沿海和内地各省份都是如此。世界上发达国家和发展中的国家的有关资料也都表明，毫无例外地存在相似的损失增长状况。造成水灾损失增长的因素很多，主要是随着国民经济的发展，人民生活水平的提高，社会财富的积聚，土地利用状况的变化，洪水灾害损失的单位指标值（如单位面积或人均洪水灾害经济损失值）持续增长，我国20世纪50年代单位面积水灾综合损失指标为2190元/hm²，60年代为3255元/hm²，70年代为5880元/hm²，80年代为12120元/hm²。这表明逐年洪水灾害经济损失增长的增幅也在不断加大，是一个非线性的增长过程。虽然各地兴建的大量水利工程发挥了巨大的防洪作用，使洪水成灾频次和淹没范围逐渐减少，但尚不足以抵消经济发展因素的作用，洪水灾害经济损失仍然呈现增长趋势。自1949年以来，虽然各年的洪水及洪水灾害损失均有起伏波动，但在不同阶段平均的水灾直接经济损失值仍不断增长，从50年代的1073.2亿元增加到80年代（1980～1988年）的5985.4亿元。在1950～1988年的39年间，洪水灾害经济损失平均增长率为4.5%，虽然其中含有1980年后物价上涨的因素，但水灾损失本身的增长趋势还是清晰可见的。

在分析水灾损失增长趋势的原因时，还应注意两项基本事实。

一是经济发展速度快的地区，其单位面积综合损失指标的增长率大大超过了全国平均情况，如太湖流域在江苏省境内部分，20世纪60年代为5565元/hm²，是全国平均值的171%，而到了80年代，猛增为30000元/hm²，相当于全国的248%。

二是20世纪80年代以来，城市化进程加速。城市中人口和资产迅速密集，约占62%。城市对自然灾害的敏感程度要比农村高得多，一旦城市发生洪水灾害，其损失非常严重。1994年广西西江大水，柳州先后3次受淹，梧州市4次受淹，其中柳州第一次受淹的直接经济损失达21亿元，占1993年该市国民收入的1/4。1993年6月和9月，深圳市连续遭到两次暴雨侵袭，由于河道泄洪不畅，城区排涝能力不足，造成市区大面积淹水，低洼地区水深达到2～3m，交通和通信中断，后果非常严重。一些地区中小城市的乡镇企业80年代以来迅猛发展。据统计，1991年太湖地区洪水造成经济损失，其中有80%是属于乡镇企业的资产。全国的工农业产值的比例，由1952年农业占56.9%、工业占43.1%的情况，变化到1985年的农业、轻工业、重工业各占1/3。洪水灾害损失的组成也发生相应的变化,工业(包括乡镇企业)损失的比重明显增大,种植业损失占的份额逐步变小。

"十二五"时期,洪涝方面,全国累计农作物受灾6.3亿亩,受灾人口4.8亿人次,因灾死亡2767人、失踪822人,倒塌房屋222万间,直接经济总损失1.03万亿元;年均农作物受灾面积1.26亿亩,受灾人口0.96亿人次,因灾死亡553人、失踪164人,倒塌房屋44.4万间,直接经济总损失2060亿元。干旱方面,全国农作物因旱受灾面积7.4亿亩、成灾面积3.4亿亩,因旱造成粮食损失7551万t、经济作物损失1076亿元,干旱造成的直接经济总损失3746亿元,有8556万人、4527万头大牲畜发生临时饮水困难;全国年均农作物因旱受灾面积1.8亿亩、成灾面积8533万亩,因旱造成粮食损失1888万t、经济作物损失269亿元,干旱造成的直接经济总损失936亿元,有2139万人、1132万头大牲畜发生临时饮水困难。

与2000年以来(2001~2014年)历年平均值相比,"十二五"时期洪涝灾害造成的年均农作物受灾面积、受灾人口、因灾死亡人口、倒塌房屋分别偏少31%、39%、65%和64%;干旱灾害造成的年均受灾面积、成灾面积、粮食损失、人饮困难分别偏少41%、52%、36%和11%。

这两项事实,可以进一步解释洪水灾害损失的不断加速增长过程和造成非线性增长的因素,因此今后必须要采取更加有力的措施,才能抑制住水灾经济损失增长的势头。

四、部分工程设施的防洪能力不足

我国河流本身防御洪水的能力有较大的差别,现有工程设施的设计标准也应考虑这种差别,根据保护对象的重要性和各地的经济实力,一般河段的设计标准仅10~20年一遇,黄河、长江、淮河的重点河段,配合蓄滞洪区的运用,能够达到40~60年一遇。而工程设施建成后,由于水土流失造成河湖淤积,降低了原有的蓄洪和泄洪能力,加上对河滩地的围垦和人为设障,现有河道和各种设施的实际防洪能力要低于原设计值,防洪标准存在逐渐降低的趋势。例如,黄河平均每年约有4亿t泥沙淤积在下游河道,河床每年淤高3~5cm,出现了小流量高水位的现象,如在1958年发生特大洪水时,花园口站洪峰流量达到22300m³/s,而到了1993年,花园口站只通过6000m³/s,就达到1958年同样的洪水位。1825年前后长江中游洞庭湖面积为6300km²,到了1949年水面为4350km²,平均每年缩小15.4km²。而据近年水文资料分析,平均每年有近1亿t泥沙淤积在湖区内,加上人工围垦造田,湖泊萎缩速度急剧增大,到1983年面积已缩小到2691km²,即在近30多年期间缩小了38%,平均每年要缩小47.4km²。60年代海河防洪规划干流的行洪能力为1200m³/s,现在实际行洪能力已下降到300m³/s,新辟的独流减河和永定新河从建成后至今尚未行过洪,而河道经过近30年大量泥沙的淤积,以及河口受海潮回淤所形成拦的门槛,使河道行洪能力大幅度下降,估计实际仅存其设计流量值的一半。在60年代,辽河大堤可防御5000m³/s洪水,相当于20年一遇,1985年8月,辽河出现一次1750m³/s的洪水,洪峰流量仅相当于5年一遇,却造成一次严重的洪水灾害。

另在总长为1.8万km的海岸线上,建有防御海潮的海塘,同样存在防御标准不高和相互不协调的问题,而且堤基地质情况复杂,堤身隐患甚多等工程质量问题更为突出。

在我国现有水库中，有一部分是属于安全标准不合格的"险库"，工程质量差或工程不配套的"病库"。据2004年统计大型水库的病险库约占总数的1/4，中小型水库的病险库占1/3。自1950年至1990年，全国水库垮坝共3241座，约占水库总数的3.9%，平均每年有79座，失事水库的绝大多数是小型水库，占总数的96.1%。垮坝的主要原因是设计标准偏低（50.4%）和工程质量差（38.3%）。水库一旦失事往往会造成灾难性后果，因此，病险水库非但不能发挥防洪作用，反而成为防洪的巨大隐患。由于病险水库分散在全国各地，又由于暴雨洪水的随机性，因此确保水库安全，特别是中小水库的防洪安全，要比维护堤防的安全困难得多。根据国内外水库资料统计分析，在水库建成初期蓄水的3～5年，以及接近其正常寿命的一个相对较长的晚期，垮坝的风险要显著地大于中间阶段，垮坝风险与水库运用工作时间的关系，是一个两端高而中间低平的曲线，人们形象地称为"浴缸曲线"。我国有相当多的水库是在20世纪50～60年代建造的，随着工程设施的日渐老化，已经步入水库的老年阶段，垮坝风险将逐渐增大，病险水库的安全问题将越来越突出，千方百计减轻潜在的垮坝威胁，是一项非常艰巨的任务。

蓄滞洪区是我国处理七大江河超标准洪水的重要措施，在抵御历次特大洪水的斗争中，发挥了不可替代的作用。但是各蓄滞洪区的情况由于人口的膨胀和经济的发展发生了很大变化，区内几乎都已建设了许多工矿企业和基础设施，还有少数地方管理失控，造成人口急剧增加，经济发展速度甚至高于区外，而区内防洪安全建设和管理又未能跟上，造成实际运用时存在种种矛盾和重重阻力，给七大江河防洪带来了很大的困难。

五、防洪形势

1949年以来，中国的防洪减灾已取得了巨大成就，建成了一大批水库、堤防、蓄滞洪区、机电排灌站等防洪除涝设施，加强了河道治理和防洪管理，战胜了1954年江淮大洪水、1958年黄河大洪水、1963年海河大洪水、1991年江淮大洪水、1994年和1996年珠江大洪水、1998年长江和松花江嫩江大洪水等多次特大洪水，有效减少了洪涝灾害造成的生命财产损失。据不完全统计，1949～1990年全国防洪减灾总效益累计达3900亿元，1991～2000年全国防洪减灾总效益约5000亿元，平均投入效益比为1：10左右。特别是1998年大洪水以后，重点加强了主要江河的堤防建设、蓄滞洪区建设和退田还湖、平垸行洪、移民建镇等方面的工作，加快了三峡、尼尔基、百色、紫坪铺、治淮骨干工程等控制性枢纽的建设和病险水库除险加固工作，防御常遇洪水的防洪工程体系已基本形成，防洪能力有了较大的提高。但随着经济社会发展和人民生活质量的提高，对防洪安全提出了新的更高的要求，防洪形势也出现了一系列新的变化，防洪安全保障体系还存在着许多薄弱环节，面临的形势依然严峻。

（一）新时期防洪形势

1.气候变化

全球气候变暖使发生大面积强降雨的概率和强度呈加大趋势，从而使中国大部分地区增加了暴雨洪水频发、洪峰洪量加大的风险，防洪减灾的压力进一步加大。

2.下垫面变化

由于植被破坏、水土流失、城市化加速和各项基础设施建设导致不透水地面增加，从而大大改变了径流汇流条件，总的趋势是汇流加速，峰高量大，在同等降雨强度下洪水风险进一步加大。特别是20世纪90年代以来，长江、松花江、珠江、淮河、太湖流域等地区多次出现特大洪水和不利的洪水组合，经系列延长和系统复核后，设计洪水都有较大幅度的增加。如嫩江、松花江增大12%～44%，辽河增大8%～34%，太湖流域100年一遇洪水增大了36%。

3.河湖蓄泄情势变化

由于泥沙淤积和人类盲目围垦湖泊、湿地和河流滩地，致使河道行洪能力下降，湖泊、湿地萎缩，调蓄能力下降。近50年来，全国湖泊面积减少了15%，其中长江通江湖泊的面积从2万km²缩小到0.6万km²；全国陆域湿地面积减少了28%，其中盲目围垦的面积占80%以上。由于上述综合原因，导致同量级的洪水条件下洪水水位大幅度抬高，大大增加了洪水风险。

4.洪涝灾害损失呈加大趋势

经济社会发展和城市化、工业化水平的提高，防洪区内的人口密度和财富密度不断加大，特别是人们盲目进入洪水高风险区从事开发活动，使单位面积的淹没损失大幅度增加，从而使同样淹没面积下的洪涝灾害损失成倍增加。在洪涝灾害总损失中，涝灾损失的比重增大，最大可达70%以上。如1998年长江洪水，河道洪水淹地300多万亩，损失194亿元，涝水淹地8600万亩，损失1100亿元。

（二）现状防洪能力

1.主要江河防洪能力

1949年以来，我国对大江大河进行了坚持不懈的大规模治理，包括兴修水库、新建和加高加固堤防、河道整治、修建海堤海塘、开辟蓄滞洪区等，防洪工程体系共保护人口5.3亿，保护耕地6.6亿亩，防御常遇洪水和较大洪水的能力显著增强。但从总体上分析，防洪能力仍然与经济社会发展对防洪安全的要求不相适应。

目前，中国主要江河的防洪能力除局部重点地区以外，绝大部分河段的防洪标准均低于50年一遇。在七大江河中下游约42万km²的重点防洪保护区中，现状防洪标准低于20年一遇的约占28%，20～50年一遇的约占52%，达到50～100年一遇的仅占20%左右，而发达国家的防洪保护区一般均达到100～200年一遇的防洪标准。在现状防洪工程的条件下，七大江河如发生流域防御目标的洪水时，预计淹没面积仍有28万km²，占规划保护区总面积的45%左右。

（1）长江。三峡工程建成后，在不使用荆江分蓄洪区的情况下，可使长江中下游的荆江、城陵矶、武汉、湖口等重要河段堤防的防洪标准提高到100年一遇；荆江分蓄洪区，可使沙市水位不超过45m；滞洪区，可保障武汉市防洪安全。遇千年一遇或1870年型洪水，经三峡水库调蓄，配合运用荆江分洪工程和其他分蓄洪区，可使荆江南北两岸、洞庭湖区和江汉平原避免发生毁灭性灾害。

(2) 黄河。通过小浪底、三门峡、陆浑、故县水库联合运用，可使花园口千年一遇洪水的洪峰流量从42300m³/s削减到22500m³/s，配合运用下游蓄滞洪区，可基本满足花园口河段22000m³/s安全泄量的要求。但黄河下游主槽淤积严重，主槽过流能力从过去的6000m³/s下降到不足2000m³/s（近几年经过多次调水调沙，已恢复到3000m³/s左右），加之二级悬河的威胁不断加剧，洪水风险仍然很大。

(3) 淮河。现状淮河干流上中游淮凤集至正阳关河段的防洪标准低于20年一遇；正阳关至洪泽湖河段在使用蓄滞洪区的情况下仍不足50年一遇；洪泽湖以下可达到50～70年一遇；临淮岗工程建成后，防洪标准可提高到100年一遇。淮河主要支流及沂河、沭河的防洪标准为10～20年一遇。

(4) 海河。在现状近11万km²的重点防洪保护区中，防洪标准不足10年一遇的占26%，10～20年一遇的占7%，20～50年一遇的占51%，达到50年一遇以上的只占16%左右。运用蓄滞洪区后，防洪标准可达到100年一遇。

(5) 松花江。现状嫩江干流河道防洪标准为20～35年一遇，第二松花江干流丰满水库以下河道接近50年一遇，松花江干流为20～50年一遇。尼尔基水库建成后，可使嫩江齐齐哈尔河段的防洪标准提高到50年一遇。

(6) 辽河。现状浑河、太子河、大辽河的防洪标准已基本达到50年一遇，西辽河不足20年一遇，辽河干流及其他防洪河段为20年一遇，其他支流一般为10年一遇。

(7) 珠江。西江堤防现状防洪标准一般为10年一遇，部分重要堤防和城市堤防为20～50年一遇；北江中上游河段一般为10年一遇，重要堤防为20年一遇，北江下游大堤结合飞来峡水库和北江滞洪区，可达到200年一遇的防洪标准；东江下游及其三角洲的堤防建设多数尚未达标，防洪标准较低，惠州、东莞等重要城市的防洪标准也尚未达到100年一遇的标准。

2.城市防洪能力

在全国600余座有防洪任务的设市城市中，约有40%的城市防洪标准低于20年一遇；在272座有防洪任务的地级及地级以上城市中，对外河洪水的防御能力达到50年一遇标准的只有65座，20～50年一遇的有89座，低于20年一遇的有118座。在全国16座市区人口超过200万的特大城市中，防洪标准达到200年一遇及以上的只有北京、上海、天津、杭州4座城市，达到100年一遇的只有长春、吉林和武汉3座城市，其余城市均低于100年一遇标准。

特别需要指出的是，上述防洪标准仅指防御外河洪水的能力，但目前许多城市的内河洪水和暴雨内涝问题日益突出，防御内部洪涝的标准一般仅为10～20年一遇，不少城市甚至一场较大的降雨就积涝成患。

3.中小河流防洪及沿海防风暴潮能力

(1) 中小河流。目前全国中小河流的防洪标准一般为10～20年一遇，有的河流还不足10年一遇。特别是中小河流大多位于暴雨集中的山区，山洪、泥石流危害十分严重。全国2100多个县级行政区中，有3/4位于山丘区，受山洪、滑坡、泥石流威胁的人口有7400多万，目前仍缺乏有效的防治对策。据统计，在洪水灾害造成的死亡人口中，死于山洪、泥石流等灾害的约占2/3（2005年占84%）。

(2)沿海风暴潮。中国的沿海地区一般都是经济社会比较发达的地区，现状海堤保护区的总面积约5.2万km²，人口6600多万，GDP近1万亿元，耕地约4600万亩，但总体上防御风暴潮的能力较低。除上海、杭州等主要城市的海堤可防御100年一遇潮位外，大部分为5～20年一遇标准，黄淮海地区仅5～10年一遇。目前，全国海堤的达标率仅20%左右。2005年，全国因台风造成的直接经济损失占洪涝灾害总损失的50%。

4.排涝能力

全国的低洼易涝区面积达32万km²，现状排涝标准一般都不足5年一遇，有的甚至低于3年一遇，一般城市的排涝标准也不足10年一遇。特别是随着河流堤防的加固加高，在提高防洪标准的同时也加大了排涝的困难，加重了涝渍灾害的损失。如2003年淮河大水，涝灾损失占洪涝灾害总损失的3/4以上。

（三）防洪减灾体系建设状况

1.总体防洪能力偏低

目前主要江河只具备防御常遇洪水的能力，防洪保护区标准普遍较低，中小河流的防洪能力更低，易涝易渍区的排涝标准只有3～5年一遇，沿海地区防御风暴潮的能力也普遍较低，全国多年平均洪涝灾害损失约占GDP的2%，这一比例为发达国家的10～20倍。全国总体防洪能力与全面建设小康社会的目标不相适应，远远不能满足经济社会可持续发展和保障人民群众生命财产安全的要求。

2.防洪工程体系尚不完善

（1）河道泄洪能力偏低。堤防工程与河势控制工程多数不达标，平均仅为规划要求的安全泄洪能力的86%左右，其中松花江、海河和淮河分别为81%、75%、65%。在全国27万多km的堤防中，达标堤段仅占32%左右，许多堤段存在各种安全隐患。

（2）水库调蓄能力不足。全国已建水库总库容约占河川径流量的21%，但防洪库容仅占其中的1/4，许多大中型水库以发电、灌溉、供水为主，防洪库容设置不足，有的甚至未考虑防洪要求；相当一部分水库建于20世纪70年代以前，设计水平与施工质量相对较低，存在各种安全隐患的病险水库约占水库总数的1/3；水库泥沙淤积严重，不少水库已丧失有效库容30%～70%。

（3）蓄滞洪区运用困难。蓄滞洪区安全建设滞后，管理制度不健全。全国主要江河目前开辟蓄滞洪区3万多km²，内有人口近1700万，耕地2600多万亩，启用十分困难，一旦使用后淹没损失大，补偿成本高。

3.防洪非工程措施尚不完善

（1）流域统一管理薄弱。流域机构统一管理水资源的职能尚未真正落实，流域管理与区域管理的关系尚未完全理顺，区域防洪目标与全流域整体防洪目标不够协调，流域防洪管理缺乏统一、权威、有效的手段。

（2）洪水风险管理机制很不完善。目前对防洪保护区、蓄滞洪区、洪泛区的划定和风险评估管理制度等基础性工作十分薄弱，洪水风险区土地开发利用失控，随意侵占行洪蓄洪空间、盲目向洪水高风险区发展等现象仍然存在，实施防洪保险制度进展缓慢。

（3）防洪工程设施缺乏良性运行机制。防洪工程设施建成后，运行管理和检修维护缺乏稳定的资金来源，许多工程设施老化失修，功能衰减，缺乏可持续发展的活力。

（4）防洪预报与调度的科技水平较低。基层水文监测、洪水预报、工程安全监测、自动化调度管理等方面的设施陈旧，设备落后，科技水平不高，现代化的防汛预警预报和指挥决策系统尚未全面建成。

（5）防洪减灾的公共财政体系尚未建立。防洪减灾是面向全社会的一项公益事业，应有稳定可靠的公共财政体系予以保障。但目前不仅防洪工程设施建设的投资渠道单一，而且防洪设施的管理维护、洪水风险转移的补偿、防汛抢险与灾后重建等方面都主要依靠政府拨款，缺乏稳定可靠的资金渠道。

（6）全社会洪水风险意识还比较淡薄。随着大批水库、堤防等防洪工程的修建，防御常遇洪水的能力大大增强，历史上洪水大面积泛滥、人员大量伤亡的概率已经很小，从而使得许多群众的洪水风险意识日趋淡薄，甚至在客观上助长了人们进一步与水争地、侵占行洪蓄洪空间的行为，人为加大了洪水风险。

综上所述，目前中国的防洪减灾安全保障体系还很不完善，与经济社会可持续发展的要求很不适应，洪涝灾害损失居高不下。如果按照现状防洪能力和2020年经济社会发展的规划水平，洪水高风险区的面积将达到现状水平的3倍，洪涝灾害的损失也将成倍增加。因此，中国的防洪减灾安全保障体系建设还面临着严峻的挑战。

六、中国未来防洪减灾的形势

（一）全球气候变化对未来洪水的可能影响

全球气候变化及其可能产生的影响是当前人们普遍关注的问题。根据国内外专家的研究，未来全球气候变暖是比较肯定的，全球增温幅度，各种估计差别很大。据政府间气候变化委员会第一工作组1990年的报告，2030年全球平均气温可能上升1～2℃。我国有关方面研究，中国大部分地区气温也将相应增加，并对我国夏季降水产生一定影响，估计对洪涝影响不致太大。对海平面上升的影响，一些国内专家估计，到21世纪中叶，我国海平面有可能升高0.2～0.3m。总的说来，全球气候变化的因素非常复杂，目前还很难作出比较肯定的预测。由于其进程比较缓慢，变化的幅度有限，一般地区其影响可以暂不予考虑。但对沿海地面沉降显著的城市和地区，应适当考虑海平面上升的可能影响。此外，周期波动的厄尔尼诺和南方涛动现象，对我国洪涝的加重可能有一定影响，应予以注意。

（二）人类活动的可能影响

随着生产力的提高，人类各种社会经济活动对自然界的影响，不论其规模和程度，都日益增加。在我国，这些活动对洪水、泥沙以及某些河道的形态，都有明显的影响。主要表现有：

（1）前面所述对江河冲积平原的许多无序开发，都促使江河洪水位不断抬高。

（2）山区森林过伐、土地过垦以及开矿修路修渠等各种经济建设，加重了水土流失，从而加快了洪水的汇集，增加了河流的泥沙。如，大小兴安岭森林面积的急剧减少，对嫩江洪水产生明显影响。长江、珠江流域某些山丘区森林覆盖率的减少和陡坡开荒，加重了水土流失、山洪灾害和中小支流的淤积。

（3）大面积的水土保持措施以及山区农业林业用水的增加，减少了进入河流的泥沙，也减少了进入河流的水量。中小洪水时降低洪峰洪量的作用显著，大洪水时影响不大。黄河中游黄土高原的水利水保措施，使年均入黄泥沙减少约3亿t，同时也减少了入黄的年均径流量和在中小洪水时的洪峰流量与洪水量。

（4）水库拦蓄洪水，削减了下泄的洪峰流量，减轻了水库以下的洪水威胁；但在拦蓄洪水的同时，也拦蓄了泥沙，使下游河道冲淤发生变化。

（5）由于大量引用地面径流，河道径流急剧减少，破坏了河道水沙的动力平衡，造成河道淤积萎缩，降低了河道的行洪能力，这种影响在北方河流与南方沿海的中小河流都很突出。

（6）有些平原地区，地下水的大量超采引起地面沉降，对防洪和排涝都会产生不利影响。

以上各种影响，总的后果是江河的洪水位趋向抬高。另外，北方河流和南方的一些中小河流，中小暴雨时洪峰流量和洪水量有一定程度的减小趋势，但暴雨越大，这种洪水趋小的程度越低。因此，北方河流和南方的一些中小河流，洪水有两极化的趋势，即一般年份，洪水很小甚至多年不发生洪水；但遇特大暴雨，仍会发生突发性的特大洪水，这是需要十分警惕的。

（三）城市化的影响

在人类活动对防洪减灾的各种影响中，城市化造成的影响最为显著，有必要加以专门分析。21世纪初期是我国城市（包括中小城镇）化迅速发展的时期。据中国社会科学院专家预测，按人口比例计算的城市化率将发展到2035年的68%，将有6亿人口由农村进入城市。城市化对防洪减灾将有两方面的影响，一方面使致灾因素加强，另一方面使洪水灾害的损失加大。一般认为，城市洪水灾害的经济损失将成为21世纪洪水灾害经济损失的主体。其主要影响是：（1）由于排放废热的增加，城市上空出现热岛效应，可能增加城区的降雨强度和降雨频率。（2）由于地表不透水面积的增加，地表径流将增加，入渗减少。在地下水补给减少的同时，又大量抽取地下水，使地面沉降加剧。（3）由于资产密度增加，洪水灾害的经济损失将同步增长。伴随城市的现代化，地下交通、商业、仓储等设施大量增加，这些设施最易因洪涝灾害造成较大损失。同时，城市对交通、水、电、气、通信、信息等网络的依赖性增大，由洪水灾害引起的各种网络系统的局部破坏，可能影响城市的整个系统，甚至造成城市瘫痪。一个城市受灾还可能波及其他相关城市。

（四）江河的防洪能力和常遇水灾的地区分布

随着江河防洪系统的继续加强，其防洪能力将进一步提高，但山区中小河流的洪水灾害和平原地区的涝灾仍不可避免。在江河主要堤防保证安全的情况下，大江大河经常遭受洪水灾害主要集中在下列地区：江河大堤之间的行洪河滩和生产民垸；大江大河支流的尾闾及湖区小围垸；大江大河的分蓄行洪区。以上3类地区在大江大河中下游平原地区大约有耕地6000万亩，人口4000多万。

根据江河的防洪总体规划，这些地区的防洪标准一般不可能提高。事实上，1991年淮河的洪水灾害地区，1996年和1998年长江和洞庭湖、鄱阳湖的洪水灾害，除山洪内涝外，绝大部分集中于以上3类地区。对这些地区，应在统一规划下，根据不同情况采取不同的减灾措施，包括移民建镇、平垸行洪、退田还湖、解除和改造某些分蓄洪区，以及调整生产结构、在高地迁建村庄和实行防洪保险等。

（五）江河特大洪水的可能性

如前所述，我国江河的洪水存在着某种随机性和相似性。虽然由于气象因素的错综复杂，这种随机性波动很难预测。但根据历史资料分析，我国江河的洪水仍有明显的阶段性特征。20世纪出现过1930～1939年、1949～1963年和1991年以来的3次大洪水频发期。值得注意的是，黄河、海河等流域自20世纪60年代中期以来，50余年未发生流域性的大洪水或特大洪水。近年来，北方地区连续干旱，"大旱之后，必有大涝"，这是我国的历史经验。因此，要警惕我国主要江河，包括久旱的黄河、海河等流域发生大洪水或特大洪水的可能性。

第三节　我国洪水灾害防治面临的问题

一、水土流失、泥沙淤积严重，给防洪带来了很大困难

我国是一个水土流失严重的国家，水土流失面积约占国土面积的17%，每年流失土壤约500亿t。最为严重的是黄河流域，黄河输沙量占全国的60%以上，流域内多沙河水。20世纪50年代平均含沙量为123kg/m³，60年代为131kg/m³，70年代为139kg/m³，80年代为147kg/m³，呈上升趋势。水土流失使黄土高原地貌沟壑纵横，水库和河道淤积十分严重。据80年代初对231座大中型水库的调查，累计泥沙淤积量达115亿m³，占总库容的14.3%，水库平均年淤积率为2.3%。长江、黄河、淮河近几年来淤积发展迅速，使得90年代以来的含沙虽属常遇洪水或小于历史大洪水洪峰流量，但洪水位高，泄洪时间长，形成"小水大灾"，给防洪带来困难。

二、部分水利工程及农田基础设施质量较差，加之老化失修，隐患严重

我国86000座水库防洪标准普遍较低，约有40%处于病险库状态。据2004年统计，全国约有

30%的大型水库(355座)被列入病险库,其中43座列为重点病险库。这些水库不仅不能发挥效益,汛期还能威胁城乡人民的安全。1950～1994年我国共垮坝3242座,其中工程质量失事的占38%,洪水漫顶失事的占51%。此外水利工程失修及农田基础设施薄弱,也是灾情日益严重的原因之一。

三、城市水灾影响城市经济安全

(一)城市水灾的情况

随着工业化的进程,城市化是社会发展的必然之路。我国工业产值的80%都集中于城市,而我国城市大多集中于江河湖海沿岸,从而受到各类洪灾的威胁。城市水灾和防洪成为现今防洪的重点。我国城市洪水灾害的例子很多,1915年珠江流域西江、北江大洪水,广州市大部分被淹,数万人受灾;1931年长江中下游特大暴雨,长江沿岸汉口、南京等10余座城市被淹;1981年四川洪水,119个县受灾,53个县市被淹;1991年华东地区特大洪涝灾害,一半以上损失来自于城市水灾;1994年珠江洪水,广西柳州、梧州等城市均遭受洪水侵袭;1996年,河北、湖北、安徽等许多省市的城市受灾,直接经济损失达2200亿元。我国570座城市中,有492座存在外洪内涝的问题,70多座城市没有任何防洪工程,很多城市防洪设施不完善。

(二)城市水灾的原因

现代城镇中多不透水地面和建筑群,降雨后渗水量减少,径流量增多,径流汇集时间缩短,速度加快,使洪峰出现时间提前,洪水波形变得尖陡,洪峰流量大幅度增长。据研究测定,在相同的降雨条件下城市地面产流系数可以达到农村的2～3倍,水流汇集时间则加快1倍。而且城市的"热岛效应"也会使城区的暴雨频率与强度有所提高,出现洪涝的可能性加大。近年有些新建城市向临时蓄滞洪水的低洼地域发展,必不可少的排涝防洪设施又未能及时建成或标准过低;还有些原为城郊的行洪河道变成市内排洪沟,清淤又不力,这些都是加重洪涝损失的人为因素。1991年夏,太湖地区发生洪涝,常州、无锡等城市经济损失巨大。1995年、1996年山西太原等市镇连续2年洪涝损失数十亿元。北京市"7·21"特大暴雨形成积水点426处,其中中心城区道路积水点63处,居民正常生产生活受到影响,京港澳高速公路北京段一度中断,发生多起车辆涉水人员溺亡事件。

四、主要江河防洪重点应当着重研究解决如何防御特大洪水问题

特大洪水带来的灾难,很难用计算的经济损失来衡量,不仅会造成众多人员伤亡,甚至会引起社会动荡。黄河下游堤防如果发生决口,数万km²的土地将成为不毛之地,数十年都难以恢复。当前七大江河的防洪是以20世纪最大洪水作为设防标准,这个标准与历史上曾经发生过的

特大洪水量级还有相当大的距离，而江河的防洪标准不可能一下子提得很高，因此，应当根据暴雨洪水特点，采取多种途径，研究解决超标准洪水的防御问题。

分析长江、黄河、珠江、松花江这类源远流长、流域面积大的大江大河特大洪水的形成，一般不是由于流域发生了极大暴雨，主要是干支流洪水的遭遇造成的。例如1915年珠江特大洪水，流域暴雨强度并不大，西江各支流洪水重现期一般为10～20年一遇，由于干流洪水与支流洪水沿程节节遭遇，洪峰流量层层叠加，造成下游梧州站200年一遇特大洪水。西江洪水下来之后，又再次与北江、东江洪水遭遇，造成三角洲地区空前严重的灾难。再如长江1870年洪水，宜昌站洪峰流量为105000m³/s，如果不是重庆（寸滩站）洪水与重庆一宜昌区间（139000km²）洪水遭遇，宜昌站洪峰流量估计也只有8万～9万m³/s。黄河1843年特大洪水，陕县站洪峰流量为36000m³/s，也是由北干流洪水与渭河洪水遭遇的结果。因此，对于这些大江大河，如果在干支流修建必要的控制性水库，可以发挥较好的调洪错峰作用，减少特大洪水发生的机会。水系呈扇形的海淮河流域，特大洪水的形成暴雨特性起决定作用，有两种不同类型的暴雨。一种是由一次强烈的大暴雨过程造成的洪水，如海河"63·8"暴雨，遇到这种类型的特大洪水，流域大型水库所能起到的调洪削峰作用与中小型水库垮坝形成的洪水，大致正负相当。另一种类型暴雨是长时间淫雨和多次暴雨造成的流域性特大洪水，水库调蓄作用更难以发挥。所以对海淮河流域来说，水库对防御特大洪水的作用，都不能估计过高，尤其是后一种类型的暴雨洪水，如海河的1801年特大洪水、淮河的1569年特大洪水，洪水总量很大，关键是如何解决洪水出路的问题。

五、山地丘陵区防洪的首要问题是如何提高干部群众的防洪意识

我国山丘区面积大，洪水灾害局部、分散，但累计总量还是相当大的。平原区洪水灾害很大程度上集中在几次大洪水，从全国而论，经常性的洪水灾害主要来自山丘区。以海拔高程200m作为山丘区和平原区分界线，按此标准进行统计，自1950年至1990年，全国水灾的农田受灾面积，山丘区和平原区的比例大致为1：2，死亡人口为2：1，房屋倒塌的数量为2：3，山丘区所占的比重是相当高的。

山丘区洪水灾害的特点是洪水暴涨暴落，突发性强，破坏力大，预报预警比较困难，洪水灾害遍地开花，防洪战线分散。因此，在防洪策略上必须是广大的县市集镇"各自为战"，因地制宜地采取各种不同措施。

分析山丘区洪水灾害致灾原因，其中很大一部分是由于防洪观念薄弱，人为的因素造成的。例如四川"81·7"洪水，紧靠涪江的潼南县，原是一座依山傍水的山城，很少受到洪水威胁。1972年开始，在河滩地——金鸭坝修建了11万m²楼房，县机关9个局和75家企业迁进新县城四川"81·7"一场大水，10年经营的新县城，荡然无存。再如1983年汉江特大洪水，古城安康遭到毁灭性灾难，淹死870余人。在洪水即将到来之前，水利电力部第四工程局发出了洪水即将漫城的紧急预报，但城区的干部、群众依然将信将疑，如果及时做好应急措施，至少人员伤亡是可以避免的。至于在沿河低洼地区布设厂房以及各类建筑，更是普遍的现象。因此在山丘区的防洪问题上，很重要

的一条是如何增强干部和群众的防洪意识。各级职能部门应当在"提高"和"增强"问题上切实做一些调查研究工作,将洪水特点、可能淹及的范围以及采取的应急措施让群众都能了解和掌握,这样才能动员全社会都来关心并参与防洪建设。调查、研究、宣传这类"软任务",如果没有一定的资金投入,"增强"和"提高"全民防洪意识也是要落空的。

六、对于高强度暴雨洪水区的水利工程应特别注意防洪安全问题

燕山、太行山、伏牛山、迎风山山麓地带,是我国暴雨洪水强度最大的地带,这些地区水库工程密集,背靠崇山峻岭,面对人口集中的广大平原,洪水来势猛,中间缺少缓冲过渡段,沿京广线一带的城市,几乎头上都顶了一盆水,如果水库失事,后果比哪个地区都严重。1969年佛子岭水库漫坝和1975年河南两座大型水库失事,都出现在这些地带。

大坝的安全是相对的,不论采用什么等级的设计标准,总还存在超标准的洪水问题,没有万无一失的工程。而且这些地区洪水的年际变化非常大,变差系数C_v值高达$1.0 \sim 1.5$,根据短暂的水文资料估算出来的稀遇频率的设计洪水,误差是很大的。因此,在加固病险水库的同时,在防洪规划中,还应当考虑超标准洪水的对策措施。

第四章 洪水灾害防治的主要任务与对策

第一节 洪水灾害防治的指导思想、基本原则和战略目标

一、战略思想

全面落实2011年中央1号文件精神，深入贯彻科学发展观，以保障生命安全、维护社会经济持续稳定发展为宗旨，以建设完善的防洪减灾体系为基本策略，以有效应对极端洪水为重点，消除防洪安全薄弱环节，全面提高防洪安全水平，保障经济长期平稳较快发展和社会和谐稳定。

二、指导方针

以保障人民生命安全为首要目标，优先实施关系民生的防洪安全建设，构筑完善的生命安全屏障。

在经济合理、社会公平、维护生态环境功能的前提下，建立与社会经济水平和未来发展趋势相适应的防洪工程体系，为社会经济发展营造安定的环境。

以避免重大人员伤亡和确保国家发展目标的实现为底线，针对各种可能的超标准洪水和极端洪水事件，全面加强备灾工作；面对洪水，科学运用工程和非工程手段，保障生命安全，将洪水影响控制在预设范围；落实国家储备，加速灾后恢复，消除洪水的长期影响和对社会稳定威胁。

简言之，防洪安全的战略方针是：以人为本，保障发展；政府主导，政策先行；突出重点，统筹兼顾；公众参与，全民减灾。

三、防洪安全目标

（一）国家目标

1.近期目标（2030年）

以健全法制、改革体制、创新机制推动防洪安全建设，完善防洪减灾体系。具体目标包括：(1)防洪工程体系按照防洪规划要求全面建成并达标，建成与城市发展水平相适应的防洪除涝体系，完成中小河流重点河段治理；(2)建立以洪水影响评价、洪水风险区划和洪水风险公示等制度为主体的洪水风险管理制度，全面提高洪水风险管理能力，强化公众水患意识；初步完成中小河流、山洪威胁区的洪水风险区划，无序开发洪水高风险区土地的现象得到遏制；(3)建设覆盖全面的现代化洪水预报预警、洪水调度和避洪转移系统；(4)形成长效的防洪工程与非工程措施的运行、维护与管理机制，确保防洪减灾体系功能得到有效发挥；(5)全面评估各类极端洪水事件的影响和后果，形成科学应对极端洪水的应急管理体系；基本避免重大人员伤亡；(6)完成国家、流域和区域洪水风险未来预见研究，建立并推行适应气候变化、城市化和工业化发展的防洪减灾政策、管理体制和对策措施；(7)全国年均因洪死亡率控制在0.8/百万以下，损失率小于0.3%，防洪安全度不低于85。

2.远期目标（2050年）

建成完善的防洪减灾体系，全国年均因洪死亡率控制在0.6/百万以下，损失率小于0.1%，防洪安全度达到90以上。具备完善的应对极端洪水事件的预报、预警、工程调度、超额洪水安排、应急响应、灾民安置、保险和灾后救助恢复等措施体系。

（二）主要江河流域防洪安全目标

1.长江流域

（1）近期目标（2030年）

遇防御目标洪水（1954年量级洪水），确保长江干堤、主要城市、大中型水库和重要生命线安全，河道洪水泛滥淹没面积控制5000km²以下，农田涝水在洪峰过后30天内基本排干，水灾损失率（即损失与流域GDP的比值）不超过1998年洪水；因洪死亡人数不超过1998年长江洪水，避免次生灾害和灾后疫情发生。

遇历史最大洪水（1870年量级洪水），确保一级堤防、大型水库、主要城市和关键生命线安全，基本避免二级堤防和中型水库溃决，洪水泛滥淹没面积控制在10000km²以下，避免重大次生灾害和灾后疫情发生。

（2）远期目标（2050年）

遇防御目标洪水（1954年量级洪水），确保长江干堤、主要城市、大中型水库和生命线工程安全，河道洪水泛滥淹没面积控制2000km²以内，城市内涝基本不影响正常的生产生活，农田涝水在洪峰过后15天内基本排干；避免次生灾害和灾后疫情发生。

遇流域或区域历史最大洪水，确保一级堤防、大中型水库、主要城市和重要生命线工程安全，基本避免小（1）型水库溃决，河道洪水泛滥淹没面积控制在5000km²以内，避免次生灾害和灾后疫情发生。

2.黄河流域

（1）近期目标（2030年）。遇历史最大洪水，确保黄河中下游堤防、大中型水库和重要生命线安全，避免次生灾害发生；基本避免凌汛决口。

（2）远期目标（2050年）。黄河泥沙问题得到有效解决，下游河床呈下降趋势。遇超标准洪水，确保黄河下游堤防、大中型水库和关键生命线安全，避免次生灾害发生；消除凌汛威胁。

3.淮河流域

（1）近期目标（2030年）。遇防御目标洪水，确保干堤、主要城市、大中型水库和重要生命线安全，河道洪水泛滥淹没面积控制5000km²以下，农田涝水在洪峰过后30日内排干，经济损失率不超过1991年洪水；中下游因洪死亡人数控制在3位数以内，避免次生灾害和灾后疫情发生。

（2）远期目标（2050年）。遇历史最大洪水（1593年量级洪水），确保干堤、主要城市、大中型水库和重要生命线安全，河道洪水泛滥淹没面积控制2000km²以下，农田涝水在洪峰过后15日内排干；中下游因洪死亡人数控制在2位数以内，避免次生灾害和灾后疫情发生。

4.海河流域

（1）近期目标（2030年）。遇防御目标洪水，确保干堤、主要城市、大中型水库和重要生命线安全，河道洪水泛滥淹没面积控制在10000km²以下，水灾损失率不超过1%；中下游因洪死亡人数控制在3位数以内，避免次生灾害发生。

（2）远期目标（2050年）。遇历史最大洪水（北系1801年、南系1569年量级洪水），确保干堤、主要城市、大中型水库和重要生命线安全，河道洪水泛滥淹没面积控制在10000km²以下，经济损失率不超过0.5%；中下游因洪死亡人数控制在3位数以内，避免次生灾害发生。

5.松花江、辽河流域

（1）近期目标（2030年）。遇防御目标洪水，确保干堤、主要城市、大中型水库和重要生命线安全，河道洪水泛滥淹没面积控制5000km²以下，经济损失率不超过0.5%；中下游因洪死亡人数控制在2位数以内，避免次生灾害发生。

（2）远期目标（2050年）。遇超过防洪目标量级的洪水，确保干堤、大城市、大中型水库和重要生命线安全，河道洪水泛滥淹没面积控制5000km²以下，经济损失率不超过0.5%；中下游因洪死亡人数控制在2位数以内，避免次生灾害发生。

6.珠江流域

（1）近期目标（2030年）。遇防御目标洪水（1915年量级洪水），确保北江大堤、三角洲主要围堤、大城市、大中型水库和重要生命线安全，河道洪水泛滥淹没面积控制3000km²以下，经济损失率不超过1%；中下游因洪死亡人数控制在3位数以内，避免次生灾害和灾后疫情发生。

（2）远期目标（2050年）。遇防御目标洪水，确保北江大堤、西江肇庆以下干堤、三角洲主要围堤、主要城市、大中型水库和重要生命线安全，河道洪水泛滥淹没面积控制2000km²以下，经济损失率不超过0.5%；中下游因洪死亡人数控制在2位数以内，避免次生灾害和灾后疫情发生。

7.太湖流域

（1）近期目标（2030年）。遇防御目标洪水，确保环湖大堤、西险大塘、太浦河堤、望虞河堤、主要围堤、主要城市、大中型水库和重要生命线安全，河道洪水泛滥淹没面积控制在2000km²以下，经济损失率不超过1%；平原地区因洪死亡人数控制在1位数以内，避免次生灾害和灾后疫情发生。

（2）远期目标（2050年）。遇超过防御目标量级的洪水，确保环湖大堤、西险大塘、太浦河堤、望虞河堤、主要城市、大中型水库和重要生命线安全，河道洪水泛滥淹没面积控制在2000km²以下，经济损失率不超过1%；平原地区因洪死亡人数控制在1位数以内，避免次生灾害和灾后疫情发生。

第二节　我国洪水灾害防治的主要任务

一、完善流域规划，防御大江大河洪水

经过多年的防洪实践与建设，我国初步形成了以堤防、水库、蓄滞洪区为主体的防洪工程体系，并辅以预报调度决策支持系统为代表的防洪非工程措施，防洪能力显著提高，已基本可以控制流域型大洪水，基本实现了大江大河的治理。然而，随着人类高强度开发，加速水文循环速度、扰动水文循环过程，致使新型防洪问题的出现，同时，我国很多水库、堤防修建较早，存在带病运行的情况，因此，针对大江大河流域洪水而导致的洪涝灾害，首要任务是进一步完善流域规划，规范人类流域开发行为，并对水库、堤防等工程进行除险加固。

二、推进中小河流治理，提高支流防洪能力

随着大江大河防洪格局的基本形成，防洪能力薄弱的中小河流带来的洪涝灾害引起人们的重视。针对中小流域洪水产生的洪水灾害，主要灾害防治任务是推进中小河流治理，进一步提高支流的防洪能力。在工程措施方面，加强中小河流堤防建设和河道疏浚工作，提高河道行洪能力和防洪能力，在非工程措施方面，开展水文站网建设，并以此实测资料为依据，开展预报方案编制工作，提高洪水预报能力，为中小河流防洪调度决策提供科技支撑。

三、推进山洪灾害防治，减少小流域突发洪水灾害

近年来，我国因洪水而导致的死亡人口基本由山洪灾害导致，山洪灾害因其突发性、破坏性

以及可能带来次生灾害等特点使其成为现阶段防洪的难点。根据国务院常务会议精神，以《山洪灾害防治规划》为依据，2010年11月，启动了全国山洪灾害防治县级非工程措施项目建设。山洪灾害防治县级非工程措施项目是在山洪灾害防治区进行初步的山洪灾害普查、危险区划定、预警指标确定、预案编制，建设监测系统、预警系统、县级监测预警平台和群测群防体系，基本形成了符合我国国情的山洪灾害监测预警系统和群测群防相结合的非工程措施体系框架。

通过2010～2012年山洪灾害防治县级非工程措施项目建设，项目县已初步建立了覆盖山洪灾害防治区的监测预警系统和群测群防体系，有效解决了当前我国山洪灾害防御中存在的突出问题：一是通过新建自动、简易雨水情监测站点，建成了基本覆盖我国山洪灾害防治区的雨水情监测网，初步解决了我国山洪灾害防御缺乏监测手段和设施问题；二是通过配备县、乡、村的预警设施，将山洪灾害预警信息及时传递到乡镇、村、组、户，初步解决了预警信息发布"最后一公里"问题；三是通过山洪灾害监测预警系统建设，有效提高了预警信息发布的时效性、针对性、准确性，减少了人员转移的难度和成本；四是通过建设基层群测群防体系，落实县、乡、村山洪灾害防御责任，实现山洪灾害防御预案"纵向到底、横向到边"的全覆盖，大大增强了基层干部群众的防灾减灾意识，提高了自防自救和互救的能力；五是通过山洪灾害防治县级非工程措施建设，初步构建了县级防汛指挥平台，强化了基层防汛指挥手段，有效提高了山洪灾害防治区的基层防汛指挥决策水平。

按照《全国山洪灾害防治项目实施方案（2013～2015年）》，目前正在进一步掌握我国山洪灾害的区域分布、影响程度、风险区划等状况，确定危险区和预警指标，进一步完善监测预警系统和群测群防体系，基本完成重点地区洪水风险图编制，推动洪水风险图管理与应用，在重点区域基本建成工程措施与非工程措施相结合的山洪灾害防治体系，显著增强防灾减灾能力和风险管理能力，最大限度地减少人员伤亡和财产损失，为构建和谐社会、促进社会经济环境协调发展提供安全保障。

通过山洪灾害调查评价，基本查清我国山洪灾害的区域分布、灾害程度、主要诱因等，划定防治区沿河村落的危险区，确定预警指标和阈值，绘制山洪灾害风险图，为山洪灾害监测预警和防御、工程治理提供支撑。

通过山洪灾害防治非工程措施完善，全面提升我国山洪灾害监测预警能力，高效发挥山洪灾害防治非工程措施的作用。在已经实施县级非工程措施项目建设成果的基础上，进一步补充完善监测站点，提高骨干监测站点通信保障能力；进一步完善山洪灾害监测预警系统，增强预警发布能力，扩大预警范围；建设中央、省、市监测预警管理系统，实现互联互通和信息共享；继续开展群测群防体系建设，不断提高山丘区群众主动防灾避险意识和自救互救能力。

四、开展"海绵城市"试点，减少城市内涝损失

随着城市化进程的加速，人口和生产力不断地向城市聚集。相应地，由于城市雨岛效应和热岛效应，增加了城市暴雨强度与频次，城市开发而导致的地面硬化，致使洪水过程变得更为尖瘦，

在以上原因的综合作用下，致使目前城市内涝损失渐渐超过了洪水灾害损失。针对我国城市规划未考虑"蓄水"工程的通病，应开展"海绵城市"的试点工作，通过下沉式公共绿地、地下水库、排水沟、泵站等的综合作用，提高城市对洪水的调蓄能力，进而减少城市内涝灾害损失。

第三节　我国洪水灾害防治的发展战略

一、从控制洪水向洪水管理转变的必要性

（一）克服单纯依靠防洪工程措施的局限性

新中国成立以来，修建了大量的防洪工程设施，在抗御历次特大洪水中，发挥了巨大的效益。但在过去的防洪减灾工作中，也日益暴露出如下单纯依靠工程措施的局限性。

（1）防洪工程的防洪能力受设计标准的限制，但盲目提高设计标准不仅会大大增加经济成本、社会成本和生态环境成本，而且会造成防洪能力长期闲置，因而也是不科学、不经济的。（2）防洪工程本身也存在着很大的安全风险，一旦失事，其危害性可能大大超过天然洪水。（3）防洪工程存在着突出的风险转移问题，如提高局部地区的堤防标准，同时就加大了相邻地区的洪水风险：水库会带来下游地区的垮坝风险；蓄滞洪区内的人民群众更是长期面临着洪水风险。（4）防洪工程建设受到诸多因素的制约，如堤防不能无限制地加高；水库建设受到坝址选择、移民、生态、边际投资增加等因素的制约等。

（二）建立新型人水关系的需要

坚持人与自然和谐相处，从人水争地向人水和谐转变，是落实科学发展观的基本要求。人类不能片面强调控制洪水，叫洪水让路，与水争地，加剧人水矛盾，而是应该给洪水以出路，视洪水为资源，人与洪水互相适应，以局部的退让换取全局的主动。

（三）适应经济社会发展的需要

20世纪80年代以前，中国处于以计划经济为特点的单一型社会结构，改革开放以来，实行社会主义市场经济体制，多元化、社会化、信息化程度提高，市场机制的作用不断强化，在计划经济体制下形成的防洪方略和防洪工作机制已经不能适应新的社会形态。

（四）水资源可持续利用的需要

面对洪涝灾害和干旱缺水的交替出现，解决日益加剧的缺水危机已成为新时期水利工作的重点任务之一，从而对防洪减灾提出了科学利用洪水资源的新课题。必须尽快调整以往那种"快

排快泄、入海为安"的单一防洪目标，通过加强洪水管理，在确保防洪安全的前提下尽量留住洪水、利用洪水。

二、目标与对策

（一）目标

从控制洪水向洪水管理转变的总体目标是：遵循建设和谐社会、坚持人与自然和谐相处、建立新型人水关系的要求，全面地、辩证地总结以往防洪减灾工作的经验和教训，确立与新的形势和任务相适应的防洪减灾方略，统筹协调防洪抗旱、生态环境保护、水资源综合利用，建立以流域为单元、工程措施与非工程措施相结合，基于全流域尺度的综合成本最低、综合效益最佳的防洪减灾安全保障体系，保障经济社会可持续发展和安全、平稳地运行。

（二）对策

1.树立适度承受风险的防洪理念

中国人多地少，人水争地的矛盾突出，尤其在主要江河的中下游平原，城市众多，人口稠密，国民财富高度汇集，长期以来已经形成了一种不可逆转的格局，不可能完全给江河让出自由泛滥的空间，因而只有通过建库蓄水、筑堤挡水来对洪水加以约束。有约束就有反约束，当洪水的反约束力大于约束力时，就会释放出比自然状态时更大的破坏力，由此决定了洪水风险的必然性。中国人民数千年来的抗洪史充分证明，人类已经有能力完全消除中小洪水造成的危害，但对于超出自己防御能力的洪水，人类应以理智的态度适当让步并坦然面对。可以说，目前世界上任何一个国家都不可能确保防洪安全万无一失，美国和欧洲的一些发达国家近几年来洪涝灾害频发就充分说明了这一点。

2.标本兼治，治本先行

山为水之本，治水先治山。从长远和全面的角度分析，山区占主要江河流域面积的60%～80%，山区既是主要的产流区，也是江河泥沙的主要来源。所以，山区植被破坏和水土流失是洪涝灾害不断加剧的主要原因之一。特别是水土流失导致江河湖库淤积和蓄洪、行洪能力持续衰减，洪涝灾害发生的频次和产生的危害不断增加。因此，山区的植被保护和水土流失治理应成为可持续的防洪减灾方略的治本之策。

同时，我国主要江河中下游地区的天然湖泊、湿地因长期以来泥沙淤积和盲目围垦而不断萎缩甚至消失，使江河洪水失去了蓄滞空间，致使洪涝灾害不断加剧。因此，下决心加大退田还湖的力度，恢复湖泊、湿地的蓄滞洪空间，同样是可持续的防洪减灾方略中的一项治本之策。

（三）建立结构合理、标准适宜的防洪工程体系

堤防、水库、河道整治、蓄滞洪区建设相配套的防洪工程体系，是防洪减灾的物质基础，也

是实施洪水管理的必不可少的手段。但是，防洪工程体系应该在流域范围内统筹规划，合理布局，上下游、左右岸、干支流互相协调，堤防、水库、蓄滞洪区根据不同的洪水类型、洪水量级和洪水调度的要求，合理分担各自的防洪任务，在同样的防洪效益下达到综合成本最小化。

防洪工程体系规划布局的总体原则是蓄泄兼筹，但蓄与泄的关系应根据流域洪水产生和演进的规律、河湖水系的地形特征、防洪保护区的相对位置及保护标准和保护重点来确定。

对于水量充沛、洪水峰高量大且峰型较胖的南方河流，应贯彻"以泄为主、以蓄为辅"的方针，主要通过加高加固堤防和河道整治来提高河道泄洪能力。对超过堤防和水库防洪能力的洪水，则必须开辟蓄滞洪区予以滞洪削峰。

对于水资源短缺、洪水峰型较瘦的北方河流，则应"蓄泄结合"并适当加大"蓄"的比重，在保障防洪安全的前提下，最大限度地利用洪水资源。对于稀遇洪水，应在充分发挥堤防、水库的防洪能力的基础上，主要通过蓄滞洪区进行处置。尤其对一些中下游河段区间洪水较大、上游水库无法控制、河道泄洪能力又十分有限的河流，蓄滞洪区的设置更是必不可少。

由于堤防战线长、投资多、工程量大，且受"木桶原理"的控制，一处决口、全线崩溃，汛期防守任务繁重，洪水风险很大。另外，堤防壅高河道水位，增加了排涝的困难，涝渍损失相应增加，相当一部分河道洪水的风险转变为内涝风险。所以，非重点保护区的堤防应以防御常遇洪水为目标，防洪标准一般不宜高于50年一遇；但大中城市人口集中、经济发达、资产密集，而且地域狭小，缺乏回旋余地，堤防是唯一的防洪屏障，因此城市堤防的防洪标准至少应达到50~100年一遇。

大型水库除了蓄滞削峰、增加洪水资源利用量以外，还具有发电、灌溉、供水、航运等综合效益，所以在水资源调控能力不足的河流上应适当修建。但水库建设受到优良坝址逐渐减少、边际投资不断增加、淹没损失增大、移民安置难度加大、环境影响评价日益严格等诸多因素的制约，使大型水库的建设受到一定限制。

蓄滞洪区是防御稀遇洪水的主要手段，但由于我国人多地少，蓄滞洪区的人口增加和土地开发利用管理失控，安全建设严重滞后，因而启用十分困难，一旦启用，淹没损失严重，转移安置群众和灾后补偿的成本很高。因此，下决心逐步减少蓄滞洪区的人口，改变土地利用方式（如规模化风险型生产模式，实行洪水保险制度，改为水产养殖或湿地旅游休闲等），加强安全设施建设，最大限度地降低蓄滞洪区的运用成本，达到费省效宏的目标，应成为新时期防洪减灾体系建设的一个重点。

（四）建立洪水风险补偿机制

面对客观存在的洪水风险，必须认真研究风险评估、风险分担、风险转移、风险补偿等一系列重大问题。一方面来讲，江河流域的中下游地区往往都是经济社会发展水平较高、经济实力较强、人口密度较大的地区，上游地区则人口密度较小，经济社会发展水平较低，有的处于贫困落后状态。但另一方面，上游山区作为主要产流、汇流区，与防洪减灾相关的大中型水库和水土保持、退耕还林等项目主要安排在上游，而中下游地区则大多是洪水风险区、高风险区和重点防洪保护区。也就是说，上游地区主要是为防洪减灾作出贡献的地区，而中下游地区则是防洪减灾的主要受益区。

在中下游河道堤防建设中，为保障重点城市和重点保护区的防洪安全，适当提高防洪标准是完全必要的，但局部地区加高堤防将会加大上下游的防洪压力和排涝困难，城市下垫面的变化也会加快暴雨洪水汇流速率，加大下游的洪峰、洪量。也就是说，局部地区防洪标准的提高，是以向其他地区转移洪水风险为代价的。此外，为了适当处置超标准洪水，需要在中下游湖泊、湿地或其他低洼地区设置行洪区或蓄滞洪区，使得这些地区长期处于洪水风险的威胁之下，土地开发利用和固定资产投资受到限制，经济社会发展受到很大影响。这些蓄滞（行）洪区一旦启用，淹没损失很大，人员转移、灾后恢复重建的成本很高。

由此可见，洪水风险的评估、分担、转移、损益、补偿等问题是新时期防洪减灾中需要重点解决的重大问题。

（五）洪水调度与洪水资源化

运用蓄、滞、挡、泄等措施合理配套标准适度的防洪工程体系和现代化的洪水预警预报与调度指挥系统，科学调度洪水，合理安排洪水的蓄泄关系，妥善处置超标准洪水，宜泄则泄，宜蓄则蓄，在保障防洪安全的前提下，尽量利用水库、湖泊、湿地、河槽、坑塘留住洪水，补充生态环境用水、回灌地下水，增加土壤水，科学利用水沙资源。特别是北方地区，水资源严重匮乏，往往大水之后就是严重的干旱，所以洪水资源化的问题显得尤为重要。目前松辽流域、海河流域和其他一些地区在洪水资源化方面已经积累了很多成功的经验，今后应作为洪水管理的一个重点领域进一步研究和探索。

据初步演算，我国七大江河在发生全流域防御目标洪水时，总共需要安排8500亿m³超量洪水的出路，其中长江约4900亿m³，珠江约1300亿m³，淮河约1000亿m³，其他江河约1400亿m³。洪水调度和妥善处置的总体策略是"蓄泄兼筹、以泄为主"。通过合理修建防洪水库，使总的防洪库容从1300亿m³增加到2000亿m³以上；通过蓄滞洪区建设，使蓄滞洪容积达到1000亿m³以上；加上湖泊、湿地、洪泛区的蓄滞洪作用，使蓄滞洪水的比例达到超量洪水的25%～30%。通过下游河道和入海口的疏浚整治，使河道安全泄洪能力平均提高15%左右，使70%～75%的超量洪水通过河道安全下泄。对于不同地区的河流和不同的洪水类型，则应根据水资源丰缺程度和防洪工程体系的实际情况，经科学论证后合理确定蓄泄关系。

（六）建立洪水风险管理体制和机制

建立统一、权威、高效的流域防洪减灾管理机构，为实施全流域洪水风险管理提供组织保障建立健全洪水风险区管理制度，洪水风险区内的经济社会发展规划和基本建设项目必须编制洪水风险评估报告，并经国家授权的部门审批；逐步调整洪水高风险区的人口分布和生产力布局，合理规避洪水风险，严禁盲目进入洪水风险区从事生活、生产活动，人为加大新的洪水风险。

按照国家为主、地方为辅、受益者合理分担的原则，建立防洪减灾公共财政体系，包括财政拨款的年度防汛救灾经费,在洪水风险区内实施强制性洪水保险,受防洪减灾体系保护的地区征收安全受益补偿费,提取防洪工程设施折旧费和大修理费等,为建立洪水风险补偿机制提供可持续的资金来源。

（七）加强洪水管理的法制化建设

建立健全与洪水管理相适应的政策法规体系,修订或废除与之相矛盾的条文和规定,以完善的法律法规、有效的执法监督、强有力的行政管理,为实施洪水管理提供保障和支持。

第四节　我国洪水灾害防治的主要对策

一、洪水灾害特点

我国是世界上遭受洪涝灾害最为频繁的国家之一。据历史资料的不完全统计,从公元前206年到公元1949年的2155年间,我国共发生大水灾1092次,平均每两年就有一次大水灾(李国英,1997)。因此,我们的祖先留下这样的古训:"治国必先治水!"新中国成立后,党和政府都高度重视治水工作,动员亿万群众积极进行江河治理和防洪建设,取得了巨大成就,改变了旧中国那种洪水肆虐、民不聊生的局面。但是,还应清醒地看到,在我国经济发展中,水患作为中华民族的心腹之患仍未解除,防洪仍是极其重要的问题,它已成为将自然环境、技术科学和社会经济紧密联系在一起的庞大复杂的系统工程。

洪水灾害的防治现状:

至2013年,第一次全国水利普查公报的统计,全国已建成大、中、小型水库97246座,总库容8104.10亿m³,其中大型756座,库容7499.85亿m³,中型3938座,总库容1119.76亿m³,这对各级河道的洪水都起到了不同程度的控制和调节作用。在抗御1998年长江洪水的斗争中,湖南、湖北、江西、四川、重庆5省市的700多座大中型水库参与拦洪削峰,拦蓄洪量达300多亿m³,为夺取抗洪斗争的全面胜利发挥了重要作用(陈德坤,孙继昌,1998)。许多水库采取了超常调蓄措施。例如,丹江口水库蓄洪超过汛限水位5.65m;隔河岩水库一度蓄水超过正常高水位,甚至逼近了水库校核水位。这些措施对防洪作用明显。据资料统计,1996～2005年,全国水库累计拦蓄洪水2800亿m³,减免农田受灾面积2588万hm²,减免受灾人口4.6亿人次,减免直接经济损失9000亿元。这些控制性水库工程,不仅本身起到显著调节洪水的作用,而且对所在河流整个防洪系统调度运用的可靠性和灵活性起到了保障作用,为防汛抢险创造了有利条件。

目前,全国已建成江河堤防27.75万km,保护人口5.13亿,保护耕地4400万hm²和100多座大中城市。这些堤防是我国精华地带防洪安全的屏障,是全国防洪系统的重要组成部分。堤防一般只能解决常遇洪水,对于较大稀遇洪水,还必须和水库或分蓄洪区联合运用。

我国在长江、黄河、淮河、海河四大流域共辟有97个分蓄洪区，总面积3万多km²，分蓄洪能力达1000多亿m³。1998年长江大水后，党中央、国务院作出了平垸行洪、退田还湖、移民建镇的重大决策。实施平垸行洪、退田还湖，可解除常遇洪水下洲滩民垸上居民的洪患危害，减轻防汛压力和政府救灾负担，并可增加江湖行蓄洪能力。通过实施4期的移民建镇工程，共平退了1461个圩垸，可退还江湖面积约4152km²，增加蓄洪容积164.5亿m³。它们作为牺牲局部保全大局的主要措施，在整个防洪系统中占有重要地位。

全国大力推行水土保持。水土保持是指在各水系的上中游地区，在山头封山育林，在陡坡退耕还林，在山坡修建梯田，在沟底修建塘坝从山上到山下，层层有拦蓄工程，把天然降水、地表径流最大限度地拦蓄起来，既可以发展灌溉又可以减轻下游洪水的压力。截至2005年年底，全国累计水土流失治理保存面积达到92万km²，比"九五"期末净增9万km²。水利部先后在29个省份的198个县开展了水土保持生态修复试点工程；全国有20个省份136个地（市）的697个县出台了封山禁牧政策。现有水土保持措施每年可减少土壤侵蚀15亿t，增产粮食180亿kg，5年间全国有1200多万人通过水土保持解决了温饱，生态自我修复已成为水土保持工作的核心理念。

逐步建立和完善了非工程防洪措施。大江河都建立了水文预报、防洪通信和调度指挥系统，并通过法律、行政、经济手段加强河道、水域和分蓄洪区的管理，制定洪水保险条例，建立专项救灾基金等。这些措施为减少洪水灾害损失发挥了重要作用。

编制了大江河全流域防洪规划。新中国成立以来，长江、黄河、淮河、海河、松辽、珠江、太湖七大流域都曾经制订过流域防洪规划，有的流域做过三四次规划，但由于防洪工作是动态的，必须根据变化进行调整。水利部按照国务院的要求，在1998年长江、松花江、嫩江发生大洪水之后，就启动了七大流域防洪规划工作，制订各个流域的防洪规划。这些规划对七大流域各自的防洪形势进行了科学的分析和评价，确定了今后20年中国防洪工作的蓝图。防洪规划的编制完成，标志着我国防洪减灾体系的建设与洪水管理进入了一个新阶段。对完善我国综合防洪减灾体系和提高江河总体防洪减灾能力必将起到重要的推动作用。

二、我国现阶段洪水灾害防治对策

2011年中央一号文件明确指出，力争通过5年到10年的努力，从根本上扭转水利建设明显滞后的局面。到2020年，基本建成防洪抗旱减灾体系，重点城市和防洪保护区防洪能力明显提高，抗旱能力显著增强，"十二五"期间基本完成重点中小河流（包括大江大河支流、独流入海河流和内陆河流）重要河段治理、全面完成小型水库除险加固和山洪灾害易发区预警预报系统建设；基本建成水资源合理配置和高效利用体系，全国年用水总量力争控制在6700亿m³以内，城乡供水保证率显著提高，城乡居民饮水安全得到全面保障，万元国内生产总值和万元工业增加值用水量明显降低，农田灌溉水有效利用系数提高到0.55以上，"十二五"期间新增农田有效灌溉面积4000万亩；基本建成水资源保护和河湖健康保障体系，主要江河湖泊水功能区水质明显改善，城镇供水水源地水质全面达标，重点区域水土流失得到有效治理，地下水超采基本遏制；基本建成有利于水利科学发展的制度体系,最严格的水资源管理制度基本建立,水利投入稳定增长机制进一步完善,有利于水资源节约和合理配置的水价形成机制基本建立,水利工程良性运行机制基本形成。

现阶段防洪减灾的目标应当是:全面巩固完善现有防洪工程系统,加速完成病险水库除险加固任务,以恢复和保持原规划设计的防洪标准;通过重点新建一批防洪控制工程、加强非工程防洪措施和通过防汛抢险、优化洪水调度,使一般中小河流都能防御常遇洪水,大江大河重要河段、重点地区和重点城市的防洪标准得到提高。做到一般年份出现常遇洪水时,尽量减少受淹面积和减轻洪水灾害损失;各大江河能在充分利用蓄滞洪区的前提下,保证干流不决口、大中型水库不垮坝、重点城市不受淹;如遇近百年内曾经发生过的最大洪水,在辅以临时分洪非常措施条件下,保护重点,力争尽量缩小受淹范围,避免发生毁灭性灾害。

(一)防洪工程措施

1.加强防洪工程设施,点、线、面密切结合

点,就是继续修建各级河道的控制性水库。除巩固、改造现有水库外,还要结合水资源综合利用修建水库工程,如长江三峡、黄河小浪底、嫩江布西、珠江龙滩和大藤峡等,以提高对洪水调节控制和调度能力。加速分蓄洪区安全设施和配套工程的建设,使分蓄洪的运用尽量做到适时适量,尽力减少分蓄洪区内固定资产的破坏,减少损失和失控事故,减轻灾后恢复和救灾困难。

线,就是河道整治和堤防建设,这是防洪的基本措施和长期持久的任务,随着社会经济的发展,大江大河沿岸和滨海地区将是城镇集市、工矿企业和水陆交通枢纽的密集地带。对江河湖海岸线的开发利用和保护,必须进行全面规划,统筹安排,利用有利时机进行治理,协调经济发展与防洪需要的矛盾。

面就是在广大山地丘陵区推行水土保持和小溪小沟的治理,控制水土流失,减轻山洪、滑坡、岩崩等山地自然灾害。在点、线、面的治理中,要采取各种措施,化洪水为可用水资源。我国河川径流中2/3为洪水,转化洪水为可利用水资源,既是防洪的需要,又是缓解水资源短缺地区水源不足的重要措施。除继续兴修水库、塘坝,提高径流调节的能力外,还应当研究利用洪水的各种途径,如水土保持拉沙蓄水,利用洪水进行地下水的补给,引洪淤灌农田、草原,利用洪水清除河渠污染等。

2.强化防洪设施管理,使其经常完好有效

鉴于洪水灾害发生的随机性,各种防洪工程和防洪设施都非处于经常运用之中,如水库防洪库容可能多年不用或多数年份只用其中较少一部分;行蓄洪的天然河湖洲滩也可能多年不用;分蓄洪区可能数年或数十年才用一次;防汛通信设施每年只有在汛期启用较短的时间。这些特点说明防洪工程设施需要一种特殊的管理办法。除了建立健全管理法规、制度、机构和充实人员,依法进行严格管理,加强养护维修外,要积极研究在不影响其防洪需要的前提下,合理利用行洪、蓄洪土地,综合利用防汛通信设施,防止乱占乱用或闲置不用。要研究加强管理与合理综合利用防洪设施的新途径。要逐步完善防洪法规体系,划分河道等级,建立健全分级管理、分级负责的管理体制,使防洪工程的管理和防汛工作走向规范化。

3.大力进行河道清淤

河道淤积和人为设障是近些年河道泄洪能力下降、洪水抬高的主要原因，在大江大河中，以黄、淮、海、辽各河下游河段和河口最为严重。河道清淤，首先要抓住淤积和设置障碍的卡脖子地点，研究推广机械化清淤、清障、药物灭苇等先进技术，大力进行河道清淤。

4.加速蓄滞洪区安全建设

我国主要江河划定的蓄滞洪区和主要江河洲滩、行洪区内的安全建设是关系到成千上万人民生命财产安全的大事，也是维护巩固现有防洪工程系统功能正常运行的重要措施，急需抓紧早日完成。我国重要江河98处蓄滞洪区的2000万人中，除已有安全设施或因靠近高地暂不需要安全建设的以外，大约还有900万人需要进行安全建设，应在近期内得到解决。这是一项相当艰巨的任务，应采取以下对策：

（1）在滩区、行洪区、蓄滞洪区各居民点普遍建立洪水警报系统，研制风险图和洪水到来时的临时转移撤退方案；

（2）居民住宅的安全建设应以自力更生为主，国家给予适当补助，公共建筑、公益设施、工商企业事业单位原则上应由本部门投资兴建；

（3）根据当地地形和可能受淹的机遇、流速、水深、持续时间等不同情况，因地制宜地采取不同形式的安全建设，应尽可能利用临时避险撤退措施（如备船只、修撤退道路等）和非工程措施（如风险图、警报系统等）；

（4）从全国范围看，各主要江河蓄滞洪区行洪情况也有很大差别，应区别对待，淮河蓄滞洪区、行洪区被淹没的机遇较多，而且近期没有代替工程，安全建设应排在首位；长江中下游蓄滞洪区和滩地人口、耕地在各流域中最多，如果使用，淹没水深大，持续时间长，其安全建设也应优先安排，其中有些地点水深大，应考虑建筑安全楼；海河流域蓄滞洪区人口、耕地都占第二位，但一般淹没水深小，时间短，其安全建设应按机遇和水深等不同情况进行安排；黄河下游除东平湖10～20年一遇外，北金堤、齐河北展等处的使用机遇都在60年一遇以上；安全建设应以临时撤退为主，抓紧建设洪水警报系统和防洪保险等类非工程措施，但黄河下游滩地居民数量大、耕地多、受淹机会也多，应适当安排安全建设，但不应增加行洪障碍。

（二）防洪非工程措施

1.加强水文测报和洪水预报

水文站、水位站、雨量站是防洪减灾的基础设施。长期观测、积累资料是为江河治理、防洪规划设计、运行、防汛和水域管理提供科学依据的基本工作，必须不断加强。

为了适应防汛指挥调度对暴雨洪水信息时间性很强的要求，应在水文站、雨量站中选出若干处报汛站，配置必要的通信设备，对暴雨、洪水、风暴潮、凌汛进行实时监测预报，在具体防汛工作中会发挥重要作用。当前各地急需增加投入，加速进行报汛站观测设施和通信设备的维修和更新改造，巩固提高现有报汛站网的测报能力，同时还要通过站网规划分批分期建立由中心站、中继站、水文站、雨量站等共同组成的水文自动测报系统，逐步实现洪水监测预报自动化。要注意稳定水文站网队伍，大力提高业务技术素质，改进水文观测预报质量，提高测报精度，缩短水情传递时间，延长洪水预报预见期，逐步实现洪水监测预报的现代化。

2.巩固健全防汛指挥调度组织系统，提高防汛业务水平

坚持实行各级人民政府行政首长负责制和有关部门的防汛岗位责任制。重视岗位培训，提高防汛队伍的政治和业务素质，精心培养、选拔优秀人才充实到防汛队伍中来。

防汛指挥调度决策是做好防汛工作的中心环节，要实现防汛决策的民主化和科学化，平时要根据我国社会经济发展的需要和防汛形势的变化，注意补充、修订防洪调度方案；汛期又要根据汛情变化，克服主观、片面、机械地执行防洪调度方案的偏向，及时果断地作出防汛指挥调度决策，认真按照执行。正确处理全局与局部、防洪与兴利、部门之间、地区之间的利害关系。防汛的经费调拨、物资器材供应、劳动工资制度、救济补偿政策等等，都要适应社会主义市场经济的体制和防汛形势的变化，不断深化改革，提高业务水平，满足防汛抢险救灾实战的需要。

3.提高洪水调度的科学技术水平

根据多年洪水调度经验和现代管理科学理论，提高洪水调度科技水平主要有以下几个方面：

（1）要正确及时收集、处理和反馈与洪水调度直接有关的水情、工情、灾情等各类信息。这是做出正确的洪水调度决策的必要前提和科学依据。

（2）要统筹兼顾河湖流域上下游、左右岸、除水害、兴水利等各个方面的利益，既要照顾全面，又要保证重点，按照系统工程的理论和方法以及整体效益最佳的原则，作出洪水调度决策，保证不是从局部而是从全局上充分发挥防洪的功能，实现防洪减灾整体效益的优化。

（3）洪水调度是一个不断变化的过程，在洪水调度过程中应该从与防洪直接相关的各方面的实际情况变化出发，适应情况变化及时调整洪水调度决策，不能把既定的洪水调度方案当作一成不变的模式机械地执行。

4.建立现代化的防汛指挥调度信息系统

我国的防汛指挥调度信息系统是由防汛指挥机构、水文、气象测报单位、水利管理单位及管辖范围内的水域和水利工程群体组成。它与其他开放型的管理系统一样，要与外部环境产生物质和信息的交换。其工作过程可归结为以下的基本模式，即把外界发生的天然洪水连同有关防洪的水情、工情、灾情等类信息输入防汛指挥调度系统以后，经过加工、处理、拟订洪水调度方案，进行洪水调度，并须收集反馈信息，据以调整洪水调度方案。

当前我国已有的防汛指挥调度信息系统还很不完善、覆盖面不全，手段也比较落后，应尽快建立起现代化的防汛指挥调度信息系统。

5.加强河湖洲滩、行洪区、蓄滞洪区等水域岸线的管理

加强河湖洲滩、行洪区、蓄滞洪区等水域岸线管理工作的内容很多，任务繁重，主要包括以下一些方面：①加强水域岸线的检查观测，掌握其动态变化；②组织清淤、清障，保持原设计防洪能力；③监督和禁止滥围、滥垦、扩大圩区、设置新障等有害于蓄洪行洪的活动；④限制和禁止在河湖管理范围内任意开发建设及开采、爆破、堆料、发掘等类对防洪有害的活动；⑤如需开发利用河湖洲滩水域岸线，必须按照规定程序由河湖主管机关会同土地管理等有关部门制订规

划，报县以上地方政府批准；⑥严格控制水域内人口的增长，鼓励外迁和外出就业，使区域内人口增长速度明显低于其他一般地区；⑦调整水域内原有生产结构，使之更能适合行洪和蓄滞洪的需要，并尽量减少被淹损失；⑧在滩区、行洪区、蓄滞洪区内组织进行必要的安全建设。

加强防洪水域岸线管理，涉及千家万户和许多部门、行业的利益，需要建立健全河湖专管机构和管理规章制度，加快专业管理。同时必须充分依靠各级政府加强领导，发挥政府的管理职能，采取有效的法制、经济和行政手段。

6.大力推行洪水保险制度

洪水保险应属于社会保险的一个重要内容，就是在受洪水威胁地区建立互助互济的社会保险制度，使当地的财产所有者每年交付一定的保险费，对其财产投保，在遭遇洪水后，可得到财产损失的赔偿。洪水保险是用投保人平时的普遍的相对均匀的支出积累，来补偿保期内少数受灾人的集中损失，使受灾的投保者得以度过困难，恢复正常的生产生活，不仅赔偿有保证，并可减少国家的救灾负担。而且在开展洪水保险的过程中，还可以起到限制在洪泛区内不合理开发利用，从而减少洪水灾害损失的作用。所以从防洪角度看，洪水保险也是一项非常重要的防洪措施。

《中华人民共和国防汛条例》和《关于蓄滞洪区安全与建设指导纲要》中都规定要对蓄滞洪区逐步推行洪水保险制度。同时，中国人民保险公司在企业财产和家庭财产保险条款中也规定了洪水、海啸、冰凌、暴雨、泥石流等自然灾害都属于保险业务范围。从当前看，我国的洪水保险尚处于试办和起步阶段，今后应把洪水保险当作防洪减灾的一项重要对策，创造条件坚持不懈地积极开展下去。

（三）其他方面的基本对策

1.树立防洪减灾的社会意识

我国洪水威胁最严重的地区正是我国人口最集中、经济最发达的江河冲积平原。由于我国的气候特点，每年汛期总有一部分地区发生大的或特大的暴雨洪水灾害，有的年份还可能几条江河同时发生特大洪水灾害，威胁全国的经济发展和社会稳定。因此，应在全社会树立长期的防洪减灾意识，使社会全体成员都了解洪水威胁是我国基本国情的一个重要问题，防洪减灾是我国基本国策的一个组成部分。不仅要求各级领导和有关方面都了解我国洪水和洪水灾害的特点、防洪减灾的指导思想和基本对策，而且要将其作为科普常识普及城乡居民，使广大社会公众在生活和生产活动中主动采取必要的防洪减灾措施，这是做好防洪减灾工作的最重要的思想基础。

2.修订各大江河的流域综合规划

经国务院批准的各大江河的流域规划和防洪规划，在实践中证明是基本正确的，但也出现了一些新的问题。应进一步总结近年来的实践经验，继续贯彻"蓄泄兼筹、综合治理"和"工程措施与非工程措施相结合"的方针，并考虑经济发展中的一些新情况和新问题，广泛吸收各方面的意见，进一步明确指导思想，修订原有的流域规划和防洪规划，上报国务院批准。对土地资源的合理使用和人口、居民点的合理分布进行统一规划，留出足够的行洪通道和分蓄洪区，并制定出遭遇超标准洪水时的应急措施。要注意提高城市的防洪标准，这是保障全局稳定的关键。在干旱地区,防洪规划要和开发水资源相结合。在山地丘陵区,要坚持不懈地开展水土保持工作。

3.建立稳定的防洪投入机制,管好防洪减灾建设资金

过去一个时期,从中央到地方各级领导,对防洪的认识很不稳定,形成了大洪水灾害后大投入、小洪水灾害后小投入、无洪水灾害时不投入,发生洪水灾害的地方增加投入、暂时未发生洪水灾害的地方减缓投入的局面。防洪投入的极不稳定,不但使许多已定的防洪规划久拖不能完成,而且使不少工程由于资金不足,不得不因陋就简。有的降低了质量,有的配套不全,造成许多遗留问题。例如治淮已近50年,但淮河的入海水道,直到1999年才开始建设第一期工程;1991年淮河发生洪水后决定建设的工程,因资金不足,至今完成还不到一半。防洪是一种公益事业,管理机构没有经济收入,许多防洪工程虽然建设质量良好,但由于缺乏管理维修的资金,以致年久失修,不能进行必要的更新改造,甚至不能维持简单再生产。

应当明确认识到,防洪是一项长期的事业,必须根据规划按期投入资金,保证完成。

工程建成后,必须有正常固定的管理维修资金来源,要坚决改正那种洪水来时千军万马、洪水不来无人管理,洪水来时不计代价地抢修抢险、洪水不来无钱管理维修等不合理现象。必须建立稳定的防洪投入机制,保证按规划建好、管好和用好防洪减灾系统。

4.坚持民生为本,合理安排防洪减灾的措施

历史上,由于洪水威胁严重,社会的防洪减灾意识较强,各地都有一些适合当地情况的防洪减灾传统措施。例如许多城市,其城墙除用于战争防御外,还兼顾防洪;在许多平原低洼地区,村庄都建在堆筑起来的高于洪水位的土台上;在黄河下游和华北有些地区,农村的房屋采用砖垛、土墙、平顶的形式,全村的房顶相互连通,当河流决口泛滥时,农民将砖垛之间的土墙推倒,让洪水通过,全家带着衣物和粮食在房顶上躲水,洪水过后,再将土墙修复。

新中国成立后,江河的抗洪能力大大提高了,洪水灾害减少,社会的防洪减灾意识也渐渐淡薄了。例如,不少城市扩建,为了减少投资,占用了蓄洪行洪或调蓄内涝的湖泊洼地,造成防洪工作中的矛盾;一些山丘地区的城镇村庄,盲目向河滩地发展,一遇山洪暴发,损失惨重;一些保护面积较小的堤圩,防洪标准不可能很高,由于缺乏必要的安全措施,一遇较大洪水,就可能遭受毁灭性的灾害。有的地方,为了局部利益而采取一些不合理措施,不但不能解决问题,反而加重了灾害。应当针对不同情况,加强防洪减灾的指导:

(1)山丘区的中小河流,应大力开展水土保持,退耕还林、植树种草。有条件的地方,修建中小水库和淤地坝,对山洪进行综合治理。在这些中小河流的两岸,要防止盲目修建堤防,以免抬高洪水位而加重灾害。城镇村庄的选址要极其慎重,防止侵占行洪河滩并注意避免地质灾害。要鼓励群众逐步建设有一定抗洪能力的砖石或钢筋混凝土结构的楼房。

(2)江河冲积平原上的城乡建设和工业、交通设施,都要考虑防洪部署问题,不应占用行洪滩地。重大建设项目,要经过防洪主管部门的认可。在城市建设中,要注意建成完善的防洪排涝体系,禁止在行洪滩地和分蓄洪区建设开发区和盲目缩窄排洪河道。在超标准洪水可能淹没的城镇村庄,要进行洪水灾害的风险分析,制定洪水可能淹没的风险图,制订出保证居民生命财产安全措施的长远规划;并在国家的组织和支持下,动员全社会的力量,有计划地逐步完成。

（3）在沿海的经济发达地区，风暴潮的危害极大，这些地方有必要也有可能逐步建成以防御特大风暴潮为目标的高标准海堤，以求长治久安。

5.加强研究，建立科学防洪减灾体系和高效的人才队伍

要从宏观和微观两个方面进一步加强对防洪减灾的科学研究。

在宏观方面：要继续研究我国洪水和洪水灾害的规律及防洪工程的科学技术，建立符合我国国情的防洪减灾体系。要充分利用现代科技成就，统一组织各方面的力量，建立国家级的防洪减灾信息技术体系，全面掌握气象、水文、地理、地质、工程、灾情和各种必要的信息。要发挥基础学科，包括自然科学和社会科学的各有关学科的作用，组织多学科长期合作，协同攻关，研究我国江河洪水和洪水灾害的形成机制及相应对策。

在微观方面：从防洪建设到救灾工作都要研究如何充分运用高新技术。要研究解决致洪暴雨与洪水的准确预测、预报、预警和决策支持软件。要建设一支以高科技武装的防汛专业队伍，提高抗洪斗争中勘测、通信、查险、除险和抢险的水平，逐步取代现在主要依靠人力的传统的防汛抢险办法。

6.完善救灾和灾后重建机制

如上所述，在人类目前的技术经济条件下，我们不可能根本消除洪水灾害，而只能通过与洪水进行适当的斗争，开发利用一部分洪泛区；在大洪水和特大洪水情况下，还要主动临时让出一部分土地，以适应洪水的蓄泄规律。因此，对洪泛区的开发利用，是一种风险事业，应当研究、建立一种相应的防洪保险、救灾及灾后重建的机制来加以保障。为江河大洪水和特大洪水所安排的分蓄行洪区，是根据全局利益而统一规划的，因此，其所承担的损失，原则上应由受益地区或全社会给予补偿。只要我们真正认识开发江河冲积平原中的客观自然规律和社会经济规律，我们就能制定出一个合理的规划和相应的运行机制，从而既能适当开发利用土地资源，又能兼顾全局和局部利益，在防洪风险中保障可持续的发展。

7.完善法律法规，加强执法力度

过去制定的《中华人民共和国水法》《中华人民共和国防洪法》和《中华人民共和国河道管理条例》，都在防洪减灾工作中起了很大作用，但还不能适应今后的需要。从现在看来，指导思想还需要进一步明确，措施还需要进一步完善。为此，建议抓紧修订以上法规，并考虑制定必要的配套法规，如关于防洪保险和救灾的法律法规。与此同时，执法力度还需要进一步加强。

过去颁布的国家防洪标准，总体上是适当的，但也要考虑经济发展后的新情况，加以必要的修订。如，对城市的防洪标准，要考虑提高；对乡镇、村庄的防洪，也要有必要的规定；对下游有居民点的中小水库，要进一步研究遇超标准洪水时的措施，如逐步加固成可漫顶的土坝等。

第五节　洪水灾害防治决策与措施

一、江河防洪方略与决策

决策是指人们为所要从事的活动选择行动方案的行为,它包括行动前对目标与手段的探索、判断与抉择的全过程。决策是人类的基本活动之一,人类在政治、经济、生产、技术和日常生活等诸多方面的活动中,遇到各种不同的问题,都必须分别作出相应的决策。

信息是决策的基础。决策过程要求不失时机地提供必要的,可以满足要求的,系统、真实的高质量信息。例如,气象、水文和工程的信息是防汛决策的耳目,正确的洪水调度决策不可能离开及时的、可靠的、必要的相关信息。

人们在社会实践活动中常常需要作出决策,但是并非每一个人都善于决策。正确的决策指导正确的行动,正确的行动产生良好的效果;反之,错误的决策可能导致出现不可挽回的损失和危害。为了保证决策的正确性,决策者必须深入调查研究,充分收集和分析相关信息,抓住问题的实质,准确地揭示矛盾,正确运用系统分析方法以及现代决策理论和方法,力争在环境信息不完全确定的条件下作出合理的决策。

从不同的角度出发,可对决策作出不同的分类。从防洪问题的决策实践看,一般可认为存在3类性质有所区别的防洪决策。其一是防洪方略的研究、讨论和制定。它主要是探讨对江河治理具有全局性和长远意义的主导思想,提出指导编制江河防洪规划及防洪工程建设的方针。其二是江河流域防洪规划的编制,包括作出选择流域防洪规划方案的决策。防洪方略与防洪规划是一脉相承的,规划方案是体现防洪方略主导思想的行动计划。其三是江河防洪调度决策。它包括江河防洪系统或一些具体的防洪工程(如水库、分蓄洪区等)调度方案的制订,以及一场洪水的防汛调度指挥等方面的决策。

千百年来,我国人民同洪水进行了艰苦卓绝的斗争。黄河流域是中华文明的发祥地,但黄河历史上又以善淤、善决、善徙的害河著称于世。从黄河防洪史可以看到,历代关于治黄方略的研讨、决策、变革贯穿着防洪斗争实践的全过程。

新中国成立以来,治黄方略又历经重大沿革。20世纪50年代初期在总结历史经验的基础上,确定在黄河下游实行"宽河固堤"的方针,即主要巩固堤防。20世纪50年代末至60年代初曾一度采用"蓄水拦沙"的办法,在黄河干流上修建水库控制洪水,拦截泥沙。1960年三门峡水库建成后,库区淤积严重,危及关中平原,被迫将该水库的运用方式,由"蓄水拦沙"改为"滞洪排沙",并在下游继续采取加固堤防、满足洪放淤、整治河道和治理河口等措施。20世纪70年代中期形成了"上拦下排,两岸分滞"的方针,即在上中游兴建干支流水库拦蓄洪水;改建现有滞洪设施,提高分滞洪能力;加大下游河道泄量,排洪入海。除大力加强防洪工程措施外,20世纪80年代以来防洪非工程措施的建设也不断加强、充实和完善。

必须指出，20世纪50年代末在没有摸清黄河洪水、泥沙规律的情况下，错误地提出三门峡水库采用"蓄水拦沙"的运用方式，并在下游采取纵向控制与束水攻沙相结合的办法治理河道。以此为指导，相继修建了花园口、位山等干流拦河枢纽。这些干流枢纽因造成严重淤积及对防洪排沙带来不利后果，而不得不对三门峡水库进行改建，以利滞洪排沙，花园口、位山枢纽于1963年被废除。治黄工作的这一教训表明，错误的防洪方略带来的危害不仅仅是造成人力、物力的重大损失，而且还导致打乱防洪工作的布局，延误实现提高江河抗御大洪水能力的时机。

综上所述，防洪方略是在总结防洪实践经验和充分认识河流的洪水、泥沙规律的基础上，经过研讨和判断而形成的战略决策。在正确的防洪方略指导下，采取的防洪措施符合自然规律，可达到防洪减灾的预期效果。反之，错误的防洪方略，将会给防洪工作带来不可弥补的损失。

二、江河防洪规划

江河防洪规划是指在防洪方略的指导下，为江河防洪的总体部署拟订和选择行动方案。防洪规划的决策分析通常包括收集信息、确定目标、提出方案、方案评价、作出决策等阶段和决策过程。

首先必须通过调查研究，深入了解和收集流域的自然和社会经济资料，特别是了解洪水灾害状况、保护对象及其防洪要求。

防洪规划通常是以减轻洪水灾害损失为主要目标，兼顾环境的和社会的目标。如保护分蓄洪区内居民生命财产的安全是事关社区稳定的社会目标；又如加高堤防对沿岸居民的生活和生产条件的不利影响，兴建水库后水库淹没区的移民问题等属于必须考虑的环境目标。各种目标衍生相应的评价准则。

根据防洪保护对象的要求及规划目标，拟订若干可行方案。一个防洪规划方案必须反映防洪工程措施和非工程措施的组成和合理布局。对每个方案都需要通过分析计算，得到技术上、经济上、生态环境上等方面的功能指标，作为方案评判的依据。

根据规划目标及其相应的准则，对可行方案分别作出评价。多目标的防洪规划问题，可采取多目标决策的理论和方法，作出方案相对优劣的评价，供决策者作出最终的决策。

江河防洪规划方案是由多种防洪措施为要素组成的系统，对如此复杂的系统拟订可供选择的替代方案不是一件轻而易举的事情，往往必须借助于熟悉流域情况的工程技术人员的经验制订若干可行方案，为减轻分析计算的工作量，往往须从众多可行方案中通过合理筛选，逐步缩减提供比较的方案数目。上述决策过程的工作阶段往往不是一次完成的，而是要经过多次反复才能完成最终的决策。决策分析贯穿于防洪规划工作的始终。

三、防洪调度

防洪调度决策是指对一场洪水调度方案的制订和实施。前述的防洪方略与防洪规划可看成是关系极其密切的两个层次的战略决策。防洪调度决策属于具体执行阶段的战术决策。实时洪水调度决策，特别是特大洪水的防洪调度决策，可以说是一发千钧的实践决策。

江河防洪主要以水库、分蓄洪工程为调控洪水的防洪工程措施。可以分为单一调控措施（如水库）的防洪调度以及由若干调控措施组成的防洪系统的防洪调度，显然后者具有更高的复杂性。

防洪调度决策有信息收集、水雨情预报、调度方案拟订、方案评估和方案决策与实施等阶段的工作内容。防洪调度所需信息包括天气气象信息、水情信息、防洪工程运用状态信息、洪水泛滥区域的灾情信息和防汛抢险的相关信息等。这些信息是进行降雨预报、洪水预报以及确定洪水调度方案的重要依据。应利用远程通信条件，通过计算机联网实时接收、处理和储存信息，以便于预报及调度中检索和引用。

洪水预报是防洪调度的重要组成部分。利用采集的雨情信息及洪水预报软件，开展实时洪水预报，有条件的单位，可配合气象部门开展降雨预报。利用短期降雨预报的成果，有助于增长洪水预报的预见期。只有具有充分可靠的水雨情信息及精度较高的洪水预报成果，才能为制定正确的防洪调度决策奠定坚实的基础。

防洪调度决策主要以避免或减少洪水灾害损失为目标，以江河的实时水雨情、工情等构成的防洪形势为决策环境，以调蓄洪水的防洪工程为控制措施，结合调度人员经验，可初步拟订几个可供决策选择的可行调度方案。可以利用实用性能较好的防洪调度软件，通过人机交互或自动生成可行的调度方案。

对一场洪水防洪调度拟订的每一个可行方案，必须逐一进行分析计算，求出其综合性能评估指标，以便为决策者选择调度方案提供决策依据。防洪调度方案评估的分析计算内容主要包括：利用流域水雨情信息，及时作出洪水预报；拟定水库的泄洪方式，进行水库调洪计算及下游河道的洪水演进计算；判断是否启用分蓄洪工程，在启用条件下进行分蓄洪区的分滞洪作用及其影响的洪水演算。经分析计算可得到该调度方案的水库最高蓄洪水位及下游的防洪效果（如是否受灾及灾情的严重程度）等防洪性能指标。

一般的防洪调度软件应包括上述分析计算的内容。可用防洪调度软件进行防洪调度仿真求出调度方案的综合性能指标。配合软件的开发环境，可开发出便于决策分析的计算机界面，通过人机交互，生成调度方案，执行方案防洪调度仿真；针对调度方案性能指标的优劣，提出改善的设想并重新生成新方案，然后重复上述的决策分析，直到达到出现较满意的调度方案。

防洪调度的人机交互方式相应的决策分析过程，不仅为决策者提供了决策判断依据，而且也改善了决策环境。决策者在调度决策会商时，同样可以利用人机交互的方式，结合调度经验及立足全局的考虑，提出改进或补充的设想，并立即可通过人机交互，对新的方案的性能指标作出新的查询，以利于作出最终的决策选择。

经决策选定的防洪调度方案在一场洪水的调度实施过程，往往不可能一成不变地执行。在实际防洪调度中，不可避免的情况是，水雨情信息将不断随着时间的延续而有新的补充，从而必须根据更新后的水雨情信息适时启动洪水预报作业；与此相应，必须对将进一步执行的防洪调度方案作适应性的调整。

四、病险库下游的防护措施

为防止发生类似板桥、石漫滩水库溃坝的惨祸，除抓紧大坝本身的加固除险和安全监测之外，在下游的危险区域内也应当采取足够的防范措施：

（1）编制下游地区溃坝洪水风险图。对于危险性较大的区域应限制新建大型企业和住宅区，对已有企业和居民点应落实相应的防护措施。

（2）加强库区上游的洪水预报，尽早掌握入库洪水过程。目前大部分病险库由于不能正常运转，经济效益较差，严重缺少建设资金。所以很少采用先进技术和设备来管理，许多水库在上游既无水文测站又无通信设备，缺少入库洪水的预测手段。如有条件的可以在库区上游设置测雨雷达（也可以借助于气象或军事雷达）、地面遥测雨量站或地面雨量站等加强对降雨的监测。其结果可用无线或有线通信设备传递到管理中心。

（3）编制入库洪水预报、水库调度微机管理软件，实现计算机科学调度管理。防止由于管理人员的计算或判断错误造成事故。由于目前微机的价格不高，是较容易实现的。

（4）在下游建立安全、完善的预警报系统。首先要建立预警报的责任制，明确规定在什么情况下、由谁、通过什么样的程序和渠道传递给谁；接到预警报信号的人员应当采取什么样的行动，信号是否要继续传递等。其次是要建立安全可靠的通信系统。一般情况下，有线电话是可以利用的。但考虑到汛期电话中断的可能性较大，应当建立以无线通信为主的系统。当然作为基层的报警信号可以动用一切手段，如钟声、广播、喊话，甚至更原始的梆、锣之类，但信号的内容应事先作出规定并让大家都了解。

（5）制订下游居民避难方案，设立避难标志，对于可能造成生命危险区域的居民应落实避难的时间、路线和目标。有些病险库的下游还有大型地下矿业生产，对这些生产人员应有足够的安全保证。一是提前停产避难，另外应考虑坑口有紧急闸门和避难的安全门。总之，一旦溃坝是难以抵御的。目前能做到的一是加强预警报，二是及时避难。

五、防洪减灾要发动群众

防灾活动是由社会的、集体的、个人的3部分减灾活动所组成。但是归根结底，这些防灾活动要靠每一个人来实行。每个人的自身生命财产的安全要靠自己来保卫，保卫国家和集体财产的安全也是每个公民的义务。防洪减灾也不例外，它是全民的事情，个人是防洪减灾活动的最小单位。个人的疏漏既可能造成个人生命财产的损失，也可能使国家和集体财产蒙受损失。每一个公民在防洪减灾中应当做到以下一些事情。

（一）积累防洪减灾的经验和知识

首先应当了解自己的生活和工作环境遭受洪水灾害的危险程度。过去是否发生过溃口、溃坝、山洪、暴雨、泥石流、滑坡、山崩等于暴雨有关的灾害，以及与风暴潮、海啸、巨浪等有关的海洋灾害,现在发生这种灾害的可能性如何。

针对所在环境遭受洪水灾害危险性的大小,采取相应的安全措施,如屋顶防漏、加高屋基、仓库防水、院内排水、备用救生和逃生设备等。

(二)了解和熟悉洪水情报渠道

首先要知道从什么地方能得到有关暴雨和洪水的情报,如通过广播、电视接收气象预报,以及必要时从防汛、民政等部门得到洪水的情报等。另外,如发现自己周围的堤防、水库等关系到大众安全的防洪工程出现异常情况,以及山坡有滑动迹象等危险情况时,知道通过何种渠道反映到有关部门。

(三)了解和熟悉各种预警报信号及避难途径

当听到笛、钟、广播等各种报警信号时,应冷静地搞清楚警报的具体内容,判断如何采取正确的行动,在需要避难时,应了解往什么地方避难最安全,及时组织自己的家属和邻居及同事避难。

(四)了解和执行自己的义务

在有可能发生洪水灾害时,个人应在进行自主防洪活动的同时,积极履行应尽的义务,如护堤、护路、参加抢险、援救他人等,但这些活动应当是在防汛领导部门组织下统一进行的。

作为各级防洪和救灾部门,也应当深刻理解防洪减灾是全民的事情。加强平时对群众的教育和宣传,普及防洪减灾的知识,加强防洪减灾技术的训练和组织工作,在必要时做好群众动员,依靠广大群众与洪水灾害作斗争。

六、防洪救灾物资的储存和保管

防洪抢险常需要大量的物资和器材。如一次堵口或坝坡下蜇,常需要动用成千上万方的土、石料。而灾害发生后对灾民的援救和救济也需要大量衣、食、住等方面的物资,因此在防汛工作中对于防洪救灾所需物资的储备、保管、调拨、运输、分配等各环节都是十分重要的。对这些物资的储备来说,要数量充足,调用方便。对保管来说,应做到不变质,不丢失,调拨方便。

防洪所需物资和器材包括土、沙、碎石、块石、木、竹、草袋、麻袋、编织袋、土工布、麻绳、尼龙绳、铅丝、苇草、金属网、雨具、发电机、水泵、油料、照明设备、救生设备、移动式通信设备、运输设备和施工设备等。救灾物资包括粮食、蔬菜、罐头食品、饮料、衣、被、医药用品、搭建临时住宅的各种建筑材料以及调拨这些物资所必需的运输工具,救援用的船只、直升机等。这些物资的储存和保管可分为以下4类。

(一)就地露天保管

对于需要量大,临时调运来不及的,而且不易丢失和变质的物资,大多可现场露天堆放。最常见的是大堤上的土牛、沙石料堆等。这些物资在汛前调入，验收后码放整齐，需要时就近取用。

（二）就地仓库保管

对于经常使用，但容易丢失和变质的物资采用就地仓库保管。一般在水库和堤防附近建筑专用库房，如木材、金属丝网、各种绳索、织带、照明和救生设备等。入库后由专人管理。

（三）分散储存保管

对于使用量大，但容易丢失或变质，不适合于现场存放的物品，或者是价值较高的物品，一般可储存于大型专用仓库或责成各单位妥善保管，如草袋、粮食、衣、被、药品等。

也有些器材是非防汛专用设备，根据需要由各单位借调使用的，如运输工具、施工工具等也应登记编号，到汛期进入紧急状态时保证防汛使用。

（四）居民住宅保管

还有些物品，搬运较困难，在露天存放容易丢失的情况下可以就近委托存放在居民住宅，如木、石料、救生器材等。在特殊情况下也可以借用居民自用的木、石料、车、船等防汛物资以及器材和粮、菜、衣、被等救灾物资。

由于防洪救灾所需物资数量大、种类多、保管多样，在调拨和使用过程中管理单位最好建立微机管理软件和数据库。根据需要物资的地点、数量和种类，制订最优调拨方案，除保证供应充分、及时外，还应考虑运输能力和道路的通过能力。

七、水法和防洪法的宣传和执行

1988年1月21日由中华人民共和国主席李先念签发61号令，公布了《中华人民共和国水法》。1997年8月29日江泽民主席发布88号令，公布了《中华人民共和国防洪法》，其中明确地规定了各级防汛部门的工作权限，也规定了团体和个人在防汛活动中所必须遵守的原则和法纪。特别是防汛活动中，个人的失误所造成的损失不仅仅只限于自身，甚至会扩展到殃及千万人的生命财产安全。特别是在长期存在水利纠纷和防洪利益不一致的相邻地区之间，诸如非法筑堤、扒堤、拦河、阻止防汛部门执行任务、破坏水文及防汛标志等违法行为往往会得到一些人的支持。因此广泛地宣传水法和防洪法，以此来约束破坏公共利益的个人行为是十分必要的。宣传的要点是：

(1) 任何单位和个人都有参加防汛抗洪的义务。(2) 单位之间、个人之间、单位与个人之间发生的水事纠纷，应当通过协商、调解或法律程序解决。在纠纷解决之前不得单方面改变水的现状。(3) 下游地区不得设障阻碍河道行洪，上游地区不得擅自增大下泄流量。(4) 不能在水域内设置障碍行洪的物品，不能种植阻碍行洪的作物；未经批准不能在河道范围内建设和开采；禁止围垦湖泊和河道。(5) 不能擅自修建水利工程或整治河道、航道；不能毁坏水工程、堤防及护岸；不能毁坏防汛、水文监测、水文地质监测、导航及助航等方面的设施；不能在水工程附近进行可能危及工程安全的爆破、打井、采石、取土等作业和活动。(6) 任何单位和个人发现水工程设施出现险情，应当立即向防汛指挥部和水工程管理单位报告。(7) 因抢险需要取土占地、砍伐林木、清除阻水障碍物的，任何单位和个人不得阻拦。(8) 在非常情况下，经上级批准地方政府防汛指挥部可以采取牺牲局部保全大局的紧急措施。任何单位和个人不得阻拦，如遇阻拦，有管辖权的人民政府有权组织强制实施。

防洪法中还规定了对为防洪及保护公共利益作出突出成绩的单位和个人给予奖励，对于由于个人过失或有意破坏而造成损失以及利用职权贪污、挪用公款、玩忽职守等在职人员的处罚原则。

应当使广大群众了解这些法规所规定的制约个人和集体行为的内容，自觉地遵守水法和防洪法。

八、防汛工程的安全检查

目前防洪的工程措施还主要依靠大坝、堤防、水闸、河道工程等。这些工程既可以防洪兴利，但如果管理和调度不当也可能造成重大的灾害，水利也可以转化为水害。因此，在洪水到来之前，各级防汛部门应当切实组织好防汛工程的安全检查。个人和集体也应当协助防汛部门监视这些工程的安全状况。

(一)水库的安全检查

水库的安全检查包括对库区环境、大坝、溢洪道、输水建筑物、闸门及启闭设备等建筑物本身的检查。同时也应当对库区与外界的交通、电力、通信联系进行必要的检查。此外，对于防汛抢险所必需的船只、潜水设备、照明器材、备用物资等也要进行必要的检查。库区的检查重点在于对水库调度所必需的各种水文、库容、水位等基本资料有无变化；水库发生超标准洪水时的对策是否落实；水库周围有没有发生大规模坍方、崩岸、滑坡的可能；水库对外连接公路能否保持畅通；水库对各有关水文、防汛及业务有关部门的通信联系是否畅通等。大坝的检查重点在于大坝有无异常变形、沉陷、裂缝、渗漏、水压力变化、结构破坏等现象发生；大坝与岸肩、坝坡的连接处有无异常现象发生。溢洪道检查重点是水流经过的范围内是否有岩石和混凝土建筑物松动和断裂，判断它能否经受溢洪时的强烈冲刷和磨蚀。输水隧洞及管道的检查是看进出口及内部是否有堆积物堵塞，管、洞内是否有破坏和异常变形能导致泄水过程中的进一步破坏。闸门的检查重点是闸门本身的强度及灵活启闭是否可以得到保证。

(二)堤防的安全检查

堤防安全检查的重点是：堤防有无人为、动物、自然侵蚀等原因造成的破坏现象；根据河势及河道冲淤的变化检查堤顶高程及断面是否能达到防洪标准；堤内是否有新的裂缝、洞、窝等隐患，旧的隐患是否都已处理；堤防附近有无可能导致堤身破坏、渗漏和失稳的作业活动；堤上备用的各种防汛器材和料物是否充足，防汛交通是否畅通等。

（三）河道的安全检查

重点检查河道主流线及顶冲点是否变化，与河道险工护岸是否吻合，河道整治工程的控制点有无变化；河道内有无异常冲淤变化，能否导致河势的改变；河道内的沙洲、串沟、河汊及控制断面是否发生变化，能否导致河势变化等。

（四）水闸的安全检查

重点是闸身结构有无大的破坏，如闸与河堤的连接处有无渗水、断裂；底板有无移动和断裂，是否可导致水闸失稳；闸墩是否有较大变形使部分闸门不能正常开启；启闭设备是否可以灵活操作，电源能否保障；闸室前后的河道变化能否改变闸室前后的水流条件，能否保证闸室的泄流能力和闸后的设计消能条件；闸室前后的护坡有无冲刷、塌落等破坏现象。由于水闸与堤身连接处渗漏造成大堤决口，以及由于闸后不能保证设计消能条件造成岸坡破坏的实例较多，应重点检查。对于多孔水闸由于闸门不按规定程序操作，造成下游破坏的实例也不少，也应引起重视。

九、防灾日和防灾训练

人们在突然发生的自然灾害面前往往会出现恐惧心理，甚至导致社会秩序的混乱以及非理智的行动。调查表明，如果社会人群在自然灾害面前能够保持清醒和冷静，则自然灾害所造成的损失将大为减少。为此，需要加强必要的防灾训练，使人们了解自然灾害发生时可能出现哪些困难，以及如何克服困难保全自己。

日本政府为增强国民的防灾意识和防灾能力，将每年的9月1日定为全国的"防灾日"。在这一天内组织各种防灾的宣传和训练，并以此悼念1923年9月1日关东大地震中死去的24.6万同胞，提示人们对自然灾害的关注和警惕，值得我们借鉴。

作为一项日常工作，日本各有关单位都要进行风水灾害、地震灾害、火山灾害、雪灾、火灾、危险物品灾害和其他各种灾害的防灾教育和训练。其中关于风水灾害的教育和训练内容包括：

（1）警察系统的教育训练。由警察大学地方警校按教学计划对地方警官进行培训，重点是风水灾害发生时的应急对策以及如何协助地方政府进行风水灾害发生时的治安管理。

（2）对沙石开采进行指导。如1988年6月至7月在全国举办10余处采沙行业技术负责人的讲习班，6月1日至30日定为防止采沙灾害月，通过宣传防止由采沙造成河道及泥石流灾害。

（3）进行防汛训练和举办培训班。对全国的重大河道组织防汛团体和有关单位进行防汛、救援、救护等方面的训练。同时开办培训班，对各级防汛人员进行专业强化培训和防汛实习。

（4）开展防洪知识的启蒙及普及。每年的5月（北海道为6月）定为"防洪月"，各防汛部门和有关单位举行各种宣传和活动，提高群众对防洪工作的意义和重要性的认识和理解，积极支持防洪工作。

（5）开展泥石流防治知识的启蒙及普及。将6月定为"泥石灾害防止月"并设"崩塌防止周"，开展各种防灾减灾的基本知识的宣传和活动。

（6）由消防大学开展培训和训练。日本的防洪主力是各地的消防队，消防大学负责对消防队成员及各地有关防汛人员进行防洪技术的培训和训练。

十、河道滩地的清障和管理

河道是用于宣泄洪水的空间。我国河流的特点是流域面积大，暴雨较集中，因此一到出现洪水就是河槽满盈的大洪水。而我国现在经济还较薄弱，拿不出太多的钱用于治河，所以我国多数江河的堤防高度有限，防洪标准比较低。如果河道滩地里再有些阻水的建筑物或农、林作物，就会使河道水位壅高，甚至漫过堤顶，造成大泛滥。1985年发生在辽河的洪水泛滥造成47亿元的损失，它就是由于河槽淤积、滩地清障不彻底以及堤防老化造成的。辽河的河道及堤防是按宣泄 $5000m^3/s$ 的洪水设计的，而当时辽河的最大流量只有 $1200m^3/s$，就造成多处的决口。除河槽淤积使河道水位抬高之外，就是在河道内有大量的林场和一些高秆农作物，都使得洪水位大大高于设计洪水位。

水法中规定：在防洪河道和滞洪区、蓄洪区内，土地利用和各项建设必须符合防洪的要求。还规定对在河道内弃置、堆放阻碍行洪、航运的物体，种植阻碍行洪的林木和高秆作物的，在航道内弃置沉船、设置碍航渔具、种植水生植物的，未经批准在河床、河滩内修建建筑物的行为都要给予处罚。

在河道管理中要严格执行《中华人民共和国水法》和《防汛条例》，彻底清除各种河道障碍物。同时也要考虑我国国情，保护群众利益。如国务院多次提出在滩区实行"一水一麦"，确保在汛前能收获一季麦子，保证口粮，又保证汛期顺利行洪。因此，应推广早熟麦，保证汛前收割；推广种植瓜、草莓、荞麦等低秆高值作物，即使遭遇大水也不影响行洪等做法都是有效的。在执行清障任务时，常会遇到一些农民的抵制，应讲清河道设障既害己又祸国殃民的大道理，要寻求农民乐于自觉接受的办法来。

十一、分滞洪区内的安全建设

我国约有1000多万人口生活在分滞洪区内，这也是我国特有的防洪工程的特点之一。每当洪水达到一定标准的时候就要向这些地区分洪，牺牲他们的利益来保护下游重要地区的利益。但是最少应当做到一条，那就是要尽量保护分滞洪区内居民的生命安全，减少他们财产的损失。一般来说，只要使用分滞洪区，农业上的损失是难免的，重点是保护居民的家庭财产和可移动的生产资料及房屋等。作为分滞洪区的安全建设应当包括：

（1）预警报系统建设。应当快速、准确地掌握洪水动态、分滞洪时间及使用方案。通知每一村、户具体行动方案，特别重要的是通过室外广播、声响、烟火、警报车等通知在室外工作和活动人员采取紧急避难行动。

（2）编制分滞洪区的洪水风险图。利用新的数值模拟技术，准确地掌握分滞洪区内的洪水淹没过程，划分出洪水危险性的等级，根据不同地区危险性的大小采取不同的安全措施。

（3）加强对洪水危险区域的控制和防护。对于分滞洪的主流区和深水区内洪水危险较严重的区域要作为重点加以管理。能迁出的住户尽量迁出，不在其中新设居民点和投资大的企业。对于油田的油井等必须在危险区内建设和生产的单位，也尽量将生产和生活分开，将生活区和生活设施建于临近的安全区。同时对危险区域内的已有设施和企业应当采取足够的安全措施。根据洪水风险图所标志的水位建设防洪墙、圈堤、高台、避难楼等。

（4）加强居民的安全措施的建设。对于淹没水深较小的区域，可采取修建屋台、村台、避难楼、二层住宅、圈堤。同时可以在每户备有救生木板、救生衣或设置公用救生船。

（5）在分滞洪区内设立各种洪水警示标志及指示避难路线的标志。根据洪水风险图在各处标示出分滞洪后的淹没深度及在分洪情况下的避难方向等。

（6）加强对危险管线和危险物品的防护和保管。对于在分滞洪区内埋设和架设的油、有毒气体管线、高压线路等应有足够的防护措施，防止分洪时被冲倒和断裂造成危险。

另外对分滞洪区内存放的有毒、放射性物质也应妥善保管，防止被洪水流失造成危险。

（7）设立紧急救护站和援救中心。在人口众多、避难困难的分滞洪区，在分洪前应设立临时紧急救护站和援救中心。配备一定的救生器材和物品，负责交通疏导、伤员救护、援救遇险者。

（8）建设居民避难系统。制订避难方案，明确避难对象、避难路线、避难目标。必要时预先进行演习。建设必要的避难公路和指挥塔，配备足够的避难交通工具。

（9）在分滞区内逐步开展洪水保险。

十二、灾区避难

（一）发洪水时应当避难的居民

确定避难对象应考虑3方面的因素：
（1）居民所在区域的洪水危险程度，如流速大小、水深、淹没时间等。
（2）居民所生活环境的安全设施如何，如有无护堤、避难台，房屋结构是否耐水，屋顶及二层以上能否避难等。
（3）周围的援救条件如何。

居民所在地区洪水危险程度的大小，除根据自己的经验判断确定外，最好用先进的洪水数值模拟方法进行复核，以免发生意外。特别是靠围堤保护的村镇，如果按经验判断的结果低了，洪水到达时一旦漫堤或决堤将陷入汪洋，无处躲避，是不能大意的。因为分滞洪区内的洪水运动是二维运动，再加上分滞洪区内路、堤、桥、房、农作物等阻水建筑物纵横交错，洪水运动也特别复杂。用一般的经验，或按地形图简单确定某一高程，或用简化的一维方法计算所得到的结果，都有可能造成较大的误差。如用这样的结果进行防洪决策将是十分危险的。根据洪水风险图，对水深在2m以上，淹没时间较长的区域内的居民应无条件避难。即使有围堤保护，但长时间浸水，加上水深浪大，很难确保堤防的安全。而且堤防一旦失守将造成大量死亡，是不能存在侥幸心理的。

当水深超过0.7m时，人很难在水中行走，所以对于水深在0.7m以上至2m的淹没区间内的居民也应当考虑避难，但对于下列情况可以考虑就地避难：

（1）有足够基础耐水强度的高层建筑物内的居民。

（2）村台高程超过最高水位1m以上，且所在位置流速小于1m/s的村镇。

（3）村镇有围堤保卫，且一侧靠近高地或大堤，出现危险时随时可以避难的。

（4）有足够强度和高出最高水位1m以上避难台的村镇，可留下部分人员守护村镇，且有救生设备，必要时可以援救和逃生的。

当水深小于0.7m时，原则上可考虑就地避难，但对下列情况下的居民应及早转移到安全地区：

（1）老、弱、病、残等不适于较长时间在洪水围困中生活，而且没有楼房可以安排他们居住的。

（2）房屋陈旧或基础较差，经不住浸泡的。在以往的水灾中因房屋倒塌造成的伤亡为数不少，因此应当做好这些危险房屋住户的避难工作。

（3）洪水浸泡时间较长，如10天以上，或水流速度较大难以在其中坚持生活的。

（4）孤立的住户，如遇危险无人援助的。这是一项比较困难和细致的工作，应当逐户落实，逐户登记。

（二）居民避难地的选择和规划

适合于作为居民临时和较长时间避难地的场所应当具备的条件是：安全，在整个洪水过程中不会危及避难者；具备一定的生活条件，有充足的生活必需品的储备，或便于从外界补充；具备与外界联络的通信手段；交通较方便，便于居民来避难；群众较熟悉。根据以上的条件，以下场所是较合适的：

（1）靠近危险地区的安全区域，如开阔的高地、坚固的大堤等。

（2）地势较高，或有修筑牢固的楼房的学校、医院、部队营地。

（3）危险区域以外的居民点。

根据避难条件的不同，避难地可以分为一次避难地和二次避难地。一次避难地是属于就近避难地，安全条件不算太高。居民可先到一次避难地暂时避难，进一步观察洪水的变化和等待洪水情报。如果判断洪水有可能持续上涨，一次避难地并不安全时，可以向最终的二次避难地转移。如果洪水不再上涨，一次避难地已足够安全，就不必再次转移，以避免轻易地进行长距离的避难。居民由住地到达一次避难地，可以利用自己所拥有的交通工具，如手推车、马车、自行车、拖拉机等。由一次避难地向二次避难地的转移，可以利用汽车等大型交通工具，有组织地进行集体转移。

作为洪水泛滥地区的防洪安全建设，应当选择和建设一些避难地，储备一些活动房、帐篷、粮食、医药、衣被等物品。

避难地的规划首先是进行容量的规划。根据已确定的避难对象，扣除可以就地避难的，就可以确定需要外出避难的人数了。然后根据已有的避难地可以容纳的人数进行规划，按就近避难的原则，优先安排附近交通条件较困难的居民点和行动不方便的老、弱、病、残人员避难。如容量不够时，可安排一部分青、壮年去稍远的避难地避难。这样，根据现有各避难地的容纳能力可以确定总的容纳能力。如果需要避难的人数超过总的收容能力，就还需要就近开辟和建设新的避难地。

有些地区鼓励居民投亲靠友，尽量自行寻找避难地。还有些地方实行乡对乡、村对村、户对户地按行政区域划分的避难方式，最终落实到户。这些都是根据我国的社会经济特点，在长期的防洪斗争中积累起来的宝贵经验，其他国家是难以仿效的。

由于避难是一项十分复杂的社会行动，不可造成一点疏漏。应该逐户逐人登记，牢记自己的避难地和避难方法。一声令下，各自行动，避免由于组织不周密造成混乱和伤亡。

（三）避难道路的建设和管理

洪水危险区域内各种避难道路的建设和管理是十分重要的。这些地区大部分是经济比较落后的地区，道路的条件和交通工具的条件都比较差。而且进入汛期，降雨较多，许多道路变得泥泞不堪，难于行走。这时候避难群众一下子全都拥到路上，必将造成严重阻塞，很难保证在短时间内将几十万、上百万的居民安全地转移出去。因此，避难道路的建设和管理也是十分重要的。应当研究和解决以下问题：

（1）认真进行避难道路的规划。首先应当确定避难人群流量。根据总体避难方案，各村镇在什么时间，通过哪条道路去何地避难都已确定。这样就可以算出每条道路的人流、车流的流量，确定在什么时间可能出现高峰及其峰值流量。随后再来考察每一条道路的通过能力。根据避难方案，确定是单行线还是双行线。如果一些交通工具需要多次往返运送人员和物资时，有些道路就可能是双行线。有时由于避难地的交叉，也可能出现双行线。但是应尽量安排单行避难方案，以减少交通混乱和阻塞。同时还要考虑交通工具的组成，一般来说，农村的交通工具组成较复杂，车况较差。从摩托、卡车、大轿车、大小拖拉机到畜力车、人力车、自行车，车速不同，同驶在一条路上，两侧又有人群，车速不可能很快。而且有一台车抛锚，就可能阻塞大半条路。因此在确定道路的通过能力时，最好事先组织一些专门试验和现场调查。也可以参照军事部门在战争时道路通行能力的调查资料来确定，但在选用时要留有一定余地，比如车队速度取 $20\sim25km/h$，人流速度取 $2.5km/h$ 等。上述数值还要根据道路好坏、天气状况适当打些折扣。当车流和人流的峰值超过公路的通过能力时，就要考虑增设避难道路或调整部分居民的避难路线，直至所有避难居民都能安全撤出为止。

（2）建设永久性路标，指示前进方向和目标，避免一部分人由于路线错误造成混乱和阻塞。

（3）设立避难交通指挥系统，在重要的路口设立疏导站，各站之间建立洪水、交通状况的情报联系。一是经常向避难人群传达洪水情报，稳定情绪，避免混乱。必要时制止一些破坏交通秩序的行为。二是当道路发生阻塞时及时疏导一部分人向其他道路转移。

总之，避难公路的建设是件大事，应当尽可能多投入些资金，多建设一些高标准的公路，这除了满足居民避难要求外，也对发展地方生产，提高地方防洪抗灾能力有利。

（四）居民避难方案的选择

对于经常遭受自然灾害的区域，事先研究好避难方案，进行充分的宣传和必要的训练，就可以使居民心中有数，在灾害发生时不至于造成混乱。在大兴安岭特大森林火灾发生时，由于居民在事前毫无思想准备和必要的防灾知识，许多人不知道应当到何处去避难。避难的人群在街上四处冲撞，各种车辆互相挤轧，造成很大的伤亡。一些人躲到地窖里，因燃烧耗氧窒息而死，许多人抱怨："这样简单的道理，为什么没有人告诉老百姓呢?"可见防灾知识的普及和训练是多么必要。

对于选择居民避难方案应当解决4个问题：一是确定避难对象。二是确定避难地。三是确定避难道路的通行能力。四是选择避难路线。前3项内容已在前面中说明，下面对第4项加以说明。

避难路线应按以下原则选择：

（1）保证避难过程的安全，在途中不会遇到洪水的袭击和意外事故的伤亡。在辽河1985年大水时，电视中报道了一辆大客车在避难途中被洪水冲入激流中，大部分人遇难的真实场面。那么这条避难路线的选择就是不安全的。又如在汶河的一次洪水中，河水漫过了公路桥，一辆大客车在通过时翻到了水中。由于在洪水季节道路的情况也会发生变化，在制订避难方案时应当考虑到各种可能发生的情况。

（2）各居民点的避难距离尽可能接近。由于每个避难地的容纳能力都是有限的，当避难人数较多时，当然都希望到最近的地方去避难。发生矛盾时应安排一部分人去远处避难，但也应当是相对较近的，使得每个避难者都能够接受，不要形成相邻居民点避难距离相差悬殊的情况。

（3）避难方案总体设计合理。因为居民分布情况、道路情况都十分复杂，若为每一个居民点都寻找到一条可能实现的最优方案并不容易。如果利用线性规划的数学原理，借助于计算机为每一个避难者设计一条符合安全、相对最近的最优避难路线是可以实现的。

（4）避难路线不宜太远，根据以往组织避难的经验，如果避难地较近，在一般体力不会感到疲劳的范围内，是比较容易动员群众避难的。但是壮年人也会感到疲劳的距离，如需步行2h以上时，老年人和体弱者就很难同意避难，产生抵抗情绪。一些老年人往往宁可坐在屋里等待洪水来临，也不愿参加避难。这种情绪也会影响到他的亲属，所以避难距离确实太远时，应考虑组织车辆来送行动困难的人员避难。

（5）避难路线应是避难者所熟悉的，避免迷失方向造成混乱。

避难是一个相当复杂的系统工程，方案制订后最好能进行一、两次模拟演习，以便及早发现问题作出调整。

参考文献

[1] 国家科委全国重大自然灾害研究组.中国重大自然及减灾对策[M].北京：科学出版社,1993.

[2] 国家科学技术委员会.中国科学技术蓝皮书.第5号.气候[M].北京：科学技术出版社,1990.

[3] 国家防汛抗旱总指挥部办公室,水利部南京水文水资源研究所[M].中国水旱灾害.北京：中国水利水电出版社,1997.

[4] 水利部长江水利委员会编.长江流域地图集[M].北京：中国地图出版社,1999.

[5] 胡明思,骆承政主编.中国历史大洪水(下卷)[M].北京：中国书店,1992.

[6] 中央气象局气象科学研究院主编.中国近五百年旱涝分布图集[M].北京：地图出版社,1981.

[7] 水电部长江流域规划办公室.长江流域社会经济基本资料汇编.1987.

[8] 陈雪英,毛振培主编.长江流域重大自然灾害及防治对策[M].武汉：湖北人民出版社,1999.

[9] 陶诗言等.中国之暴雨[M].北京：科学出版社,1980.

[10] 长江水利委员会人民长江编辑部.1995年长江洪水及防汛专辑[J].人民长江.1996(2).

[11] 长江水利委员会人民长江编辑部.1998年长江洪水及防汛专辑[J].人民长江.1996(2).

[12] 徐乾清.中国的洪水灾害与防洪对策.见：国家防汛抗旱总指挥部.防洪策略研究[M].北京：水利电力出版社,1994.

[13] 陶诗言.中国的气象灾害.见：中国科学院地学部.中国自然灾害灾情分析与减灾对策[M].武汉：湖北人民出版社,1992.

[14] 水利部长江水利委员会水文局编著.1998年长江洪水及水文监测预报[M].北京：中国水利水电出版社,2000.

[15] 陈慕平.长江流域旱灾概述[M].长江志,1998(1).

[16] 刘树坤.21世纪的中国大水利建设[J].河北水利水电技术,2001(3).

[17] 刘树坤.21世纪中国大水利建设探讨[J].中国水利,1999(9).

[18] 刘树坤,程晓陶.把救灾工作推向灾前[N].中国水利报,(5).

[19] 刘树坤.城市发展要提高排涝标准[N].中国水利报,(2).

[20] 刘树坤.城市河流的治理与研究展望[J].水利科技与经济,2012(1).

[21] 姜付仁.城市内涝防治要系统谋划全民行动[N].中国水利报,(2).

[22] 刘树坤.充分发挥水利工程的防灾减灾作用[N].中国水利报,(2).

[23] 刘树坤.创建人水和谐的大水利理论[J].中国三峡,2009(9).

[24] 刘树坤.大水利理论与科学发展观[J].水利水电技术,2009(8).

[25] 刘树坤.对圆明园防渗工程争论的再思考[J].水利水电技术,2006,37(2).

[26] 刘树坤.二十一世纪的中国水问题[J].水利科技,1999(1).

[27] 王笑莹. 非工程措施在防洪抗旱工作中的作用[J]. 河南科技, 2012(1).

[28] 刘树坤. 国外防洪减灾发展趋势分析[J]. 水利规划设计, 2000(1).

[29] 王艳艳, 刘树坤. 洪水管理经济评价研究进展[J]. 水科学进展, 2013(4).

[30] 刘树坤. 积极应对城市暴雨灾害[N]. 中国水利报, (2).

[31] 吕凤己. 加快防洪抗旱减灾体系建设全面提高城乡防洪抗旱减灾能力[Z]. 中国重庆: 2012(6).

[32] 刘树坤. 加强城市洪涝灾害的应对能力[N]. 中国水利报, (2).

[33] 刘树坤. 加强山洪灾害的风险管理[N]. 中国水利报, (2).

[34] 刘树坤. 建立全民防洪减灾体制[J]. 中国防汛抗旱, 2009(3).

[35] 刘慧勇. 江河治理战略思考[J]. 中国投资, 2015(1).

[36] 刘树坤. 拷问城市"良心"[J]. 中国减灾, 2011(8).

[37] 杨广清. 科学发展 增强防汛抗旱减灾能力——加快城乡防洪抗旱减灾体系建设专题研讨会主题报告
[Z]. 中国重庆: 2012(9).

[38] 刘树坤. 为河流生态修复提供科技支撑[N]. 中国水利报, (2).

[39] 刘树坤. 刘树坤访日报告: 湿地生态系统的修复(四)[J]. 海河水利, 2002(4).

[40] 刘树坤. 刘树坤访日报告: 自然环境的保护和修复(二)[J]. 海河水利, 2002(2).

[41] 刘树坤. 刘树坤访日报告: 自然环境的保护和修复(一)[J]. 海河水利, 2002(1).

[42] 姜付仁, 刘树坤, 陆吉康. 流域可持续发展的基本内涵[J]. 中国水利, 2002(4).

[43] 刘昌明, 周孝正, 刘树坤. 民生水利的时代内核[N]. 中国水利报, (4).

[44] 刘树坤. 南方暴雨的警示: 洪水致灾模式在演变[N]. 中国水利报, (2).

[45] 刘树坤. 生态学在水利工程建设中的价值[Z]. 2003(6).

[46] 王力. 实现防洪抗旱新跨越, 谱写一曲新乐章[Z]. 中国重庆: 2012(6).

[47] 刘树坤. 实现中国特色水利现代化的宏伟蓝图[N]. 中国水利报, (2).

[48] 李光明, 杜晓, 邓红阳. 特大旱情呼唤立法"解渴"[N]. 法制日报, (6).

[49] 刘树坤. 提高平原地区农村的防洪能力[N]. 中国水利报, (2).

[50] 刘树坤. 通过城市雨洪的调蓄和利用减少内涝灾害[N]. 中国社会报, (1).

[51] 刘树坤. 学习中央一号文件 做好防洪减灾工作[J]. 中国防汛抗旱. 2011(2).

[52] 刘树坤. 中国的水危机及出路[J]. 世界环境. 2007(5).

[53] 中国水利水电科学研究院副总工程师程晓陶: 抓住战略机遇 搞好顶层设计 促进防洪抗旱减灾体系建设
[N]. 中国水利报, (2).

[54] 刘树坤. 中国水利现代化初探[J]. 水利发展研究, 2002(12).

[55] 刘树坤. 中国水利现代化和新水利理论的形成[J]. 水资源保护, 2003(2).

[56] 中国水利学会减灾专业委员会召开中国防洪抗旱减灾网站信息员会议部署网站建设管理工作[J]. 中国
防汛抗旱, 2005(4).

[57] 刘树坤. 做好防洪减灾工作的建议和意见——在全国人大召开的在京部分水利专家、院士座谈会上的发
言[J]. 水利技术监督, 1998(5).

第3篇

涝渍灾害防治：成就、问题与对策

第一章 涝渍灾害概述

第一节 涝渍灾害概念及分类

一、涝渍灾害概念

涝渍灾害是我国主要的水灾害之一。在各种自然灾害中，涝、渍害是主要灾害之一。受害面积广，出现频率高，涝渍灾害已成为影响地区社会经济发展的重要外部因素之一，严重威胁着粮食安全和城乡居民的生命财产安全。我国城乡社会经济的快速发展、财产向城市的迅速积聚、农业生产结构调整使得涝渍灾害孕灾环境、致灾因子和承灾体的情势及其相互关系发生了很大变化，涝渍灾害的风险越来越高，受灾损失也呈逐年上升的趋势。对于农田系统来说，由于大量降水汇集在低洼处长时间无法排除（涝），或者是地下水位持续过高（渍），使土壤孔隙中的空气含量降低，影响根的呼吸作用，使得作物减产、烂根甚至死亡，从而造成农业生产损失，这样的灾害现象称为涝渍灾害。

涝渍地是易涝易渍耕地的简称，通常指常年或经常性滞水的农业用地。在农田水利和农业灾害学上，可以将地下水位埋深小于50～60cm，土壤经常或间歇性覆水，对作物的正常生长形成障碍并导致严重损失的农业用地统称涝渍地。"涝渍"又可细分为"涝"和"渍"两种不同的情况，其中农田淹水超过作物耐淹水深和耐淹历时进而影响作物正常生长时的农田水分状况称作"涝"；而因土壤地下水位过高引起作物根层水分含量过高，根层土壤肥力因素失调，导致作物不能正常生长的水分状况称为"渍"（刘章勇,2003）。

此外，随着我国城市化进程的推进，城市内涝问题亦不容小觑。城市内涝是指由于强降水或连续性降水超过城市排水能力致使城市内产生积水灾害的现象。

二、涝渍灾害分类

涝渍灾害属于水灾的范畴，通常是由于降水过多或强度过大所引起的，过去统称为洪涝灾害。一般认为，日降雨100mm为轻涝，日降雨150mm为中涝，日降雨200mm为重涝。通常渍灾分为雨涝和盐渍两类。

雨涝通常发生在排水欠佳的低洼地区，此类地区受降水、沥水或洪水侵袭，地下水位上升，土壤长期处于水分过多状态，通气不良，影响植物根系呼吸，或由于还原作用产生有毒物质，作物不能正常生长，造成作物减产。涝渍发生频率小于3年一遇的地方，涝渍积水不仅影响到当年作物的产量，而且常使土壤状态发生变化，形成湿地。

盐渍是在半干旱地区径流滞缓的低平洼地，年蒸发量约为降水量的3～5倍，当地下水埋深小于土壤毛管强烈上升高度（1.5～2.5m），地下水大量蒸发散发，易溶盐在土壤表层聚积形成毒害。当土壤中含有碱性苏打（$NaCO_3$）而呈现高pH值时，不仅如磷酸盐、铁、锌、锰等营养物质很难被植物利用，而且在碱性环境下钠离子侵入土壤胶体，破坏土壤结构，分散性强，降低土壤的通透性，土壤遭受盐和碱的双重危害，减产更严重，形成盐碱地（赵真，1995）。

涝渍根据不同的季节可以分为春季的涝渍、夏季的涝渍以及秋季的涝渍三种，春涝发生时间为3～5月，夏涝发生时间为6～8月，秋涝发生时间为9～10月，其中以夏季的涝渍危害程度最大（冯定原，1992；张素燕，2015）。

第二节　我国涝渍灾害的时空特征及成因

一、雨涝的区域分布和季节变化

雨涝是指长时间降水过多或区域性的暴雨及局地性短时强降水引起江河洪水泛滥，淹没农田和城乡，或产生积水或径流淹没低洼土地，造成农业或其他财产损失和人员伤亡的一种气象灾害。我国气候受季风影响显著，各地降水均具有明显的季节变化特征。由于我国地域辽阔，各地距海远近不同，同时境内地形多样化，因此不但各地降水量多寡不同，而且雨季起讫时间和持续期也各不相同，雨涝的区域分布和季节变化亦非常复杂。有些地区经常发生雨涝，而另一些地区又极少发生雨涝，并且发生雨涝的季节各异。为了能更好地了解雨涝发生的规律，为减灾抗灾提供科学依据，首先应对雨涝的区域分布和季节变化进行分析和讨论。

（一）全国雨涝分布特征

中国大部分地区均遭受过雨涝灾害。我国雨涝的地区分布特点，大体上是由东南向西北减少，并且与地势高低和离海远近有密切关系，沿海和平原地区多雨涝，内陆和高原地区少雨涝。

总的来说，我国洪涝地区分布的特点是东部多，西部少；沿海地区多，内陆地区少；平原丘陵多，高原少；山脉东、南坡多，西、北坡少（丁一汇，2008）。根据1961～2006年我国湿润区与半湿润区的年平均雨涝情况（不含台湾省），可知华南大部分、江南大部分及湖北东部、四川盆地西部、云南南部、辽宁东部等地发生频率达30%～50%，局部地区超过50%；淮河流域大部、长江三角洲一带及辽宁大部等地频率为20%～30%；西北大部及西藏、内蒙古等地大部雨涝发生频率低，在10%以下；中国其余地区雨涝频率则在10%～20%。

我国各省（区、市）雨涝情况并不完全相同，根据1951～2006年雨涝统计数据（不含台湾省），如图3—1所示，河北、山东、浙江、江西、河南、辽宁、广东、福建、湖南、吉林、黑龙江、湖北、江苏、安徽、海南等多省雨涝受灾率高。可见淮河流域的淮北平原、长江流域的江汉平原、珠江流域的珠江三角洲、东北三江平原和松嫩平原等地区受涝渍灾害影响较大（陈清华，2011；温季，2009）。简言之，我国涝渍灾害主要分布在东部平原地区。

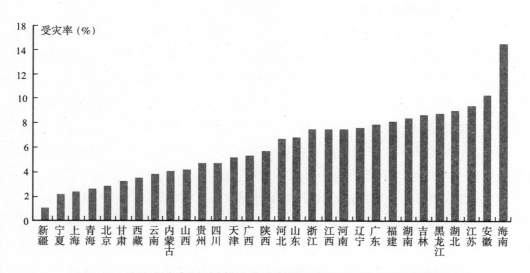

图3—1 中国各省（区、市）年农作物雨涝受灾率（1951～2006年平均）

（二）全国雨涝季节变化

各地雨涝发生的季节，与雨季的起讫期和持续期有密切关系。由于各地雨季的开始和结束期不同，以及受降水集中的时段和台风的影响等原因，各地雨涝发生的季节也不同。为了了解各地区雨涝发生季节的特点，将雨涝主要发生地区的月降水量季节变化作了分析。对雨涝主要发生地区，即11°E以东、20°～45°N这一范围，分成基本呈东西向的13个带。自南而北，大体上是1、2代表华南，3～5代表江南，6为长江中下游，7为淮河，8、9为黄河中下游，10、11为海河流域，12、13为辽河流域。然后组成一个月降水量随纬度和季节变化的剖面图如图3—2所示，该图能够很清楚地反映出各地区降水的集中时段，或者说雨期的长度。若以等100mm雨量线（如图3—2中粗实线）为准，可以看到，雨期长度自南向北缩短。

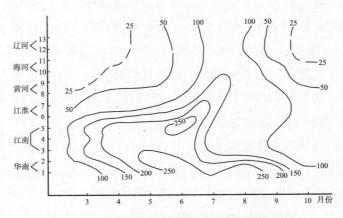

图3-2　多年平均月降水量的纬度时间剖面

春涝：根据1961～2006年全国春季雨涝情况，春季雨涝主要发生在江南中东部、华南大部，发生频率为10%～30%，大体上是华南和江南的雨期开始最早，一般在3～4月。

夏涝：夏季是中国降水最集中的季节，也是雨涝发生频率最高、范围最广的季节，根据1961～2006年全国夏季雨涝情况，淮河流域及其以南大部、四川盆地西部、云南南部、辽宁等地雨涝发生频率为20%～50%，两广沿海、江西东北部、辽宁东部等地达50%以上。江淮流域雨期开始于6月初，黄河中下游及其以北地区几乎同时开始于6月底。结束期则是越南越晚，但差别不是太大，以华南为最晚，要持续到9月底，江淮及其以北地区8～9月雨期先后结束。显然，雨涝均发生在雨期中，不少地区在雨期的中后期频率最高。例如华南的雨涝主要出现在前汛期的5～6月和后汛期的8～9月。长江中下游和淮河流域的雨涝，主要发生在6月初到7月初的梅雨期。黄河中下游、海河流域和辽河一带的雨涝则出现在7月及8月，主要在7月下旬至8月上旬。

秋涝：随着雨带的南移，雨涝范围明显减小。根据1961～2006年全国秋季雨涝情况，海南、广东沿海、浙江沿海及四川盆地雨涝频率在10%～20%，海南东部超过30%。东南沿海一带因受台风影响，10月和11月仍可出现雨涝。渭河、汉水流域以及川东地区的秋雨区，9～10月也会出现雨涝。

如图3-3所示，各地区主要降水季节有所不同。

华南地区：3月降雨明显增多，到11月仍可受到热带气旋的影响。降水集中时段为4～9月，洪涝主要发生在5～6月和8～9月。即夏涝最多，春涝次之，秋涝再次，偶尔还有冬涝现象。

长江中下游地区：4月前后雨水明显增多，5月洪涝次数显著增加，但主要在江南地区。6月中旬至7月上旬是梅雨期，雨量大，是洪涝发生的集中期。7月中旬至8月为少雨伏旱期，发生洪涝的机会少，但沿海地区受热带气旋影响仍可遭洪涝灾害。大部分地区洪涝集中在5～7月，受涝次数占全年的80%左右。从季节上看，夏涝最多，春涝（以渍涝为主）次之，秋涝再次，个别年份有小范围的冬涝现象。

黄淮海地区：这一地区春季雨水稀少，一般无涝害出现；进入6月，华北平原可出现洪涝，但范围一般不大，且多出现在沿淮及淮北一带。7～8月，降水集中，洪涝范围扩大，次数增多，为

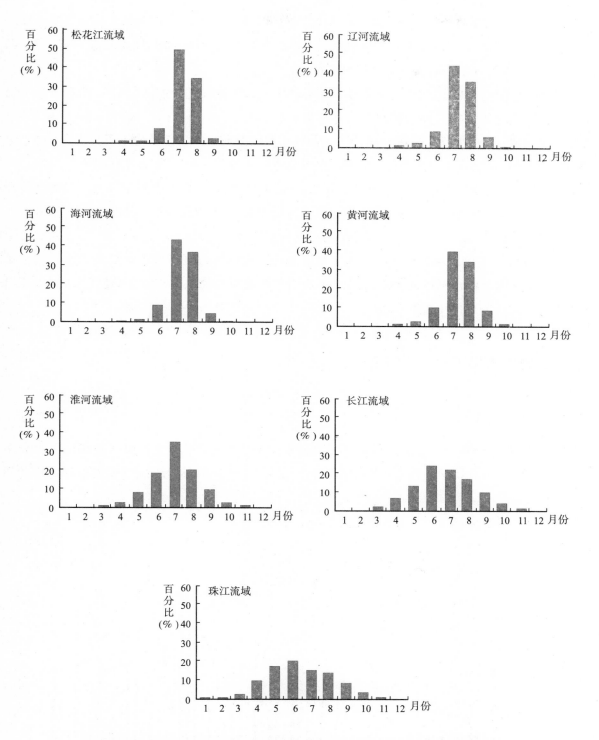

图3－3 中国主要流域各月暴雨日数占全年的百分比（1961～2006年平均）

全年洪涝最多时期。这两个月，淮河流域、河南北部、河北南部、陕西中部等地受涝次数占全年70%左右；山东、河北大部、京津地区占80%以上；从季节上看，夏涝最多，个别年份可发生春、秋渍涝。

东北地区：本区受夏季风影响最晚，雨季短，洪涝几乎集中在夏季，特别是7～8月两个月。三江平原因地势低洼，如果上年秋冬雨(雪)偏多，春季天气回暖迅速，积雪融化，土壤返浆，也可以发生渍涝；倘若春雨(雪)多，更会加重涝象。

西南地区：本地区地形复杂，各地雨季开始早晚不一，雨量集中期也不尽相同，所以洪涝出现的迟早和集中期也不完全一样。贵州洪涝多出现在4～8月，偶尔有秋涝。四川、重庆除东部外，一般无春涝现象，洪涝主要集中在6～8月，9～10月还有秋渍现象。云南洪涝主要集中在夏季，但春、秋期间局地性的山洪也时有发生。西藏洪涝灾很少，一般仅在夏季有局地性的洪涝发生。

西北地区：大部地区终年雨(雪)稀少，除东部地区外，几十年来很少发生较大范围的洪涝现象。夏季如降大雨或暴雨，也可发生短时洪涝(多为山洪)，但出现次数少，且比较分散。

另外，黄河干流上游的河套一带和下游的山东河段以及松花江哈尔滨以下河段、黑龙江的上游河段等冬季可形成危害较大的冰凌洪水。东北和西北高纬度山区经过漫长的冬季积雪到来年春末气温升高，积雪融化可形成融雪洪水。而新疆和西藏境内的永久积雪区(现代冰川)在高温的夏季冰雪消融可形成冰川(雪)洪水。

二、我国当代和历史时期的雨涝

(一)我国当代雨涝

我国是世界上雨涝灾害频繁的国家之一，1950～2013年中国洪涝受灾面积及成灾面积如图3—4所示，从图中可见我国平均每年受雨涝灾害的受灾面积达到938.5万hm²，成灾面积每年达到

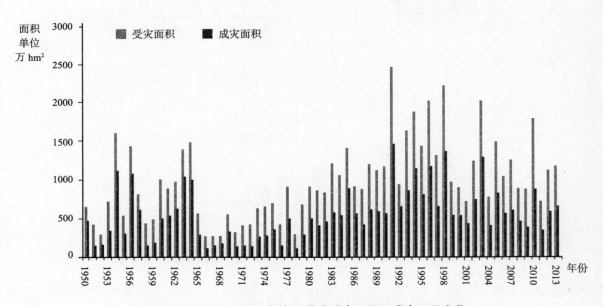

图3—4　1950～2013年中国洪涝受灾面积及成灾面积变化

注：数据引自《2013年中国水旱灾害公报》。

543.8万hm²，严重雨涝年受灾面积可达1500万hm²以上，其中1991年、1998年、1996年、2003年受灾面积最大，分别达到了2459.6万hm²、2229.2万hm²、2038.8万hm²、2036.6万hm²，而其相对应的成灾面积也是历年最高，分别为1461.4万hm²、1378.5万hm²、1182.3万hm²、1300.0万hm²。

由图3—4还可以看出，就全国而言，20世纪50年代雨涝较多，60年代开始减少，70年代最少，80年代又增加，到90年代雨涝发生最多，进入21世纪以后全国洪涝又有减少的趋势。

我国各地区雨涝情况并不完全相同，以长江流域与黄河流域为例，根据1951～2006年黄河和长江流经地区农作物雨涝受灾及成灾面积变化如图3—5和图3—6所示，可以看出，对黄河流域而言，20世纪50年代雨涝面积较大，70年代至80年代雨涝面积较小，到90年代雨涝面积又趋增加，特别是80年代末以来增加趋势较为明显，进入21世纪后，雨涝灾害略有下降，但2003年再次发生严重雨涝灾害。相对应的，对长江流域而言，20世纪80年代之前雨涝面积都相对较小，进入80年代雨涝受灾面积和成灾面积显著增加（张勇，2009）。

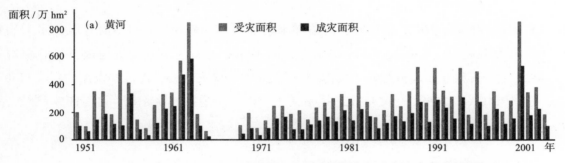

图3—5　1951～2006年黄河流经地区农作物雨涝受灾及成灾面积变化

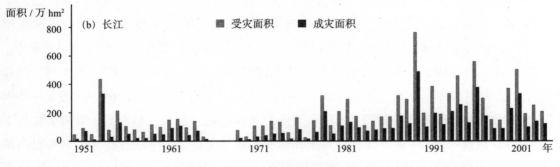

图3—6　1951～2006年长江流经地区农作物雨涝受灾及成灾面积变化

根据华南前汛期和江淮梅雨期1961～2008年雨涝相关研究，1961～2008年华南前汛期雨涝程度总体呈下降趋势，而干旱程度呈上升趋势。其中，20世纪60年代初期到70年代末期雨涝程度较重，70年代中末期到90年代中期雨涝程度较轻，2004年后雨涝程度又明显抬升。1961～2008年江淮梅雨期雨涝程度总体呈上升趋势，20世纪60年代雨涝程度较轻，70年代开始雨涝程度逐渐变重，90年代达到最高，之后又逐渐降低（潘玉萍，2012）。

1961～2010年东北地区的降水相关研究表明，近50年间东北地区的降水量整体上呈波动下降趋势见图3－7，80年代初期和2000年年初期年降水量有减小趋势，且2000年以后减小趋势显著（韩冬梅，2014）。

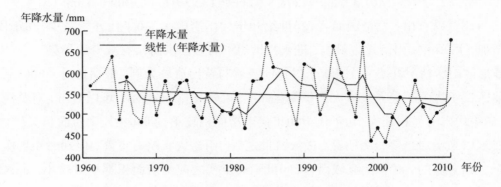

年降水量 /mm

图3－7　东北地区1961～2010年年降水量变化序列

以洞庭湖区1950～2009年的灾情、雨情和水情等资料为依据，可知不同等级的水灾连年发生，其中特大水灾多发生在20世纪50年代、90年代和21世纪初，其受灾与成灾年频率均为10%～40%，但受灾频率以20世纪90年代为最高，达40%，成灾年频率却以20世纪50年代和60年代最高，分别为40%及20%，受灾与成灾频率最小年份却出现在21世纪初，均为10%（李景保，2011）。

（二）历史时期的雨涝

要了解雨涝随时间演变的规律，仅根据40年的资料进行分析是不够的，所以又利用近500年旱涝资料，对雨涝灾害比较频繁的长江和黄河流域的雨涝进行了分析。现将主要结果简述如下。

长江中下游是雨涝频繁发生的地区之一。实际观测资料表明，长江中、下游的雨涝变化有时也不一致，如1982年、1983年夏涝主要在中游，而1991年、1956年又主要在下游。因此把中、下游分别进行分析，对认识雨涝的变化规律和形成原因更有利。将雨涝分成3级，即大涝、涝和偏涝，并建立了代表中游和下游地区的两个雨涝序列。表3－1是近524年（1470～1993年）各等级雨涝出现的次数和频率，从中可以看到，大涝和涝两个地区出现的次数比较接近，但偏涝则是下游明显多于中游。这说明近524年尽管中游大涝和涝的次数比下游多，但总的情况是下游比中游雨涝次数稍多。为了说明各不同时期的雨涝变化特点，统计了16世纪以来每50年各等级雨涝出现的次数，从中可以看到，下游大涝以20世纪下半叶发生最多，其次是19世纪上半叶，18世纪上半叶没有出现大涝；除17世纪上半叶涝偏少外，各50年出现的次数相近。3个等级雨涝合计以16世纪下半叶和18世纪下半叶频率最高，这是长江下游地区近524年两个最湿的50年。20世纪下半叶虽然大涝、涝最多，中游地区的大涝以20世纪上半叶出现最多，其次是19世纪上半叶和20世纪下半叶，16世纪上半叶和19世纪下半叶没有出现大涝，发生涝的频率在19世纪上半叶和20世纪上半叶明显多于其他时期。3个等级雨涝合计则是20世纪上半叶频率最高，特别是大涝和涝都占第一位，说明这是近524年长江中游降水量最多的50年。

表3－1　长江中、下游各等级雨涝出现次数和频率

等级	中游	下游
大涝	21（4.0%）	19（3.6%）
涝	56（10.7%）	52（9.9%）
偏涝	120（22.9%）	144（27.5%）

对长江中、下游旱涝序列做功率谱分析，发现以5～6年周期最明显，此外尚有20年左右的周期。前者与太阳活动的11年周期有一定联系，在太阳黑子峰值年，雨涝的频率增加。与西太平洋副热带高压的变化比较表明，长江中游的雨涝与副热带高压的关系比下游密切，受副热带高压强度和脊线纬度位置的影响大。当副热带高压强而位置偏南或者副热带高压脊极端偏西时，长江中游地区都易发生雨涝。

黄河历来以洪涝灾害频繁而著称。据分析，自公元前2世纪至1991年的2119年中，黄河流域共发生大涝147次，平均每个世纪为6.7次。但各世纪分配很不均匀。图3－8是各世纪大涝出现次数的变化，从中可以看到，总的变化表现出弱的下降趋势，同时在下降过程中出现三个波峰，第一个波的峰值为13次，出现在3世纪；第二个波的峰值为11次，出现在7和8世纪；第三个波的峰值为10次，出现在16世纪。20世纪为极小值，仅2次。

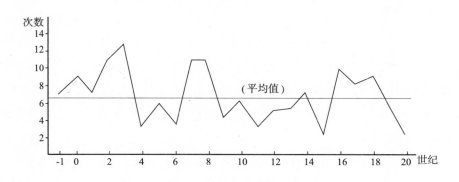

图3－8　黄河流域各世纪大涝出现次数

黄河流域上、中、下游各段的雨涝特点也不同。根据近521年（1470～1990年）的旱涝资料分析，以黄河下游发生雨涝的频率最高，中游其次，上游最低。但进入20世纪以来，上游和中游地区雨涝的频率明显增加，下游地区相反，雨涝频率显著减小。不过下游地区连涝的现象却时有发生；在近521年中，大范围连涝出现过两次，均发生在16世纪的50年代和60年代。局地性的连涝都在5次以上，如济南地区发生过10次，最长连涝为4年。

连涝时段主要集中在16～18世纪，19世纪以来，频率明显减少。

据对1751～1950年东北地区雨涝的相关研究如图3－9所示，18世纪后半叶洪涝灾害数为18次，19世纪和20世纪前半叶分别为72次、46次；18世纪后半叶干旱灾害数为16次，19世纪和20世纪前半叶分别为31次、21次。可见20世纪东北地区旱涝灾害态势较以前有所加重，洪涝灾害尤为突出，且极端旱涝事件发生频次增加（韩冬梅，2014）。

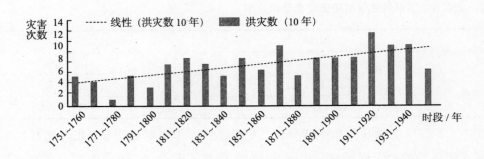

图3-9 东北地区1751～1950年各种等级旱涝灾害频次

三、涝渍灾害特征

因我国拥有多个气候带类型，全年降水量在季节上分配不均匀，年际间变化也较大。加之平原、丘陵、山地等因素的差异，导致暖湿水汽的输送量和降雨量都有很大差别，进而我国各地区涝渍灾害特征有所差异。

（一）涝渍灾害频繁

受季风气候影响，我国是世界上涝渍灾害频繁发生且严重的国家之一，如图3-4所示，1950～2013年，我国每年都有不同程度的涝渍灾害发生，仅各年份受灾情况有所差异。又如图3-2所示，我国局部地区涝渍灾害频繁发生，河北、山东、浙江、江西、河南、辽宁、广东、福建、湖南、吉林、黑龙江、湖北、江苏等地年平均雨涝受灾率可达到6%以上，安徽、海南两省年平均雨涝受灾率最高，超过10%。

以黑龙江省三江平原为例，该地区处于湿润、半湿润气候区，年平均降水556.2mm，是黑龙江省三江汇流处，水资源丰富。又由于年内年际时空分配不均匀，且地势低洼，微地形复杂，土质黏重，地下水偏高，该地区（尤其是地下水位高的低洼耕地）涝渍灾害频繁发生。1950～2003年的54年中发生不同程度涝渍的年份有1950年、1956年、1957年、1959年、1960年、1962年、1965年、1971年、1972年、1973年、1974年、1981年、1984年、1987年、1991年、1994年、1997年、2003年（或2002年）共18年，出现概率为30%（即3年1次），在太阳黑子活动周期影响下，形成了年年有小涝，3年有大涝，10年有重涝，22年有极涝的规律（邓立群，2004）。

又如江淮地区是亚热带与暖温带的过渡地带，属于东亚季风气候区，涝灾发生频率亦较高。以安徽为例，在1451～1950年的500年中，安徽发生严重的大洪涝年有1608年、1823年、1849年、1866年、1931年等。在1950～1991的42年中，洪涝有9年，占21%，约5年一次。江淮地区涝灾特征为发生频率高、危害作物多、受灾范围广，对生产建设和人民生活造成巨大困难和损失（黄小燕，2008）。

据不完全统计，山西省在1950～1990年，仅1965年没有发生水灾。其间成灾较大的洪涝渍灾害210次，其中较严重的45次。从有历史记载的470个成灾较大的洪涝年看，平均5.8年一遇。16世纪之后，连续发生洪涝灾害以及局地性发生洪涝灾害的频率增加（赵真，1995）。

（二）涝渍灾害连续

我国涝渍灾害的发生具有连续性的特点，往往同一地区多年连续发生涝渍灾害。以东北三江平原为例，受大气环流，尤其纬向W形环流影响，易出现连续涝渍年，如1960～1964年的连续5年、1971～1974年的连续4年、1983～1985年的连续3年；受北方冻融影响，凡出现严重秋涝，必造成第二年春涝。一般因为秋雨大，气温下降，蒸发量小，地表积水及土壤过湿尚未排除即被冻结，且受土壤热力作用，在冻结过程中下层水（包括地下水）向耕层聚集，形成冰夹层，加之冬春雨雪较多，第二年春天化冻时，地表积水的同时土壤过湿，形成春涝（邓立群，2004）。

江淮地区以安徽省为例，近500年的水旱灾害资料显示，连年发生水灾的概率较大，约20年出现一次。其中连续两年发生水灾的次数最多，约占总次数的2/3。连续3年发生水灾的次数，约占总次数的1/6。清末泗县宿州，曾出现1902～1912年连续11年的水灾，为安徽水灾史上连续发生水灾之最（黄小燕，2008）。

同样，洞庭湖区受副热带高压、西风带环流、东南季风和西南季风等环流系统的复合影响，是我国洪涝灾害最严重的地区之一。1950～2009年，此地区不同等级的水灾连年发生如图3—10所示；进入21世纪以来，每年汛期发生全区性涝渍灾害（李景保，2011）。

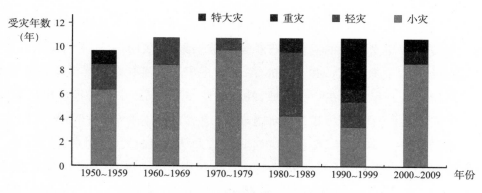

图3—10　近60年洞庭湖区涝渍受灾年数变化

注：① 小灾，农作物减产量<$3.0×10^8$kg；轻灾，农作物减产量$3.0×10^8$～$4.9×10^8$kg；重灾，农作物减产量$5.0×10^8$～$9.9×10^8$kg；特大灾，农作物减产量≥$9.9×10^8$kg。

② 数据引自《洞庭湖区农业水旱灾害演变特征及影响因素——60年来的灾情诊断》。

（三）涝渍相随

雨涝和盐渍有着密切的关系，从成灾特点来看，我国涝渍灾害往往是有渐变性和持续性的特点，尤其是盐碱危害，通常要到次年春季返盐时才真正显露出来，即使水位下降涝渍危害消除后，盐碱往往仍留存于土壤中，灾害具有相当长的持续时间，地下水位稳定大于3m处通常不出现涝溃和盐渍危害(赵真,1995)。

三江平原主要成灾雨型是连阴雨(长历时降雨型)天气,形成洪涝轻、渍涝重的特点。长历时降雨最易使土壤过湿,使大面积作物窒息,影响作物发育,降低土壤承载力。圆锥系数<2kg/cm²,长期积水低洼水线<1kg/cm²。<2kg/cm²,机械不能作业;<1kg/cm²,机械无法通行,影响机械化作业质量与效率,致使春季播不上种,夏季无法中耕除草,秋季无法收割和耕翻。不仅危害当年,而且影响第二年(邓立群,2004)。

松嫩平原东部山前台地和低山丘陵地跨黑龙江和吉林两省,其中坡耕地的成土母质以更新世沉积的黄黏土为主,由于受黏性母质与冻层的影响,水分下渗深度仅在1~2m,不与地下水位相接,由于该地区降水集中,微地形复杂等原因,坡耕地中出现局部涝渍灾害。这种涝渍地除在旱年以外均会出现持续的涝渍灾害,零星分布在大面积的坡耕地中,单块面积一般0.67~60hm²,约占耕地总面积的4%左右(秦续娟,2006)。

据湖北省平原湖区有作物生长期间田间的水分平衡研究,南方平原湖区自然降水量是作物蒸腾、土壤蒸发和土壤渗漏总和的两倍以上。由于地下水位浅、土壤湿度大,极易受渍。平原湖区日降雨量超过10mm,当日即可达到渍害水平。在有田面积涝的情况下,涝渍时间叠加。洪涝在前,涝后即渍。据研究,即使在排涝条件好的情况下,排涝完成后,作物一般尚要受渍3~4天。如此,即使是实行排涝标准,作物受渍,仍要减产。渍害对于涝后抢种和恢复农业生产影响很大。

(四)旱涝交替

江淮地区受副热带高压的进退、伸缩影响,降水年际变化较大,而且各季节分配又极不均匀,所以容易形成春夏季节旱涝交替的局面,或春旱夏涝,或春雨绵绵而夏季则伏旱炎炎(刘章勇,2003)。据不完全统计,安徽省从1949~2006年,58年中出现旱涝并存或旱涝急转的年份有40年,其中旱涝急转典型年份21年。而在长江流域,2011年1~5月,长江中下游地区出现重度干旱,湖北、湖南、江西、安徽、江苏等省329万人饮水困难,湖北省1300座水库低于"死水位",进入6月后,湖北、江西、浙江等地区突降暴雨,在极短的时间内从大旱急转向大涝(付文艺,2014)。

洞庭湖区位于长江中游南岸,受副热带高压、西风带环流、东南季风和西南季风等环流系统的辐合影响,不同等级的水灾连年发生。依据1950~2009年的灾情、雨情和水情等资料,该地区连年发生不同等级的水灾,而在1950~1999年间歇性发生旱灾,到2000~2009年亦连年发生旱灾。可见进入21世纪以来水旱灾害交替发生,即在每年汛期发生全区性涝渍灾害的同时,枯水期区域性或全区性夏秋连旱灾害或秋冬连旱灾害接踵而至(李景保,2011)。

(五)涝渍灾害具有季节性

由于我国季风气候的特点和地形地势的影响,不同区域雨季来临的早晚不同,并具有不同的降水特征。

例如,西南地区气候类型以亚热带和温带为主,受东南风和西南风影响,降雨主要集中在5~10月,该段时间降水量一般占全年降水量80%以上,经常是强降雨过程带来的地面积水刚刚排完，地下水位还未下降，新一轮降雨又来临，导致持续的地下水位偏高，形成了先涝后渍的局面（赵永丽，2013）。

江淮地区受西太平洋副热带高压等因素影响，又加之靠海、地形等因子的配合，气象水文具有明显的季节性，雨量主要集中于5～10月，特别是在7～8月常发生大范围降雨，极容易产生连续暴雨。由于一时排出较难，造成夏秋涝渍灾害（陈清华，2011）。综上，江淮地区常出现阶段性降水偏多，持续阴雨，形成连阴雨涝渍危害（黄小燕，2008）。

珠江流域（华南地区）降水的季节性差异明显，夏半年（4～9月）的降水量占全年的70%～85%，同时还有两个明显的多雨期，分别为前汛期（4～6月）和后汛期（7～10月）（王志伟，2004）。

黄河流域由于受大气环流及季风影响，流域降水量少而蒸发能力很强。流域年径流量地区分布不均匀，径流深由流域南部向北部递减。黄河流域大部分地区均发生过雨涝灾害。春季，黄河流域大部分地区发生雨涝的频率均<1%。夏季黄河流域雨涝发生频率在中游地区达到5%～15%，秦岭北麓及流域下游地区雨涝频率超过15%。秋季，随着雨带的南移，雨涝范围明显减小（张勇，2009）。

长江流域处于欧亚大陆东部的副热带地区，东临太平洋，海陆热力差异及大气环流的季节变化，使长江流域的大部分地区成为典型的季风气候区。夏汛冬枯，5～10月降雨量约占全年的70%～90%。春季长江中下游河道南岸地区发生雨涝的频率较大，可达5%～30%，流域东南部甚至超过30%。夏季，长江基本属雨洪河流，多暴雨，雨涝发生频率最高、范围最广。长江流域雨涝发生频率在四川盆地及其东北部地区以及中下游地区较大，达到5%～60%，四川盆地部分地区超过60%。秋季雨涝范围明显减小，仅四川盆地及中下游干流沿线发生雨涝，频率为1%～20%（张勇，2009）。

四、涝渍灾害成因分析

涝渍地的形成是许多自然地理及人为因素相互影响共同形成的，地质、地貌和气候属于基础性因素，决定了涝渍形成环境与空间展布格局；水文因素实际上是前几项的派生因素，而人为活动的不合理常常加重或加剧涝渍灾害的程度。

（一）大气降水

大气降水是产生涝渍灾害的主导因素，特别是与大气运动相联系的强降水过程、连阴雨往往会造成较为严重的涝渍灾害。大气降水包括降水量、降水季节的分配以及次降雨过程。以江汉平原为例，江汉平原位于北亚热带季风气候区，向心水系发育，在某些季节往往因为较大的降水过程而产生严重的涝渍灾害。每到初夏，暖湿气流加强，冷暖气流相持于江淮流域，降雨集中，雨日多，雨量大，加上向心水系发育造成河水暴涨。长江、汉江等1190余条大小河流从周围山区汇集于江汉平原，致使水流宣泄不通，年长流量在9000亿m³左右，造成汛期"水高田低"的现象，外江水位往往高出田面数米乃至十数米。此外，该地区降水极不稳定，年际变化大，丰枯年地表径流量之比达12.2：1，各地年降水距平为±121～237mm，年平均相对降水变率为11%～18%（刘章勇，2003）。

（二）地形、地貌条件

涝渍灾害的发生除了降水因素外，也与地形地貌条件密切相关。地形地貌对地表水的再分配起到关键作用，控制了地表水的排泄条件，也控制了地下水的分布和补给关系。例如在江淮地区，地形类型多样，平原、岗地、山地、丘陵皆有，尤其是洼地，排泄条件较差，易产生渍害。

积水易涝的平原地区往往与新构造运动联系在一起。三江平原是中国新构造运动沉降幅度较大的地区之一，也是易受涝渍危害的地区。自第四纪以来，三江平原一直间歇性地沉降，而沉降过程中有回升，使平原地区第四纪沉积物出现了自上至下、由粗到细，黏土沉积地表的沉积规律，致使水流的排泄不畅，同时黏土层阻碍下渗，使径流停滞地表致涝。因此，地形地貌是造成三江平原涝渍的重要因素之一（陈清华，2011）。松花江、黑龙江和乌苏里江及其支流多次改道变迁而形成的冲积低平原，河漫滩宽广，径流滞缓，平原上古河道遍布，大小洼地星罗棋布，地面切割微弱，地势低平，坡降小。此类微地形地貌对地表径流的汇集起很大作用，加之地下水位较高，造成水分下渗困难，所以平原区涝渍灾害频繁发生（刘兵，2010）。

江汉平原地处大地构造的断坳区的长江中下游地区，中低四周高，在地质构造上属新华夏系第二沉降区。进入全新世后，长江水面上升，洪水多发，使长江和汉水多次决口分流，导致长江与汉水支流之间形成洼地，农田地下水位高，极易形成潜育化或沼泽化渍害低产田。江汉沉降带是一个白垩纪延续至今的构造沉降盆地，以华容隆起为界，北为江汉盆地，南为洞庭盆地，蜿蜒曲折的荆江即发育其间，形成了水患生成的自然条件（陈清华，2011）。

鄱阳湖圩区位于长江中游，从全新世以来，鄱阳湖地区接受了江西省境内赣江、抚河、信河、饶河和修水5大河流的来水沙冲击，形成了盆地特有的沉积模式，这5大河流呈辐射状在鄱阳湖汇合，形成了湖泊密布、河流纵横交错的典型性吞吐型连河湖区。第四纪地质环境变迁的结果，使鄱阳湖区形成了一个积水易受涝渍危害的盆地（陈清华，2011）。

（三）土壤透水及冻层

土壤自身的物理性质是造成涝渍地的一个重要因素之一。土壤质地黏重，物理性质不良，持水力强，储水、释水和渗透性弱，皆易形成表层土壤过湿、饱和而发生涝渍灾害。此外，土壤质地的剖面构型，对土壤渍害的影响亦较大，如通体黏质、上黏底沙或沙黏夹层的土壤易发生渍害（陈清华，2011）。

三江平原地区土壤大部分为白浆土，土壤母质黏重，持水力强，储水、释水和透水性差，降雨稍多土壤便饱和，造成土壤过湿，进而形成涝渍灾害。黑龙江省耕地90%以上处在质地黏重的土壤上（刘兵，2010）。

江汉平原的土壤成土母质主要由江河的冲积物和湖相沉积物堆积而成，其中湖相沉积物、质地比较黏重均一，土壤孔隙不发育且很少、渗透性很差。因而此类土壤内排水能力差，地下水渗流极为滞缓。这一类土壤多数分布在地下水位高、低洼湖区的农田，极易形成潜育化或沼泽化渍害低产田。鄱阳湖圩区亦有类似情况，由于地表有3~5m厚的黏土层，当遇到雨水或地表径流由上而下流入土壤后，水流在黏性土层中下渗缓慢，形成"上层滞水"，继而造成某一层段的土壤水分长期饱和，从而使土壤向潜育化方向发展(陈清华，2011)。

此外，冬季形成的冻层对土壤水分的传导、保蓄和隔水作用亦是导致涝渍灾害的因素。以三江平原黑龙江省为例，黑龙江省冬季漫长而酷寒，结冻层厚达到1.7~2.8m，土壤结冻期达200余天，根据土壤水分迁移的热学原理，冬季有些土壤在耕作层下积存较厚的冰层，形成春季或初夏的隔水层，造成融雪和降雨无法下渗，加之平原区出流缓慢，秋季积水尚未排出即结冻，以致春融期土壤含水过高而成涝。夏季完全融透冻层时已至汛期，水量补给加多，再次造成土壤过湿(田守成，1996)。

（四）地下水

江淮是我国著名的水网地区，长江迤其南，淮河界其北，黄海滨其东。淮扬运河纵走于东部，沟通长江、淮河两大水系，水系复杂易造成河湖漫溢和堤坝决口。在平原腹地低洼地带，地下水位一般埋深在1~3m，汛期雨后地下水位可能上升到耕作层或地面，使土壤处于饱和状态而形成渍害(黄小燕，2008)。

三江平原局部地区地下水位过高，主要有松花江及黑龙江沿岸和兴凯湖区域。此类型土壤透水性较好，心土无明显隔水层，但降水或地表及地下径流补给的作用抬高了地下水位，造成季节性或长期渍泡耕层，形成涝渍(刘兵，2010)。

（五）人为因素

农业涝渍灾害与人为因素亦有关。譬如，垦殖、耕作方式、水利条件等均会影响涝渍灾害的演变。

不合理的耕作制度，最突出的表现是长期单一种植水稻，农田灌水时间长达半年之久，不少地方大引大灌，致使农田地下水位抬高，犁底层滞水消退极为缓慢，加之连年湿耕浅耕，黏粒下移，堵塞土壤孔隙，更加重了耕层水的滞留，因而形成大面积的次生潜育化渍害田(陈清华，2011)。

1.湖泊围垦过量

大规模围湖垦殖加剧涝渍灾害。三江平原属低湿平原，沼泽化、潜育化严重，属于原生型涝渍区。开垦耕地多属易涝地(占60%以上)。又由于建与垦脱节(即农田基本建设中没有进行渍涝治理)，与垦荒速度相差太大，欠账多，如图3—11所示，涝地几乎与垦荒同步(邓立群，2004)。盲目将湿地转变为农田，致使垦建失调。垦建失调是对三江平原涝渍形成影响最大的人为因素，该区往往趁干旱年开荒、种地，而排水措施却远未跟上，造成涝渍灾害损失迅速增加(刘兵，2010)。

长江中下游平原易涝区是长江治涝的重点，易涝耕地6500余万亩。在经济上该区处在流域

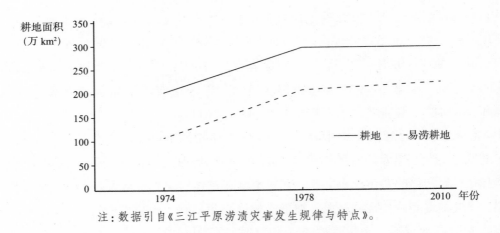

注：数据引自《三江平原涝渍灾害发生规律与特点》。

图3-11 三江平原耕地及易涝耕地面积变化

经济的重心地位，而涝的危害历来就十分严重，极为集中，且有日益严重的趋势。主要原因，一方面是各圩区不恰当地降低了垦殖线，过量地围垦了内湖，使得一些原来已达到一定标准的田地，反而降低了标准，新垦低地又达不到标准；另一方面耕地产值日益增高，损失值相应增大。在1949年前的50年，平原区平均年涝灾田达1000余万亩，其中包括部分是绝产的。1949年后，据不完全资料统计，后40年的涝灾损失年均约达600余万亩，其损失产值则高于前50年。当1956年荆北区圩堤成圈、江湖隔绝之后，整个圩区面积8000km²，内湖水面近2000km²，水面积率约25%；1959年新滩口排水闸建成后，缩小到16%左右，从当时条件分析，基本是恰当的。自1968年电排站的兴建，受"向湖泊要粮"的指导思想影响，每增加一个电排站，相应地开垦一片湖田，把湖田的增垦作为电排建设的回报值。至20世纪80年代中期，只留下洪湖350km²，长湖157km²，大同、大沙两湖之和面积50km²。可以用于有效调蓄涝水的只有洪湖、长湖，而长湖还要承担内荆河上游的部分来水。四湖地区的内湖水面率已降到5%左右。且较为有效的调蓄湖，只有洪湖一处。然而，原湖土质属于沼泽土，脱沼很慢，一旦排水不良或温度、湿度不当，又易还沼，并且蓄涝湖泊长期处于高水位状态，湖水不断向四周渗浸，使得已垦的低地，已脱沼的又还沼，致使这些地带单产很低(王善序，2002)。

历史上湖北省平原湖区围垦过度，农业生产保证率极低，治理标准不过2~3年一遇、洪涝灾害频发。新中国成立后，修建了大量的基础设施，项目完成时，规划治理标准可能达到5~10年一遇；而一旦洪涝稍有控制，湖泊水位稍低，又开始大规模围垦。实质上陷入一种治理—围垦—治理的恶性循环，以投资换土地，整体治理标准无法提高，农业生产很不稳定，年均洪涝灾害损失仍占当年GDP的1%左右。

2. 引水灌溉管理不严

建设与运行应是科学统一安排的，但在实践过程中仍不免有考虑欠周之处。以长江流域荆北区为例，引江水灌溉荆北区农田是20世纪50年代末开始的，相继修建万城闸、观音寺闸、严家台闸、一弓堤闸和西门渊、何王庙、王家巷等闸，这些闸的取水保证率极高，由于灌溉制度的科学性不严谨，在灌溉中多用漫灌、淹灌，造成一些不应引进的水量，在对天气变化不能有效掌握时，有时引入大量江水后，随之暴雨滂沱，加重了排涝负担。

第三节 涝渍灾害对我国社会经济的影响

截至2013年年底，全国共有农用地64616.84万hm²，其中耕地13516.34万hm²，根据1950～2013年资料统计，我国受洪涝灾害的农田面积平均每年938.5万hm²。严重雨涝年份，农田受灾面积可达1500万hm²以上。20世纪80年代以前，因洪涝灾害死亡人口较多，例如1954年洪涝灾害是20世纪最严重的洪涝灾害之一，这一年全国雨涝面积达1613万hm²，如图3－12所示，1954年因灾死亡人数为最多，达到42447人，其中仅长江流域就有317万hm²耕地被淹没，3.3万人丧生。1975年因灾死亡人数次之，达到29653人。而80年代以后，因灾死亡人口数量逐渐降低。

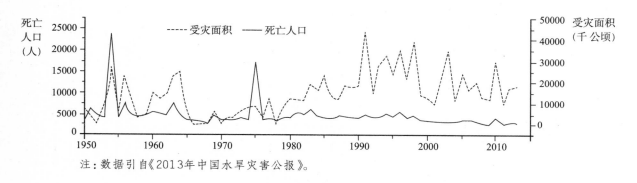

注：数据引自《2013年中国水旱灾害公报》。

图3－12 全国1950～2013年因洪涝灾害受灾面积与死亡人口变化

与洪涝灾害受灾面积相对应，我国每年因洪涝灾害产生的经济损失巨大如图3－13所示。并且，由于我国经济的不断发展，自1990年至2013年，虽然洪涝灾害受灾面积有所下降，但是直接经济损失却有升高趋势。又如1963年全国雨涝面积达1407万hm²，其中仅海河流域就有407万hm²受灾，减产粮食30多亿kg，倒塌房屋1450万间。1991年全国雨涝面积达到2459.6万hm²，1998年达到2229.1万hm²。又如，2003年淮河又一次经历了全流域性的大洪水，仅江苏、安徽两省的直接经

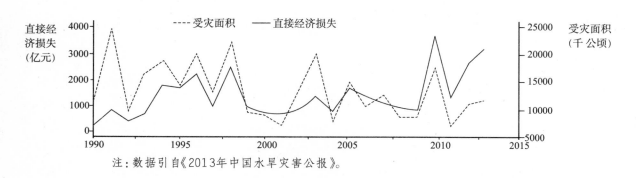

注：数据引自《2013年中国水旱灾害公报》。

图3－13 全国1990～2013年因洪涝灾害受灾面积与直接经济损失变化

济损失就达330亿元之巨(张强,2004)。

　　此外,近年来城市内涝对社会经济影响亦不容小觑,北京、深圳、武汉、杭州、南昌和延安等多个城市频繁出现城市内涝,对城镇居民生活造成了极恶劣的影响。2008～2010年,随着极端天气多发频发,部分城市频繁遭遇强暴雨袭击,引发严重城市内涝。2011年6月,国内普降大雨,20余大中城市相继发生严重内涝;2012年7月21日,北京又遭遇61年来特大暴雨,城区内涝造成37人死亡。据住建部对全国351个城市进行的专项调查,2008～2010年有62%的城市发生过不同程度的内涝,积水深度超过0.5m的占74.6%,积水时间超过半小时的占78.9%(王迪,2014)。2013年县级以上受灾城市数量达到234座(占全国城市总数的35.4%),较2011年激增了72%,城市受灾人口超过5000万(伤亡774人),经济损失3146亿元,海南省经济损失超过当年GDP的2%,规模、经济损失程度和人员死伤均呈显著上升的态势。伴随大规模的城市建设,以城市排水(雨水)和内涝为代表的水安全问题日益凸显(徐振强,2015)。

第二章　我国涝渍灾害防治情况和主要成就

第一节　我国涝渍灾害发展态势

一、未来涝渍灾害发生的频率及强度将加大

随着全球气候变化和剧烈人类活动干扰，涝渍灾害致灾因子、孕灾环境和承灾体情势及其相互关系发生了深刻变化，这些变化导致了涝渍灾害以及洪灾与涝灾态势出现了新的变化(谈广鸣,2009)。由1981～2010年统计数据看，我国历年平均气温以及暴雨日数皆有增长趋势。100年后中国年均气温将上升2～4℃，年均降水量将增长6%～14%，其中，青藏高原、西北、华北和东北等地的气温和降水量上升较为明显。气候变暖导致极端天气气候事件的发生，从气象上说，变暖后地球的蒸发量加大，大量的水汽融到空气中；地面和海洋的温度升高了，增加了大气中不稳定能量，这种不稳定能量越大，局地强对流天气也会越强，由此引发的涝渍灾害也会越强。至2013年年底全国共有耕地13516.34万hm²，在全球气候持续变暖的大背景下，在极端天气气候事

数据来源：《2014年中国气象公报》。

图3-14　1961～2013年全国年平均气温历年变化

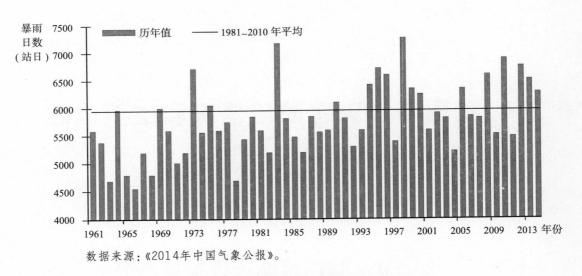

数据来源：《2014年中国气象公报》。

图3-15　1961~2013年全国年暴雨日数历年变化

件发生频率增加的大趋势下，涝渍灾害发生的频率及强度也会加大（陈艳秋，2011）。同时，全球气候变暖背景下的局部地区突发性高强度暴雨事件增加，城市热岛效应导致降雨量增加，海平面上升导致排水区地下水位上升。

二、涝灾成为水灾损失增长的重要组成

20世纪90年代以来的水灾统计资料表明：涝灾在水灾损失中所占的比例有增长的新趋势，这一趋势在南方流域中下游平原地区和城市表现得尤为突出。进入21世纪，中国水灾害损失仍呈攀升趋势，流域洪水和涝渍之间存在相互影响、相互制约、相互叠加的关系。尽管50多年来，以控制洪水为目标的、持续不断的防洪工程建设，形成了庞大的防洪工程体系，使河道洪水年均淹没面积减少了70%以上，但近些年来，水灾害损失不降反升。其中除了因河道洪水导致单位面积损失值增加外，涝灾成为水灾损失增长的主要因素。原来农作物作为涝渍灾害的主要承灾体，现在向乡镇企业、工矿企业、工业与农业复合承灾体方向发展，同样情况下的暴雨涝渍灾害损失增加（谈广鸣，2009）。

1998年长江中下游洪水成灾面积$6.53 \times 10^4 km^2$，直接经济损失1345亿元，其中因洪水泛滥淹没耕地仅$2 \times 10^3 km^2$，直接经济损失194亿元。涝渍灾害与洪水灾害面积比约为33:1，损失比约为7:1。（卢少为，2009）

究其原因，河道洪水水位高，则涝水难以排出；排涝能力强，则增加河道洪水流量，抬高河道水位，加大防洪压力和洪水泛滥的可能性。当出现流域性洪水灾害时，平原发生洪水泛滥的地区通常已积涝成灾，如1931年、1954年、1998年洪水期间，长江中下游洪水泛滥区多为先涝后洪，遭受洪水灾害的圩垸，80%~85%都已先积涝成灾，洪水泛滥则使其雪上加霜。

又如淮河流域，淮河中下游地区垸内积水排泄不畅，农田积水和地下水位抬高交织，农作物

减产绝收。2003年淮河洪涝受灾面积约384.7万hm²，成灾面积约259.1万hm²，其中涝渍型灾害约占成灾面积的2/3（徐丰，2004）。

三、城市内涝灾害损失加剧

城市化使城市面积不断扩大，而在城市发展规划中缺少洪涝灾害风险管理的约束，原来不适合人类居住的高风险区域往往成为新的开发区，这也是城市洪涝灾害不断增多的又一个重要原因。这些过去无人问津的高风险区域由于动迁少，地价便宜，往往成为城市开发的热点地区。很多新的开发区未经科学的风险评估就坐落于这些高风险区，一旦遭遇暴雨，首先受灾。如1993年深圳暴雨，一些外商在开发区新建的厂房和设备遭遇水淹，水深超过1m，损失严重（刘树坤，2008）。

城市涝灾的严重性，是随着城市的发展、财产的增值、人口的增加、建筑的发展、湖塘的消减、防洪建设的兴修等方面而加重的，市区的涝渍危害，主要不在作物，而在物资财产损失，影响工商业、交通业的运行。因此其直接损失、间接损失都是立竿见影、显而易见的。一方面，流域的暴雨强度大是造成城市涝害的基本因素，主要致涝时间也在汛期，即4～10月，特别是江湖水位超过城区地面高程，而自流排水困难的时节，这时暴雨频繁发生，涝灾相应在这时出现。另一方面，城市的排污与涝水同道，常发生拥水现象，标准不足的随污水浸溢，影响环境、卫生，导致或诱发病疫。街道、场地经过混凝土沥青等的敷面，城市径流系数特大。有的城区地面下沉也增加致涝的严重性。

城市水灾发生的频率相对增加，损失加大，同时致灾模式越来越复杂，发生意外伤亡的情况增多。城市化意味着城市人口和资产密度增加，我国地级以上城市（不包括市辖县）生产总值由2002年的64292亿元增加到2006年的132272亿元，增长1.1倍。单位面积的同样淹没所造成的生命财产损失会相应增加。现代化城市中，地下交通、下潜式立交、地下商城、地下车库、地下仓储等设施大量增加，遭遇暴雨时往往首先受害；各类高层建筑和大型公共建筑也大多将配电设施置于地下层，一旦水淹可能造成整栋建筑瘫痪。城市生命线系统发达，一旦受损，灾害会通过生命线系统放大。城市中的水、电、油、气、交通、通信、信息等网络系统发达，称之为城市的生命线系统，是维持城市正常活动的基本保障。而生命线系统大多置于地下，发生洪涝灾害时容易受损。而且，系统中一处损坏可能导致系统的大部分瘫痪。现代城市对生命线系统的依赖程度很高，一旦发生停电、停水、交通和通信受阻、计算机网络崩溃等事故，将在大范围内造成损失。

从近年的城市水灾的人员伤亡来看，大城市中诱发次生灾害的隐患比较多。如济南市由于南北向的街道坡降很大，而且方向与洪水流向一致，一旦发生暴雨洪水，这些街道就变成了行洪通道，湍急的洪流会夺去一些人的生命；在洪流中汽车熄火，门窗无法开启，汽车变成小船被水淹没，造成伤亡；城市洪涝造成地面塌陷，形成大小水坑，车、人误入造成伤亡；地下交通和地下商城突然进水造成伤亡；电气设施漏电，造成电击伤亡；广告牌倒塌或高空坠物造成伤亡；金属导体或接听手机、MP3等导致雷击等（刘树坤，2008）。

我国城市的暴雨重现期设定值普遍过小，数十年来城市大规模基础设施建设并未涉及"城市地下"部分。近年来全国各地城市在暴雨来临时普遍发生城市局部内涝灾害。据调查，国内351个城市有62%的城市存在不同程度的内涝问题，57个城市的最长积水时间超过12小时（张洪立，2015）。以京津冀"7·21"暴雨洪涝灾害为例，2012年7月21日，北京、天津、河北等地出现特大暴雨过程，过程最大点雨量北京房山区河北镇541mm、河北涞源县王安镇349mm。受特大暴雨影响，张坊水文站洪峰流量2500m³/s，北运河北关闸洪峰流量1590m³/s，为1949年有实测记录以来最大洪水；滦河支流河蓝旗营水文站洪峰流量1890m³/s，北京、天津、河北3省（直辖市）62县（区、市）遭受洪涝灾害，受灾人口540万人，因灾死亡115人、失踪16人（其中北京死亡79人，河北死亡36人、失踪16人），农作物受灾面积53万hm²，倒塌房屋3万间，损坏水库50座、堤防3427处1032km、护岸2565处、水闸1053处，北京市区形成积水点426处，天津中心城区形成积水点10处，河北9座城市的低洼地区积水受淹，直接经济损失331亿元（《2012年中国水旱灾害公报》）。25条10kV架空线路发生永久性故障。城区95处道路因积水断路，地铁机场线部分停运，部分在建路站甚至发生坍塌，铁路临时停运8条，首都机场国内进出港航班取消229班、延误246班，国际进出港航班取消14班、延误26班，造成大量旅客滞留（王桂芝，2015）。

在1982年、1983年武汉市发生了两次大暴雨，当年的直接损失均为2.5亿元，大约相当于当年工业生产总值的2%～3%，有的商店、工厂在涝后还停业、停产了几天。由于窨井铁盖被盗，还发生了人员的伤亡。粮店粮食因堆放地位太低而浸水、霉烂，菜地受涝，菜价上扬，居民生活明显受到影响。交通中断，影响面较广。由于考虑欠周，甚至没有防涝水的措施，地下仓库、地下商店损失甚大。这种情况不仅武汉发生，长江中下游其他城市也有类似影响。可见城市的排涝显得日益重要，也引起了有关方面的重视。

第二节　我国涝渍灾害防治情况

多年以来，我国一直重视耕地的涝渍灾害防治问题，如图3—16及图3—17所示，涝渍地治理面积逐年增加。2004年，我国盐碱耕地改良面积达596.16万hm²。2013年，全国除涝面积达2194.31万hm²，其中治理标准为3～5年的面积约为951.71万hm²，治理标准为5年以上的面积约为1242.61万hm²。如图3—18所示，淮河区、松花江区、长江区、海河区等水资源分区除涝面积比较大，是涝渍灾害治理的重点地区。我国农田地下排水，从20世纪50年代末开始试验研究，至70年代组织系统研究并实践推广。至今江苏、上海、浙江、广东、四川、山西、辽宁等省、直辖市已积极采用。据初步统计，全国现有各类地下排水设施的农田面积已在500万亩以上，并具备了发展的基础。

一、淮河流域

淮河流域平原面积广阔，是我国重要的粮食产区和商品粮生产基地，大部分地区排涝标准不足3～5年一遇，是我国涝渍灾害频发的地区，西部、西南部及东北部为山区、丘陵区，其余为广阔的平原，平原面积约占总面积的2/3。淮河流域包括淮河和沂（河）沭（河）泗（河）两个水系，流域面积26.9万km²，易涝易渍耕地面积646万hm²，约占总耕地面积1270万hm²的51%，主要分布在淮北平原、沿河和滨湖洼地、下游水网地区等。

淮河流域的治理，大体经历了以下4个阶段。

（一）1950～1958年

治淮从1950年开始，中央提出的治淮方针是"蓄泄兼筹"，上游建水库；中游蓄泄兼施，修建行蓄洪区，疏浚排洪与排涝河道；下游扩大入江入海泄水能力。洪水治理与涝渍治理有十分密切

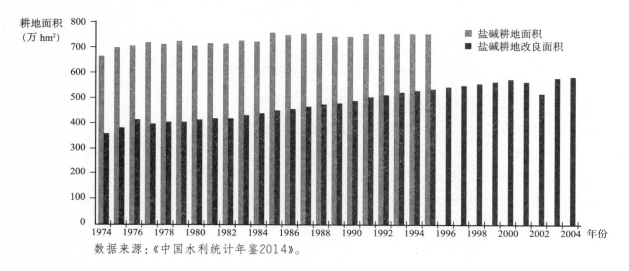

数据来源：《中国水利统计年鉴2014》。

图3－16 历年盐碱耕地改良面积

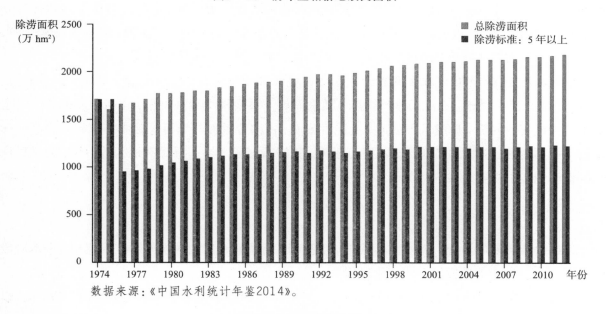

数据来源：《中国水利统计年鉴2014》。

图3－17 历年除涝面积图

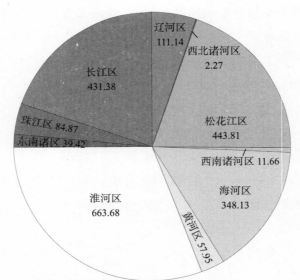

数据来源:《中国水利统计年鉴2014》。

图3-18　各水资源分区2013年除涝面积(万hm²)

的联系,治淮初期以治洪为主,为淮河流域涝渍治理奠定了基础。

在淮河上游地区,修建了5座大型水库和多处蓄洪工程;整治了洪河、汝河、沙河、颍河、汾河等干支河道70余条,使大水年份洪水漫流的局面得到扭转,排涝条件亦有改善;完成了67万hm²农田的大、中、小沟配套工程,提高了农田的除涝能力。

在淮河中游地区,先后疏浚了西淝河、濉河、沱河、安河、北淝河、泉河等排水干河和五河内外分流工程,降低了溧潼河水位,改善了淮北平原的排水条件。

在淮河下游地区,1953年建成洪泽湖三河闸,还开挖了苏北灌溉总渠,增加了入海流量800m³/s。淮河下游洪水的治理,使里下河地区可基本防止上游洪水的侵入,为里下河地区独立排水入海创造了条件。在这一阶段,还疏浚了里下河地区的射阳港、新洋港、斗龙港排水干河,增加了里下河的排水能力,修建了射阳闸及新洋闸,初步防止了海潮的顶托与卤水倒灌。

在沂沭河地区,1949年苏鲁两省即着手导沭整沂和导沭整沂,先后完成了新沭河、新沂河、分沂入沭、邳苍分洪道、石梁河水库、骆马湖水库等一系列排洪蓄洪工程,使新沂河南北平原摆脱了洪水漫流的局面,形成了鲁南河、黄泥蔷薇河、古泊善后河与灌河等独立排水入海水系。在南四湖湖西地区,从1950年开始疏浚了万福河,整修了湖西大堤。沂沭泗地区的治理,为日后该地区排涝创造了必要条件。

（二）1959~1965年

通过治淮初期的治理,流域洪水得到初步控制,而平原地区的内涝问题甚为突出,在本阶段中经历了一个治涝指导思想上的变化过程。

首先是在平原地区治涝中如何处理蓄泄关系,早在1953年提出了平原地区治涝方针,应"以蓄为主,以排为辅",要"尽量地蓄,适当地排"。1957年提出了"以蓄为主,以小型为主、社办为主"的三主方针，把"以蓄为主"的治理原则推广到平原地区。其次是治理的标准问题，提出的治理标准是大雨不成灾（一次降雨500～800mm）、无雨保丰收等，治理标准越提越高。

在上述思想的指导下，淮河流域各地普遍提出了"高标准河网化"的治水规划，并付诸行动。河南省在1958～1960年内，在平原地区大挖坑塘、抬高路基、修建边界圩堤、河沟打坝建闸、节节拦蓄、修建平原水库等。安徽省在这一期间大搞河网化，提出开挖10条大型新河，在面上搞高标准的小河网。江苏省提出"日雨500mm不成涝、一年无雨保灌溉、乡乡社社通车船"等河网化的6条标准，并在各地搞河网化试点。实践证明，在平原地区亦以蓄为主，势必导致涝渍；在水源不足的地区依靠拦蓄本地雨水大面积改种水稻也很难实现。由于打乱水系，河网节节拦蓄，地下水位抬高，耕地沼泽化、盐碱化，涝渍灾害更重。

在本阶段的后期，认识到了平原地区多种灾害并存，必须综合治理，而提高农田的排水能力，是平原涝渍治理的根本措施。各地开始拆除各项阻水工程，恢复原有的水系；黄河下游停止了从1960年开始的引黄灌溉，修筑台、条田和方田，以治理因引黄或蓄水而引起的次生盐碱害；废除平原水库，疏浚排水河道；推广台、条田，整治排水河沟；联圩并圩，预降内河水位，发展机电排灌，提高了圩区的除涝能力。

（三）1966～1978年

在淮河上游地区，发展了一些灌溉工程，同时继续修建排水工程。在豫东地区，治理了涡河干支流、沱河、王引河、巴清河、惠济河、包浍上段，洪汝河地区治理了小洪河、汝河；1974年前后治理了淮河干流两岸的排涝河道。以上这些河道均为洪涝兼治，排水标准一般达到3年以上，防洪标准为10～20年一遇。

在淮河中游地区，20世纪60～70年代重点开挖了新汴河与茨淮新河两条分洪排水河道，排水标准达到5年一遇，改善排涝面积5400km²。茨淮新河主要是分泄颍河洪水，改善了黑茨河和西淝河的排水条件，并提高了颍、涡之间约3000km²的除涝标准，改善农田除涝面积共187万hm²。

在淮河下游地区，为了进一步提高里下河地区的排水能力，1967年完成斗龙港疏浚工程，1973年完成了黄沙港疏浚工程，并修建了斗龙港、黄沙港挡潮闸，实现了里下河地区四港排涝与沿海建闸控制。1977年建成了江都抽水站，使里下河地区增加了400多m³/s的排涝能力。

在沂沭泗地区，继万福河工程后，进行了沂赵河和东鱼河治理，排水标准均为3年一遇。此外，韩庄运河的扩大治理，对降低南四湖水位，减轻沿湖涝灾亦发挥了重要作用。

以上所列举的各项工程，说明了在这一阶段中涝渍的流域治理取得了显著的进展，亦证明了疏通河道是解决流域涝渍问题的首要措施。

在此阶段之初，淮河流域各地也加速了农田水利建设。河南省重点进行了淮河干流两侧近7万hm²圩区的治理，加固圩堤，建排水涵闸，并开始采用机电动力，排除圩内涝水，并结合深翻平整土地，改造洼地和盐碱地。在淮北地区开挖了大量的大中沟。

江苏省里下河地区实现了联圩并圩，由1965年的12515个圩子合并成2495个联圩，圩堤总长由7.5万km减少到1.85万km，并建圩口闸6100座，圩区排灌动力由1965年的18万kW发展到82万kW。

（四）1979~1990年

1979年以后，各地根据水利建设的实际情况，缩短战线，讲究实效，把工作的重点转移到管理上来。上游河南农田除涝的重点是清淤清障，整修加固圩堤，疏通河道，并强化旱涝保收农田的建设。

中游淮北地区重点进行以大沟为单元的除涝配套工程，收到了显著的成效。从1979年到20世纪80年代末，共配套大沟872条，总长7656.6km，控制面积1.81万km²。但是尚有20%左右的易涝易渍耕地，排水标准仍不足3年一遇，而随着部分地区的治理，雨水汇集于未治理的洼地，灾情转移。

在江苏省，深入圩区的治理，如集中机电排水改为分散排水，大灌区改为小灌区，用暗管鼠道排水除渍等，里下河由于排水标准提高，沤田改为二熟田，产量猛增。

山东省在1989~1991年，疏浚了南四湖西排水标准最低的梁济运河，排水按3年一遇的50%流量开挖，防洪按10年一遇标准复堤，排水骨干河道基本完成，转入干支配套工程。但因连年气候偏旱，放松了管理，出现了河道淤积，同时又由于堵坝蓄水，使部分地区排水能力下降。

二、海河流域

海河流域总面积26.3万km²，易涝易渍耕地面积336万hm²，约占总耕地面积1136万hm²的30%。

海河洪水灾区主要分布在中下游平原与洼地，也是海河流域易涝易渍地区，海河流域进行了大规模的洪水治理，使平原地区基本上能摆脱上游洪水威胁，而转以排水为主的治理。

1960年以后，海河中下游平原地区共开挖或疏浚了排水骨干河道17条，在20世纪50年代初期360万hm²易涝地中，有267万hm²得到了初步治理；在227万hm²盐碱地中，有147万hm²达到脱盐要求。

（一）黑龙港及远东地区

黑龙港地区四周受排洪河道堤防包围，排水无出路，1960年开挖南排水河，排水标准3年一遇，1966年增加到10年一遇，部分涝水可穿运入海。在开挖滏阳新河及子牙新河分洪河道的同时，开挖了滏东排河及北排河，并疏浚和开挖了与南、北排河连接的9条支河，形成黑龙港地区独立的排水系统。

远东地区地势平缓，上游洪水问题解决后，内涝仍然严重，由于微地形较复杂，采取按地形条件分片排水的方法，先后整治了宣惠河、大浪淀、廖家洼排水渠、沧浪渠、石碑河等，一般能达到3年一遇标准。

黑龙港及远东地区初步治理后，效果显著，如治理前1960年、1961年、1964年受涝面积分别为15.6万hm²、25.7万hm²和60.3万hm²，治理后暴雨量相近的1969年、1970年、1977年受灾面积分别减为7.3万hm²、6.7万hm²和35.8万hm²，治理效果明显。

（二）清南、清北地区

清南、清北地区系由大清河分割的大清河中游两侧洼地，上游受洪水威胁，下游无自排出路。处于洼地上游的大清河上游南支诸河汇入白洋淀，治理前白洋淀出口的行洪能力仅数百m³/s，为了减轻白洋淀对下游的洪水威胁，发挥白洋淀的滞洪能力，扩大了十坊院卡口河段，增挖了枣林庄分洪道，使白洋淀的排洪能力增加到2700m³/s。大清河上游北支行洪能力低，难以承担万余km²面积上产生的洪水，因此兴建了新盖房分洪道，设计流量为5000m³/s。下游开挖了独流减河，使大清河洪水绕过了天津市区，设计流量为3200m³/s。

该河在增加了洪水出路后，为洪涝分开创造了条件，清南地区4条主要排水河道按5年一遇疏浚，向东汇入文安洼及东淀，并兴建文安洼提水站，抽水能力为178m³/s，可抽排涝水入干河。清北地区北部地势较高，疏浚了4条排水河道，向东自流排入文安洼及东淀，排水效果因东淀水位而异，一般年份涝水能自排入海。清北南部地势较低，圈堤建站37处，达到了3～5年一遇的排水标准。

（三）滹滏区间

四周受行洪河道包围，排水无出路，亦采取高低分排的治理措施。在有自排条件的地区，开挖排水河道及中小型排水渠系，汇流排入滏阳河，开挖的7条排水河道排水流量437m³/s。低洼地区并建扬水站11座，设计流量61m³/s。

（四）徒骇河、马颊河流域

徒骇河、马颊河流域为海河流域以南、黄河以北独立入海水系。由于黄河在本地区多次搬迁，泥沙冲淤，水系紊乱，初期涝灾严重，1953年受灾67万hm²，占总耕地面积的40%。治涝措施以疏浚河道为主，徒骇河从1954年到1978年先后4次集中疏浚。1954年从聊城疏浚到滨县沙河口，全长264km；1956～1958年按10年一遇从莘县疏浚到沾化，全长398km；1963年进行徒骇河第三次干河治理，按5年一遇排涝标准；1965～1969年徒骇河按"洪、涝、旱、碱综合治理"的要求，工程布局上洪、涝分开，高低水分排，干支河并举，进行全面治理。

徒骇河的4次治理，从单一的河道疏浚，走向洪、涝、旱、碱综合治理，反映了平原地区洪涝治理的不断认识与实践的过程。几次疏浚治理标准多变，与疏浚年代的时代背景有一定的关系。

马颊河是从历史上的黄河故道演变而来的，上游来水因开挖会通河已被阻于运河以西，民国时期于1933年曾进行全线疏浚。1963年按3年一遇标准开始治理，至1965年完成原计划的70%，1966年马颊河扩大治理，至1970年完成了干支河道及桥涵建筑物配套工程。

（五）卫河平原

卫河发源于太行山南麓，其下游流入南运河。卫河平原分布在新乡、安阳、大名一带，处于海河流域的西南端。由于黄河多次泛滥改道，坡、洼相间，水系紊乱，排水不畅，洪涝灾害严重，与徒骇河地区类似。1957年修建引黄的共产主义干渠，计划灌田33.3万hm²，因大水漫灌，并切割堵断了排水河道，形成大面积次生盐碱害，盐碱地面积由20世纪50年代初期的4.7万hm²扩大到13.5万hm²。1960年以后卫河平原扩大治理，利用共产主义渠排水，疏浚了16条支河，原有20.1万hm²易涝耕地，初步治理了17.3万hm²，取得了显著的治涝效果。

（六）海河北系平原

海河北系平原包括永定河、北运河、潮白河及蓟运河下游平原。新中国成立以前，永定河以北的潮白河平原主要依靠北运河排水，因排水不畅，涝渍盐碱灾害严重。潮白新河及永定新河开挖后，扩大了排洪出路，但潮白河平原内涝仍未解决。20世纪60年代初期，又将原入流北运河的天堂河及龙河调入永定河，并结合北京市排污开挖了北京排污河，既能排污，又能排涝。北京市的凉水河疏浚标准20年一遇，从此基本解决了该地区的排水出路。

蓟运河为海河流域北部排水入海的河道，与潮白新河、永定新河共用一个排水入海的河口。由于上游来水面积较大，而下游宝坻、丰润、宁河三角地带地势低洼，宁河以上各支流水位常年高出地面，故筑堤防洪。1964年后大规模建设扬水站，设计流量共455m³/s，达到治理内涝基本要求。

三、黄河流域

黄河流域总面积75.2万km²，总耕地面积1224万hm²，易涝易渍耕地面积106万hm²，约占总耕地面积的8.7%，因花园口以下黄河高水行洪，广阔平原分属淮河、海河流域，花园口以上多丘陵山区，因此涝渍仅分布于沿河夹滩、洼地及汾河渭河盆地等。

（一）关中平原及陕北盐碱地

关中平原涝渍区主要分布在渭河中、下游沿岸。治理的措施是处理渭河中游的洪涝矛盾，从1987年起至1992年，修建防洪堤防278km，实际防洪能力约15年一遇。下游段因受三门峡水库不断淤高的影响，涝渍日益严重。

关中平原的涝渍农田主要分布在宝鸡峡、泾惠渠灌区和三门峡库区。泾惠渠从1944年开始，长期重灌轻排，涝渍、盐碱灾害严重，从1954年开始，泾惠渠灌区在泾水、雪河地区建排水工程，1963～1966年，在低洼地区开挖了6条排水干沟，形成排水系统，控制排水面积6.9万hm²，1962年的盐碱地为0.6万hm²，现已全部治理。宝鸡峡灌区于1937年建成受益，1953年开始疏浚排水河道，20世纪60年代因井灌扩大，部分排水工程被毁，涝渍又加重，80年代以后排水工程已逐步修复。三门峡库区因水库淤积及回水影响，涝渍灾害迅速扩大。从1961年开始，修建库区排水工程，至1975年基本完成，控制排水面积3万hm²。

洛惠渠灌区及交口抽渭灌区涝渍盐碱灾害兼重。从1950年洛惠渠建成受益，随即发生次生盐碱灾害，从1950年开始开挖中干沟，20世纪60年代扩建，70年代又修建了西干沟、盐干沟、洛西干沟等，排水控制面积2.2万hm²，至今仍有1.3万hm²未治，待建排水工程。交口抽渭灌区于1964

年修建，当时仅修灌溉工程，次生盐碱发展迅速，灾情严重。从1983年到1985年完成排水工程系统，控制排水面积达6.3万hm²。

陕北盐碱地集中于长城沿线风沙滩地区，横山县定惠渠灌区于1957年兴建排水工程，开挖排水沟35条，治理盐碱地1070hm²，榆林、定边等县亦开沟排碱，取得一定效果。

（二）河套平原

河套平原包括乌拉山以西的河套平原与包头以东的前套平原。内蒙古河套地区总耕地面积62.4万hm²，其中涝、渍、碱地面积共22.4万hm²。

河套灌区于1961年建成三盛公枢纽，打通引水干渠，结束了河套灌区多口无坝引水的历史，但长期渠系紊乱，排水不畅，农田盐碱渍灾害严重。

河套平原的涝渍灾害往往伴随着洪水发生，洪涝无明显界限，且涝渍与盐碱相依并存，因此，在涝渍灾害的治理上按照洪、涝、旱、碱统筹兼顾的原则，采取工程与非工程相结合的措施，在上游修建水库，削减洪峰；开截洪沟，防止坡面漫流；整修堤防，防止河水漫溢；在涝渍农田开挖排水沟。从1966年到1978年，开始挖干支排水沟，先后完成总排水干沟，二、三、四、六排干沟、皂沙、义沙、义通排水干沟等，以及34条分干沟和支沟以下配套排水系统，总长2300km，排水面积6.7万hm²。

宁夏引黄灌区以青铜峡为界，以上为卫宁灌区，以下为青铜峡灌区，亦称银川平原。

平原自南而北坡降变小，越向北越是低平，土壤颗粒也越细，地下水位和矿化度越高，导致盐分积累。由于长期大水漫灌的粗放灌溉方式，排水系统又不完善，致使地面积水、地下水位上升。新中国成立前引黄灌区的湖泊、沼泽星罗棋布，银川平原的河东、河西灌区都有"七十二连湖"之说。耕地仅12.8万hm²，其中盐碱化耕地约占44.5%，最严重的银川平原北部地区可占85.5%，粮食亩产平均不足100kg。

新中国成立后，整修、开挖排水系统。20世纪50年代以开沟排水为主；60年代除继续完善排水系统外，在盐碱严重的银北地区兴建了电排站173座；70年代又建排灌机井5863眼；80年代在部分地区采用暗管排水新技术，初步建成了沟、井、站结合的排水系统。90年代全灌区年排水量近50亿m³，约占渠道引水量的63%，有效地控制了地下水的上升趋势，做到稳中有降。银北地区除地下水位稳中有降外，地下水的矿化度也有好转，从60年代的3g/L以上，降到2g/L以下，为以灌代排创造了条件。

在治理盐碱地的同时，还开垦了疏干的湖沼地和盐荒地，使引黄灌区的耕地面积从1949年的12.8万hm²增加到1990年的33.3万多hm²。粮食平均亩产超过300kg，成为全国商品粮基地之一。

（三）天然文岩渠及金堤河地区

天然文岩渠流域面积2514km²，耕地13万hm²，为黄河多次改道的河迹洼地。上游有天然、文岩两条渠道，因排水能力低，涝渍严重。1956年对天然文岩渠进行了初步治理，开辟滞涝区，扩大疏浚排水河道，取得了一定效果，1956年受灾面积8万hm²，与治理前比较减少了1/3。1958年以后因盲目引黄灌溉，将天然文岩渠上段改作引黄渠道，改滞涝区为引黄沉沙池，并建闸缩小文岩渠的排水能力。引进的水量及雨水大量渗入地下，地下水位急剧上升，盐碱地由1957年的3.9万hm²上升到1961年的8.1万hm²，1963年、1964年大水，受涝面积分别达11.7万hm²与10.5万hm²。1962年以后，提出"以排为主，排、灌兼施"的治水方针，拆除阻水工程，暂停引黄，恢复井灌，疏浚干支排水河道，修建排水涵闸，开沟降低地下水位，整修台田、条田，抬高田面，取得了较好的治理效果，1967年涝灾成灾面积减少到1.3万hm²，盐碱地面积又下降到4万hm²左右。20世纪60年代中期，恢复引黄，改种水稻，引黄放淤，粮食产量大幅度增长，但河道淤积严重，加上黄河河床不断淤高，排水能力下降，1977年涝灾面积又达4.8万hm²。

金堤河流域面积5047km²，耕地35.1万hm²，其治理过程与天然文岩渠类似。1949年大水以后金堤河入黄口门被堵死，排水无出路。1964年建张庄闸入黄，但因黄河淤高，排水已十分困难，而1958年以后引黄灌溉，大水漫灌，内涝严重，盐碱地面积不断扩大，1962年受灾面积13.9万hm²，盐碱地面积由1957年的4.7万hm²，增加到14.5万hm²。1964年，国务院决定将金堤河以南山东的范县、台前县部分面积划归河南省，以利于金堤河的统一治理。从1965年开始治理排水干河，在面上发展井灌，结合降低地下水位，以减轻涝碱灾害。至1974年，盐碱地面积下降到6万余hm²，受涝面积亦由20世纪60年代初期的平均每年14.7万余hm²下降到70年代初期的平均每年4.7万hm²。70年代后期又恢复引黄灌溉，为了解决地方水源问题，利用金堤河向北送水，致使河床淤积严重，估算淤积量已达2500万m³，约为1965年开挖量的70%，涝碱危机依然存在。

（四）汾河盆地

汾河为黄河三门峡以上黄河左岸自东北向西南汇入黄河的重要支流，发源于太行山，经太原、临汾，至河津进入三门峡库区。汾河涝渍区主要分布在太原、临汾以及运城盆地（运城盆地不属汾河水系），其中太原盆地8.9万hm²，临汾盆地1.2万hm²，运城盆地1.0万hm²，涝区较集中于太原盆地。

汾河盆地因受地质构造影响，在多条断裂带范围内地面下陷，加上支流的洪积作用，形成多种类型大小不等的洼地。由于四周盐分汇集，受汾河水位顶托，排水不畅，涝渍与盐碱灾害严重。太原盆地包括太原、榆次、清徐、太谷、平遥等县市或其一部分。在8.9万hm²易涝易渍耕地中，涝渍耕地面积占3.7万hm²，涝渍盐碱耕地面积占5.2万hm²。从1964年至1979年，先后3次对盆地涝碱灾害进行了全面治理，解决了各大灌区的退水问题，如兴建太榆、乌象民、祁太、沙河、义安、三坝等灌区排水工程，涝碱治理总面积达4万hm²，打井万余眼，井灌结合并排，降低了地下水位，改良了土壤。

四、长江流域

长江流域总面积180.9万km²，总耕地面积2147万hm²，易涝易渍耕地面积540万hm²，占总耕地面积的25%，主要分布在四川盆地、江汉平原、两湖滨湖地区、下游沿江地区，以及云、贵、川山区谷地和盆地等。

（一）四川盆地

四川盆地的易涝易渍耕地主要分布在成都平原和绵阳、德阳、乐山等滨江平原和洼地，以及山区谷地。易涝易渍总面积44.9万hm²，其中平原9.8万hm²，已治理5.4万hm²；山区谷地34.3万hm²，已治理13.4万hm²；另尚有少量高原沼泽地不到1万hm²，主要分布在甘孜、阿坝二州，已治理近40%。

（二）江汉平原

江汉平原背山面水，受长江洪水、山区洪水和内垸雨涝的威胁，涝渍灾害治理亦从洪水治理入手。1956年以前，以修建防洪工程为主。1952年完成荆江分洪工程。1956年建成汉江下游杜家台分洪工程和东荆河右岸洪湖隔堤工程，增加了江汉平原的防洪能力，为涝渍治理打下基础。在平原内部，大力进行合堤并垸、整修垸堤、疏通河道、开渠排水，提高了农田的抗灾标准。

在1957~1966年展开了大规模的水系调整，以扩大排水能力。1960年完成府河改道工程，截走汈汊湖8321km²的来水面积；1966年完成东荆河改道工程，使江南地区摆脱了东荆河泛滥成灾的威胁；1969年完成汉北河工程，截走天门河、大富水等上游6564km²面积的来水，为汈汊湖区排水打下了基础；1970年完成倒水改道工程，改变了倒水流入张渡湖的历史。以上4项改道工程，为四湖地区、汉南地区、汉北地区、张渡湖地区的排水治理打下基础。

在此期间，同时进行流域治理，一是整治排水系统，浚挖各排水骨干河道，如4湖地区的总干渠、西干渠、田关渠，汉南地区的通顺河，汉北地区的天门河，汈汊湖区的东西南北4条干渠等，并在各条排水河道的尾闾建闸控制，既能排水，又能防御江河洪水倒灌。二是继续合堤并垸，提高圩垸地区抗洪排水能力。另外，在上游丘陵山区修建水库，既能兴利，又能降低山洪对下游平原的危害，共修建大型水库38座，中型水库126座。

1967~1976年期间重点进行江汉平原的大、中型电力排灌站的建设。排水河道因受江、河高水位顶托，汛期失去自排能力，即使在江汉平原内部排水系统建成后，涝渍问题仍难以解决。这一时期建成的电力排灌站装机容量达79.2kW。大型电力排灌站的建设，为排除涝水创造了良好条件，并促进了农村电力工业的发展。

1977年以后，继续进行大型排水泵站的建设，在四湖地区兴建了新潭口、杨林山、田关等泵站，汉北地区兴建了汉川二站，提高了排水能力。

渍害的治理亦取得进展，江汉平原共有渍害低产田67.3万hm²，约占江汉平原总耕地面积的46%，通过制订治理标准，编制治理规划，试点推广，江汉平原至1990年仅有36.7万hm²渍害田达到了初步治理标准。

（三）洞庭湖滨湖地区

洞庭湖滨湖平原总面积10220km²，属于受堤防保护的堤垸区，总耕地面积57.8万hm²，其中易涝易渍耕地36.8万hm²，在易涝易渍耕地中，平原堤垸耕地21.1万hm²，傍山堤垸耕地16.7万hm²。新中国成立之初，滨湖地区水系紊乱，上游湘、资、沅、澧4水汇入，下游受长江洪水顶托倒灌，洪涝灾害严重。1949年长江洪水，城陵矶水位33.2m，洞庭湖滨湖平原溃垸441个，淹没耕地11.5万hm²。

洞庭湖滨湖地区水灾的治理，从并流堵口合修大垸起步。1952年南洞庭湖湖区合并341个垸为3个大垸，缩短了防洪战线450km，提高了堤垸的防洪能力，并使沅澧两水彻底分流。湖区1949年共有堤垸831个，堤线总长6406km，至1987年已合并为228个，堤线总长3471km，对堤垸地区的涝渍治理发挥了一定作用，当然也缩小了湖区面积，减少了洞庭湖的滞洪作用。

堤垸的农田涝渍治理，因汛期外河水位常高出垸内地面5～8m，必须依靠机电排水，从前依靠人力车水，连年发生涝渍灾害。从1955年开始发展机械排水，至1959年共装机6000kW；1960～1969年机电排水大发展，共装机19.67kW，包括明山头、仙桃嘴、沙河口、花兰窖等大型电排站，排涝能力显著提高。但20世纪60年代平均涝渍耕地面积仍达3.5万hm²左右。在傍山堤垸区，为了防止山洪侵入，兴建撇洪工程，共开挖撇洪沟约270km，撇走山洪面积4926km²，保护耕地2万hm²。

（四）鄱阳湖滨湖地区

鄱阳湖滨湖地区为长江中游的滨江滨湖洼地。据统计，黄海基面10m以下洼地为552km²，18m以下为7560km²，22m以下为9985km²。鄱阳湖在湖口与长江相连。现存鄱阳湖水面积3218km²，滨湖易涝易渍农田22.5万hm²，依靠现有堤防保护。

鄱阳湖21m水位时，湖泊水面积在1954年为5013km²，30余年来湖荡围垦近1800km²，约占20世纪50年代初期湖泊水面积的36%。在1949～1957年期间，因遭受1949年和1954年大洪水，大部分堤防溃决，湖区的治理主要是修复堤防，并开始联圩并垸，围垦面积约100km²。1958～1965年，湖区开始大面积围垦，如围垦军山湖、陈家湖、新妙湖等湖泊，围垦总水面积达600km²。1966～1979年期间，鄱阳湖围垦达到高潮，并结合围垦联圩修堤，规模最大的康山圩大堤即在1966年冬春建成，这一期间围湖面积约1100km²。

鄱阳湖上游承受赣、抚、信、饶、修之水，下游受江水顶托倒灌，滨湖圩区处于洪水威胁之下，汛期湖水位经常高出圩内农田地面数m，丧失自排条件，围垦以后，易涝易渍的农田面积亦相应增加。滨湖地区的治理，采取"高水导排、低水提排、围洼蓄涝"的治理原则，全区共设泵站4700余座，除涝面积已达17万hm²，约占易涝易渍耕地面积的76%，渍害田尚有80%以上未经治理，治理任务繁重。

（五）下游滨江平原

长江下游滨江平原包括青弋江、水阳江、巢湖、滁河、秦淮河等诸多中小流域洼地与圩区，以及江苏通扬运河以南地区等。江苏省易涝易渍耕地总面积为52.5万hm²，安徽省为39.5万hm²，共92万hm²，不包括丘陵山区易渍农田。

青弋江、水阳江发源于黄水北麓和天目山西侧，流域面积1.9万km²，其中80%以上为丘陵山区，下游高淳、当涂、芜湖一带为开阔的平原，原有石臼湖、南漪湖、固城湖等小型湖泊可调节洪水，新中国成立初期湖荡水面总面积2200km²，从20世纪60年代初至70年代末共围垦725km²，约占总水面的1/3，调洪受一定影响。平原区地势较低，低于长江洪水位而形成水网圩区。涝渍主要治理措施是整修圩堤，发展机电排水，但因上游洪水汇入，而下游芜湖、当涂等市、县入江河道尚未建闸控制，江水顶托倒灌，湖荡围垦以后由于抬高了河网水位，洪水常超出圩区农田田面3~5m，洪涝灾害较重，亟待治理。

滁河发源于安徽省肥东县，流域面积近8000km²，其中89%为丘陵山区，11%为圩区，洪涝交织，灾害严重。20世纪70年代在安徽省全椒县开挖驷马山洪道，切岭分洪入江，分洪流量为400m³/s；同时在江苏省浦口附近开挖马汊河分洪道，一期分洪500m³/s，1991年汛前完成二期工程，增加到1000m³/s，洪水得到初步治理。滁河干流及分洪道入江口门均已建闸控制，并建驷马山、红山窑抽水站，可以抽排涝水并抽引江水。至此，滁河的洪水及涝水出路得到初步解决，但1991年汛期遇超标准洪水，圩区洪涝灾害仍很严重。

秦淮河流域面积2631km²，经南京市市区排水入江，84%为丘陵山区，四周地势较高，腹部低洼，形成盆地。腹部圩区易涝易渍农田面积4.4万hm²，治理前因经市区的老秦淮河仅能排水400m³/s，洪涝灾害较重。1980年完成秦淮新河工程，分洪800m³/s，江边建闸控制，并建成排水能力为40m³/s的能排能引的提水站，排水问题初步解决。1991年流域发生面雨量超过1000mm的大雨，能迅速排水入江，免除了一场特大洪涝灾害。腹部圩区的农田最低地面高程约7~8m，而河口长江最高洪水位为10.24m，圩区尚需增加排水能力，进一步提高排水标准。

五、松辽流域

松辽流域包括松花江、辽河两流域，以及黑龙江、乌苏里江、绥芬河、鸭绿江、图们江等我国境内部分地区，总面积124.1万km²，总耕地面积1902万hm²，易涝易渍耕地面积6510万hm²，约占总耕地面积的34%。三江平原为松花江、黑龙江、乌苏里江下游交汇处三角地带，为便于统计纳入松花江流域。

（一）辽河流域

辽河流域总面积21.9万km²，总耕地459hm²，易涝易渍耕地面积126hm²，约占总耕地面积的27%，主要分布在东西辽河及辽河干流两侧冲积平原及洼地。

辽河洪水对易涝地区来说是最大的威胁，洪水治理采取上游蓄水、中下游各河建堤防、河道改道、洼地滞蓄等治理措施，共修建大中型水库84座，总库容130亿m³，支流洪水基本得到控制，整修堤防3400km，达到10~20年一遇防洪标准，从而在一般水情下，洪涝得以分开，提供了农田涝渍治理的条件。

1954年辽河大涝，受灾农田达58.9万hm²，除涝得到重视，主要是开沟排水，搞沟洫畦田。但因排水不通畅,1959年又发生一次较重灾害,受涝农田18.2万hm²。1959年以后,开始发展机电排灌,1964年提出"统一规划、分区排水、因地制宜、综合治理"的方案,要求按5年一遇标准治理涝渍农田66.7万hm²。1974年以后,大力发展机电灌溉,到1987年,辽宁省共建机电排灌站1100处,排水能力3500m³/s,装机容量31万kW,排水面积53.3万hm²,并开挖大型排水河道76条、中型排水河道236条、田间排水沟渠21万条,在涝洼地中修建圩埝110km²,改种水稻54万hm²,全省超过了3年一遇除涝标准的农田面积与总易涝易渍面积的比值,已由1949年的2.3%提高到20世纪90年代初的96.9%,超5年一遇标准的农田达到91%。

(二)松花江流域与三江平原

松花江流域总面积55.7万km²,总耕地1202万hm²,其中易涝易渍耕地321万hm²,约占总耕地面积的27%。三江平原为松花江、黑龙江、乌苏里江三江汇合处的平原区,其中一部分不属于松花江。新中国成立以后,全面整修了松花江、嫩江、第二松花江沿江平原区的堤防共11600km,修建大、中型水库126座,总库容269亿m³,因在第二松花江上修建白山水库、丰满水库,洪水得到有效控制,平原地区农田的抗洪能力达到10~20年一遇。因此,在低标准降雨情况下,平原地区主要是发生涝渍灾害。

松花江流域易涝易渍耕地主要分布于三江平原与松嫩平原,三江平原1990年易涝易渍耕地面积221.5万hm²。

三江平原的综合开发是从20世纪70年代初期开始的,大面积农垦约从1975年开始,1949~1965年新增涝渍耕地面积为19.7万hm²,而.1966~1990年达169.4万hm²。80年代以后,先后对松花江的支流安帮河、蜿蜒河,乌苏里江的别拉洪河、七虎林河、七星河进行综合治理,提高了涝区的排水能力。农田的治涝标准,一般采用干河3年一遇,支河5年一遇,但因工程配套不完善,多数未能达到设计要求。目前达到5年一遇排水标准的仅34.7万hm²,约占易涝易渍耕地总面积的16%,其余均低于5年一遇,其中约有近2.3万hm²不足3年一遇。

松嫩平原包括第二松花江、呼兰河、拉林河、嫩江等滨河平原及安达内陆平原。因河网稀疏,部分地区呈闭流状态,排水困难,积水严重。从1962年起,黑龙江省先后对海伦、绥化、林甸、安达等市、县进行了大范围的涝区治理,并在1966~1968年修建了安召和召兰两条排水干渠,使该地区的闭流状况得以改变,许多涝区已成为重点产粮区。20世纪60年代初期,吉林省对第二松花江下游支流饮马河、伊通河、新开河、拉林河及其支流卡岔河等进行了整治,使约66.7万hm²耕地提高了除涝能力。

1949年松嫩平原易涝易渍耕地面积为56.3万hm²,到1990年增加到120.4万hm²,共增加64.1万hm²,这与低洼地区开垦有关。其中,1958年以前增加15.4万hm²,1958~1965年增加11.7万hm²,1966~1978年增加25.6万hm²,1978年以后增加11.4万hm²。与三江平原比较,数量较少,时间比较分散,而三江平原则较集中于20世纪70年代中期以后。

六、太湖流域

太湖流域面积3.69万km²，易涝易渍耕地面积66万hm²，占总耕地面积176万hm²的38%。在66万hm²的易涝易渍耕地面积中，江苏占36万hm²，浙江占23万hm²，上海市占7万hm²，主要分布在太湖湖西的香草河及洮、滆滨湖平原与圩区，锡北洼地，杭（州）嘉（兴）湖（州）地区，阳澄、淀泖地区，黄浦江沿河水网圩区等。

太湖流域由于其中下游遍布湖荡水网的地理特点，涝渍灾害受河网水位制约，洪涝灾害往往难以区分，涝渍治理与洪水治理的关系十分密切。涝渍治理经历了以下几个阶段。

（一）1949～1958年

太湖流域下游从镇江谏壁镇至黄浦江口有众多的通江河道，因受长江潮汐影响，排水不畅。从1950年开始并港建闸，一方面可防御长江洪水，利用落潮增加排涝流量；另一方面还可在干旱年份增加引江水量，蓄水利用。在这一阶段先后建成七浦、扬林、浏河、黄田港等节制闸，至20世纪70年代末，除黄浦江口外，沿江节制闸基本建成。

疏浚骨干河道，可以畅通河网的排水、分水及引水能力，从1952～1957年，先后疏浚了香草河、九曲河、德胜港、锡澄运河、利港、七浦塘等。

农田的涝渍治理，在平原区主要是疏浚排水沟河；在水网圩区，因新中国成立初期圩区零星分散，抗洪能力低，主要是整修圩堤。1949年前，太湖地区仅有少量机船排水，依靠三车六桶排水，抗涝标准甚低。20世纪50年代初期，除发展流动机船外，开始进行固定排水站的建设，1957年在湖西地区建成第一座电力排水站。

（二）1959～1965年

在流域治理方面，1957年流域规划中提出两河一线方案，即开挖太浦河、望虞河，形成太湖入长江和到黄浦江的排水通道，减轻下游河网排水的负担；修建太湖控制线，形成太湖与下游两级控制水位，以提高下游圩区的排水标准。太湖的两河一线方案，虽属洪水治理，但与太湖下游涝渍治理有十分密切的关系。在洪水年份，两河虽为太湖的排洪河道，但也是降低河网水位、排除涝水的主要通道。1957年冬春，太浦河、望虞河动工开挖，至1959年，太浦河上段基本完成，并修建了太浦河平望闸，望虞河仅形成河形，两河均未挖通，太湖控制线亦未动工修建。

涝渍治理方面，进一步完成谏壁、九曲河、新沟等10余座治江节制闸，疏浚了丹金漕河、孟河、德胜港等数十条骨干排水、引水河道；农田的涝渍治理也取得较大的进展，主要是下游圩区采取联圩、并圩，大力发展固定的机电排涝站，修建圩口闸预降圩内水位等，1958～1960年期间联圩基本形成，为圩区的治理打下了基础。

（三）1966～1978年

流域洪涝治理因有关省市之间认识不一致处于停顿状态，各地区重点抓区域性的防洪除涝工程,如浙江省建成东苕溪导流工程,导东、西苕溪之水流入太湖,以保护杭嘉湖地区;江苏省着手修建太湖湖东控制工程,以减轻阳澄湖地区的洪水负担;上海市建成青松大包围,以减少来水,保护青浦、松江低洼地区。在这一阶段,沿长江的并港建闸全面完成,并疏浚沿江排水河道,以增加排水入江能力;丘陵山区继1958年以后建成的大、中型水库,进一步完成了水库的防洪保安工程和水库配套工程。

圩区的机电排水发展较快,主要是大量建设装机容量较大的固定排水站,排水总动力达到较高的水平,加上圩区的排水工程配套和排水管理,排水标准一般能达到5年一遇以上。

为了提高农作物(主要是小麦)的产量,防治渍害,在平原区普遍开沟,圩区则利用排水站降低圩内河网水位,以降低麦田的地下水位。无锡、武进等经济条件较好的地区,开始小面积推广昆山同心圩、常熟试验站鼠道暗管地下排水降渍的措施,以治理渍害。

(四)1979~1991年

1991年太湖流域发生特大洪涝灾害,造成重大的经济损失。造成重灾有以下原因:雨量过大,1991年5月16日至7月15日,全流域平均降雨量达790mm,且集中于太湖上、中游地区;由于太浦河、望虞河尚未开通,仍然要依靠河网向长江排水,而太湖湖东控制工程、青松大包围、圩区联圩、湖荡围垦等削弱了河网的输水调节能力,排水不畅。此外,超采地下水引起地面沉降加重了灾害。1991年的水灾引起了对治理太湖的普遍重视,1991年冬太湖综合治理二期工程起步。据1991年灾后调查,圩区因过高水位而破圩的情况并不多,主要是农田的涝水排不出,因此,在洪涝对农村形成的经济损失中,仍以涝灾为重。

七、珠江流域

珠江流域总耕地面积467万hm²,其中易涝易渍耕地142万hm²,约占总耕地面积的30%,主要分布在珠江三角洲、沿江沿河平原、山区谷地高原坝区等地。

珠江三角洲1949~1956年开始联圩并圩,修建圩区向外河排水的涵闸,既能御洪,又能利用潮汐抢排涝水;机电排灌有少量发展,约装配4630kW,有20%的易涝农田得到初步治理,排涝标准约为3~5年一遇。

1959~1965年,广东省开始在珠江三角洲建设商品粮基地,主要措施是发展电力灌溉。在这一期间,电排站增加到9000个,装机容量50万kW,新增排水面积20万hm²,其中一半达10年一遇排涝标准。

1966~1978年,农田排涝转入整顿配套,以进一步挖掘已建电力排灌工程的潜力,这一期间每年新增排水动力约8万kW,增加排涝面积0.3万~0.5万hm²。田间工程注意合理布局,建设排灌渠系,蓄、排、截、提结合,对抗灾发挥了重要作用。

1979年以来,由于一度忽视排涝工程建设,投入减少,而工程与设备老化,河道淤积,水闸失修,致使排水能力下降。1987年后,每年拨专款用于维修排水设备和老化工程,并利用挖泥船浚河抬田，已逐步恢复原有的农田排水能力。到1990年，三角洲地区已有84%的农田达到或超过10年一遇的排涝标准，为1978年的2.5倍。

1993年和1994年因遇较强暴雨，农田涝渍灾害依然严重，珠江三角洲为中国经济高速发展的地区，也要求有抗灾能力强的、稳定的农业生产环境，应进一步提高农田的抗灾能力。

第三节　我国涝渍灾害防治的主要成就

一、排渍标准研究现状

进行农田排渍工程的设计，首先需要确定适宜的排渍标准。Ritaema（1994）将农业排水标准定义为，使作物生产效益不因涝、渍而减少的地面水或（和）地下水的允许限度；还将农业排水标准进一步分为技术标准、环境标准和经济标准，对这三种排水标准分别给出定义：技术标准是指在保持作物生产效益的条件下，使排水工程初始投资及年运行费最小；环境标准是通过排水改善环境，或于不良的水分条件下，使环境受到的危害最小；经济排水标准是指实施排水后的作物生产净效益最大。

由于排水具有不同的功能，针对不同的功能可以采用不同的控制指标，并用以度量其排水效果或进行排水工程的设计。

对于受渍农田，各地可根据地形地势、渍害成因和作物种类，结合实际经验，分别采用不同的农田地下排水控制指标及相应的排渍标准。常用的有以下几类。

（一）地下水埋深指标及排渍标准

由于土壤中的水分是由灌溉、降雨及地下水补给，并通过作物耗水及土壤蒸发等途径而消耗，这些水平衡要素是随时间的变化而不断变化的，农田的地下水位处于波动状态，因此地下水埋深控制指标常用特殊时期（如降雨季节、作物生长季节、收获季节等）的平均地下水埋深来表示。国外有些国家和地区的地下水埋深标准见表3—2所示。

表3—2　国外某些地下水埋深标准

国家、地区	作物	地下埋水深控制标准
澳大利亚Queensland地区	甜菜	≤0.75m
埃及尼罗河三角洲	棉花	＞0.9m
英国的England地区	小麦	夏季：＞1.0m；冬季：＞0.5m
苏里南	香蕉	0.65～0.80m

资料来源：根据Ritaema HP（1994）试验资料整理。

（二）累计受渍深度指标及排渍标准

Sieben(1964)研究了荷兰的Noordoo Stpolder地区地下水位过程线对产量的影响，并在作物生长的敏感期，以田间地下水位过程线小于30cm埋深线之间的面积，即累计作物受渍天数和当天超过30cm地下水埋深差值，SEW$_{30}$(cm/d)，称为作物的累计受渍深度或累计超标准地下水位。Sieben认为，该地区SEW$_{30}$小于200cm/d时，作物的产量受地下水位的影响极微。SEW$_{30}$作为在降雨强度小、降雨历时长的地区的排水控制指标，能较好地反映地下水位波动的动态过程。Skaggs(1980)、Evansetal.(1993)、张蔚榛(1997)、沈荣开等(1999)先后对该指标进行了试验研究，证明在多雨地区该指标与作物产量之间具有良好的关系。Skaggs(1980)在其开发的排水系统设计软件(Drainmod)中，以该指标作为参数进行排水系统的设计。

（三）地下水下降速率指标及控制标准

对于夏季降雨强度高的大陆性气候地区，如美国中部各州，排渍标准常以地下水位下降速率表示。具体设计排水系统时，应满足以下条件表征：24h内使地下水位从地表降至30cm；8h内降至50cm。在我国，水稻晒田及黄熟落干期间，也建议采用下降速率指标和标准《灌溉与排水工程设计规范(GB50288—1999)》。

（四）适宜渗漏量控制指标及排渍标准

渍害田的排水能力差，需要采取排水措施增加稻田的渗漏量。稻田淹灌期间，适宜的稻田渗漏量是提高水稻产量的重要措施。根据日本稻田管理经验，稻田渗漏量一般宜为8～12mm/d，我国规范中采用2～8mm/d。

（五）排水强度－地下水位组合指标与排渍标准

在西欧的一些地区，由于降雨年内分布均匀，而冬季土壤蒸发量小，地下水位高，影响作物的播种时间和播种时的地温；同时，高地下水位会形成不良的土壤理化性能。因此，要求冬季排除雨水、降低地下水位；排水控制常采用平均排水强度及地下水位的组合指标来表示。不同的作物一些平均排水强度及地下水位组合指标与排水标准，见表3－3。(朱建强，2006)

表3－3　西欧采用的平均排水强度q及地下水位H的组合排水标准

作物	q（m/d）	H/m
耐渍作物或低价值作物（含大部分牧草）	0.007	0.30～0.40
不耐渍作物及高价值作物	0.007	0.50～0.60
一般情况	0.007	0.50

资料来源：Ritaema H.P(1994)。

（六）涝、渍总排水时间控制指标及排水标准

平原湖区渍涝田往往是涝渍相随、涝渍伴生的，作物相继因涝渍而减产。由于作物受淹和受渍减产机制不同，涝渍损失难以分开。对于涝渍共同作用的农田排水问题，Rojas和Willardson（1984）提出，可由地面淹水时间和表层土壤通气率≤10%的时间和，称为"总排水时间"，作为涝渍兼治的排水指标。

（七）可耕性指标及排水标准

旱作田的田间作业需要适宜的土壤含水量。合适的田间作业土壤含水量的临界值与土壤的类型、农业机具的有关参数（种类、重量、体积、与土壤的接触面等）有关。Skaggs（1980）在Drainrood模型中，采用表层土壤的通气空隙达到150mm作为可耕性标准。在荷兰，采用耕作季节的平均地下水埋深及排水强度（q/H）作为可耕性指标及排水标准。

以上，简要地介绍了国内外不同地区的渍害控制指标和排渍标准。可以看出，适宜的排渍标准总是与相应的灾害类型、成因、作物的受灾特性相联系的。

确定灾害治理标准的目的在于选择有效的控制措施，降低渍害影响。农田排水的基本措施是完善田间排水系统。田间排水系统通常包括明沟、暗管、竖井以及与之相配套的控制设施，如建筑物、地下水位控制设施等。目前，湖北平原湖区多采用明沟和暗管排水系统。实际上，农田仅有一套排水系统，共同承担防治洪、涝、渍害的排水作用；规划设计的任务在于，确定农田排水的任务、功能和相应的系统布局、间距、沟深，使之满足各类排水的标准。

为了确定适宜的排水标准，本章将采用模型模拟的方法，以经济效益为判断准则，研究主要适合于湖北省平原湖区的排渍标准。

我国对于渍害也做过不少研究，湖北省对于四湖地区的渍害研究也有一定的深度，并在洪湖市等地做过试点，取得一定的成绩，对有关规范编制有过贡献。

灌溉与排水工程设计规范中有关排渍标准的规定。规范推荐的作物排渍标准，适合一次降雨情况，未考虑连续降雨的影响。该规范的条文说明中认为：在确定排渍标准时，旱作区一般以主要农作物关键生长期的排渍要求为依据。根据湖北省平原湖区的降雨特性，汛期致灾暴雨延续时间较长，通常是前次降雨引起的地下水位尚未降至适宜的深度，后继降雨随之而来，田面涝渍时段很长，涝渍、潜渍型渍害田分布极广，占渍害面积的94%以上。可以探讨以SEW为指标的排渍标准，根据种植结构的调整和提高粮食生产能力的需要，必须兼顾水稻与旱作物的不同特点。

二、涝渍治理经验

至1997年，全国有易涝耕地2458.2万hm²，渍害田770万hm²（朱建强，2004）。从1950年到2013年全国洪涝灾害统计数据分析，受灾面积每年平均约938.5万hm²，成灾面积每年平均约543.8万hm²，每年因灾死亡人口约4387人，每年平均倒塌房屋约189.94万间。1990～2013年，每年洪涝灾

害产生直接经济损失约1380.25亿元。至2004年已不同程度地治理易涝耕地2119.8万hm²，渍害田596.2万hm²以上，到2013年全国除涝面积达2194.3万hm²。

（一）工程排水是去涝治渍的主要途径

工程排水是治理涝渍地的主要途径，开沟排水，建立完备的排灌网络是排除积水、降低地下水位以增加土壤的通透性、降低土壤的还原性物质、促进潜在养分释放的有效途径，也是治渍的有效举措。涝渍低产田的改造或潜育化水稻土的改良首先要求排除土壤渍水，降低地下水位，增大土壤通透性，降低土壤还原物质含量，促进潜在养分的释放，工程措施如暗管排水、深沟大渠等可以有效地达到或部分达到这一目的（王少丽，2008）。

关中平原的泾惠渠灌区历史上涝渍、盐碱灾害严重。20世纪50年代开始修建排水工程；60年代在低洼地区开挖了36条排水干沟，形成排水系统，控制排水面积6.93万hm²，原有盐碱地全部得到治理。洛惠渠灌区涝渍、次生盐碱灾害严重；50～60年代开挖并扩建中干沟；90年代又修建洛西干沟等，控制排水面积2.2万hm²，有效地控制了次生盐碱化的发展。黄河中下游引黄灌区在50～60年代得到迅速发展，但由于盐碱化问题一度被迫停灌，60年代以后由于初步解决了排水问题，又得到了恢复和进一步发展，到目前，河南、山东二省沿黄13个地市的农业生产发生了巨大的变化，粮食产量大幅增加（王少丽，2008）。

（二）工程措施与生物措施相结合可有效治理涝渍灾害

新疆是中国西北地区盐碱地分布面积最大、最集中和盐碱威胁最严重的省份之一，在约1000万hm²的宜垦荒地中，盐碱地占75%以上。自新中国成立以来，新疆生产建设兵团等单位，采取健全灌排系统和修建条田，实施冲洗或种稻改良、水旱轮作和牧草轮作等措施，共开垦利用盐碱荒地86.7万hm²。在中国滨海和其他内陆地区，通过灌排配套、洗盐、种稻以及农林牧结合等措施，改良大面积盐碱地，取得了显著成效（王少丽，2008）。

（三）旱涝碱综合治理成效显著

新中国成立以来，结合黄河、淮河、海滦河的治理，修建了大量蓄水、灌溉和排水工程，先后在燕山、太行山地带，伏牛山、大别山山前地带，沂蒙山周边地区和黄河下游地区修建了多处大中型灌区。冀、鲁、豫、京、津5省（市）井灌面积近$8.67 \times 10^6 hm^2$，占农田灌溉面积的60%以上。通过自流、提水灌排，综合治理旱涝碱取得了显著成效。结合利用地下水，井灌井排发挥了控制地下水的巨大作用，使黄淮海平原除滨海以外的大部分地区旱涝碱威胁大大减轻，低产田得到有效治理，农业生产大幅度提高（王少丽，2008）。

（四）人工地貌能有效缓解涝渍

珠三角广泛分布着堤围和基塘两类人工地貌，前者将珠三角分隔成一个个相对独立的区域，免受客水的影响；后者是各个区域内的水文调节器。两者造就了堤围内相对独立和稳定的水文条件，围内的水文调节器滞蓄了雨水，有效地缓解了地面涝渍，并与河道结合构成了"围—排水"系统(祝功武，2012)。

珠三角的堤围沿河修筑，由于河网交错，堤防多闭合成围(高约2～10m，堤顶宽约1～3m)，整个珠三角成为由堤围围闭的多个区域组成的复合体，在一定程度上阻隔了外部径流对围内区域的影响，也限制了内部径流的外泄，从而形成围内区域相对独立且稳定的水文条件。

基塘为岭南一大特色，这是低洼的平原经人工改造的地貌类型，由水面和塘基组成，单个的基塘面积在几亩到几十亩($1hm^2$=15亩)之间。此类连片的水塘不仅利用了积水、缓解了内涝的问题，而且利用鱼塘养鱼，取得了较好的经济实效，也取得了良好的环境效益。基塘在顺德、南海、中山、番禺、东莞和新会等地连片分布，密如繁星，总面积为$20 \times 10^4 hm^2$，仅佛山市就有$8.7 \times 10^4 hm^2$(祝功武，2012)。

第三章 涝渍灾害治理面临的形势和存在的主要问题

第一节 涝渍灾害治理面临的形势

一、湖泊湿地蓄滞水能力降低

城市化进程加快、湖泊围垦、土地利用率提高、旱作物种植比例的攀升导致水面率下降。据不完全统计，我国的城市化率由1949年的10.6%上升到2000年的36.22%；浙江省水稻种植面积30年间（1974～2004年）下降了59.79%，湖北省四湖流域水面率50年间（1950～2000年）下降了21%（谈广鸣，2009）。

二、农田涝渍治理技术及管理日趋成熟

（一）明沟排水向暗管排水过渡

明沟排水是世界上最古老并一直延续至今的农田排水技术。数千年来，在农田排涝方面发挥了重要作用，近半个世纪以来，明沟排水已经从传统的排涝发展到治渍和盐碱地改良。明沟排水存在的主要问题是沟坡稳定和沟道淤积，一些明排工程运行不久排水效率降低往往由此导致。明沟排水对于农田除涝是行之有效的，对于排渍则由于土质和工程经济问题受到一定限制。渍害农田的防渍和盐渍化农田的临界地下水位控制均需要较大的沟深和密度，土方开挖工程量大、建成后除草清淤用工多，在土质黏重的情况下明沟排水降渍的效果也很不理想。再者，多开挖沟渠势必多挤占农田，减少耕种面积。近50多年来，出现了明沟排水向暗管排水过渡的发展趋势（朱建强，2004）。

（二）管理向科学化、现代化方向发展

适时适量排水，进行排水自动化控制是现代精确农业对排水技术发展的必然要求，以电子计算机、激光、红外遥测、遥控等新技术为支撑的排水技术得到研发和广泛应用。一些经济发达国家和地区以灌区或排区为单元，排水管理实现了数据自动采集与处理、实时过程跟踪与再现、涝情可视化和排水调控自动化等。

（三）初步探索易涝地综合利用价值

湖泊湿地，不仅能美化环境，而且可以除害兴利，开发经济效益，提供社会效益和改善环境。内湖的利用必须是综合经营、因地制宜，以充分发挥其经济效益、社会效益和环境效益，总的目标是除害兴利。内湖的蓄积水量，除治涝外，还可以用于灌溉、航运、水产养殖和生活用水等方面。

例如长江流域，1984年后退低田还湖，并将湖承包给专业户，开展养鱼，每个劳动力净收入为当地农业户劳力收入的2～3倍，而圩区粮食也获丰收。四湖地区内某农场，人口8万人，职工3.6万人，1958～1978年的21年中14年亏损，7年盈利，两抵仍亏225.7万元。1979～1982年实行改革，退田还湖，以治涝为主，宜农则农，宜渔则渔，宜林则林，4年累计上交133.8万元，年盈利33.45万元。

三、城市内涝日益凸显

（一）盲目扩大城市面积带来内涝问题

在城市发展初期，通过选址勘察或古代的看风水或根据经验，优先选择相对安全的区域作为城址。相比之下，近代城市规划中对城市水系的重视程度反倒有所降低。由于城市人口和用地增加，土地资源紧张，一些城市为了扩大用地，采用填埋河湖，封盖排水沟渠，与水争地，减少了对雨洪的调蓄能力，使得城市洪涝灾害风险进一步加大。如有些新兴城市采取挖山平地创造新的城市用地，与山争地，不仅破坏了良好的植被，也改变了流域水系，增大了城市水土流失和地质灾害的风险。在我国由暴雨洪水灾害造成的人员伤亡中，山洪及泥石流等地质灾害所造成的伤亡约占一半。这些过去无人问津的高风险区域由于动迁少，地价便宜，往往成为城市开发的热点地区。很多新的开发区未经科学的风险评估就落座这些高风险区，一旦遭遇暴雨，首先受灾（刘树坤，2008）。

城市化使城市面积不断扩大，而在城市发展规划中缺少洪涝灾害风险管理的约束，原来不适合人类居住的高风险区域往往成为新的开发区，这也是城市洪涝灾害不断增多的又一个重要原因。一些城市位处平原，又地势低洼，且有防洪堤圩，常受当地强降水的袭击，排水不及，淹及工业、商店和居民房屋以及其他基础设施，甚至危及人民生命财产安全。

（二）城市排水标准有待提高

中国现在正处在城市化的高峰期，人口和财富不断向城市集中，城市面积越来越大，原来降雨后雨水可汇集到河沟排出城市，湿地可调节高峰时的洪水，农田可直接将降水补给地下水，现在河流、湿地、农田被一幢幢高楼和硬化后的道路所取代。降雨后雨水无处可走，全部涌向街道，通过道路上的雨水收集口进入地下排水管网，延长了雨水入渗时间。随着城市化进程的加快，城市建设存在重地上轻地下的倾向，现在城市在不断地变大，而配套的地下雨水管网由于投入不足，管网建设只在缓步前行（薛梅，2012）。

以上海为例，上海市的涝灾，主要来自暴雨——台风暴雨、梅雨型暴雨或地区型暴雨。1949年7月25日，上海瞬时风力达12级，日降雨量为148mm，市区大部分受淹，水深0.3～2m，大批工厂进水停产，死亡数十人。自1959年至1983年，平均每4年有4场大暴雨，多为台风影响或雷暴雨所致，由于市区西部离黄浦江较远，内河狭窄，泄涝能力不足，易致涝。1977年8月21日，暴雨中心在宝山县的塘桥附近，24h雨量达581.3mm，日降雨量200mm以上，苏州河北大面积被淹，其中桃浦、彭浦、吴淞三区受淹最重，道路水深0.5m以上，交通受阻，大批工厂、仓库进水。当时上海市标准按每小时暴雨36mm设计的，在上海称为1年一遇，但大部分未达到，大多能解决27mm/h，属半年一遇的频率，即便按此标准，未达标者约70余km²（王善序，2002）。

又如南京市，据2002年资料，城区排水能力要求应达到3m³/(s·km²)，现在的城南区只能达到1.5m³/(s·km²)，城北区只能达到0.5m³/(s·km²)；加上大段的排水河床被淤积，河岸被侵占，甚至河段被填塞，还有部分桥涵束水。1975年6月24日，日雨量153mm，老城区淹水面积约10km²，66个积水区，淹水时间6～48h不等，淹水深30～130cm，受淹13000户（王善序，2002）。

（三）城市排水系统正逐步完善

在长江流域易涝城市，主要有上海市、南京市、武汉市、南昌市、长沙市，以及太湖流域的苏州、常州、无锡等市，这些城市，有的治涝开始较早；有的近年始提出规划。各市的排涝标准有很大差异，主要反映当地暴雨特性与产水情况，以及暴雨致涝引起损失的程度和城市对排涝的要求。上海市与其他城市不一样，取样是以1h暴雨量为准，其标准为一年一遇；有的城市是10～20年一遇的一日暴雨。在排除时间上各城市也有区别，虽然城区没有作物耐淹的问题，而要求1天时间能够排到某一水位或排除某一水量，其差别较大。新建城区及时安排对城市发展有利；老的城市要进行新的排涝工程设施，或者扩建改造，影响面是很广的。从近年一些资料和经验看，城区自然调涝的池塘、小湖等，由于城市建设的需要，日见消失，这不利于排涝，也不可避免。在排涝规划中必须考虑这一因素。又因长江中下游平原城区面积都比较大，分区排水有利于及时外排。上海市城区面积300余km²，其中有55km²的面积，由各工厂、企业单位独自成立排水系统，独立入江、入湖，各面积单元较小，集流快、互不干扰，这是有利的；其余200余km²，上海排涝规划又将其分为100个小排水区，其优点明显。武汉市分为三大片，还有15个小区，并有三大区各自联合城乡的排水系统，符合该城区的排水特性。各大城市都有污水与雨水合流的现状，从城市发展的过程看，这是历史产物。从城市发展的趋势出发，雨污分流是有利的，应当逐步实现分流制。因此，城市的排水，应该是两大项：①暴雨的涝水；②生活的污水和工业污水。这两类污水还必须计算污水处理及稀解污水的清水量（王善序，2002）。

第二节　涝渍灾害治理存在的主要问题

长期以来，国家和地方高度重视涝区建设，逐步投入大量的人力、物力和财力开发治理涝区，使涝区的耕地面积比新中国成立初期增长了几倍甚至10多倍。目前，许多涝区经开发治理后，成为当地政治、经济、文化中心，成为国家的重点商品粮基地。但是，涝区内水利工程建设落后于土地的开垦，严重制约着农业生产和国民经济的发展。而且部分涝区的开发主要以开荒为主，各自为政，零星修建了一些防洪排涝工程，缺乏统一规划，相互脱节，工程范围小、规模低，洪涝灾害仍旧不断发生。

宏观上，我国雨洪涝区治理主要存在以下几方面的问题。①排涝标准问题。一方面，目前我国大部分雨洪涝区的排涝标准是20世纪八九十年代确定的，随着经济社会的发展、居民生活水平的提高，排涝标准低的问题日益突出。另一方面，由于历史的原因，排涝水文计算方法等方面存在差异，同一标准下的涝水排除时间不同，导致排涝设计流量存在不同程度的差异。②防洪与排涝的关系研究不够，工程建设不协调。雨洪涝区涝灾与洪灾往往同时发生，两者相互联系，又相互影响。但多数涝区的防洪工程建设与排涝工程建设存在分离、脱节的现象。③抽排能力不足。雨洪涝区地势低平，当外江（河、湖）水位较高时，涝区水自流外排困难，抽排能力不足，导致内河水位较高。但目前在基本建设过程中，对自排与提排的关系及经济效益等方面的研究不够，没有统一的原则和标准。④滞涝区、承泄区整治和调蓄问题。目前，大部分地区对涝区排涝河道（沟渠）、泵站、涵闸等工程的建设还是比较重视的，但仍有许多滞涝区、承泄区被围垦或填埋，减少了调蓄涝水的空间、挤占了涝水的外排通道，导致排涝不畅，加重了涝区的涝灾。⑤制约涝区治理因素。我国雨洪涝区治理面广量大、任务重、全面治理所需的投资多。但治理工程涉及面广、建设周期长、骨干工程与配套工程的建设脱节等问题，严重制约涝区的治理。

本节针对农村和城市涝渍灾害治理的主要问题进行专题探讨。

一、农田涝渍治理的主要问题

（一）治理标准偏低，工程设施功能单调

长期以来，为了改善农业生产条件，我国积极发展了农田排水事业。在农田涝渍防治和盐渍化治理以及抗灾减灾方面发挥了重要作用，取得了很大成绩，但是仍存在不足之处。据资料统计，到1997年，我国除涝面积达2052.6万hm²，占易涝总面积2458.2万hm²的83.5%；全国770万hm²

渍害田已不同程度地治理了333万hm²以上；在灌区盐渍化防治方面，772.5万hm²中的561.2万hm²得到治理。我国排水的绝对面积仅次于美国，居世界第二，排水面积占需要排水的面积的比例亦不低。但治理标准偏低。目前农田排水治理仅能达到5年一遇除涝标准，而且由于工程老化、年久失修等原因，有些工程的排水能力只有设计标准的40%左右，治渍标准更低(朱建强，2004)。

中国很多地方对排水除涝缺乏足够的认识，特别是近年来北方地区持续干旱，水资源短缺的形势日益紧迫，而放松了对涝渍灾害的警惕。排水工程投入严重不足，原有的排水河道有的被占用或严重堵塞，丧失了排水能力；有的排水工程排水能力还不到设计标准的一半；一些田间排水沟道被废除，不少地区的排涝标准尚不足5年一遇；排水设施大部分兴建于20世纪50～70年代，老损问题突出，一些设备设施至今没有更新。

现有工程都是基于排涝，少部分考虑了排灌结合的功能；规划设计时大都局限于局部的、部门的目标，后期建设的部分工程设施也曾考虑了当时整体流域要求。

目前水文情势改变很大，流域的蓄泄格局发生了很大的变化，流域治理观念和思路有了很大提高。除排涝安全外，还要兼顾灌溉、供水、排渍、河道功能定位的水质标准、湿地保护和生态环境的发展；不仅要保证排涝区的安全和稳定粮食生产能力，还要兼顾农业生产的市场导向以提高农民收入，适应各部门的多元开发以及生物多样性的要求。水灾害的治理已由单一的治水逐步转变为综合治理，由单一的除涝标准转变为以除涝为主、高效率地统一治理综合标准。

（二）管理体制及运行机制不适应

由于管理松弛，排水沟道、河道坍塌淤积问题比较突出。管理机构及管理权限重叠和缺位、责权利不明、各自为政、缺乏统一的调度和灵活高效的决策机制；管理及更新资金渠道不畅。在管理、调度、监测等方面缺乏严格的制度保证，自动化程度更低。

现行管理组织尚缺乏统一管理的体制和运行机制，排水设施按行政区域分割，加之行政区划反复变更，与流域性排涝调度矛盾十分突出，协调环节迂回曲折，经常贻误排水时机。具体管理单位性质不甚明确，却集事业单位和企业管理二者之弊病，包括事业单位的机构重叠、臃肿，以及企业单位的收不敷支，不仅运行与维护难以维持，管理手段落后，技术人员流失相当严重。管理体制、运行机制与工程管理和运行调度脱节，严重影响了排水体系效益的发挥。

各级行政、主管部门不甚重视运行管理，工程配套维护和运行管理费用没有稳定渠道，长期处于不配套、无维护、耗设备的状况下运行；工程、设备加速老化，沟渠湖泊日益淤塞，效益、效率急速下降，工程设备难以为继。

（三）施工设备与技术相对滞后，排水新材料的应用研究刚刚起步

目前中国各类型暗管排水面积10万hm²左右，机械化作业水平远低于发达国家。由于发展面积和规模的有限，中国自己研制出的农田暗管施工设备还没有形成完整系列，性能也有待完善。随暗管排水发展而出现的突出技术问题是，在轻质土内如何选择使用合适的过滤材料，才能有效地防止排水暗管被淤堵，又能保持稳定的透水性。近20年来世界上许多国家将土工织物用作农

田排水暗管的外包料和加固明沟边坡的过滤材料，开展了大量的研究和田间应用，取得了有益的经验。中国在这方面也开始进行了一些研究，但时间较短，实践经验不多。

二、城市内涝防治主要问题

造成内涝有多方面的成因。近年来地球气候变化加快，极端天气不断出现，暴雨出现概率有所增加。例如广州市2010年"5·7"特大暴雨，从5月6日19：15至7日3：45止，全市平均降雨107.7mm，市区平均降雨128.45mm。另外还有北京"2004.7.10"暴雨、上海"2005.8.25"暴雨、济南"2007.7.18"暴雨等。北京2011年6月23日降雨是2011年入汛以来最大的一场雨，1h的降雨量达到128mm，超百年一遇。极端气候是导致城市内涝的直接原因。城市快速扩张形势下，硬质地表（混凝土、沥青路面等不渗水材料）径流系数偏大，缺乏有效的透水面积。合流制排水系统存在暴雨时期排水能力有限的问题。城市个别节点高程造成的雨水外排限制等（张洪立，2015）。

（一）城市化加剧了城市洪涝灾害

城市化有很多指标来度量，一般简单通用的指标是用城镇人口占总人口的比例来表示。我国的城市化水平在改革开放后由1978年的17.9%提高到2014年的54.77%，进入了城市化快速发展的阶段，预计2020年将达到60%以上（刘树坤，2008）。随着中国城镇化速度逐渐加快，土地急剧扩张，导致城市的土地资源产生了紧缺现象。为了推动城市化发展，大部分城市通过填海造地、填湖造地等方式使土地面积不断增加，然而这造成了海洋、池塘、湖泊面积日益减少，导致天然蓄水池的调洪能力和蓄洪能力大大减弱并降低，大量的地表积水造成了城市内涝。

此外，城市居民采取许多措施达到硬化洼地和软土地的目的，破坏了土地天然的渗水功能和地下水循环，导致城市的排水系统不能及时排出过多的洪水，进而导致城市洪涝灾害。很多城市的建设和规划并不能跟上城市发展的脚步。

如果把城市的防洪（外水）和排涝（内水）比喻为城市防治水害的两条腿，那么我国的很多城市都是防洪那条腿很强壮，而排涝那条腿很软弱。这样的城市必然经常遭受水害，影响城市正常发展。

在过去的管理体制下，城市防外水的任务由水利系统承担，防内水的任务由城建部门承担，两者采用了不同的技术和标准体系。一般防外水的标准比较高，以水文频率为计算基准，大城市都在百年一遇以上。如广州是200年一遇，沈阳是300年一遇，上海是1000年一遇，北京则更高。防内水标准则比较低，以产流模数作为计算基准，一般只有市政标准1年一遇左右。特别是在大城市的老城区，排水管网系统大多是数十年前所建，排水能力很低，城市扩大后由于地表径流增加，老排水系统难以承担，排水标准进一步降低。有人对这两者标准体系作过比较，在我国的南方地区，市政1年一遇的排涝标准大概相当于水文系列的10年一遇标准；在北方地区，大概相当于水文系列的5年一遇的标准（刘树坤，2008）。

(二)既有城市规划缺乏前瞻性

近年来城市建设快速发展,城市规划往往只重视地面建设,使得地下建设和地上建设很不配套。城市面积不断发展扩大,就需要大量的建筑用地。而城市规划往往只考虑了眼前的利益,对一些具有调节或者蓄洪能力的洼地、山塘、湖泊等进行人为破坏或填埋,使它们在暴雨时发挥不了作用。结果是中国城市面积越来越大,原有的水塘、湖泊、自然绿地减少,收集到的雨水越多,排水管道城市建设就像在摊大饼,道路、建筑物不断延伸,道路宽了,马路成了雨水收集系统,道路越宽阔,建筑物收集到的雨水排到雨水管网上,增加了雨水在道路上的蓄积量。道路周围的景观绿地都高于路面,雨水就会从绿化带流到路面直至雨水管道,增加雨水的汇集量,一旦城市遭遇强暴雨袭击,突然倍增的洪水无法通过雨水管道流走,当然会在城市里肆意奔流,于是,道路瞬间成"河流",广场立即变"湖泊",在低洼地带的居民区、工厂等,随之成了泽国。对于一些地势较低的地段没有作出合理规划,而这些地段在暴雨时往往会成为其他较高地势雨水汇聚的地方。城市进行规划时,又对某些特定地点例如立交桥、地下车库、涵洞等考虑不完善。这些地方往往在暴雨过后成为重灾区,这些交通关键节点一旦出问题常常会导致交通瘫痪,甚至造成人们生命财产损失(樊良,2014)。

(三)硬化面积大,降低了雨水的渗透能力

城市的加快发展,城市绿化面积明显减少,当出现强降水时,原来可以渗透部分水的地面因为变成不渗水的混凝土路面,以前可以很好地吸收和储存部分雨水的地面失去了作用,使得雨水几乎全部都集中到马路上来,而当前的地下排水设施承受不了这么巨大的排水压力,就造成城市出现大面积的内涝。地面排水一般具有渗水、滞水、蓄水、排水的功能,根据《GB50014—2006室外排水设计规范》,当可渗透地面的面积减小时,地表径流就会增大,雨水的汇聚速度就会变快。有关实验表明,在1h内,沥青路面只减少降水量的10%左右,而混凝土路面只能减少1~2mm的降水量。可见硬化的路面减低了地面的渗水、滞水、蓄水、排水的功能。在暴雨时,雨水迅速汇聚到排水系统中,而排水系统又没有能力承受这么大的降水量以致造成大面积的城市积水(樊良,2014)。

(四)管网设计标准低,无法满足城市发展速度

城市雨水管带与地面建设相比,城市排水系统建设明显滞后,造成严重"肠梗阻",是雨水管网出现的问题,造成的原因是多方面的。现在因一些城市排水管网欠账比较多,管道老化,排水标准比较低,有的地方排水设施就不健全、不完善,排水系统建设滞后,这是造成内涝的一个重要原因。

我国城市排水管道设计标准一般为1~3年一遇,重要地区为3~5年一遇,特别重要的地区为5~10年,实际大部分地区是按最低标准1年一遇的标准来设计的,这个排水系统标准早已不适应现在的城市发展了,而国外发达的城市排水管道的设计标准普遍采用2~5年一遇的标准,一些大

城市采用的标准更高，如纽约采用的是"10～15年一遇"的标准，东京采取"5～10年一遇"的标准，巴黎是"5年一遇"的标准。在我国，部分雨水一般是通过雨水管网直接将雨水迅速排往河道，一些雨水管网较长的一般在中间设雨水泵站，以加快雨水的流动速度。还有一部分的雨水直接进入污水管道，而污水管道设计的标准往往比雨水管道小，污水管道无法承受暴雨时大量雨水的进入（樊良，2014）。

（五）传统排水对策不能完全应对现代城市内涝

一般来说，城市洪涝灾害的致灾过程主要可以归纳为四类：一是低洼区淹没，二是陡坡路面激流冲击，三是地下设施进水淹没，四是重要设施浸水诱发次生灾害。应对城市洪涝灾害的传统对策是"下水道+排水沟+排水泵站"所组成的排水系统。这种系统除了设计标准低之外，一般是将排水泵站放在城市低洼处，所以不能有效地拦截雨洪形成的地面径流，只有地面径流汇聚到低洼处之后才能通过排水泵站排出。所以它的作用只是对减轻低洼区淹没致灾过程有效，而对阻挡其他三类致灾过程效果不大。这种传统的排水系统可以概括为点（排水泵站）和线（排水管、排水沟）的对策。这种简单的城市排水系统不能完全应对现代城市洪涝灾害，这也是我国城市洪涝灾害日趋严重的主要原因。

（六）重视度不够，存在"轻地下、重地上"

许多城市只注重地上建设，而忽视地下建设。地下管网的建设涉及城市整体规划，是属于"面"的工作，相比较道路、桥梁等"点"或"线"的工作，投资大，周期长，见效慢。正是由于"重地表、轻地下"观念的存在，导致旧城区的旧管道出现老化超负荷工作的现象。

城市必须提高城市基础设施建设之一的排水系统的质量。但是很大一部分城市的排水系统存在水流处理技术含量不达标，排水管道的建设材料质量低下的问题，排水管网的质量没有达到城市排涝应有的标准。采用密度精、质量高、耐用耐磨的材料作为城市排水系统的管道建设原料是加快排水速度，保障地下水清洁的重要举措。而在管道的实际建造中，因为是隐蔽工程，很多施工单位经常会以次充好，将较劣质的管道设置在排水系统中，各个工序的质量也不认真控制，使很多管道提前出现了裂缝、漏水等现象，缩短了管道的使用寿命。阻碍了排水系统的正常运行，同时还污染了地下水资源。另外，施工中如遇到其他管线及构筑物的影响，出于工期和成本的考虑，也不按程序和技术要求处理，而是随意改变排水管道的管径、位置、标高等，虽然暂时解决了眼前的问题，但给日后管道的运行埋下了隐患（田晓军，2014）。

第四章　涝渍灾害防治的主要任务和对策

第一节　涝渍灾害防治的指导思想、基本原则和战略目标

一、指导思想

（一）农田涝渍灾害治理

深入贯彻落实党的十八大精神和中央关于加快水利改革发展的决策部署，按照"加强重点涝区治理，完善灌排体系"等要求，解析目前农田涝渍灾害突出问题及主导因素，以科学发展观为指导，以水法、防洪法等法律法规为依据，着眼于流域及区域尺度，立足于经济社会发展、国家粮食安全和建设美丽中国的要求，遵循全面规划、统筹兼顾、因地制宜、突出重点、科学治理的基本原则，通过退田还湖缓解涝渍压力，通过兴修水利工程快速解决涝水灾害，通过改变种植模式有效改良盐渍耕地，通过完善管理制度提高工程效益，继而提高治涝标准，扩大涝渍灾害治理面积，实现治涝工程安全、高效、经济运行，为经济社会可持续发展提供有力的支撑和保障（全国治涝规划技术大纲）。

（二）城市内涝灾害治理

用科学发展的理念和方法，以"建设自然积存、自然渗透、自然净化的海绵城市"（刘宇斌，2015）为战略目标，借鉴以"低影响开发（Low Impact Development，LID）"为代表的源头减排的国际经验，在河道、管道、调蓄设施多管齐下的前提下，合理利用绿地和景观空间，采用源头的渗、滞、蓄等措施，恢复城市"吸纳""积存""排放"雨水的功能，通过完善城市排水系统、加强雨洪收集、提升泵站能力、形成科学防洪体系，消减径流总量，最大限度地减少城市排水系统的压力，因地制宜构建海绵型城市，从根本上解决城市内涝问题，为城市塑造良好的生态环境，保障城市可持续发展，为市民提供最公平的公共产品和最普惠的民生福祉（张雅君，2014）。

二、基本原则

（一）农田涝渍治理

根据河流规划、地区农业、水利和国民经济发展规划等要求，考虑涝区的地形、土壤、水文、气象、水文地质、涝碱灾害、现有治涝措施等因素，认真总结经验，正确处理大中小、近远期、上下游、泄与蓄、地面水与地下水、自排与抽排、工程措施与非工程措施等关系。

必须统筹兼顾，因地制宜地采取综合治理措施。应以水利措施为主，其他措施相配合；以排为主，滞、蓄、截相结合；以近期为主，近远期相结合；以治理涝、渍、盐碱为主，同时，在可能条件下，与防洪、灌溉以及其他要求相结合。以东北平原、江淮地区等涝灾问题突出的区域为重点，在流域综合规划、流域防洪规划的指导下，充分了解涝区内湖泊、洼地、湿地等实际情况，合理确定治涝分区和治涝工程布局，着力解决影响涝区经济社会发展、工农业生产、居民生活、生态环境等的涝渍问题。

应考虑综合利用的要求。排水闸、挡潮闸、排水站、排水沟道、蓄涝工程等在满足治涝要求的前提下，应与防洪、灌溉、航运、给水、养殖、卫生等工程建设适当结合。

建立完整的排水系统，扩大排水出路。按照新时期的治水思路全面规划涝区治理方案，既要规划排水、调蓄等工程措施，又要规划涝区环境保护措施，还要建立治涝减灾建设与管理的保障体系；同时，坚持防洪与除涝相结合，治涝与灌溉相结合，并处理好治理与保护、局部与全局、当前与长远、除害与兴利以及上下游的关系。统筹考虑涝区群众的生活生产和发展问题；协调好人与水的关系，处理好治理与保护的关系，给涝水以出路，实现人与自然和谐相处。

在有自排条件的地区，应以自排为主，抽排为辅。在受洪、潮顶托、排水不良的地区，应适当多设排水出口，以利于自流抢排。在距排水出口较远、抢排困难的地区，应设排水站抽排。

对有外水汇入的涝区，应考虑在上游修建蓄水工程，开挖撇洪、截流、截渗等排水沟道，以调蓄和拦阻山丘区坡水和地下水进入涝区。

贯彻"蓄泄兼筹"的方针，充分利用湖泊、河流、沟渠、洼地、坑塘等容积滞蓄涝水，以削减排涝峰量。在有可能产生次生盐碱化的地区，采用蓄涝措施应十分慎重。

排水条件较差，地下水位较高或有盐碱化威胁的地区，根据实际情况，可采取开挖深沟大渠、修筑台田、条田，适当改种耐涝、耐渍、耐碱作物等综合措施。

有渍、碱灾害的地区，应考虑降低地下水位的要求。

由于不同地区的涝水在发生时间上和数量上存在差异，在有条件的地方，要考虑相邻地区补偿排水的可能性与合理性。

涝区内河的上游水库，可考虑留有一定的蓄涝库容，以减少上游客水汇入涝区。涝区外河的上游水库，要合理进行水库调度，在排涝期间适当蓄水，减少泄量，降低外河水位，以改善下游两岸自排和抽排条件。

分析涝区治理需求，加强管理。在推进涝区治理水利工程建设的同时，分析涝区在人口、土地、经济建设、农业生产等方面的宏观政策的管理需求,提出涝区运行管理的具体办法,建立治涝减灾的制度保障体系,构建涝区预警预报系统,推进指挥系统建设,加强法规制度建设,大力开展涝渍灾害治理宣传,为涝区科学、规范、有序管理创造条件。

（二）城市内涝治理

1. 进行顶层设计,加快解决城市内涝

制订城市排水（雨水）防涝政策,分析洪水风险程度,科学使用土地,有效规避风险,解决当前影响较大的严重积水内涝问题,避免因暴雨内涝造成人员伤亡和重大财产损失;统筹建设低影响开发雨水系统、城市雨水管渠系统、超标雨水径流排放系统。

2. 改变传统理念,进行低影响开发

改变传统城市建设理念,实现与资源环境的协调发展,遵循顺应自然、与自然和谐共处的理念,实现人与自然、土地利用、水环境、水循环的和谐共处,保护原有的水生态,保持地表径流量能不变,探索具有中国特色的城市内涝治理道路。低影响开发雨水系统构建的基本原则是规划引领、生态优先、安全为重、因地制宜、统筹建设。

3. 推进智慧监控,提升城市治涝能力

借助新兴技术力量能够优化管理格局、实现质量双升。结合城市内涝事件发生的特点和我国城市交通路况实时监测等经验,实现智慧监测与控制,有效增强应对风险,直接提升应急管理能力,减少灾害损失。

三、战略目标

以科学发展观为指导,牢固树立生态文明建设的理念,统筹协调涝区治理与经济社会发展和生态环境保护的关系,合理安排治涝工程布局和非工程措施,通过对我国雨洪涝区治理,基本形成布局合理、功能完备、高效运行、管理先进的现代化涝渍治理工程体系,为改善农业生产条件,保障国家粮食安全,促进经济社会发展、国民经济增长、生态环境改善和居民生活水平提高等提供有力支撑。建设自然积存、自然渗透、自然净化的"海绵城市",通过机制建设、规划统领、设计落实、建设运行管理等全过程、多专业协调与管控,利用城市绿地、水系等自然空间,优先通过绿色雨水基础设施,并结合灰色雨水基础设施,统筹应用"滞、蓄、渗、净、用、排"等手段,实现多重径流雨水控制目标,恢复城市良性水文循环（王文亮,2015）。

第二节 涝渍灾害防治的主要任务

一、排水除渍，解除农田涝、渍、盐碱灾害

治涝任务就是通过工程措施和非工程措施，解除农田涝、渍、盐碱灾害，为农作物稳产高产创造条件。

（1）排除地表涝水，满足农作物在各个不同生长季节对耐淹水深、耐淹历时的要求。

（2）降低地下水位至作物适宜生长的深度以下，减免作物渍害。

（3）在土壤盐碱化地区，应结合盐碱土治理，降低地下水位至临界深度以下，以满足防治土壤次生盐碱化和改良盐碱土的要求。

通过对易涝地区排涝骨干工程和配套工程等的建设，扩大排水受益面积，使涝区的排水能力达到设计标准，实现涝区治理工程安全、高效、经济运行。同时，实施管理体制和机制改革，使我国涝区治理工程步入良性运行的轨道，保障农业稳定发展，确保国家粮食安全。

二、低影响开发，保障城市可持续发展

完善排水系统，有效控制城市内涝灾害。实施海绵城市战略，有效降低城市水安全风险，基于城市排水（雨水）规划的基础上，重视城市海绵体的构建，将排作为城市内涝的末位策略来考虑。顺应自然规律、借鉴自然机制，降低对城市机理的人为干预，解决城市内涝。

第三节 涝渍灾害防治的发展战略

一、结合区域特点，完善农田排水系统，修复涝渍耕地

（一）协调排蓄矛盾，提高涝渍治理工程的设计标准

对于同时存在洪、涝、渍、旱多种灾害的地区。建立和完善沟、河排水系统，解决涝灾问题，同时要解决防渍和灌溉问题。蓄泄兼筹，统一规划，协调好排与蓄的矛盾。加强农田排水工程建设，加强农业基础设施建设，提高抵御自然灾害的能力，进一步将涝区的排涝标准提高。对排水

工程老化的要及时进行更新和维修,为保证排水工程效益的发挥(韩小红,2013)。

(二)加大科研力度和理论研究

要不断完善农田排水工程的后期服务支撑体系,给予农田排水工程以强大的后盾。加大财政支持,引进高新人才,加大农田排水技术的研究,加快农田排水技术转向生产和田间推广的速度。我国部分农田水利工程规划设计主要停留在洪涝治理上,渍涝治理还处于比较薄弱的环节,至今涝渍仍然是限制农业发展的重要问题之一。加大科研力度和资金支持,加强对地下排水及其工程系统的研究,力求用最优化的农田工程解决涝渍灾害的发生。

(三)采用生物措施和工程措施相结合的方法

受水土资源限制,涝渍耕地很难全部发展为水田。因此,应将"以稻治涝"与渍涝治理相结合。适当发展水田面积,以稻治涝,将中低产田变为高产田。控制涝渍地下排水的程度,加大涝渍土壤改良技术力度。因地制宜地进行工程、农业、生物措施的综合治理,分区域分步骤地实现涝渍治理工作。

(四)明确农田排水工程的管理主体,加强管理

加强农田排水工程的管理,首先要明确管理主体,要明确从市到县到乡的相关水行政主管部门对农田排水工程进行正规管理,并划分职责,进行日常的排水工程的清查、排查、维修等常规管理。其次要加强排水工程管理,克服工程分散、大沟分布广泛、偏远等困难,使排涝工程及时得到良好的管理和维护,汛期排水闸及时开启,不影响排水,减少洪涝灾害。另外,还要加大宣传力度,让农民认识到排水对农作物稳产高产的重要作用,把工程效益和管理有机结合起来,让农民参与管理,以解决管理问题。

二、系统谋划,防治城市内涝

(一)强化雨水就地消化和利用意识

新的开发区域必须实行强制的"就地滞洪蓄水",并制订详尽的城市内涝防范、治理措施。所有新开发区必须强制实行"就地滞洪蓄水"。新开发和重新开发项目都要确保尽可能将地表水保留在其源头,方法是建设渗水坑、可渗水步道以及进行屋顶绿化。制订雨水利用和处理规范,原则是就地储存消化,将雨水资源化或者是化害为利,将雨水利用起来,建立蓄水系统,如屋顶蓄水和由渗水池、井、草地、透水地面组成的地表回灌系统,在雨量小的时候能蓄水,雨量大时能排水,又能提高地下水水位。立交桥附近建立储水池不仅可以给立交桥排水,减轻城市排水系统的压力,还可对绿化带进行浇灌,是最好的资源,尤其是缺水的城市。

（二）适当提高城市排涝标准

提高雨水管网的设计标准,新城区的建设时应做到雨污分离,这样既可以使雨水直接排入河流湖泊减轻污水处理厂的压力,也可以使城市在暴雨时免受污水污染。同时保护好已有的沟渠,让这些沟渠在暴雨时充分发挥作用。如在新加坡人行道上,有很多大大小小的明渠、沟壑,这明渠、沟壑星罗棋布,形成了城市排水、蓄水网络,将雨水分别送入新加坡的17个大蓄水池,成为新加坡水资源的源头(樊良,2014)。

2011年中央一号文件明确指出,加强城市防洪排涝工程建设,提高城市排涝标准。排涝标准定得越高,排涝效益也就越高,所需的工程投资也就越大。排涝标准定得越低,城市排涝安全性和排涝效益也越低。随着城市规模的扩大和固定资产的增加,发生同样大的洪水,同样的受灾面积造成的损失将呈数倍增长。因此,我国的现行城市防洪排涝标准应根据国民经济发展状况予以适当提高。

要确定城市排涝标准必须综合考虑城市的规模、地理位置、地形、在区域经济发展中的作用和地位以及技术上的可靠性和经济上的合理性等诸多因素。

（三）提高排水管道设计标准,推进雨污分流排水体制

对新区建设时提高排水管道的设计标准,对现有排水系统进行改造,对设计标准低,雨污不分的管道进行改造,逐步提高排水设施的设计标准已是必然趋势,因而要加强对管网的护理,保证管道畅通。解决雨水与污水分流,不要让污水流到马路上,造成严重的污染问题,同时加强城市排涝系统的管理和维护,在地面上设置的大型雨水排放井口应尽量保持开放状况以随时排出暴雨积水,保证管道畅通。

在财力允许的情况下,可推进雨污分流制的排水体制改造,在城市新建区实行雨污分流制,进行分流制的降雨初期污水处理的探索研究工作。国外发达国家的城市排水经过百余年的建设,一般暴雨重现期已经提高到"5～10年一遇",甚至"15年一遇"。法国巴黎的地下水排水系统有2300km长,东京的地下排水系统堪称地下宫殿。而且这些发达城市有两套系统,即处理一般降雨的小排水系统和应对极端暴雨情况的大排水系统。值得注意的是,大排水系统暴雨重现期很大,是由排水渠道、蓄水池、公路道路、水体等多种设施组成的综合排水系统,确保极端雨洪的及时排泄和综合吸纳利用。

（四）做好区域控制,做好城市规划,保护天然河道、湖泊等自然蓄洪区域

在制订城市规划时,不能因为城市开发而牺牲公园、绿地、水体,要强调绿色城市化。城市管理者应在城市的低地势区大面积地保留天然植被地带。大雨时,天然植被能大量吸收降雨。雨水管道的作用主要是将雨水引入河流、湖泊和蓄水池,在地势低洼容易积水的路段沿途建储水设施,利用池塘或湿地吸纳一个地区的雨水,这有利于减少内涝,等下完雨再进行二次排水,利用技术和工程手段降低雨水从天空到河流的速度,用小湖泊等设施防止暴雨期间地表水过快地

集中涌入排水管线。

因此，对一些城市的天然河道、湖泊应进行保护，禁止围湖造田，这些天然水体对防止城市内涝起着很重要的作用。对一些地势比较低的地区可以建一些"水广场"。如荷兰鹿特丹市中心的"水广场"顺地势而建，由形状、大小和高度各不相同的水池组成，水池间有渠相连。平时是市民娱乐休闲的广场，人们可以在广场上尽情地踢球、溜冰；而当暴雨来临时，"水广场"则可瞬间变身，成为一个防止积水的排水系统。由于雨水流向地势更低洼的水广场，街道上就不会有积水。所有的水池就像一张循环往复的网，雨量大时，从大水池中分流到沟渠；雨量小时，水又回流入大水池。雨水不仅可在水池间循环流动，还能被抽取储存为淡水资源。对于高架桥这些特殊的地段可以建一些蓄水池，在暴雨时把雨水收集起来，平时蓄水池的水则可以浇灌其周围的绿化带（樊良，2014）。

（五）打通硬化道路、停车地面与绿地之间的通道，降低人工绿地的高度，增加城市透水面积

多铺透水地面，使降雨直接渗入地下。铺地方法有使用高承载无沙混凝土铺地、孔形铺地、砾石铺地、砖块或石块留缝式铺地、透水砖铺地、网格铺地等，城市中可改造为透水地面的区域包括易发生积水的机动车道路地段、步行道、广场、停车场、工地、社区、学校、运动场等。透水地面能过滤地表污染物，净化水质，让雨水直接补充地下水。打通道路与绿化带的隔离，大雨时，道路上的径流能顺利进入绿地，被土壤吸收，因而不会形成地面积水，如果绿地能比路面低20～30cm，就可以吸收200～300mm的降水。

在道路旁、停车场边、楼房的近处，设计露天低地或排洪沟，以利迅速排水。在立交桥的挡板上多开直排雨水孔，这能减少立交桥面积水，也能避免桥面积水汇集到下桥处的低地，形成积水，阻碍交通，立交桥泵站应有足够的储存和排水能力，防止积水。

加大城市的绿化面积，多铺透水地面，使降雨直接渗入地下。打通道路与绿化带的隔离，大雨时，道路上的径流能顺利进入绿地，被土壤吸收。比如在德国，不同的区域会铺不同的透水路面。人行道、步行街、自行车道、郊区道路等受压不大的地方采用透水性地砖，砖与砖之间采用透水性填充材料拼接。自行车存放地和停车场的地面，选择有孔的混凝土砖，并在砖孔中用土填充，有利于杂草生长，从而使地面具有40%绿化功能。居民区、公园和街头广场更需要绿化和美化，因此这些地方选用实心砖铺路时，砖与砖之间应留出空隙；居民区、校园和公园等步行道路由于路面使用率高，用细碎石或细鹅卵石铺路更合适。此外，还可在道路边修建了引流暴雨的排沟壑，直接连通市政排水管道（樊良，2014）。

（六）加大城市排涝工程建设投入

总体来看，这些年我国城市排水设施投入严重不足，财政资金投资比例较低。加上城市排水系统维护（包括应急抢险）资金不足，造成排水设施严重老化无法及时更新，城市雨水排水管网建设欠账较多。

城市在考虑排涝工程与非工程措施体系建设的资金投入时，不仅要考虑直接经济效益，更需

看到它的社会效益及其全部功能在社会经济发展中的重要作用。要在安排排涝工程设施建设的同时,充分考虑其管理运行、养护维修和非工程措施的投入。城市防洪排涝资金的投入,除中央投资外,适当增加地方对城市防洪排涝工程建设的投入。除政府拨款外,还可以向银行贷款,向受益地区和单位集资或者通过市场筹集资金等,以保证城市防洪排涝投资的增长与国民经济发展相适应,逐步形成相对稳定、动态发展的城市防洪排涝投资机制。

（七）加快编制城市排涝规划

目前,我国尚未对城市排涝确定统一的标准和规范,这必然对城市排涝产生很大的影响。城市排涝规划应为单独编制的专项规划,规划内容应纳入城市总体规划统筹考虑;规划内容要包括现状评估,水量、水质控制设施的布局,应急措施等方面。建议尽快落实水利部《关于印发加强城市防洪规划工作的指导意见的通知》的要求,加快城市防洪排涝规划的编制,并加紧予以实施。

在编制和实施城市排涝规划时,应处理好城市排涝规划与城市建设发展规划间的关系,明确城市排涝建设方向、总体布局、建设规模、排涝标准及主要治理措施,防洪排涝设施与市政建设同步规划、同步实施。同时,应特别注意城市暴雨调蓄设施的建设,如地面调蓄设施、地下调蓄设施等。此外,城市排涝的地下建设,要有一定的超前意识,充分测算排涝的泄洪率,适当增大泄洪流量,以应对10年一遇乃至100年一遇的特大暴雨,防患于未然。地下管道不像明沟、河道那般梳理方便、容易清理,其改建、扩建也相对复杂,需长远规划和适度超前规划。

需要指出的是,不能忽视老城区的管网改建,特别是排涝管网的改建。必须加大管道直径,提高泄洪能力,以达到迅速泄洪的目的,让老城区拥有与其面积和人口规模相匹配的排涝工程,造福一方。

（八）提高暴雨的预警预报能力

目前,我国气象预报虽然取得了长足的进步,但与日本等发达国家的预报能力还有一定的差距。如日本利用其先进的科技手段,着重对强降雨进行短历时和实时预报。短历时预报是预报未来6h内每小时的降雨量,预报精度为$1 \times 1 km^2$的范围。实时预报是预报未来1h内每10min的降雨量,预报精度也是$1 \times 1 km^2$的范围。但是,我国在短历时或实时暴雨预报方面跟日本有较大差距,因此应该大力引进或开发先进的暴雨临近预报技术,提高应对暴雨预报预警能力,减轻暴雨灾害造成的损失。

强降雨预警系统可及时通报降雨情况,及时发布道路积水情况,使地方当局和公用事业公司、民众获得更有用的信息来应对地表水造成的灾害,作出相应的反应,把内涝对当地公路网等运输系统及相关服务的影响降至最低限度。对已经形成内涝的区域采取紧急措施,增加应急人员,进行车辆人员疏导、救助,及时疏通排水系统,避免人员和财产损失。

（九）加强防汛宣传和演练,完善排涝减灾体系

以往灾害也暴露出公民安全防范知识欠缺,市民自我保护意识薄弱和应急处置能力差等问

题。因此,要充分利用现代媒体,加强面向市民群众的社会动员和响应工作机制建设。同时,抓好实战演练,一旦出现强降雨或突发灾害性天气要妥善疏散顾客群众,在确保人员安全的前提下最大限度地减少财产损失。

城市排涝体系的建立依赖于全社会对城市洪涝灾害的认识。由于城市内涝对生命和财产安全的威胁远没有城市外洪影响大,因此长期以来受重视程度不够。而且由于城市建设业务上的条块分割,有时缺乏统一部署、协调发展,使得城市建设规划受到一定的制约。我们要从城市运行安全、民生保障的高度,重新认识排涝工程的重要性;充分发挥省、市、县、街道、居委会、企业、居民及社会各界的积极性,建立起全民防洪排涝减灾体系。

第四节　涝渍灾害防治的主要对策

一、农业涝渍灾害防治

涝区治理主要采取排水及蓄水两种方式。

涝区排水一般有水平排水、垂直排水和生物排水3种方式。水平排水分别采用明沟排水和地下暗管排水措施;垂直排水就是竖井排水,通常要把灌溉和排水结合起来;生物排水即利用林带蒸腾排水。涝区蓄水主要利用湖泊、洼地、河道、沟渠、坑塘等容积,临时滞蓄涝水。

治涝工程一般包括各级排水沟道、蓄涝区、排水出口、承泄区以及排水闸、挡潮闸、排水站等排水连接建筑物。

排水沟系包括明沟和暗沟:①明沟沟系层次因涝区面积、地形、水系、排水出口和承泄条件的不同而有差异,一般分为干、支、斗、农、毛5级。干、支、斗3级沟道是汇集排水区渍涝水的主要通道。田间排水网直接控制农田地表水及地下水位,一般由末级固定沟(多数指农沟)以下的沟道(如田间排水沟)所组成。②暗沟排水系统主要布设在田间,通常采用一级地下管道(仅有田间末级排水管)和二级地下管道(即排水管和集水管)的布置形式,主要作用是排除土壤水及地下水。三级和三级以下的输水管道的管径增大很多,投资过高,一般采用明沟。

涝区中的蓄涝区与排水工程互相配合,可以缩小各类排水工程规模,削减排涝峰量。

排水闸、挡潮闸、排水站是沟通各级排水沟道、蓄涝区和承泄区的连接工程,其作用是保证涝水排泄畅通,控制地下水位,并拦阻涝区外洪水、潮水入侵。

承泄区一般包括海洋、江河、湖泊、洼地以及地下透水层和岩溶区等,可以根据实际情况选用。涝区的涝水除部分暂时滞蓄于蓄涝区外,其余应由承泄区接纳。

截流沟及撇洪道是治涝工程系统的重要组成部分,其作用是拦截客水及高地水,实现内外水分排和高低水分排。

治涝工程系统示意框图如图3—19所示。

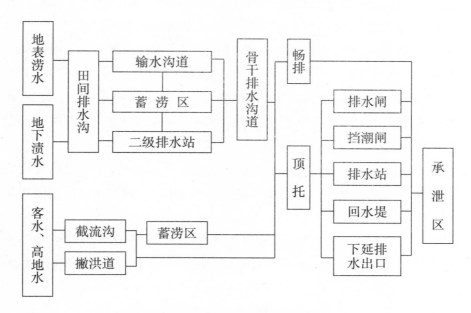

图3-19 治涝工程系统示意框图

（一）涝灾防治排水系统

1. 排水系统

搞好水利建设是防治涝渍灾害的根本途径。治理中尽量利用天然排水沟和原有排涝工程，本着先上游、后下游，先骨干、后田间，坡水治理与水土保持相结合，排地表水与地下水并举的原则，达到彻底根治涝渍灾害的目的。江淮地区一些圩区应发展成为"四分开，两控制"等较完整的水利体系，即内外分开、灌排分开、高低分开、水旱分开，控制内河水位和地下水位（黄小燕，2008）。人工疏浚涝区内天然排水沟渠，适当修扩排水断面，以承泄和排除上游来水，配套支、斗、农沟，提高排水标准。建立健全涝区的排水网络，畅通排水、控制地下水位，为洪涝并治、综合治理铺垫基础。开挖沟渠，为加快田间排水速度，排出地表积水，控制地下水位，降低耕作层土壤含水量，以作物允许耐淹历时为主要参数依据，布设末级田间排水沟，以治水、改土为中心，实现沟、田、林、路方田化、标准化，达到综合治理（王臣，2008）。

（1）治涝排水系统的组成。一个完整的治涝排水系统，一般由田间排水网、各级输水沟道、各类建筑物（闸、涵、桥、泵站等）以及容泄区等部分组成。农田中过多的地面水、土壤水和地下水先由田间排水网汇集起来，经由各级输水沟道排至容泄区去。

①田间排水网。一般是指排水系统中的末级固定沟（一般是农沟）及其以下的排水沟。在地下水埋深较小的湿润和半湿润地区，田间排水网兼有排除地面径流和控制地下水位的双重作用，常由两级或多级明沟或暗管组成；在地下水埋深较大无渍害威胁的地区，田间排水网可以仅由排除地面径流的明沟组成。田间排水网的任务是汇集农田地面径流、控制地下水位和调节土壤水分。

②各级输水沟道。是指干沟、支沟、斗沟，其作用是把田间排水网汇集起来的水逐级输送到

容泄区。对于盐碱或有盐碱威胁的地区,还担负着控制着地下水位的作用,因此应有必要的深度。

③各类建筑物。是指各级沟道上的闸、涵、桥、泵站以及上级沟道汇入下级沟道处的衔接工程等,其作用是保证顺利排水和交通通畅,并调节控制排水区内的水量与地下水位。

④容泄区。是指位于排水区以外,供排水系统宣泄水量的水域。除江河、湖泊、海洋可以作为容泄区外,废河床、未被开垦的沼泽低洼地也可以作为排水容泄区。容泄区须与排水网相协调,应有足够的容量能容纳排水系统泄入的全部来水,保证排水干沟有良好的出流条件,而不致造成排水沟道壅水或容泄区下游的灾害。

(2)治涝排水系统的类型与布置。治涝排水系统按照气候、地形等自然条件及所担负的任务的不同,有一般排水系统和河网排水系统两种基本布置形式,现分述它们在规划布置中应当注意的事项。

①一般排水系统。在一般平原地区,如果水源条件良好,能够满足灌溉要求,排水出路良好通畅,且无航运、养殖等要求,多采用灌溉排水两套系统,即"灌、排分开"的布置形式如图3—20所示。

这种布置形式,排水干沟一般都选在排水区的低处,其出水口要选择在容泄区水位低、能自流排水、河岸稳定的地方,尽量减少机电排水。排水干沟应充分利用天然沟道,尽量减少占地,避免与铁路、公路和渠道交叉,减少建筑物投资。如果天然沟道弯曲严重,应裁弯取直,以利排水。支沟、斗沟、农沟的布置应与同级灌溉渠道布置同时进行。如果灌溉渠道是单向分水,则渠道与排水沟相邻排列;如果灌溉渠道是双向分水,则渠道与排水沟相间排列。无论是相邻排列还是相间排列,排水沟都应有足够的深度,设计水位应比同级灌溉渠道水位低得多,以便排出地下水和灌溉渗水,防止渍害或土壤盐碱化。上下级沟道的布置方向最好互相垂直,而在支沟与干沟及干沟与容泄区的衔接处,一般以35°~60°的夹角相接。在布置时,应充分考虑容泄区的状况,如果容泄区水位较低,不影响自流排水,且无倒灌现象,可不建涵闸控制;如果容泄区水位较高,

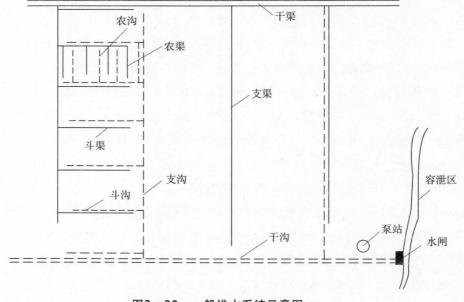

图3—20 一般排水系统示意图

影响自流排水，甚至有倒灌的威胁，则应在干沟出口建涵闸控制，并建抽水站抽水外排。

②河网化排水系统。在地势平坦的缓坡地带和低洼平原地区，灌溉水源不能满足要求，而汛期雨量较为充沛，因此对排水系统不但要求能排涝，而且还要求能蓄水、引水，补充灌溉水源；在低洼平原和圩垸区，还要求河沟滞蓄涝水，以减少排涝流量和排涝泵站的装机容量，平时还要维持一定水深，以便通航、养鱼，改善交通条件，发展副业生产。为此，可采取河网化排水系统的布置形式。

河网化排水系统由骨干河网、基本河网和田间墒网3部分组成。骨干河网是指一个地区的干支河道，是防洪、治涝的主体工程，它与大江、大河或湖泊相通，既是排水的容泄区，又是灌溉的水源地，对整个河网起着控制调度的作用。基本河网是由大沟、中沟、小沟构成的，起着蓄水、排水、引水和降低地下水位的作用。田间墒网是由毛沟、腰沟、墒沟等组成的，是直接调节土壤水分的基础工程。河网化排水系统的规划布置，应当在当地干沟、支沟总体规划的基础上，以大沟定向，布置中沟、小沟，结合渠路，交织成网，配套成龙。规划时应充分考虑利用原有的工程基础，对于原来河沟稀少，不能满足排、蓄、降、引、调等要求的地区，必须规划建设新的河网系统；对于原有河网浅、弯、断、乱，分布不均，不成系统，不能满足排、蓄、引、降、调等要求的地区，则应从改造老河网入手，如某些老河沟位置与走向同规划要求基本一致，可因地制宜加以利用，不强求互相对口垂直成一条线，切忌一刀切、开新河填老河。为了满足综合治理、综合利用的要求，河网的规划应体现"深、网、平、分"。所谓"深"，是指河沟要有足够的深度，只有这样，大、中、小沟才能起到排除地面水和降低地下水位的作用。同时，有足够深度的河网，由于拥有巨大的蓄水能力，既能拦蓄大雨，又能引用外水与浅层地下水，满足灌溉要求。所谓"网"，是指水系成网，即要求各级河沟互相贯通，分布均匀，交织成网，形成新的水系。只有这样才能做到调度灵便，蓄泄自如。所谓"平"，是指各级沟道一般采用平底或很缓的河底比降。这样，沟深底平，互相贯通，便于水量互相调度，便于排、降、引、蓄，便于航运和水面养殖。所谓"分"，是指对河网划分梯级，实行高低分片控制，达到高低地分级拦蓄，高水高排，低水低排，遇特大暴雨又能适当调度排泄，解决高低地、上下游的矛盾。基本河网的布局和规格标准，因各地自然条件、原有的工程基础以及河网担负的任务不同而有差别。

2. 蓄涝区

蓄涝区是指涝区内的湖泊、洼地、河流、沟渠、坑塘等可以滞蓄涝水的地方。利用蓄涝区调蓄涝

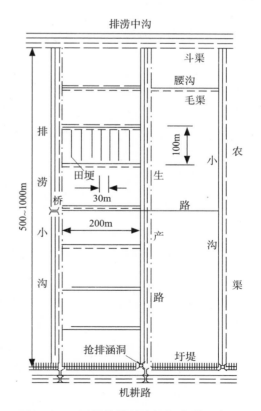

图3-21 平原洼地基本河网布置示意图

水是治涝的重要措施之一，可以减轻渍涝灾害，削减排水流量，减少抽排装机。在治涝规划中，应合理安排蓄涝区，保持一定的蓄涝容积。

（1）蓄涝区设计水位。蓄涝区设计水位，包括正常蓄水位、设计低水位。对容积较大并有闸门控制运用的蓄涝区，其正常蓄水位、设计低水位一般应根据蓄涝任务并考虑灌溉、航运、水产、卫生、生活用水以及降低地下水位的要求确定。正常蓄水位一般按涝区内大部分农田能自流排水的原则来确定。较大蓄涝区的正常蓄水位，应通过内排站与外排站装机容量之间的关系分析，结合考虑其他效益，合理确定。对水面开阔、风浪较高的蓄涝区，在确定正常蓄水位时，应考虑堤坝有足够的高度。处于涝区低洼处，比较分散又无闸门控制的蓄涝区，其正常蓄水位一般低于附近地面0.2～0.3m。设计低水位除考虑综合利用要求外，一般在设计低水位以下应保留0.8～1.0m的水深，以满足水产、养鱼或航运的要求。在可能产生次生盐碱化的地区，采用蓄涝措施应十分慎重，设计低水位应控制在地下水临界深度以下0.2～0.3m。

（2）蓄涝区容积。蓄涝区容积的大小应因地制宜、合理确定。当涝区内的自然湖泊、洼地、河流、沟渠、坑塘等容积较大时，蓄涝容积可大一些。如蓄涝区较小，需要新开挖蓄涝区时，蓄涝容积可适当小一些。蓄涝率是反映涝区蓄涝容积大小的相对指标。根据湖南、湖北两省的经验，对排水面积较大的涝区，一般按5万～15万m^3/km^2的蓄涝率考虑排水站的装机容量比较合理。

（3）蓄涝区的运用方式。蓄涝区的一般运用方式是：

①先抢排田间涝水，后排蓄涝区涝水。

②涝区调蓄工程要与抽排工程统一调度，配合运用。可边蓄边排，或者待蓄涝区蓄水到一定程度后再开机排水。

③蓄涝容积一般有以下3种排降运用方式：一是一次暴风雨过后，即将水位排降到设计低水位；二是汛后才开始将水位排降至设计低水位；三是配合灌溉或其他用水要求降低水位。

④蓄涝区蓄排水方式，应从经济上是否合理与控制运用是否方便等方面，分析比较后决定。从压缩装机的角度来看，汛期宜采取随时降雨随时排水的方式，以充分利用蓄涝容积削减排涝峰量，但其运行历时长，年费用大。从节约年费用来看，则宜在蓄涝容积蓄满后开机排水，但不能最有效地发挥蓄涝容积削减排涝峰量的作用，装机容量也较大。

⑤当蓄涝容积同时兼有灌溉任务时，可根据灌溉要求拟订运用方式，但在汛期应随时通过预报了解天气情况，以便在暴雨发生前及时腾空蓄涝容积蓄纳涝水。

3. 承泄区

（1）承泄区选择。承泄区是排泄或容纳排出的涝水的区域。选择承泄区应该考虑：

①承泄区位置应尽可能与涝区中心接近。

②承泄区与排水系统布置应尽可能协调。

③尽可能选择水位较低的地方，争取有较大的自排面积以及较小的电排扬程。

④有排泄或容纳全部涝水的能力。

⑤有稳定的河槽。

（2）承泄区治理。承泄区治理的主要内容是：

①如条件允许，在承泄区上游修建水库，削减洪峰，降低下游河道水位。

②扩大原有河道或开挖新河，增加排水流量。

③疏浚河槽和浅滩，清除河道上的阻水工程设施。

④对过于弯曲的河段，采取裁弯取直措施。

（3）承泄区与排水系统的连接。承泄区与排水系统的连接，可分为畅排和顶托两种情况，因地制宜地采用以下一种或几种方式。

①畅排。当排水出口设计水位等于或高于该处承泄区设计水位时，属于自排区，是否以涵闸连接，可根据具体情况确定。

②顶托。当排水出口设计水位低于该处承泄区设计水位时，将受顶托，其连接方式有以下几种：

建闸：在内水高于外水位时，相机抢排涝水；在内水低于外水位时，关闭闸门，防止倒灌。

建排水站：在外水位长期高于内水位，蓄涝容积又不能满足调蓄要求的涝区，需修建排水站排水。

建回水堤：排水沟受顶托影响时，可在排水沟道两侧修回水堤。回水影响范围以外的涝水可以通过排水沟道自排入承泄区。回水影响范围内不能自排的涝水，建抽水站排水。

下延排水出口：低洼地区根据地形条件，尽量下延排水出口，以扩大自流排水范围。

（二）渍害防治排水策略

地形和土壤条件较复杂的地区，沟要尽可能地穿过水线或洼塘，起到排水的主导作用。

采用排水工程措施进行草原改良，开挖排水沟，设沟渠和条田，单沟弃土平整。低洼处拉鼠洞。零星小面积分布的撂荒地或多年受涝低产田退耕还牧，保护和扩大绿地面积（韩红琴，2007）。

土壤较黏重的松嫩平原涝渍区，深松作业同时拉出"鼠道"，通过鼠道暗管排除地表积水和壤中过剩水。

1. 控制地下水的田间排水沟

（1）排水沟对排降地下水的作用。渍涝田和盐碱地、沼泽地、冷浸田等低产田，地下水位高，土壤含水量过大，作物产量低而不稳。对于这些低产田需要开挖田间排水沟。其作用是：在降雨过程中可减少地下水位上升；降雨停止后，又可加速地下水的排泄和地下水位的回降，对调控地下水位起着双重作用。

（2）旱作田块内墒沟的布置。旱作田块内部为了加快排出地面水和土壤中的重力水，更有效地控制地下水位，防止作物积涝受渍，以江苏省为例，各地都在田间开挖墒沟，以求棉麦的高产稳产。田间墒沟的布局，各地有不同形式，通常采取竖墒、横墒和腰墒3种，组成墒沟网，如图3—22所示，属于临时性田间工程。如田块为南北向布置，田块长边的墒叫竖墒，又分浅、深两种规格。另外也有的在田埂周边开挖围墒。有了田间墒沟网，田面径流沿竖墒、横墒通向田外排水沟（农沟）。这样，在连绵阴雨期间，浅层土壤中的重力水渗不至墒沟并迅速排出，保证作物不受渍害。

2. 农田地下排水系统

农田地下排水系统是埋设在地面以下一定深度的封闭的暗式排水设施。它是利用在田间埋设透水管道或暗沟(洞),排除土壤中多余水分,降低地下水位,调节土壤水、肥、气、热状况,使水气比例处于适宜状态,为农作物正常生长创造良好条件。暗管排水的特点是排得快,降得深。与明沟排水比较,具有土方工程量小,地面建筑物少,占地面积少,有利于交通和田间机耕作业等优点。并可避免明沟易于坍塌,沟深不易保持的缺陷。在盐碱土地区,还有利于土壤脱盐,排盐效果较好。在自然地形许可的地区,可自流排水,节省能源。但对施工质量要求较高,要及时处理暗管淤积和堵塞问题,以保证经常、持久地发挥作用。

(1)农田地下排水系统的组成。完整的暗管排水系统与明沟排水系统相似,一般由干、支、斗、农等各级沟道,吸水管、集水管、闸阀、排水出口控制建筑物、排水井、集水井、检修井、通气孔,以及抽水泵站或排水闸、容泄区等组成,如图3—23所示。在大多数情况下,暗管和明沟相

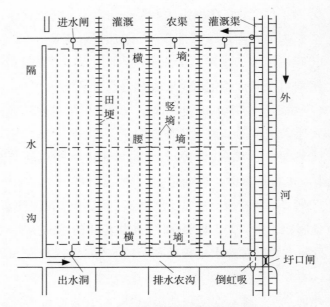

图3—22　旱作田块的墒沟布置示意图

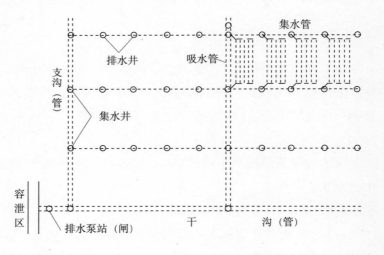

图3—23　暗管排水系统组成示意图

互配合布设。如有的将干级修成明沟(干沟),也有的将干、支级修成明沟(干、支沟),末级沟道以下修成暗管,这要视实际条件,因地制宜地布置。

吸水管埋设在田面下的一定深度处,利用管壁上的孔眼或接缝,直接吸收土壤中过多的水分,通过滤料或外包材料渗入管内。吸水管是暗管排水系统中重要的组成部分。集水管是汇集并排走吸水管的来水,然后由排水明沟外排至容泄区(江、河、湖)。

(2)农田地下排水道的类型和结构。目前国内外采用的农田地下排水管道—吸水管的类型有下述几种。

①暗管。暗管是用不同材料制成的管道，呈圆形或方形，有地下水渗过多孔管壁排水和通过两节管与管之间的接缝排水，或两者作用兼有等形式。为防止土壤颗粒随水流进入管道产生淤塞现象而降低排水效果，还要在管壁外围添加滤料和裹料，当前采用较多的管道有如下几种，如图3—24所示。

瓦管：瓦管是一种特制的空心砖，由制砖机将黏土制成管坯，入窑烧制而成。可以就地取材，有较好的抗压强度和耐腐蚀性能。一般瓦管每节长25～40cm，内径6～10cm，内圆外方，壁厚20mm。瓦管主要由管节之间的缝（宽约0.5～1.5mm）吸水。铺设瓦管时应注意防止错节、淤塞，节缝周围要有滤层或铺上稻（麦）草。

水泥土管：水泥土管是以土为主，掺入少量水泥（或水泥、沙、土）和水均匀拌和，然后挤压结硬成型。目前常用的水泥土管是薄壁圆形管。经配合比试验，广东省水利科学研究所研制成功的水泥沙土管，选用的配合比为水泥：沙：土＝5：50：45，拌和物的含水量控制在13%左右。水泥土管的优点是：水泥用量少，可就地取材，成本低廉，适用于低压作用下的排水管道。缺点是冻融对低容重水泥土材料的破坏性较大。但如埋在地面下1m左右，一般影响不大。

塑料管：塑料管是一种新兴的以高分子材料制成的管道。国外早在20世纪60年代初开始采用它作为暗管排水的管材。由于它具有重量轻、运费低、整体性好、铺设方便、可工厂化生产等优点，在国外工业发达国家已逐步取代瓦管、陶管。

塑料管主要采用聚氯乙烯（PVC）或聚乙烯（PE）制成，前者效果较好。但一般到冰点时均易损坏，施工时一定要埋设在冰冻层以下。按其造型不同，塑料管又可分为两种。

光滑塑料管。管面平滑，管壁厚薄一致，直径5～6cm，长度不超过6m。管壁上分布有透水的孔或缝，坚固耐用，水流阻力小，但必须开沟铺设。

波纹塑料管。柔软易卷，可绕在直径80cm或更大的转筒上储运，每卷长度随管径大小而异，如直径为5cm，长则200m；直径10cm，长则100m。波纹塑料管的透水孔缝分布在波纹的凹谷部位上，可防止沙石堵塞。波纹管由于比光滑管的强度好、承受压力大、寿命长、重量轻、成本低，可适应无沟铺管技术，所以应用较为普遍。我国铺设此种塑料暗管已有3万余亩，其中上海市郊区有2万亩，每亩投资约70～80元，估计可使用15年左右。其他管材还有灰土管、陶管、粉煤灰管、毛

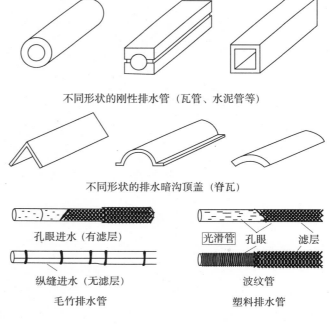

不同形状的刚性排水管（瓦管、水泥管等）

不同形状的排水暗沟顶盖（脊瓦）

孔眼进水（有滤层）　　　　　光滑管　孔眼　　滤层

纵缝进水（无滤层）　　　　　　　波纹管

毛竹排水管　　　　　　　　　塑料排水管

图3—24　农田地下排水管材

竹管、无沙混凝土管等，就不一一介绍了。

② 道(暗洞)。鼠道是用特制的鼠道犁在田面以下一定深度，使其穿透土层，挤紧周围土壤，打出一条像鼠穴一样可以排地下水的暗洞，故名"鼠道"或"鼠洞"。由于它有利稻麦增产，有些地方农民群众又把它叫作"丰产洞"。鼠道犁常用拖拉机作牵引动力，主要有绳索牵引式和悬挂式鼠道犁两种，分别用小型拖拉机和大中型拖拉机的配套柴油机作动力。前者工效低，但作业时间较长，麦田从种麦前后到返青前均能施工，有利于农时安排；后者工效较高，但作业时间较短。鼠道的横截面一般为椭圆形(或圆形)，高8～10cm，宽6～8cm，深度一般为60～80cm，为非永久性农田地下排水道。鼠道排水不需要管材和滤料，系无衬砌地下管道，造价比暗管低，进行机械化施工，工效高，操作方便，节省人力、物力，是一种较经济实用的排水道。使用年限虽较短，但维护得当，一般黏土地区使用3～5年，也有长达8～10年的。从鼠道的淤积过程看，其断面变化如图3—25所示。一般适用于土质较好的黏土类或壤土类地区。如在沙土或轻壤土中打鼠道，则易坍塌淤塞，因此要采用护壁措施。日本采用塑料护壁的鼠道，可延长其寿命至15～20年。

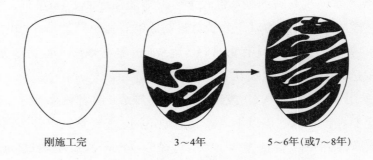

刚施工完　　　　　　3～4年　　　　　5～6年(或7～8年)

图3—25　鼠道断面变化过程

鼠道对排除土壤中上层滞水效果显著。近年来各地采取的浅鼠道排水，深度30～40cm，洞径也较小，可不用修建洞口设施，施工简便，投资较省，在稻麦两作地区使用，麦季打洞、稻季废。近年来江苏、浙江一些地区，对棉、麦、油菜等旱作物开展了地下双层排水的试验研究，将浅鼠洞和深鼠洞或深暗管结合使用，有上、下两层同向和上、下两层垂直交叉等双层排水形式。其结构形式有：浅鼠洞(0.3m)+深鼠洞(0.6～1.0m)；浅鼠洞(0.3m)+深暗管(1.2m)。上述结构形式就是利用浅鼠洞排地面水和上层土壤水，暗管或深鼠洞排降地下水，从而可以加快田块中部地下水位的下降速度，良好地调节土壤水分。从江苏、浙江、安徽、四川等省广泛推广应用来看，鼠洞是大有前途的农田地下排水道。

③ 暗沟。暗沟有充填式暗沟和土暗沟两种。

充填式暗沟：这种暗沟施工时先开挖明沟，用砂砾石、碎石、煤屑、梢捆、稻糠等作为充填材料，再盖上土料而成，也叫滤水暗沟。这种暗沟施工较方便，但造价较高，而且有两个弱点：一是排水性能差；二是易于淤塞，使用时间较短。目前在广东省使用此类暗沟较多。

土暗沟：土暗沟，可不用任何外来材料。在稻田收割后土壤较湿润时，沿耕作方向在预定开暗沟的位置上，用大锹每隔4～8m宽先挖一条深、宽都是30cm左右的土槽，出土成垡，槽底铲平；

再用特制的狭长土锹，在土槽中间挖一条深沟，深度约30～40cm，宽度约7～10cm，将垡块盖在深沟上面，稻茬向下；随后覆盖碎土，轻轻压实，整平即成。这种土暗沟不设控制建筑物，投资很省，但花劳力很多。麦作期开，稻作期平，只适用于黏土类地区。每年开挖位置要更换，否则易于坍塌、淤塞，造成暗沟积水。这不但不能排渍，反而遭受危害。上述田间一级地下排水道各种管材的结构形式如图3—26所示。

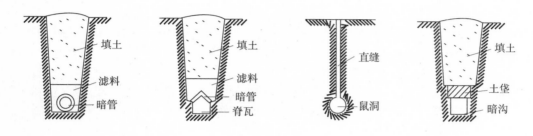

图3—26 农田地下排水道结构形式示意图

此外，上海、江苏等省、直辖市，近年来采用的深线沟排水，也是一种无材排水道。它是用拖拉机带特制的线沟犁，于秋季翻耕前划缝，先划后耕，沟小而密，一般划深0.3～0.4m，沟宽1.5cm，间距0.5～1m，将水稻土的犁底层划破，加快地面水入渗，作为一种排水的辅助设施，防止麦作期耕层滞水。

（3）农田地下排水系统的布置

① 排水暗管布置。对于涝渍农田来说，在区域排灌体系健全的情况下，田间暗管排水是涝渍地生态恢复比较彻底和有效的技术手段。暗管排水能及时排除土体内多余的水分，有效改善土壤通气状况，显著改善土壤理化性质；暗管排水有利于提高土壤氧化还原电位，消除还原性物质的毒害；暗管排水对剖面物质的分布也有较大影响，全剖面有机质、速效钾、CE均有降低的趋势。

沿水线最低部位埋设暗管，人工形成坡降，埋设波纹塑料管，出口为条田沟，在麦地耕翻前与条田沟方向相交用鼠洞犁拉洞（韩红琴，2007）。

田间铺设拉链式塑料暗管，涝区多为黏土、重壤土和盐碱土，通过管壁针形小孔向管内渗水，有效排出壤中水。

② 单级暗管排水系统。单级暗管排水系统是在田间埋设一系列等间距平行的单级排水暗管，叫作吸水管（都有出水口），吸水管末端直接排水入明沟，如图3—27所示。其特点是布局简

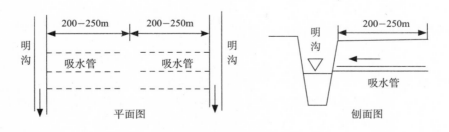

图3—27 单级暗管排水系统布置示意图

单,投资较少,便于检查维护。

③ 复式暗管排水系统。复式暗管排水系统是指田间吸水管、集水管均为暗管,即两级或两级以上的暗管排水系统。地下水先渗入吸水管,并不直接排水入明沟,而是经集水管排入明沟或下级集水管,如图3—28所示。其特点是提高耕地利用率,便于机耕作业,但布局复杂,需要增建检查井等交叉建筑物,投资较大。

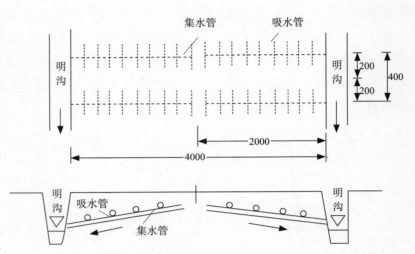

图3－28　复式暗管排水系统布置示意图(单位:m)

目前国内田间排水暗管的布设,如图3—29所示,吸水管一般一块田埋设一条或两条,与排水沟、河垂直,一端出口通沟、河,另一端距离灌溉渠道3～5m,以防止渠道水渗入暗管漏失。为便于排水,暗管纵坡采用0.1%～0.2%,管端封闭,防止淤塞。

鼠洞排水应具备土地平整、田块方整、沟渠配套、内河水位低(至少低于洞口20cm)、排水有出路等条件,其平面布置如图3—30所示。

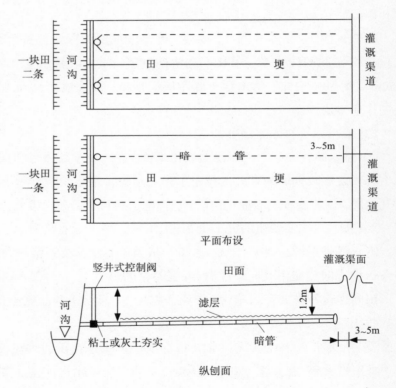

图3－29　暗管排水田间布置示意图

深度:应按照作物高产的要求和当地水利条件而定。目前一般深度为0.6～0.8m,不宜小于0.4m,以免耕作时被农机压坏。

间距:主要根据农田土壤的透水性来确定,一般间距3～5m较好。在雨水多而集中的地区,打了鼠洞,最好仍保留田面浅明沟(深0.2m),以排除地表径流,减少雨水入渗。这就是所说的"浅沟深洞,分层排水"。

长度:一般80～100m,略短于田块长度。鼠洞不可打到灌溉渠道近处,以防漏水;另一头排水入明沟(或集水管)。

(三)其他农田涝渍灾害防治措施

1. 水旱轮作

水旱轮作作为改善土壤性质与治理涝渍灾害的重要措施，可促进土壤有机质的矿化及其更新，在低湿黏质土地区被广泛应用，尤其是在消除和降低潜育层、改良潜育型水稻土方面具有快速治渍降潜的作用。

利用涝渍地土地连片，地势平坦，黏土层厚，透水性弱，地下水源丰富和表层有机质含量高的特点，实施以稻治涝办法。根据实际情况，采取井灌方式，开挖灌、排两用沟渠。根据实际情况，井灌种稻采用"一晒、二深、浅层间歇性灌水"的方法。一晒是分蘖末期，排水晒田3～5天，地面有微裂纹，控制无效分蘖和排除有害气体，促进根系发育。二深是稻穗分化和出穗期加深水层7～12cm，防止低温冷害。其余为生育期浅层间歇性灌水(韩红琴，2007)。

在轮作周期内对麦地进行深翻，豆地松耙，做到标准作业，避免湿耕，保持松散的耕作层。用大马力深松犁，松动底土增厚根系活动层，加深表层水的入渗能力(韩红琴，2007)。

增施有机肥料可通过矿化作用增加有效养分，同时增加土壤腐殖质，形成有机无机复合胶体，改善土壤结构性和孔隙性，使土壤通透性改善，从而减轻暗渍的危害。

2. 深松改土

治理暗渍明涝，使土壤水分供应适于作物生育要求，重点是排除田间地表残积水、土壤中过剩水。采用"管、松、缝"的田间排水技术，通过拉链式塑料暗管和鼠道暗管主要解决水平排水问题，深松缝解决垂直排水问题，振动深松土壤加快田面积水的排除(赵加敏，2012)。

深松土壤，在不打乱土壤上下层位的前提下，使0～45cm深的土壤膨松，改善土壤物理性能指标，重新组合土壤团粒结构，调节土壤水、肥、气、热等主要环境要素。形成深松缝，有利于垂直排水。洪涝期间，可以迅速排除地表积水和壤中过剩水。

水稻土的适耕，实行耕翻晒垡，适当划破犁底层，有助于改良土壤结构，提高土壤的通透性，对治理土壤涝渍灾害、改善土壤理化性质和提高土壤肥力具有重要意义。

3. 生化治碱

松嫩平原涝渍区盐碱化土壤分布广泛，土壤pH值大多在8.0～8.5，总盐含量超过0.3%～0.4%，在涝渍灾害的同时，盐碱化日趋严重。深松之后其土壤孔隙增加，切断土壤毛细管，从而降低毛管水上升速率，耕层输送水分能力较深松前降低85%左右，减少蒸发损失量，抑制了土壤向上返盐，进入雨季自然淋

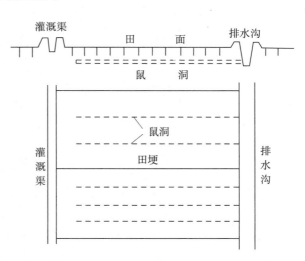

图3-30 鼠洞布置示意图

洗,起到降碱洗盐的作用。深松的土壤配施生物生化改良剂可活化土壤中的高价离子和有机质,通过络合作用,游离出钠离子,同时激活高价离子中的有机质和无机酸根,促进根系吸收。调节植物细胞生理功能,提高细胞渗透压,增强作物抗盐碱能力,促进作物在盐碱土上正常出苗和生长。

4. 退田还湖

适度退田还湖是涝渍地域生态恢复与重建的必要和有效手段之一。在保证粮食安全的前提下,采取退人不退耕的"单退"和既退人又退耕的"双退"两种方式;合理和适度的退田还湖既能在一定程度上缓解涝渍及洪水问题,又能取得比较好的经济效益。以江汉平原为例,退田1亩,用于治涝,可保10亩(王善序,2002)。不过退湖还田的实施在一定程度上会加剧湖区人与水争地的矛盾,应统筹安排、慎重行事。

5. 梯级开发

梯级开发模式是江汉平原涝渍地生态恢复与开发利用的有效技术,江汉平原是由大大小小近6000个碟形湖垸组成的,碟形湖垸内部在地面高程、地下水位、土壤类型与结构、植被环境等方面又存在着明显的梯级演变规律。碟形洼地大体上可以分为四级:洼地的底部、中下部、中上部和上部。底部适当采取退田还渔的开发模式。在中下部,利用水生和湿生经济生物进行开发,如"莲田养鱼、鱼莲共生"立体避灾农业模式、涝渍地林—草—渔—农复合农业模式、种藕植菱等。在中上部,可以结合田间排水降渍工程技术,因地制宜地选用以"油菜+西瓜+大豆—晚稻""油菜+西瓜+蔬菜—晚稻"等为主的水田优化模式和以"蔬菜—甜瓜+杂交棉""菜用马铃薯+棉""油菜+西瓜+棉"为主的旱地优化模式。在上部,大都不属于涝渍地的范畴,可以发展庭园经济、设施农业等(刘章勇,2004)。

二、城市内涝治理对策

必须非常重视现代城市的洪涝灾害对策,将城市建设成不怕水的城市。这包括两个方面的工作,一是加强城市对雨洪的调蓄能力,二是增强城市对雨洪的耐受和应对能力。

加强城市对雨洪的调蓄能力是利用城市的各种空间尽可能地拦截和蓄纳地表径流,减轻低洼地区的积水,这种空间包括地表空间和地下空间。现代的城市洪涝灾害基本对策包括排水系统和雨洪调蓄系统,可以概括为点(排水泵站)、线(排水管、排水沟)、面(地面雨洪调蓄设施)、空间(地下雨洪调蓄设施、雨水渗漏设施)4大类措施,可以有效地阻挡上述4类致灾过程。同时要采取措施防止重要建筑和设施遭受雨洪损坏,增强城市对雨洪的耐受能力;制订城市雨洪应急预案,增强对雨洪的应对能力。

增强城市对雨洪的调蓄能力首先要做好城市水系的综合整治规划,从总体上提高水系的排涝能力。对于山区丘陵城市,为防止坡水急流造成灾害,采取高水高排的坡水拦截措施;平原城市修建人工湖,增加城市水面面积和雨水调蓄能力,都是有效的措施。同时,要在进行城市水系规划时,根据城市土地利用状况,分成不同的计算单元,然后由下游向上游、由干流向支流反推,计算各河段的排水能力，确定允许排入各河段的区间来水量。得到各河段的允许排入量后，再根据排水入该河段的各计算单元的面积大小、地形条件等进行合理分配，确定允许各计算单元排入河道的最大流量。如果该计算单元遭遇暴雨时的产流量大于其允许的排水流量，多余的部分就要修建雨洪调蓄措施将这部分雨水暂时蓄留起来，这部分雨水也可以作为资源加以利用。为便于管理，日本规定各开发单位，每开发1hm²土地就要修建500m³的雨水调蓄池，减少向河道的排水量。

城市雨洪调蓄设施在国外已经有大量的实践经验，大致有以下一些形式。一是利用运动场、公园绿地、停车场等地面公共场所蓄水。一般将这些场所挖深0.5m，并设排水设备，雨天蓄水，雨后排出。二是利用地下水库、地下河道、地下室等地下空间蓄水。在高架道路、高层建筑、公共场所的地下修建地下水库。三是社区和庭院蓄水。降低社区的公用绿地、楼群间的空地高程，雨天蓄水，用交通桥保证交通；利用屋顶蓄水或用小型容器收集屋顶雨水；修建庭院小型蓄水池等。四是开辟市区滞洪区。限制滞洪区的土地开发，平时用作城市的大型体育、集会等居民活动场所，暴雨时可以分纳河道洪水。五是雨水渗漏系统。修建透水路面、渗水井、渗水管等雨水渗漏系统，用雨水补充地下水，减少地面径流。

增强城市对雨洪的耐受和应对能力，首先对城市的洪涝灾害风险进行评估，可以利用城市水文或水力学模型计算在各种降雨情况下的积水范围、深度等，也可以通过城市历年降雨积水的调查资料编制城市洪涝灾害风险图。其作用有：

第一，城市发展规划要依据洪涝灾害风险进行调整，防止重要设施和新建社区进入高风险区。已经进入高风险区的设施根据风险采用必要的自我保护措施。

第二，根据洪涝灾害风险图编制城市防洪排涝规划，采取上述点、线、面、空间4大类措施，将风险降低到可以接受的程度。

第三，对于城市的重要设施，如地铁、地下通道、地下商业街的入口，下潜式立交桥、交通隧道，变电站、医院、学校、超市等要根据所在地的风险，制订有效的保护措施。

第四，开展城市洪水保险。城市商户、企业、个人等都可以自愿加入城市洪水保险，保费根据风险大小进行核算。

第五，编制城市防洪排涝应急预案。根据城市洪涝灾害风险的实际情况，编制全市动员的包括降雨预报、风险预测、河湖调度、紧急动员、抢险救灾、避难安置、交通管制、供电保障等在内的应急预案，科学应对洪涝灾害，减少损失。

（一）提高城市排水管网建设标准

1. 排水规划应与相关专项规划协调

排水工程设计应依据城镇排水与污水处理规划，并与城市防洪、河道水系、道路交通、园林绿地、环境保护、环境卫生等专项规划和设计相协调。排水设施的设计应根据城镇规划蓝线和水面率的要求，充分利用自然蓄排水设施，并应根据用地性质规定不同地区的高程布置，满足不同地区的排水要求。排水工程设施，包括内涝防治设施、雨水调蓄和利用设施，是维持城镇正常运行和资源利用的重要基础设施。在降雨频繁、河网密集或易受内涝灾害的地区，排水工程设施尤为重要。排水工程应与城市防洪、道路交通、园林绿地、环境保护和环境卫生等专项规划和设计密切联系。排水工程的设计应与这些相关专业规划相协调。同时，排水工程设计应满足城市平面和竖向规划中的相关控制指标，从城市整体规划角度考虑排水设施的建设。

2. 完善排水体制

根据城市总体规划，结合当地的地形特点、水文条件等综合考虑后确定。除降雨量少的干旱地区外，新建地区的排水系统应采用分流制。现有合流制排水系统，应按城镇排水规划的要求，实施雨污分流改造。暂时不具备雨污分流条件的地区，应采取截流、调蓄和处理相结合的措施，提高截流倍数，加强降雨初期的污染防治。

3. 工程与非工程措施相结合提高排水能力

城镇内涝防治措施包括工程性措施和非工程性措施。通过源头控制、排水管网完善、城镇涝水行泄通道建设和优化运行管理等综合措施防治城镇内涝。工程性措施，包括建设雨水渗透设施、调蓄设施、利用设施和雨水行泄通道，还包括对市政排水管网和泵站进行改造、对城市内河进行整治等。非工程性措施包括建立内涝防治设施的运行监控体系、预警应急机制以及相应法律法规等。

4. 调整设计流量计算方法

当汇水面积超过2km²时，宜考虑降雨在时空分布的不均匀性和管网汇流过程，采用数学模型法计算雨水设计流量。推理公式适用于较小规模排水系统的计算，当应用于较大规模排水系统的计算时会产生较大误差。

5. 以径流量作为区域开发控制指标

当地区整体改建时，对于相同的设计重现期，改建后的径流量不得超过原有径流量。地区开发应充分体现低影响开发理念，除应执行规划控制的综合径流系数指标外，还应执行径流量控制指标。规定整体改建地区应采取措施确保改建后的径流量不超过原有径流量。可采取的综合措施包括建设下凹式绿地，设置植草沟、渗透池等，人行道、停车场、广场和小区道路等可采用渗透性路面，促进雨水下渗，既达到雨水资源综合利用的目的，又不增加径流量。

6. 调整暴雨强度计算公式

具有20年以上的自动雨量记录地区的排水系统，设计暴雨强度公式应采用年最大值法。由于以前国内自记雨量资料不多，因此多采用多个样法。现在我国许多地区已具有40年以上的自记雨量资料，具备采用年最大值法的条件。所以，具有20年以上的自动雨量记录地区，应采用年最大值法。

7. 调整雨水管渠设计重现期

按照城镇类型和城区类型，适当提高雨水管渠的设计重现期。其中，城镇类型按人口数量划分为"特大城市""大城市"和"中等城市和小城市"；城区类型分为"中心城区""非中心城区""中心城区重要地区"和"中心城区地下通道和下沉式广场等"。中心城区重要地区主要指行政中心、交通枢纽、学校、医院和商业聚集区等。目前我国雨水管渠设计标准与国外发达国家相比整体偏低。以美国、日本为例，美国、日本等国在防治城镇内涝的设施上投入较大，城镇雨水管渠设计重现期一般采用5～10年。日本将设计重现期不断提高，《日本下水道设计指南》(2009年版) 中规定，排水系统设计重现期在10年内应提高到10～15年。

8. 明确内涝防治设计重现期和积水深度标准

城镇内涝防治的主要目的是将降雨期间的地面积水控制在可接受的范围。发达国家和地区均建有城市内涝防治系统，主要包含雨水管渠、坡地、道路、河道和调蓄设施等所有雨水径流可能流经的区域。美国、日本、欧盟等国家和地区均对内涝设计重现期作了明确规定。参考国外相关标准，应明确内涝防治系统设计重现期，用以指导内涝防治系统的建设。

9. 排水系统检查井应安装防坠落装置

为避免在检查井盖损坏或缺失时发生行人坠落检查井的事故，污水、雨水和合流污水检查井应安装防坠落装置。防坠落装置应牢固可靠，具有一定的承重能力，并具备较大的过水能力，避免暴雨期间雨水从井底涌出时被冲走。

10. 完善雨水口设计

为保障暴雨发生时，雨水口能充分发挥排除道路积水功能。立箅式雨水口的宽度和平箅式雨水口的开孔长度和开孔方向应根据设计流量、道路纵坡和横坡等参数确定。合流制系统中的雨水口应采取防止臭气外溢的措施。雨水口和雨水连通管流量应采用雨水管渠设计重现期所计算流量的1.5～3倍。道路边沟横坡坡度不应小于1.5%，平箅式雨水口的箅面标高应比附近路面标高低3～5cm，立箅式雨水口进水处路面标高应比周围路面标高低5cm。当设置于下凹式绿地中时，平箅式雨水口的箅面标高应根据雨水调蓄设计要求确定，且应高于周围绿地平面标高。

11. 提高立体交叉道路排水设计要求

立体交叉道路的雨水管渠设计重现期应不小于10年，位于中心城区的重要地区，设计重现期应为20～30年。

（二）推行低影响开发模式

在城市开发建设过程中，合理控制开发强度，减少对城市原有水生态环境的破坏。留足生态用地，适当开挖河湖沟渠，增加水域面积。此外，从建筑设计始，全面采用屋顶绿化、可渗透路面、人工湿地等促进雨水积存净化。应对城市洪涝灾害，了解城市洪涝灾害致灾模式的变化，采取科学的对策，建设"不怕水的城市"是城市水利的重要内容。其内容包括控制城市雨洪和调整城市发展适应雨洪两个方面，建设不怕水的城市的实质是构建人水和谐的城市，以保障城市的安全、舒适和繁荣发展(刘树坤，2008)。近年来国家正在推广和应用低影响开发建设模式(LID模式)，意图利用城市水系、道路、绿地等用地的吸纳功能，对降雨进行吸收利用，在利用中保持水文特征基本不变，从而达到削减径流负荷、保护和改善生态、防止内涝和节约水资源的目的。海绵城市是指城市能够像海绵一样，在适应环境变化和应对自然灾害等方面具有良好的"弹性"，下雨时吸水、蓄水、渗水、净水，需要时将蓄存的水"释放"并加以利用。海绵城市的建设理念，是"回归自然的水文循环"。利用城市水系、道路、绿地等用地的吸纳功能，让它们像"海绵"一样对降水进行吸纳、按需求排放和再利用。要充分考量各个不同的气象、水文、水系、地形的不同情况，确定控制目标。一般说来，海绵城市控制目标有径流污染控制、径流总量控制、雨水资源化利用、径流峰值控制等，制订规划原则和实施策略，通过土地利用布局的方式实施。雨水利用模式要从传统的以排为主转变为以吸收利用为主，从规划设计开始，贯穿施工及维护等整个建设及运行过程，城市各部门各专业要统筹协作，构建低影响开发雨水系统。建设海绵城市具体工程措施包括尽量采用透水性路面、地面，利用停车场、绿地等公共区域建立地下雨水收集池、建立地下大型雨水调蓄池等控制性工程。

通过城市雨洪的调蓄和利用减少城市内涝灾害，国外已经有很成熟的经验，我国在北京市也开始了试点工程。目前城市的排涝主要是靠排水沟和排水泵站，这在洪涝灾害面前相形见绌。一是建造大规模的排水系统成本很高，特别是老城区的排水系统改造很困难；二是由于城市地表径流增加，单靠排水系统难以将涝水全部排出，而且在雨水汇流过程中也会形成新的灾害。因此，利用各种公共绿地、洼地、运动场等地表空间和地下水库、地下河等地下空间来调蓄雨洪，可以有效地减少进入排涝系统的水量，减轻排水系统的压力（刘树坤，2008）。建立尊重自然、顺应自然的低影响开发模式，是系统地解决城市水安全、水资源、水环境问题的有效措施。通过"自然积存"，来实现削峰调蓄，控制径流量；通过"自然渗透"，来恢复水生态，修复水的自然循环；通过"自然净化"，来减少污染，实现水质的改善，为水的循环利用奠定坚实的基础。

低影响开发的雨水系统构建涉及整个城市系统，通过当地政府把规划、排水、道路、园林、交通、项目业主和其他一些单位协调起来，明确目标，落实政策和具体措施。低影响开发雨水系统的建设原则如下。

规划引领：城市各层级、各相关专业规划以及后续的建设程序中，应落实海绵城市建设、低影响开发雨水系统构建的内容，先规划后建设，体现规划的科学性和权威性，发挥规划的控制和引领作用。

生态优先：城市规划中应科学划定蓝线和绿线。城市开发建设应保护河流、湖泊、湿地、坑塘、沟渠等水生态敏感区，优先利用自然排水系统与低影响开发设施，实现雨水的自然积存、自然渗透、自然净化和可持续水循环，提高水生态系统的自然修复能力，维护城市良好的生态功能。

安全为重：以保护人民生命财产安全和社会经济安全为出发点，综合采用工程和非工程措施提高低影响开发设施的建设质量和管理水平，消除安全隐患，增强防灾减灾能力，保障城市水安全。

因地制宜：各地应根据本地自然地理条件、水文地质特点、水资源禀赋状况、降雨规律、水环境保护与内涝防治要求等，合理确定低影响开发控制目标与指标，科学规划布局和选用下沉式绿地、植草沟、雨水湿地、透水铺装、多功能调蓄等低影响开发设施及其组合系统。

统筹建设：地方政府应结合城市总体规划和建设，在各类建设项目中严格落实各层级相关规划中确定的低影响开发控制目标、指标和技术要求，统筹建设。低影响开发设施应与建设项目的主体工程同时规划设计、同时施工、同时投入使用。

具体来讲，要结合城市水系、道路、广场、居住区和商业区、园林绿地等空间载体，建设低影响开发的雨水控制与利用系统。

一是在扩建和新建城市水系的过程中，采取一些技术措施，如加深蓄水池深度来增加蓄水量，充分发挥自然水体的调节作用。利用各种运动场地，降低地面高程，平时作为运动场，降雨时作为蓄水池。为了蓄水时不造成危险，蓄水深度在0.5m左右，晴天后可用泵将水排出。

二是利用楼群间的空地，降低高程，平时作为公共用地，雨天作为蓄水池，楼间交通用小桥沟通。修建地下水库调蓄雨水。地下水库可以在公共运动场下面修建；也可以在高架桥下面修建，同时作为高架桥的基础；或者是利用楼房的地下室蓄水。改造城市的广场、道路，通过建设模块式的雨水调蓄系统、地下水的调蓄池或者下沉式雨水调蓄广场等设施，最大限度地把雨水保留下来。在一些实践中，实现了道路广场的透水地面比例≥70%，下凹式绿地比例≥25%，综合径流系数≤0.5。

三是屋顶雨水调蓄设施。接收屋顶雨水，并加以利用，这是很古老的雨水利用方法，一些大型建筑物还把收集到的雨水处理后用作室内空调用水，或者作为建筑物减震平衡水箱用水。在居住区、工商业区LID设计中，改变传统的集中绿地建设模式，将小规模的下凹式绿地渗透到每个街区中，在不减少建筑面积的前提下增加绿地比例，可实现透水性地面≥75%，绿地率≥30%（其中下凹式绿地≥70%），径流系数≤0.45。

四是利用公园绿地，降低地面高程，平时作为公园，雨天作为蓄水池。一般可以划分为若干区，按照降雨量的多少，逐步启用。在园林绿地采用LID设计，绿地的生态效益更加明显。在海绵城市建设实践中，通过建设滞留塘、下凹式绿地等低影响开发设施，并将雨水调蓄设施与景观设计紧密结合（仇保兴，2015）。

1. 建筑与小区

建筑屋面和小区路面径流雨水应通过有组织的汇流与转输，经截污等预处理后引入绿地内的以雨水渗透、储存、调节等为主要功能的低影响开发设施。因空间限制等原因不能满足控制目标的建筑与小区，径流雨水还可通过城市雨水管渠系统引入城市绿地与广场内的低影响开发设施。低影响开发设施的选择应因地制宜、经济有效、方便易行，如结合小区绿地和景观水体优先设计生物滞留设施、渗井、湿塘和雨水湿地等。

（1）场地设计。应充分结合现状地形地貌进行场地设计与建筑布局，保护并合理利用场地内原有的湿地、坑塘、沟渠等。优化不透水硬化面与绿地空间布局，建筑、广场、道路周边宜布置可消纳径流雨水的绿地。建筑、道路、绿地等竖向设计应有利于径流汇入低影响开发设施。低影响开发设施的选择除生物滞留设施、雨水罐、渗井等小型、分散的低影响开发设施外，还可结合集中绿地设计渗透塘、湿塘、雨水湿地等相对集中的低影响开发设施，并衔接整体场地竖向与排水设计。景观水体补水、循环冷却水补水及绿化灌溉、道路浇洒用水的非传统水源宜优先选择雨水。按绿色建筑标准设计的建筑与小区，其非传统水源利用率应满足相应国家标准要求，其他建筑与小区宜参照该标准执行。有景观水体的小区，景观水体宜具备雨水调蓄功能，景观水体的规模应根据降雨规律、水面蒸发量、雨水回用量等，通过全年水量平衡分析确定。雨水进入景观水体之前应设置前置塘、植被缓冲带等预处理设施，同时可采用植草沟转输雨水，以降低径流污染负荷。景观水体宜采用非硬质池底及生态驳岸，为水生动植物提供栖息或生长条件，并通过水生动植物对水体进行净化，必要时可采取人工土壤渗滤等辅助手段对水体进行循环净化。

（2）建筑。屋顶坡度较小的建筑可采用绿色屋顶，绿色屋顶的设计应符合相应国家标准规定。宜采取雨落管断接或设置集水井等方式将屋面雨水断接并引入周边绿地内小型、分散的低影响开发设施，或通过植草沟、雨水管渠将雨水引入场地内的集中调蓄设施。建筑材料也是径流雨水水质的重要影响因素，应优先选择对径流雨水水质没有影响或影响较小的建筑屋面及外装饰材料。水资源紧缺地区可考虑优先将屋面雨水进行集蓄回用，净化工艺应根据回用水水质要求和径流雨水水质确定。雨水储存设施可结合现场情况选用雨水罐、地上或地下蓄水池等设施。当建筑层高不同时，可将雨水集蓄设施设置在较低楼层的屋面上，收集较高楼层建筑屋面的径流雨水，从而借助重力供水而节省能量。应限制地下空间的过度开发，为雨水回补地下水提供渗透路径。

（3）小区道路。道路横断面设计应优化道路横坡坡向、路面与道路绿化带及周边绿地的竖向关系等，便于径流雨水汇入绿地内低影响开发设施。路面排水宜采用生态排水的方式。路面雨水首先汇入道路绿化带及周边绿地内的低影响开发设施，并通过设施内的溢流排放系统与其他低影响开发设施或城市雨水管渠系统、超标雨水径流排放系统相衔接。路面宜采用透水铺装，透水铺装路面设计应满足路基路面强度和稳定性等要求。

（4）小区绿化。绿地在满足改善生态环境、美化公共空间、为居民提供游憩场地等基本功能的前提下，应结合绿地规模与竖向设计，在绿地内设计可消纳屋面、路面、广场及停车场径流雨水的低影响开发设施，并通过溢流排放系统与城市雨水管渠系统和超标雨水径流排放系统有效衔接。道路径流雨水进入绿地内的低影响开发设施前，应利用沉淀池、前置塘等对进入绿地内的径流雨水进行预处理，防止径流雨水对绿地环境造成破坏。有降雪的城市还应采取措施对含融雪剂的融雪水进行弃流，弃流的融雪水宜经处理（如沉淀等）后排入市政污水管网。低影响开发设施内植物宜根据水分条件、径流雨水水质等进行选择，宜选择耐盐、耐淹、耐污等能力较强的乡土植物。

2. 城市道路

城市道路径流雨水应通过有组织的汇流与转输，经截污等预处理后引入道路红线内、外绿地内，并通过设置在绿地内的以雨水渗透、储存、调节等为主要功能的低影响开发设施进行处理。低影响开发设施的选择应因地制宜、经济有效、方便易行，如结合道路绿化带和道路红线外绿地优先设计下沉式绿地、生物滞留带、雨水湿地等。

（1）城市道路应在满足道路基本功能的前提下达到相关规划提出的低影响开发控制目标与指标要求。为保障城市交通安全，在低影响开发设施的建设区域，城市雨水管渠和泵站的设计重现期、径流系数等设计参数应按《室外排水设计规范》（GB50014）中的相关标准执行。

（2）道路人行道宜采用透水铺装，非机动车道和机动车道可采用透水沥青路面或透水水泥混凝土路面，透水铺装设计应满足国家有关标准规范的要求。

（3）道路横断面设计应优化道路横坡坡向、路面与道路绿化带及周边绿地的竖向关系等，便于径流雨水汇入低影响开发设施。

（4）规划作为超标雨水径流行泄通道的城市道路，其断面及竖向设计应满足相应的设计要求，并与区域整体内涝防治系统相衔接。

（5）路面排水宜采用生态排水的方式，也可利用道路及周边公共用地的地下空间设计调蓄设施。路面雨水宜首先汇入道路红线内绿化带，当红线内绿地空间不足时，可由政府主管部门协调，将道路雨水引入道路红线外城市绿地内的低影响开发设施进行消纳。当红线内绿地空间充足时，也可利用红线内低影响开发设施消纳红线外空间的径流雨水。低影响开发设施应通过溢流排放系统与城市雨水管渠系统相衔接，保证上下游排水系统的顺畅。

（6）城市道路绿化带内低影响开发设施应采取必要的防渗措施，防止径流雨水下渗对道路路面及路基的强度和稳定性造成破坏。

（7）城市道路经过或穿越水源保护区时，应在道路两侧或雨水管渠下游设计雨水应急处理及储存设施。雨水应急处理及储存设施的设置，应具有截污与防止事故情况下泄漏的有毒有害化学物质进入水源保护地的功能，可采用地上式或地下式。

（8）道路径流雨水进入道路红线内外绿地内的低影响开发设施前，应利用沉淀池、前置塘等对进入绿地内的径流雨水进行预处理，防止径流雨水对绿地环境造成破坏。有降雪的城市还应采取措施对含融雪剂的融雪水进行弃流，弃流的融雪水宜经处理（如沉淀等）后排入市政污水管网。

（9）低影响开发设施内植物宜根据水分条件、径流雨水水质等进行选择，宜选择耐盐、耐淹、耐污等能力较强的乡土植物。

（10）城市道路低影响开发雨水系统的设计应满足《城市道路工程设计规范》（CJJ37-2012）中的相关要求。

3.城市绿地与广场

城市绿地、广场及周边区域径流雨水应通过有组织的汇流与转输，经截污等预处理后引入城市绿地内的以雨水渗透、储存、调节等为主要功能的低影响开发设施，消纳自身及周边区域径流雨水，并衔接区域内的雨水管渠系统和超标雨水径流排放系统，提高区域内涝防治能力。低影响开发设施的选择应因地制宜、经济有效、方便易行，如湿地公园和有景观水体的城市绿地与广场宜设计雨水湿地、湿塘等。

（1）城市绿地与广场应在满足自身功能条件下（如吸热、吸尘、降噪等生态功能，为居民提供游憩场地和美化城市等功能），达到相关规划提出的低影响开发控制目标与指标要求。

（2）城市绿地与广场宜利用透水铺装、生物滞留设施、植草沟等小型、分散式低影响开发设施消纳自身径流雨水。

（3）城市湿地公园、城市绿地中的景观水体等宜具有雨水调蓄功能，通过雨水湿地、湿塘等集中调蓄设施，消纳自身及周边区域的径流雨水，构建多功能调蓄水体/湿地公园，并通过调蓄设施的溢流排放系统与城市雨水管渠系统和超标雨水径流排放系统相衔接。

（4）规划承担城市排水防涝功能的城市绿地与广场，其总体布局、规模、竖向设计应与城市内涝防治系统相衔接。

(5) 城市绿地与广场内湿塘、雨水湿地等雨水调蓄设施应采取水质控制措施，利用雨水湿地、生态堤岸等设施提高水体的自净能力，有条件的可设计人工土壤渗滤等辅助设施对水体进行循环净化。

(6) 应限制地下空间的过度开发，为雨水回补地下水提供渗透路径。

(7) 周边区域径流雨水进入城市绿地与广场内的低影响开发设施前，应利用沉淀池、前置塘等对进入绿地内的径流雨水进行预处理，防止径流雨水对绿地环境造成破坏。有降雪的城市还应采取措施对含融雪剂的融雪水进行弃流，弃流的融雪水宜经处理（如沉淀等）后排入市政污水管网。

(8) 低影响开发设施内植物宜根据设施水分条件、径流雨水水质等进行选择，宜选择耐盐、耐淹、耐污等能力较强的乡土植物。

(9) 城市公园绿地低影响开发雨水系统设计应满足《公园设计规范》(CJJ48) 中的相关要求。

4. 城市水系

城市水系在城市排水、防涝、防洪及改善城市生态环境中发挥着重要作用，是城市水循环过程中的重要环节，湿塘、雨水湿地等低影响开发末端调蓄设施也是城市水系的重要组成部分，同时城市水系也是超标雨水径流排放系统的重要组成部分。城市水系设计应根据其功能定位、水体现状、岸线利用现状及滨水区现状等，进行合理保护、利用和改造，在满足雨洪行泄等功能条件下，实现相关规划提出的低影响开发控制目标及指标要求，并与城市雨水管渠系统和超标雨水径流排放系统有效衔接。

(1) 应根据城市水系的功能定位、水体水质等级与达标率、保护或改善水质的制约因素与有利条件、水系利用现状及存在问题等因素，合理确定城市水系的保护与改造方案，使其满足相关规划提出的低影响开发控制目标与指标要求。

(2) 应保护现状河流、湖泊、湿地、坑塘、沟渠等城市自然水体。

(3) 应充分利用城市自然水体设计湿塘、雨水湿地等具有雨水调蓄与净化功能的低影响开发设施，湿塘、雨水湿地的布局、调蓄水位等应与城市上游雨水管渠系统、超标雨水径流排放系统及下游水系相衔接。

(4) 规划建设新的水体或扩大现有水体的水域面积，应与低影响开发雨水系统的控制目标相协调，增加的水域宜具有雨水调蓄功能。

(5) 应充分利用城市水系滨水绿化控制线范围内的城市公共绿地，在绿地内设计湿塘、雨水湿地等设施调蓄、净化径流雨水，并与城市雨水管渠的水系入口、经过或穿越水系的城市道路的排水口相衔接。

(6) 滨水绿化控制线范围内的绿化带接纳相邻城市道路等不透水面的径流雨水时，应设计为植被缓冲带，以削减径流流速和污染负荷。

(7) 有条件的城市水系，其岸线应设计为生态驳岸，并根据调蓄水位变化选择适宜的水生及湿生植物。

（8）地表径流雨水进入滨水绿化控制线范围内的低影响开发设施前，应利用沉淀池、前置塘等对进入绿地内的径流雨水进行预处理，防止径流雨水对绿地环境造成破坏。有降雪的城市还应采取措施对含融雪剂的融雪水进行弃流，弃流的融雪水宜经处理（如沉淀等）后排入市政污水管网。

（9）低影响开发设施内植物宜根据水分条件、径流雨水水质等进行选择，宜选择耐盐、耐淹、耐污等能力较强的乡土植物。

（10）城市水系低影响开发雨水系统的设计应满足《城市防洪工程设计规范》（GB/T50805）中的相关要求。

5. 低影响开发设施

低影响开发技术按主要功能一般可分为渗透、储存、调节、转输、截污净化等几类。通过各类技术的组合应用，可实现径流总量控制、径流峰值控制、径流污染控制、雨水资源化利用等目标。实践中，应结合不同区域水文地质、水资源等特点及技术经济分析，按照因地制宜和经济高效的原则选择低影响开发技术及其组合系统。

（1）透水铺装。透水铺装按照面层材料不同可分为透水砖铺装、透水水泥混凝土铺装和透水沥青混凝土铺装，嵌草砖、园林铺装中的鹅卵石、碎石铺装等也属于渗透铺装。透水砖铺装和透水水泥混凝土铺装主要适用于广场、停车场、人行道以及车流量和荷载较小的道路，如建筑与小区道路、市政道路的非机动车道等，透水沥青混凝土路面还可用于机动车道。透水铺装适用区域广、施工方便，可补充地下水并具有一定的峰值流量削减和雨水净化作用，但易堵塞，寒冷地区有被冻融破坏的风险。

（2）绿色屋顶。绿色屋顶也称种植屋面、屋顶绿化等，根据种植基质深度和景观复杂程度，绿色屋顶又分为简单式和花园式，基质深度根据植物需求及屋顶荷载确定，简单式绿色屋顶的基质深度一般不大于150mm，花园式绿色屋顶在种植乔木时基质深度可超过600mm，绿色屋顶的设计可参考《种植屋面工程技术规程》（JGJ155）。绿色屋顶适用于符合屋顶荷载、防水等条件的平屋顶建筑和坡度≤15°的坡屋顶建筑。绿色屋顶可有效减少屋面径流总量和径流污染负荷，具有节能减排的作用，但对屋顶荷载、防水、坡度、空间条件等有严格要求。

（3）下沉式绿地。下沉式绿地具有狭义和广义之分，狭义的下沉式绿地指低于周边铺砌地面或道路在200mm以内的绿地；广义的下沉式绿地泛指具有一定的调蓄容积（在以径流总量控制为目标进行目标分解或设计计算时，不包括调节容积），且可用于调蓄和净化径流雨水的绿地，包括生物滞留设施、渗透塘、湿塘、雨水湿地、调节塘等。下沉式绿地可广泛应用于城市建筑与小区、道路、绿地和广场内。对于径流污染严重、设施底部渗透面距离季节性最高地下水位或岩石层小于1m及距离建筑物基础小于3m（水平距离）的区域，应采取必要的措施防止次生灾害的发生。狭义的下沉式绿地适用区域广，其建设费用和维护费用均较低，但大面积应用时，易受地形等条件的影响，实际调蓄容积较小。

（4）生物滞留设施。生物滞留设施指在地势较低的区域，通过植物、土壤和微生物系统蓄渗、净化径流雨水的设施。生物滞留设施分为简易型生物滞留设施和复杂型生物滞留设施，按应用位置不同又称作雨水花园、生物滞留带、高位花坛、生态树池等。生物滞留设施主要适用于建筑与小区内建筑、道路及停车场的周边绿地,以及城市道路绿化带等城市绿地内。生物滞留设施形式多样、适用区域广、易与景观结合,径流控制效果好,建设费用与维护费用较低;但地下水位与岩石层较高、土壤渗透性能差、地形较陡的地区,应采取必要的换土、防渗、设置阶梯等措施避免次生灾害的发生,将增加建设费用。

(5)渗透塘。渗透塘是一种用于雨水下渗补充地下水的洼地,具有一定的净化雨水和削减峰值流量的作用。渗透塘适用于汇水面积较大(大于1hm²)且具有一定空间条件的区域,但应用于径流污染严重、设施底部渗透面距离季节性最高地下水位或岩石层小于1m及距离建筑物基础小于3m(水平距离)的区域时,应采取必要的措施防止发生次生灾害。渗透塘可有效补充地下水、削减峰值流量,建设费用较低,但对场地条件要求较严格,对后期维护管理要求较高。

(6)渗井。渗井指通过井壁和井底进行雨水下渗的设施,为增大渗透效果,可在渗井周围设置水平渗排管,并在渗排管周围铺设砾(碎)石。渗井主要适用于建筑与小区内建筑、道路及停车场的周边绿地内。渗井应用于径流污染严重、设施底部距离季节性最高地下水位或岩石层小于1m及距离建筑物基础小于3m(水平距离)的区域时,应采取必要的措施防止发生次生灾害。渗井占地面积小,建设和维护费用较低,但其水质和水量控制作用有限。

(7)湿塘。湿塘指具有雨水调蓄和净化功能的景观水体,雨水同时作为其主要的补水水源。湿塘有时可结合绿地、开放空间等场地条件设计为多功能调蓄水体,即平时发挥正常的景观及休闲、娱乐功能,暴雨发生时发挥调蓄功能,实现土地资源的多功能利用。湿塘适用于建筑与小区、城市绿地、广场等具有空间条件的场地。湿塘可有效削减较大区域的径流总量、径流污染和峰值流量,是城市内涝防治系统的重要组成部分;但对场地条件要求较严格,建设和维护费用高。

(8)雨水湿地。雨水湿地利用物理、水生植物及微生物等作用净化雨水,是一种高效的径流污染控制设施,雨水湿地分为雨水表流湿地和雨水潜流湿地,一般设计成防渗型以便维持雨水湿地植物所需要的水量,雨水湿地常与湿塘合建并设计一定的调蓄容积。雨水湿地适用于具有一定空间条件的建筑与小区、城市道路、城市绿地、滨水带等区域。雨水湿地可有效削减污染物,并具有一定的径流总量和峰值流量控制效果,但建设及维护费用较高。

(9)蓄水池。蓄水池指具有雨水储存功能的集蓄利用设施,同时也具有削减峰值流量的作用,主要包括钢筋混凝土蓄水池,砖、石砌筑蓄水池及塑料蓄水模块拼装式蓄水池,用地紧张的城市大多采用地下封闭式蓄水池。蓄水池典型构造可参照国家建筑标准设计图集《雨水综合利用》(10SS705)。蓄水池适用于有雨水回用需求的建筑与小区、城市绿地等,根据雨水回用用途(绿化、道路喷洒及冲厕等)不同需配建相应的雨水净化设施;不适用于无雨水回用需求和径流污染严重的地区。蓄水池具有节省占地、雨水管渠易接入、避免阳光直射、防止蚊蝇滋生、储存水量大等优点,雨水可回用于绿化灌溉、冲洗路面和车辆等,但建设费用高,后期需重视维护管理。

(10)雨水罐。雨水罐也称雨水桶,为地上或地下封闭式的简易雨水集蓄利用设施,可用塑料、玻璃钢或金属等材料制成,适用于单体建筑屋面雨水的收集利用。雨水罐多为成型产品,施工安装方便,便于维护,但其储存容积较小,雨水净化能力有限。

（11）调节塘。调节塘也称干塘，以削减峰值流量功能为主，一般由进水口、调节区、出口设施、护坡及堤岸构成，也可通过合理设计使其具有渗透功能，起到一定的补充地下水和净化雨水的作用。调节塘适用于建筑与小区、城市绿地等具有一定空间条件的区域。调节塘可有效削减峰值流量，建设及维护费用较低，但其功能较为单一，宜利用下沉式公园及广场等与湿塘、雨水湿地合建，构建多功能调蓄水体。

（12）调节池。调节池为调节设施的一种，主要用于削减雨水管渠峰值流量，一般常用溢流堰式或底部流槽式，可以是地上敞口式调节池或地下封闭式调节池。调节池适用于城市雨水管渠系统中，削减管渠峰值流量。调节池可有效削减峰值流量，但其功能单一，建设及维护费用较高，宜利用下沉式公园及广场等与湿塘、雨水湿地合建，构建多功能调蓄水体。

（13）植草沟。植草沟指种有植被的地表沟渠，可收集、输送和排放径流雨水，并具有一定的雨水净化作用，可用于衔接其他各单项设施、城市雨水管渠系统和超标雨水径流排放系统。除转输型植草沟外，还包括渗透型的干式植草沟及常有水的湿式植草沟，可分别提高径流总量和径流污染控制效果。植草沟适用于建筑与小区内道路，广场、停车场等不透水面的周边，城市道路及城市绿地等区域，也可作为生物滞留设施、湿塘等低影响开发设施的预处理设施。植草沟也可与雨水管渠联合应用，场地竖向允许且不影响安全的情况下也可代替雨水管渠。植草沟具有建设及维护费用低、易与景观结合的优点，但已建城区及开发强度较大的新建城区等区域易受场地条件制约。

（14）渗管/渠。渗管/渠指具有渗透功能的雨水管/渠，可采用穿孔塑料管、无沙混凝土管/渠和砾（碎）石等材料组合而成。渗管/渠适用于建筑与小区及公共绿地内转输流量较小的区域，不适用于地下水位较高、径流污染严重及易出现结构塌陷等不宜进行雨水渗透的区域（如雨水管渠位于机动车道下等）。渗管/渠对场地空间要求小，但建设费用较高，易堵塞，维护较困难。

（15）植被缓冲带。植被缓冲带为坡度较缓的植被区，经植被拦截及土壤下渗作用减缓地表径流流速，并去除径流中的部分污染物，植被缓冲带坡度一般为2%～6%，宽度不宜小于2m。植被缓冲带适用于道路等不透水面周边，可作为生物滞留设施等低影响开发设施的预处理设施，也可作为城市水系的滨水绿化带，但坡度较大（大于6%）时其雨水净化效果较差。植被缓冲带建设与维护费用低，但对场地空间大小、坡度等条件要求较高，且径流控制效果有限。

（16）初期雨水弃流设施。初期雨水弃流指通过一定方法或装置将存在初期冲刷效应、污染物浓度较高的降雨初期径流予以弃除，以降低雨水的后续处理难度。弃流雨水应进行处理，如排入市政污水管网（或雨污合流管网）由污水处理厂进行集中处理等。常见的初期弃流方法包括容积法弃流、小管弃流（水流切换法）等，弃流形式包括自控弃流、渗透弃流、弃流池、雨落管弃流等。初期雨水弃流设施是其他低影响开发设施的重要预处理设施，主要适用于屋面雨水的雨落管、径流雨水的集中入口等低影响开发设施的前端。初期雨水弃流设施占地面积小，建设费用低，可降低雨水储存及雨水净化设施的维护管理费用，但径流污染物弃流量一般不易控制。

（17）人工土壤渗滤。人工土壤渗滤主要作为蓄水池等雨水储存设施的配套雨水设施，以达到回用水水质指标。人工土壤渗滤设施的典型构造可参照复杂型生物滞留设施，人工土壤渗滤适用于有一定场地空间的建筑与小区及城市绿地。人工土壤渗滤雨水净化效果好，易与景观结合，但建设费用较高。

6. 设施维护

(1) 透水铺装。

面层出现破损时应及时进行修补或更换；

出现不均匀沉降时应进行局部整修找平；

当渗透能力大幅下降时应采用冲洗、负压抽吸等方法及时进行清理。

(2) 绿色屋顶。

应及时补种修剪植物、清除杂草、防治病虫害；

溢流口堵塞或淤积导致过水不畅时，应及时清理垃圾与沉积物；

排水层排水不畅时，应及时排查原因并修复；

屋顶出现漏水时，应及时修复或更换防渗层。

(3) 生物滞留设施、下沉式绿地、渗透塘。

应及时补种修剪植物、清除杂草；

进水口不能有效收集汇水面径流雨水时，应加大进水口规模或进行局部下凹等；

进水口、溢流口因冲刷造成水土流失时，应设置碎石缓冲或采取其他防冲刷措施；

进水口、溢流口堵塞或淤积导致过水不畅时，应及时清理垃圾与沉积物；

调蓄空间因沉积物淤积导致调蓄能力不足时，应及时清理沉积物；

边坡出现坍塌时，应进行加固；

由于坡度导致调蓄空间调蓄能力不足时，应增设挡水堰或抬高挡水堰、溢流口高程；

当调蓄空间雨水的排空时间超过36h时，应及时置换树皮覆盖层或表层种植土；

出水水质不符合设计要求时应置换填料。

(4) 渗井、渗管/渠。

进水口出现冲刷造成水土流失时，应设置碎石缓冲或采取其他防冲刷措施；

设施内因沉积物淤积导致调蓄能力或过流能力不足时，应及时清理沉积物；

当渗井调蓄空间雨水的排空时间超过36h时，应及时置换填料。

(5) 湿塘、雨水湿地。

进水口、溢流口因冲刷造成水土流失时，应设置碎石缓冲或采取其他防冲刷措施；

进水口、溢流口堵塞或淤积导致过水不畅时，应及时清理垃圾与沉积物；

前置塘/预处理池内沉积物淤积超过50%时，应及时进行清淤；

防误接、误用、误饮等警示标志、护栏等安全防护设施及预警系统损坏或缺失时，应及时进行修复和完善；

护坡出现坍塌时应及时进行加固；

应定期检查泵、阀门等相关设备，保证其能正常工作；

应及时收割、补种和修剪植物，清除杂草。

（6）蓄水池。

进水口、溢流口因冲刷造成水土流失时，应及时设置碎石缓冲或采取其他防冲刷措施；

进水口、溢流口堵塞或淤积导致过水不畅时，应及时清理垃圾与沉积物；

沉淀池沉积物淤积超过设计清淤高度时，应及时进行清淤；

应定期检查泵、阀门等相关设备，保证其能正常工作；

防误接、误用、误饮等警示标志、护栏等安全防护设施及预警系统损坏或缺失时，应及时进行修复和完善。

（7）雨水罐。

进水口存在堵塞或淤积导致的过水不畅现象时，及时清理垃圾与沉积物；

及时清除雨水罐内沉积物；

北方地区，在冬期来临前应将雨水罐及其连接管路中的水放空，以免受冻损坏；

防误接、误用、误饮等警示标志损坏或缺失时，应及时进行修复和完善。

（8）调节塘。

应定期检查调节塘的进口和出口是否畅通，确保排空时间达到设计要求，且每场雨之前应保证放空；

其他参照渗透塘及湿塘、雨水湿地等。

（9）调节池。

监测排空时间是否达到设计要求，进水口、出水口堵塞或淤积导致过水不畅时，应及时清理垃圾与沉积物；

预处理设施及调节池内有沉积物淤积时，应及时进行清淤。

（10）植草沟、植被缓冲带。

应及时补种、修剪植物，清除杂草；

进水口不能有效集汇地面径流雨水时，应加大进水口规模或进行局部下凹等；

进水口因冲刷造成水土流失时，应设置碎石缓冲或采取其他防冲刷措施；

沟内沉积物淤积导致过水不畅时，应及时清理垃圾与沉积物；

边坡出现坍塌时，应及时进行加固；

由于坡度较大导致沟内水流流速超过设计流速时，应增设挡水堰或抬高挡水堰高程。

（11）初期雨水弃流设施。

进水口、出水口堵塞或淤积导致过水不畅时，应及时清理垃圾与沉积物；

沉积物淤积导致弃流容积不足时应及时进行清淤等。

（12）人工土壤渗滤。

应及时补种、修剪植物，清除杂草；

土壤渗滤能力不足时，应及时更换配水层；

配水管出现堵塞时，应及时疏通或更换等。

（三）保护原有水生态系统，增加蓄洪能力

通过科学合理地划定城市的蓝线、绿线等开发边界和保护区域，最大限度地保护原有河流、湖泊、湿地、坑塘、沟渠、树林、公园草地等生态体系，维持城市开发前的自然水文特征。对传统粗放城市建设模式下已经受到破坏的城市绿地、水体、湿地等，综合运用物理、生物和等技术手段，使其水文循环特征和生态功能逐步得以恢复，并维持一定比例的城市生态空间，促进城市生态多样性提升。

对于围垦导致的涝渍灾害，要适当退田还湖。以湖北平原湖区为例，围垦过度。要坚决制止再垦，并逐步通过退田还湖，结合转换滞蓄格局和多元开发，增加各片区内的滞蓄库容，改变汇流过程。在滞涝库容无法大幅度扩张，流域泵站成为瓶颈的情况下，适当扩容外排装机是必要的。扩容要依据高水高排、就地排涝的原则。一般情况下，不要增加二级站装机。

参考文献

[1] 王修贵、胡铁松、关洪林、杜耘，湖北省平原湖区涝渍灾害综合治理研究[M]. 北京：科学出版社，2009.

[2] 刘昌明，何希吾. 中国21世纪水问题方略[M]. 北京：科学出版社，1998.

[3] 刘树坤. 中国水旱灾害防治实用手册[M]. 北京：中国社会出版社，2000.

[4] 刘章勇，刘百韬，李必华，蔡承智. 江汉平原涝渍地的成因、演替与分异规律研究[J]. 农业现代化研究，2003（1）.

[5] 赵真，朱宗蓉. 山西省的涝渍灾害与治理[J]. 山西水利科技，1995（2）.

[6] 张素燕. 浅析我国农业气象灾害与气候变化的关系[J]. 农技服务，2015（1）.

[7] 冯定原，邱新法，陈怀亮. 我国雨涝灾害的指标和时空分布特征[J]. 南京气象学院学报，1992（3）.

[8] 中国气象局. 中国灾害性天气气候图集（1961—2006年）[M]. 北京：气象出版社，2007.

[9] 丁一汇编，中国气象灾害大典. 综合卷[M]. 北京：气象出版社，2008.

[10] 张勇，张强，叶殿秀，陈鲜艳，尚赞娣. 1951—2006年黄河和长江流域雨涝变化分析[J]. 气候变化研究进展，2009（4）.

[11] 潘玉萍，陈淑兰，赵丹，刘丽丹. 近50年华南前汛期降水及江淮梅雨旱涝特征对比分析[A]. 中国气象学会. S3聚焦气候变化，探索低碳未来[C]. 中国气象学会，2012.

[12] 韩冬梅，杨贵羽，严登华，方宏阳. 近50年东北地区旱涝时空特征分析[J]. 水电能源科学，2014（6）.

[13] 陈清华，朱建强，刘章勇. 农田涝渍、田间排水与涝渍地利用研究进展[J]. 长江大学学报（自然科学版），2011（9）.

[14] 田守成，王于洋. 黑龙江省涝渍灾害分析[J]. 东北水利水电，1996（7）.

[15] 2014年中国国土资源公报[J]. 中华人民共和国国土资源部公报，2015（1）.

[16] 张强，高歌，王有民，邹旭恺，庄丽莉. 中国近50年旱涝灾害时空变化及监测预警服务[A]. 中国气象学会. 推进气象科技创新加快气象事业发展——中国气象学会2004年年会论文集（下册）[C]. 中国气象学会，2004.

[17] 刘兵，朱广石，王平，金剑，王光华，刘晓冰. 东北农田涝渍成因和治理研究概况[J]. 广东农业科学，2010，（1）.

[18] 2013年中国水旱灾害公报[J]. 中华人民共和国水利部公报，2014（1）.

[19] 2014年中国气象公报[J]. 中国气象局，2015（1）.

[20] 王少丽，王修贵，丁昆仑，瞿兴业. 中国的农田排水技术进展与研究展望[J]. 灌溉排水学报，2008（1）.

[21] 谈广鸣，胡铁松. 变化环境下的涝渍灾害研究进展[J]. 武汉大学学报（工学版），2009（5）.

[22] 水利部长江水利委员会编著，王俊，王善序主编. 长江流域水旱灾害[M]. 北京：中国水利水电出版社，2002.

[23] 陈艳秋，陆忠艳，袁子鹏，张宁娜. 辽宁渍涝灾害发展趋势分析及预报方法[J]. 安徽农业科学，

2011（11）.

[24] 徐丰，牛继强. 淮河流域的洪涝灾害与治理对策[J]. 许昌学院学报，2004（5）.

[25] 刘树坤. 城市发展要提高排涝标准[N]. 中国水利报，2008-07-10（2）.

[26] 刘树坤. 城市化加剧了城市洪涝灾害[N]. 中国水利报，2008-07-03（1）.

[27] 2012年中国水旱灾害公报[J]. 中华人民共和国水利部公报，2013（1）.

[28] 王桂芝，李霞，陈纪波，吴先华. 基于IO模型的多部门暴雨灾害间接经济损失评估——以北京市
     "7·21"特大暴雨为例[J]. 灾害学，2015（2）.

[29] 朱建强，乔文军，刘德福，程伦国. 农田排水面临的形势、任务及发展趋势[J]. 灌溉排水学报，2004（1）.

[30] 温季，王全九，郭树龙，郭冬冬，刘汉生. 淮北平原涝渍兼治的组合排水形式与工程设计[J]. 西安理工
     大学学报，2009（1）.

[31] 中华人民共和国水利部，中国水利统计年鉴2014[J]. 2014，54.

[32] 秦续娟. 东北北部黑土坡耕地涝渍成因研究[D]. 西南大学，2006.

[33] 赵永丽，刘畅. 西南低湿农区排水现状及对策探讨[J]. 水利科技与经济，2013（9）.

[34] 付文艺. 旱涝急转现状及水利设施发展对策[J]. 现代农业科技，2014（15）.

[35] 李景保，余果，欧朝敏，傅丽华，张磊，胡巍，代勇. 洞庭湖区农业水旱灾害演变特征及影响因素——
     60年来的灾情诊断[J]. 自然灾害学报，2011（2）.

[36] 黄小燕，郁家成，王华. 江淮地区涝渍灾害特点、成因和防治对策[J]. 中国农学通报，2008（10）.

[37] 张洪立. 城市排水工程趋势研究[J]. 科技创新与应用，2015（3）.

[38] 樊良，孟吉祥. 城市内涝的形成与预防[J]. 河南科技，2014（1）.

[39] 刘章勇. 江汉平原涝渍地生态恢复与开发利用技术研究[D]. 中国农业大学，2004.

[40] 邓立群，李伟，李军，姚章村. 三江平原涝渍灾害发生规律与特点[J]. 水利科技与经济，2004（4）.

[41] 王志伟，唐红玉，李芬. 近50年珠江流域雨涝变化及其与ENSO事件的关系[A]. 中国气象学会. 推进气
     象科技创新加快气象事业发展——中国气象学会2004年年会论文集（下册）[C]. 中国气象学会，2004.

[42] 姚章村，赵玉祥，胡茂民. 三江平原涝渍治理[J]. 黑龙江水专学报，2000（3）.

[43] 涝渍兼治组合排水技术[J]. 农民科技培训，2004（S1）.

[44] 王臣，潘金魁. 松嫩平原涝渍耕地综合治理模式的研究[J]. 水利科技与经济，2008（8）.

[45] 赵加敏，安清平，陶延怀. 黑龙江省松嫩平原易旱易涝耕地综合治理技术研究[J]. 黑龙江水利科技，
     2012，（1）.

[46] 祝功武. 珠三角人工地貌水文调节机制的今日思考[J]. 热带地理，2012（4）.

[47] 祝功武. 珠三角地区的城市涝渍及其治理[J]. 城市问题，2010（2）.

[48] 王少丽，王修贵，丁昆仑，瞿兴业. 中国的农田排水技术进展与研究展望[J]. 灌溉排水学报，2008（1）.

[49] 王迪. 城市内涝的原因与建议[J]. 科技创新与应用，2014（5）.

[50] 薛梅，陶俊娥，郭玲玲. 产生城市内涝的原因分析及对策[J]. 现代农业，2012（4）.

[51] 田晓军. 城市内涝原因分析及对策[J]. 山西建筑，2014（31）.

[52] 蒋运志，陈宙国，范方福. 城市内涝的原因与预防[J]. 气象研究与应用，2012（S2）.

[53] 刘树坤. 城市化加剧了城市洪涝灾害[N]. 中国水利报, 2008-07-03（1）.

[54] 刘树坤. 城市发展要提高排涝标准[N]. 中国水利报, 2008-07-10（2）.

[55] 徐振强. 我国海绵城市试点示范申报策略研究与能力建设建议[J]. 建设科技, 2015（3）.

[56] 薛梅, 陶俊娥, 郭玲玲. 产生城市内涝的原因分析及对策[J]. 现代农业, 2012（4）.

[57] 吴玉成. 我国城市内涝灾害频发原因分析[J]. 中国防汛抗旱, 2011（6）.

[58] 全国治涝规划技术大纲（修订稿）.

[59] 刘宇斌. 建设海绵城市倡导生态文明[N]. 中国建设报, 2015-01-29（4）.

[60] 张雅君. 提升从源头防御城市内涝的效果[N]. 北京日报, 2014-07-04（6）.

[61] 韩小红. 河南省农田排水问题探析[J]. 河南水利与南水北调, 2013（13）.

[62] GB50014-2006, 室外排水设计规范（2014年版）[S]. 2014.

[63] 新版规范局部修订编制组. 2014版《室外排水设计规范》局部修订解读[J]. 给水排水, 2014（4）.

[64] 仇保兴. 海绵城市（LID）的内涵、途径与展望[J]. 给水排水, 2015（3）.

[65] 王文亮, 李俊奇, 王二松, 章林伟, 曹燕进, 徐慧纬. 海绵城市建设要点简析[J]. 建设科技, 2015（1）.

[66] 韩红琴, 刘洋, 葛春霞. 三江平原涝渍地综合治理措施研究[J]. 黑龙江水利科技, 2007（2）.

[67] 涝渍兼治组合排水技术[J]. 农民科技培训, 2004（1）.

[68] 刘树坤. 加强城市洪涝灾害的应对能力[N]. 中国水利报, 2008-07-24（2）.

[69] 刘树坤. 通过城市雨洪的调蓄和利用减少内涝灾害[N]. 中国社会报, 2008-09-08（B03）.

[70] 吴贵勤, 王晓亮. 淮河流域除涝形势及洼地治理规划[J]. 中国水利, 2013（13）.

[71] 海绵城市建设技术指南——低影响开发雨水系统构建（试行）. 2014.

[72] 卢少为, 朱勇辉, 魏国远, 宫平, 姚仕明. 平原湖区排涝模拟研究——以大通湖垸为例[J]. 长江科学院院报, 2009, 07: 1-5.

[73] 卢少为, 朱勇辉, 魏国远, 范北林. 我国近期涝灾研究综述[J]. 中国农村水利水电, 2009, 07: 61-64.

[74] 朱建强, 李方敏, 张文英, 陈晓群, 程玲. 旱作物涝渍排水研究动态分析[J]. 灌溉排水, 2001, 01: 39-42.

[75] 张瑜芳, 张蔚榛, 沈荣开, 毛志荣, 张思农, 袁永坤, 孙建国, 戴怀林. 以小麦生长受抑制的天数为指标的排水标准试验研究[J]. 灌溉排水. 1997, 03: 2-7.

[76] 朱建强. 基于作物的农田排水指标及排水调控研究[D]. 西北农林科技大学, 2006.

[77] 郑睿. 灌区节水改造标准体系评价方法与应用研究[D]. 北京工业大学, 2012.

第4篇

干旱灾害防治：成就、问题与对策

第一章　干旱灾害概述

第一节　干旱灾害概念及分类

一、干旱灾害概念

（一）干旱

干旱通常指淡水总量少，不足以满足人的生存和经济发展的气候现象，一般是长期的现象。这种由气候变化等引起的随机性、临时性水短缺现象，可能发生在任何区域的任意一段时间。既可能出现在干旱或半干旱区的任何季节，也可能发生在半湿润甚至湿润地区的任何季节。干旱也是一种随机现象，其随机性不仅体现在发生地域上，也体现在发生时间上，而且还体现在干旱的强度上。因此，干旱有时会对社会经济产生严重的影响。

（二）旱情

旱情是干旱的表现形式和发生、发展过程，包括干旱历时、影响范围、发展趋势和受旱程度等。旱情的概念通常是针对农业而言的，指作物生育期内，耕作层土壤水分得不到降水、地下水和灌溉水的适量补给，土壤供水不断消耗，农作物从土壤中吸收的水分不能满足正常生长要求，作物体内出现水分胁迫，生长受到抑制的情势。近年来，随着干旱灾害发生频率的增加，涉及的范围和领域不断扩大，影响程度也在加重，对城市和生态环境的不利影响日趋严重。水利部门顺应形势的发展变化，适时转变工作思路，提出抗旱工作要实现由被动向主动、由单一向全面的转变，将抗旱工作关注和服务的领域向城市和生态延伸，旱情的概念也相应地由农村、农业拓展至城市和生态。这种转变切合经济社会发展的现实需求，也丰富和完善了干旱问题的理论研究和实践应用体系。

根据受旱对象的不同，旱情可分为农村旱情、城市旱情和生态旱情等，其中农村旱情又包括农业旱情、牧业旱情和因旱人畜饮水困难。农业旱情是指作物受旱状况，即土壤水分供给不能满足作物发芽或正常生长要求，导致作物生长受到抑制甚至干枯的现象，可选用土壤相对湿度、降水量距平百分率、连续无雨日数、作物缺水率、断水天数等指标进行评估。牧业旱情是指牧草受旱情况，即土壤水分供给不能满足牧草返青或正常生长要求，导致牧草生长受到抑制甚至干枯的现象，可用降水量距平百分率、连续无雨日数、干土层厚度等指标进行评估。因旱人畜饮水困难是指由于干旱造成城乡居民以及农村大牲畜临时性的饮用水困难，可根据取水地点的改变或人均基本生活用水量以及因旱饮水困难持续时间来评判。城市旱情是指因旱造成城市供水不足，导致城市居民和工商企业供水短缺的情况，包括供水短缺历时及程度等，可用城市干旱缺水率进行评估。生态旱情是指因旱造成江河径流量减少、地下水位下降、湖泊淀洼水面缩小或干涸、湿地萎缩、草场退化、植被覆盖率下降等现象。

根据受旱季节的不同，一般针对农业旱情，又分为春旱、夏旱、秋旱、冬旱和连季旱。

春旱是指3～5月间发生的旱情。春季正是越冬作物返青、生长、发育和春播作物播种、出苗季节，特别是北方地区，春季本来就是"春雨贵如油""十年九春旱"的季节，假如降水量再比正常年份偏少，发生严重干旱，不仅影响夏粮产量，还造成春播基础不好，影响秋作物生长和收成。夏旱是指6～8月发生的旱情，三伏期间发生的旱情也称伏旱。夏季为晚秋作物播种和秋季作物生长发育最旺盛的季节，气温高、蒸发量大，夏旱可能影响秋季作物生长甚至减产。秋旱是指9～11月发生的旱情。秋季为秋季作物成熟和越冬作物播种、出苗季节，秋旱不仅会影响当年秋粮产量，还影响下一年的夏粮生产。秋季是蓄水的关键时期，长时间干旱少雨，径流减少，将导致水利工程蓄水不足，给冬春用水造成困难。冬旱是指12月至次年2月发生的旱情。冬季雨雪少将影响来年春季的农业生产。连季旱是指两个或两个以上季节连续受旱，如春夏连旱、夏秋连旱、秋冬连旱、冬春连旱或春夏秋三季连旱等。

（三）旱灾

旱灾，即干旱灾害，是指由于降水减少、水工程供水不足引起的用水短缺，并对生活、生产和生态造成危害的事件。旱灾具有区别于其他灾害的显著特点：第一，由于旱灾具有渐变发展的特点，其影响具有积累效应，其开始时间、结束时间难以准确判定；第二，与洪水、地震及滑坡泥石流等其他自然灾害不同的是，旱灾一般不会对人类社会造成直接的人员伤亡及建筑设施的毁坏，但带给人类社会的影响和损失却有过之而无不及。

根据受灾对象的不同，可将旱灾划分为农业干旱灾害、城市干旱灾害和生态干旱灾害。农业干旱灾害是指作物生育期内由于受旱造成作物较大面积减产或绝收的灾害。城市干旱灾害指城市因遇枯水年造成城市供水水源不足，或者由于突发性事件使城市供水水源遭到破坏，导致城市实际供水能力低于正常需求，致使城市正常的生活、生产和生态环境受到影响的灾害。生态干旱灾害是指湖泊、湿地、河网等主要以水为支撑的生态系统，由于天然降雨偏少、江河来水减少或地下水位下降等原因，造成湖泊水面缩小甚至干涸、河道断流、湿地萎缩、咸潮上溯以及污染加剧等，使原有的生态功能退化或丧失，生物种群减少甚至灭绝的灾害。

（四）干旱、旱情和旱灾的联系及区别

在现实工作中，常常见到这样的说法，"干旱是世界上普遍发生的一种自然灾害""干旱是影响我国农业生产的一种严重自然灾害"等，这种说法比较笼统，没有区分出干旱这一自然现象在对经济社会造成影响时的演变过程和发展阶段。事实上，干旱、旱情和旱灾是水分短缺这一自然现象在其发生发展过程中所表现出的三个不同阶段，既相互联系又相互区别。干旱是一种自然因素偏离正常状况的现象，是旱情和旱灾的主要诱因之一。而旱情和旱灾是指随着干旱的继续发展对经济社会的影响和破坏。抗旱减灾更为关注的是旱情和旱灾的阶段。

干旱和旱情是有区别的。干旱的核心内容是收支不平衡造成的水短缺现象，由于社会经济因素的影响，水短缺不一定直接造成不利影响和损失；而旱情则是侧重考虑水短缺对经济社会相关领域造成的影响情况，是干旱逐渐发展的结果。如西北等常年干旱的荒漠地区，由于没有人类活动，干旱不会表现出对经济社会的不利影响，也不会发展成旱情和旱灾。

旱情也并不等同于旱灾。旱情是旱灾发生的起因，旱灾是旱情发生发展的最终结果，由于社会系统或生态系统都具有忍受一定程度干旱缺水的能力，发生了旱情不一定会出现旱灾。旱情的严重程度与旱灾损失的大小也并非完全直接相关，还受到水源条件、作物种植结构、当地的经济发展程度、抗旱能力和措施等因素的影响。干旱和干旱灾害是有截然区别的，是两个科学概念。

1. 学科范畴不同

干旱侧重于从自然科学角度研究干旱的物理形成机制、气候驱动机制与模式、干旱识别技术、干旱长短期预测技术、干旱与人类活动间的反馈机制等。而干旱灾害是灾害学的重要研究内容之一，且发展成为灾害学的一个重要分支，即旱灾学。旱灾学是一门多学科交叉的综合性学科，涉及水利、气象、农业、地理、社会科学与人类科学等，侧重于从灾害的自然属性与社会属性双重角度研究干旱灾害成灾机理、时空演变规律、风险评估、影响评价、发展趋势预测以及防灾减灾措施等。

2. 形成机制不同

干旱主要是由降雨偏少或气温偏高等气象因素发生异常所导致的，属于自然现象；而干旱灾害是多种因素共同作用的结果，是干旱和人类活动所形成的叠加效应，是自然环境系统和社会经济系统在特定的时间和空间条件下耦合的特定产物。干旱就其本身而言并不是灾害，只有当其对人类社会或生态环境造成不良影响时才演变成干旱灾害。换言之，干旱是起因，干旱灾害是后果，表现为一种因果关系，但是干旱灾害不单单受干旱这一起因所制约，还包含着重要的人为因素，譬如社会经济基础、灾害防御能力、减灾工程和非工程措施等。在相同的干旱强度下，灾情会因抗御能力、经济水平和人类对干旱灾害的反应不同而呈现出较大的差异。

3. 应对机制不同

由于干旱和干旱灾害的形成机制存在较大差异，这样就决定了人类的应对机制也截然不同。干旱是一种正常的气候波动，人类没有能力去控制其发生规律，更不可能消除它。因此，当干旱发生之后，人类应主动去适应干旱，努力实现与干旱和谐相处。但是，干旱灾害的应对策略则大不相同，这是因为人类的行为在一定程度上可以"放大"或"缩小"干旱灾害的影响。目前，应对干旱灾害主要有两种模式，即干旱灾害危机管理和干旱灾害风险管理。干旱灾害危机管理侧重于灾害临近或已发生时采取紧急措施应对，进行抗旱救灾并防止旱灾影响和损失的扩大和蔓延；干旱灾害风险管理则贯穿于干旱灾害发生发展的全过程，更注重灾害发生前进行抗旱准备、预测、减灾和早期警报等工作，对可能出现的灾害预先处理、主动应对，将可能发生的灾害消灭在萌芽或初期形成的状态，尽量减少灾害出现的频率，降低灾害程度，以最低的抗旱成本最大可能地减少干旱灾害损失。

二、干旱分类

美国气象学会（AMS 1997）将干旱定义为4种类型：气象干旱或气候干旱、农业干旱、水文干旱及社会经济干旱。

（一）气象干旱

由降水和蒸发的收支不平衡造成的异常水分短缺现象。由于降水是主要的收入项，因此通常以降水的短缺程度作为干旱指标，如连续无雨日数、降水量低于某一数值的日数、降水量距平等。

（二）水文干旱

由降水和地表水或地下水收支不平衡造成的异常水分短缺现象，其特点是持续时间长。通常利用某段时间内径流量、河流平均日流量、水位等小于一定数值作为干旱指标或采用地表径流与其他因子组合成多因子指标，如水文干湿指数、供需比指数、水资源总量短缺指数等。

（三）农业干旱

由外界环境因素造成作物体内水分亏缺，影响作物正常生长发育，进而导致减产或失收的现象，涉及土壤、作物、大气和人类对资源利用等多方面因素，其特点是影响作物生长。

农业干旱主要是由大气干旱或土壤干旱导致作物生理干旱而引发的。

大气干旱：特点是空气干燥、高温和太阳辐射强，有时伴有干风。在这种环境下不仅地表蒸发加剧，植物蒸腾也大大加强，根系吸收的水分难以补偿蒸腾的支出，使植物体内的水分急剧减少而造成危害。

土壤干旱：特点是土壤含水量少，水位低，作物根系不能吸收足够的水分，难以补偿蒸腾的消耗，致使植物体内水分状况不良影响生理活动的正常进行，以致发生危害。

生理干旱：特点是土壤环境条件不良，使作物根系生命活动减弱，影响根系吸水，造成植株体内缺水而受害。

（四）社会经济干旱

指由于经济、社会的发展需水量日益增加，以影响生产、消费活动等而描述的干旱，其特点是与气象干旱、水文干旱、农业干旱相联系。其指标常与一些经济商品的供需联系在一起，如降水、径流就与粮食生产、发电量、航运、旅游效益以及生命财产损失等有关。

第二节　我国干旱灾害特点及成因

一、干旱灾害特点

通过对我国干旱灾害的形成原因进行分析，可以发现干旱灾害具有以下基本特点。

（一）具有不可避免性

由于我国幅员辽阔，天然降水量以及水资源时空分布不均，而且水土资源的组合很不平衡，干旱灾害在许多地区已经成为一种不可避免的经常性自然灾害。

（二）具有广泛性

我国旱灾危害地域十分广泛，不仅西北内陆地区经常遭受旱灾的危害，就连降水量较多的东部地区和西南地区，也由于降水量年际、年内分配不均匀，常常出现季节性干旱。原来在降水量相对偏少的北方地区经常发生旱灾，近年来南方发生旱灾的频率也在提高，特别是2006年夏季，重庆、四川东部发生百年未遇的特大旱灾，发生的范围之广、影响范围之大、损失之重都是历史罕见的。

（三）具有持续性

在我国历史上，经常出现持续几个月甚至几年的连续旱灾，如海河流域1637～1643年出现持续7年的干旱灾害，黄河流域1632～1642年出现过长达11年之久的干旱灾害，长江中下游地区1958～1961年、1966～1968年连续4年和3年发生干旱灾害，2000年和2001年连续两年发生波及全国大部分地区的特大旱灾。这些持续性干旱灾害对社会生产力的破坏十分严重。

（四）具有相对可控性

受技术和经济水平的限制，我们目前还不能完全战胜干旱灾害，但几千年来人类为了自身生存和繁衍，在长期与旱灾斗争的过程中积累了许多有效的防旱抗旱办法。实践表明，只要尊重自然规律，通过行政、法律、工程、科技、经济等手段，合理配置和利用水资源，规范人类自身活动，就能够降低旱灾对城乡居民生产生活、经济社会发展和生态环境的影响。

二、干旱的时空特征

在我国，干旱与其他灾害相比，由于其出现次数多、持续时间长、影响范围大，因此对农业生产的直接影响十分严重，再加上其对自然环境和资源，特别是水资源、土地资源的潜在影响，以及与全球增暖的重叠效应，可能会改变我国区域降水和蒸发的格局，部分地区的干旱可能还会加剧。因此，干旱仍将是我国最大的自然灾害之一。

（一）干旱的区域分布

受季风环流的影响，我国干旱发生频繁。干旱出现频次最多的区域为东北的西南部、黄淮海地区、华南南部及云南、四川东部等。其中华北中南部、黄淮北部、云南北部等地达60%～80%；其余大部分地区低于40%；东北中东部、江南东部等地年干旱发生频率较低，一般小于20%。

此外，重旱及持续干旱地区的分布也有上述类似情况，即干旱出现次数多的地区，旱情重，持续时间长，最长持续时间可达9个月以上，主要出现在我国北方以及西南地区。如果将位于我国西北，以甘肃和新疆为中心的常年干旱的地区包括进去，我国共有五大多旱、重旱和持续干旱的中心。

（二）干旱的季节特征

1. 全国干旱季节特征

春旱：中国北方少雨雪，干旱最为常见。华北大部、东北西部干旱发生频率高，达50%～80%，尤其是河北、天津、北京、宁夏、东北西部干旱发生频率超过60%；海南、云南、四川南部也是春旱多发区，发生频率为50%～70%。这些地区春季太阳辐射较强、温度回升快、空气干燥、多风、蒸发强，加之长时间无雨或雨量偏少，因此经常发生春旱。长江中下游及其以南大部分地区发生频率不到20%，为春旱少发区。

夏旱：夏季一般农作物进入生长的旺盛时期，耗水量很大，加之太阳辐射强、气温高、蒸发强，若遇季风反常，长时间无雨，则土壤含水量迅速减少，发生旱灾。夏旱主要分布在东北西部、华北大部、西北东部及黄淮北部，发生频率达50%～60%；长江中下游地区、黄淮南部、东北中部和北部及四川东部等地发生频率也较高，有30%～50%；华南西部和南部、西南大部及东北地区东南部为夏旱少发区，发生频率在30%以下。

秋旱：秋旱主要分布在东北西南部、华北、黄淮、长江中下游地区和华南等地，发生频率为40%～60%。这些地区入秋以后，一般降水量迅速减少，但作物正处灌浆阶段，耗水多，若长期无雨则发生干旱，影响秋作物产量。中国其余大部地区秋旱发生频率不足40%。

冬旱：北方农作物停止生长，对作物生长有影响的干旱主要出现在南方。我国冬旱范围较小，主要发生在华南和西南，华南南部及云南大部发生频率达50%～70%，一般对生产的影响较小。

2. 区域干旱季节特征

中国不同地区干旱的季节分布特征较明显。图4—1为1961～2006年区域各月干旱频率示意图，可以看出，东北、华北地区干旱主要出现在春末夏初；长江中下游地区主要是伏旱或伏秋连旱；华南地区的干旱主要出现在秋冬季节；西南地区多冬春旱。

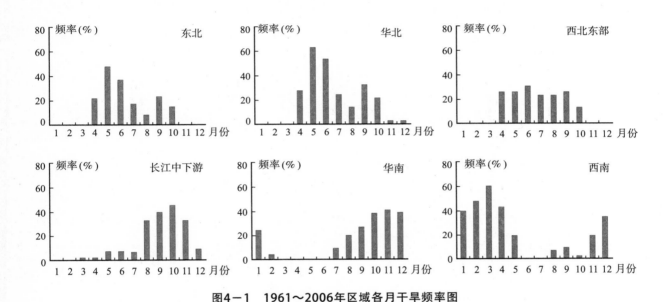

图4—1　1961～2006年区域各月干旱频率图

有些年份，干旱持续时间很长，出现连续两个季节以上的干旱，这类季节连旱的影响最大，灾情最重。其中，黄淮海地区以春夏及春夏秋连旱概率最高，东北和西北地区春夏连旱概率相对较高，华南则以夏秋和冬春旱、西南以冬春连旱概率最高。

（三）干旱随时间的演变

为了分析区域和全国干旱及其随时间的演变，首先采用模糊聚类的方法，利用中国1470～1992年的旱涝等级资料，并参考降水分区，将我国分成6个区域，即东北、华北、西北、长江中下游、华南和西南区。然后，按下式计算各区及全国的干旱指数：

$I_D = 2D/N$

式中：I_D为干旱指数，D为各类干旱等级的站数，N为总站数。I_D的数值表示干旱范围的大小，一般来说干旱的范围大则程度也重。

图4—2为1951～1991年不同区域及全国干旱的时间序列图，可以看出，这40年全国最旱的年份为1972年，其次是1965年、1986年、1989年和1991年等。整个中国的干旱指数存在着线性增长，即干旱化的趋势。

干旱指数的线性趋势方程为：

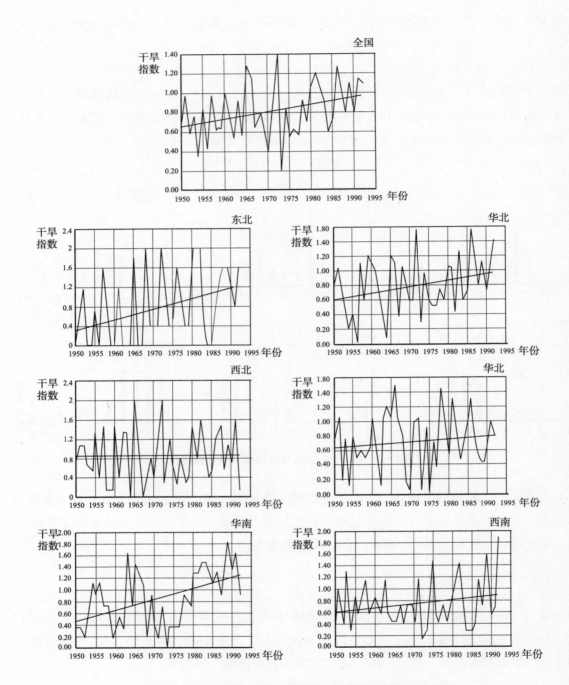

图4-2　1951～1991年不同区域及全国干旱时间序列图

$$I_D(t)=7.64\times10^{-8}-14.25$$

式中：I_D为干旱指数，t为年份。不同区域的最早年份及干旱化的趋势略有不同，其中以华北、东北、华南和西南区的干旱化趋势最明显。

表4-1为1470～1992年不同区域和全国不同世纪干旱指标（I）及重旱指标（I_s）的平均值。可以看出，在6个大区中，干旱指标以西北区为最大，其次是华北和华南区，这三个区的干旱指标均

高于全国平均值，为我国干旱较重的地区，其余三个区均低于全国，为干旱相对较轻的地区。重旱也有类似分布。通过对各世纪的干旱指标进行比较表明，从全国来看，均以20世纪为最旱，其次是15世纪后期和17世纪、18世纪的干旱最轻，其次是19世纪。不同区域各个世纪的干旱有一定差异，详见表4—1。

表4—1　全国1470～1992年各世纪干旱及重旱平均值

时代	全国		东北区		华北区		西北区		长江中下游		华南区		西南区	
	I_s	I	I_s	I	I_s	I	I_s	I	I_s	I	I_s	I	I_s	I
15世纪后期	0.60	0.15	0.40	0.07	0.74	0.20	0.91	0.24	0.52	0.16	0.38	0.04	0.37	0.09
16世纪	0.55	0.15	0.69	0.26	0.61	0.17	0.74	0.17	0.49	0.18	0.48	0.08	0.32	0.06
17世纪	0.59	0.16	0.59	0.18	0.69	0.23	0.73	0.16	0.54	0.16	0.54	0.12	0.38	0.07
18世纪	0.44	0.10	0.39	0.10	0.48	0.12	0.72	0.14	0.37	0.09	0.53	0.08	0.20	0.05
19世纪	0.50	0.12	0.31	0.07	0.58	0.16	0.63	0.16	0.44	0.10	0.63	0.08	0.30	0.08
20世纪	0.74	0.23	0.65	0.31	0.81	0.24	0.80	0.29	0.67	0.20	0.82	0.22	0.63	0.19
总平均	0.56	0.15	0.52	0.18	0.64	0.18	0.73	0.19	0.50	0.14	0.58	0.11	0.36	0.09

从以上分析可知，全国和各大区域几乎均以20世纪的干旱指数为最大，其干旱指数存在着波动式上升趋势（见图4—2），在20世纪，多数地区又以80年代和90年代初的干旱指标值为最大，因此可以认为，目前我国大部分地区正处于多旱时期，并有逐渐加重的趋势。不仅如此，近期水资源、冰川、地表径流变化和荒漠化趋势等种种迹象已经表明，至少我国北方地区存在着干旱化的趋势，如果再与未来气候增暖的影响相结合，干旱的后果可能极为严重，不能不引起人们的关注。

三、干旱灾害成因

干旱的成因复杂，也是所有自然灾害中影响因素最为复杂、人类对其认识最少、监测和预警预测最为困难的自然灾害之一。干旱的根本原因是降水匮乏，且会因气候和地理条件、生态系统类型以及社会与经济等因素产生不同的影响。干旱灾害是在自然和人为因素的共同作用下形成和发展的，单纯的自然因素或人为因素都不能直接构成干旱灾害，自然因素只有与人类生产、生活等人为因素相联系时，才有可能造成干旱灾害。在一个地区，自然因素波动和人类社会经济活动之间，存在着动态的既相适应又相冲突的情况，干旱灾害就是在这样的条件下形成和演变的。

（一）自然因素

1.降水量时空分布不均

由于受海陆分布、地形条件和东南及西南季风的影响，我国年降水量呈现由东南沿海向西北内陆递减的分布特征。根据这一特点，并结合多年平均年降水量的多少，将全国划分为以下5个降水带：

（1）十分湿润带。降水量超过1600mm的地带，气候十分湿润，包括广东、福建、台湾、浙江大部、江西、湖南山地、广西南部、云南西南部和西藏的东部等部分地区。

（2）湿润带。降水量为800～1600mm的地带，气候湿润，包括沂沭河下游，淮河至秦岭以南长江中下游地区、云贵川和广西大部地区。

（3）半湿润带。年降水量为400～800mm的地带，气候半湿润半干旱，包括黄淮海平原、东北大部、晋陕大部、甘东南、川西北和西藏东部。

（4）半干旱带。年降水量为200～400mm的地带，气候干燥，相当于草原和半荒漠地区，包括东北西部，内蒙古、宁、甘大部，新疆西部和北部。

（5）干旱带。年降水量少于200mm的地带，为我国最干燥的荒漠区，包括蒙、宁、甘的荒漠区，青海柴达木盆地、新疆塔里木盆地和准噶尔盆地及藏北羌塘地区。

不同的降水分带，相应有不同的降水年际变化。一般来说，我国各地年降水量平均变率多数在10%～30%，多年平均年降水量大的分带，降水的年际变率较小，降水量小的分带，年际变率较大。云南南部年降水量平均变率最小，不到10%；长江以南和川西、藏东地区年降水量平均变率较小，在10%～15%，但东南沿海和海南等地因受台风影响降水变率上升到15%～20%；北方地区年降水变率一般比南方大得多，都在15%～30%，而西北地区年降水量变率最大，普遍在30%～50%。而且，相比年降水量变率，各个降水分带月降水量变率要大得多。各个地区的年降水变率及月降水变率，是构成干旱灾害地区分布的一项基本特征。

由于受夏季季风和冬季西伯利亚高压控制，我国降水主要集中在夏季，冬季降水少，降水年内分配不均。长江以南地区，由于夏季季风来得早，去得晚，雨季早，时间长，多雨季节为3～6月或4～7月，多年平均最大4个月降水量占全年降水量的50%～60%，7月、8月降水量偏少，容易产生伏旱。夏秋季遇台风活动少，降水量不足，伏旱加重。在春夏交替季节，长江中下游地区和淮河流域的干旱，还与梅雨开始和结束时间的早晚及梅雨期是否出现"枯梅"或"空梅"等有关。华北、东北地区和黄河流域多雨季节为6～9月，大部分降水集中在7～8月，多年平均最大4个月降水量占全年降水量的70%～80%，非雨季节降水偏少，春季和初夏降水常不能满足作物需水要求，春旱和春夏连旱非常普遍。西南地区的降水主要依靠西南季风带来的水汽，年内有明显的旱季和雨季，一般5～10月为雨季，11月至次年4月为旱季，旱季降水量占全年降水量的比例不足15%，是冬春旱易发地区。不同地区的降水量年内变化是形成全国易旱季节和地区分布的自然基础。

2.水资源时空分布不均

我国水资源总量较为丰富，年均水资源总量为2.8万亿m³（其中河川年径流量为2.7万亿m³，平均地下水资源量0.83万亿m³），居世界第六位。但是，由于我国人口众多，人均水资源占有量只有2160m³，不足世界人均水平的1/4，在世界排第121位，已经被联合国列为全球13个贫水国之一。从单位耕地面积水资源量来看，也远远低于世界的平均水平。更为严重的是，由于我国幅员辽阔，各地区之间水资源丰富程度差别较大，水资源分布同人口、耕地分布极不匹配。从流域来看，长江流域和长江以南地区，水资源量占全国的81%，而耕地只占全国的36%；黄河、淮河、海河三大流域，水资源量占全国的7.5%，而耕地却占全国的36.5%，单位耕地面积水资源占有量只有全国平均水平的20.7%；海河流域耕地占全国的11.5%，水资源量占全国的1.5%，单位耕地面积水资源占有量仅有全国平均水平的12%。从行政区划来看，南方的省（自治区、直辖市），包括上海、浙江、福建、台湾、江西、湖北、湖南、广东、广西、海南、四川、贵州、云南等，耕地占全国的31.2%，水资源量占全国的60%，单位耕地面积水资源占有量平均为56550m³/hm²；北方的省（自治区、直辖市），包括北京、天津、河北、山西、辽宁、吉林、黑龙江、山东、甘肃、辽宁等，耕地占全国的40.2%，水资源量占全国的9.2%，单位耕地面积水资源占有量平均为6720m³/hm²；位于南北方过渡区的省，包括江苏、安徽、河南、陕西等，水土资源综合指标介于南、北方之间。地区之间水土资源的不平衡情况，是干旱灾害形成的一个基本背景条件。

作为水资源主体的河川径流，由于受降水、下垫面等影响，其年内和年际变化幅度比降水量相应的变化幅度要大。我国河川径流的年内分配，具有夏季丰水、冬季枯水、春秋过渡的特点。长江以南、云贵高原以东大部分地区，最大连续4个月径流量占全年径流量的60%左右，出现时间一般在每年的4～7月；长江以北地区河川径流的年内集中程度更高，如华北平原以及辽宁沿海平原，最大连续4个月径流量占全年径流量的80%以上，其中海河平原可高达90%，出现时间为6～9月；西南地区河流最大4个月径流量占年径流量的比例一般为60%～70%，出现时间一般为6～9月或7～10月。我国多数地区的冬季河川径流主要靠地下水补给，其径流量占全年径流量的比例较小。径流的年际变化，北方大于南方，水量越贫乏的地区，丰年和枯年的年径流变化越大。我国降水径流年内年际变化剧烈，给水资源利用带来困难。

（二）人为因素

1. 水资源刚性需求增加

随着人口的增长和经济社会发展，水资源刚性需求大幅度增加，同时对水质、供给保证率的要求也越来越高，导致水资源供需矛盾更加突出，进一步加剧和放大了干旱的影响。30多年来，我国城镇生活用水已从1980年的68亿m³，增加到2013年的748亿m³，增长了10倍；工业用水从1980年的457亿m³，增加到2013年的1410亿m³，增长了2.1倍。据此预测，2030年我国用水总量将达到7000亿～8000亿m³，而我国实际可能利用的水资源量约为8000亿～9000亿m³。用水量的刚性增加，使得生活、生产、生态之间以及不同行政区域之间争水的矛盾更加尖锐，致使发生相同等级的旱情时，造成的影响和损失远远大于过去。

2. 水资源利用率较低

长期以来，我国水资源管理比较粗放，利用率较低。目前我国农业灌溉年用水量3921.5亿m³，约占用水总量的63.4%。虽然近几年国家加强了节水技术的推广和灌区的续建配套，农业用水总量没有随着粮食产量的提高而大幅增长，但全国仍有许多地区采用大水漫灌方式，我国耕地实际灌溉亩均用水量418m³，农田灌溉水有效利用系数0.523。我国2009年的农业用水效率仅46%，而以色列和澳大利亚高达80%以上，低于发达国家的水平。我国农业单方水的生产能力约为0.85kg，仅为先进国家的一半左右。用水浪费与水资源短缺并存，导致农业缺水量每年约300亿m³。我国2013年工业万元产值用水量67m³，与发达国家较为接近，但工业用水重复利用率仅52%，而发达国家可达80%的水平。此外，水环境污染严重。目前，在全国七大流域中，有近50%的河段受到不同程度的污染，其中10%的河段污染极为严重，已丧失了水体应有的功能，75%的城市河段已不适宜作为饮用水源。

3. 抗旱基础设施建设滞后

抗旱基础设施是开展抗旱减灾工作的前提条件，但我国抗旱基础设施建设相对滞后，抗旱减灾能力还远远不能满足经济社会发展的要求。目前，全国耕地有效灌溉面积为6146.7万hm²，仅相当于总耕地面积1.2亿hm²的一半，大部分耕地还是靠天吃饭，丰歉受制于天。

另外，现有的水利工程大部分是20世纪70年代以前修建的，设计标准偏低，建设质量较差，工程不配套，加之长期以来重建轻管思想尚未从根本上扭转，管理粗放，手段落后，经费不足，缺乏工程良性运行机制，致使许多工程设施老化失修严重，抗旱效益衰减。近几年，中央加大了对病险水利工程的除险加固力度，加大了对大中型灌区节水改造和配套，使这种状况有所好转，但目前仍有相当部分的水利工程设施老化失修问题没有得到解决。在供水方面，目前全国有2亿多农村人口饮用水不安全。相当一部分城市供水体系极其脆弱，有的城市供水水源仅仅依靠一座水库或一个湖泊，水源单一；有的城市靠远距离调水解决城市用水问题，供水安全隐患很大，抵御旱灾的能力很弱。在一些水资源短缺、地下水严重超采的地区，一旦遇到特大干旱，城市生活和经济发展都将面临巨大威胁。

4. 全球气候变暖

在全球气候变暖的大背景下，近百年来，我国年平均气温升高0.4～0.5℃，尤其是北方地区冬季增温明显；部分流域降水量和水资源的转换规律发生变化，尤其是黄河、淮河、海河、辽河流域，近20年降水量减少了6%，地表径流量减少了17%，其中海河流域降水量减少10%、地表水资源量减少41%，水资源供需矛盾进一步加剧，干旱灾害发生概率显著增加。据有关研究预测，我国气候还将进一步变暖，到2030年，全国平均气温将上升1.5～2.8℃，到2050年将上升2.3～3.3℃，到2100年将上升3.9～6.0℃。据估计，未来50～100年，我国北方部分省份年平均径流深将减少2%～10%；预计2050年西部冰川面积将减少27.2%，高山地区冰储量将大幅度减少，冰川融水对河川径流的季节调节能力也将大大降低。气候变化通过海平面上升、大气环流变化、蒸发增加、冰雪条件变化等引起降雨、蒸发、入渗、河川径流等一系列变化，从而改变整个水文循环过程，增加水旱灾害发生频次，进一步影响到农业、牧业、渔业、航运、水力发电等多个部门。

四、2000年以来我国干旱灾害特点及成因分析

（一）21世纪以来干旱灾害概况

21世纪以来，我国每年都会发生干旱，只是范围、程度不同。几乎每年也都会发生连季干旱，以冬春连旱、夏伏连旱、伏秋连旱为主。

1. 干旱灾害的严重程度

特大干旱是指多个省（自治区、直辖市）发生特大干旱，或多座大型以上城市发生极度干旱；严重干旱是指数省（自治区、直辖市）多个市（地）发生严重干旱，或一省（自治区、直辖市）发生特大干旱，或多个大城市发生严重干旱，或大中城市发生极度干旱；中度干旱是指数省（自治区、直辖市）同时发生中度以上的干旱灾害，或多座大型以上城市同时发生中度干旱或一座大型城市发生严重干旱；轻度干旱是指多座大型以上城市同时因旱影响正常供水。

21世纪以来，2000年和2001年是特大干旱年，2001年是2000年的延续；2002年、2003年、2006年、2007年、2009年是严重干旱年；2010年局部地区干旱严重，但全国范围来看，属于中度干旱年；2004年、2005年没有发生大范围程度重的干旱过程，干旱较轻，2008年春旱严重，但后期影响较小，也属轻度干旱年。

2. 干旱发生的范围

2000年以后，发生全国范围干旱的是2000年和2001年，其中2000年全国大范围持续高温少雨，发生了新中国成立以来最为严重的全国性大旱，有30个省（自治区、直辖市）受到不同程度的影响。发生以北方干旱为主的年份是2002年、2008年、2009年，2002年华北大部、西北东部、黄河下游及西南部分地区伏秋旱严重；2008年的春旱十分严重，主要集中在北方的黄淮海、东北、西北地区；2009年春旱严重，主要集中在黄淮海冬麦主产区。发生以南方干旱为主的年份有2003年、2011年，2003年7月南方大部分地区累计降水量不足30mm，比常年同期偏少八成以上，部分内陆山区和岛屿居民生活用水十分紧张，有的地区从6月下旬开始到年底依靠远距离运水维持；2010年汛后，我国长江中下游地区降雨持续偏少，河湖水位异常偏低，水利工程蓄水严重不足，2011年4月初旱情露头，虽然长江中下游地区陆续进入汛期，但干旱少雨的情况一直到6月初以后出现连续降雨过程旱情才开始缓解。发生南北同旱的年份有2007年，常年降水量较丰沛的江南、华南部分地区伏旱持续时间达1个月，与此同时，东北三江平原夏伏旱也异常严重。

除了全国、南方、北方这样大范围的干旱年，有些年份出现了局部地区旱情十分严重的情况，例如2006年川渝地区发生局地特大干旱，2007年黑龙江三江平原发生特大干旱，2010年西南5省区市（云南、贵州、广西、四川、重庆）发生特大干旱。2006年川渝特大干旱造成两省（直辖市）农作物受灾面积377.6万hm²，成灾面积240.3万hm²，绝收面积68.6万hm²，因旱粮食损失974.7万t，经济林木枯死31.0万hm²。同时还造成两省（直辖市）1537.24万人、1632.49万头大牲畜临时饮水困难，分别占全国相应值的43.0%和55.6%。2007年黑龙江极少发生干旱的三江平原，发生1949年来历史第二严重干旱。8月2日，松花江哈尔滨江段水位113.12m，流量仅相当于历史同期的20%。有101座小型水库干涸，部分大中型水库也基本无水可放。全省地下水位较上年同期平均下降0.74m，三江平原下降1～3m。2009年10月云南旱象露头并发展；12月，贵州、广西旱情开始显现并迅速蔓延。2010年4月初旱情最严重时，西南5省（区、市）耕地受旱面积占全国同期的84%，有2088万人、1368万头大牲畜因旱饮水困难，分别占全国的80%和74%。其中，云南大部、贵州西部和南部、广西西北部达到特大干旱等级。

3. 干旱灾害的影响情况

农业受旱最重的是2000年和2001年，作物受旱面积分别居1949年以来第1位和第3位，分别达4053.3万hm²、3846.7万hm²，比2000～2010年平均值分别多68.8%、60.2%，粮食减产分别为599.6亿kg、548.0亿kg，比2000～2010年平均值多80.2%和64.7%；人畜饮水困难最重的是2006年和2010年，饮水困难人口分别是3578.23万和3334.52万，牲畜分别是2936.25万头和2440.83万头。2006年人畜饮水困难主要集中在四川、重庆，人畜饮水困难数分别占全国的43.0%、55.6%；2010年发生饮水困难70.0%的人口和66.6%的牲畜都集中在西南5省（区、市）。

（二）21世纪我国干旱灾害特点

1. 农业干旱发生频率增大，受旱面积广

1949～1999年，全国作物年受灾面积超过2000万hm²的有31年，频率为60.78%；其中2666.7万hm²以上的有15年，频率为29.41%；成灾面积超过1000万hm²的有18年，频率为35.29%。20世纪80年代、90年代，作物因旱受灾面积依次为2453.3万hm²、2486.7万hm²，其中成灾面积依次为1173.3万hm²、1193.3万hm²。

2000年以来，我国每年都会发生不同范围和程度的干旱灾害事件，与20世纪后50年相比，大旱发生频率增大，平均因旱受灾面积持平，成灾面积增大较多。2000～2010年全国作物平均每年有28.6个省份发生干旱灾害，平均年受灾面积2400万hm²，约占耕地面积的20%，其中平均成灾面积1393.3万hm²，比20世纪90年代多200万hm²。发生作物受灾面积在2000万hm²以上干旱的有7年，频率为63.63%（比1949～1999年的情况多2.85%），其中2666.7万hm²以上的有4年，频率为36.36%（比1949～1999年的情况多6.95%）；成灾面积超过1000万hm²的有7年，频率为63.63%（比1949～1999年的情况多28.34%）。2000～2010年平均人畜饮水困难分别为2765万人、1914万头，发生2000万人以上饮水困难的干旱有8年，3000万人以上的有3年。

2. 受旱区域变化较明显，西南尤其突出

分析2000～2010年全国受灾面积数据可知，南方、北方全年受灾面积占全国的比例变化呈现南方缓慢增加、北方缓慢减小趋势，最明显的是2010年，南方受灾面积比例占到全国的47.1%，

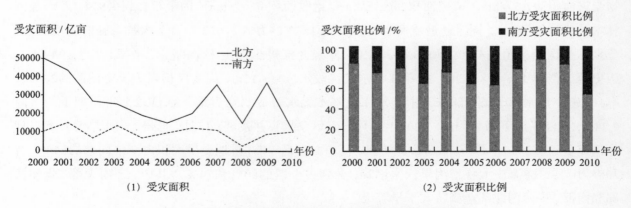

图4-3　2000～2010年南北方受灾面积及比例变化情况

如图4—3所示。由于21世纪以来抗旱工作的不断发展完善，北方、南方的受旱面积都呈现下降趋势，北方下降相对更明显。

将全国分成东北、华北、西北、长江中下游、西南、东南六大区，由图4—4可见，东南地区的受旱面积比例最小，基本上在8%以内；西北地区比例最稳定，维持在20%上下；其余地区变化比

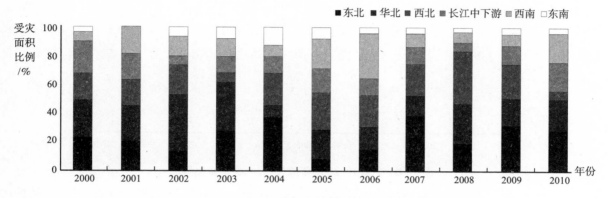

图4—4　2000～2010年各区域作物受灾面积所占比例变化情况

较剧烈，最明显的是西南地区，从最小值6%到最大值39%，变率高达6倍多。

以前受旱较轻的南方地区抗旱能力较弱，抗旱设施不完善，人们的抗旱意识较弱，而随着近年来的受旱区域缓慢转移，南方一旦受旱，其影响及损失很大。

3. 受旱与降水负相关，成灾绝收率稳定

选取2000～2010年的全国降水量和因旱受灾面积两个系列数据，分析二者之间的相关性，经计算，呈负相关关系，相关系数-0.52，如图4—5所示。这表明降水量多少是影响作物受旱面积

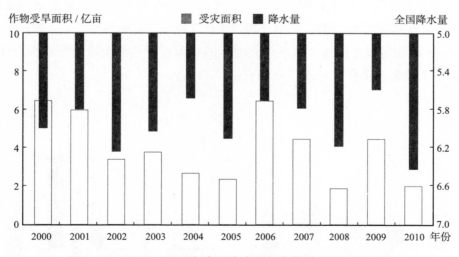

图4—5　2000～2010年全国降水量与作物受旱面积关系图

大小的主要因素之一。

全国各年份作物受灾面积、成灾面积、绝收面积相差较多，而成灾率（成灾面积占受旱面积的比例）和绝收率（绝收面积占受旱面积的比例）则相对稳定，如图4—6所示。

由图4—6可见，2000～2010年中，作物成灾率和绝收率比较稳定，成灾率基本维持在50%～65%，绝收率维持在10%～20%。

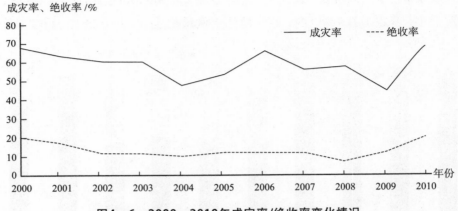

图4—6　2000～2010年成灾率/绝收率变化情况

从地域上看，成灾率平均值最高的出现在新疆、甘肃、内蒙古、辽宁等省（自治区），最低的是上海；绝收率平均值最高的在内蒙古、河北、宁夏等省（自治区），最低的是上海。一般情况下，北方两个比率值高于南方。这种空间差异一方面与水文气象条件有关；另一方面也与耕地灌溉率、农田的灌溉保证率等抗旱条件有关，部分地区的农田抗旱设施及工程体系还有待进一步完善。

4. 人畜饮水困难集中在西北、西南地区

由2000～2010年降水量及人畜饮水困难数据可知，全国范围人畜饮水困难数量与降水量呈现不明显的负相关关系，相关系数分别为−0.08、−0.02，表明人畜饮水困难并不像农作物受旱那样主要受降水量影响，而是多种因素共同作用的结果，例如水源、取水条件等。分析人畜饮水困难的区域分布情况，发生人畜饮水困难地区比较集中，不完全由年降水量多少决定。如图4—7所示，西北及西南饮水困难总数占全国的一半以上；牲畜总数在65%以上，其中2005年、2006年、2008年、2010年比例都超过了80%。由于西北地区的水源较少和西南地区的取水条件较困难，这两个地区应作为人饮解困工作的重点。

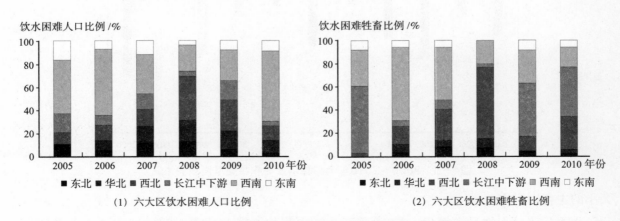

图4—7　2005～2010年饮水困难人口及牲畜的区域分布情况

5. 旱灾影响从农业农村扩大到城市及生态

干旱少雨最直接的后果是农田受旱，农作物生长受到影响。但是近年来的干旱灾害，影响范围早已不局限于农村农业，而逐步发展到城市缺水和生态恶化。2000年以来，受流域持续干旱、上游来水偏枯、河道变化加速等因素共同作用，全国600多座城市中有400座供水不足，110座严重缺水；14个沿海开放城市中有9个严重缺水。北京、天津、青岛、珠海、澳门等都面临着不同程度的缺水问题，常常需要通过应急调水解决。2000年北方地区百年不遇的大旱，使许多水库河流出现从来没有过的干枯和断流，400多个城市严重缺水。天津市是严重缺水的城市之一，分别于2000年、2002年、2003年、2004年、2009年和2010年，6次从黄河引水，这6次引黄济津应急调水共计从黄河引水超过50亿m³，天津市收水超过20亿m³，其中2010～2011年度调水共历时172天，是历次引黄调水跨越时间最长的。

2002年，南四湖地区发生新中国成立以来最为严重的特大干旱，上、下湖区基本干涸，湖区70多种鱼类、200多种浮游生物群濒临灭亡，湖内自然生态遭受毁灭性破坏。

"华北明珠"白洋淀，从20世纪70年代以来，有15年干淀，出现了水源不足、水位不稳、水质污染、泥沙淤积、鱼虾洄游断道等现象。20世纪70年代以后，由于地下水严重超采，趵突泉泉水日趋萎缩，每年都喷喷停停，泉城已名不副实。2006年，济南市通过增雨、补源、置采、控流、节水等措施才保证了泉水持续喷涌。近年来连续的干旱缺水，使得以抽取地下水为主要水源的华北地区，地下漏斗面积不断加大，2009年，河南安阳—鹤壁—濮阳漏斗面积比上年增加了432km²，天津的第Ⅱ含水组漏斗增加了1651km²。

6. "旱涝急转"在汛期时有发生

旱涝急转指在同一季节内一段时间特别旱，而另一段时间又特别涝，旱涝交替出现的情形，反映了旱涝两种极端事件在短期内的共存。当我国夏季汛期发生干旱灾害时，容易发生旱涝急转，2007年和2011年分别发生过两次较大范围的旱涝急转。

2007年6月，江南北部、江淮大部、华北北部、东北大部及海南、云南西北部、新疆、西藏部分地区降水偏少，其中辽宁东部、吉林中部东部、黑龙江东南部、内蒙古东南部等地偏少五成以上。7月，江南、华南大部、华北、东北大部及宁夏、内蒙古中部东部降雨量偏少，其中江南中部南部、华南中部东部、黑龙江北部、内蒙古东北部、宁夏等地偏少五至八成。8月，西南、江南等地前期来水偏枯，旱情显著，但后期受局部暴雨及2007年第9号台风"圣帕"登陆影响，部分中小河流水位上涨迅速，局部发生了大洪水或特大洪水。

2011年，长江中下游地区6省发生了严重的春夏连旱，受旱区域十分集中，旱情发生在该地区的主汛期，又是春播春插的关键期，给粮食作物生长带来极大影响，由于抗旱水源短缺，旱情影响范围逐步从农业发展到人畜饮水。长江中下游的湖南、湖北、安徽、江西、江苏等地区由于抗旱水源持续消耗，河湖水位下降，农业旱情及人畜饮水困难迅速发展。6月3日开始，长江中下游旱区结束了少雨局面，出现连日强降水过程，造成湖南、江西、贵州、浙江等地出现旱涝急转现象，发生不同程度的洪涝灾害。湖北长江支流陆水发生较大洪水，陆水支流隽水发生超历史纪录的特大洪水；湖南资水、湘江部分支流及江西修水、昌江上游发生超警洪水。长江干流监利以下江段及洞庭湖、鄱阳湖水位继续上涨，分别较前期最低水位抬升4m左右。

7. 一些年份干旱与全球性干旱同步发生

在我国发生大范围干旱的同时，其他国家也时常受到同样的灾害威胁，以2002年和2011年为例。

2002年3月中旬以前，我国发生春旱，波及全国大部分地区，受旱面积一度达2253.3万hm²，为1973年以来同期最大。同时，由于受到持续干旱的影响，马来西亚中、南部地区缺水严重，巴生河流域有35个地区断水。莫桑比克中南部地区持续干旱少雨，6个省发生了旱灾，致使至少10万hm²农田颗粒无收，50多万居民面临饥荒威胁。美国国内1/3的地方都深陷干旱困扰，2002年夏天一些地方遭受近年以来最严重的水源短缺。

2011年，我国长江中下游地区发生严重的春夏连旱，6月开始连续降水后解除。1～5月，欧洲大部分地区遭遇持续干旱。特别是2～5月这4个月的总降水量，相当于1951年至2000年半个世纪同期平均值的40%～80%，西欧和中欧部分地区甚至不到40%。许多国家的旱情创造了历史纪录：在瑞士，2011年是1864年以来最干旱的10个年份之一；在法国，1～4月是1975年以来最干旱的月份；在德国，春季是百年以来最干旱的春季，大部分河流的水位降至最低点；在英国西南部，3月是1953年以来最干旱的3月。春季以来，美国中部和西部、南部有9个州的大部分地区遭遇20年至50年一遇的"极端干旱"，得克萨斯州和路易斯安那州小部分区域遭遇了50年至100年一遇、最严重级别的"异常干旱"。持续时间很长的旱情不仅使农业减产，也加剧了森林火灾的风险。

（三）干旱灾害频发原因分析

1. 气象因素影响为主

我国的地理位置和气候特点，决定了我国大部分地区受东南和西南季风的影响，形成东南多雨、西北干旱的基本特征。同时又由于不同年份冬、夏季风进退的时间、强度和影响范围以及登陆台风次数的不同，致使降水量年际变化大，年内分配不均且与作物生长需水不匹配，这是干旱灾害形成的重要自然原因。

许多学者对降水量变化规律及趋势做了大量的研究和分析，得出如下结论：20世纪后半叶，北方外流河流域年降水量一般趋于减少，特别是20世纪90年代以来降水明显减少；南方流域降水增加为主，90年代降水均较80年代增多，特别是长江流域以南地区更为明显。各流域降水量季节分配情况，长江、西南诸河年变差系数最小，降水量比较稳定。海河流域最大，各季节降水量最不稳定。夏季汛期，北方流域降水多为减少趋势，其中海河流域降水显著减少；东南诸河和长江流域降水增加显著，而西南诸河和淮河流域则显著减少。从季节降水量倾向率来看，春、秋、冬三季各流域倾向率均较小，夏季较大。东南诸河为夏季最大正值区，倾向率达33.5mm/10a；夏季最大负值区出现在西南诸河，为-21.6mm/10a，海河流域和淮河流域降水减少的速率也较大。

2000年以来，我国10个流域降水量可以由高到低分成4个梯级，第1梯级是东南诸河和珠江流域，降水量基本在1300～2000mm；第2梯级是长江流域、淮河流域、西南诸河，降水量在600～1200mm；第3梯级是松花江流域、辽河流域、海河流域和黄河流域，降水量在300～600mm；第4梯级是内陆河，降水量在200mm左右。4个梯级之间不重合，降水量最多的东南诸河及珠江流域年际间变化量最大，而相对变化比例最大的是淮河及珠江流域，最小的是长江流域及西南诸河。降水量年际、年内变化大，分布不均，是我国降水的特点，也是造成干旱的最直接原因。

2000～2010年，全国年平均气温均高于常年平均值，其中，2006年偏高1.09℃，2007年偏高1.3℃。但是各时段不同地区的温度变化并不一致，呈现部分地区高温，部分地区低温的形态。例如，2002年6～8月，西北华北两地大部分地区偏高1～2℃，而6月下半月，东北、华北、黄淮北部一带出现了低温阴雨天气，哈尔滨、北京、石家庄日最高气温是1961年以来同期最低值。气温升高使得蒸发量增加，是干旱发生的原因之一。

2. 气候异常频繁

我国天气气候异常事件频繁，干旱、风沙、局地暴雨洪涝、高温、台风、冻雨、暴雪等灾害给国民经济和人民生命财产造成不同程度的影响。2006年川渝百年不遇大旱、"桑美"和"碧利斯"台风灾害，2007年淮河流域性大水，2008年低温雨雪冰冻灾害，2009年北方冬麦区大旱以及长江中下游两湖地区供水危机。

2010年是我国气候异常事件最多的一年。全国年平均气温较常年偏高0.7℃，夏季气温达1961年以来历史同期最高。西南地区发生历史罕见秋冬春特大干旱；东北、华北发生近40年罕见冬春持续低温，新疆北部出现有气象记录以来最为严重的雪灾；春季，强沙尘暴影响范围广，横扫21省（自治区、直辖市）；5～7月华南、江南遭受14次暴雨袭击，7月中旬至9月上旬北方和西部地区遭受10次暴雨袭击，10月海南出现历史罕见持续性强降水过程，甘肃舟曲等地因局地强降水引发严重山洪、泥石流、滑坡等地质灾害；夏季高温频繁，强度高，范围大，初夏东北多地最高气温突破历史极值；热带气旋登陆比例高，影响区域集中，台风"灿都""凡亚比"造成损失较重；重庆出现近20余年来最严重风雹灾害，人员伤亡大。

我国属于季风气候，冷暖空气的交会点在哪里、雨到底降在哪里，取决于副热带高压。西太平洋副热带高压脊西北侧的西南气流是向暴雨区输送水汽的重要通道，而其南侧的东风带是热带降水系统活跃的地区，因此它的位置变动对我国的降水量分布有密切关系。近年来，副热带高压活动经常出现异常，造成高温少雨天气。2006年，副热带高压位置偏北偏西，冷空气活动偏弱，高原热状况偏强，自2005～2006年冬春季青藏高原积雪偏少造成高原热力作用显著从而有利于夏季风偏强，直接导致夏季川渝地区高温干旱。

影响范围最广、持续时间最长的是异常高温少雨天气，这是造成干旱灾害的最主要原因之一。

3. 人为因素影响渐强

人为因素虽然不会引起干旱，但是却可以加剧干旱，因此也是干旱灾害发生的非常重要的原因。

（1）用水需求增大。21世纪以来，随着社会经济的持续快速发展，全国用水量由2000年的5498亿m³，增加到2010年的5998亿m³，增长率为50亿m³/a；耗水量（指在输水、用水过程中，通过蒸腾蒸发、土壤吸收、产品带走、居民和牲畜饮用等各种形式消耗掉，而不能回归到地表水体或地下含水层的水量）由2000年的3012亿m³，增加到2009年的3110亿m³，增长率为10.9亿m³/a，如图4—8所示。

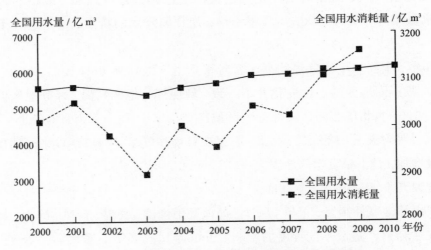

图4—8 2000～2010年全国用水量/耗水量变化情况

（2）水资源利用率低。2000～2009年10年间，平均耗水率（耗水量占用水量的比例）54.5%，水资源利用率较低，其中，耗水率最大的地区分布在降水量较少的海河流域及西北诸河区域，接近70%。农田灌溉是用水大户，但是受输水途中蒸发渗漏的影响，利用率不足一半。生产工艺粗放，节水意识不强，造成水资源利用率低下，给供用水带来更大压力，加重了干旱灾害对生活生产的影响。

（3）水污染严重，水质恶化。2009年全国废污水排放总量768亿t，大于30亿t的省份有10个，以沿海地区为重。2000～2010年对全国河流水质监测断面水质进行评价，好于Ⅲ类水质的河长仅为60%左右，劣Ⅴ类水质河长占近20%。10年来，不同水质河长比例变化不明显，各流域中，西北内陆河水质最好，海河及淮河最差，河流污染最严重主要分布在华北、西北东部地区。污水的大量排放，致使水资源质量下降而无法利用，这是加大干旱灾害发生和影响的另一个人为因素。

（四）结论

通过对多年的干旱灾害情况进行定性分析，利用2000～2010年的干旱灾害及气象数据分析了干旱灾害发生特点，得出如下结论：干旱灾害发生更加频繁；受旱范围和面积增大；受旱区域由以前的北方老旱区逐渐向南方新旱区发展；由传统的农业受旱向城市缺水和生态恶化发展；农业受灾率、成灾率没有随时间明显变化；人畜饮水困难主要集中在西北、西南地区等。从自然和社会两个角度分析干旱灾害频发的原因，发现降水量的年内分配不均、气温升高、极端异常天气等自然因素，以及用水量增大、利用率低、水污染严重等人为因素是造成干旱灾害频发重发的主要原因。

五、典型干旱灾害

由于我国幅员辽阔、地形复杂，在全国范围内，局地性或区域性的干旱灾害几乎每年都会出现。严重的干旱灾害对我国社会生产力造成了严重破坏，如1928～1932年西北大旱、1959～1961年三年特大干旱、1972年华北大旱、1978年淮河流域和长江中下游大旱、2000年全国大旱、2006年川渝大旱、2007年黑龙江三江平原大旱等。

（一）1928～1932年西北大旱

1. 旱情

此次大旱的重旱区主要分布在甘肃、宁夏、陕西、山西及其毗邻的河南西部、青海东部、四川北部和湖北西部及湖南中部地区，广西、安徽部分地区也出现重旱。据资料记载，1928年是黄河流域有实测水文气象记录以来最干旱的一年，1928年、1929年在北方重旱区年降水量比1949年以来实测的最枯年降水量还要少，见表4－2，重现期估计在50年以上。

表4－2　1928年、1929年部分旱区降水情况

省份	测站	年降水量（mm）		1950～1990年降水量		
		1928年	1929年	多年平均降水量（mm）	最小年降水量	
					发生年份	降水量（mm）
陕西	泾阳	239	304	577	1977	293
陕西	城固	459	810	492	1966	
河南	陕县	272	572	388	1969	
山西	平遥	213	313	492	1986	278
湖北	宜昌	750	1167	759	1981	
湖南	长沙	823	1338	979	1985	

2. 灾情

1928～1932年西北旱灾被称为"西北历史上成灾最重的大旱灾"，具有持续时间长、成灾范围广、死亡人数多等特点。山西晋南自春到秋无雨，夏秋庄稼歉收，粮价飞涨，民众断粮。陕西全省88县，夏秋颗粒无收，饥饿死亡250万人，饥殍载道。河南灵宝、卢氏、陕县、洛阳、宜阳、延津、封丘等县收成锐减。甘肃58个县大旱，树皮草根食之已尽，十室九空，年底灾民456万人，死亡230万人，其中死于饥饿140万人，死于病疫60万人。黄河流域从湟水、大夏河以东至豫西的广大地区，各地方志普遍有"自春至夏无雨，麦秋枯槁，颗粒无收，大旱在前，蝗蜇随后"的记述。此次大旱，一直延续到1932年。由于长时间大范围的干旱，导致粮食奇缺，灾民为果腹充饥，所食的东西从树皮、草根到谷壳、昆虫、马粪，从吞咽观音土到争食死尸，人肉论斤而卖，最后甚至夫妻相杀、父子相食。

（二）1959～1961年三年特大干旱

1. 旱情

1959年7～9月，渭河、黄河中下游以南，南岭、武夷山以北地区普遍少雨，其中湖北、河南、

陕西关中和陕南、湖南北部、四川东部旱情最为严重。之后，华南出现严重秋旱，福建、广东等地连续两个月无降雨。1960年春季，受旱范围继续扩大，全国除西藏、新疆外，其余各省（自治区、直辖市）都不同程度地发生了春夏连旱，其中青海、宁夏、河南、山西、安徽、湖南旱情最为严重，有60%的耕地受旱时间长达6～7个月。青海东部、甘肃中南部、宁夏南部、陕西中北部，山西、河北、河南北部和东部、山东北部，1～6月降水量较常年偏少三至六成，4月、5月小麦关键需水期偏少五成，有的地方偏少七至九成，麦作旱情极为严重。山东境内的汶河、潍河等8条河流断流，黄河下游范县、济南等河段断流40多天。

与此同时，广东、海南旱情持续了7个月，云南、贵州、四川冬春连旱。1961年，干旱仍然持续，河北、内蒙古东部和西部，东北北部，河南、安徽、江苏大部，甘肃、青海、陕西、湖北、四川、广东、广西和海南部分地区年降水量偏少，位于少雨中心的邯郸、德州、济南、菏泽、江淮平原大部地区6月、7月间出现少雨天气，旱情加剧。

2. 灾情

1959年，全国因旱受灾面积为3380.7万hm²，受旱率为23.7%，成灾面积为1117.3万hm²，损失粮食108亿kg，减产率为6.4%，受灾人口达4703万；1960年，全国因旱受灾面积为3812.5万hm²，受旱率为25.3%，成灾面积为1617.7万hm²，损失粮食112.8亿kg，减产率为7.8%，受灾人口达6107万，占人口总数11.6%；1961年，全国因旱受灾面积为3784.7万hm²，受旱率为26.4%，成灾面积为1865.4万hm²，损失粮食132.3亿kg，减产率为9.7%，受灾人口达6434万，占人口总数12%。1959～1961年三年连旱，波及长江、淮河、黄河和汉水流域等广大地区，全国年因旱受灾面积均在3300万hm²以上，导致粮食连年减产，加之其他因素，粮食供应严重不足，发生了新中国成立后严重的"连续三年自然灾害"，引起全国性大饥馑，给人民生命安全和国民经济发展造成了严重危害。

（三）1972年华北大旱

1. 旱情

1972年是新中国成立以来全国大范围、长时间严重干旱少雨的一年，重旱区主要在海滦河、黄河流域。除黑龙江、新疆外，北方大部分地区春季干旱少雨，入夏后又持续干旱形成春夏连旱。旱情严重的海滦河流域，年降水量比多年平均值偏少20%～40%；黄河流域年降水量偏少22%，春季偏少二至五成，汛期偏少三至五成。在受旱省份中，尤以河北、山西两省受旱最重。河北省1972年年降水量为351mm，较常年偏少34%；春夏季较常年偏少43%，连续无雨日数一般超过50天，最多长达3个月无雨。山西省年降水量为354mm，较常年偏少31%，春夏秋季连旱，是新中国成立以来最旱的一年。北京市和内蒙古自治区的旱情也十分严重。北京市年降水量431mm，较常年偏少29%，其中春季偏少八成。

该年海滦河山区天然年径流量为98.4亿m³，比常年减少56%，是新中国成立以来年径流量最少的一年。山西省全省天然年径流量为64亿m³，为其多年均值的56%，属特枯水年。由于来水减少，小水库和塘坝大部分干涸，一些大型水库，如永定河官厅水库、滹沱河岗南水库不得不挖掘死库容，使水库长期在死水位以下运行。严重干旱造成浅层地下水位普遍下降，一般井水位下降3～5m，衡水地区1972年6月地下水位最大下降6.9m，引起机泵出力下降和环境地质问题。济南以下黄河断流20天，河道断流长达310km，入海流量减少39%，是黄河下游现代自然连续断流的第一年。

2. 灾情

据统计，1972年全国农作物受旱面积3069.9万hm²，占全国播种面积的20.8%，成灾面积1360.5万hm²，占播种面积的9.2%，损失粮食1367万t。其中，重灾区的黄河流域，受旱面积437万hm²，受灾人口1750万，因旱粮食损失229.3万t，分别占同地区播种面积、农业人口、正常产量的31.2%、28.6%和11.4%；海滦河流域受旱面积408万hm²，受灾人口1372万，因旱粮食损失303万t，分别占同地区播种面积、农业人口、正常产量的34.8%、19.0%和11.1%。

河北省受旱面积269.9万hm²，其中减产30%～50%的有112.3万hm²，减产50%～80%的有46.5万hm²，绝收面积7.6万hm²。全省因旱粮食损失192.3万t，减产率为14%，其中夏粮减产38.4万t，秋粮减产153.9万t，棉花减产64217kg。全省受灾人口共计1178万，山区有100万人饮水困难，有些牲畜渴死。山西省受旱面积213万hm²，全省93个县中有81个县成灾，其中重灾县46个。天津市受旱面积25.9万hm²，成灾面积19.9万hm²，全市粮食总产量较1971年减产34.7%。

（四）1978年淮河流域及长江中下游大旱

1. 旱情

1978年长江中下游地区3月即出现旱情，4月各地降水量比常年偏少三至八成，7～8月降水量偏少四至六成，到了10月，中下游还有80%的地区降水量偏少三至五成。淮河流域春季均出现不同程度的旱情，3月降水量比同期偏少二至四成，4月偏少七至九成，5月偏少三至六成，7～9月偏少五至六成。长江中下游和淮河流域均形成春夏秋连旱的局面。太湖流域在3～4月降水量偏少的情况下，6～8月降水量又比常年同期减少64%，9～10月偏少三至四成，出现空梅加伏秋连旱，成为太湖流域特大干旱年，其旱情比历史上1934年还要严重。

干旱少雨和高蒸发量使得河川天然径流量大幅度减少。淮河洪泽湖入湖水量为30.4亿m³，约为正常年的1/10；沂、沭、泗等河流入骆马湖的水量26.6亿m³，比正常年偏少六成；淮河的响洪甸站天然年径流量只有多年平均值的1/3左右；新安江屯溪站天然年径流量只有多年平均值的50%；秦淮河武定门站出现6个月的断流。旱区的中小型水库因来水少、引水多，蓄水耗尽，库干塘涸，多座大型水库也放至死水位以下。响洪甸水库蓄水量从4月中旬开始锐减，5月减至死库容，7～12月库蓄水量只有死库容的1/5；梅山水库蓄水量从5月初开始锐减，7～12月库蓄水量只有死库容的1/10；佛子岭水库5～12月库蓄水量为死库容的1/4。

2. 灾情

全国农作物受旱面积4020万hm²，占全国播种面积的26.8%，成灾面积1593.3万hm²，占播种面积的12%，其中受旱率大于20%的有江苏、安徽、湖南、湖北、四川、陕西、山西、山东、河南、内蒙古、黑龙江等省（自治区）。其中，受旱率大于30%的有江苏、安徽、四川、湖北4省；受旱率最高的是江苏省，为68.3%。全国因旱损失粮食20005亿kg，减产率达到6.2%，其中淮河流域减产率最高，达7.9%。因旱影响人口7906万，占总人口的9.7%，其中淮河流域影响人口比率达到

17.5%。一些农村尤其是山区农村因旱人畜饮水困难十分严重，譬如安徽省山区农村近400万人发生临时饮水困难，山东省近300万人饮水困难等。

（五）2000年全国大旱

1. 旱情

春旱和夏旱波及北方大部和南方部分地区。2～7月，北方大部、长江流域沿江地区及四川盆地、广西南部等地降水总量比常年同期偏少二至五成，部分地区偏少五至七成，其中内蒙古、辽宁、吉林、河北、山西、山东、甘肃、安徽、湖北、四川等省（自治区）的一些地区降水总量是1949年以来同期最小值。全国大部分地区气温较常年同期偏高，其中长江中下游及其以北大部分地区2～7月平均气温比常年同期偏高1～2℃。尤其是5月以后，我国东部和西北部分地区先后几次出现持续较长时间的酷热天气，最高气温达到35～39℃，部分地区达40～42℃，甘肃兰州、青海西宁、辽宁朝阳、河北承德等地的最高气温均突破有气象记录以来的历史极值，并且北方地区春季还出现10多次较大范围的大风扬沙天气，水分蒸发加快，土壤墒情急剧下降。高温少雨造成全国主要江河来水量明显偏少，特别是黄河以北地区大部分河流汛期来水总量比多年平均值少五至九成，辽河、黄河中下游汛期来水总量为历史同期最小值。

2. 灾情

2000年为特大干旱年，发生了1949年以来最为严重的全国性旱灾。全国农作物因旱受灾面积4053.3万hm²，其中成灾2680万hm²，绝收800万hm²，因旱损失粮食599.6亿kg，占当年粮食总产量的12.3%，经济作物损失511亿元，受灾、成灾、绝收面积和旱灾损失都是1949年以来最大的。新疆、天津、山西、山东、河南等省（自治区、直辖市）因干旱少雨发生较大面积、高密度的蝗灾。旱灾对牧业生产也造成巨大损失。内蒙古、河北、吉林、黑龙江、甘肃、青海、宁夏、新疆8省（自治区）牧区草场受旱面积一度达到7800万hm²，占可利用草场面积的65%以上，其中未返青3306.7万hm²，返青后枯死2046.7万hm²。由于草场载畜能力下降，有4903万头（只）牲畜受到影响，膘情较正常年份下降三至四成，因缺草、缺料死亡90.2万头（只）。

旱情严重期间，全国有2770万农村人口和1700多万头大牲畜发生临时饮水困难。山西省一度有430万人、67万头大牲畜饮水困难，其中300多万人、50万头大牲畜靠异地拉运水维持生存。甘肃省一度有252万人、130多万头大牲畜饮水困难，其中环县罗山乡部分群众拉水往返路程达80km，每方水卖到80多元。河北省一度有300多万人饮水困难，仅太行山区就有38万人外出拉水为生，争水、抢水引发的纠纷频频发生，甚至造成了人员伤亡。全国有620座城镇（含县城）缺水，影响城镇人口2635万人。天津、烟台、威海、长春、承德、大连等大中城市发生供水危机，不得不采取非常规的节水限水或远距离调水措施。

（六）2006年川渝大旱

1. 旱情

重庆市夏旱始于5月中旬，伏旱在7月初露头，夏旱连伏旱，大部分地区总旱天数超过60天，东北地区超过90天，巫溪县则近100天。夏伏旱覆盖其所辖的40个区（县、市），除秀山、西阳、石柱为严重干旱外，其余37个区（县）为特大干旱，影响人口突破2100万。四川省整个旱期历时半年，从3月上旬一直持续到9月上旬，大部分旱区春旱40～66天、夏旱40～57天、伏旱45～65天；春、夏、伏旱波及21个市（州），影响范围达35.8万km²，其中夏伏旱扩大到盆地中东部、西北部以及盆地南部、川西北高原的139个县（市），影响人口突破4700万。

夏伏期间，重庆大部分地区降水量均比多年同期平均降水量偏少六至九成，各地日平均气温较常年同期偏高2～3℃，而蒸发量偏多六成至1.8倍；各地35%以上的高温天数普遍为43～62天，潼南等17个区（县）40℃以上的酷暑天气达到10～21天，綦江县（2006年8月15日）极端气温达44.5℃，刷新了重庆市53年以来的日极端气温纪录。四川省2006年平均年降水量为807mm，较常年偏少16%，偏少幅度居历史第二位，其中8月降水量较常年同期偏少54%，居1961年以来同期第二低位；年平均气温与常年同期相比偏高幅度位居有完整气象记录以来第一位，夏伏期间，共91个县（市）高温日数创有气象记录以来历史同期极值，有50个站突破历史同期最长高温持续纪录。由于持续干旱，两省（直辖市）境内大江大河水位均低于常年同期水位，中小型河流断流或干涸，水利工程蓄水急剧减少。重庆市境内大江大河出现"汛期枯水"的现象，长江寸滩站、嘉陵江北碚站出现有记录以来历史同期最低水位，乌江武隆站出现历史同期第四低水位。重庆市近2/3的溪河断流，275座水库水位降至死水位，472座水库、3.38万口山塘、近万眼机电井干涸，旱情最严重时期，全市可用水源不足3亿m³。四川省大旱期间共有14.69万条溪河断流，因旱有1100座小型水库蓄水在死库容以下，10.41万口塘堰干涸，全省水利工程蓄水比往年同期偏少24%，有61.2%小型水利工程干涸。

2. 灾情

2006年川渝特大干旱对两省（直辖市）农业、工业、林业、旅游、人畜饮水、水利电力以及人民生活等方面造成了严重的危害和损失。据统计，旱灾造成两省（直辖市）损失粮食974.7万t，经济林木枯死31万hm²，森林过火面积913hm²，造成直接经济损失235.2亿元，企业减少产值115亿元。重庆市农作物受灾面积为132.6万hm²，成灾面积88.3万hm²，绝收面积37.5万hm²，因旱损失粮食价值291.8亿元，水果、蔬菜减产30%以上，经济林木枯死67万hm²，森林过火面积866.7hm²，造成直接经济损失超过90.71亿元，其中农、林、牧、渔业经济损失达66.35亿元，因高温、限电、限水等造成企业减少产值45亿元。四川省作物受灾面积达244.9万hm²，成灾面积为152万hm²，绝收面积为31.1万hm²，因旱造成粮食损失682.9万t，经济林木枯死8.7万hm²，农业直接经济损失124.5亿元，林业损失近20亿元，工业损失近70亿元。此外，受干旱影响，因坝体干裂等原因，重庆市新增病险水库369座，四川省有942座水库大坝出现裂缝。特大干旱共造成两省（直辖市）1537.24万人、1632.49万头大牲畜临时饮水困难，分别占全国相应值的43.0%和55.6%。重庆市1081个乡镇（街道）中有2/3出现供水困难，因旱饮水困难人口突破800万，占农村总人口的40%左右；四川省因旱有716.85万人、883.71万头牲畜饮水困难。

两省（直辖市）有282万群众近1个月时间靠政府送水维持基本生活用水。

（七）2007年黑龙江三江平原大旱

1. 旱情

入夏以来，黑龙江省气温偏高，降水也异常偏少，旱象开始露头。6～7月，全省平均气温为21.8℃，比历年同期高1.5℃，30℃以上高温天气达26天，比历年同期多9天。6月全省平均降雨量为54.6mm，比历年同期减少38%。据6月20日统计，全省受旱面积414.5万hm²。6月下旬出现几次较大降雨过程，局部地区旱情得到缓解。

进入7月，受高温少雨影响，土壤墒情较差，黑龙江省旱情迅速发展。7月全省平均降雨量为67.9mm，比历年同期减少50%，是1961年有气象记录以来同期最低值。7月中旬以前，旱区主要集中在三江平原地区佳木斯、鹤岗、双鸭山、七台河和黑龙江省农垦总局宝泉岭、红兴隆分局和哈尔滨市依兰县。7月中旬以后，东部地区旱情旱灾急剧加重，且夏旱迅速向中西部地区延伸，齐齐哈尔、绥化、哈尔滨等地旱情发展迅速。7月底，全省已有47个市、县（区）发生不同程度旱情，受旱面积400多万hm²，其中重旱153.9万hm²，绝收面积44.3万hm²。佳木斯市89.4万hm²旱田作物全部受旱，成灾面积达78.9万hm²，绝收面积达26万hm²，占播种面积的29%；鹤岗市作物受旱面积140.5万hm²，占耕地面积的83.7%，干枯面积达4.3万hm²；双鸭山市作物受旱面积27.6万hm²，占播种面积的69%，绝收面积达3.6万hm²。

8月初，旱情仍持续发展。全省有60个县（区、市）发生了不同程度的旱情和灾情，全省受旱面积达到430.7万hm²，占耕地面积的38%。其中：轻旱面积227.4万hm²，占耕地面积的20.1%；重旱面积156.3万hm²，占耕地面积的13.8%；绝产面积47万hm²，占耕地面积的4.1%；水田渴水面积36万多hm²，占水田面积的5.6%。因旱导致25.9万人、22.3万头大牲畜饮水受到影响。受持续降水异常偏少和上游来水影响，江河水位普遍急剧下降，部分江河水位降至历史同期最低。8月2日，松花江哈尔滨江段水位113.12m，相应流量539m³/s，水位比历史同期低2.12m，流量仅相当于历史同期的20%；松花江佳木斯站水位为73.12m，比历史同期最低水位低1.02m；与历史同期相比，嫩江干流水位偏低0.86～2.70m，松花江干流水位偏低1.99～3.13m，乌苏里江干流水位偏低1.01～1.41m。蚂蚁河、倭肯河、呼兰河以及三江平原地区90%以上的小河出现断流。水库也严重蓄水不足，有101座小型水库干涸，部分大中型水库也基本无水可放。全省地下水位较2006年同期平均下降0.74m，三江平原下降1～3m。全省有25712眼机电井出水不足，抗旱水源严重不足。8月9日之后，受热带风暴影响，东北大部出现降雨过程，旱情缓和。

2. 灾情

2007年，黑龙江省局部地区遭受了严重夏伏旱，历史上极少出现干旱的三江平原发生了新中国成立以来第二次严重干旱。据统计，全省全年因旱作物受灾面积为650万hm²，其中成灾313.3万hm²，绝收55.5万hm²，分别占全国相应值的22.1%、19.4%和17.4%；因旱粮食损失576.3万t，经济作物损失49.7亿元，分别占全国相应值的15.4%和11.8%。

（八）2010年西南大旱

1. 旱情

2010年春，西南地区发生了历史罕见的特大干旱。2009年入秋后，西南地区降水持续偏少，至2010年3月下旬，云南、贵州、广西、四川和重庆5省（自治区、直辖市）大部降雨总量与多年同期相比偏少五成，部分地区偏少七成以上，接近或超过历史最小值。云南省的昆明、楚雄、曲靖等地7个月累计降水量不足100mm，贵州省西南部分地区连续235天无有效降雨，四川攀西地区连续无雨日达160多天。

降雨持续偏少导致江河来水严重偏枯，水利工程蓄水严重不足，抗旱水源十分紧缺。云南省境内金沙江、南盘江等河流来水量创历史同期最少，全省河道平均来水量较多年同期偏少42%，有744条中小河流断流。贵州省乌江、清水江等河流来水比多年同期偏少三至五成，全省有3600条溪河断流。4月初，西南5省（自治区、直辖市）水利工程蓄水比去年同期偏少二成以上且分布极不均匀，多数小型水库和绝大部分塘窖无水可用。其中云南省水库、塘坝有效蓄水量比去年同期少17.1亿m³，偏少36.1%，有524座小型水库、7380座小塘坝干涸；贵州省也有212座小型水库、1568座山塘干涸。

受降雨、来水和蓄水持续偏少影响，西南地区旱情迅速蔓延发展。4月初旱情发展到高峰，耕地受旱面积一度达673.3万hm²，占全国耕地受旱面积（806.7万hm²）的84%；有2088万人、1368万头大牲畜因旱饮水困难，分别占全国人畜饮水困难数量（2595万人、1844万头）的80%和74%，云南大部、贵州西部和南部、广西西北部旱情达到特大干旱等级，云南省旱情为新中国成立以来同期最重。5月西南地区进入雨季后，降水明显增多，至6月下旬旱情基本解除。

2. 灾情

云南、贵州、广西、重庆、四川5省（区、市）耕地受旱面积673.3万hm²，占全国的84%，作物受旱527.1万hm²，待播耕地缺水缺墒146.5万hm²。云南省因旱饮水困难人数高峰时达965万人，约占全省农村人口的27%。贵州省一度有20多个县级以上城市、543个乡（镇）政府所在地出现供水紧张。由于西南旱区大部分群众居住在山区和半山区，居住分散，水源工程条件差，有1422万人靠拉运水和人背畜驮解决基本生活用水，部分村民饮水困难时间长达半年，拉水距离达几km甚至几十km。

严重干旱造成西南5省（自治区、直辖市）粮食作物绝收120.7万hm²，粮食减产350万t，导致1297万人一度缺粮；经济作物绝收39.5万hm²，损失190亿元。据评估，西南5省（自治区、直辖市）因旱直接经济损失达769亿元，相当于5省（自治区、直辖市）2009年GDP总和的2%；其中云南、贵州两省直接经济损失分别达478.5亿元、139.6亿元，相当于2009年全省GDP的7.8%和3.5%。

（九）2011年长江中下游大旱

1. 旱情

2011年春夏两季，长江中下游地区降水达到50年来最低水平，主要江河累计来水量较多年同期偏少一至七成。全国耕地受旱面积为659.5万hm²，有497万人、342万头大牲畜因旱饮水困难。

国家防汛抗旱总指挥部数据显示，长江中下游地区降水与多年同期相比偏少四至六成，为1961年以来同期最少年份。受旱的地区主要分布在沿江，还有洞庭湖、鄱阳湖周边以及江淮之间的丘陵山区一带。长江中下游旱情的发展给部分地区的农业生产带来不利影响，其中湖北、湖南两省的局部地区比较突出。

2. 灾情

江苏省民政厅报告，严重干旱灾害已造成生活困难需政府救助人口109.3万，农作物受灾面积611.76万hm²，绝收面积1.26万hm²，直接经济损失24.4亿元，其中农业损失23.6亿元。

安徽省大部分地区连续8个月降水偏少，较常年偏少五成，安徽全省平均无降水日数超过190天，为1961年以来最长时间。据此间民政部门统计，全省受旱灾的人口曾达1200万，直接经济损失超过40亿元。

第三节　干旱灾害对我国社会经济的影响

受特定的自然地理及气候条件影响，我国是世界上干旱灾害最为频繁且损失严重的国家之一，局地性或区域性的干旱灾害几乎每年都会出现。近几十年来，受全球气候变暖的影响，极端气候事件日益增多，特别是随着我国国民经济快速发展、城市化建设进程加快，以及人口的增长，干旱灾害影响范围已从农业农村发展到城市和生态，严重地威胁着我国的粮食安全、城乡居民饮用水安全和生态安全。

一、干旱灾害对农业生产的影响

干旱灾害是对我国农业生产危害最大的自然灾害。干旱会造成土壤水分亏缺，作物体内水分平衡遭到破坏，影响其正常生理活动，对作物造成损害，特别是农作物从营养生长向生殖生长转换期对水分最为敏感，在此期间如果水分条件不能保证需要，作物生长和产量将受到影响。

据1949~2013年我国水旱灾害统计资料分析，全国农作物多年平均因旱受灾面积约2066.7万hm²，多年平均成灾面积930.3万hm²，多年平均因旱损失粮食1599.9万t。65年中，作物因旱受灾面积超过2666.7万hm²的共19年，其中1959年、1960年、1961年、1978年、1997年、2000年和2001年超过3333.3万hm²；成灾面积超过1333.3万hm²共16年，其中1997年、2000年和2001年超过2000万hm²；因旱粮食损失超过3000万t的共10年，其中1997年、2000年、2001年和2006年超过4000万t，详见表4—3。干旱灾害极为严重的2000年，全国作物因旱受灾面积高达4053.3万hm²，占当年播种面积的25.9%，约为多年平均受灾面积的2倍；成灾面积2680万hm²，占因旱受灾面积的比例高达66.1%，约为多年平均成灾面积的3倍；因旱粮食损失接近6000万t，约为多年平均因旱粮食损失的4倍，占当年粮食总产的13%。

表4-3　1949~2013年干旱灾害对农业的影响

年份	受灾面积 （万hm²）	成灾面积 （万hm²）	绝收面积 （万hm²）	粮食损失 （万t）	年份	受灾面积 （万hm²）	成灾面积 （万hm²）	绝收面积 （万hm²）	粮食损失 （万t）
1949	263.9	132.7	—	128.5	1982	2069.7	997.2	—	1984.5
1950	239.8	58.9	—	190.0	1983	1608.9	758.6	—	1027.1
1951	782.9	229.9	—	368.8	1984	1581.9	701.5	—	1066.1
1952	423.6	256.5	—	202.1	1985	2298.9	1006.3	—	1240.4
1953	861.6	134.1	—	544.7	1986	3104.2	1476.5	—	2543.4
1954	298.8	56	—	234.4	1987	2492	1303.3	—	2095.5
1955	1343.3	402.4	—	307.5	1988	3290.4	1530.3	—	3116.9
1956	312.7	205.1	—	286.0	1989	2935.8	1526.2	242.3	2836.2
1957	1720.5	740	—	622.2	1990	1817.467	780.5	150.3	1281.7
1958	2236.1	503.1	—	512.8	1991	2491.4	1055.9	210.9	1180.0
1959	3380.7	1117.3	—	1080.5	1992	3298	1704.9	254.9	2097.2
1960	3812.5	1617.7	—	1127.9	1993	2109.8	865.9	167.3	1118.0
1961	3784.7	1865.4	—	1322.9	1994	3028.2	1704.9	252.6	2336.0
1962	2080.8	869.1	—	894.3	1995	2345.5	1037.4	212.2	2300.0
1963	1686.5	902.1	—	966.7	1996	2015.1	624.7	68.7	980.0
1964	421.9	142.3	—	437.8	1997	3351.4	2001	395.8	4760.0
1965	1363.1	810.7	—	646.5	1998	1423.7	506.8	94.9	1270.0
1966	2001.5	810.6	—	1121.5	1999	3015.3	1661.4	392.5	3330.0
1967	676.4	306.5	—	318.3	2000	4054.1	2678.3	800.6	5996.0
1968	1329.4	792.9	—	939.2	2001	3848	2370.2	642	5480.0
1969	762.4	344.2	—	472.5	2002	2220.7	1324.7	256.8	3130.0
1970	572.3	193.1	—	415.0	2003	2485.2	1447	298	3080.0
1971	2504.9	531.9	—	581.2	2004	1725.5	795.1	167.7	2310.0
1972	3069.9	1360.5	—	1367.3	2005	1602.8	847.9	188.9	1930.0
1973	2720.2	392.8	—	608.4	2006	2073.8	1341.1	229.5	4165.0
1974	2555.3	229.6	—	432.3	2007	2938.6	1617	319.1	3736.0
1975	2483.2	531.8	—	423.3	2008	1213.7	679.8	81.2	1605.5
1976	2749.2	784.9	—	857.5	2009	2925.9	1319.7	326.9	3484.9
1977	2985.2	700.5	—	1173.4	2010	1325.9	898.6	267.2	1684.8
1978	4016.9	1796.9	—	2004.6	2011	1630.4	659.9	150.5	2320.7
1979	2464.6	931.6	—	1385.9	2012	933.3	350.9	37.4	1161.2
1980	2611.1	1248.5	—	1453.9	2013	1122	697.1	150.5	2063.6
1981	2569.3	1213.4	—	1854.5	平均值	2084	930.5	99.4	1599.9

注：数据来自于《2013年中国水旱灾害公报》。

1949年以来，我国因旱粮食损失呈明显增加趋势，主要有以下几方面原因：一是随着农业生产规模的不断扩大和农业科技的迅速发展，粮食单产不断提高，同等干旱条件下，旱灾对粮食产量的影响大大增加；二是随着社会经济高速发展和人民生活水平的提高，工业生产和城市生活用水挤占农业用水现象日趋严重，尤其是发生较大干旱时，常常弃农业而保生活、生产用水；三是随着全球气候变暖，严重甚至特大干旱灾害发生更为频繁，农业生产变得更为敏感、脆弱。

此外，由于不同区域气候、地理、水资源等自然条件以及水利基础设施条件等存在较大差异，特别是受全球气候变化的影响，自20世纪80年代以来，我国干旱灾害区域分布发生了较大的变化，东北、西南地区的旱情灾情呈明显的增加趋势，黄淮海地区有所减少，西北地区20世纪90年代比80年代明显增加后，近年来基本维持在较高状态，长江中下游和华南地区变幅相对较小，如图4—9所示。

农业受旱经济损失计算，目前尚无成熟的方法，兹根据现有资料条件用下面两种方法进行估算，以便比较和选用。

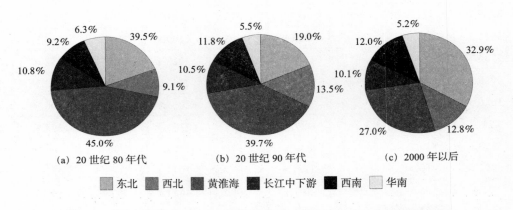

图4—9　不同年代不同区域因旱受灾面积占同期全国因旱受灾面积比例

（一）对比法

根据受旱年份实际农业产量或产值和该年在正常情况下应有的产量或产值进行对比，以计算经济损失。第 i 类农作物因旱减产量的计算式为

$$Q_{adi} = Q_{aoi} - Q_{aai} \tag{公式4-1}$$

或　　　$$Q_{adi} = A_i(q_{aoi} - q_{aai}) \tag{公式4-2}$$

农作物因旱产值损失的计算式为

$$V_{ad} = \sum_{i=1}^{n} A_i(q_{aoi} - q_{aai})P_i \tag{公式4-3}$$

式中：Q_{adi} 为地区受旱年份第 i 类农作物减产量；Q_{aoi} 为第 i 类作物正常产量；Q_{aai} 为地区受旱年份第 i 类农作物实际产量；A_i 为第 i 类农作物受旱面积；q_{aoi}，q_{aai} 分别为第 i 类农作物单位面积正常产量和受旱后的实际产量；V_{ad} 为地区受旱年份农作物产值损失；P_i 为第 i 类农作物价格；n 为农作物种类数。

受旱当年第i类农作物的实际总产量Q_{aai}依各地统计资料推算，农作物正常产量Q_{aoi}采用近年农业正常产量和考虑年增长率后求得。

农作物一般分为粮、棉、油、其他经济作物（如麻类、糖料、烟草、药材等）以及其他农作物（如蔬菜、瓜类、绿肥等）5类。在这5类农作物中，历年粮食种植面积占总播种面积的75.8%～87.8%，棉花种植面积占2.5%～4.8%，油料种植面积占2.4%～7.3%，其他经济作物占1.4%～5.8%，其他农作物占3.4%～10.3%，见表4—4。由于粮食作物占播种面积3/4以上，经济作物所占比例较小，且经济作物多有灌溉条件和优先于大田供水，这次计算中，受旱面积上农作物经济损失只就粮食作物进行了统计和估算。

经按公式(4-1)或公式(4-2)计算，并经全国汇总，求得1949～1990年全国因旱累计粮食损失量为42474.5万t。各个年代粮食损失量见表4—5。如按1980年粮食综合不变价0.32元/kg计算，则

表4—4　全国历年各类农作物种植百分数统计表

年份	种植面积占播种面积百分数（%）					总播种面积（万 hm²）	耕地面积（万 hm²）	复种指数
	粮食作物	棉花	油料	其他经济作物	其他农作物			
1952	87.8	3.9	3.3	1.6	3.4	14125.6	10791.9	1.31
1957	85.0	3.7	3.7	1.8	5.8	15724.6	11183.0	1.41
1962	86.7	2.5	2.4	1.4	7.0	14022.8	10290.3	1.36
1965	83.5	3.5	3.0	2.0	8.0	14329.1	10359.4	1.38
1970	83.1	3.5	2.6	2.1	8.7	14348.7	10113.5	142
1975	80.9	3.3	3.2	2.5	10.1	14954.5	9970.8	1.50
1976	80.6	3.3	3.2	2.7	10.2	14990.2	9938.8	1.51
1977	80.6	3.2	3.0	2.9	10.3	14933.3	9924.7	1.50
1978	80.3	3.2	4.1	2.3	10.1	15010.4	9938.9	1.51
1979	80.3	3.0	3.8	3.2	9.7	14847.7	9949.8	1.49
1980	80.1	3.4	4.1	3.4	9.0	14637.9	9930.5	1.47
1981	79.2	3.6	4.9	3.6	8.7	14515.7	9903.7	1.47
1982	78.4	4.0	5.2	3.8	8.6	14475.5	9860.7	1.47
1983	79.2	4.2	4.6	3.5	8.5	14399.3	9835.9	1.46
1984	79.3	4.8	4.6	4.0	7.3	14422.1	9785.4	1.47
1985	75.8	3.6	6.2	5.8	8.6	14362.6	9687.0	1.48
1986	76.9	3.0	6.4	4.7	9.0	14420.4	9623.0	1.50
1987	76.8	3.3	6.3	4.7	8.9	14495.7	9588.8	1.51
1988	76.0	3.5	6.5	4.9	9.1	14486.9	9572.2	1.51
1989	76.6	3.6	7.2	3.5	9.1	14655.4	9572.2	1.53
1990	76.5	3.8	7.3	3.3	9.1	14836.2	9567.4	1.55

注：1975年前各种农作物种植百分数变化不大，故只选出若干代表年列出。

因旱粮食损失价值量累计为1359亿元；如按1990年粮食综合不变价0.55元/kg计算，则因旱粮食损失价值量累计为2336亿元。

表4-5　全国不同年代因旱粮食损失量表

年份	粮食损失量（万t）	年平均粮食损失量（万t）	实际粮食产量（万t）	正常粮食产量（万t）	损失量占正常粮食产量比值（%）
1949~1959	4477.5	407.0	183105	187582	2.4
1960~1969	8247.0	824.7	185485	193733	4.3
1970~1979	9249.4	924.7	276120	285369	3.2
1980~1989	20500.0	1863.6	423034	443534	4.6
1990~1999	20652.9	2065.3	—	—	—
2000~2010	36602.2	3660.2	—	—	—
合计/平均	99729.0	1624.3	1067744	1110218	3.8

（二）减产系数法

根据历年受旱或成灾面积和由农业减产资料推算的减产系数，用下式计算因旱农作物的产值损失为

$$V_{ad} = \sum_{i=1}^{n} a_i A_i q_i P_i \qquad (公式4-4)$$

式中：a_i为第i种作物受旱或成灾耕地上农业产量与正常产量的比值；A_i为第i种作物受旱或成灾面积；q_i为第i种作物正常年单位面积产量；P_i为第i种作物价格。

历年受旱或成灾面积A可直接采用表4-3中数据，各年单位面积粮食正常产量，系在考虑科学技术发展因素的基础上，对实际单位面积产量作适当修正后求得。把a、A、q等值代入式（4-4），即可算得历年产量损失，公式中a值按平均情况采用，计算成果见表4-6。

由表4-6得，1949~1990年因农业受旱损失粮食38025万~45862万t，按1980年不变价计算，损失的产值为1217亿~1468亿元；按1990年不变价计算为2091亿~2522亿元。由表4-6还可看出，每10年累计因旱损失粮食量有明显增长趋势，损失量占全国粮食总产量的百分数从20世纪50

表4-6　1949~1990年受灾、成灾面积及粮食损失表

年份	耕地（万hm²）		受旱面积（万hm²）		成灾面积（万hm²）		损失粮食产量（万t）			减产占总产的百分比（%）
							按受旱面积计		按成灾面积计	
	累计	年平均	累计	年平均	累计	年平均	减产系数0.13	减产系数0.15	减产系数0.40	
1949~1959	117300	10664	11864	1078	3836	349	3038	3506	2972	1.6~1.9
1960~1969	102923	10292	17919	1792	8462	846	5102	5887	6332	2.7~3.3
1970~1979	99981	9998	26122	2612	7454	745	12044	13898	10777	3.8~4.8
1980~1990	106919	9720	26380	2398	12542	1140	17841	20586	25781	4.0~5.7
合计/平均	427123	10169	82285	1959	32294	769	38025	43877	45862	3.4~4.1

年代的1.6%～1.9%增至80年代的4.0%～5.7%。

不同方法求得的农业损失值成果汇列于表4—7。

表4—7 1949～1990年农业受旱总损失值计算成果表

计算方法	农作物受旱损失		
	折合损失粮食（万t）	折合1980年价（亿元）	折合1990年价（亿元）
产量对比法	42474.5	1359	2336
减产系数法	38025～45862	1217～1468	2091～2522

二、工业缺水的直接经济损失

工业供水（含城市居民供水）保证率常常高于农业，且供水优先安排，因而在一般干旱年份，工业用水可以得到满足，工业受旱经济损失只在重旱年份才会发生。在重旱年份，干旱对工业的影响主要体现在以下3个方面。（1）持续干旱造成企业水、电供应不足。干旱会造成水资源短缺，水力发电减少，若遭遇高温天气，用电缺口将会进一步扩大。为保障居民生活用水、用电，很多企业尤其是需水、用电量较大的企业不得不处于半停产或停产状态。（2）干旱灾害造成部分行业原材料供应不足。干旱会对农业生产造成严重影响，导致农产品产量下降，价格上涨，将会严重影响农产品加工企业的生产。（3）企业生产成本增加。由于生产环境的恶化，很多企业减少了生产时间或改善工作环境，以保障员工的身体健康，部分员工因回家抗旱或不愿忍受恶劣的工作环境，致使企业出现用工困难。2013年高温伏旱期间，湖北省800余家企业因缺水停产或限产，工业、养殖业、林业损失72.40亿元。

工业受旱损失采用下式进行估算：

$$V_{IS} = V_{IO} - V_{Ig} - V_{Im} \qquad\qquad (\text{公式}4\text{-}5)$$

式中：V_{IS}为受旱年份工业损失；V_{IO}，V_{Ig}分别为工业的正常产值和受旱年份工业的实际产值，V_{Im}为受旱减产而未消耗掉的工业生产原材料价值。

工业正常产值，可采用原计划的工业年产值或由正常年份的工业年产值和考虑工业生产的年增长率β_i后求出。

以1961～1990年为例估算工业受旱损失，1961～1990年工业受旱损失值计算成果见表4—8。

由表4—8计算可得1961～1990年工业受旱损失总计分别为3419亿元（按当年价格计算）、3164亿元（按1980年价格计算）和16078亿元（按1990年价格计算）。

三、畜牧业干旱的直接经济损失

干旱对我国西、北部广大牧区畜牧业生产影响巨大，干旱一方面使牧区牲畜饮水发生困难，一方面使牧草返青、生长受到严重影响，甚至造成牧草枯黄，草场退化和土壤沙化，影响当年家

表4－8　1961～1990年工业受旱产值损失计算成果表（亿元）

年份\项目	1961	1962	1963	1964	1965	1966	1967	1968	1969
正常产值	1696	1757	1820	1885	1953	2023	2096	2171	2249
受旱后实际产值	1062	920	993	1164	1402	1624	1382	1285	1665
未扣原材料等的损失	634	837	827	721	551	399	714	886	584
扣除未消耗原料等的损失	211	279	276	240	184	133	233	295	195

年份\项目	1970	1974	1975	1976	1977	1988	1981	1982	1990
正常产值	2330	3045	3318	3616	3941	4295	5558	5993	26495
受旱后实际产值	2117	2792	3207	3278	3725	4237	5400	5811	23924
未扣原材料等的损失	213	253	111	338	216	58	158	182	2571
扣除未消耗原料等的损失	71	85	37	113	72	19	53	61	857

注：1.计算分为1961～1970年、1974～1978年、1981～1982年和1990年4个阶段进行；

2.上述4个阶段工业年增长率经计算后，分别为：3.6％、9.0％、7.8％,20.3％；

3.工业生产原材料等按占工业总产值的2/3计算。

畜的抓膘和冬季饲草的储备，严重的干旱还会造成牲畜死亡。干旱造成牧草产量下降，使畜产品的数量和质量均受到影响。

西北、华北干旱区的多年平均年降雨量一般小于400mm，年际变化大。在这些地区，牧草产量的多少在很大程度上取决于降雨量的大小。因此，牧草的干旱损失可用"产量降水比法"计算，其式为：

$$Q_{ms}=(\overline{P}-P)AH \tag{公式4-6}$$

式中：Q_{ms}为牧草受旱损失量，kg；P、$\overline{P}$分别为牧草关键生育期的降水量和同期多年平均降水量，m；A为受旱草场面积，hm^2；H为牧草产量与降水的比值，$kg/(hm^2 \cdot mm)$。H值由试验或调查得出。内蒙古的H值见表4－9。

表4－9　内蒙古牧区牧草产量降水比H值表

地区	阿盟	巴盟	伊盟	乌盟	锡盟	呼盟	兴、哲
H值	5.04	6.5	8.0	7.0	8.4	9.5	10.0

计算值Q_{ms}如果为正，则表示该年牧草因旱产量减少。草场受旱减产，不仅影响牧草产量和质量，而且减少了越冬草料储备，从而降低了牧场抗灾保畜能力，造成畜牧业减产。因此，还应将牧草损失量折合为牲畜损失量，计算其货币价值。

据水利部牧区水利科学研究所调查，夏秋育肥期发生的干旱，每只羊平均减少产肉量约为5kg，病残牲畜为牲畜总数的10％左右，牲畜死亡率比正常年份高28％左右。

牧草减产造成的牲畜损失量和牲畜直接因干渴造成的损失量两者之和，即为畜牧业受旱损失量。

全国牧区中,内蒙古牧区1949~1990年因旱损失草量估计约2700万t,减少养羊900万只。甘肃省1949~1988年不同地区共发生旱灾69次,其中以1987年、1988年为最严重,40年累计死亡牲畜93.8万头。根据部分省(区)和典型地区的调查资料和干旱损失指标,类比匡算求得全国12个牧区省(区)1949~1990年累计损失牧草和牲畜价值量估计为75.0亿元(1980年价)和1157亿元(1990年价)。

人畜饮水受旱损失,因缺少资料,未作分析计算。

为便于汇总,受旱损失值应按历年物价数统一转换到1980年和1990年价格,其中工业总产值按《中国统计年鉴》中历年零售物价总指数进行换算,由1980年价格折算为1990年价格时,物价指数是1.921;牧业总产值按《中国统计年鉴》中历年产品收购价格总指数进行换算,由1980年价格折算为1990年价格时,物价指数是2.096。

全国1949~1990年牧业因干旱造成的经济损失价值量,参见表4—10。

表4—10 全国1949~1990年农业、工业及牧业因旱损失价值量表

项目			1949~1990年累计损失值（亿元）			1949~1990年平均损失值（亿元）		
			当年价	1980年价	1990年价	当年价	1980年价	1990年价
农业	产量对比法	①		1359	2336		32.4	55.6
	减产系数法	②		1217~1468	2091~2522		29.0~35.0	49.8~60.0
工业		③	3418	3164	6078	81.38	75.3	144.7
牧业		④		75	157		1.8	3.7
合计	①+②+③	⑤		4598	8571		109.5	204.0

1990年不变价格计算,全国1949~1990年因旱直接损失价值量为8571亿元,年均204亿元,损失是严重的。

四、干旱灾害对城乡居民饮水的影响

据1991~2013年我国水旱灾害统计数据,全国每年平均有2707多万农村人口和2031多万头大牲畜因旱发生饮水困难,直接经济损失1022.09亿元。20世纪90年代初我国因旱饮水困难问题十分突出,90年代中后期明显减少,但2000年以后又出现明显反弹,尤其是2001年、2006年和2010年全国农村因旱饮水困难人口都超过了3200万,如图4—10所示。2010年,全国有3334.52万人、2440.83万头大牲畜因旱发生饮水困难,均居1995年以来的第2位。春旱高峰期,全国因旱饮水困难人口和牲畜分别比多年同期偏多127%和106%,西南5省(区、市)有1422万人靠拉运水和人背畜驮解决基本生活用水,部分村民饮水困难时间长达半年,拉水距离达几km到几十km。

在城市供水方面,我国650多座城市中,有400多座常年供水不足,其中110座严重缺水,城市正常年景年缺水量约60亿m³。近些年来北方大部分地区的连年干旱使城市供水短缺问题更加突

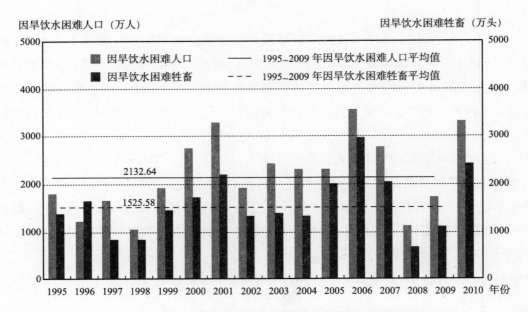

图4—10 1995年以来全国因旱饮水困难情况

出。2000年大旱，全国有18个省（自治区、直辖市）620座城镇缺水（包括县城），影响人口2600多万人，直接经济损失470亿元，天津、烟台、威海、大连等城市出现供水危机，居民正常生活受到严重影响。受2006年川渝大旱影响，2007年3月嘉陵江水位严重偏低，导致重庆市部分城区供水告急，120万城市居民生活用水受到严重影响。2010年受干旱影响，且海河流域近年来降水持续偏少，密云、潘家口等多座大中型水库汛后蓄水严重不足，北京、天津城市供水形势严峻，珠江流域汛后来水偏枯，咸潮上溯，澳门、珠海等珠江三角洲地区供水形势严峻。

五、干旱灾害引起的间接经济损失

干旱灾害除造成直接经济损失外，还会带来严重的间接经济损失。干旱造成的间接损失非常广泛，主要表现在：农、牧业减产，工业原料不足，工业产值下降；农村副业生产量减少，商贸交易量受到影响；水力发电量下降，造成煤、油等燃料的需求的大幅度上升；水运运输量锐减，甚至造成停航；干旱少雨和河流断流，地下水的补给量减少，地下含水层趋于枯竭，城市生活和农村人畜等饮水困难；渔业资源损失；树木枯死，土壤沙化，地下水位下降、地面下沉、海水入侵等水环境恶化。

干旱造成的间接经济损失比较复杂，计算比较困难。本书采用投入产出的方法概略计算了国民经济主要产业部门的间接经济损失。在计算中，投入和产出之间采用正比关系，由于受资料条件限制，只计及受旱当年的间接经济损失，未计及干旱对后续年份的影响。

为了计算1949～1990年干旱造成的间接经济损失，从全国1973年、1979年、1981年、1983年、1985年、1987年等年的投入产出表中，选用了具有代表性的1981年产业部门的投入产出表，按表中比例，计算了由于工农业产值的损失而造成的各中间部门投入量的减少值，其成果见表4—11

所示。

表4－11 工、农业产值在各产业部门的投入额及投入比例表

项目		中间产出					合计
		农业	工业	建筑业	运输邮电业	商业	
中间投入（亿元）	农业投入	388.6	808.7	102.0	2.0	22.8	1324.1
	工业投入	335.2	2142.3	386.1	52.0	150.0	3065.6
部门间投入比例（%）	农业	0.2935	0.6107	0.0770	0.0016	0.0172	1.0000
	工业	0.1093	0.6988	0.1260	0.0170	0.0489	1.0000
减少的投入量（亿元）	农业	398.9	829.9	104.6	2.2	23.4	1359.0
	工业	345.8	2211.0	398.7	53.8	154.7	3164.0

注：1.农业和工业产值损失按表4－10中1980年价①、③两行计算；

2.1981年投入产出表按1981年当年价格计，考虑到1981年与1980年物价相差仅2%～6%，故间接损失按1980年价格计算；

3.算出1980年间接损失后，再按物价指数折算到1990年。

根据投入产出基本平衡方程，即总投入等于总产出的原理，以及各产业部门每种产品产出量与各部门投入量相对稳定关系，计算各产出部门由于干旱损失减少投入后各部门的产值损失，其计算公式为

$$X_i = x_{ij}/a_{ij} \qquad\qquad\qquad (公式4-7)$$

式中：X_i为i部门总产出（或总投入）；x_{ij}为第i部门产品生产中第j部门的产品投入量；a_{ij}为第i部门生产单位产品需j部门投入的产品数量，即直接消耗系数。

计算成果表明，1949～1990年，由农业和工业受旱损失间接造成农业、工业、建筑业、邮电业、商业等减少的产出额，合计分别为9296.6亿元和9338.4亿元，即42年来干旱造成的间接损失产值共为18635.0亿元（1980年价），见表4－12。如统一以零售价格指数折算为1990年价格，则间接损失为35789亿元。

通过上述估算可知，1949～1990年我国工农牧业产值因旱造成的直接经济损失为8571亿元，

表4－12 干旱造成工、农、建筑等行业减少产出额的计算成果表

项目		中间产出					合计
		农业	工业	建筑业	运输邮电业	商业	
直接消耗系数 a_{ij}	农业	0.157961	0.157945	0.139894	0.008774	0.045130	
	工业	0.136221	0.418411	0.529507	0.222247	0.297211	
减少投入量（亿元）	农业	398.9	829.9	104.6	2.2	23.4	1359.0
	工业	345.8	2211.0	398.7	53.8	154.7	3164.0
减少产出量（亿元）	农业	2525.3	5254.4	747.7	250.7	518.5	9296.6
	工业	2538.5	5284.3	753.0	242.1	520.5	9338.4

间接经济损失为35789亿元。间接经济损失为直接经济损失的4.2倍。直接经济损失和间接经济损失之和为44360亿元，年平均直接和间接经济损失值为1056亿元。由此可见，因旱造成的经济损失是不可低估的。

这里需要指出，由于受资料条件限制，在上述计算的直接和间接经济损失中，还未计及干旱所造成的人畜饮水困难、抗旱期间工业给农业让电、交通运输中断等直接经济损失，以及由其所引起的间接经济损失，若计及这些损失，则以上估算的干旱损失值还会更大。

因此，为了增强农田的抗旱减灾能力和满足国家对粮食及工业原料不断增长的要求，需加大水利财力投入的力度，维修和更新原有灌溉设施，在充分发挥已成工程效益的基础上，兴建新的灌溉工程，使农田抗旱减灾能力达到一个新的水平。

六、干旱灾害对环境的影响

水资源不仅支撑着人们的生活和经济的发展，也支撑着自然生态系统的正常运行。水，既是生态系统的重要组成部分，又是生态系统的控制性要素。随着经济社会的快速发展和城乡居民生活水平的不断提高，用水需求大幅增加，导致我国许多地区水资源短缺日益突出。为维持经济社会的发展，多年来我国许多地区都是以挤占生态用水为代价。特别是北方地区，由于干旱灾害日趋频繁，生态用水受到严重侵害，生态干旱灾害表现为河道断流、湖泊萎缩、地下漏斗扩大、湿地面积减小、生物多样性减少、土壤沙化、绿洲萎缩、植被退化甚至死亡等。据统计，我国土地沙化速度已由20世纪70年代的年均1560km²，发展到90年代末期的3436km²；以城市和农村井灌区为中心形成的地下水超采区由20世纪80年代初的56个发展到目前的164个，超采面积从8.7万km²扩展到18万km²。

20世纪90年代，黄河下游几乎年年断流，黄河三角洲生态系统遭到严重破坏，湿地萎缩近一半，鱼类减少40%，鸟类减少30%。2002年，南四湖地区发生1949年以来最为严重的特大干旱，湖区基本干涸，湖区70多种鱼类、200多种浮游生物种群濒临灭亡，湖内自然生态遭受毁灭性破坏。20世纪80年代以来，"华北明珠"白洋淀多次发生干淀现象。

（一）影响环境的干旱缺水类型

影响环境变化的干旱缺水类型可分为背景性干旱、随机性干旱和人为经济性干旱3种。

背景性干旱一般出现在我国年降水量小于400mm，干旱指数大于3的干旱和半干旱气候区。当地降水除供草地维持生长外，远不能满足农作物生长对水分的需求，形成背景性干旱。人们只能在水源条件较好的地区开展农业经济活动。背景性干旱直接影响着牧区草原的生态环境，在背景干旱条件下，作为灌溉水源的山区河川径流的变化对农业生态环境有着直接的影响。

随机性干旱是由气候随机波动引起的降水偏少和径流偏枯而导致的干旱缺水。干旱越严重，发生的概率越小；干旱越轻，发生的可能越大。就一个地区而言，个别年份或某季节发生的干旱，即使是严重干旱，虽然会对人们的生产和生活造成一定的影响，甚至酿成灾害，但由于干旱事件本身所具有的偶然性和非长期性，一次干旱过后，其所造成的影响会得到自然缓解，不会导致环境条件的趋势性变化。这种对环境条件不会造成趋势性变化的干旱现象，我们称之为随机性干旱。随机性干旱无论在湿润区，还是在干旱区，虽不会导致环境条件的趋势性变化，但也有相当的影响，特别在北方遇多年连旱时，对环境所产生的破坏力，在相当时期内难以恢复。例如，在20世纪80年代，由于干旱，白洋淀曾发生过连续几年干淀，生态环境受到了相当大的影响。

人为经济性干旱是指一个地区经济发展对水的需求量超过该地区水资源承受能力而引发的干旱，也指由于不合理的水土资源开发，导致水资源的减少或枯竭所引发的干旱缺水。一个地区的经济发展，如果超出水资源和环境条件的承受能力，则随着经济的发展，人为经济性干旱随之加重，其对生态环境的影响和破坏将是累进的和逐步加深的。

一个地区干旱的形成，常常是上述从概念上划分的不同类型干旱共同作用的结果。

在不同的干旱类型中，人为经济性干旱对环境的影响，特别对环境趋势性变化的影响为最显著。这种类型干旱如再与背景性干旱、随机性干旱相结合，则必会引起更为严重的环境问题。我国一些地区，特别是北方地区出现的严重水环境问题，正是在这种情况下发生的。在不同地区，不同类型的干旱对环境影响的作用虽有所不同，但在实际工作中难以分类进行定量评价。因此在以下分析中，除注明者外，不再分类型进行论述和评价。

（二）干旱缺水对环境的影响

1. 部分地区土地干化和河湖断流干涸情势的加剧

人们为了抵御干旱缺水的威胁，采取筑坝建库、开渠引水、抽汲地下水等措施，以增加灌溉用水和工业供水。这些措施导致水平衡要素中的径流量趋于减少，蒸散发量趋于增加，水分循环的垂向流动增强，水平流动减弱，水量平衡系统由开放性向封闭性转化，这导致北方一些地区呈现明显的干化趋势，并由之引发了一系列环境问题。如河北省和北京市由于上游邻省丘陵山区水利建设的发展和用水量的增多，加之降水量的变化，自20世纪60年代起山区进入平原的入境径流减少。上游经济发展，用水增加，致使下游地区面临更为不利的干旱情势。华北地区随着水资源的大量开发利用，径流系数及入海水量减小趋势明显，见表4—13。

位于华北平原的白洋淀，水产丰富，有"华北名珠"之称。但自20世纪70年代以来，出现水源不足、水位不稳、水质污染、泥沙淤积、鱼虾洄游断道等现象，其中尤以水源不足最为严重，80年代连续几年干淀，已引起生态环境的巨大变化。造成这一情况的原因除降水量减少外，主要是上游用水增加，使入淀水量减少，在干旱年，已基本无水入淀。再有，1965年以前，白洋淀余水多靠天然出口排泄，自枣林庄枢纽建成后，排泄能力加强，出淀水量加大，再加上周边华北油田和工农业用水的加大，也增加了干淀概率。

我国西北内陆区新疆塔里木河和甘肃石羊河等流域的水循环状况，也在人为因素影响下，产生类似上述的变化。石羊河干流进入民勤盆地的年径流量，20世纪50年代为5.7亿m³，60年代为4.5亿m³，70年代为3.2亿m³，80年代为2.4亿m³，呈明显减少趋势。

径流量的减少，引起平原河道频繁断流。华北地区1984～1986年年降水为枯年和偏枯年，以京津地区、黑龙港和胶东地区为最严重,该地区发生这样大范围长历时的断流情况在历史上是少见的。

黄河流域由于城市建设、人口增加和引黄灌溉事业的发展,流域引耗水量大幅度增加,在春夏干旱少雨季节,黄河下游出现频繁严重的断流现象。据统计,自1972年以来,已有18年出现断流,1995年黄河入海口利津水文站从3月4日至7月24日共断流122天,断流河段从入海口上延至河南封丘县夹河滩,断流河长达632km。

2. 部分地区地下水环境明显恶化

在以人为经济性干旱为主要干旱类型的地区,为满足需水增长的要求,酿成地下水长期过量开采,使地下水位大幅度下降,地下水降落漏斗不断发展和泉水流量日趋衰减,由此还引发了地面沉降、海水入侵等一系列地下环境问题。

(1) 地下水位降落漏斗发展。据统计,20世纪80年代末,华北地区浅层地下水位已平均下降8～10m,浅层水位降落漏斗面积已达2.7万km²。漏斗区水位下降20～30m,主要分布在山前冲积、洪积平原和一些大中城市地区。华北地区的深层水漏斗面积也已达到2.3万km²,在20世纪80年代,漏斗区水位每年以3～5m的速率下降。

干旱对地下水环境的影响,在干旱区和湿润区都存在。据甘肃省地质局水文队资料,武

表4-13　干旱及缺水引起的入境水量、入海水量及径流系数变化

项目	地区	20世纪50年代 (1956~1959年)	20世纪60年代	20世纪70年代	20世纪80年代 (1980~1989年)
平均年入境水量 (亿 m³)	河北省	99.8	70.8	52.2	31.2
	北京市	34.7	20.0	16.2	11.7
平均年入海水量 (亿 m³)	河北省	70.1	59.3	60.5	3.6
	华北地区	241.8	161.8	104.8	14.3
	胶东地区	99.0	91.0	82.0	67.0
径流系数	河北省	0.202	0.156	0.140	0.090
	华北地区	0.180	0.150	0.138	0.098

威盆地南部的地下水位,1977年比1959年普遍下降10～20m,泉水溢出带地区下降1～5m。民勤盆地双台湾一带下降14～15m,盆地地下水位的下降速度逐年增加。以民勤县94号井为例,1973～1974年下降0.4m,而1979～1980年下降1.0m。据不完全统计,全国以地下水为主要供水水源的城市,已形成降落漏斗100多个,面积达数万km²,见表4-14。其中也包括上海、常州、杭州等湿润地区的城市。

(2) 泉水流量锐减。干旱对泉水出流量的影响也很明显。济南市20世纪60年代初,大于0.1m³/s的泉水20多处,仅趵突、黑虎、珍珠三泉日涌水量即达19万t。但70年代以后泉水日趋萎缩。山西涌泉也很多,20世纪50年代出水量大于0.1m³/s的喀斯特泉86处。据12个大泉统计,70年代以来,因连年干旱少雨和泉域地下水大量开发利用,泉出水流量减少50%以上的有4处,减少5%～50%的有7处,只有1处减少5%以下。著名的山西晋祠泉50年代平均流量为1.94m³/s,自60年代起,在

晋祠附近大量凿井开采喀斯特地下水，晋祠泉流量也随之逐年衰退，1960～1969年平均流量为1.69m³/s，1971～1980年平均流量为1.13m³/s，1983年减为0.47m³/s，1986年最低时只有0.29m³/s，1990年6月降至0.17m³/s，1993年4月断流，可见晋祠泉已濒临干涸的危险。新疆天山北坡玛纳斯河泉水溢出带，20世纪50年代初位于石河子老街汽车站一带，60年代向北退缩约2km。蘑菇湖、大泉沟和夹河子三大泉水沟年排水量，50年代为5.7亿m³，80年代衰减为2.4亿m³，减少了58%。

表4－14　中国部分城市地下水位降落漏斗(1984年)

漏斗所在地区(km²)	漏斗面积(m²)	中心水位深度(m)	年均降深(m·年⁻¹)
北京	1000	40	1.25
天津	7000	70	1.5～2.0
沧州	7050	72	5.3
郑州	190	50	4.0
沈阳	175		1.0
太原	138	61	3.8
银川	210	18	1.0
西安	100	45	3.25
常州	1000	60	4.28
杭州	110		0.45

（3）城市地面沉降频频发生。地面沉降主要起因于地下水过量开采和区域地下水位持续下降。根据调查资料，上海、天津、西安、北京、太原等10余座城市已不同程度地出现地面沉降。

上海市是我国发现地面沉降最早的地区，1921年已有了观测资料，以后随地下水开采规模的不断扩大，沉降亦随之加剧。到20世纪60年代初最为严重，每年沉降量达110mm，每年扩展面积13.2km³。到70年代，由于采取了限制地下水开采和人工回灌地下水措施，大部分地区地面沉降得到了缓解。至90年代初，每年沉降量降为约20mm，仍未得到完全控制。

天津地面沉降主要发生在20世纪70年代以后，其原因与为满足用水量增长大量开采深层地下水有关。80年代初期，沉降幅度大于1200mm的区域为89km²，最大沉降量已超过2000mm。1992年，沉降幅度大于1000mm的区域达2640km²，大于1500mm的区域已达828km²，在市区、汉沽和塘沽形成三个沉降中心，城区最大降沉达3400mm。有关天津市区

图4－11　1959～1992年天津市地面沉降分布图

地面沉降的幅度见图4—11。

（4）海水入侵加剧。海水入侵危害的发生与干旱密切相关。由于干旱缺水，滨海区超量开采地下水，地下淡水水位下降，海水与淡水的交界面不断向内陆推移，导致地下淡水咸化，影响工农业生产和生活饮用。这种环境变化在半湿润半干旱区海岸带的莱州湾沿岸、渤海湾沿岸危害已很严重，在湿润地区的上海、宁波等地也已出现。大连市20世纪80年代初海水入侵面积只有130km²，至1992年年底已达434km²，平均每年增加30km²；山东省海水入侵面积现已达627km²；辽、冀、鲁三省海水入侵面积累计也已达1433km²。海水浸染的危害程度，通常以水源中的氯离子含量来衡量。一般海水中的氯离子浓度大于5000mg/L，农业灌溉用水要求少于200mg/L，人畜饮用水小于60mg/L。当沿海地区地下淡水中氯离子含量大于300mg/L，即认为受到了海水的浸染。

大连市近海地段地下水的氯离子浓度已达1000mg/L以上，相应地下水的矿化程度已增至2～3mg/L，大片灌溉农田土壤盐化。秦皇岛市桃园大队，地下水中的氯离子含量也已接近200mg/L。莱州湾沿岸的寿光县、莱州市、龙口市等地海水入侵情况也很严重。

3. 地表水体的污染有所加重

干旱期间，地表径流量减少，河流、湖泊等陆地水体的纳污能力和稀释能力下降，地表水体的污染加重。由于干旱缺水，污水灌溉得不到有效的节制，污水灌溉不仅污染了土壤和农作物，影响人体健康，而且污水渗入地下，恶化了地下水水质。20世纪80年代后期，华北地区污水年排放总量达43亿t，而河川年径流量仅338亿m³，污径比为0.13，超过规定标准。京津唐地区污径比达到0.25，一些流经城市的河流和河段情况更为严重，汾河流经太原市的170km河段，半年以上的时间污径比大于5.0，250余天大于1.0。其他如济南的小清河、保定的府河、唐山的陡河也都有类似情况。上海黄浦江由于干旱期间径流减少，污水受潮汐顶托影响，来回游荡，危及自来水厂取水口水质。新疆塔里木河，由于天然径流量减少，灌溉回归水增多，阿拉尔以上河段，每年接纳回归水携带的大量盐分，使塔里木河水质明显盐化。根据水文站测定，20世纪50年代末期，河水矿化度都小于1mg/L，而到70年代中期，枯水期矿化度增加了5～8倍。

干旱缺水使内陆湖泊水质发生明显变化。新疆博斯腾湖原为矿化度不超过0.40g/L和水化学类型为HCO₃-Ca型的典型淡水湖泊；20世纪70年代中期矿化度已增至1.42～1.50g/L，水化学类型变为SO₄-Na-Mg型；20世纪80年代初，湖区矿化度已达到1.61～1.83g/L，年积沉盐量达45万t，成了微咸水湖泊。由于湖水量减少，额济纳河的两个尾闾湖之一的嘎顺诺尔湖已从咸水湖变成了盐湖，另一个索果诺尔湖则由微咸湖变成了真正的咸水湖。

4. 土地沙漠化的危害有所加剧

土地沙漠化是在干旱缺水的条件下对土地植被进行过量的人类经济活动所逐步形成的。在我国北部地区，沙漠化土地断续分布在黑龙江、吉林、辽宁、内蒙古、山西、陕西、宁夏、甘肃、青海、新疆10个省（自治区），面积达33.4万km²，其中已沙漠化的土地面积达17.6万km²。近25年来平均每年扩大1500km²左右。此外，尚有正孕育和发展的潜在沙漠化土地15.8万km²，见表4—15。

我国半湿润地区的沙漠化土地，主要分布在嫩江下游、第二松花江下游、白城地区西部以及

表4－15　中国沙漠化土地的分布

地区	不同程度沙漠化总面积（km²）	正在发展中的沙漠化土地面积（km²）	强烈发展中的沙漠化土地面积（km²）	严重沙漠化土地面积（km²）	潜在的沙漠化土地面积（km²）
呼伦贝尔	3799	3481	275	43	4266
嫩江下游	3562	3284	278	—	1500
吉林西部	3374	3225	149	—	4510
兴安岭东侧（兴安盟）	2335	2275	60	—	—
科尔沁（哲里木盟）	21570	16587	3805	1178	5440
辽宁西部	1200	1088	112	—	—
西拉木伦河上游（赤峰市）	7475	3975	1875	1625	7793
围场、丰宁北部	1164	782	382	—	—
张家口以北坝上	5965	5917	48	—	5536
锡林郭勒及察哈尔草原	16862	8587	7200	1075	47687
后山地区（乌盟）	3867	3837	30	—	4020
狼山以北	784	256	320	208	19200
前山地区（乌盟）	52	52	—	—	—
晋西北	21686	8912	4590	8184	—
陕北	22320	8088	5384	8848	5840
鄂尔多斯（伊克昭乌盟）	2432	512	912	1008	10720
后套及乌兰布和北部	2174	414	1424	336	—
宁夏中部及东部	7687	3262	3289	1136	2560
贺兰山西麓山前平原	1888	632	1256	—	—
腾格里沙漠南缘	640	—	640	—	—
弱水下游	3480	344	2848	288	—
阿拉善中部	2600	392	2208	—	17865
河西走廊绿洲边缘	4656	560	2272	1824	2056
柴达木盆地山前平原	4400	1136	1824	1440	3520
古尔班通古特沙漠边缘	6248	952	5296	—	12690
塔克拉玛干沙漠边缘	24223	2408	14200	7615	2806
合计	176443	80958	60677	34808	158009

东辽河中游以北地区，面积约占全国沙漠化总土地面积的3.9%。在半干旱地区，主要分布在内蒙古东部与中部、山西西北及陕西北部、宁夏中部及东部等干旱草原和荒漠草原区，面积占全国沙漠化总土地面积的65.4%。我国干旱区的土地沙漠化，主要发生在狼山—贺兰山—乌鞘岭以西的广大干旱荒漠区，如塔克拉玛干沙漠边缘、塔里木河下游、弱水河下游及河西走廊中沙漠绿洲的边缘等，面积占全国沙漠化总土地面积的30.7%。这些地区在干旱的影响下，由于来水量减少和植被被破坏，使固定、半固定沙丘活化，流沙再起，形成沙漠化土地。

民勤地区位于石羊河流域的最下游，是一处深入沙漠的绿洲。20世纪70年代以来，由于流入民勤地区的地表径流量减少，用水依靠长期超采地下水维持，地下水位下降，造成土地干化、植被退缩和沙漠化发展。80年代初期调查，民勤绿洲周围天然草场总面积为7.24万hm²，退化和沙化面积为4.91万hm²，占67.8%。现民勤绿洲的地下水位，均已降至4～5m以下，有0.3万hm²沙枣完全枯死，0.6万hm²衰退，两者合计占原沙枣林总面积的21%。地区除渠道两侧、灌溉地区和远离地下水开采区的周围荒漠区外，其余区的乔灌木林大都处于枯死和衰退状态，沙漠化危害十分严重。此外，地区北部因地表水短缺，地下水质恶化和土壤盐渍化，已约有0.7万hm²耕地弃耕，成为不毛之地。

（三）干旱缺水对环境影响的区域划分

我国地域辽阔，不同地区的自然条件和社会经济条件差异很大，干旱缺水对环境的影响，具有不同的区域特征。

人为经济性干旱引起地表水环境的变化，主要发生在我国北方水分条件不足的半湿润、半干旱及干旱气候区。在南方湿润区，尽管人类经济活动也十分强烈，干旱灾害有时也很严重，但由于有充足的水分条件，干旱不会引起地表水环境的趋势性变化。青海和西藏的部分地区，尽管水分条件达不到湿润地区的程度，有的也属于干旱、半干旱气候区，但由于人类活动微弱，自然干旱产生的影响不明显，且多属随机性干旱，不会发生地表水环境的趋势性变化。

根据前述干旱类型划分、干旱引起的主要环境问题和区域分布特性，将全国划分为以下5个大区。

1. 华北、东北半湿润区

该区南界为秦岭与淮河，北部分别以大兴安岭和古长城与半干旱区相接，主要包括山东、山西、河南、河北、北京、天津、辽宁、吉林、黑龙江等省（市）的部分地区。该区人口稠密，是我国工农业生产的重要经济区。由于该区对水资源的需求量大，干旱缺水对环境的影响最为严重，几乎所有的环境问题都有发生，而且呈加重趋势。必须从解决水资源的供需矛盾入手，抑制不良环境的进一步恶化和发展。

2. 北部半干旱区

该区东部和南部与华北、东北半湿润区相连，西部以贺兰山为界，与西北干旱区相接，主要包括内蒙古大部和黄土高原西北部，面积占全国土地面积的21.7%。该区受背景性干旱的制约，呈现干旱草原自然景观。经济性干旱也很严重，土地沙化、草原退化问题突出，有向北方部分半湿润气候区发展蔓延的趋势，若不加以有效控制，将危及华北和东北地区的大环境质量及土地资源的有效利用。要因地制宜地建立合理的人工生态体系，开展植树造林，退耕还牧，抑制经济性干旱发展。

3. 西北干旱区

该区东部以贺兰山为界与我国北部半干旱区相连，南部以祁连山和昆仑山为界与青藏高原高寒区相接，包括新疆大部，甘肃、宁夏和内蒙古的部分地区。面积占全国土地面积的30.8%。

干旱缺水对该区河流、湖泊和绿洲的影响很大，区内地表水和地下水环境恶化、水质污染及土地沙漠化，特别是湖泊萎缩等环境问题十分严重。在自然生态平衡的演变过程中，要维护和发展人工绿洲中的农田、果园和林带建设，逐步建立有利于人类生态平衡的优质高效的人工复合生态系统。

4. 青藏高寒区

该区北部与西北干旱区相连，东部以横断山脉与南方湿润区相接，包括西藏、青海及四川西部地区，面积约占全国土地面积的1/4。该区大部属半湿润、半干旱及干旱少雨带，平均高程在海拔4000m以上，人烟稀少，人类经济活动微弱，干旱缺水对环境的影响不显著。该区环境条件脆弱，承载能力较低，随着社会经济的迅速发展，存在着人为经济性干旱对环境影响的潜在威胁。要全面规划，切实采取防止环境可能恶化的有效措施。

5. 南部湿润区

该区北面以秦岭淮河为界，西南与青藏高原连接，包括华东、华中、华南和西南各省份。该区多年平均年降雨量超过800mm，水资源丰富，以随机性干旱为主，不存在干旱缺水引起的大范围环境恶化的自然背景，是我国环境容量最大的地区。但在城市、工矿区及水资源条件相对较差的地区，人为的经济性干旱仍会使局部环境有所变化，其中又以水质污染和地下水环境恶化最为严重。但是，只要采取增辟水源、节制地下水开采、提高污水处理的能力、控制污水排放等相应有效的措施，干旱引起的环境问题相对容易克服和防止。

第四节　世界干旱概述

一、世界干旱地区分布

在世界范围内，干旱灾害是影响经济社会发展的主要自然灾害之一。近年来，全世界局部性、区域性的干旱灾害连年发生，重特大干旱灾害也呈现出频发的态势，干旱化趋势已成为全球关注的问题。21世纪以来发生的干旱灾害有2002～2003年大洋洲持续严重干旱灾害，2006年亚洲、美洲和欧洲的高温干旱灾害，2010年中国西南五省（自治区、直辖市）大旱、2012年美国大旱等。日益严重的干旱灾害严重威胁了粮食安全、生态安全和供水安全，也阻碍了社会经济的快速发展。

总体而言，除寒带外，地球上其余各气候带都有干旱半干旱地区，遍及100余个国家和地区。除南极洲外，各大洲干旱、半干旱地区的面积，合计占陆地面积的34.9%。其分布见表4—16。

从表4—16可以看出，世界干旱地区（包括极端干旱区、干旱区、半干旱区和干燥的半湿润区）的总面积为61.5亿hm²，占世界陆地面的41%。在61.5亿hm²的干旱地区中，除9.78亿hm²的极端干旱区为不毛的荒漠地带以外，其余51.72亿hm²的干旱、半干旱和干燥的半湿润区，占世界陆地面积的34.4%。

从世界各大洲干旱地区分布情况看,非洲和亚洲干旱地区面积最大,绝对面积都在19亿hm²

表4-16　世界干旱区分布状况单位:万km²

分类	非洲	亚洲	大洋洲	欧洲	北美	南美	合计	占干旱区总面积（%）
极端干旱带	672	277	0	0	3	26	978	16
干旱带	504	626	303	11	82	45	1571	26
半干旱带	514	693	309	105	419	265	2305	37
干燥的半湿润带	269	353	51	184	232	207	1296	21
合计	1959	1949	663	300	736	543	6150	100
占干旱区总面积(%)	32	32	11	5	12	8	100	
占世界陆地总面积(%)	13.1	13.0	4.4	2.0	4.9	3.6	41.0	
占所在洲面积(%)	66	46	75	32	34	31	41	

资料来源:据联合国环境规划署和全球资源信息数据库,1991年。

以上,均各占世界干旱地区总面积的30%以上;其次是北美洲,占世界干旱地区面积的12%;再次是大洋洲(占11%)和南美洲(占8%);欧洲干旱地区的面积最小,只占世界干旱地区总面积的5%。但从各大洲干旱地区面积占所在洲陆地面积的比例来看,大洋洲最大,占75%,干旱半干旱面积占据了全国的绝大部分;其次是非洲,占66%;再次是亚洲,占46%;北美洲、欧洲和南美洲所占比例大致相同,各占30%左右。

非洲极端干旱区面积最大,占该洲干旱地区面积的1/3以上,亚洲干旱、半干旱区面积最大,主要分布在阿拉伯半岛、中东内陆盆地、伊朗中南部、蒙古、原苏联和中国西部和北部内陆地区,以及印度部分地区,是世界农牧业生产土地面积最大的一个洲;大洋洲是世界上干旱地区面积所占比例最大的一个洲,干旱地区主要分布在中部和西部,是世界著名的干旱区,但无极端干旱区,干燥的半湿润区面积也很小;北美洲半干旱区和干燥的半湿润区所占面积最大,主要分布在内陆高原、西部大平原(美国),墨西哥高原和加利福尼亚荒原地区,绝大部分干旱地区都可以从事农牧业生产;南美洲半干旱区和干燥的半湿润区面积较大;欧洲干旱地区面积最小,无极端干旱区,干旱区面积较小。

世界干旱饥荒居首位的是非州,其中1968~1973年发生过连续6年的干旱。这6年中不少地区田地龟裂,河井枯竭,粮食颗粒无收,每年有数万儿童因缺水和喝不洁净水而死。尼罗河水位降到最低点,阿斯旺水电站水轮机也停止转动。旱灾引起粮食和牧草短缺,牲畜被宰杀,人口迁移,由于饥馑而死亡的人数超过150万。

1988年的美国特大旱灾也是世所罕见。1988年6月23日,美国从东到西的45个城市最高的气温高达46℃;全国50个州中有3个州的1500个县被列为灾区。据美国农业部公布的材料,1988年的作物产量比1987年减产31%,在全国210万农民中受旱灾影响的达80%。

干旱蔓延时间最长的是1628~1644年中国的大旱和1968~1984年的非洲撒哈拉大旱,均长达16年之久。尤其是撒哈拉大旱,死亡20多万人,2500万人受灾,非洲许多国家经济损失巨大。

二、国外典型干旱灾害

（一）美国1988～1991年干旱

1. 基本情况

美国地形东西两侧高，中间低，山脉均为南北走向。东部的阿巴拉契亚山自东北向西南扩展，与大西洋岸平行，山脉两侧蕴藏着丰富的煤炭资源，储量占全国的1/5，产量占全国的3/4，是美国重要的煤炭基地。西部的落基山脉号称北美的脊骨，山体宽500km，纵贯美国西部，山峰高耸入云，是中部在平原竖起的一座天然屏障。中部是占全国领土1/2的大平原。奔腾不息的密西西比河流经中部大平原，使之成为美国重要的农业区。

美国大部分地区位于温带和亚热带，气候和降水总体上比较适宜。自然降水量分布东部较多，西部较少。全国平均年降水量760mm，以西经95°为界，东部区域800～1000mm，为湿润和半湿润地区；西部17个州在500mm以下，为干旱和半干旱地区；西部内陆地区只有250mm，科罗拉多河下游地区甚至不足90mm，为全国最干旱、水资源最紧缺的地区。根据历史统计，美国本土的48个州受干旱影响最大的主要是西部和南部的得克萨斯、加利福尼亚、亚利桑那、新墨西哥、俄克拉荷马、阿肯色、路易斯安那，以及中东部的田纳西、阿拉巴马、佐治亚、佛罗里达、南卡罗来纳、北卡罗来纳、肯塔基、弗吉尼亚等州。

受厄尔尼诺和拉尼娜等海洋现象、北大西洋涛动异常以及临近地区高气压系统的影响，美国干旱灾害经常发生。在影响美国的各类主要气象灾害中，干旱发生的频率和造成的损失都居于首位，超过飓风、暴雪、冰雹、洪水和山火等灾害，平均每年造成经济损失60亿～80亿美元。20世纪下半叶以来的几次特大干旱造成的损失甚至高达数百亿美元。

2. 旱情与旱灾

1988年美国遭遇严重的干旱，干热气候给美国大部分地区造成灾难：农业中心地区（主要是美国中西部）减产，密西西比河航运中断，国民经济遭受损失。严重的干旱覆盖了美国36%的面积，与20世纪30年代"沙尘暴"干旱相比，这场干旱给美国造成的损失更大，损失高达390亿美元。

1988年美国除西南及南部部分地区外，大部分地区4月及6月降雨量仅及正常降雨量的40%～70%，其中密西西比河流域为这一期间最干燥的地区，降雨量仅及同期平均降雨量的一半，河水位直线下降，极端的干旱遍及整条河流。水量的减小，河道变浅变窄，影响到了密西西比河的航运，在1988年6月和7月的几周里密西西比河出现了拥挤和堵塞的现象。

1988年夏季（6～8月）气温是20世纪30年代以来全国最热的。科学家们发现太平洋的拉尼娜现象在1988年越发激烈，导致干旱的大气环流模式在当年4月开始，也就是在干旱发生的前10天左右，并一直持续到6月。他们还测量到中美洲附近东太平洋上空值异常低的向外长波辐射（热），这一信号预示着热带辐合带的北移。同时，在墨西哥湾，美国东南部和南美洲东北部有异常高水平的长波辐射。当时，科学家们还观测到在北美的最近的19个重大干旱事件中，16个有类似的异常长波辐射存在，暗示了这些异常长波辐射与干旱的发生之间存在关系。

干旱对农业影响最为严重，美国农业部对1988年作物产量统计表明，美国大旱中减产最严重的是玉米，1988年预测总产量为1.271亿t，比1986年及1987年分别减少43%和34%，单产平均为5.54t/hm²，比1986年及1987年平均值减少2.49t/hm²，减产约45%。减产最严重的是玉米带心脏区，其中伊利诺伊州，玉米总产量1988年较1987年减少45%；衣阿华州减少36%；印第安纳州减少42%；俄亥俄州减少37%。玉米、大豆、小麦、高粱4种主要粮食作物较1986年减少约1.248亿t，较1987年减产约0.893亿t，美国农业灌溉设施很少，遭遇旱情是受灾比较严重。

除此之外，干旱还引发了其他灾害，夏季高温干燥的天气引发了许多森林火灾，美国黄石国家公园的大火是有记录以来最大的一场火灾，受灾面积约占黄石公园的36%，数万株的树木和其他植物遭到焚毁，总计财产损失约300万美元。

（二）美国2012年干旱

1. 基本情况

美国2012年夏遭受了半个多世纪以来最严重的干旱。气象学家将美国这一年的干旱描述成"闪电大旱"，因为旱情波及的程度和范围在数月就造就了灾难性的后果，以往要经过几个季节或者多月才能达到同等程度的灾害。早在2011年，美国南部平原大部分地区处于灾害性干旱天气状态，导致该地区农作物减产；许多地方大火不断，饮用水短缺。2012年入夏以来，旱情向整个农业带扩散，6月底美国55%的国土面积处于极端干旱状态，干旱不断向美国西部、大平原地区和中西部地区蔓延，已演变成56年来美国最严重的旱灾。

2012年，美国春、夏两季的降雨只有常年同期的20%。以爱荷华州得梅因市为例，7月的降雨量为31.5mm，而常年同期7月的降雨量为113mm。爱荷华州大西洋城，1月至8月的雨量为392mm，而常年同期的降雨量为668mm。在玉米生长的关键时期即6月至8月末，当地降雨量仅为97mm，远远少于常年同期342mm的降雨量。

美国国家气候数据中心发布报告显示，2012年是美国本土有记录以来最暖年份，其极端天气严重程度排名第二。据美国国家海洋和大气管理局国家气候数据中心统计，美国本土2012年经历了最暖春季，夏、冬两季的温暖程度分别排名第二和第四，秋季的温度也高于往年平均水平。尤其是1月到8月的温度超乎寻常，推动全年气温以较大增幅刷新纪录。国家气候数据中心的数据显示，美国本土2012年平均温度约为12.9℃，比此前保持高温纪录的1998年还高出0.6℃，比20世纪年均温度高出1.8℃。

2012年美国玉米产量接近有记录以来的最低产值，因为旱灾来袭正值农作物的生长关键期，持续的干旱天气损害或减缓了玉米、大豆、小麦、牧草等农作物的生长和成熟。农业部表示，旱灾已经造成全美将近半数的玉米和37%的大豆歉收甚至绝收，3/4的牧场干旱严重，并可能使玉米和大豆产量减少到近年来的最低点。其中，玉米收获量将比2011年减少13%，达到1995年以来的最低点；大豆收成量也将比2011年减少12%，下降到2003年以来的最低点。

灾害严重时期，许多河湖干涸，密西西比河的水位低于正常水平6.09m，正逼近历史最低点。由于密西西比河是美国重要的航运通道，美国60%的出口粮食都要经过密西西比河运输，随着河流水位下降，航运的船只受到限制，航运公司需要减轻载量，导致它们的成本提高，引起连锁反应。此外高温干旱天气还引发了其他糟糕的状况，截至2012年8月，已记录的野火次数有42745次。据统计，美国西南部和西部山区夏季的森林大火，烧毁了372.3万hm²的土地，损毁了成千上万的房屋。

美国6月受灾范围较少，干旱区集中在西部，随着时间的推移慢慢向东部蔓延，8~9月受灾范围最大，中西部（美国最大的玉米生产区）灾情最为严重，11月开始受灾范围逐渐减小，干旱有所缓解。

2. 旱情与旱灾

美国的中西部是美国最大玉米产区，被誉为"世界粮仓"，干旱使"世界粮仓"处于危机之中，对世界粮食的价格可能产生影响。

美国农业部表示，2012年收获的谷物仅40%获评为良好至优等，创下1988年以来历史新低。在其他至少9个玉米种植州，1/5至半数的玉米被视为情况"不良"或者"非常不良"。美国身为全球最大玉米与小麦出口国，干旱歉收大幅推高粮价。

美国农业部经济学家指出，玉米收成的减少可能让依靠玉米饲养的动物的饲养成本增加，这可能带来肉类和乳品类食品价格的上涨。美国谷物歉收对全球粮食系统也是一大警示信号，因为美国玉米出口量占全球半数以上，也是中国的主要黄豆供应国。虽然食品价格通胀并不会立即反映到零售价格上，但奶制品、肉类和家禽等马上感受到这些压力。

（三）澳大利亚2006年特大干旱灾害

澳大利亚从1997年以来就持续干旱，2002年以后的5年比前5年的旱情更严重；其中1997~1998年、2002~2003年为重旱年，而2006年的旱情则达到了有记录的150年来最严重的程度，据统计为千年一遇的干旱，对农业生产影响极大。

澳大利亚地广人稀，经济发达。其国土总面积为769.2万km²，居世界第六位，仅次于俄罗斯、加拿大、中国、美国和巴西，而其总人口截至2006年仅为2068万，人均GDP高达36000美元，即使在发达国家中，也是名列前茅。澳大利亚的经济活动主要集中在东南海岸，这一带也是人口集中地。维多利亚、新南威尔士、昆士兰三州的GDP分别占了全澳的26%、35%和17%。澳大利亚是世界上人口城市化率最高的国家之一，主要人口都集中居住在沿海地区的城市之中。其中，仅悉尼市就有500多万人口，约占全国总人数的1/4；而墨尔本的300多万人口与布里斯班的100多万人口加起来，则占了另一个1/4。此外，还有10万~100万人口的中等城市8个，1000人以上的小城镇400多个。农业人口不足全国人口的5%，在广袤的农牧业区，几乎就看不到成片的房屋。

澳大利亚地形独特，平均海拔只有330m，为全球最低的大陆。东部沿海有狭窄绵延的山地——大分水岭，最高点是位于东南角的科修斯科山，海拔也只有2228m，为墨累河的发源地。森林面积1.56亿hm²，森林覆盖率仅为20%。澳大利亚虽然四面环水，但受亚热带高气压及东南季风的控制，素以干旱的大陆著称。其降水的分布受自身地形地貌的影响十分显著。东北部沿海山脉、台地和谷地相接的狭长地带雨量较高，多在1000~1500mm以上，但仅占全国面积的

9%。降雨量向内陆迅速递减，全国约有68%的地区年降雨量小于500mm，35%的地区年降雨量小于250mm，干旱中心地区，年降雨量仅100mm左右。澳大利亚北部的降雨受季风气候的影响，主要发生在夏季。而东南部的降水则具有水热不同期的特点，降水主要集中在冬春之间，6月至11月间降水约占全年总量的2/3，夏秋反为旱季。

受降雨制约，澳大利亚东部沿海地带为主要产流区，但河流源短流急。内陆河流绝大多数是季节性河流。位于东南部的墨累河和达令河是澳大利亚最长的两条河流，它们共同组成了墨累—达令河流域，流域面积100多万km²，占大洋洲总面积的14%。其年径流量只有222亿m³，与我国面积仅为其1/4的海河流域的年径流量大致相当。墨累—达令河对新南威尔士、维多利亚及南澳大利亚3州的农业灌溉起着重要的作用。

2006年的严重干旱进入2007年后仍然蔓延，到2007年8月，达令河断流将近1年。根据澳大利亚气象局的数据，2005年全国年均气温比多年平均高1.06℃，为有温度记录以来的最高温度，2006年比多年平均高0.47℃，2007年比多年平均高0.67℃；从2006年的全年降雨量来看，澳大利亚东南部地区为1900年以来最少，南澳大利亚州和新南威尔士州为1900年以来第二少，维多利亚州和塔斯马尼亚州为1900年以来第三少。墨累—达令流域委员会主任David Dreverman说，这是典型的千年一遇的干旱；墨累—达令流域只有全国总水资源量的4%，却占全国总用水量的3/4；而2006年的总来水量只占以前最低纪录的54%。

据当地报纸报道，2006年至11月底止，维多利亚州降水量仅有350mm，虽然12月又略有增加，但远不及2005年的616mm，与该州150年来降水的平均值654mm相比，减少了四成左右。当地的Eppalock湖，2000年时储水尚有8亿m³，2006年几乎完全干涸。虽然雨季刚过，但是州内的各大水库都没有蓄上水。Thomson与Yan Yean两座大型水库在1996年10月均因蓄满而泄流，但是2006年年底库存水量分别只有25%和25.1%，且大部分处于难以利用的死水位以下。令人焦虑的是Thomson水库承担了墨尔本60%的供水任务。墨尔本西部的情况则更为严峻，承担供水任务的Pykes Creek和Bostock两座水库，库存水量分别锐减到6.4%和5.3%。

祸不单行，2006年年底澳大利亚又遭遇了70年来最严重的林区大火。仅维多利亚州就出现了14处主要火场。墨尔本是受火灾影响最严重的地区之一。维多利亚州12月的温度达到了42℃，创下了50年来的最高纪录。大风、高温与持续的严重干旱，给灭火工作造成了极大的困难。

三、世界干旱灾害特点

（一）旱灾频繁，灾情严重

20世纪全世界"十大灾害"中，旱灾高居榜首，共有5个，分别是：1920年中国北方大旱，山东、河南、山西、陕西、河北等省遭受了40多年未遇的大旱灾，灾民2000万；1928～1929年中国陕西大旱，陕西全境共940万人受灾；1943年中国广东大旱，许多地方年初至谷雨没有下雨，造成严重粮荒，仅台山县饥民就死亡15万人；1943年印度、孟加拉等地大旱，无水浇灌庄稼，粮食歉收，造成严重饥荒，死亡350万人；1968～1973年非洲大旱，涉及36个国家，受灾人口2500万人，逃荒者逾1000万人，累计死亡人数达200万以上，仅撒哈拉地区死亡人数就超过150万。

21世纪以来，全球旱灾呈频发趋势。2010年，俄罗斯遭遇了罕见干旱，粮食产量减少约1/3。2011年，全球发生大范围的旱灾。法国、德国等欧洲国家遭遇连续干旱，小麦产量下降。墨西哥也出现70年来最严重旱灾，使99万hm²作物减产。2012年旱灾再一次袭击全球。2012年美国遭遇了过去50年间最为严重的旱情，得克萨斯州灾情尤其严重，几乎全州受灾，损失超过30亿美元。

根据美国国家干旱减灾中心旱情检测工程最新数据，截至2012年7月，美国本土约有56%的面积遭遇中等至严重程度的旱灾，约8.64%的本土面积遭遇罕见旱灾。朝鲜也经历了60年不遇大旱，29万hm²农田受灾，粮食不足状况继续恶化。欧洲也遭受大范围干热灾害的袭击，其中英国的干旱是30年来最严重的一次，法国近1/3的地区因干旱采取限水措施。非洲东部地区的肯尼亚、埃塞俄比亚、索马里和乌干达等国家由于旱情严重，已出现因缺水而导致的大量牲畜死亡和粮食危机。详见表4—17～表4—18。

表4—17　世界干旱/粮食安全概况（2002～2011年）

年份	灾害数	死亡人数（千人）	受影响人数（千人）	估计损失（百万美元）	总灾害损失（百万美元）	占比例（%）
2002	40	76903	428006	10362	78270	13.24
2003	23	38	80968	905	85017	1.06
2004	19	80	34398	1782	162255	1.10
2005	28	88	30643	2254	248475	0.91
2006	20	208	44371	3500	38598	9.01
2007	13	n.a.	8278	549	80836	0.68
2008	21	6	37481	227	199414	0.11
2009	31	2	109666	2143	48775	4.39
2010	27	2	135755	3420	155792	2.20
2011	15	n.a.	21759	8142	365583	2.23
总计	237	77327	931325	33284	1463014	2.28

注：资料来源于《世界灾害报告2012年》。

表4—18　五大洲2002～2011年干旱情况

	干旱灾害数	死亡人数（千人）	受影响人数（千人）	估计损失（百万美元）	所有灾害估计损失（百万美元）	占比例（%）
非洲	126	866	265966	n.a.	12447	
美洲	50	7	7333	15397	575883	2.67
亚洲	48	76454	656753	10987	673617	1.63
欧洲	10	n.a.	1273	4401	150644	2.92
大洋洲	3	n.a.	n.a.	2501	50423	4.96

注：资料来源于《世界灾害报告2012年》。

（二）干旱范围和强度呈增加趋势

大量的事实表明，过去100年全球干旱半干旱区变得越来越严重。从20世纪60年代开始，西非的半干旱地区降水持续30年减少，其中Sahel地区的降水量减少了20%～40%；全球极端干旱区域的面积翻了一倍；干旱半干旱地区因干旱造成的沙漠化面积扩张了10%～20%。

世界范围内旱情与旱灾的发生与区域气候、地理位置、水资源等条件有关，其中气候变化的影响日益严重。地球气候系统正经历着一次以变暖为主要特征的显著变化，这种变暖已经成为一个不争的事实。IPCC第四次评估报告指出，近百年来（1906～2005年），全球平均地表温度上升了0.74℃。过去50年的线性增暖趋势为每10年升高0.13℃，几乎是过去100年来的两倍，升温在加速。最近10年是有记录以来最热的10年。未来全球气温仍将持续升高。气候模式预估结果显示，与1980～1999年相比，21世纪末全球平均地表温度可能会升高1.1～6.4℃。

以中国为例，中国气象局国家气候中心提供的数据显示，1908～2007年中国地表平均气温升高了1.1℃，最近50年北方地区增温最为明显，部分地区升温高达4℃。气候模式预估结果表明，与1980～1999年相比，到2020年中国年平均气温可能升高0.5～0.7℃。其中，北方增暖大于南方，冬、春季增暖大于夏、秋季。受此气候变化的影响，中国干旱范围和干旱强度都呈现增加的趋势，干旱问题日益凸显。近半个世纪以来，中国北方主要农业区干旱面积在春、夏、秋、冬4个季节里都处于上升发展的趋势。冬、春季发展速度较快，夏、秋季发展速度较慢。从干旱范围平均状况看，夏、秋季干旱较重，冬、春季干旱较轻；在中国的华北、华东北部的干旱面积扩大迅速，形势严峻，东北、华中北部干旱面积扩大速度相对较小，西北东部的干旱面积扩大趋势不明显，这与中国降水变化的总体趋势分布一致。值得指出的是，华北地区近20多年来干旱不断加剧的形势十分严峻，从20世纪70年代后期开始至今，华北干旱不断加剧。20世纪90年代后期以来华北地区更是连年出现大旱，1997年、1999～2002年都为旱情较重年份，不少地区连续5～6年遭遇干旱，导致农业生产损失巨大、水资源极度短缺、生态环境日益恶化。20世纪90年代末期和21世纪初的几年干旱范围之广、损失之大是半个世纪以来最严重的。近年来中国还频繁出现多个破历史纪录的极端干旱事件。如，2006年夏季，四川、重庆地区由于持续少雨，出现了百年一遇的高温干旱。2008年10月下旬至2009年2月上旬，中国北方冬麦区降水量较常年同期偏少五至八成，个别地区降水量偏少八成以上，出现了大范围气象干旱，旱区波及北京、天津、河北、山西、山东、河南、安徽、江苏、湖北、陕西、甘肃和宁夏12省（区、市）。普遍干旱为30年一遇，其中河北南部、山西东南部、河南、安徽北部的局部重旱区达50年一遇。2009～2010年西南大部降雨和来水持续偏少，蓄水严重不足，云南、贵州、广西、四川和重庆等省（区、市）发生的严重干旱为80年一遇。

（三）干旱灾害损失呈增长趋势

据2003年和2012年《世界自然灾害报告》的统计资料，从1973年到2012的近40年间，干旱灾害对粮食安全的影响在2002年达到最高，全世界受影响人数有4.28亿，损失103.6亿美元，约占当年全部自然灾害损失的13.24%。

美国1980年、1983年和1988年三次大旱，粮食减产都在1/3左右，造成的损失分别为210亿kg、131亿kg和390亿kg，特别是1988年的大旱，导致美国产生了严重的经济和环境问题。1988年北美特大干旱，从美国东南部，经加拿大的南部，一直延伸到北美的西海岸，出现了创纪录的特大干旱，仅农业生产损失就达390亿美元。由于这次特大干旱，使世界粮食储备降至10年来的最低水平。

2002年干旱肆虐澳大利亚，澳大利亚农业和资源经济局对旱灾带来的损失作出估算，小麦的总产量从2001年的2390万t下降到1340万t；棉花和水稻的总产量下降30%；送宰肉牛数量因许多牧场的关闭而从2001年的860万头增加到960万头；2002至2003财政年度的农业净产值只达到37亿澳元，比上一财政年度下降63%；国内生产总值因旱灾下降0.5%。

2004年中国发生特大干旱。2004年9月开始，全国降水量较往年同期明显偏少，其中浙江、湖南、江西、福建、广东的降水量为54年来最少。1253座水库干涸，173.3万hm²耕田受旱，368万人发生饮水困难，经济损失约40亿元。

2010年中国西南五省（区、市）遭遇严重旱灾，云南、广西、贵州、四川、重庆受旱面积占到全国的83%，农作物受灾面积434.86万hm²，其中绝收940.2万hm²，共5104.9万人因旱受灾，直接经济损失190.2亿元。其中云南省的旱情最为严重，滇中、滇东、滇西东部的大部地区，旱情为100年以上一遇，1379.7万人不同程度受灾，700万人饮水困难，331万人因旱造成生活困难需政府救助，直接经济损失近180亿元。

2012年美国发生的特大干旱使美国约有1/3种植面积的玉米受灾，美国中西部是美国最大的玉米产区，被誉为"世界粮仓"，干旱导致粮食歉收，以畜牧业为主的农场主遭受巨大的损失，美国普渡大学农业信息系的专家史蒂文·凯恩说，干旱造成的最初损失估计在600亿～1000亿美元。

（四）次生及衍生灾害严重

伴随旱灾发生的次生灾害主要有农作物病害、虫害，草场虫鼠害、牲畜病害，林区和草原火灾，以及风沙灾害等。

我国历史资料表明，蝗灾与旱灾同年发生的概率最大。在清代的193次旱灾中，并发蝗灾的有109次。1912～1948年发生的35次旱灾中，伴有蝗灾的有29次。旱灾在草原地区常常伴有严重的病虫鼠害，使牧草大幅度减产，导致原本受旱灾的草场损失更加严重。1999年是严重旱灾年，累计受旱面积为3013.3万hm²，成灾面积为1660万hm²，当年也是我国牧区虫鼠害发生非常严重的一年，虫鼠害发生面积合计4330万hm²，比1998年增加382万hm²。2000年年内受旱农作物面积为4000万hm²，成灾面积为2666.7万hm²，有0.38亿城乡人口和2400万头大牲畜一度因旱而不同程度地出现饮水困难。特大干旱还造成了林区、草原火灾发生的危险性，1999～2001年，牧区连续3年干旱，1999年草原发生各类火灾432次，比1998年增加49次，2001年草原火灾进一步增加到547起，受害草原面积约13.2万hm²，使牧区遭受严重损失。20世纪80年代以来，沙尘暴发生的频率随着旱灾发生频率增加而加大。据统计，我国20世纪60年代特大沙尘暴发生过8次，70年代发生过13次，80年代发生过14次，而90年代至今已发生过20多次，波及的范围也越来越大。

第二章　我国干旱灾害防治发展历程和主要成就

第一节　我国干旱灾害演变规律及发展趋势

一、我国干旱灾害演变规律

（一）干旱灾害区域分布发生变化

由于不同区域气候、地理、水资源等自然条件以及水利基础设施条件等存在较大差异，特别是受全球气候变化的影响，近30年来我国干旱灾害区域分布发生了较大的变化。从不同年代年均因旱受灾面积、成灾面积以及不同区域因旱受灾面积占同期全国因旱受灾面积的比例来看，东北、西南地区的旱情灾情呈明显的增加趋势，黄淮海地区呈减少趋势，西北地区在20世纪90年代比80年代明显增加后近年来基本维持在较高状态，长江中下游和华南地区则变幅相对较小，见表4—19和图4—12所示。就不同年代因旱成灾面积占受灾面积的比例而言，东北、西北、黄淮海、长江中下游、西南、华南6个区均有较大幅度的提高，干旱灾害呈明显加重的态势。

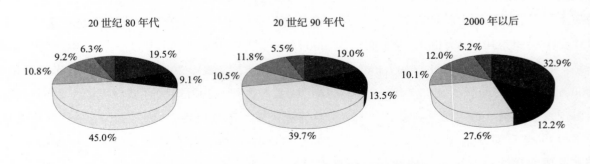

图4—12　近30年不同年代不同区域因旱受灾面积占同期全国因旱受灾面积比例

表4-19 近30年不同年代不同区域作物因旱受灾情况

区域	1980～1989年			1990～1999年			2000～2007年		
	年均因旱受灾面积（万hm²）	年均因旱成灾面积（万hm²）	因旱成灾面积占受灾面积的比例（%）	年均因旱受灾面积（万hm²）	年均因旱成灾面积（万hm²）	因旱成灾面积占受灾面积的比例（%）	年均因旱受灾面积（万hm²）	年均因旱成灾面积（万hm²）	因旱成灾面积占受灾面积的比例（%）
全国	2456.2	1176.2	47.9	2489.6	1194.3	48.0	2618.6	1552.7	59.3
东北	474.0	254.0	53.6	473.5	230.9	48.8	855.0	516.9	60.5
西北	221.8	115.4	52.0	335.3	180.3	53.8	317.8	196.6	61.9
黄淮海	1095.4	517.7	47.3	987.5	477.0	48.3	718.5	431.1	60.0
长江中下游	263.6	125.7	47.7	261.6	112.8	43.1	262.0	166.0	63.4
西南	224.5	104.0	46.3	293.9	130.8	44.5	313.0	163.9	52.4
华南	254.3	52.7	34.1	137.8	62.3	45.2	135.1	69.1	51.1

（二）干旱灾害对农业生产和粮食安全的威胁越来越突出

近30年来，各个年代作物因旱受灾情况，呈现明显加重的趋势。20世纪80年代、90年代和2000年以来，作物因旱受灾面积依次为2453.3万hm²、2486.7万hm²和2620万hm²，其中成灾面积依次为1173.3万hm²、1193.3万hm²和1553.3万hm²。因旱成灾面积占受灾面积比例，20世纪80年代和90年代大致相当，约为48%；但2000年以来大幅度提高，达到59.3%。2000年以来，全国年均因旱粮食损失为3728.4万t，约为20世纪80年代年均因旱粮食损失的2倍，占同期粮食总产的7.7%，对我国粮食安全构成较大威胁，见表4-20所示。

特别值得关注的是，2000年全国作物因旱受灾面积高达4053.3万hm²，占当年播种面积的25.9%，为多年平均受灾面积的1.6倍，如图4-13所示；成灾面积2680万hm²，占受灾面积的比例高达66.1%，超过多年平均成灾面积的2倍；因旱粮食损失接近6000万t，为多年平均因旱粮食损失的2.5倍，占到当年粮食总产的13%，如图4-14所示。

表4-20 近30年不同年代全国农业因旱受灾情况

年代	年均因旱受灾面积（万hm²）	年均因旱成灾面积（万hm²）	年均因旱绝收面积（万hm²）	因旱成灾面积占受灾面积的比例（%）	年均因旱粮食损失（万t）	因旱粮食损失占总产比例（%）
1980～1989年	2453.3	1173.3	260.0	47.9	1921.9	5.1
1990～1999年	2486.7	1193.3	220.0	48.0	2065.3	4.4
2000～2007年	2620.0	1553.3	360.0	59.3	3728.4	7.7

（三）干旱灾害对城乡居民饮水安全的威胁依然严重

据1991～2013年水旱灾害统计数据，全国每年平均有2708万农村人口和2032多万头大牲畜因旱发生饮水困难。20世纪90年代初我国因旱饮水困难十分突出，90年代中后期有了明显减少，

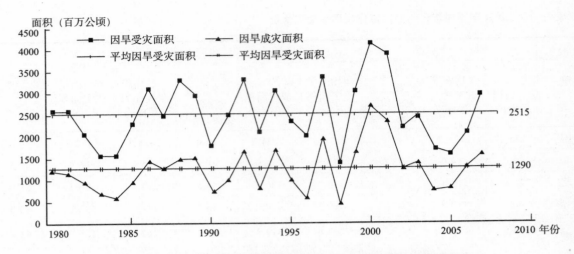

图4-13 近30年全国作物因旱受灾面积、成灾面积逐年变化情况

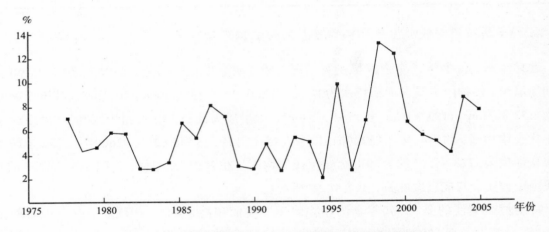

图4-14 近30年因旱粮食损失占当年粮食总产的比例情况

但2000年以后又出现明显反弹,尤其是2001年、2006年和2010年全国农村因旱饮水困难人口都超过了3200万人,如图4-15所示。

在城市供水方面,我国661座城市中,有400多座常年供水不足,其中110座严重缺水,城市年缺水量正常年景约60亿m³。近些年来北方大部地区的连年干旱使城市水资源短缺问题更加突出。2000年大旱,全国有18个省(区、市)620座城镇缺水(包括县城),影响人口2600多万人,直接经济损失470亿元,天津、烟台、威海、大连等城市出现供水危机,居民正常生活受到严重影响。受2006年川渝大旱影响,2007年3月嘉陵江水位严重偏低,导致重庆市部分城区供水告急,120万城市居民生活用水受到严重影响。

(四)干旱灾害对生态安全的威胁进一步加剧

随着经济社会的快速发展和城乡居民生活水平的不断提高,用水需求大幅增加,导致我国许多地区水资源短缺日益突出,为维持经济社会的发展,多年来我国许多地区都是以牺牲生态用水

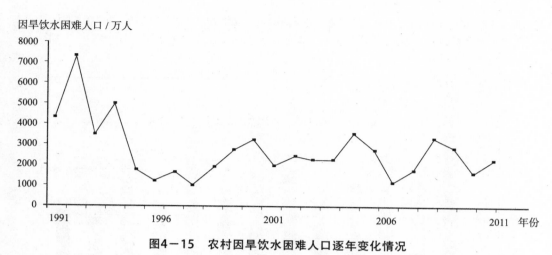

图4—15　农村因旱饮水困难人口逐年变化情况

为代价。特别是北方地区，由于干旱日益频繁，生态用水受到严重侵害。据统计，我国土地沙化速度已由20世纪70年代的年均1560km²，发展到90年代末期的3436km²；以城市和农村井灌区为中心形成的地下水超采区由20世纪80年代初的56个发展到目前的164个，超采面积从8.7万km²扩展到18万km²。20世纪90年代，黄河利津下游几乎年年断流，黄河三角洲生态系统遭到严重破坏，湿地萎缩近一半，鱼类减少40%，鸟类减少30%。2002年，南四湖地区发生新中国成立以来最为严重的特大干旱，上、下湖区基本干涸，湖区70多种鱼类、200多种浮游生物群濒临灭亡，湖内自然生态遭受毁灭性破坏。20世纪80年代以来，"华北明珠"白洋淀多次发生干淀危机。塔里木河、黑河、珠江三角洲，以及向海、扎龙等湿地，要不是这些年来中央采取了许多果断措施保护其生态环境，后果将不可想象。

二、我国干旱灾害发展趋势

随着我国经济社会的快速发展、人口的增长和对水资源需求的不断增加，水资源供需缺口日渐扩大，干旱灾害更加频繁，呈现出总体偏轻但局部严重，严重、特大干旱发生频次增高，范围扩大，持续时间延长和灾害损失逐步增加等发展趋势。

（一）总体偏轻但局部严重

从2010年开始我国干旱灾害总体偏轻，因旱受灾面积低于多年平均值。如2013年旱情高峰期全国作物受旱面积733.3万hm²，比多年同期均值偏少52%。高峰期全国饮水困难人数共有956万人、饮水困难大牲畜433万头，分别比多年同期均值少10%、1%。2013年全国作物因旱受灾面积、粮食损失、饮水困难人口均明显低于2000～2012年平均值，其中因旱受灾面积、粮食损失、饮水困难人口分别偏少49.7%、33.1%、9.5%，如图4—16至图4—19所示，因旱直接经济损失占当年GDP的比值为2006年以来第3低。据各年统计，2013年全国耕地受旱面积始终较多年同期平均值偏少，旱情高峰期耕地受旱面积比多年同期平均值偏少52%。但南方高温伏旱期间，湖南、贵

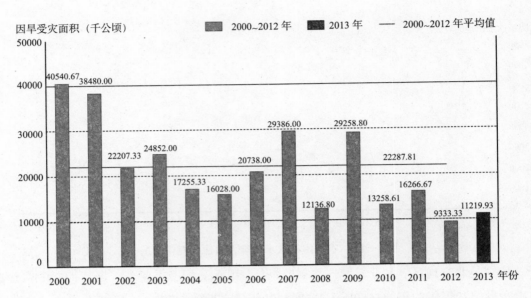

图4-16　2013年与2000～2012年全国作物因旱受灾面积对比

图4-17　2013年与2000～2012年全国作物因旱粮食损失对比

州、湖北等省局部旱情发展快而严重,7月底旱情开始,短短十几天即达到高峰,旱情高峰期3省耕地受旱面积均超过113.3万hm²,为常年同期的4倍以上,3省耕地受旱总面积和饮水困难人数分别占全国的64%和86%。

（二）严重、特大干旱发生频次增加

我国历史旱灾记载始于公元前206年,从那时起到1949年的2155年间,我国发生较大旱灾有1056次,平均每两年发生一次。据统计,1950～1990的41年间,我国有11年发生了严重、特大干旱,发生频次为26.8%。而1991～2013年的23年间,我国就有8年发生了严重、特大干旱,发生频次提高到34.8%。

因旱直接经济损失占当年 GDP 的比值（%）

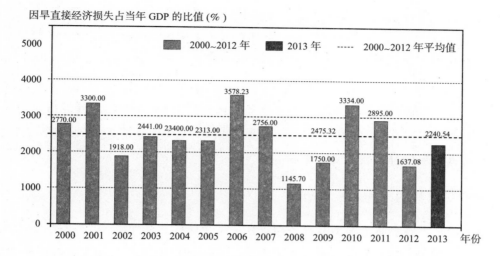

图4－18　2013年与2000～2012年全国因旱饮水困难人口对比

因旱直接经济损失占当年 GDP 的比值（%）

图4－19　2013年与2006～2012年全国因旱直接经济损失占当年GDP的比值对比

（三）干旱灾害影响范围和领域扩大

过去旱灾高发区域主要是在干旱的北方地区，特别是西北地区。近年来，我国南方和东部湿润半湿润地区的旱情也在扩展和加重，目前旱灾范围已经遍及全国。2000年和2001年我国连续两年发生波及全国大部分地区的特大旱灾；2003年长江中下游和东南沿海地区发生严重的夏伏旱；2005年云南、广西发生严重春旱；2006年重庆和四川东部遭遇百年不遇的特大夏伏旱；2007年东北大部、内蒙古东部、江南、华南等地发生了较为严重的夏旱，历史上极少出现旱情的黑龙江三江平原发生了严重夏伏旱；2009年我国北方冬麦区又发生近年来最为严重的冬春旱。2013年7月至8月上中旬，湖南、贵州、江西、上海、浙江、江苏、湖北、重庆8省（直辖市）35℃以上高温日数超过26天，为1951年以来最长，降水量较多年同期平均值偏少五成多，为1951年以来同期最少。持续高温少雨造成旱情迅速蔓延，8月中旬旱情高峰时，长江中下游和西南东部等地有6491.3万hm²耕地受旱，956万人、318万头大牲畜发生饮水困难。与此同时，旱灾涉及的领域也由以农业为主扩展到工业、城市、生态等领域，工农业争水、城乡争水和国民经济挤占生态用水现象越来越严重。如2013年持续干旱对畜牧业、河湖生态、水产养殖、水力发电、江河航运等方面造成影响，一些地区发生森林火灾。全国因旱经济作物损失404.06亿元，其他行业因旱直接经济损失325.68亿元。湖北省800余家企业因缺水停产或限产，工业、养殖业、林业损失72.40亿元。湖南省部分河道因水位过低航运受到影响。

（四）干旱灾害持续时间延长

许多地区经常出现春夏连旱或夏秋连旱，有时是春夏秋三季连旱，严重的甚至出现全年干旱乃至连年干旱的趋势，造成重大的损失和影响。2012年云南中部和北部地区旱情从2011年7月持续到2012年6月，部分地区近3年重复受旱，干旱影响效应叠加，给旱区群众生活和工农业生产造成较大影响。4月上旬高峰时，全省耕地受旱面积131.6万hm²，占全省耕地总面积的22%。全年因旱直接经济损失124.22亿元，占全省GDP的1.2%。湖北中北部地区遭受春夏秋连旱，旱情持续时间长达半年之久，北部重旱区枣阳、广水、大悟等9县（区、市）8月中旬旱情达到高峰，受旱面积314.67万hm²，占本地区在田作物的四至七成，对作物生长及产量造成一定影响。

（五）干旱灾害损失越来越大

自20世纪90年代以来，因旱粮食损失占各种自然灾害造成粮食减产总量的60%以上；平均每年因旱造成工业产值减少2300多亿元；平均每年有2913万人、2300万头牲畜因旱发生临时性饮水困难。按2000年不变价估算，1990～2008年，全国旱灾多年平均经济损失量约1526亿元，约占同期全国年均GDP的1.47%，因旱造成的经济损失绝对值，随着全国经济总量的快速增长呈增加趋势。

第二节　我国干旱灾害防治发展历程

我国疆域辽阔，自然地理条件复杂，多年平均降水量小于400mm的地区约占国土面积的2/5，多年平均降水量在400～1000mm的地区约占国土面积的1/5，大于1000mm的地区仅占国土面积的36%，降雨的空间分布十分不均。同时，降雨年际变化大，年内季节分布不均，由此导致水资源的时空分布不均。与耕地分布和生产力布局不相匹配，是导致我国干旱灾害频繁发生的主要因素。在旧中国，由于水利基础设施极其薄弱，抗御干旱的能力十分低下，每次大范围长历时的干旱，都会造成大片耕地荒芜，因饥荒病饿而死亡的人口通常以几十万、几百万，甚至上千万计。

新中国成立以后，党和国家把"农业是国民经济的基础""水利是农业的命脉"作为治国安邦的大事来抓，水利基础设施建设快速发展，农业的基础地位不断增强，抗旱减灾的能力不断提高。特别是20世纪70年代以后，我国的抗旱减灾保障体系逐步发展、完善，战胜了历年来发生的多次严重干旱灾害。下面以典型干旱为例加以说明。

一、1972年干旱灾害及抗旱

（一）旱情及其演变

1972年，我国大部分地区少雨，北方出现大范围重旱。部分地区春夏连旱，全国受旱面积3069.9万hm²，成灾1360.5万hm²，北方地区受旱、成灾面积分别占70%和78%。

1972年，京、津、晋、冀、内蒙古大部，辽西和辽南、吉西、黑西南、豫西、鲁西北、陕北、陇东和陇中、青中、宁大部年降水量较常年偏少二至四成，其中冀西和晋中降水量仅160～260mm，比常年偏少五至七成。太原、石家庄两市年降水量分别为217mm和228mm，为30年来的最小值。忻州市年降水量只有167mm。春夏两季，京津地区降雨250mm，比常年同期偏少五成。干旱最重的晋中、冀部分地区仅150mm，晋中盆地的原平、忻县一般不足100mm，比常年偏少七成。河北省年平均降水量355.4mm，为多年平均年降水量的65.5%。山西省年平均降水量347.5mm，为多年平均年降水量的68.7%，全年各季降水偏少，形成春夏秋三季连旱。

由于降水少，河道来水也少，一些河流出现了历史上少见的枯水现象，辽河、永定河是1972年以前几年的最小水量。黄河发生了新中国成立以来第二枯水年。海滦河山区年径流量只有98.4亿m³，为多年平均值的44%，是1949年以来径流量最小的一年。人均水量121m³，亩均水量70m³，旱情十分严重。山西省全省天然径流量63.8亿m³，为多年平均值的55.5%。天津市境内的海河段长期处于枯水位状态，持续92天水位在1m以下。北京市旱情也十分严重，从5月下旬开始，密云、官厅水库停止向农业供水，全市中小型水库基本干涸，河道断流。河北省小型水库和塘坝大部分干涸，一些大型水库如永定河官厅水库、滹沱河岗南水库不得不挖掘死库容，使水库长期在死水位以下运行。500多条小河、18条大河在5月中旬断流，滦河水量较常年减少2/3。辽宁省西部地区降水和来水也少，旱情严重的朝阳地区年降水量368.3mm，为常年的76%。

（二）主要抗旱行动

为了解决北方地区的干旱，1972年8月国务院召开了北方14省（自治区、直辖市）抗旱会议。会上交流了1970年北方地区农业会议以来各地开展抗旱、防旱和进行农田基本建设的经验，检查执行情况，研究下一阶段工作的具体安排。据分析，在当时2000万hm²受旱面积中，大约有1/3是水利和农田搞得好的，丰收在望；1/3搞得差的，将严重减产。会议认为，要把农业搞上去，必须下苦功夫，从根本上改变生产条件，加强农田基本建设，要充分发挥现有水利工程的作用。北方地区地面水不足，需地面水和地下水统筹利用，要大力开展群众性的打井运动，确定在3年内新建机电井100万眼。为统一领导抗旱打井工作，由当时的水电部、农业部、农机部、财政部、国家地质总局、国家物资总局6个单位组成抗旱打井办公室，办事机构设在水电部。

二、1978年干旱灾害及抗旱

（一）旱情及其演变

1978年，全国大面积重旱。全国受旱面积4016.9万hm²，成灾面积1796.9万hm²，重旱区主要在长江中下游、淮河流域大部和冀南，其中长江中下游地区旱情最重。

1978年，豫北以及晋、陕、宁、鲁等省（自治区）的大部地区，年降水量较常年偏少二至四成，其中，冀南、豫北只有300～400mm降水，比常年偏少三至四成，江淮之间大部一般有450～700mm，也比常年减少三至五成。皖、苏、沪、浙、赣、湘、豫、陕、川9个省（直辖市）的部分雨量站年降水量是近30年的最小值。长江中下游大部地区夏季降水量只有100～300mm，比常年同期偏少三至七成，其中鄂东北、皖北、苏南、沪以及浙北地区降水量不到200mm，比常年同期偏少六至七成。长沙市7～9月降水量是1910年有降水资料以来同期最少的。

长江中下游和淮河1～10月来水量为有水文记载以来40～50年的最低值。很多大中型水库蓄水降到死水位以下，大部分塘堰干涸，河溪断流。长江大通站来水量长期比常年同期少四成左右，南京水位也长期低于常年1m左右。淮河来水总量27亿m³，为有水文记录后1972年以前近60年中最少的一年。1978年淮河蚌埠闸上来水量，只有多年均值的7%，其中5月、9月、10月、11月蚌埠闸上没有来水，全年关闸控制的时间200多天。该年淮河洪泽湖入湖水量30.4亿m³，约为正常年的1/10，沂沭泗等入骆马湖水量26.6亿m³，比正常年少六成。骆马湖、微山湖一度在死水位以下，洪泽湖长期在死水位以下。

入春后，北方大部分地区降水偏少，旱象露头。4月持续少雨，气温偏高，大风多，旱情迅速发展。至4月底，16个省（直辖市）受旱面积已达2706.7万hm²，其中小麦等夏粮作物受旱1193.3万hm²，黄淮海地区小麦受旱面积约占全国总数的80%，不少地区土壤含水量降到10%以下。5月冬麦区的降水缓解了部分地区旱情，西北地区旱情基本解除。河南的安阳、新乡，冀南、鲁西持续时间较长。河北、山西等省的部分地区遭遇春夏连旱，旱情严重。北方冀、晋、鲁、豫、陕5个省受旱面积达1526.7万hm²，成灾753.3万hm²，分别占全国总数的38%和42%。其中河南受旱506万hm²，成灾254.2万hm²，粮食减产5亿kg。

南方部分地区春季降水偏少，苏、皖、鄂、川、云、贵等省出现旱象。夏季高温少雨，淮河流域大部和长江中下游部分地区干旱持续3～5个月，形成夏秋连旱，全国受旱面积1000万hm²以上。苏、皖、赣、鄂、湘、川等地受旱面积1526.7万hm²，成灾673.3万hm²。受旱成灾均占全国的38%。江苏省3月中旬至5月中旬全省降雨12～90mm，出现严重的春旱，又遇夏秋连旱，全省受旱面积最大时达266.7万hm²。全省因旱成灾面积88.9万hm²，失收18.4万hm²。安徽省受旱面积366.7万hm²，成灾204.1万hm²，粮食年总产量比前一年减产近25亿kg，比计划减产49亿kg。湖北省受旱面积最多时达213.3万hm²，成灾128.3万hm²，失收46.7万hm²。

（二）主要抗旱行动

4月，在春旱迅速发展的关键时刻，国务院抗旱领导小组召开了全国抗旱紧急电话会议。11月上旬召开11省抗旱工作汇报会，会上决定拿出10亿元用于支持各地抗旱和为春旱冬抗做准备，并立即调拨抗旱物资和资金支援各地抗旱，其中中央财政安排抗旱经费10亿元。

各地通过引、提、蓄等措施增加水源1700多亿m³，抗旱浇灌农田面积3866.7万hm²，挽回粮食损失150亿～200亿kg，棉花400万～500万担。全年共花费抗旱经费49亿元，抗旱用电80亿kW·h，用油33万t，动用柴油机1543.5多万kW、电动机1000万kW。

经过艰苦、顽强的抗旱斗争，除局部地区减产外，全国粮、棉、油等主要农产品仍全面增产，粮食产量达到3.048亿t，比1977年增产2200万t，棉花增产11.8万t，油料增产20万t。

三、1994年干旱灾害及抗旱

（一）旱情及其演变

1994年我国降水时空分布差异大，全国受旱范围广，以中部地区为重。全国受旱面积1704.9万hm²，其中绝收252.6万hm²，属于重旱年。

1993年入冬后，北方大部分地区雨雪稀少，京、津、冀、晋、豫、陕、甘、宁、青等省（自治区、直辖市）有不同程度的冬旱。1994年春季有几场阶段性局部性降水，在一定范围、一定程度上缓解了旱情。但是黄淮大部、南疆、陕南、陇中、宁南、内蒙古东中部、四川盆地和华南沿海等地的降水仍然偏少五成以上，春旱比较严重。后华北、东北和西北部分地区又出现高温少雨天气，形成了春连初夏旱。至6月中旬，全国受旱面积发展到2000万hm²，干旱遍及北方15个省（自治区、直辖市），以华北和西北东部为重。主要靠地下水灌溉的河北省春季抗旱水源十分紧张，73万眼机电井有1/3出水不足或抽不上水，白洋淀干涸。山西省受到干旱和干热风袭击，小麦比上一年减产3亿kg。内蒙古自治区134万hm²农田成灾，13.5万hm²绝收。山东省14条主要河流中的12条断流，4926条中小河流和2.7万座小水库、塘坝干涸，20.6万眼机井无水可提，因旱用水紧张，5.7万hm²作物枯死，济南市四大泉群全部停止喷涌，胜利油田损失近5000万元，黄河两次断流共27天。河南省春夏秋三季旱情持续，受旱面积268.1万hm²，成灾234.5万hm²，绝收35.1万hm²。东北三省合计受旱面积289.4万hm²，成灾124.5万hm²，绝收14.3万hm²。受旱时间最长的西北地区东部，陕、甘、宁三省（区）旱情严重。宁夏回族自治区南部25.7万hm²夏收作物全部受灾，成灾16.7万hm²，绝收6万hm²，8县夏粮比上一年减产32%。陕西省夏粮因旱减产17.6%。甘肃省夏粮减产10%以上，还有13.3万hm²晚秋粮因旱无法播种。

7月江淮大部地区降雨量45～70mm，比常年同期偏少四至七成。汛期淮河干流平均流量较常年偏少七成以上，长江干流宜昌站各月平均流量偏少三成以上。苏、皖、沪、浙、鄂、川及赣、湘部分地区发生伏旱，江苏和安徽旱情最重，两省受旱面积592.3万hm²，成灾373.9万hm²，绝收70.6

万hm²，粮食减产38.5亿kg。四川省在大范围的春夏旱后，东部和中部又发生严重的伏旱，受旱面积287.6万hm²，成灾110万hm²，绝收13.9万hm²。三伏期间，全国伏旱面积在1333.3万hm²以上。

入秋后，北方津、冀、鲁、豫、晋、陕、皖、新等冬麦区持续少雨，共953.3万hm²农田受旱。10月中旬的降雨缓解了旱情。

华北、西北牧区旱情很严重。内蒙古牧区草场受旱45万km²，受旱牲畜1500万头（只），锡盟西北部、乌盟北部、巴盟、伊盟、阿盟等牧区因旱死亡牲畜20万头（只）。青海省部分牧区7月中旬以后降水比历年平均偏少60%，产草量和载畜量较正常年份减少40%～50%。宁夏、新疆、西藏牧区春夏也发生了旱情，造成牲畜缺草、缺水，影响了牧业牲畜。

干旱严重时，全国饮水困难人口和牲畜分别高达5026万人、6012万头（只）。甘肃省陇东、中部11个干旱县由于水窖干涸，导致学校停课、医院停业，全省120万人、125万头牲畜缺水、断水，其中60%以上依靠远距离拉水吃，水事纠纷时有发生。宁夏回族自治区46万人、30万只羊、13万头大牲畜饮水困难。陕西省渭北地区因水源紧张每担水（30kg）卖到3～10元。青海省西宁市部分自来水厂停产，全省49.6万人、1194万头（只）牲畜饮水发生困难。

（二）主要抗旱行动

4月上旬，国家防汛抗旱总指挥部副总指挥、水利部部长钮茂生带领工作组到春旱严重的河北、天津检查指导抗旱工作，帮助解决实际问题。抗旱期间又先后派出8个工作组到受旱的13个省（自治区、直辖市）调查旱情，指导抗旱工作。全年受旱省份共召开省级抗旱会议、电话会议89次，派出工作组279个。

全年全国共投入抗旱资金63.5亿元，其中国家下拨特大抗旱补助费2.225亿元。全国共增拨抗旱用油32万t，增加抗旱用电25亿kW·h。山东省在本省水源紧张的情况下，放水8000万m³支持江苏省抗旱。江苏省在严重干旱情况下，也调水给上海市解决饮水困难。北京市拿出1000万元，上海市拿出1万t化肥支援受旱严重的四川省。据统计，抗旱期间全国共开动机电井209万眼、提灌站35.48万处，投入抗旱柴油机206万台1698万kW，电动机232万台2302万kW，加上各种蓄、引设施解决水源，全国抗旱灌溉面积达4033.3万hm²，有力地缓解了旱情。抗旱挽回粮食损失270亿kg。

四、1997年干旱灾害及抗旱

（一）旱情及其演变

1997年我国发生了严重的干旱灾害。全国因旱受灾面积3351.4万hm²，成灾2001万hm²，绝收395.8万hm²。因旱减收粮食476亿kg，对粮食生产造成的损失是新中国成立以来最严重的。旱情严重期间，有1680万人、850万头大牲畜饮水困难。1997年干旱主要发生在北方地区，春旱较轻，夏伏旱严重，部分省（自治区）春夏秋三季连旱，北方大部分地区持续受旱50～70天，局部地区长达100多天。严重旱情发生在晚秋作物播种、出苗和大秋作物旺盛生长的关键时期，旱灾损失严重。另外,黄河下游发生了有史以来最为严重的断流。

春季,旱情主要发生在东北西部、华北北部及西北东部,白地缺墒面积一度达到1066.7万hm²,其中辽、吉、黑、冀、内蒙古五省(自治区)缺墒面积较大,部分地区干土层厚度达10~30cm,局部达30~50cm,给春播生产造成很大困难。川、渝、滇三省(直辖市)的部分地区降水少,工程蓄水不足,对水稻适时栽插及保苗造成影响,其中云南省的旱情较重。北方冬麦区大部降水比较适宜。

夏季,我国大部降雨偏少,尤其是长江以北大部分地区持续高温少雨,夏旱发展迅速,程度重。与常年同期相比,6~7月,华北大部、东北大部、西北东部、黄淮及江淮的部分地区,降雨量偏少三至八成;气温偏高2~6℃,高于33℃的高温天数累计达20~40天,京、冀、晋、鲁、辽、吉、黑、内蒙古东部的日最高气温和累计高温天数均超过1949年以来同期最高值;黄河、淮河、松花江、辽河等主要江河来水偏少二至七成,黄河下游持续断流,库塘蓄水大幅度减少,地下水位急剧下降,抗旱水源严重不足。6月下旬全国作物受旱面积达到2133.3万hm²,其中京、津郊区,冀北和冀东南、晋中南、鲁大部、豫西北、内蒙古东部和辽、吉、黑三省中西部,苏北、皖北、陕大部、甘东部的旱情较重。6月底至7月初,江淮、江汉、黄淮大部及东北南部出现一次较大的降雨过程,苏、皖、豫、陕、辽的旱情曾得到缓解,全国作物受旱面积降至1266.7万hm²,但冀、晋、鲁、内蒙古、吉、黑、甘等省(自治区)的旱情仍然严重。随后北方出现持续近半个月的晴热高温天气,旱情再度急剧发展。7月中旬,全国作物受旱面积达2100万hm²,仍为20世纪70年代以来同期最大值。

严重的夏伏旱,使北方冬麦区晚秋作物播种、出苗、保苗十分困难,有86.7万hm²夏播面积未播种,43.3万hm²改种或毁种短生育期作物,200多万hm²出苗不全,其中干枯死苗超过53.3万hm²。东北、华北及黄淮地区大秋作物正常生长也受到严重影响,仅冀、鲁、豫、内蒙古、吉、陕、晋、黑、辽、甘十省(自治区)大秋作物成灾面积就超过1333.3万hm²。晋、冀、内蒙古的部分地区因干旱少雨,诱发蝗虫等病虫灾害。苏、皖两省由于梅雨期推迟,加上持续高温少雨,抗旱用水紧缺,影响了中稻适时栽插,部分水田被迫改种旱作。山东青岛、陕西西安等地城市生活及农村饮水发生严重困难。

8月中下旬,受9711号台风带来的降雨影响,鲁、皖、辽、吉、黑、内蒙古六省(自治区)旱情基本解除。黄淮西部、华北中西部仍高温少雨,旱情进一步加剧。8月底,冀、豫、晋、陕四省作物受旱面积达666.7万hm²。

长江上中游地区自7月中旬开始,持续晴热少雨,旱地土壤失墒快,水田用水短缺,川、渝、贵、鄂、湘五省(直辖市)发生伏秋旱,受旱面积400多万hm²,其中渝东、川北、鄂西北旱情严重。

秋季,全国大部降水量较常年同期少二至九成,北方部分地区夏秋连旱,持续受旱时间超过100天,旱地的玉米和杂粮等秋作物大面积干枯。同时,北方冬麦区小麦播种、出苗也受到了严重影响,缺墒面积达到1000万hm²,有40多万hm²的冬麦面积因旱未种,213.3万多hm²出苗不全,其中近133.3万hm²严重缺苗断垄。入冬以后,北方地区降水仍然偏少,暖冬现象明显,北方冬麦区墒情下降,到12月底缺墒面积666.7万多hm²。

黄河下游利津河段1996年2月7日首次断流,至1997年年底累计断流13次、226天,断流河段曾一度上延至河南省开封市柳园口河段,断流长度700多km。1997年黄河首次断流时间、断流河段长度、累计断流天数均超过历史纪录。黄河断流一度造成鲁、豫两省沿黄地区133.3万hm²农田无水灌溉,130多万人饮水困难,部分工矿企业被迫限产或停产。

（二）主要抗旱行动

旱区各级党委、政府组织广大干部群众知难而上,采取各种有效措施,全力抗旱、持续抗旱。重旱省（自治区、直辖市）都先后召开了抗旱工作会议,有15个省（自治区）的党、政一把手带领工作组深入旱区,检查指导抗旱工作。辽宁省委书记、省长等领导分别在主持召开的10多次全省会议上对抗旱保春耕、抗旱保苗、抗旱救灾夺丰收工作进行了动员部署;山东省委书记和6位省长赴旱区现场办公,解决抗旱中存在的实际问题;山西省在9月召开了五大班子参加的抗旱保秋收、保秋种、保收入会议;吉林省委、省政府要求旱区党政领导当好打井书记、打井县长。受旱省（区、市）共抽调36万名机关干部和技术人员深入抗旱第一线,具体指导抗旱工作。抗旱高峰期全国日投入抗旱劳力1.3亿人,累计投入抗旱资金123亿元,抗旱用油76万t,用电71亿kW·h。

抗旱期间,旱区共开动机电井282万眼,各类提灌设备760万台套4570万kW,机动运水车12万辆,全年累计抗旱浇地3333.3万hm²、4933.3万hm²次,抗旱直接挽回粮食590多亿kg。山东省各类水利设施抗旱期间共提供抗旱用水60多亿m³,抗旱浇地近400万hm²,挽回粮食90多亿kg;江苏省江都等大中型提灌站提引江水56亿m³向北部旱区送水,保证了113.3万hm²水稻的适时栽插和近133.3万hm²旱作物的灌溉,全省水利工程抗旱挽回粮食60多亿kg;河北省开动所有灌区和机井,春夏两季共浇地540万hm²、800万hm²次;黑龙江省在西部旱区大搞抗旱水源工程建设和发展节水灌溉,减少粮食损失35亿kg。

抗旱服务组织为群众维修抗旱设备15万台套,租赁设备6万台套,抗旱浇地320万hm²,改善浇地178.7万hm²,挽回粮食损失76亿kg,在抗旱减灾中发挥了突出作用。各地在抗旱工作中注重非工程抗旱措施,大力推广应用抗旱新技术、新产品,使用"FA旱地龙"抗旱剂1450t,施用面积53.3万多hm²,粮食作物普遍增收10%以上,抗旱节水效果明显。

财政部及时筹措抗旱资金,共下拨特大抗旱经费5.37亿元;农业部及时下拨抗旱柴油32万t、化肥8.8万标t;电力系统累计增加抗旱用电负荷638万kW;各级水利部门根据旱情和水源情况,制订抗旱预案,分类指导,大抓计划用水、节约用水;气象部门为各地抗旱及时提供了气象信息服务。

五、2003～2004年干旱灾害及抗旱

2003年,我国发生较大范围的春旱,江南南部和华南北部发生几十年罕见的夏伏旱,全国农作物受旱面积2466.7万多hm²,成灾面积1466.7万多hm²,减产粮食3080t,其他直接经济损失663亿元,有2400多万人口和近1400万头牲畜发生饮水困难。

2004年,我国南方部分地区发生冬春连旱,东北西部春旱严重,长江上中游地区发生夏伏旱,华南地区发生秋冬连旱,部分地区出现50多年来罕见的严重旱情,全国受旱面积1733.3万hm²,

成灾面积800万hm²，减产粮食2310万t，其他直接经济损失315亿元。全国有79座城市一度缺水，2340万人口和1320万头牲畜发生临时性饮水困难。面对各地旱情，国家周密部署抗旱减灾工作，一方面增加水利基础设施投入，增强水资源配置和抗旱减灾能力，另一方面坚持"开源节流并举、节流优先"的原则，切实加强节水型社会建设，缓解缺水矛盾，同时组织实施了第九次引黄济津、晋冀两省向北京供水、黄河水量统一调度、黑河水量统一调度、塔里木河下游应急输水，以及"引岳济淀""引察济向"等生态补水，基本上保障了生活、生产、生态用水，有效减轻了旱灾损失。当年粮食产量达到4.7亿t，比2003年增加了近3800万t。

据不完全统计，1949～2005年，全国累计灌溉农田18多亿hm²，灌溉因素累计增产粮食17亿t以上，水利基础设施在抗旱减灾和保障粮食安全中发挥了重要的保障作用。

第三节　我国干旱灾害防治取得的主要成就

新中国成立以来，我国防旱减灾建设从适应利用自然为主的阶段进入大规模改造和开发利用自然为主的阶段。针对我国人口众多、耕地不足、水旱灾害频繁、生产力水平低、部分地区群众生活贫困等特点和情况，及时采取了发展灌溉等战略措施，使我国农田防旱减灾建设得到了比较迅速的发展。

一、农田灌溉事业的发展

灌溉工程是防旱减灾最重要的基础设施。在新中国成立初期的3年恢复时期，各地对历史上遗留下来的老灌区进行了比较全面的改造、扩建和更新。许多著名的老灌区，如四川的都江堰，陕西的泾惠渠、渭惠渠，山西的潇河灌区，河北的石津渠等，在总结成功经验和存在问题的基础上，应用现代先进技术，通过新建水源工程、增建引水枢纽和改建渠系等措施，相应提高了老灌区的灌溉保证率，改善了引水条件，扩大了灌溉面积，成功地发挥了老灌区的防旱减灾作用。

自1953年开始，随着我国五年建设计划的进行，灌溉事业也进入了新的发展时期，在此期间大致经历了以下几个发展阶段。20世纪50年代中后期，是我国以利用河川基流自流引水灌溉为主的发展阶段；从50年代末至60年代，各地兴起修建水库的热潮，以控制洪水，调节径流，发展灌溉；60年代是以径流调节利用为主的灌溉发展阶段，这一阶段南方机电提水灌溉也得到较大的发展；70年代是我国北方地下水资源得到比较充分利用的井灌发展阶段，1965年华北地区发生严重干旱，地面径流不足，地下水开发利用得到重视，1972年我国北方又发生严重干旱，进一步促进了地下水的开发利用；70年代末、80年代初，我国城市生活和工业用水有了显著的增长，这一时期，我国财政收入有了较大增加，而水利财政支出则呈现明显的下降趋势，水利基建投资占全国基建投资不足3%，还不到60年代和70年代的一半。新建工程的供水增长赶不上用水的增长，因而使得许多原来主要供农业灌溉用水的水库变为向城市生活和工业优先供水，由于生活、工业用水保证率要求高，农业用水的数量和可靠性都受到影响；80年代是可供水资源在农业灌溉和城镇生活、工业用水之间进行重新调整和配置的阶段。

自新中国成立以来，各地从自身所具有的自然条件出发，建成了诸如南方丘陵区引、蓄、提等大、中、小工程联合为一体的"长藤结瓜"式的灌溉系统，南方江河下游平原和水网湖区的圩垸灌溉系统，北方井渠结合的灌溉系统，黄土高原结合农林措施的水利灌溉系统，黄河下游引黄沉沙引水灌溉系统，西北内陆河荒漠绿洲灌溉系统和海涂开垦利用灌溉系统等。这些具有地区特色的灌溉系统，在各地防旱减灾中发挥了重要的作用。

据《第一次全国水利普查公报》，我国已建大、中、小型水库9.8万座，总库容9323亿m³，塘坝约456.51万处，库容约303亿m³；引水闸1.097万座；地下水取水井9749万眼，地下水取水量共1084亿m³。1949年，我国农田有效灌溉面积为1593万hm²，2007年达5933万hm²。由于灌溉事业的发展，人均灌溉面积由1949年的0.029hm²增为2007年的0.045hm²，增长了55%。1949年农业供水量约1001亿m³，至2013年增为3921.5亿m³。万亩以上灌区数量增加至7709处，其中2万hm²以上456处，万亩以上灌区耕地灌溉面积为3021.6万hm²，较1975年增加了60%。

由于灌溉事业发展，改变了我国农业的生产条件，促进了农业生产结构的调整。南方不少地区，水田种植由一年一熟改为两熟、三熟，北方一些原以一季秋收作物为主的地区，也扩大了夏粮作物的播种面积。全国耕地复种指数1951年为1.3，1990年增至1.5。随着灌溉的发展，全国粮食的单产和总产都有较大幅度的提高。从1949至1990年的42年间，灌溉面积年平均递增速度约为3%，同期全国粮食总产平均递增速度为3.4%，两者以相近的速度同步增长。发展农业灌溉是我国农业生产能够稳定发展的一个重要物质条件。

农田灌溉工程旨在调控水资源的天然时空分布，做到备水防旱、旱时能灌，使干旱灾害减轻到最低程度。目前我国的灌溉农田约占耕地的一半，却生产着占全国总产量70%的粮食、80%的经济作物和90%以上的蔬菜。在旱年和严重旱年，灌溉农田由于水、热条件较好，往往可以获得比常年更高的产量，弥补了非灌溉农田因旱粮食减产损失，这对稳定一个地区，乃至全国的农业生产起着十分重要的作用。1978年发生在长江中下游和淮河流域的干旱，其雨情和水情比历史上1934年大旱还要严重，主要受灾区在江苏、安徽、浙江、上海、湖北、湖南等省（直辖市），由于这些省（直辖市）抗旱能力较强，通过蓄、引、提等措施，调剂抗旱水源1700多亿m³，挽救粮食150亿~250亿kg，棉花400万~500万担，在大旱之年取得了较好的收成，全国粮食总产量达到3047.5亿kg，第一次越过3000亿kg粮食产量指标。在1978年抗旱期间，江苏省动用所建设的大批引江、引湖机电灌站，引、提水总量达362亿m³，每hm²耕地平均拥有水量7740m³，保证了灌溉用水，粮食由1977年190.5亿kg提高到229亿kg，农业获得了丰收。

在严重干旱年，不同地区由于水利灌溉设施条件不同，其农业生产所遭受的影响程度相差很大。山东省在多年连续干旱少雨情况下，1989年又遭大旱，特别是入伏后7月下旬至8月中旬，在秋作物关键需水期，三旬仅降雨49mm，比历年同期偏少74%，为70多年来所少见，在全省范围内发生严重卡脖旱，受旱面积422.5万hm²，成灾230.7万hm²，粮食减产54.6亿kg，而省内沿黄河的东营、惠民、德州、聊城、菏泽等5地市，引黄河水灌溉水量达117亿m³，实灌农田163万hm²，5地市全年粮食总产量113亿kg，比上一年增加14亿kg。全省虽因旱减产，但引黄灌区仍获得丰收。

二、农田基本建设

在新中国成立的1949年，全国耕地面积为9788万hm²，其中非灌溉耕地为8195万hm²，占83.7%。至1990年，全国耕地面积为9567万hm²，其中非灌溉耕地为4728万hm²，约占50%。这部分雨养农业耕地大部分分布在山地、丘陵、缺水旱源和滨海地区，其中60%是坡地，抗旱能力最为脆弱。显然，这部分耕地的农田基本建设要密切结合水土保持工作来进行。

到1990年，我国已初步治理水土流失面积53.0万km²，占水土流失面积的38.8%，其中修筑水平梯田762万hm²，修建淤坝地156万hm²，营造水土保持林3166万hm²，种草340万hm²，这对于搞好农田基本建设，改善生态环境和生产条件，都起到了很好的作用。黄河流域是我国水土流失和旱地农业的主要分布区，新中国成立以来，截至1990年年底，初步治理水土流失面积13.3万km²，占需治面积的30.1%，其中兴修梯田、条田320.3万hm²，坝滩地27.9万hm²，水保林765.4万hm²，种草204.7万hm²，水窖、涝池、谷坊、塘坝等小型水土保持工程400多万座，开展小流域治理2500处。这一系列水土保持措施，对改善农林牧业的生产条件和促进综合经济的发展发挥了重要作用，对建设保水、保土、保肥的基本农田和提高农田抗旱能力具有明显的效果。

我国在防护林和水源林的建设方面也取得了很大进展。在东北、华北和西北沿沙漠边缘兴建的延伸7000km左右的"三北"防护林系，起到了保护沿带农牧业生产和改善生态环境的作用。华北平原的大面积农田林网建设，也起到了提高保护区农田相对湿度、减少地面蒸发和干热风为害的显著作用。

在旱地农业区，特别在北方旱地农业区，我国传统的旱地农业抗旱技术得到了继承和发展。如，在改变和改善旱地基本生产条件方面所进行的改良土壤、建造坝堰、引洪漫地、平田整地、修梯田、培地埂、建水平沟和鱼鳞坑等；在改善耕作技术方面所进行的深耕、伏耕、中耕、除草、耙糖镇压、开沟培垄、水平耕作、带状种植、余间作套种等；在蓄水保墒方面的夏雨秋用、秋雨春用、地膜覆盖等；以及在选育耐旱作物和品种等方面，各地都涌现了一批旱地农业增产的典型小流域和小区。这些先进典型展示了我国旱地农业存在着巨大的增产潜力。

三、抗旱工程建设

我国现有水库98002座，总库容9323.12亿m³；已建水库97246座，总库容8104亿m³；在建水库756座，总库容1219.02亿m³。农村供水工程5887.46万处，其中集中式供水工程92.25万处，分散式供水工程5795.21万处。农村供水工程总受益人口8.12亿，其中集中式供水工程受益人口5.49亿，分散式供水工程受益人口2.63亿。塘坝456.51万处，总容积303.17亿m³；窖池689.31万处，总容积2.52亿m³。据中西部10多个省（自治区、直辖市）资料统计，目前共建成各类小型、微型工程460多万个，解决了2300多万人的饮水困难，配合各种节水技术，发展灌溉或抗旱保苗补水面积150

万hm²，使得这些地方的水利条件得到初步改善，为农业产业结构调整创造了条件。这种因地制宜的小型、微型水利设施是解决干旱地区农村用水的重要途径，它可以推动高新节水技术的推广和旱地高效农业的发展，突破了干旱地区原有农田水利的建设经验。

20世纪60年代以来，全国已修建了引江济淮、引滦济津、引黄济青和南水北调等多项工程，这些近距离跨流域调水对调剂地区间水资源余缺起到了很好的作用。为了解决黄淮海流域的干旱缺水问题，从长江引水补给这一区域用水的跨流域远距离调水的南水北调工程正在建设（中线一期已通水）。南水北调东线主要解决京津地区、山东省和河北省东部地区的缺水问题；中线主要解决河南省、河北省中部地区和北京市的用水；西线主要解决黄河上、中游及其邻近地区的用水问题。南水北调工程以及诸如东北地区的引松济辽的北水南调工程，在解决21世纪我国北方城市缺水、改善农业用水、缓解城乡用水矛盾、提高防旱减灾能力等方面将起到重要作用。

四、防旱减灾管理系统的初步建立和运行

（一）建立了防旱减灾管理的组织体系

防旱减灾工作是包括灾前预防、灾期抗灾和救灾，以及灾后恢复在内的一个完整的过程，是组织群众和协调多部门进行防旱减灾工作，以保障农业生产不断发展的一项长期任务。为了领导和加强全国和地方防旱减灾工作，进行统一部署和协调，1977年，国务院正式成立抗旱领导小组，各省份也相继设立了相应的抗旱机构。1992年，国务院决定成立国家防汛抗旱总指挥部，国务院下属的有关部门参加，统一指挥和协调全国防汛抗旱工作。

各省（区、市）、地区（市、盟）和县（旗），也相应成立防汛抗旱指挥部，行政首长负责，各有关部门参加。为保持抗旱工作的连续性和系统性，各地在水主管部门设立抗旱办事机构，掌握旱情变化，研究抗旱措施，提供决策依据。防旱减灾是牵动许多部门的一项社会性很强的工作。在灾前的防灾建设，灾期的抗旱物资供应、燃料和动力的保证、设备的维修和配套以及抗旱经费的筹措等方面，由于发挥多部门协作和采取协同的行动，因而比较有效地解决了抗旱中的实际问题，减轻了干旱灾害的损失。

事实表明，我国在长期防旱减灾实践中形成的由决策指挥机构、水主管部门、灾害管理的职能部门和辅助救灾部门所构成的灾害管理组织体系，在减轻干旱灾害和促进农业生产发展中起了决定性作用。

（二）初步建立了抗旱服务组织体系

已建农田灌溉设施效益的发挥，主要在于管理。一项小的农田水利工程的修建，一般也是多村多户受益，农业实行联产承包责任制后，耕地变为以户为单位经营。在这种情况下，如果没有统一管理，有设施有水源也难以发挥有效的抗旱作用，抗旱资金的投入和灌溉设施的养护也难以取得好的效果。为了适应这种形势，河北省于1991年开始建立县级抗旱服务站，每个站拥有一定

数量的抗旱机具，形成了固定资产，在抗旱时，设备移动使用，充分利用分散水源，浇地成本低，方便了群众。目前，全国已建成各级抗旱服务队14064支，包括省级15支、市级152支、县级2144支、乡镇级11753支，人数达到30多万，仓储面积111万m²，抗旱设备总价值约54亿元，最大抗旱浇地能力29.9万hm²/日，应急送水能力4万t/次，初步建成了以县级抗旱服务队为龙头，以乡镇抗旱服务分队为依托，以村级农民抗旱协会和抗旱专业户为基础的社会化抗旱服务网络。

除上述外，在加强防旱减灾科学管理方面，如在多年抗旱调研基础上制订的"报旱制度、报旱标准"（试用），为建立全国抗旱信息系统所进行的预研究，在部分省份开展的土壤墒情的观测与预测，以及应用遥感技术进行旱情监测和评估等方面均开展了研究工作。

第三章 干旱灾害防治面临的形势 和存在的主要问题

第一节 干旱灾害防治面临的形势

一、出现特大干旱可能产生的严重后果不容忽视

旱灾对我国农业生产的威胁极大，全国各地的农田都出现过程度不同的旱灾，衡量旱灾的严重性，主要有受旱范围和干旱持续时间两项指标。在东经100°以东，约302万km²地区范围内，在有历史文献记录的521年中，有53年发生过面积达到和超过100万km²的大面积旱灾，即平均每10年就要发生一次，而受旱面积达50万km²以上的中等面积旱灾有323年，即平均每3年要发生2次。在干旱的持续时间方面，我国北方发生的旱灾记录中，持续长达2年以上的就有40次左右，平均每12年就发生一次。值得注意的是，涉及范围广的"特大干旱"事件，往往其持续时间也长，加剧了灾害后果的严重性。例如黄河流域广大地区，在1481～1491年，曾出现过一次持续11年的罕见的特大干旱，造成我国历史上空前的大浩劫。

各个时期发生旱灾的频次随气候而波动，15世纪后期，进入气候偏干旱的阶段，黄、淮、海流域出现旱灾的次数明显增多，17世纪和20世纪出现两次干旱频发时段。地域广且历时长的特大旱灾，在我国历史上是有不少先例的，其出现的时间间隔和地点并不是固定的。明崇祯年间（1628～1644年）发生了一次长达17年的大旱。近年严重的干旱年是1972年、1978年、1986年、1988年等，其中最严重的是1978年，受灾的范围涉及15个省份，持续时间跨春、夏、秋三季。此外，20世纪在黄淮海地区，还曾发生过3次特别严重的大面积干旱（1928～1929年，1941～1942年，1959～1961年），持续时间都长达两年以上。

我们统计分析了北方黄淮海三个流域，出现跨流域连续多年干旱的可能性，在现有的旱情历史资料范围内，跨两个流域同步出现连续3年干旱的事件有6次；跨三个流域的范围，同步或部分

同步出现干旱的事件有5次，如1927～1930年黄河流域发生的连年干旱，在此期间淮河和海河流域也交错发生不同年数的连旱。由于这种类型特大旱灾的历时特长，可跨季甚至跨年，受灾地区范围特广，可跨不同的流域，因此在一定程度上限制了采取水库调节或由邻近流域引水等工程措施的有效性。新中国成立以后，还没有出现过类似上述历史上曾出现过的大范围长时期特大干旱事件。考虑到我国经济现状及其发展趋势，一旦发生特大干旱缺水事件，其可能产生的严重后果不容忽视。对于这种可能发生的事件应早谋对策。

二、农业干旱缺水有日益加剧的趋势

受到气候因素长期波动的影响，20世纪中叶以来的50年中，我国南北方都属于少雨偏旱时期。若以受灾率大于20%为标准统计，可以看出各地旱灾发生频次普遍存在有逐渐加大的趋势。譬如，海河流域50年代和60年代各为1次，70年代为2次，80年代为3次。又如，黄河流域50年代和60年代各为1次，70年代为4次，80年代为6次，至1992年黄河下游利津站断流82天，1995年断流超过以往任何年份，利津以下断流122天。再如，淮河流域50年代为1次，60年代和70年代各为2次，80年代为6次。除了气候波动因素外，人口增加和生产力的发展在一定程度上加剧了干旱缺水的程度。

因为我国人均耕地面积是世界最低的6个国家(日本、埃及、韩国、瑞士、荷兰和中国)之一，可供开垦的土地面积已经不多，而且经济建设还需占用一些耕地，所以在今后的一段时期内，随着人口增长，人均耕地面积只会继续下降，为了保证全国人民的粮食供应，只能依靠单位面积产量的不断提高。根据对我国农业生产统计资料的综合分析，粮食单产由1949年不足$1.16t/hm^2$，至1990年达$4.66t/hm^2$，增幅是非常明显的。因为农业持续增产很大程度上是依靠提高复种指数，调整种植结构，通过提高单产来实现的。全国平均复种指数，1950年为1.3，至1990年增加到1.5。不少地区对农业的种植结构也进行了调整，南方多数水稻种植区由一季改为两季，扩大了夏粮播种面积，如湖南省由20世纪50年代的83万hm^2增加到80年代的217万hm^2，复种指数则由1.54增加到1.99。北方过去以玉米、高粱等作物为主，随着种植结构的调整，粗粮作物播种面积明显减少，冬小麦播种面积增多。显然，提高复种指数，调整种植结构，必然要求大幅度加大农业需水量和提高供水的可靠性。我国南方复种指数的增长，使农业需水量成倍地提高，不少地区水资源的供需矛盾因此而加剧。在我国北方冬小麦返青需要足够的水量，对于春季降水较少的年份，受旱的农田面积明显扩大，春旱对北方农业的威胁趋于严重。在我国中部地区如江苏省、安徽省的长江以北地区，农业种植由50年代的一季冬麦、一季玉米的旱作为主，70年代以后改为一旱一水，秋作需水大幅度增加，夏旱威胁明显加重。此外，全国经济作物面积在50年代初为1249万hm^2，占全国总播种面积的8.8%；到1990年已扩大至2142万hm^2，占14.4%。经济作物需水量较大，供水可靠性要求也更高，在相同的供水能力条件下，抗旱保证率明显降低。

三、北方干旱缺水问题严重

我国广大地区的农业生产，自古以来就需要依靠灌溉补充降水的不足，但到2013年，我国还有一半耕地没有灌溉，另外约占耕地总面积50%的灌溉面积中，大部分抗旱保证率并不是很高。因此，我国仍有2700万～3700万hm²耕地经常受到旱灾威胁。在我国东北、华北和西北地区，形成了3个大面积连片的干旱区（松辽平原、黄淮海平原、黄土高原）。

我国的上述干旱地区，多年平均水资源人均和单位农田占有量分别为938m³/人和6810 m³/hm²。其中海滦河只有430m³/人和3765m³/hm²。当出现少水年和连续少水年组时，这些地区缺水的情况更是严重，如果再考虑到21世纪20～30年代人口高峰的来临，人均占有量将进一步下降。因此，对于我国干旱区的缺水问题的研究，是关系到能否持续发展的大问题。

我国长江以南属湿润气候区，全年的雨量一般都超过作物需水量。一方面由于近年来作物种类、耕作制度的变化，作物需水量增加；另一方面，雨量的年内分配与作物需水量不相匹配，特别是在作物的关键生长期，如果出现晴热少雨天气，也会发生严重的干旱减产现象。一些土壤覆盖层较薄的山丘区，蓄水保水性能差，增加了农业生产对干旱的敏感程度。根据本书所拟订的评估干旱严重程度的指标，综合考虑干旱事件的频率和受灾率，对1949年以来南北方各地逐年干旱资料进行分析，结果证实除北方存在连片的大面积干旱地区外，在相对湿润的南方，也存在一些严重干旱缺水地区，一般年份呈斑点状散布在各地，遇大旱年份则联成大片，山地丘陵地区尤为突出。一般发生在东南沿海的粤、闽和西南的云、贵、川、桂，以及长江流域的湘、鄂等省的山丘地带。

四、工业和城乡生活缺水日趋严重

过去对于旱灾的认识和研究，只是从农业生产出发，习惯以粮食减产数量作为灾情的度量指标，在现代经济的发展状况下，灾情指标只考虑农业的减产数量是不够全面的。事实上干旱造成的损失涉及范围很广，除了农业外还有很多其他部门，如工业因供水不足，会直接造成减产或停产，间接影响原材料的供应和产品的销售；城市供水短缺会直接造成居民生活不便，会间接影响水质甚至引起疫病流行危及健康；牧区干旱会导致产草量减少，影响牲畜业肉及奶的产量，并使牲畜死亡率增加；为解决人畜饮水困难增加供水支出；还对其他部门如航运、水电以及环境都会产生不同程度的不利影响。据近年我国干旱灾情资料统计，工业及城市的直接经济损失金额，已超过了农业损失，而且随着经济的发展，两者的差距将有增无减。

由于城市迅猛发展，需水量急剧增长，干旱缺水现象亟待解决。从20世纪70年代初我国城市开始出现干旱缺水现象。1970年以前，全国只有10个城市发生过27次干旱缺水事件，但从1980～1992年的13年期间，出现严重干旱缺水城市扩大为61个，干旱缺水事件达到175次。至90年代初，全国已有300多个城市缺水，分布遍及全国，多数在华北、东北和沿海一带。进入21世纪以来，已经有82座地级以上城市、93座县级市发生过缺水事件，累计发生次数达到782次。

另外，供水不足对工业造成的经济损失，远远超过农业的损失。据分析从1949年至1990年的42年中，工业因受干旱影响而导致经济损失的共有18年，总损失6000多亿元（1990年价格），平均每年143亿元，约为农业总损失的1.3倍。值得注意的是，在过去的42年中，实际上是执行压缩农业用水以保证城市和工业供水的政策，城市缺水程度比农业相对要轻得多，只有在干旱缺水相当严重的情况下，城市和工业供水才会受到影响。因此，上述损失金额的对比，是因经济发展速度加快，水资源供需缺口日渐扩大，虽然工业仍具有用水的优先权，但是现在可供调剂的农业用水已剩不多，所以近年来工业因干旱缺水而造成的经济损失要超过上述平均值。现以1990年为例，工业因干旱缺水而造成的直接经济损失达到857亿元，占当年实际产值的3.6%（按扣除未消耗原料等损失计），为过去多年平均损失金额的6倍，损失十分惊人。今后这种局面将会继续，而且有可能进一步扩大。

世界其他国家资料表明，干旱灾害对国民经济其他各部门造成的间接损失，远远超过其直接经济损失。根据1949～1990年由于工农业产值的损失，造成各中间加工部门投入量的减少值，匡算得出间接经济损失（包括农业、工业、建筑业、交通、邮电、商业等）是直接经济损失的4.6倍。

五、干旱缺水是牧区发展的主要制约条件

（一）干旱的牧区分布范围广

我国牧区主要分布在北部、西部和西南部12个省份，总面积4.16亿hm²。牧区人均收入的地区差别很大，与人均拥有的牲畜量有关，而决定草场载畜容量的因素主要是当地的供水条件。

长期以来，草场是依靠天然降水提供牧草需水的，虽然牧区各地的降水量差异较大，除青海省南部、昌都等少部分地区年降水量超过400mm外，其他牧区均小于400mm；新疆南疆东部最少，平均年降水量小于10mm。由于各地牧区自然条件有较大差异，抗御干旱缺水的能力也有不同，但是牧区一般降水本身就稀少，略有波动就会造成较大危害，牧区发生干旱灾害的频率相对要高一些，而牲畜的生长周期又较长，干旱灾害严重妨碍着牲畜的健康成长，成为造成畜牧业生产不稳定和牧区人民困苦的重要原因。干旱的类型有春旱夏旱和春夏连旱，塔里木盆地、吐鲁番盆地、柴达木盆地、甘肃河西走廊、阿拉善高原常年春旱，出现极重春旱至少2年一遇；其他如新疆、西藏、青海、宁夏、内蒙古等大部牧区出现极重春旱和重春旱的频率均至少5年一遇，这些地区的极重夏旱和重夏旱也均在5～10年一遇。如果在牧草生长发育需水关键季节少雨缺水，牧草生长就会受到严重抑制，影响全年的畜牧业产量。

（二）牧区生产发展潜力很大

草场牧草产量的高低取决于当地供水的条件，目前牧区有2/3的草场属于有水的草场（指靠天然水源或建有供水工程，能适时、稳定地满足人畜饮水需要），其余1/3属于供水不足或无水的草场。

1949年以来，牧区先后建成了一批水利工程，截至2008年底，牧区已建成水库1000多座，塘坝共8600多座，引水渠3000多座，扬水站1900多座，修建打机井9万多眼，集雨工程约23.8万处。

牧区地广人稀，水资源相对较丰富，全国牧区地表水可利用量为783.54亿m³，现状用水量321.24亿m³，尚有开发潜力619.84亿m³；全国牧区地下水可开采为591.20亿m³，现状用水量88.03亿m³，尚有开发潜力503.17亿m³。全国牧区水资源可利用量为1121.57亿m³（扣除重复量），现状用水量409.27亿m³，尚有开源总潜力为712.30亿m³，占可利用资源量的63.51%。其中：东北牧区90.53亿m³；内蒙古高原牧区45.93亿m³；蒙甘宁牧区28.65亿m³；川滇牧区198.51亿m³；新疆牧区62.64亿m³，主要集中在北疆额尔齐斯河和伊犁河谷；青藏高原牧区286.04亿m³。

六、农业新的增产任务对农田水利基本建设提出更高的要求

随着人口的增长，我国粮食的需求量也不断增长。据预测，到2030年，我国人口将达到峰值15亿，粮食需求量6.4亿t，在基本保持耕地不减少的情况下，实现这一向粮食高产量指标挑战的战略目标，首先要加强农业基础设施建设。

在长期的防旱减灾工作中，农田水利建设的发展与干旱灾害损失的增大并存。随着农田水利灌溉事业的发展，农产品的数量，特别是粮食产量，通过种植结构的调整和耕地复种指数的提高而不断增长。同时，调整后的农业结构和耕地的高复种指数使作物对自然降水和农灌供水的适时、适量性要求更高，作物产量对水的反应更加灵敏，作物御旱能力更为脆弱。显然，作为农业基础设施之一的农田水利基本建设若不能得到进一步加强，则农业生产的持续发展将受到严重制约，作物因旱减产率将随单产的提高而增大。40多年来，特别是近20年来，我国许多地区受旱、成灾面积及干旱灾害损失呈增大趋势，就是这一规律性的反映。按1990年资料统计，我国耕地灌溉率约为50%，尚有近一半的耕地靠不稳定的天然降雨供给。在灌溉耕地中，还有近4/5的面积只能抗御一般干旱灾害。

因此，在近期，农业新的增产任务必将要求农田水利建设提到一个新的水平。

七、资源短缺和集约化农业对农业节水提出更高的要求

我国和世界上许多国家一样，面临着人口、资源和环境三大问题，面临着人口与资源、生存和发展两大矛盾。我国是一个人多地少、耕地资源有限的国家，又是一个干旱缺水严重的国家。2013年，我国人均水资源量为2060m³，约为世界人均水资源量的1/4。位于我国华北地区的天津市，人均水资源量为101.5m³，上海、北京、宁夏和河南，人均水资源量依次为116.9m³、118.6m³、175.5m³和226.4m³，比世界上严重缺水国家以色列人均水资源量461m³还要低。进入21世纪后，一方面，随着人口增多，人均水资源量还将进一步减少；另一方面，随着国民经济的发展和按现水资源利用规划中预测的用水指标，城市生活、工农业用水量还将有较大幅度的增长，供需反差日益加大，这一反差在我国北方缺水地区尤为严重。北方地区缺水靠南水北调虽可增加一部分用

水，但可调水量也不能满足远期用水增长要求，水资源还将紧缺；如靠海水淡化，由于其耗能过多，其可利用量受到制约，而且也只限于沿海地区工业用水。在各用水部门中，农业是主要用水部门，在缺水情况下，一般先安排城市生活和工业部门用水，农业缺水往往比较严重。今后农业要发展，用水量要增加，供水又受到水资源量及其配置的严重制约。这表明，我国农业现代化建设和以节地、节水为中心的高效低耗集约化农业的发展，必将对农业节水相应提出更高的要求。

第二节　干旱灾害防治存在的主要问题

我国大部分地区都存在着规模较大的农田水利建设。在水利条件好的地方，旱灾基本得到了控制，但也有相当部分农田"靠天吃饭"，抗灾能力低，不少灌区用水浪费严重，已有灌溉设施的效益未能充分发挥。

一、水利基础薄弱

以我国东北地区为例，辽、吉、黑三省西部的旱作区，由于灌溉条件差，大部分地区主要采取坐水点种抗御春旱，抗旱能力弱。三省耕地灌溉率平均为21%，比全国平均耕地灌溉率50%约低29个百分点，黑龙江、吉林、辽宁的灌溉率分别为12.2%、22.6%和30.6%，分别低于全国38、27和20个百分点。1989年三省在春旱基础上，又遇严重伏旱，灾情严重。该年粮食实际总产量为4593万t，因旱粮食减产1264万t，为实际总产量的27.5%。1989年松花江流域，粮食实际总产量2478万t，因旱粮食减产863万t，为实际总产量的34.8%，这不仅给当地人民生产、生活带来损失，还影响了国家商品粮供应。从1989年的灾情可以看出，该区耕地灌溉率低是大旱年大幅度减产和导致粮食生产不稳定的一个重要原因。

二、北方水资源日益紧缺，水环境问题日益严重

我国水资源本不丰沛，且地域分布不均。随着工农业生产的发展、农业产量的提高和人口的增加，造成用水量急剧增加，一些地方水质污染严重，水资源供需矛盾加剧，特别是北方地区遇连续旱年，水资源紧缺局面更为突出。不少原来为农业供水的水利工程，诸如密云、大伙房、碧流河、汾河等大型水库已全部或部分转为城市和工业供水，原灌区的农田灌溉用水受到严重影响。自1972年大旱后，为补充地面供水不足，北方17个省（区、市）开展了机井建设，至1990年，井灌面积已达1174万hm²，每年开采地下水400亿m³左右，在抗旱中起了重要作用。但是，不少地区由于盲目过量超采地下水，地下水位持续下降，形成大面积地下水下降漏斗区，不仅使配套机井的机泵几代更换，造成经济损失，而且还引起城市地面下沉，滨海地区海水入侵，恶化了生态环境。

三、干旱灾害科学管理水平显著落后

防旱减灾管理包括旱灾的监测、预报和警报及减灾工程的调控、灾期救援和灾后恢复等多方面内容。为适应今后防旱减灾工作的要求，要更好地发挥政府的主导作用，广泛调动全社会力量和充分应用现代科学技术。当前，现代科学技术的应用仍是我国防旱减灾工作的一个薄弱环节。干旱灾害是由长期干旱少雨引起农田供水不足而渐变形成的一种严重灾害。长期和超长期干旱预测、预报还处于探索研究阶段，预报准确度较低，旱情和灾情的实时监测、通信、信息处理等现代科学技术还很少应用，全国还没有建立示范地区。干旱灾害与其他自然灾害的科学管理水平相比显著落后，亟待提高。

第三节　国外抗旱案例及启示建议

一、国外典型重大干旱灾害案例分析

（一）美国2012年干旱

1. 政府的应对

2012年夏季，美国遭受了半个多世纪以来最严重的干旱，面对严重旱情，美国联邦政府和地方政府首先对农民和农场主进行了救助：

（1）简化了对农民的援助程序，减少申报农业灾害时间；

（2）加紧审批许可临时使用河流和湖泊用水浇灌庄稼的程序；

（3）美国农业部将休耕土地释放为紧急放牧区域的时间延长；

（4）紧急贷款利率从3.75%降至2.25%，受灾区的农牧民可向政府申请低息紧急贷款，以减少灾害损失；

（5）政府还积极为农牧主争取农业保险费用的宽限期，采购肉类产品，并拨款3000万美元提供牲畜的饮用水等；

（6）2011年，美国联邦政府为玉米、大豆等主要作物支付了71亿美元的保险费，占总保险费的60%，种植业主承担了剩余的40%，农作物保险项目成为种植业主减少风险的主要利器。

2. 经验和教训

（1）过于注重经济发展，且以牺牲环境为代价，将导致气候变化，威胁人类生存

美国干旱并非无因，从20世纪80年代开始，美国境内重大的干旱、洪水、风暴和飓风的发生频率明显增加，干旱灾害出现的频率越来越频繁，程度越来越严重。

联合国政府间气候变化专门委员会成员萨斯说，每年的气温与前一年相比都有明显的差异，

极端高温天气会越来越多，而极端低温天气越来越少，20世纪50年代，极端高温和极端低温出现的频率是大致相同的，从六七十年代开始极端高温出现次数越来越多，在2011年和2012年极端高温出现的次数是极端低温的9倍，气候变化的日趋加剧将使得干旱越发频繁。气候变化问题非常严峻，需要引起高度关注，并采取相应措施，否则后果将非常严重。

（2）面对气候的变化，进行农业生产时应注意改变栽培技术或者培育新的品种以适应新的气候

严重的干旱导致美国农产品大幅减产，美国农业部2012年7月将玉米产量目标从每英亩166BU大幅下调至146BU，降幅为空前的12%；大豆从每英亩43.9BU下调至40.5BU，对2012/2013年大豆结转库存预估也调低至1.3亿BU，大大低于市场预估的1.41亿BU。粮食产量大幅下降，导致粮价迅速上涨，同样影响到农副产业的发展。

面对气候的变化，应积极培育研发新品种的农作物，使其更好地适应高温天气和缺水环境，从而在灾难中最大限度地保全粮食安全，减轻灾害影响。

（二）澳大利亚2006年特大干旱灾害

1. 联邦政府和地方政府的应急处理

澳大利亚连续的、长时间的干旱迫使各级政府采取应对措施。鉴于2006年预计到小麦产量是12年来最低的，只有2005年的62%，2006年10月联邦农业部长安排9.1亿澳元的资金支持受旱的7.2万农民，11月又追加了2亿多澳元的资金。昆士兰州为了解决水资源短缺问题，不得不在黄金海岸启动了海水淡化工程。2006年11月，珀斯市不得不建成一座海水淡化厂，以解决该城市大约17%的用水需求。

澳大利亚联邦政府和各州政府认识到，随着气候变化对水资源的影响日益显现，墨累—达令流域的水资源量已经过度分配。鉴于2002年以来的持续干旱大大加剧了该流域水资源短缺的局面，澳大利亚总理霍华德于2007年1月25日提交了一份《国家水安全战略》，计划投资100亿澳元，实施10个项目，来提高用水效率和解决澳大利亚农业用水过度的问题；并通过成立一个新的墨累—达令流域管理局，具体负责编制并实施《墨累达令流域计划》。联邦政府又于2007年8月通过了《水法》，从法律上明确了实施《国家水安全战略》的工作步骤和计划安排，并为成立墨累—达令流域管理局提供了法律依据。联邦政府决定组建的墨累—达令流域管理局，计划从墨累—达令流域各州全面接管其水资源管理。为此，2008年7月3日联邦政府与流域各州（新南威尔士州、维多利亚州、昆士兰州、南澳大利亚州和首都直辖区）签署了流域改革协议，主要内容是：成立墨累—达令流域管理局，负责编制和实施流域计划，承担墨累—达令流域委员会的职能，贯彻新成立的流域各州部长理事会和流域官员委员会的决定，通过实施可持续的分水方案以确保墨累—达令流域长期繁荣和健康发展。

2. 经验教训

（1）过度开发水资源来支撑经济发展，而忽视了长远的生态环境，是造成干旱灾害的一个重要原因。墨累—达令流域早在1917年建立了河流的管理权，但联邦政府只在那一年从4个州取得了控制权，而这4个州直到现在仍然拥有自己的规章和相互矛盾的制度。这也为墨累—达令流域

的过度开发埋下了隐患。将近60年前，雪河水电站计划启动了，利用三条河流上游的水力进行发电，并将融化的雪水收集到尤卡宾湖和晶达邦湖两个湖泊中。随着16座水库和数不清的拦河坝的建成，该计划能够为墨累河提供可靠的水供应，以保证全国"抗干旱"。当时西部干燥、肥沃的土地变成了奶牛牧场、果园和青葱的稻田，如芬利市，但从长远观点来看，生态环境被忽视了。

（2）缺乏科学合理的水资源配置，导致工程浪费，生活生产用水陷入困境。多年的过度分配和干旱的积累导致了水资源量极大地减少，除了位于澳大利亚顶端的达尔文市，每个城市都面临着限制用水，而保证地区正常运转的代价是耗尽了水库的储藏量，如在奥尔伯里市外的休姆水库。新南威尔士州政府遭遇了前所未有的局面，政府错误计算了可利用的水资源总量。"引水"项目价值数百万美元，这笔钱由农民集资并支付以用于灌溉，在未经协商的情况下农民的配额被消减了20%。3个星期之后，农民又一次遭到了打击，配额再次被削减了32%。现在，他们已经没有配额了，其赖以生存的农场被迫关闭。一场严重的干旱迫使澳大利亚政府急剧降低对经济增长的预测，大旱给各个城市带来了问题，而农业领域却引起了混乱局面。

联邦政府收回取水许可权为流域统一管理奠定基础。根据《国家水安全战略》的说法，这次特大干旱暴露了墨累—达令流域水资源过度分配，且过度使用。过度分配是指各州政府已经颁发的取水许可已经超过了水资源可利用量。过度使用是指在一定的时间内灌溉用水或其他用水挤占了可以维持河流健康的生态环境流量。研究表明气候变化又减少了来水量，更加剧了水资源短缺的形势。这就进一步迫使澳大利亚政府出台强硬的措施，通过立法把颁发取水许可的权利从各州转移到联邦政府，以便统一管理墨累—达令流域的水资源。

二、典型发达国家抗旱减灾综合政策体系

20世纪70年代以来，全世界范围内受干旱影响地区面积大幅增加，造成损失不断增大。美国和澳大利亚都是旱灾频发的国家，长期以来积累了较为丰富的干旱管理经验，考察借鉴其减灾理念和有效做法，对进一步完善我国干旱管理体系、提升抗旱减灾能力、保障经济社会发展具有重要意义。基于上述考虑，本书对美国、澳大利亚和西班牙的干旱管理的政策法律框架进行了梳理，对其特点作了初步探讨和分析，以期对我国干旱减灾体系的建设提供参考借鉴。

（一）美国

1. 法律法规

自20世纪70年代开始，美国调整了水资源开发利用思路，进一步强化了相关立法。1970年国会针对植被和水源保护问题通过了《环境保护法》；1978年颁布《未来的水政策》；1995年通过《水质法》；1997年通过《土壤和资源保护法》，将包括对水资源在内的资源环境保护措施进一步细化。严重的干旱促使美国在1998年7月第105届国会上通过了《国家干旱政策法》，这一法案声明国家鼓励基于预防和减灾来减少应急救灾费用的国家干旱政策，并承认国家目前没有持久的、综合性的国家政策使联邦政府在减少干旱影响方面承担其应有的角色，并依照本法设立一个顾问

委员会(即国家干旱政策委员会)。根据干旱政策委员会的建议，为了提高美国的干旱预防、减灾和抗旱行动及其他目的，美国众议院于2002年通过《国家干旱预防法》，确立了基于预防和减灾的国家干旱管理政策，批准设立了联邦干旱管理机构并明确了其协调管理相关联邦援助的责任。此外，各州及地方也出台相关法规对水资源生产、流通、分配、供应及保护等环节进行严格规范，为干旱管理提供了法律保障。

2. 支撑机构

1995年，为进一步加强联邦层面的干旱管理政策咨询和科技支撑，依托内布拉斯加林肯大学建立了国家干旱减灾中心(NDMC)，其职责主要是协助联邦及州、地方政府收集、分析干旱信息，制订和实施国家干旱监测项目，研究制订干旱减灾计划和政策，开展干旱减灾合作研究，承办联邦、州以及外国政府、国际组织的有关培训研讨活动，向媒体及公众提供相关数据和信息，参与联合国国际减灾战略秘书处等机构牵头的国际、区域减灾项目等。此外，国家科技委员会(NSTC)、国家自然科学基金会(NSF)、国家海洋和大气管理局(NOAA)、美国地质调查局(USGS)等机构，也担负着为干旱管理提供科技咨询和服务的职责。

在联邦层面，1998年根据《国家干旱政策法》成立国家干旱政策委员会(NDPC)，由农业部部长担任主席，主要负责统筹考虑联邦、州及地方的干旱管理法律和项目，研究拟订综合性的国家干旱管理政策。

2002年，根据《国家干旱预防法》设立国家干旱理事会，成员包括联邦应急管理局局长、内务部长、国防部长、农业部长，有关州、郡、市的行政首长，以及有关部落、自然资源保护区的代表。理事会实行双主席制，设有一名联邦机构的主席(由联邦应急管理局局长担任)和一名非联邦机构的主席(在有关成员中选举产生)，办公室设在联邦应急管理局。国家干旱理事会的主要职责是，制订、实施国家干旱管理政策和行动规划并对其开展评估，研究建立相关的激励机制，促进有关援助的一致性和公平性，改进国家干旱监测网络，制订干旱预防和应对规划编制指南，提升公众的干旱防灾减灾意识等。各州、郡、县也相继成立了干旱管理责任机构，负责协调农业、环境、气象、地质、资源、水务、建设、电力、医疗、贸易、安保等部门以及有关联邦机构和军队，制订实施干旱管理的相关政策和规划。

根据美国相关法律，一旦发生旱灾，从美国联邦政府到相关各州政府、各县均会按照相关法律进入抗旱状态，相关的应急预案逐级展开。例如，从2004年11月到2005年2月，美国西部的华盛顿州遭遇历史上最干旱的冬季，降水量创历史最低纪录，有些地区降水量仅为平常年份的10%，严重威胁作物生长、农田灌溉和城市供水，森林火灾发生概率大幅增加。2005年3月10日，华盛顿州州长宣布启动干旱应急预案，成立水源供给委员会；环保厅为牵头单位，组成单位包括美国地质调查局、国家气象局、国家资源保护局、美国农垦局、美国陆军工程兵团、博尼维尔电力管理局等。随之成立水应急执行委员会。各行政长官办公室为牵头单位。组成部门包括农业、生态、野生动物、健康、军队、社区、贸易、自然资源、巡逻、保卫等。启动干旱应急预案后，州长马上提交1200万美元的追加预算请求。包括180万美元的已有抗旱账户资金；820万美元的附加资金，用于买水、改善机井装备、实施应急供水项目；200万美元用于支付抗旱应急临时雇用人员工资、公共培训和相关研究。

在美国的干旱管理体制中，环境保护局在各地干旱和水资源管理上扮演核心作用，州环保局直接管理最基层的社区水系统，而其他政府部门干预较少。最基层的社区水系统也被要求制订各自相对独立的干旱管理计划，把具体的水源管理、水资源分配、操作规程、应急行为、节水目标等规定得十分细致，具有很强的可操作性。通过上下协作机制实现水资源优化，保障饮水安全。

3. 政策资金

在资金方面，美国联邦政府每年都有专门的预算。《美国政府应对干旱：20世纪70年代的经验和教训》报告中指出：1953～1956年美国联邦政府的干旱支出为33亿美元。美国西部州长政策办公室《管理稀缺资源》的研究报告中指出：1976～1977年的干旱支出为65亿美元。1988～1989年的干旱支出为60亿美元。最后一次干旱尚不包括农作物保险赔偿。

2002年，美国国会通过的《国家干旱预防法》，明确了"预防重于保险、保险重于救济、激励重于管理"的国家干旱管理政策，强调根据减轻干旱效果评估和研究确定相关减灾项目的优先度，加强与地方政府及非政府组织、科研机构的合作与协调等。总体来看，美国各级政府历年来所制订的干旱管理政策，都比较严格地遵循了上述原则。如在干旱预防方面，高度重视国家干旱综合信息系统（NIDIS）的开发应用，着力提高联邦、州、地方等各层面的干旱监测能力，鼓励与相关科研机构、大学和私营部门合作开展季节性、年度及代际干旱预测研究。在资金支持方面注重多方融资，综合运用财政、保险、再保险、贷款、期货、债券等手段，为干旱管理提供资金保障。特别是在农业干旱减灾方面，经过多年发展和完善建立了较为完备的旱灾风险管理体系。

1994年出台了《农作物保险改革法法案》，并据此建立了具有强制性的巨灾风险保障机制，并推出了农民家庭紧急贷款、农民互助储备等计划，保证农民因干旱、洪涝、风雹和病虫害等灾害造成农作物损失时可以获得及时救助和补贴。通过财政补贴、向私营保险公司提供再保险、发行农业自然灾害债券等方式，有效降低和分散了巨灾保险风险，保障了农作物保险制度的平稳进行。

1996～2005年美国作物保险的赔偿金额超过100亿美元。从1988年开始计算抗旱费用则为300亿美元。与干旱有关的美国农业补贴政策主要包括灾害补贴、作物保险补贴、农业资源保护和保护性利用的补贴、土地休耕保护补贴、资源保育补贴。此外，美国联邦政府还提供自然灾害救济补贴。

2003年农业援助法案，向遭受与气候有关的灾害及其他紧急情况损失的生产者提供补贴，包括作物灾害计划、牲畜补偿计划和牲畜援助计划三种农业补贴政策。

（二）澳大利亚

1. 干旱政策

抗旱政策鼓励农民及与农业有关的部门采取自力更生的方法来对付澳大利亚气候的复杂性和易变性，同时，新的抗旱政策也适应了极端气候条件下，维持和保护澳大利亚的农业和环境资源基础，确保农业和农业产业的尽早恢复，使澳大利亚的农业长期保持在世界先进水平上。

澳大利亚新的抗旱政策有以下几项内容：

（1）政府帮助农民实施风险管理。这种风险管理的主要方式是通过收入等保证金计划和农场管理债券计划，来实现农民收入的均衡和建立农业基金储蓄。所谓收入平等保证金和农场管理债券，就是让农民按照公共管理计划把农场收入的一部分储蓄起来，以备农场需要时抽回资金，起到以丰补歉的调节作用。

（2）根据测报进行风险管理。农民按有关部门测定的周期性干旱预报调整农业计划，农民所遭受的旱灾如果不能归入正常的风险实施范围，属异常情况时（特指预测之外的特大旱灾），政府将向农民提供利率补贴，以弥补农民的损失。

（3）政府实施农民收入税平均方案。由于农民的收入受自然条件影响较大，不像其他行业的从业人员那样收入均衡。在澳大利亚，以往农民的个人所得税按季度交纳，收获季节交得多，非收获季节则不交纳。现在的农民收入税平均方案则是一种确保农民与其他收入稳定的人一样，以同样的税率交纳税金。收入税平均方案在一定程度上减轻了农民的负担，而且有利于农民进行资金储备，同样具有以丰补歉的作用。

（4）遇灾向农民提供福利补贴。在农民遭受特大旱灾的时候，政府将向遭灾的农民提供特别的福利补贴，保证受灾农民的基本生活需要和必要的农业开支。

（5）国家提供基金。国家会提供特别基金，作为有关部门继续研究关于旱灾的预报、风险管理实践、气候复杂多变等问题的经费开支。

2. 具体实施过程

联邦政府在1992～1993年拨款100万澳元，1993～1994年拨款50万澳元，向农民提供信息、服务和培训，政府为农民和农业顾问编制一整套可持续发展农业的培训材料，包括风险管理、土地保护原则以及抗旱准备等内容，并由各州政府负责分发。在编制过程中应广泛征求有经验的人士、农业管理顾问以及各州的生产者代表意见，以确保培训材料和推广计划有机结合，并能满足农民和农业服务人员的需要，帮助其了解新的干旱管理政策，增强自主应对干旱的能力；并在3年内拨款210万澳元继续进行干旱研究，从而提高抗御干旱的能力。在金融储备方面，收入定额存款代扣所得税率从29%降为20%，除非纳税人自己进行评估；最大允许存款额度由25万澳元增加至30万澳元，这一总额度包括在农业管理债券中的存款；最小额度从5000澳元降为1000澳元，并且允许存款利息用于再投资。农业管理债券的80%作为投资份额，只能在干旱或其他自然灾害造成的经济困难情况下才能撤销存款；允许在非特殊事件中撤销存款，但投资份额将与普通收入定额存款一致，即下降为61%；到2002年，澳大利亚农民拥有了约2亿澳元的抗旱储备金，从而可为农业抗旱提供一定的经济保障。

国家干旱政策规定，在应对气候变化造成的风险中，农民必须承担更重要的责任。这就需要将商业、财政管理与生产、资源管理结合起来，确保农业经营中的财政和自然资源得到合理高效的利用。

政府将帮助建立有益于实施财产管理和风险管理措施的整体环境，通过建立一套包括激励机制、信息交换、教育培训、土地保护以及科研开发在内的体系，来鼓励农业生产者采用完善的财产管理措施。

在农业萧条时期，政府将采取措施保护澳大利亚乡村的自然和社会资源，并在经济复苏阶段提供调整性援助。政府将扶持那些暂时存在经济困难但有良好发展前景的乡村。

在联邦政府提供的旱灾援助措施之外，州政府也可以进一步提供其他援助措施，但这些措施不能违背国家干旱政策的总体原则。在干旱期间，各州可以根据自己的实际情况，利用自己的资金提供农产品交易补贴或其他类似的援助作为过渡性措施。一旦可以平稳实施国家干旱政策规定的援助措施时，就可以逐步停止交易补贴。

3. 干旱政策的完善

在经历过2002～2003年的大旱洗礼后，澳大利亚召开了一系列相关研讨会，与利益相关者就应对干旱有关措施的效率以及如何提高干旱救助等问题进行探讨，其中一个经常提到的问题就是现有紧急援助申请体系过于复杂、耗时过长，导致相关援助到位时，干旱最严重的影响都已经过了。

2008年早期，澳大利亚国家第一产业部长理事会(PIMC)特地召开专门会议，就如何在应对气候变化大背景下改进国家干旱应对政策进行商讨，以提高生产效率和市场准入。参加会议的各部部长都认为，在全球气候变化的大背景下，现有的干旱应对措施和紧急援助体系已不再适应当前形势，他们一致同意改进相关政策，以营造一种自我救助、预防为主的氛围，鼓励采用气候变化应对方面的相关管理措施。

（三）西班牙

1. 干旱监测预警

西班牙对干旱进行监测的主要手段为卫星遥感，依据的影像资料包括美国军方的Landsat 5卫星影像。西班牙国家地理学会在对卫星影像进行几何校正和大气校正并消除云和水的影响后，作为干旱监测的主要参考。西班牙干旱监测的主要指标是地表干旱指数(NSDI)，这一指标综合考虑土壤含水量指标和植被指数情况，是在美国国家抗旱中心(NDMC)提出的规范差异干旱指数(NDMC)基础上，经适当调整而来的，这一指数的计算模型运用已非常成熟，具有较高的可靠性。

2. 干旱管理规划

西班牙水法规定，干旱管理规划(DMP)以流域为单元进行编制。为做好各地的干旱管理规划编制工作，西班牙环境部发布了《国家干旱管理规划编制导则》，明确了旱灾防御的主管机构、法律依据、管理目标、规划的层级和地位、规划的主要内容。导则规定，各流域管理局负责本流域的干旱管理及规划编制(编制时限2年)工作；DMP编制以西班牙2001年10号法令为法律依据，并应服从流域水文水资源综合规划(作为其专项规划)；DMP的终极目标是将旱灾对环境、经济和社会的负面影响降至最低；DMP的主要内容包括与干旱有关的地理特征与环境要素的识别、建立观测和预警综合指标、确定各指标的阈值、划分干旱发展阶段(状态)、提出应当采取的应对措施。规划编制过程，按照西班牙环境部的要求，全程对规划内容进行战略环评，明确提出监测和防御措施对环境的影响。

为落实DMP确定的工作内容，西班牙环境、农村及海洋事务部建立起可以预报全流域水文变化情况的信息系统，将其作为流域管理局发布干旱应急信息的主要参考。环境部一旦发布旱灾应急信息，就预示着进入了DMP的执行程序。这一信息采取的主要指标类型有降水量、天然径流量、水库蓄水量、地下水水位等。各流域机构根据信息系统采集的数据，结合遥感资料，计算干旱综合指数，作为判断干旱状态和实施救援的主要依据。DMP将干旱划分为4个等级，即绿色（正常状态）、黄色（预警状态）、橙色（警戒状态）、红色（应急状态），在正常状态下相关机构做好规划实施准备工作，在预警状态下采取保护性措施，在警戒状态下采取控制性措施，在应急状态下采取限制性措施。其中规划实施准备工作和保护性措施属于战略性的，控制性措施属于战术性的，限制性措施属应急性的。按照DMP，旱灾期间可采用的主要措施有节约用水和用水限制、统筹地表水和地下水的使用（挖旱井）、开发利用非传统水源（在农业灌溉中使用经处理的废污水）、建立水市场。

3. 干旱风险管理

风险管理在西班牙属于临时措施，主要集中于农业生产领域。主要环节包括确定旱区范围，明确管理事权，明确管理依据。风险管理的目标是避免超大范围破坏和带来的较高经济损失。为了降低和避免对农业经济产生大范围的破坏，西班牙干旱管理的法律依据是欧盟的法律，要对农业实施普通农业政策之外的援助，必须遵守欧盟关于各国家义务的规定，或者受欧盟关于最低限额规定的约束。

事权划分原则，总体上由西班牙环境、农村及海洋事务部负责，MEH、MINT、ICO基金会、SAECA机构等组织协助，具体管理主体依据灾害发生情况确定。当发生在一个自治区之内的干旱时，管理主体为自治区政府；当旱灾影响范围超出一个以上自治区或者波及整个国家时，管理主体是西班牙政府，主要措施包括直接资助（较少采用）、贷款担保、利息优惠、延期还款、违约风险防范、税收优惠、社会保险金免除等。

三、国外抗旱减灾措施

应对干旱的措施主要分为两类。一类是工程措施，如建设水库、灌渠和可灌溉的农田，建设跨流域的引调水工程，建设泵站，从远处和低处调水和抽水等。工程措施一般见效快，但成本高，对生态与环境也有一些负面作用。另一类是非工程措施，如节水和需求管理，改变农作物结构，建立干旱保险制度等。非工程措施效果很好，而且副作用少。两类措施综合起来使用效果最好，单靠一种方法不科学，也不合理。如某城市如果严重缺水，可以在保障居民生活用水前提下，实行需求管理，如提高水价、限制高耗水行业用水等，城市用水会马上减少，等干旱过后再恢复水价，不会有太大的影响。对于农业干旱和城市缺水可以采用不同的措施。城市可以通过节水和需求管理解决短时间的干旱缺水问题，长时间缺水，损失就会很大，这就需要建设备用水源地，如建设水库、恢复湖泊湿地水源功能等。对于农村和农业干旱，通过建设蓄水和灌溉设施可以解决一般性的干旱，对于严重旱情，由于范围大、时间长，干旱范围内的水库、湖泊和塘堰都蓄不到水，水位都很低，甚至干枯，这时候可以通过水泵或者泵站抽取低处水，甚至打井抽取地下水，如果仍然不能解决，只有损失一季作物，政府和保险公司给予损失补偿，使农民损失减小到最小。

（一）美国

1. 工程抗旱与节水

美国较早实施了利用与保护并重的水资源开发战略。近一个世纪以来，大力开展水利建设，建库蓄水，跨流域调水，开发地下水，弥补地表水源不足，扩大灌溉面积。以防御洪水和合理配置水资源为目标，实施了一大批水资源开发利用工程，如加州北水南调工程、中西部大规模水利工程等，为合理配置和有效利用水资源奠定了基础。

"水银行"是美国加利福尼亚州正在兴建的应对干旱的系统。所谓"水银行"，就是利用地下蓄水层形成大型蓄水库，在雨季将雨水或从远距离调来的地表水灌入地下，旱季则从地下抽出使用。利用天然蓄水层储存雨水比建造蓄水池或者将雨水引入干涸湖泊中具备更多优点，不仅可以节约资金，而且由于蓄水层外层由不透水的岩层包裹，能够有效防止储存在其中的水外流。尽管利用蓄水层储存雨水有很多优势，但也有劣势存在，比如水质可能会被污染，或者因水的所有权问题会产生争议等。不过，专家认为，尽管有缺陷，"水银行"仍不失为解决旱季供水的一个不错方法。除了加利福尼亚州，美国其他一些缺水地区也已经开始实施"水银行"工程。

美国的农业在其国民经济中占有重要地位，粮食、畜产品产量居世界前列，在农业节水方面也有许多先进经验。全国尤其是干旱缺水较为严重的中西部地区10个州，节水灌溉设施较为完备，占全国灌溉体系的70%。政府在农业灌溉体系包括供输水设施等方面投入大量资金，对节水灌溉技术的应用推广实行补贴。采取多种节水灌溉方式，全国50%的农业播种面积采用喷灌，43%的为漫灌，6%的为滴灌。喷灌有固定式喷灌和移动式喷灌，其中80%为中轴式移动喷灌，这种灌溉方式尽管一次性投资较大，但具有效率高、使用劳力少、使用年限长等优点。近年来滴灌面积逐年扩大，其中高效膜下滴灌技术的应用越来越广。广泛运用土壤水分监测技术对农作物实行精量按需灌溉，在农作物生长期间定期对不同土层的土壤水分进行定点定时测定，并根据气象资料对水分补给量进行计算，做到了按需精量灌溉。工业、商业普遍推广循环水再利用，民用方面则普及使用节水喷头、节水龙头、节水马桶等技术，如加州政府每年用于推广节水技术的补贴达3000万美元。各州的干旱应对计划虽各有特色，但都将节水作为重要手段，在各个阶段都有非常明确的节水目标。

另外，在生物抗旱方面，有关企业和科研机构大力加强转基因作物研究，通过培育能够在极端干旱条件下存活生长的转基因作物品种以提高作物的抗旱能力。例如，科学家借助转基因工程技术培育出耐旱的烟草属植物，并且将推广携带缓慢枯萎性状的大豆品系。在干旱条件下，这种缓慢枯萎大豆品系在不同种植区域比传统品系产量高很多。

2. 监测预警系统

监测和早期预警是干旱减灾的基础。它主要是对干旱发生概率、时间、强度、历时、空间范围及特性进行评估分析，并通过多种渠道向决策机构和社会公众提供干旱发展演变情况的监测预警信息。经过长期发展和改进，美国的干旱监测体系已相当完备，联邦及各州政府均明确了有关机构，建立了基于空、天、地等各类监测和统计手段的监测网络，能够及时获取各种尺度的气象、水文、农作物、森林火灾及经济、社会等方面的干旱影响信息。仅以美国地质调查局建立的全国地下水监测网为例，20世纪30年代已有3000多个地下水监测井，50年代发展为20000多个，迄今已有42000多个，其中相当部分已实现自动实时监测、远程数据传输和互联网发布，一旦地下水位低于预警水位值时，可立即发出预警信息。综合性干旱监测预警系统建设开始于20世纪末，1998年国家干旱减灾中心与国家海洋和大气管理局气候预测中心、农业部、商业部等共同开发了国家级的干旱分级和监测系统，综合运用地质调查、人工观测、远程传感器、航空航天遥感等多种手段，定期汇总分析气象资料以及来自联邦、州、地方等相关机构的监测数据，实时追踪分析全美范围内的干旱程度、空间范围及其影响，及时发布干旱监测预警信息。

在信息预报上，美国于2003年正式建立了国家干旱信息综合系统（NIDIS），这个系统是以使用者为主的干旱信息系统，此后进行了多次升级。系统结合了气象数据、干旱预报及其他信息，对潜在的干旱发展进行预报和评估，并为减轻旱灾提供详尽的数据和建议，以降低旱灾的破坏。NIDIS主要通过互联网、电台以及报纸等媒体发布信息，自开始运行以来因其分类分级标准合理多样、监测图示文字准确翔实的优点，应用领域不断扩大，用户涵盖了农产品生产经营者、股票期货交易商、议会代表及联邦、州政府机构等诸多群体。

3. 公众教育

公众教育是成功预防干旱的一个关键因素。很多人在干旱时期能够意识到需要采取节水措施和其他抗旱措施。目前已有很多成功的公众教育运动的范例，这些活动大多数是由地方和州政府或由私人和非政府机构组织实施的。例如，加利福尼亚州城市节水理事会总结的14条最有效果的节水管理实践中，有3条和开展公众教育、增强公众意识和加强交流有关。其中一条要求建立一个节水协调中心专门负责干旱信息联络，另外两条要求制订并实施协调的公众和学校教育项目。这些教育项目包括培训班、干旱新闻通信、公共服务信息发布、媒体宣传、会议讨论、课程设置、公益事业决议和交互性的参与决策过程等。这些活动不仅将提供服务的部门和需要服务的用户联系在一起，而且有助于人们提高干旱预防意识，从而减少高昂的干旱损失。

联邦对干旱公众教育相关活动进行资助。如国家气象局最近在他们年度春季供水前景分析的简报里加入了有关干旱的内容。在2000年3月13日的报告中，国家气象局在一份公共文件里面强调了干旱防范的重要性。此外，国家气象局还制作了一份地图，表明了目前全国范围内的干旱地区分布状况和下季度干旱预测，并列举了干旱信息资源清单。再如国家灾害教育联盟（由公私机构联合组成的提供自然灾害教育材料和信息的组织）在2000年2月召集的会议上，讨论了在现行的项目中加入关于干旱内容的计划。

但是，必须谨慎对待媒体在公众教育中的作用。当旱灾的实际影响只是局限于一个州或一个地方的部分区域时，广泛散播的失实旱情警报会损害州或地方的旅游业和休闲经济。

（二）澳大利亚

为了强化抗旱工作，降低旱灾影响，澳大利亚制订国家干旱政策，该政策认为，干旱是影响农业生产的不确定因素之一，并且是农民正常工作环境的一部分。实施风险管理可以减轻干旱的影响。风险管理必须考虑所有可能出现的不利情况，包括发生干旱以及农产品价格低迷情况。

国家干旱政策规定，在干旱期间，各州可以根据自己的实际情况，利用自己的资金提供农产品交易补贴或其他类似的援助作为过渡性措施。一旦可以平稳实施国家干旱政策规定的援助措施时，就可以逐步停止交易补贴。

1. 乡村改革计划

联邦政府正在实施一项新的乡村改革计划（The New Rural Adjustment Scheme），这一援助措施包括4个方面的内容：对农业结构调整和提高生产力进行援助；在旱灾或其他原因造成的异常困难情况下提供援助；对农民提高生产技能提供援助；在农民经济特别困难时提供援助。

在旱灾或其他原因造成的异常困难情况下提供援助方面，在农业异常萧条时期，高于商业贷款利率和（或）现有债务利率50%的利率补贴将由联邦和州联合提供。农业经营必须符合以下条件才可以获得利率补贴：暂时处于严重的经济困难时期，从长远看有效益，但只有提供利率补贴才能获得商业资金。资助额度灵活以及利率补贴率高于50%是国家干旱政策的永久特征，从而可以避免在危机时执行临时政策。银行允许灵活的贷款偿还期限，提供利率补贴的措施也将持续很长一段时间，这对避免农民在异常萧条时期偿还债务将会大有帮助。

对于不能应付日常生活开支的农民，将引入新的援助措施。对于有严重经济困难，且不能获得商业资金以满足生存需要的农民，可以接受农业家庭援助。新的立法规定，农业家庭援助将由社会安全部委托代理机构进行。申请农业家庭援助这项新措施的必要条件正在考虑之中。

在资金方面，保持收入稳定以及建立储备金是实施风险管理的有效手段。税收系统已经采取了广泛的措施，鼓励公众投资预防干旱。例如，投资水利形成的固定资产可以在3年以后折旧完，而不是整个固定资产的有效使用期。这将鼓励投资改进抗旱工程设施，从而提高抗旱能力。此外，从1992年2月26日开始执行的加速折旧规定，意味着在饲料和谷物储存上的投资也可以在更短的时间内进行资产销账。联邦政府将监测现有措施的效果，并在必要时引入新的措施。

但任何新措施都必须经过仔细评估，以确保它们与国家干旱政策的目标在规划和管理策略上保持一致，如建议在1993～1994年度土地保护收入的税收措施评估报告中，对抗旱准备以及农业整体管理的税收激励措施进行考察。

2. 资源管理

抗旱管理和农业规划（包括财政计划和风险管理）必须贯彻可持续发展的原则。国家干旱政策和土地保护之间有紧密的联系。例如，财产管理计划是实现生态系统可持续发展目标以及预防干旱、实施风险管理的核心内容。联邦政府对全国干旱政策的目标是很清楚的。1992～1993年，联邦政府投入了300万澳元用于土地保护，同时每年进一步增加投入，用于财产管理方面的教育和培训，以及一系列的土地保护活动，一直持续到1995～1996年度。

修订后的乡村改革计划能帮助农民采取措施预防干旱，促进农业水资源的高效利用，这样的投资有助于保持农业长期稳定增长。水资源管理对于抗旱和生态可持续发展都具有决定性的作用。补偿费用不断增长的趋势和水权的转让政策都将促使农民改善水的管理，包括在干旱期间加强灌溉水的利用。对于灌区以外的地区，将通过税收激励措施优化配置水资源。

3. 教育和培训

当许多农民都实施了有效的风险管理，并采取了提前应对干旱的措施后，农业管理人员学习新技术、提高生产技能的需求将进一步增加。农民在生产经营中需要获取信息，获得教育和培训材料，参加培训课程以及学会操作设备，这样才能提高他们应对风险的能力，实现财产管理计划目标。

联邦政府的一项重要任务是制订和实施一系列计划，向农民提供信息、服务和培训，以帮助农民实施决策。

每个州都要成立指导小组，以针对农民和农业顾问的特殊要求制订和实施相关援助计划。

4. 研究和开发

在存在风险的环境中，研究、开发、示范和推广是完善管理措施的重要部分。从长远来看，研究和开发有助于降低干旱对自然、经济和社会的影响。联邦政府将会给这一领域的研究和开发提供资助。

为保持一个可持续发展和效益显著的乡村，干旱研究的内容是广泛的，包括：集气候预测、技术支持、生物学和财政信息于一体的农业综合管理系统；杂草和有害物的防治方法；造成干旱的社会经济因素与困难时期农村和农民家庭的需求；农民在农业和非农业方面投资策略的研究。

联邦政府将与各州和乡村研发企业合作，制订一项综合性的全国干旱研究和开发计划。首先将由联邦政府在3年内拨款210万澳元，并希望通过乡村研发企业以合作的方式提供配套资金。这项研究计划将收集已有的抗旱科技成果，同时资助新的研究和开发项目，以解决存在问题和薄弱环节，最终目标是提高农村抗御干旱的能力。

由于旱灾影响是多方面的，因此协作研究是必要的。联邦工业和能源部下属的研发资助机构发挥了重要作用，以联邦和各州的研究、行政和管理机构为中心的全国抗旱研究体系开始形成。土地和水资源研究开发公司(LWR-RDC)将管理全国抗旱研发计划中的联邦资金，并与乡村的研究开发公司一起，协调其他机构的研究活动。在他们工作计划中必须优先考虑与干旱有关的课题。抗旱研究和开发的一项重要内容是推广和示范，要确保研究和开发的成果容易被农业管理人员理解和接受，还必须尽力把研究成果和农业生产实际两者联系起来，因而还需要了解农民决策和生产实际情况。

5. 科技抗旱

澳大利亚特别重视科技抗旱，2008年澳大利亚农业部长托尼·贝克(Tony Burke)指出，转基因作物是帮助澳洲农民应对气候变化的途径之一，如果转基因作物生长能承受高温且使用更少的水，就会吸引农民支持转基因作物种植。

卫星技术是澳大利亚农业科技革命的又一部分。这场农业科技革命使澳大利亚农产品出口收益在过去10年间增长了30%，使自然降水利用率提高了250%左右。在卫星导航系统帮助下，拖拉机精确作业，误差不超过2cm，可以将整块地分成一垄一垄，每垄25cm宽，撒种与施肥一次完成。

澳大利亚谷物理事会的艾伦·昂伯斯估计，澳大利亚现已有60%的耕地采用先进的免耕或少耕技术。这种耕种技术取代了传统的耕作方式，由于不需要犁地，秸秆残茬的水分和营养得以保存在土壤里。昂伯斯估计，如果使用20世纪七八十年代的耕作方式，澳大利亚去年从干旱土地上获取的小麦收成可能只有300万t，而不是现在的1000万t。澳大利亚正常的小麦年产量接近2500万t。此外，昂伯斯估计，澳大利亚约20%的农场利用卫星导航系统进行耕种，尽管可能只有5%甚至更少的农民使用这种技术。澳大利亚内陆连绵广阔的农田十分适合卫星导航耕种。考拉西部4.047万hm²农田，比一些小国的面积还要大，是卫星导航耕种的理想场所。

（三）欧盟

过去的30年里，欧盟国家的干旱在数量和强度上都有大幅的增加。1976～2006年，干旱影响面积和人口增加了近20%，其中一次影响范围最广的干旱发生在2003年，超过1亿人口和欧盟领土的1/3面积受到影响，灾害给欧洲经济造成了至少87亿欧元的损失，30年里的总损失更是高达1000亿欧元。年平均损失是同期的4倍。

1. 欧盟干旱政策

根据政府间气候变化专门委员会报告，如果气温上升2～3℃，将会有11亿～32亿人口面临水短缺问题，干旱影响面积将进一步扩大。在这样的背景下，欧盟为应对日益加剧的缺水与干旱问题采取了多方位的综合措施，制订了多种政策，努力提高水资源利用效率，建立节水型经济，旨在有效地减轻缺水与干旱对社会经济的影响。

（1）制订合理的水费制度，优先确保居民生活用水，强调"谁用水谁付费"的原则，强制引入用水计量措施。

（2）强调经济发展规划与生产活动都应与当地的水资源可开采量相适应，重视农业开发项目中的水资源利用问题。

（3）加强"水资源分级管理"，确保节水专项资金的有效使用，用资金补偿方式激励用水户参与节约用水，制订财政奖励政策推广节水设备和技术。

（4）强调发生严重干旱时，新的供水和调水设施要实行最为严格的标准，同时充分考虑气候变化背景下工程对环境的不利影响。

（5）强调从水资源危机管理走向干旱风险管理，建立并完善干旱预警系统。

（6）加强对耗水行业的节水管理，增加用水设备的节水标准，对浪费水的行为采取有效的罚款措施。

（7）强调企业社会责任，推广"产品节水标签"的使用，将节水标准加入产品质量认证体系，促进培育节水文化。

（8）建立缺水与干旱信息管理系统，提高数据共享能力，完善水资源信息化体系，促进干旱与缺水问题研究。

2. 地中海干旱应对和减缓计划

随着人口增长、旅游业发展及灌溉需求的不断增加，地中海国家的水资源长期处于短缺状态。针对这一问题，自2006年开始，塞浦路斯、西班牙、意大利、希腊、摩洛哥、突尼斯等国的相关政府和部门开始实施地中海地区干旱应对和减缓计划（Mediterranean Drought Preparedness and

Mitigation Planning，MEDROPLAN），旨在加强地中海各国抗旱防灾的准备工作，缓解持续干旱造成的恶劣影响。

该计划的具体工作包括收集和分析干旱相关信息、为各国进行旱情分析和风险预测、定期更新干旱管理指南、在地中海国家宣传抗旱知识、为地中海各国建立干旱预防网站的框架等。目前该计划已经取得一定成果，包括已出版《干旱管理指南》、发布抗旱相关电子读物、建立了干旱预防网站等。

西班牙第二大城市巴塞罗那所在的加泰罗尼亚自治区自2007年春季以来持续干旱，由于降雨偏少，多座供水水库蓄水量大幅减少，巴塞罗那面临自1912年以来最为严重的淡水危机。巴塞罗那当局随即启动了多种措施降低干旱的影响。

2007年4月3日，巴塞罗那通过了加强水资源管理的特别措施法案（EMA）；2007年5月，普拉特海水淡化厂动工兴建，这一工程投资2.3亿欧元，每处理100升海水可得到45升淡水，脱盐率达99.7%，目前已投产运营；2008年2月，通过重启水井、节水灌溉、船运水以及中水回收利用等增加了30%的可用水量方案；2008年2月12日，当局甚至提出了利用污水处理厂回用水经处理后再供饮用的措施建议；2008年4月18日，西班牙政府宣布兴建一条长62km的管道，设计流量1.5m³/s，以便于巴塞罗那西南的塔拉戈纳供水管网连接；2008年5月13日，第一艘运水船抵达并开始供应都市区，从法国运水费用需6欧元/t，原计划运水量6.65万t，因降雨及时，实际仅输入了0.54万t；2008年5月下旬，降雨后旱情得到彻底改变，2008年6月6日，政府宣布撤销管网连通工程，并对前期投入进行补偿；同时，巴塞罗那提议的从附近的塞格雷河引水的计划未获当地政府批准，西班牙中央政府也因更倾向于海水淡化，该计划终止。

另外，巴塞罗那还采取了减少公共用水量、加强管网维护降低淡水损失，以及降压供水、分区供水等措施来应对干旱挑战。

四、对我国的启示与建议

我国大部分地区属于亚洲季风气候区，多年平均降水648mm，受地理、季风和台风等共同影响，降水时空分布不均匀，年内季节分配不均匀，年际之间变化很大，导致干旱在不同地区和时期频繁发生。据统计，1949～2004年的55年间，全国或部分地区旱情较严重的有38年，出现频率为69.1%；较大范围的严重干旱发生了17次。其中，20世纪90年代的10年中，有4年发生了严重干旱；进入21世纪后又发生了2次大旱。新中国成立后，经过60多年的建设和发展，水利基础设施不断完善，抗旱减灾能力大为增强。但是随着全球气候的变暖，干旱缺水问题日益严重，做好抗旱减灾工作任重而道远。借鉴国外典型国家的干旱管理经验，对我国进一步完善干旱管理体系、提升抗旱减灾能力、保障经济社会发展有重要意义。

（一）加强法制建设，建立健全防灾减灾法律法规体系

美国经过长期探索实践，形成了较为完备的干旱管理政策和法规体系，走上了依法管水、依

法治水的道路。联邦、州、地方制订了一系列的包括干旱预防应对、水资源管理、环境保护、排水、地下水开采方面的法规，明确了各方权利和责任，有效促进了水资源保护，提高了水资源的利用效率。1970年国会针对植被和水源保护问题通过了《中华人民共和国环境保护法》；1978年颁布《未来的水政策》；1995年通过《中华人民共和国水质法》；1997年通过《中华人民共和国土壤和资源保护法》，将包括对水资源在内的资源环境保护措施进一步细化；1998年通过《中华人民共和国国家干旱政策法》；2002年通过《中华人民共和国国家干旱预防法》，确立了基于预防和减灾的国家干旱管理政策，批准设立了联邦干旱管理机构并明确了其协调管理相关联邦援助的责任。上述立法行为有效加强了水资源保护，提高了水资源利用效率。此外，各州及地方也出台相关法规对水资源生产、流通、分配、供应及保护等环节进行严格规范，为干旱管理提供了法律保障。

我国在2009年颁布了《中华人民共和国抗旱条例》，是我国抗旱工作的里程碑、填补了抗旱立法的空白。条例明确了各级人民政府、有关部门和单位在抗旱工作中的职责，建立了从旱灾预防、抗旱减灾、灾后恢复、法律责任等方面确立了一系列重要制度，建立了抗旱保障机制，保障抗旱工作的正常开展，还在加强农田水利基础设施建设和农村饮水工程建设和维护方面作了相关规定。河北、山西、云南、江西、广东等省份也根据《中华人民共和国抗旱条例》制订了省级的抗旱条例。

尽管我国已经出台了干旱的相关法规，但是还没有形成一个完善的法律体系，应根据目前的气候状况，出台更加具体、有针对性的法律法规和政策文件，地方政府也应制订针对水资源生产、流通、分配、保护等环节的相关法规，为干旱管理提供法律保障。通过一系列的政策法规将干旱规划、计划实施、减灾措施、风险管理和资源储备结合起来，更好地应对干旱。

（二）加强组织建设，确立以灾害主管部门牵头的抗灾减灾形式

1998年，美国成立了国家干旱政策委员会（NDPC），由农业部部长担任主席，主要负责统筹考虑联邦、州及地方的干旱管理法律和项目，研究拟定综合性的国家干旱管理政策。2002年设立了国家干旱理事会，成员包括联邦应急管理局局长、内务部长、国防部长、农业部长和各州、郡、市的行政首长，以及有关部落、自然资源保护区的代表。其主要职责是制订实施国家干旱管理政策和行动规划并对其开展评估，研究建立相关的激励机制，促进有关援助的一致性和公平性，改进国家干旱监测网络，制订干旱预防和应对规划编制指南，提升公众的干旱防灾减灾意识等。通过一系列的法律明确了联邦层面各涉水机构的职责划分问题：农业部负责农业水资源的开发、利用和环境保护；美国地质调查局水资源处负责收集、监测、分析、提供全国水文资料，为水资源开发利用和工程建设提供政策建议；美国环保署负责制订和实施水资源环保规定和标准；陆军工程兵团负责政府投资兴建大型水利工程的规划设计与管理；根据《国家干旱预防法》设立的国家干旱理事会，负责统筹各方资源制订国家层面的干旱管理政策和行动规划。总体上看，各机构之间的职责划分是清晰明确的，实践中的沟通和协作比较顺畅高效。

在我国，加强组织建设，确立以灾害主管部门牵头的抗灾减灾形式是实现抗旱由被动变主动的关键。各部门要密切配合，建立"政府主导、部门联动、社会参与"的灾害防御体系，充分发挥

我国政治制度优势和体制优势。

抗旱工作实行行政首长负责制，实行统一指挥，部门协作，分级负责。为此，必须加强抗旱责任制的落实。各级政府和有关部门要把确保城乡居民饮水安全和粮食安全列入重要议事日程，建立抗旱工作领导负责制和岗位责任制，安排专人具体负责抗旱工作；要结合实际建立有效的抗旱责任监督机制和责任追究制度。干旱灾害发生后，各级政府负责人和有关部门要深入抗旱一线，切实帮助基层群众解决抗旱工作中遇到的困难和问题。各级防汛抗旱指挥机构要加强组织协调，有关部门要主动加强横向沟通和配合，形成合力，共同做好抗旱减灾工作。

建立灾害分级管理、分工负责的机制，合理进行部门分工。气象机构应当做好气象监测和预报工作，并适时实施人工增雨作业；卫生部门应当做好干旱灾害发生地区疾病预防控制、医疗救护等工作，监督、检测饮用水水源卫生状况，确保饮水卫生安全，防止干旱灾害导致重大传染病疫情的发生；民政部门应当做好救助工作，妥善安排受灾地区群众基本生活；干旱灾害发生地区的乡镇人民政府、街道办事处、村民委员会、居民委员会应当协助做好抗旱措施的落实工作；供水企事业单位应当按要求启用应急备用水源，确保城乡供水安全；有关单位和个人应当配合落实人民政府采取的抗旱措施，积极参加抗旱减灾活动。

实行灾害分级管理。发生轻度干旱和中度干旱时，地方政府防汛抗旱指挥机构应当按照抗旱预案的规定，采取启用应急备用水源或者应急打井、挖泉，临时设置抽水泵站、开挖输水渠道或者临时在江河沟渠内截水，使用再生水、微咸水、海水等非常规水源，组织实施人工增雨，组织向人畜饮水困难地区送水等措施；发生严重干旱和特大干旱，在采取上述措施的基础上，地方政府还可以采取压减供水指标，限制或者暂停高耗水行业用水，限制或者暂停排放工业污水，缩小农业供水范围或者减少农业供水量，限时或者限量供应城镇居民生活用水等措施；发生特大干旱，严重危及城乡居民生活、生产用水安全，可能影响社会稳定的，有关省级政府防汛抗旱指挥机构经本级政府批准，可以宣布本辖区内的相关行政区域进入紧急抗旱期；在紧急抗旱期，防汛抗旱指挥机构有权组织动员本行政区域内各有关单位和个人投入抗旱工作，并根据抗旱工作的需要，在其管辖范围内征用物资、设备、交通运输工具。

（三）加强基础建设，加大政府对防灾减灾的投入

1. 加强基础设施建设，提高抗灾能力

由于我国抗旱基础设施建设严重滞后，不仅农业抗灾能力低，城乡供水安全也存在许多隐患。为此，应当以提高抗旱减灾能力为中心，大力加强水利基础设施的建设。

国家应加强控制性水源工程建设，加大病险水库除险加固力度，不断完善抗旱工程体系。加强农田水利工程建设，加快灌区续建配套和节水改造，扩大泵站技术改造实施范围和规模，不断提高蓄供水能力和水资源利用效率。干旱缺水地区要因地制宜加快修建各种蓄水、引水、提水、雨水集蓄工程及再生水利用、人工增雨设施，特别要做好与群众生产生活息息相关的小机井、小水窖、小塘坝、小泵站等小微型抗旱设施建设，切实提高抗旱减灾能力。要加快抗旱应急水源建设，各地区要把保证居民饮水安全放在抗旱工作的首位，加快各类应急抗旱备用水源工程及配套

设施建设。加强城乡应急水源储备，要在人口相对集中的区域建设一批规模合理的抗旱备用水源，以应对特大干旱和各类影响城乡居民生活供水安全的突发事件。要加大中西部老旱区、贫困区、草原牧区、少数民族地区农村饮水解困工程建设力度。要加大中低产田改造和土地复垦、整理力度，提高耕地抗旱保墒能力。加快建设旱涝保收、高产稳产的高标准农田。

2. 加大抗旱物资储备，为抗旱提供保障

我国要加快建立抗旱物资储备制度。抗旱物资储备制度的建设是完成抢险救灾任务，实现抗旱的基础，满足"一旦需要，随时调用"的工作要求，是一项切实可行的主动抗旱措施。

国家应加大抗旱物资器材的投入，把抗旱经费列入同级预算，按照分级筹措、分级储备、分级管理的原则，储好、管好、用好抗旱物资。各省（自治区、直辖市）防汛抗旱指挥部要结合本区域干旱特点和规律，在干旱频发地区储备必要的抗旱应急物资设备。省级有关部门应当提出抗旱物资储备品种和规模，制订抗旱物资使用管理办法，并在资金上予以支持，同时还要加强抗旱物资的管理和使用监督，提高对自然灾害的应急响应能力。

3. 建立健全灾害监测预警体系及管理决策信息系统

美国各级政府历年来遵循"预防重于保险、保险重于救济、激励重于管理"的国家干旱管理政策。在干旱预防方面，高度重视国家干旱综合信息系统（NIDIS）的开发应用，着力提高联邦、州、地方等各层面的干旱监测能力，鼓励与相关科研机构、大学和私营部门合作开展季节性、年度及代际干旱预测研究。

目前，我国旱情监测系统建设比较落后，在旱情的信息采集、传递、分析等方面采用的设备和技术也比较落后，在农村主要还是凭借经验判断旱情，缺乏对旱情发展确实的科学分析和预测，抗旱减灾行动存在一定程度上的盲目性。

因此应该加大政府的投资力度，建设由中央、省、市、县组成的抗旱信息管理网络，提高旱情信息分析处理能力和抗旱指挥决策能力，各级防汛抗旱指挥部加强旱情和抗旱信息的管理，统一整合水利、农业、气象等部门的相关抗旱信息，建立完善抗旱信息共享机制，加强抗旱信息的统一管理和发布，进一步提高我国抗旱减灾管理水平。

4. 加大对防灾减灾的投入

美国在资金支持方面注重多方融资，综合运用财政、保险、再保险、贷款、期货、债券等手段，为干旱管理提供资金保障。特别是在农业干旱减灾方面，经过多年发展和完善建立了较为完备的旱灾风险管理体系。与干旱有关的农业补贴政策主要有灾害补贴、作物保险补贴、农业资源保护和保护性利用补贴、土地休耕保护补贴、资源保护培育补贴等。资金投入力度较大，仅1980～1990年就出资250多亿美元，用于补贴农业巨灾保险项目"特别灾害救助计划"。1994年出台了《中华人民共和国农作物保险改革法》，据此建立了具有强制性的"巨灾风险保障机制"，并推出了"农民家庭紧急贷款""农民互助储备"等计划，保证农民因干旱、洪涝、风雹和病虫害等灾害造成农作物损失时可以获得及时救助和补贴。通过财政补贴、向私营保险公司提供再保险、发行农业自然灾害债券等方式，有效降低和分散了巨灾保险风险，保障了农作物保险制度的平稳实施。

我国在以后的抗旱工作中也要加大资金的投入，特别是农业方面，增加特大农业抗旱投入资金和农田水利建设补助资金，加大应急工程建设投资，增加干旱农业补贴。

（四）加强能力建设，建立健全防灾减灾保障体系

1. 加强抗旱应急能力建设

我国旱灾发生频繁，干旱对经济社会发展和城乡居民生活影响巨大，要保持经济社会的可持续发展，必须加强抗旱应急能力的建设，制订和完善抗旱预案，各级防汛抗旱指挥部要组织建立和完善抗旱预案体系。要抓紧完成省、地（市）、县三级抗旱总体预案的编制，已经完成编制的应结合工作实际及时进行修订完善；设区城市要完成应对特大干旱和突发水事件的应急供水专项预案。此外，各有关部门也要根据工作需要抓紧组织编制行业抗旱预案。加强抗旱应急备用水源的管理。为应对特大干旱和各类影响城乡居民生活供水安全的突发事件而修建的抗旱应急备用水源，各级水行政主管部门必须实行严格管理，结合实际，建立管理制度，落实管护措施。还要继续加强抗旱服务组织建设。各地要在巩固和完善县级抗旱服务队的基础上，继续加强乡（镇）、村抗旱服务队和农民抗旱协会的建设，建立和完善抗旱社会化服务体系。有条件的地区抗旱服务队可与防汛抢险机动队结合，做到有旱抗旱、有汛防汛。各级业务主管部门在政策和资金上应给予鼓励和支持。

2. 加强防灾减灾的国际交流与合作

推进国际减灾信息平台建设，利用联合国系统和其他相关国际组织的网络，对全球特大自然灾害的信息和数据进行全面汇总和分析，实现国家和地区间防灾减灾信息共享。充分发挥政府部门、科研机构和非政府组织的优势，努力构建多层次、多领域和全方位的国际防灾减灾信息交流机制。

建立有效的国际技术合作机制，努力消除国际技术合作中存在的壁垒和障碍，促进应对气候变化、特大自然灾害、水利设施风险管理等方面的技术研发、应用与转让。加强气候变化和水旱灾害监测预警技术，特别是先进观测设备制造技术、卫星遥感灾情监测分析和应用技术、气候变化模拟技术等方面的国际技术合作，提高各国掌握实时灾情、快速决策和灾后评估的能力。

3. 加快建立巨灾风险防范的政策性保险制度

美国的财政保险手段丰富，农业补贴种类繁多，投入资金数额巨大。其中，与干旱有关的补贴项目有农业灾害补贴、作物保险补贴、农业资源保护利用补贴、土地休耕保护补贴、资源保育补贴以及农作物灾害援助计划、饲料援助计划、林木援助计划及牲畜赔偿计划等，同时以优惠利息向农民提供短期或长期贷款。美国政府将农业灾害保险作为社会福利的基本制度和农业防灾减灾的重要手段，通过立法明确政府有义务提供保费补贴，并综合运用再保险、发行债券等手段，构成一个完整的灾害风险分散承担体系，对于保障农作物保险制度顺利实施、补偿农业灾害损失起到了关键作用。

在我国，建立旱灾保险制度，吸引社会资金参与干旱灾害预防和救助，由投保人、保险公司和政府共同承担灾害风险损失，同时发挥市场和政府财政资金的作用，是显著提高防灾救灾能力的重要途径，对及时补偿灾害损失、维持群众正常生产生活秩序、维护社会和谐稳定具有重要作

用。通过建立旱灾保险制度，建立风险分散、转移机制，逐步实现由应急管理向风险管理转变、由政府财政救灾模式向政府与市场相结合的救灾模式转变、由灾后的临时性管理向建立长效机制转变，发挥政府和市场两种作用，是当前进一步完善我国干旱灾害管理制度的重要举措。

最后要强调的是建设节水型社会是解决水资源问题的根本措施。一方面要不断建立和完善节水制度，抓紧完成行政区域取用水总量控制指标和年度水量分配方案，完善行业用水定额，全面实行区域用水总量控制与定额管理相结合的制度，建立以促进提高用水效率与效益、促进水资源可持续利用为核心的水价机制。另一方面要加紧落实节水计划，要加强田间用水管理，调整农业种植结构和用水结构，大力推广田间节水技术；要针对不同作物制订科学的灌溉制度，改变大水漫灌的陋习；干旱缺水地区要通过优化种植结构，在做好以水定灌溉面积的同时，大力发展高效节水农业、旱作农业和生态农业。工业节水方面，各地要根据区域水资源的承载能力，通过产业结构调整、产业转移、严格控制高耗水项目；要加强有关激励与约束政策的制订和落实，引导和促进工业节水。城市生活节水方面，各地要加强城市用水管理，加强管网改造，减少跑冒滴漏，要加大生活节水器具的推广使用，提高再生水利用率。

第四章 干旱灾害防治的主要任务及对策

第一节 干旱灾害防治的指导思想、基本原则和战略目标

一、指导思想

以邓小平理论、"三个代表"重要思想及习近平总书记重要指示为指导，深入贯彻落实科学发展观，依据《中华人民共和国抗旱条例》和2011年中央一号文件《关于加快水利改革发展的决定》（中发〔2011〕1号）提出的要求，针对防汛抗旱应急能力成为水利突出薄弱环节的现实和形势，按照以人为本、预防为主、防抗结合和因地制宜、统筹兼顾、局部利益服从全局利益的原则，把深化抗旱体制机制改革、推行干旱灾害风险管理模式、加强应急能力建设、加快提高科学抗旱支撑能力作为近期重点，做好干旱灾害预防各项工作，着力减轻干旱灾害造成的损失，促进经济社会全面、协调、可持续发展。

二、基本原则

（一）以防为主，防抗结合

坚持工程措施与非工程措施并重，在充分挖掘现有水利工程抗旱潜力的同时，兴建完善的"蓄、引、提、调"等抗旱工程体系，着力加强旱情监测预警系统、抗旱管理体系和抗旱服务体系建设，提升防灾减灾能力，降低干旱灾害风险。统筹兼顾，突出重点，从战略高度统筹规划和推进抗旱减灾各项建设任务，注重干旱灾害风险管理与应急管理相结合，标本兼治，着力在干旱灾害风险较大的地区或行业加强抗旱应急能力建设，优先解决抗旱减灾领域的关键问题和突出

问题。

（二）以人为本，科学减灾

关注民生，重点保障城乡居民饮水安全，解决受旱地区群众的基本生活用水。积极推进干旱信息监测、旱情预警、风险评估等工作，科学编制规划和抗旱预案，全面提高抗旱减灾科学技术支撑水平。

（三）因地制宜，合理布局

合理布设抗旱应急备用水源工程，针对不同地区的旱灾特点，合理安排各类工程建设，坚持多种工程并举。优先考虑现有水源工程的维修、改造及配套，加强水系联网、联调、互为备用的连通工程建设，全面提升区域应对旱灾的能力。

（四）政府主导，社会参与

坚持各级政府在抗旱减灾工作中的主导作用，加强各部门之间的协同配合。组织动员社会各界力量参与抗旱减灾工作，顺应自然规律，主动调整产业布局和种植结构，减少干旱灾害损失。

三、战略目标

（一）总体目标

经过20年左右时间，通过推进干旱灾害风险管理模式，实现行政、法律、经济、工程、科技、管理等抗旱手段的有机整合，在中国建成较为健全的抗旱组织管理体系、抗旱工程体系、抗旱法制体系、抗旱管理体系和社会化抗旱服务体系，全民抗旱减灾意识普遍加强，国家总体抗旱减灾能力大幅度提高，被动抗旱的局面得到彻底扭转。

（二）具体目标

建成较为完善的农村抗旱减灾体系，使一般干旱缺水不成灾。遇到较严重干旱缺水情况时，通过工程措施与非工程措施的联合运用，重点保证农村饮水安全，在可能的条件下，为口粮田生产、粮食主产区生产和高效经济作物的生产提供关键用水，尽可能减少干旱造成的农业损失。

通过兴建必要的水利工程，建设节水型社会、建立水资源战略储备和制订应急供水预案等综合抗旱减灾措施，在遭受一般干旱的情况下，能为城市生产和生活提供比较稳定的供水，保障经济社会快速、持续、健康发展。在发生严重干旱缺水的情况下，通过动用备用水源和采取水资源优化调度等应急措施，保证城市生活、重要行业和重要设施的基本用水需求，尽可能降低干旱造成的影响。

高度重视生态环境用水要求，确保河流、湖泊、湿地的生态径流，促进流域水环境的改善。

在遭受特大干旱的情况下，适时组织跨地区、跨流域应急调水，以保证河流、湖泊、湿地生态系统不会遭受毁灭性破坏，缓解水污染严重地区的水环境状况，维护河流健康生命。

第二节　干旱灾害防治的主要任务

考虑现阶段我国抗旱工作的特点、现状和存在的主要问题，今后相当长的一段时期内，抗旱工作的主要任务应当是要加大力度推动抗旱立法，尽快制订全面、科学的抗旱规划，提出抗旱工程的总体布局，加强应急抗旱能力的建设，建立抗旱体制、机制、法制体系，加强相关基础工作等。

根据国家可持续发展战略的要求和新时期抗旱工作的特点，当前要大力加强农田水利基本建设，增强农业抗灾能力，下大力气解决人畜饮水困难的问题。要采取综合措施加强水源工程建设，切实解决城市缺水问题。要重视并尽可能维护生态环境用水安全，努力实现人与自然的和谐共处。同时各地区要因地制宜，做好抗旱预案和各种应急供水方案的制订工作。加强抗旱水源的统一管理和调度，特别是应急抗旱水源的管理和调度，发挥抗旱水源的最大效益。

农业是国民经济的基础，农村抗旱重点是解决好农村饮水困难问题和保障国家粮食安全。主要思路如下：加大对饮水安全工程的投入力度，不断完善饮水工程管理体制和运行机制；加快大型灌区续建配套，加强灌区节水改造，尤其是重点中型灌区节水改造；大力发展旱作农业技术，增强土壤和作物抗旱能力；引导加大国家、社会包括民间资本和农民自身对节水的投入；建立合理的节水补偿机制以及相应的价格机制和激励机制；加强农业抗旱基础设施和服务体系建设；探索农业旱灾保险机制研究，降低干旱风险。

城市是一个地区政治、经济、文化的中心，也是国家经济社会发展最具活力的核心区域和枢纽，重点是提高城市综合抗旱能力，保障经济社会发展和城市化进程。主要思路如下：制订或完善城市水资源及供水规划，合理确定或调整经济发展结构和布局；新建或扩建供水水源工程，加强城市重要水源地保护，实施区域内、流域内或跨地区、跨流域调水；建立城市抗旱预案制度，主动从容地应对干旱；建立城市战略水源储备，加快城市应急水源工程建设；加快建设资源节约型社会，建设节水型城市。

维护生态与环境需水，注重生态与环境保护，维系良好的生态与环境，提高生态、环境对干旱缺水的应对能力，尽可能地减轻干旱对生态与环境的影响。主要思路如下：增强维护生态与环境的意识，加强相关基础工作及生态与环境用水需求研究；加大利用非常规水源增加生态用水；继续对重要生态保护区、保护目标实施必要的生态补水工程；加强牧区生态保护，促进草原生态修复；加强干旱半干旱地区生态环境的维护。

第三节 干旱灾害防治的战略框架

一、体制机制改革重点

抗旱减灾是一项跨部门、跨地区、跨学科的系统工程，涉及自然、经济、社会等诸多领域，需要动员全社会的力量积极参与。目前中国还存在许多体制、机制上的问题，导致抗旱工作落后于经济发展和社会需求，很多地区抗旱工作短期行为较为明显，工作缺乏系统性和连续性，没有统筹规划和长远打算，导致"年年喊旱，年年抗旱，年年还旱"的恶性循环。因此，为了改变目前体制不顺、机制不活的状况，应进行体制机制改革，包括充实各级抗旱组织机构职能、加强抗旱法规制度和技术标准体系建设、建立抗旱资金投入机制和建立各相关部门间的信息共享机制。

（一）充实各级抗旱组织机构职能

在旱情紧急时期，各级抗旱组织机构可以高效、有序地指挥和协调相关部门联动响应，但是鉴于干旱灾害具有缓慢发展的特性，这种旱情紧急期的部门联动不能满足经济社会对抗旱工作的要求。因此，除应急抗旱职能外，各级抗旱组织机构还需要强化常规抗旱职能，自上而下突破体制障碍，完善内部组织结构，让各成员单位更多地参与日常抗旱工作，建立多部门的统一协作机制，充分发挥其日常干旱管理的组织和协调作用。

（二）加强法规、制度和技术标准体系建设

目前已经颁布了《中华人民共和国抗旱条例》，使干旱灾害管理开始走上法制轨道，但还没有形成完整的法规、制度和技术标准体系，不能满足干旱灾害风险管理的需要。首先需要进一步加强法规体系建设，制定《中华人民共和国抗旱条例》的实施细则和地方性法规实施办法，以便《中华人民共和国抗旱条例》能执行到位。在不断总结实践经验的基础上，研究制定充分体现风险管理理念的抗旱法，将干旱灾害风险管理纳入法制化、规范化、制度化轨道。同时，进一步加强技术标准体系建设，提高抗旱工作的科学性和合理性。

（三）建立抗旱资金投入机制

稳定的资金保障是实施干旱灾害风险管理战略的基本条件，中央及地方各级政府要建立健全与经济社会发展水平及抗旱减灾要求相适应的资金投入保障机制。构建以政府投入为主、引导社会积极参与的多元化、多渠道、多层次的抗旱投入体系，建立与经济发展同步增长、分级负担、稳定的抗旱投入机制，形成国家、地方、群众、社会相结合的抗旱投入格局。

（四）建立各相关部门间的信息共享机制

《中华人民共和国抗旱条例》规定，水利、气象、农业、供水管理等相关部门要及时向抗旱指挥机构提供水情、雨情、墒情、农情、供用水信息等。目前，各部门间的信息共享在旱情紧急时期可以做到较顺利沟通，但在日常干旱管理工作中还难以实现。由于信息资源由各个管理部门分别管理，"信息孤岛"现象严重。目前抗旱指挥机构旱情信息来源还主要依赖于受旱地区的逐级上报，及时得到有关部门的相关信息还存在一定的障碍，对做到及时有效干旱预测预警、客观评估旱情灾情和科学指挥调度产生很大的不利影响。因此，国家应尽快研究、制订并出台干旱相关信息共享的办法或规定等，建立数据信息共享网络，打破信息资源的部门分割、地域分割与业务分割，建立部门间信息共享机制，实现从信息资源分散使用向共享利用转变。建立信息共享机制是推进干旱灾害风险管理一个至关重要的环节。

二、应急能力建设战略

抗旱是水利改革发展的突出薄弱环节。目前，中国抗旱应急能力总体偏低，各区域的抗旱应急能力更是参差不齐，难以满足干旱灾害风险管理的需求，亟须加强应急能力建设，提高旱情监测预警能力、抗旱应急供水能力、抗旱应急响应能力和抗旱应急服务能力。

（一）提高旱情监测预警能力

旱情监测预警是防旱抗旱的重要手段，为抗旱减灾决策提供重要的基础信息支撑，是实现由干旱灾害危机管理向风险管理转变的核心内容之一。目前，中国已经开展了旱情监测方面的工作，但尚不能为旱情预警提供全面有效支撑。因此，需要加强气象、水文、农情、工情、取水和供用水等与干旱相关的监测系统建设，提高对旱情旱灾信息的动态监测能力，形成覆盖全国、布局合理、信息完备、资源共享的旱情监测站网。提高雨情水情预报水平，整合旱情信息资源，构建旱情监测预警系统平台，实现旱情分析预测评估和早期预警。

（二）提高抗旱应急供水能力

中国目前抗旱基础设施建设滞后，抗旱应急供水能力远远不能满足需求，导致一些地区农业抗灾能力低、部分城乡供水安全隐患较多等。因此，应以提高抗旱应急供水能力为重点，大力加强水利基础设施的建设。一方面，加强控制性水源工程建设，加大病险水库除险加固力度，不断完善抗旱工程体系。加强农田水利工程建设，加快灌区续建配套和节水改造，不断提高蓄供水能力和水资源利用效率。干旱缺水地区要因地制宜加快修建各种蓄水、引水、提水、雨水集蓄工程及再生水利用设施，特别要做好与群众生产生活息息相关的小微型抗旱设施建设。另一方面，在充分拓展和挖掘现有水利设施抗旱功能的基础上，以保障干旱期间人畜饮水安全为首要目标，按照先挖潜、后配套，先改建、后新建的原则，因地制宜地建设一批规模合理、标准适度的抗旱应急备用水源工程。

（三）提高抗旱应急响应能力

建立反应迅速、协调有序、运转高效的抗旱应急管理机制，对于提高抗旱应急响应能力至关重要。目前，中国已基本建立了抗旱预案制度，对于有效应对干旱灾害发挥了积极的作用，但普遍存在预案的科学性、合理性较差，可操作性不强的问题。因此，应全方位地提高抗旱应急响应能力，加强抗旱应急响应体制机制建设，不断完善抗旱预案，加强抗旱组织体系建设，强化责任机制，完善部门协调联动机制，建立干旱及灾害影响评价机制，健全信息报告和通报机制，强化信息发布和舆论引导机制，加强社会动员机制建设。

（四）提高抗旱应急服务能力

目前，中国抗旱服务组织的应急服务能力不足，中央和绝大多数地方政府都没有建立抗旱物资储备制度，与抗旱减灾需求还有很大的差距。抗旱服务组织建设要坚持因地制宜、分类指导、统筹规划、布局合理、讲求实效、量力发展的原则，以现有县乡两级抗旱服务组织建设为重点，优先在易旱地区发展，加大投入力度，更新淘汰老化设备，进一步提高干旱期间机动送水能力和抗旱浇地能力。同时，各地应建立抗旱物资储备制度，因地制宜地储备必要的抗旱物资，优化储备方案，加强抗旱物资储备、使用和管理，确保有效开展抗旱减灾服务。

三、需水节水管理战略

水资源是基础性的自然资源和战略性的经济资源，是生态与环境的控制性要素。中国水资源时空分布极为不均，人均占有水资源量不足世界人均水平的30%，特别是在全球气候变化和水资源大规模开发利用双重因素的共同作用下，水资源短缺形势越加严峻。传统的供水管理模式导致用水需求不断增加，不能适应水资源可持续发展的要求，应向需水管理模式转变，以水资源承载能力为约束来合理调控经济社会的用水需求，优化产业结构布局。同时，提高用水效率，加强水土保持，重视节水护水宣传。

（一）优化产业结构布局

中国很多地区政府在确定经济发展规模、经济结构、产业布局时，常常缺乏对于旱缺水因素的考虑，未做到因水制宜、量水而行，其后果严重影响了地区经济社会可持续发展。因此，必须从各地水资源和水环境的承载能力出发，进行经济结构和产业布局的调整和优化，降低地区孕灾环境的脆弱性，减轻干旱灾害风险。水资源缺乏的北方地区要提升产业结构，发展低耗水产业，适当减少粮食生产，从区外调入部分粮食，扭转目前南北方粮食生产与水资源分布失衡的局面。特别是西北地区，第一产业比重高，大量的水资源消耗在粮食生产上，不利于解决该地区以水资源问题为核心的经济社会和生态环境问题。这些地区应优化产业结构，输出高效利用水资源的商品,输入本地没有足够水资源生产的粮食产品,以物流代替水流,与跨流域调水相结合,通过贸易的形式最终解决水资源短缺和粮食安全问题。对于严重缺水地区,要严格限制高耗水、高污染行业发展,限制盲目开荒和发展灌区。

（二）提高用水效率效益

中国水资源管理还相对粗放,用水效率和效益还比较低。农田灌溉水有效利用系数为0.523,低于发达国家的0.7～0.8,农业单方水的生产能力0.95kg左右,比发达国家低2倍以上。工业万元产值用水量67m³,较发达国家高出数倍,工业用水重复利用率约52%,而发达国家可达80%的水平。全国七大流域有近50%的河段受到不同程度的污染,其中10%的河段污染极为严重,已丧失了水体应有的功能,75%的城市河段已不适宜作为饮用水源。因此,要建立科学合理的用水和消费模式,建立充分体现水资源紧缺状况、有利于促进节约用水的水价体系,制订取用水总量控制指标体系,完善行业用水定额,明确用水效率控制性指标,建立水功能区限制纳污制度,发展节水型农业、工业和服务业,提高水资源的利用效率和效益。农业方面,优化作物种植结构,加强田间用水的管理,推广田间节水技术,改变大水漫灌的方式,因地制宜地发展高效节水农业、旱作农业和生态农业。工业方面,制定和落实有关激励与约束政策,引导和促进工业节水,改进生产工艺,推行清洁生产,严格控制入河湖排污总量。城市生活方面,加强城市用水管理,加强管网改造,减少"跑冒滴漏",加大生活节水器具的推广使用,提高再生水利用率。

（三）加强水土资源保护

据统计,中国水土流失面积由1949年的150万km²增加到目前的294.91万km²,亟待治理的面积近150万km²,分别约占国土总面积的31%和16%。严重的水土流失导致土地退化、耕地被毁、江河湖库淤积、土壤水分涵养力下降、生存环境恶化等,进一步加剧了干旱灾害脆弱性。因此,要坚持预防为主、保护优先、因地制宜、分区治理的原则,建立健全水土保持制度,强化生产建设项目水土保持监督管理,有效防治水土流失。实施国家水土保持重点工程,采取小流域综合治理、淤地坝建设、坡耕地整治、造林绿化、生态修复等措施,有效防治水土流失,特别是加强长江上中游、黄河上中游、西南石漠化地区、东北黑土区等重点区域水土流失防治。加强重要生态保护区、水源涵养区、江河源头区、湿地的保护。

（四）重视节水护水宣传

节水是解决中国干旱缺水问题最根本、最有效的战略举措,是一项基本国策。因此,要提高公众的水忧患意识和节约意识,动员全社会力量参与节水型社会建设,建立全社会共同珍惜水、保护水、节约水的良好氛围。通过科普读物、宣传册、报纸、电视、网络等多种方式,加强节水知识、相关政策、法规的宣传和普及。继续开展"世界水日""中国水周"和"全国城市节水宣传周"等宣传活动,深入宣传节水的重大意义,推行节约用水措施,推广节约用水新技术、新工艺,倡导节水和低碳生活方式。

四、极端干旱备灾战略

近年来，严重干旱灾害频繁发生，从2006年川渝大旱、2009年年初北方冬麦区冬春连旱、2010年西南五省区市大旱到2011年年初长江中下游干旱，因旱导致的大幅粮食减产和上千万人畜饮水困难已引起了国家政府的高度重视和社会广泛关注。但是，与中国历史上多次出现的全国性多年持续干旱灾害相比，这些都只是区域性和季节性的灾害事件。

在全球气候变化背景下，未来可能发生极端干旱事件的概率增加，若不及早改变被动应急抗旱的局面，将有可能威胁到人的生存与社会的稳定。因此，为防患于未然，避免极端干旱带来灾难性后果，实施备灾战略，包括加强粮食战略储备和建立地下水战略储备。

（一）加强粮食战略储备

粮食是关系国计民生的重要商品，随着人口增加，中国粮食消费呈刚性增长，同时，粮食持续增产的难度加大，国际市场调剂余缺的空间越来越小。为此，必须坚持立足国内实现粮食基本自给的方针，着力提高粮食综合生产能力。中国已经建立较为完整的粮食储备体系，但还是要从最坏处着想，对于可能发生的极端干旱做充分的准备，积极备荒。因此，要坚持实行最严格的耕地保护制度，坚守1.2亿hm²耕地红线不动摇。加强江河治理、水源工程建设、灌区续建配套与节水改造、中低产田改造等，解决好中国粮食安全面临的用水问题。进一步完善中央战略专项储备与调节周转储备相结合、中央储备与地方储备相结合、政府储备与企业商业最低库存相结合的多元化粮油储备调控体系。完善粮食省长负责制，增强粮食主销区省份保障粮食安全的责任。改进储存技术，鼓励储粮于民、储粮于地。

（二）建立地下水战略储备

水，因为稀缺，成为重要的战略资源，直接关系经济社会发展和国家的安全利益。尽管各国可以寻遍全球获取石油、天然气和矿产资源以维持其经济社会的正常运转，但水却无法通过国际贸易合同获得保障。因此，水资源储备应与粮食储备一样提到安全战略高度。当遭遇极端干旱时，可用的地表水资源和浅层地下水往往已经消耗殆尽，此时，地下水显得尤为重要，可用以维持大旱期间基本的生活与生产用水需求。在北方地区首先要停止地下水过度开采，逐步恢复地下水水位，设置地下水水位保护红线，形成"地下水银行"。在平时不允许水位低于红线，干旱期过后要迅速恢复水位。南方地区除了加强地表水利工程建设外，还应根据社区人口与环境状况，提前勘测地下水源，建好取水口，但平时则封存不动，避免大旱期间临时找水、打井的被动应急局面。

五、科学技术支撑战略

抗旱减灾科技支撑能力不足是中国干旱灾害管理从危机管理模式向风险管理模式转变的主要障碍之一。目前，中国的抗旱减灾科学水平还较低，技术手段仍然比较落后，譬如，干旱长期和超长期预测预报尚处于探索和研究阶段，旱情监测预警、干旱灾害影响评估以及风险分析方法和定量分析技术等才刚刚起步，旱情旱灾标准体系还不够完善等，在很大程度上制约了抗旱减灾工作的科学、高效和主动开展。同时，抗旱减灾领域专业技术人才的匮乏也是影响科技支撑力度的原因之一。因此，亟须开展以促进学科发展建设和注重人才队伍建设为主的科学技术支撑战略。

（一）促进学科体系建设

抗旱减灾是一门交叉学科，涉及水利、气象、农业、地理、社会等，需要综合运用自然科学和社会经济科学中多学科的相关成果。促进抗旱减灾领域学科建设，即要形成以旱灾学、防旱学和抗旱减灾技术为主体的学科体系，为建立与经济社会发展需求相适应的抗旱减灾体系提供科学、全面的基础理论、应用科学和实用技术。在旱灾学方面，加强干旱及干旱灾害基本内涵、形成机制、时空演变规律、旱情旱灾评估理论与方法、抗旱效益评估方法、气候变化影响等方面的研究。在防旱学方面，加强干旱及干旱灾害识别技术、旱情监测预警技术、干旱灾害风险区划与评估技术、抗旱减灾政策法规及技术标准体系、平台建设等方面的研究。在抗旱减灾技术方面，加强抗旱工程与非工程体系优化组合技术、遥感及地理信息技术、非常规水资源利用技术、抗旱节水工艺及设备等方面的研究。

（二）注重人才队伍建设

人才队伍建设是推进抗旱减灾实现跨越式发展的重要途径。人才队伍建设主要包括三方面的内容。一是把抗旱减灾纳入国民教育体系，充分利用高校、科研院所等资源，开设抗旱减灾管理和技术专业，培养多层次专业技术人才。二是把抗旱减灾管理人员纳入培训规划，定期开展抗旱减灾相关知识、技术、措施的培训，提高管理人员管理水平。三是把基层服务队伍纳入科技推广计划，加快科研与生产紧密结合、科技成果高效转化。

第四节　干旱灾害防治的主要对策

随着水土资源的开发和经济的发展，干旱灾害造成的损失亦越趋严重。为此，要在正确认识和掌握不同时期旱灾发生和发展规律的基础上，树立长期的防旱减灾的思想，并结合不同地区的自然地理条件、农业种植结构、作物产量水平、水资源开发利用程度和防旱减灾管理能力等实际情况，因地制宜地采取相应的防旱减灾对策。

一、大力开展节水型社会建设

缓解我国水资源供求矛盾的最有效的办法，今后摆在第一位的首先是节水，必须实行以提高用水效率为中心的需水管理，严格执行取水许可制度，把节水作为一项长期的基本国策，全面建立节水型社会。

(一)农业节水

1. 要提高渠道、管道的输水能力

尽量减少从水源到田间输水环节的跑、冒、滴、漏。渠道防渗不仅能节约灌溉用水,而且能降低地下水位,防止土壤次生盐碱化;防止渠道的冲淤和坍塌,加快流速提高输水能力,减小渠道断面和建筑物尺寸;节省占地,减少工程费用和维修管理费用等。渠道不同的防渗标准直接影响着灌溉用水有效利用系数。目前防渗衬砌的材料主要有砌石、水泥土、沥青混凝土、混凝土、复合土工膜料等,其中混凝土材料占有很大的比重。根据国内外的实测结果,与普通土渠比较,一般渠灌区的干、支、斗、农渠采用混凝土衬砌能减少渗漏损失量70%~75%,采用塑料薄膜衬砌能减少渗漏损失量80%左右;对大型灌区渠道防渗可使渠系水利用系数提高0.2~0.4,减少渠道渗漏损失50%~90%。总体来讲,渠系水利用系数随着渠系防渗率的增加而增加。目前全国万亩以上的地表水灌区平均渠系利用系数只有0.5,若全面推广渠系防渗技术,使渠系利用系数平均达到0.65,即可节水261亿m³。低压管道节水灌溉技术,可使输水利用系数提高到0.9以上,节水30%。

2. 要提高田间水的利用率

大力推广喷灌、滴灌、渗灌等先进的抗旱节水技术与方法。

喷灌是利用管道将有压水送到灌溉地段,并通过喷头分散成细小水滴,均匀地喷洒到田间,对作物进行灌溉。它作为一种先进的机械化、半机械化灌水方式,在很多发达国家已广泛采用。喷灌的主要优点如下:

(1)节水效果显著,水的利用率可达80%。一般情况下,喷灌与地面灌溉相比,1m³水可以当2m³水用。

(2)作物增产幅度大,一般可达20%~40%。其原因是取消了农渠、毛渠、田间灌水沟及畦埂,增加了15%~20%的播种面积;灌水均匀,土壤不板结,有利于抢季节、保全苗;改善了田间小气候和农业生态环境。

(3)大大减少了田间渠系建设及管理维护和平整土地等的工作量。

(4)减少了农民用于灌水的费用和投劳,增加了农民收入。

(5)有利于加快实现农业机械化、产业化、现代化。

(6)避免由于过量灌溉造成的土壤次生盐碱化。

滴灌是利用塑料管道将水通过直径约10mm毛管上的孔口或滴头送到作物根部进行局部灌溉。它是目前干旱缺水地区最有效的一种节水灌溉方式,其水的利用率可达95%。滴灌较喷灌具有更高的节水增产效果,同时可以结合施肥,提高肥效1倍以上。可适用于果树、蔬菜、经济作物以及温室大棚灌溉,在干旱缺水的地方也可用于大田作物灌溉。其不足之处是滴头易结垢和堵塞,因此应对水源进行严格的过滤处理。目前,国产设备已基本过关,有条件的地区应积极发展滴灌。

3. 要加强现有灌区的维修、配套、改造和管理

包括平整土地、大畦改小畦、长渠改短渠、宽渠改窄渠等，恢复、巩固和提高现有工程的灌溉效益。

农田灌溉要采取以内涵为主、适当外延的发展方针。

在现有的灌溉设施中，1960年以前修建的占56%，1970年以前修建的占80%。这些工程多年运行，老化失修和损坏报废现象相当严重，不少工程施工质量差。据水利部门统计，全国约有2/3的大型水库和3/4的中小型水库存在不同程度的工程质量问题；机电井的完好数量只占配套机电井的88%；万亩以上灌区有近30%的设计灌溉面积，由于工程不配套未能受益；灌区已有10%的工程丧失了功能，60%的工程设施受到不同程度的损坏。此外，再加上由于自然条件的变化和人类经济活动引起的水源衰减和农业供水量减少等原因，原有水利灌溉设施处于萎缩状态。据统计，在1980～1984年的5年间，减少灌溉面积达340万hm^2，其中1984年一年减少108万hm^2。在1991～1994年的4年间，灌溉面积又减少253万hm^2，其中工程老化失修损失报废约占37%，建设用地占用约20%，水源不足和向工业、生活用让水而减少的灌溉面积约占8%。在上述期间，也新增了灌溉面积，因而使全国灌溉面积出现起落和徘徊。由于减少的灌溉农田多为高产熟地，新增的多为低产农田或荒地，不能以量抵质，因而需经一段时期的熟化过程。从灌溉设施对提高农业生产的作用、资金投入效果及从我国国力来综合分析，今后一个时期农田灌溉应以扩大内涵为主，把重点放在现有灌溉工程的改善上，即加强对现有工程的整修、配套、改造和管理，以恢复、巩固和提高现有工程的灌溉效益。在内涵为主的基础上，适当外延，新建和续建必要的工程，有计划地扩大灌溉面积。

2020年全国粮食需求量为5.4亿～5.7亿t，为保障经济作物相应增长的发展目标，应确保灌溉用水总量继续保持"零增长"；新增节水灌溉工程面积1667万hm^2；对大中型灌区、大型泵站、小型农田水利工程及牧区进行节水改造。这一目标的实现，将使我国农业生产在抗御干旱方面有一个比较稳固的基础。

4. 要科学灌溉，计划用水，提高灌溉水的利用效率

根据作物需水要求，适时适量地灌水，用先进的科学技术手段对土壤墒情和灌区输配水系统的水情进行监测、数据采集和计算机处理，可以科学有效地控制土壤水分含量，进行合理调度，做到计划用水、优化配水，以达到既节水又增产的目的。同时，要重视和加强节水管理，改变目前农业用水水价过低、不利于节水的状况，实行按成本收费、超计划用水加价等政策。要建立健全节水管理组织和技术推广服务体系，完善节水管理规章制度。

5. 在干旱区积极发展雨养农业和旱作农业技术

通过调整农业种植结构，增施有机肥，采用秸秆、薄膜覆盖、耕作保墒等旱作农业技术，把天然降水蓄好、用好，使有限的水资源得到合理利用。

旱地农业即雨养农业。旱地农业在我国南、北方均有分布，在全国耕地面积中，约有一半的面积为旱地农业。由于受气候、地形和水资源条件的限制，农业不能统统都靠灌溉来解决问题。我国历代农民通过长期实践，积累了不少旱地农业抗旱增产的经验。

(1)建立旱地农业抗旱耕作新体系。旱地农业抗旱耕作新体系是以深松为主体,深松、翻耕、耙茬相结合和耕耱相结合的抗旱耕作体系。生产实践和科学实验表明,这种耕作体系在协调耕层土壤的水、肥、气、热状况,保墒抗旱、抗蚀保土方面,具有明显的优越性,对气候季节变化和作物生育的阶段性有较强的适应性。

(2)建立用地和养地新体系。用地和养地新体系包括合理调整作物布局,逐步改变北方旱地大面积单一种植,适当增加养地作物——豆类作物的种植面积,进行豆谷、粮肥轮作;建立一个以有机肥为主,以化肥为辅,以底肥为主,以追肥为辅,化学肥料氮磷钾合理配置的施肥制度。这一体系对实行合理轮作,克服重茬连作弊端,种地养地并重,提高土壤肥力水平,保证旱作农业的高产稳产有着重要作用。

(3)建立抗旱栽培新体系。抗旱栽培新体系包括用科学方法选育高产抗旱作物和耐旱品种;在处理种子时,采用科学的营养浸种和雪水浸种方法;在抗旱播种方面采用抢墒、顶凌等播种方法,以充分利用耕层储水。通过抗旱栽培,一方面增强了作物内在的抗旱力,一方面改善了作物栽培的外在水分条件,从而提高了作物的抗旱能力。

20世纪80年代以来,陕、甘、宁、青、晋和内蒙古不少典型村、乡,不断改进传统农业技术,采用伏秋深耕、蓄水保墒;增施肥料、有机肥与无机肥结合;搞好农田基本建设,增强保水保肥抗旱能力;选用良种,增强抗旱耐瘠薄能力;改革栽培方式,实行模式化栽培技术等。在多年实践中,他们把传统技术和现代技术相结合,摸索出了一条适合我国北方干旱半干旱区发展旱地农业的技术途径,在提高土壤肥力,增强农田抗旱能力和粮油增产等方面都取得显著效果。

在有条件的旱地农业区,可以修建环山渠、山塘和水窖等小型工程,将坡地上和耕地周边的雨水径流汇集储存起来,发展"径流农业"或"半水浇地""半水灌溉"。半水浇地是一些地方由于受水资源和工程等条件限制,不能实行完全灌溉的一种非常规的灌溉形式,我国东北地区在春季进行的春玉米"坐水"播种就是半水灌溉的一种类型。实践证明,径流农业或半水灌溉是提高旱地农业抗旱能力和农业增产的有效措施。

(二)工业节水

一般而言,工业节水可分为技术性和管理性两类。其中技术性措施包括两方面。

一是建立和完善循环用水系统,其目的是提高工业用水重复率。用水重复率越高,取用水量和耗水量也越少,工业污水产生量也相应降低,从而可大大减少水环境的污染,减缓水资源供需紧张的压力。

二是改革生产工艺和用水工艺,其中主要技术包括:①采用省水新工艺;②采用无污染或少污染技术;③推广新的节水器。

(三)城镇生活节水

2013年城镇人均生活用水量(含公共用水)212L/d,农村居民人均生活用水量80L/d,依然有相当程度的浪费现象,尤其是公共用水部门,如宾馆、学校、商业等。

一是要加强城市供水管网设施改造和管理，尽量减少跑冒滴漏。

二是有关部门要研制新型节水器具，推广节水型生活设施，在水资源紧缺的地区要积极推广污水回收利用的中水管道系统。

（四）推进海绵城市建设

习近平总书记指出，建设生态文明，关系人民福祉，关乎民族未来。2013年12月，中央城镇化工作会议要求，"建设自然积存、自然渗透、自然净化的海绵城市"。2014年11月，住房和城乡建设部出台了《海绵城市建设技术指南》。

海绵城市是指城市能够像海绵一样，在适应环境变化和应对自然灾害等方面具有良好的"弹性"，下雨时吸水、蓄水、渗水、净水，需要时将蓄存的水"释放"并加以利用。海绵城市建设应遵循生态优先等原则，将自然途径与人工措施相结合，在确保城市排水防涝安全的前提下，最大限度地实现雨水在城市区域的积存、渗透和净化，促进雨水资源的利用和生态环境保护。在海绵城市建设过程中，应统筹自然降水、地表水和地下水的系统性，协调给水、排水等水循环利用各环节，并考虑其复杂性和长期性。

运用低影响开发技术，改变传统城市建大管子、以快排为主的雨水处理方式，借助自然力量排水，"源头分散""慢排缓释"，就近收集、存蓄、渗透、净化雨水，让城市如同生态"海绵"般舒畅地"呼吸吐纳"，让"急匆匆"的雨水变"害"为"宝"，实现雨水在城市中的自然迁移，实现资源的"削峰平谷"、低碳循环。

二、合理开发利用水资源

我国水资源与人口、耕地和经济发展组合状况的不理想，决定了合理配置水资源是21世纪我国社会经济保持可持续发展的重要因素。为此，必须做好区域内和区域间水资源的合理配置。

（一）区域内水资源的合理开发利用

一是合理开发地下水资源。在淮北平原、松嫩平原、三江平原及新疆等地下水相对较丰富的地方，有计划地合理开发地下水资源；在宁夏、内蒙古河套及豫鲁引黄灌区，结合土壤改良和生态环境建设，适当增加地下水开采量；在华北井灌区和城市地下水超采区，则要强化管理，严格控制超采，保护生态环境平衡。二是在西北、华北、西南及东北西部的山丘区要大力推广雨水集流工程的建设，最大可能蓄住天然来水，以解决农村饮水和基本口粮田的灌溉需要。三是有条件的地区要尽可能地修建一些调蓄水工程，尤其是北方缺水省（自治区），如黄淮海地区修建平原水库，利用河湖沟汊、蓄滞洪区等调蓄水工程，尽可能地把汛期来水蓄住。一方面调剂余缺，丰水枯用，闲水忙用；另一方面回灌地下水，维护生态环境平衡。

1. 水源工程建设

水利工程设施是防旱减灾的重要工程保障，水源工程是抗旱的主要工程措施之一。目前，全国各地仍有部分无水利设施灌溉的耕地，部分耕地虽有水利设施但抗旱能力较低。各地在进行防旱减灾工程建设的时候，要重点突出水源工程建设，确保供水安全。一方面，要积极加大病险水库的治理和山塘的清淤工作力度，充分挖掘现有工程的蓄水能力，增加工程蓄水容量。加强对大中型灌区的配套挖潜建设，发挥工程的设计灌溉效益；另一方面要积极引导群众搞好小型水源工程，拦、蓄、引、提并举，广泛组织发动群众切实加强小型或微型集雨蓄水工程（如水窖、水池等）建设，推进雨水集流等微型蓄水工程，千方百计增加水资源的总量。在干旱少雨的山区，要依靠当地水资源和充分利用雨水来解决用水问题，如水窖等雨水集蓄工程。水池、水柜、水塘等小型、微型蓄水工程，不仅解决了农村饮水困难，还为农业抗旱提供了水源。

坡面蓄水工程是一项水土流失地区拦蓄坡面径流、削减坡面径流量的水源工程措施。坡面蓄水工程是解决山区人畜用水、抗旱保丰收的小型水利设施。坡面蓄水工程可与坡面截流沟工程、水土保持林草措施、梯田、水土保持农业耕作措施和沟道治理工程相结合。坡面蓄水工程的作用在于拦截、分散坡面径流，减轻坡面土壤侵蚀，控制山洪和泥石流的形成和破坏作用，合理利用水土资源。在干旱地区，增强抗旱能力，减轻干旱威胁，还能改良土壤，改善生产条件，提高土地生产能力，促进农、林、牧、渔业全面发展。

坡面蓄水工程主要包括水窖、涝池、蓄水涝。

蓄水涝是西北黄土高原地区的一种蓄水工程，该地区的一些源面上，经历长期的水土流失和人类生产活动，逐渐形成宽窄、长短不同的小沟槽，人们在这些小沟槽里修筑拦水坝涝。拦蓄源面径流，称为蓄水涝。沟槽宽10～20m，纵坡较缓，平时多作为道路，降雨时则为地表径流排泄汇集入沟的网道。甘肃省陇东和陕西省渭北旱源的源面上，有很多这种蓄水涝。随着水土保持工作的开展及大规模基本农田建设，对旧的沟槽道路进行了改造，分段修建蓄水坝，节节拦蓄源面径流洪水，控制水土流失，便利交通和解决人畜用水。

此外，要积极兴建城镇供水水源工程和乡村人畜饮水工程，发展乡镇供水产业，有计划地进行乡镇供水设施建设，增加供水能力，合理制订和适时修订人畜饮水困难标准，加快饮水困难地区人畜饮水工程建设，确保发生大的干旱时人们生活用水的正常供给。

2. 水资源调配工程

我国降雨径流在年内和年际间变化剧烈，这是造成干旱灾害频繁和农业生产不够稳定的主要原因之一。在一个地区，要在深入研究降水、地表水、土壤水和地下水相互作用和转化规律的基础上，通过合理调配，使当地地表水、土壤水和地下水资源得到充分的利用。为了能提供稳定的水源，还需增加调蓄能力，以调节降雨径流在时间和地域上变化的不适应性和随机性。1954年以来，我国虽已修建了大量的水库工程，但其径流调节能力与世界许多先进国家相比，还处于较低水平，若再考虑径流年内、年际变化大的特点，则调节能力更显不足，还需增建一批蓄水工程。水库建设要根据水源情况和需水要求，合理布局。对南方一些以短期季节性干旱缺水为主的地区，适合兴建具有一定调蓄能力的年调节水库；在北方地区水资源短缺，年际变化又大，应争取兴建一批具有较大调蓄能力的水库，以满足多年调节要求。

我国降水径流空间分布不均，不同地区之间，供需平衡情况有很大差异，同时，在不同流域或地区之间还存在干旱及其灾害非同期遭遇的可能性。因此，应因地制宜地兴建跨流域调水工程，进行水量补偿，以调节降雨径流的空间分布不均。20世纪60年代以来，全国已修建了引江济淮、引滦济津、引黄济青和南水北调等多项工程，这些近距离跨流域调水对调剂地区间水资源余缺起到了很好的作用。为了解决黄淮海流域的干旱缺水问题，从长江引水补给这一区域用水的跨流域远距离调水的南水北调工程正在建设。南水北调东线主要解决京津地区、山东省和河北省东部地区的缺水问题；中线主要解决河南省、河北省中部地区和北京市的用水；西线主要解决黄河上、中游及其邻近地区的用水问题。南水北调工程以及诸如东北地区的引松济辽的北水南调工程，在解决21世纪我国北方城市缺水，改善农业用水，缓解城乡用水矛盾，提高防旱减灾能力等方面将起到重要作用。

（二）兴建跨流域调水工程

近20多年来，我国先后兴建引滦入津、引滦入唐、引黄济青、引黄入卫、引黄入晋、引大入秦等跨流域的大规模调水工程，有效地缓解了一些城市生产生活和农业用水的紧张状况。因此，今后国家必须把长江、淮河、黄河、海河，以及西南丰水地区和西北内陆干旱区作为一个整体系统，抓紧研究跨流域调水工程的建设方案，逐步实施跨流域调水工程的建设。

（三）实行量水而行的经济发展战略

必须转变观念，实行以供定需、量水而行的用水管理方针，即根据可能提供的水资源量的多少，来决定用水需求的合理与否。今后国家在宏观上要调整产业政策和产业结构布局，严格控制在水资源紧缺地区安排耗水量大的工业项目，要将耗水量大的工业尽可能推向滨海和水资源丰富的地区；对新建项目，要实行节水措施和主体工程的设计、施工、投产三同时；在城市规划和重要工程决策时，要充分考虑水资源条件，以形成节水型经济结构，实现水资源与国民经济合理布局。

三、加强水资源统一管理，改善生态环境质量

（一）实行水资源的统一管理和调度

我国实施水法虽然已经10多年了，但由于立法时受管理体制等因素的制约，现行水法在水资源管理上实行分级分部门管理的规定，导致了地下水与地表水，流域的上下游，城市与乡村，水量与水质的人为分割，给水资源的统一管理和水环境的保护造成严重混乱。政出多门，管理脱节，已使一些地方争抢水源，胡乱排污，甚至以邻为壑现象十分严重。

中央及有关立法部门应早下决心，从依法行政上理顺关系，明确规定由一个部门代表国家对水资源实行统一的权属管理，改变当前存在的"一龙治水、多龙管水"，各行业和各部门各自为政、各行其是的混乱局面，这是保护水环境、实现水资源可持续利用的根本措施。

（二）加强水资源保护，防止生态环境继续恶化

第一，做好水资源保护规划，划分不同水体功能，制订或完善不同类型水体的使用原则与方法；确定河段及水体纳污能力，实现污水排放总量控制。第二，依法划定城市水源地和水源保护区，加强水源保护区管理和水源地水质监测网点，提高监测水平，防止水体污染。第三，实行废污水治理达标排放制度，坚决贯彻"谁污染、谁承担责任"的原则，严格执法。为此，要制订合理的排污收费体系，加快企业技术改造，加快城市污水处理建设步伐。第四，合理开采地下水，逐步做到采补平衡。对地下水严重超采地区不仅要实行总量控制，而且要尽可能利用汛期地表水积极回补，防止地下水污染蔓延。第五，生态环境脆弱地区必须考虑生态环境用水，防止因过度开发导致下游地区河湖萎缩，土地沙化，生态退化。

（三）加大水土保持治理力度

当前，各地首先要认真贯彻落实中央提出的"退耕还林（草），封山植树，以粮代赈，个体承包"的精神，对坡度在25°以上的坡耕地尽快退耕还林还草，坚决控制人为水土流失，对坡度在25°以下的坡耕地逐步做到"坡改梯"。对生态环境脆弱地区，要以封山育林为主，结合人工造林、人工补植等方式，建设水土保持田。各地要积极开展小流域综合治理，通过采取生物措施和工程措施，努力提高土壤水分涵养能力，拦蓄泥沙下泄。同时在治理过程中，要注意治理与开发相结合，以提高经济效益，增加农民收入。

为加大水土流失治理工作的力度，各级政府还应当实行行政首长负责制，设立各级水土保持重点保护区和重点监督区，限期治理。上级主管部门要定期检查，并通过新闻舆论进行监督。

四、加强非工程抗旱减灾措施建设

（一）建立健全抗旱信息系统

要按中央、省（自治区、直辖市）、地（市）和县四级，尽早建立一个覆盖全国的旱情监测及抗旱信息处理系统，通过实时采集旱情及有关的各类信息，如气象信息、水情信息、土壤墒情信息、农情信息以及水利工程蓄水、引水、提水等信息，及时发现旱情，实时监视旱情发展过程，掌握抗旱动态，分析受旱程度和旱情发展趋势，评估旱灾损失和抗旱效益，并提出防旱、抗旱减灾决策建议，为各级领导决策当好参谋。

（二）进一步加强抗旱服务组织建设，完善农业社会化抗旱服务体系

抗旱服务组织非常适应现阶段我国农村生产力发展现状，能够较好地满足当前家庭联产承包责任制经营体制的客观需要，因而很受农民欢迎。截至目前，全国已发展县级抗旱服务队1400多个，乡镇级6400多个，从业人员6万多人，拥有各种抗旱机具设备32万台套，抗旱固定资产12亿

元，年抗旱浇地能力达500万hm²。

抗旱服务组织虽然发展很快，但其抗旱服务能力和服务水平与广大农民的要求，与抗旱的实际需要还有较大的差距。必须进一步加强抗旱服务体系的建设，特别是要建立以县级抗旱服务组织为龙头，以乡镇服务片站为纽带，以村组服务分队为基础的抗旱服务网络，并通过各级抗旱服务组织牵头，成立农民抗旱服务协会，把闲置在部分农民手中的抗旱机具集中起来，实行统一管理，统一开展抗旱服务。这样，一方面增加这部分农民的收入，避免这些设备资源的浪费，延伸了抗旱服务队的抗旱能力；另一方面也规范了抗旱服务市场，解决了无抗旱机具农户的浇地困难。

五、加大投资力度，建立良性补偿投入机制

（一）建立健全多层次、多渠道的水利投资体系

水利作为国民经济的基础设施，近几年来，国家已经加大了对水利的投入。但是，目前水利建设的步伐远不能满足经济和社会发展的需要。因此，今后一段时期，国家不仅必须继续加大财政拨款、社会举债、银行贷款的力度，拓宽水利基金来源渠道，完善水利基金的征集和使用管理，确保重点水利工程的建设需要；而且还必须在投资体制上创新，根据水利工程的性质与特点，划分事权，按照"谁投资、谁所有、谁建设、谁受益"的原则，建立多元化、多层次、多渠道的水利投资体系，同时通过制订一些优惠政策，调动地方、集体和群众的积极性。如采取财政贴息、小额长期贷款、财政补助、股份制或股份合作制等形式，鼓励村集体和农民开展节水灌溉、小流域治理、小型农田水利建设等。

（二）建立良性运行的水利投入补偿机制

当前，我国还有不少地区的水利工程仍然实行无偿或低偿供水，特别是在农业用水方面喝"大锅水"现象还相当普遍。这种现象，一方面助长了水资源的浪费，另一方面导致了许多水利工程经营管理始终无法走上良性循环的轨道。水利作为一种产业，应按照社会主义市场经济规律，实行商品化经营，因此必须建立水有偿使用机制。农业用水要按成本收费，城市及工业用水要按成本及合理利润收费。凡是来自水利工程的农业用水，都要有偿使用，实行水商品化经营管理。

当前除了要建立水的有偿使用机制外，还要适当提高用水价格，建立节水的激励机制。

参考文献

[1] 刘树坤.中国水旱灾害防治实用手册.中国社会出版社,2000.

[2] 刘树坤.中国生态水利建设[M].人民日报出版社,2004.

[3] 亚行技援中国干旱管理战略研究课题组. 中国干旱灾害风险管理战略研究[M]. 中国水利水电出版社, 2011.

[4] 刘昌明, 何希吾. 中国21世纪水问题方略[M]. 科学出版社, 1996.

[5] 王浩. 中国水资源问题与可持续发展战略研究[M]. 中国电力出版社, 2010.

[6] 黄会平. 1949～2007年全国干旱灾害特征、成因及减灾对策[J]. 干旱区资源与环境, 2010, 24(11): 94-98.

[7] 王劲松, 李耀辉, 王润元等. 我国气象干旱研究进展评述[J]. 干旱气象, 2012, 30(4): 497-508.

[8] 《2013年中国水资源公报》.

[9] 《2014中国水利统计年鉴》.

[10] 贾金生, 马静, 杨朝晖等. 中国水利[J]. 干旱气象, 2012, 5: 13-17.

[11] 《2013年中国水旱灾害公报》.

[12] 刘洪岫. 2013年全国旱灾及抗旱行动情况[J]. 中国防汛抗旱, 2013, 24(1): 20-23.

[13] 《2012年中国水旱灾害公报》.

[14] 水利部. 全国抗旱规划[R]. 北京: 清华大学核能技术设计研究院, 2011.

[15] 国家防汛抗旱总指挥部办公室. 2010年全国旱灾及抗旱行动情况. 中国防汛抗旱, 2011, 22(2): 4-7.

[16] 国家防汛抗旱总指挥部办公室. 2011年全国旱灾及抗旱行动情况. 中国防汛抗旱, 2012, 23(2): 27-30.

[17] 吕娟, 高辉, 孙洪泉. 21世纪以来我国干旱灾害特点及成因分析[J]. 中国防汛抗旱. 2011(05): 38-43.

[18] 杨光, 国栋, 屈志强. 中国水土保持发展综述[J]. 北京林业大学学报(社会科学版)[J], 2006, 5: 72-77.

[19] 刘小勇. 加快牧区水利发展的制约要素与有关建议[J]. 水利发展研究, 2012, 3: 24-27.

第5篇
灾害经济学

第一章　灾害与灾害经济一般理论

第一节　灾害

灾害是一种自然社会现象。灾害是由于自然原因、社会原因或二者兼而有之的原因给人们造成的祸害。自然力是千变万化的，如果自然力的变化没有给人类造成祸害，那么它就不能称之为灾害，所以灾害是一种自然给社会带来的祸害。

灾害具有二重性，即灾害的自然属性和灾害的社会属性。灾害的自然属性，是指灾害对客观世界的影响程度，一般称之为受灾程度，通常用实物指标表示；灾害的社会属性，是指灾害对人类社会生活，尤其是对社会经济活动的影响程度，一般称之为成灾程度，通常由价值或货币指标表示。

第二节　灾害分类

从自然灾害的角度来归类，可把灾害系统分成五大类。①洪水灾害；②地质灾害，包括地震、滑坡、泥石流、崩塌、土地沙化等；③气象灾害，包括干旱、暴雨、台风、龙卷风、高温、寒潮、霜冻、暴风雪、冰雹等；④生物灾害，包括农作物的病、虫、草、鼠等；⑤海洋灾害，包括风暴潮、大风、地震海啸、海水倒灌等。

对灾害还可以进行多角度的分类。①从起源分，可划分成自然灾害和人为灾害；②从性质分，可划分成生态性灾害和非生态性灾害；③从机理分，可划分成物理灾害和化学灾害；④从现象分，可划分成显在灾害和潜在灾害；⑤从状态分，可划分成静态收敛型和动态发散型灾害；⑥从出现概率分，可划分成可避免型灾害和不可避免型灾害。

对灾害进行多角度分类，是为了使灾害经济学的研究对象更具有个性，以便采取准确的防治方法和具体措施。比如，当我们发现某一灾害是人为的、生态性的、化学态的、显在的、动态的、可避免的灾害时，应该采取什么样的防治方法和具体措施就比较清楚了。由此可见，多角度分类绝不是毫无价值的交叉重复，而是为了更加准确地把握具体的研究对象。从某种意义上讲，没有具体研究对象的个性化，就无所谓研究方法的科学化。

第三节　灾害与人类

一、人类的历史也是一部与自然灾害作斗争的历史

人类社会的历史，是一部人类为获取物质资料而与大自然展开的轰轰烈烈的生产斗争的历史，当然在阶级社会里它又是一部阶级斗争的历史；同时，它又是人类为保卫物质财富而展开的与自然灾害作斗争的雄伟悲壮的历史。自然灾害一方面给人类带来痛苦与灾难，另一方面也使人类增长了智慧、经验和技能，逐步认识自然灾害，不断提高抗御自然灾害的本领。人类就是在与大自然作斗争的过程中，不断地适应自然、利用自然和改造自然，在与自然协调、和谐和共处的过程中，从而使人类在这个地球的环境中得到生存、繁衍和发展。

人们兴修水利，就是这样的一个过程。从我国古代的大禹治水的传说，春秋时期管仲的治水学说，汉武帝的黄河瓠子堵口，秦代的李冰父子修建的都江堰工程，直到现代的葛洲坝大型水利工程，以及经过18年建设于2009年建成的长江三峡水利枢纽工程、黄河小浪底水利枢纽工程、治理太湖流域工程、治理淮河流域工程、洞庭湖水利治理工程等等，这一切就是为了处理好人与自然的关系，谋求人类与自然的协调关系，克服和改造不利的自然条件，同时审慎地保护和顺应自然，把水害变为水利，创造更适于人类自身生存和发展的环境。其实水多并不一定就是坏事，问题也不在于把"洪水"简单地排泄掉，现在缺水已成为普遍现象，加之城市由于过量开采地下水而沉降，所以问题在于有效地把水蓄住、保护和利用，这也是当今世界人们需要奋力研究和解决的课题。日本的有些做法值得借鉴。比如充分利用公园的面积、使其地面低于平地或马路若干厘米，一旦有暴雨则可用来蓄水；又如充分利用大楼的地下室，一旦有洪水也可用来蓄水等等。

人们研究地震，也是如此。人们研究地震规律是为了认识自然，从而为地震的监测预报奠定科学的基础，使之能够提供地震的长、中期预报，乃至短、临期预报，实现地震预报从经验预报向有物理基础的概率预报过渡。同时，对地震规律的研究也为科学地进行城市规划，采取强化建筑工程，为抗震设防的抗震加固，提高抗震能力做好部署。

可见，人们所从事的这一切，就是为了有效地顺应自然、利用自然、协调自然，创造一个人类自身生存和发展的良好环境。

二、灾害困扰着人类，人类还难以摆脱灾害

古往今来，人们不断地与自然灾害作斗争，但灾害始终困扰着人类。

据联合国估计，世界上每年大约发生20起严重自然灾害，平均造成8.3万人死亡，经济损失40亿美元。地震灾害，1900～1980年的80年间，死亡千人以上震次全世界为623次（其中中国31次），死亡总人数全世界120万人（其中中国61万人）。我国是一个多灾重灾的国家，几乎上述的灾害都给国家和人民的生命财产造成严重的损失。据统计在总损失中，洪涝灾害约占40%，干旱灾害约占15%，地震灾害约占15%，其他灾害约占30%。

在我国比较严重的灾害有：

洪涝灾害：洪涝灾害历来构成对中华民族生存和发展的严重威胁。据历史上记载，公元前206年到1949年的2155年间，我国发生较大水灾1092次，较大旱灾1056次，平均几乎每年有一次较大水灾或旱灾。1954年长江大水，造成直接经济损失100亿元以上；1991年太湖流域、淮河流域大水，造成直接经济损失685亿元，死亡2295人，受灾人口2.2亿。

地震灾害：据不完全统计，20世纪以来（至1987年）我国有记载的地震共8137次，其中1004次为破坏性地震，已发生的≥6级地震648次，其中里氏7级以上的地震占全球里氏7级以上地震总数的8.1%。我国每年由于地质灾害造成的直接经济损失约为90亿～130亿元。

生物灾害：我国粮食生产因虫害常年损失约14%，因病害损失约10%，因草害损失约11%。由此每年的损失，粮食400亿kg，棉花400万担，并且严重降低水果、蔬菜、油料及其他经济作物的产量和质量，经济损失约100亿元。

森林火灾：我国平均每年发生1万次左右，毁林面积几十万亩至上百万亩。1987年5月大兴安岭的特大森林火灾，1000多万亩森林被烧毁。

火灾：除了森林火灾之外，我国的城市和农村的火灾也十分严重。如2011年全国城市共发生火灾43171起，造成死亡331人，受伤196人，直接财产损失55330万元；农村共发生火灾38469起，造成死亡349人，受伤154人，直接财产损失39301万元。

笔者曾经写过一篇《'93灾害启示录》（发表在《现代企业导刊》1994年第4期），对1993年的我国灾害状况作了一番整理，其中有自然造成的灾害和人为造成的灾害，是我国多灾重灾的一个缩影。计有：①洪涝灾害。全国受灾面积2亿多亩，成灾面积1亿多亩，直接经济损失600多亿元，仅湖南省重灾民869万余人，死亡150人，受重伤2985人。②干旱灾害。仅河北省受灾面积5700万亩，成灾1300万亩，其中130万亩农作物绝收，粮食减收40万亩，经济损失15亿元，持续干旱还造成城镇工业用水供不应求，以及居民饮水和牲畜饮水困难，影响收入近10亿元。③地震灾害。大陆地区发生里氏5级以上地震18次，其中里氏6级以上地震6次，受灾地区是西藏、云南、新疆、青海。④病虫灾害。仅河南省麦田病虫害，面积达1亿亩次。⑤龙卷风、冰雹灾害。在江西省的贵溪等6个县、广东省的韶关等县、河北省的邯郸市的魏县，以及上海出现的雷暴天气，造成严重的经济损失。仅江西省的6个县，由于出现一场百年未遇的特大冰雹、龙卷风，造成直接经济损失1.7亿元，死亡29人，受伤1071人。⑥风沙暴灾害。在甘肃省的武威等地、内蒙古和宁夏的东南部地区，还在江苏省淮阴等地和北京出现。北京市出现10年来罕见的强风，风力最大达到11级，仅北京站前长70m、高10m的广告牌被风刮倒，导致2人死亡、15人受伤。甘肃省武威等地出现一场50年来罕见的黑风暴，造成直接经济损失1.5亿元，武威有33名孩童在放学路上遭难。⑦泥石流、地面塌陷灾害。在甘肃省陇南地区和广西壮族自治区宾阳县出现。甘肃省陇南地区礼县的山体滑坡,导致11人被土埋没。⑧雪灾。在青海省牧区和西藏日喀则西南地区发生。青海省牧区的雪灾来势猛、持续时间长、气温低、范围大,23个县81个乡遭灾,面积达57万平方公里,受灾人口80多万人,其中20余万人被困,2万人患病,死亡牲畜近百万头。⑨煤矿瓦斯爆炸。仅1~5月国家重点煤矿发生特大瓦斯爆炸事故4起,死亡112人。⑩火灾。全国发生火灾38000多起,造成2467人死亡,5977人受伤,直接经济损失(不包括森林火灾)11亿多元,是新中国成立以来损失最为严重的一年。⑪交通事故灾害。全国共发生24万多起,死亡6.3万多人,经济损失达10亿元。此外,还有空难、长江水运及海损等,均造成人员伤亡和严重的经济损失。

第四节　灾害与经济

灾害与经济是一种逆向关系,后者常常受到前者的威胁和破坏。灾害越大,对经济的破坏则越大;经济越发展,灾害造成的损失也就越大。这已为人类历史所证实。

据联合国统计,世界各国因灾害造成的损失每年约200亿~300亿美元,1991年为440亿美元,1994年世界保险业为自然灾害赔偿的损失与国民生产总值的比例,美国约为0.6%,日本约为0.8%,中国约为2%。我国是个多灾重灾的国家,每年因自然灾害造成相当可观的直接经济损失。据统计,20世纪50~60年代每年约为390亿元人民币,70年代每年约520亿人民币,80年代每年约620亿人民币,90年代的灾害损失显著增加,已经突破1000亿人民币,比如1994年为1876亿元,1995年为1863亿元。进到21世纪灾害造成的直接经济损失有增大的趋势。21世纪初几年还在2000亿元人民币,如2005年为2042元人民币,2006年为2528亿元人民币,如2011年为3096亿元人民币左右,2012年为4185亿元人民币。2008年因四川汶川地震而高达11175亿元人民币。

此外,我国还因环境污染灾害,每年经济损失在1000亿元以上;还有荒漠化危害,每年经济损失约540亿元。

为什么经济越发展,灾害造成的损失就越大?主要原因首先是因为受灾地区的财产密度提高,所以同样的灾害强度,甚至灾害强度下降,灾害造成的经济损失仍然会增加。比如美国1949~1973年的25年间的水灾损失,相当于1844~1948年的105年间经济损失的总和。日本虽然由于防洪的努力,水灾面积逐渐减少,但水灾造成的损失仍然增加,就是因为受灾地区的财产密度提高了5倍。我国1949年工农业总产值466亿元,到1995年为39639亿元,增长了75倍,人口增加1倍多。其次,经济发展常常集中在河流邻近地区。比如我国汉代基本经济区处于黄河和海河中下游一带,魏晋南北朝在淮河流域得到重大发展,唐宋年间长江下游一带成长为新的基本经济区,元明以来向南扩展,珠江流域得到迅速发展,这就形成了现在我国经济的基本概貌。改革开放以来,这些地区的经济更加发展。以长江流域为例,长江沿江地区产业密集,现有钢铁企业占全国50%,钢和钢材产量占全国45%,石油化工工业的产量占全国40%;土地资源有耕地3.7亿亩,占全国耕地面积1/4,林地6.4亿亩,灌木、草地11亿亩,主要农作物产量占全国40%;矿产资源有铁、天然气、硫、磷、建材等矿藏105种，占全国的77%，已发现矿产地2136处，33种主要矿产保存储量的潜在价值为3.5万亿元；水资源长江又是首富，水能蕴藏量达2.68亿千瓦，占全国总量的53.4%。长江流域这样资源、财富密集地区，一旦酿成灾害，其后果不堪设想。而我国水灾严重区域主要是黄河、淮河、海河、长江、珠江、辽河和松花江七大江河的中下游地区。1991年淮河流域和太湖流域的水灾，经济损失高达685亿元。最后，在发展中由于急功近利人为的破坏了环境和生态，也导致灾害的加深加剧。比如毁林开荒的后果严重，它造成每年流失土壤和泥沙50亿t，又造成河道淤积（每年12亿t），大大降低防洪标准，削弱了防洪能力。以洞庭湖为例，洞庭湖洪水灾不断，既有自然因素，也有人为的对环境破坏的因素。突出的问题一是森林的大量砍伐，水土严重流失，造成洞庭湖泥沙淤积和湖泊被围垦，每年湖周面积以6万亩的速度增长，湖内淤积泥沙40亿t以上，湖区堤防已加高多次；二是任意侵占河道，下游的沿河两岸城镇修码头、建仓库、盖房屋、倾倒垃圾，以及在河床内淘金、采矿等，造成河道过水断面大大缩减，抬高了洪水水位，导致洞庭湖防洪能力大大下降，年年水灾不断。又如水污染公害，现在有相当数量的厂矿未经污水处理，任意排放污水而造成灾害，全国污水排放量据1994年统计为408.8亿t，其中工业废水排放量为215.5亿t，每年因水污染造成的损失达400多亿元。为此，国家在制订国民经济发展规划时，在进行国土整治的总体规划中，必须进行防灾减灾的论证；对于一些不合法和不合理的开发和建设，要用法律和行政手段予以制止和惩罚。

第二章 灾害经济学的研究对象与特点

第一节 灾害经济学的研究对象

灾害经济学是一门研究灾害预测、灾害防治、灾害善后过程中所发生的一系列社会经济关系的科学，即研究灾前、灾中和灾后的社会经济关系。灾害经济学的研究对象不是灾害的自然属性，而是灾害发生过程中的一系列社会经济关系。

灾害的发生过程，是指从灾害孕育期、潜伏期、爆发期、持续期、衰减期、平息期的全过程。这个过程从本质上说是灾害能量的积累和释放的过程。

灾害的预测，是研究灾害的孕育期、潜伏期的社会经济关系。这个过程很重要，它主要是观察灾害能量的积累过程、积累速度，把握伴随发生的各种现象。在现阶段尚不具备完全防御自然灾害能力的情况下，能够在灾害能量释放之前把握自然灾害的动态，向社会发出灾害预报，从而有效地减轻灾害的经济损失。

灾害的防治，是研究灾害的爆发期、持续期的社会经济关系。这个过程很关键，它主要是观察灾害能量释放、释放速度，把握伴随发生的各种现象。灾害动态既已出现，就应研究相应的对策，能否阻止灾害能量的释放及其释放的程度。在灾害能量已经释放的情况下，人力难以阻挡，研究重点应放在灾害能量释放过程中对人类的生存环境将会造成什么样的影响，从而寻求减轻经济损失的途径。

灾害的善后，是研究灾害的衰减期、平息期的社会经济关系。这个过程很要紧，它主要是观察和处理灾害能量释放后的紧急状态。灾害已经发生，后果已经造成，研究重点在于寻求灾害能量释放后恢复平静的条件，促使其尽量实现，变害为利。

第二节 灾害经济学的特点

灾害经济学是介于环境经济学、生态经济学、国土经济学和生产力经济学之间的一门边缘经济学。它着重从经济学的角度研究灾害预测、防治、控制和善后过程中的规律性现象，处理灾害经济问题的基本原理，全面评价治理灾害和变害为利措施的经济效果，以及灾害处于不同发展时期、不同区域的最优决策体系。

灾害经济学与其他经济学科比较，具有以下三个特点。

第一，它是一门守业经济学。

灾害经济学不研究价值形成和价值增值，而研究已有资源和已创造价值的保护。这是灾害经济学区别于其他经济学科的一个显著特点。所谓守业，是指保护自然资源和物化劳动免遭损失，它明显地不同于价值形成和价值增值。我们知道自然灾害是不可完全避免的，也就是说自然灾害总是要发生的，它必然会给社会带来祸害，即造成人的生命和财产的损失。因此人们为了防灾减灾，就有一个经济投入（人力和物力）的问题。如兴修水利来抗洪，就是一种经济投入。凡是经济投入都会有一个讲究经济效益的问题，灾害经济学研究的经济投入，也有一个追求经济效益的问题，但它与通常讲的经济效益的概念不同，它不是说用一定量的劳动（资源）去获得尽可能多的劳动产品，或者说用尽可能少的劳动（资源）去获得一定量的劳动产品，即价值增值。灾害经济学作为一门守业经济学，是要考虑自然资源和物化劳动免遭损失的问题，即守住这份基业，但它又是从更高层次上来研究自然资源和物化劳动的保护问题。所以，灾害经济学既不强调必须保证某些劳动成果（资源）免遭损失，也不强调尽可能地减少灾害引起的经济损失，而是注重为守业投入的追加劳动，必须小于由此减少的物化劳动（资源）的损失，也就是为守业投入多少劳动量最为合理，把守业投入的追加劳动与由此减少的物化劳动损失之比，作为救治灾害最优经济效果的标志。这就是灾害经济学作为一门守业经济学的明显特点。

第二，它注重研究如何减缓环境、生态逆向演替进程中的一系列经济问题。

灾害经济学作为一门相对独立的经济学分支，其研究重点与其他相近学科也有显著的不同。环境经济学和生态经济学都着重研究如何使环境、生态朝着顺向演替的方向发展中一系列经济关系，国土经济学注重于国土资源最优利用问题，灾害经济学则注重研究如何减缓环境、生态逆向演替进程中的一系列经济关系，着重研究如何制止国土资源恶化的一系列经济问题。灾害经济学把上述内容作为研究重点，是有哲学基础的。这就是：尽管人们能够在充分认识自然规律的前提下，采取种种行之有效的措施，促使环境和生态顺向演替，但是逆向演替的环节和部分总是存在着的；尽管人们能够最有效地利用国土资源，不断提高国土资源的质量，但是国土资源发生恶化的环节和部分也总是存在着的。由此可见，灾害经济学是有其独特的研究对象的。

第三，它研究的任务是灾害预测、灾害控制和灾害善后的经济问题。

生态经济学和环境经济学都强调制止和消除灾害，并把它们作为学科的研究任务；灾害经济学则强调灾害不可能完全避免，并把灾害预测、灾害控制和灾害善后作为学科的主要研究任务。这里需要诠释：灾害不可能完全避免是建立灾害经济学的理论根据，倘若不是这样，灾害经济学既不可能真正建立起来，也不可能有生命力。利和害是对立的统一。只看到利而看不到害，不是因为急功近利而无视害的一面，就是因为对自然规律认识不足，看不清害的一面。利与害也是可以转化的。由此可见，灾害经济学是站在更高的层次上研究经济问题，尤其是对潜在灾害的研究，有助于主动地减缓可能出现的环境和生态的逆向演替，对于人们选择更加稳健的措施开发自然界，也是大有裨益的。

第三章　灾害经济学的基本原理

任何一门经济科学都会形成自身独有的理论或原理，灾害经济学也是如此。灾害经济学的基本原理可以归结为四点。

第一节　灾害不可完全避免原理

灾害在人类生存和经济发展过程中是不可完全避免的。这里讲的不可完全避免有两层含义：其一，自然界的各种灾害是无法完全避免的；其二，各种灾害的影响是无法完全避免的。

人类不断地与自然灾害作斗争，创造了一部雄伟悲壮的为保卫物质财富和人类自身生存的与自然灾害作斗争的历史，为什么又摆脱不了自然灾害呢？这是需要作出科学回答的问题，这里有重要的哲学道理。

第一，人的认识有限。在人类社会发展的任何一个阶段中，人们对自然界的认识总是有局限性的，还不可能达到终极——绝对真理的地步。因此，还难以做到改造自然使之有序逐级进化，以及妨碍自然使之无序或退化。人们对许多自然现象还认识不清楚，还不能在科学上作出回答。比如太阳黑子与地震的关系；日食与洪涝灾害的关系；银河系内超新星生成与水象灾害的关系、与地震的关系、与流行性感冒的关系；厄尔尼诺现象与水象灾害的关系；等等。以上这些，实质上反映着地球上许多灾害与宇宙天体间的内在联系，这都是人们正在努力探索，寻求其科学的真谛，这都需要时间，需要有一个相当长的过程和不断求证的过程。正因为人的认识有限，所以防御灾害必然受到限制，这是灾害不可完全避免的主观因素。

第二，抗衡自然力量有限。地球上各种自然灾害都是宇宙力所引起的，也就是说自然灾害表现出的或隐或现的周期性与天体运动有密切关系，它包括天体运动所造成的引力变化、星球碰撞、太阳黑子的活动、光热辐射、射线、电磁波、粒子束、雷电等。这些宇宙力所引起的灾害具有十分强大的能量，人类还难以抗衡。例如，大型热带气旋在一天内释放的凝结热相当于美国所有家庭半年内所使用的光热能量；一场台风可在日本国土倾注300亿～600亿m³的水量，相当于日本全国3～5年的生活用水量；最大地震的能量相当于2000颗投在广岛的原子弹；而最大级火山爆发的能量又是它的10～100倍。迄今人类在实力和技术上还不可能驾驭自然力，还无法阻止这些灾害能量的释放过程。无法阻止台风的生成、火山喷发和地震的爆发。从这个意义上说，还不存在任何情况下人能去灾、人定胜灾的必然性。

第三，经济能力有限。人们改造自然的能力和用于改造自然的经济力量也总是有限的。这种有限表现在两个方面：一方面，人们创造的物质财富——经济力量，还不足以去防御各种自然灾害，使灾害不发生或减轻发生的程度；另一方面，人们也没有必要为防御灾害而不惜一切代价，即为守业而不惜投入，一掷千金。灾害经济学关注的是为守业投入多少量最为合理这一命题。比如，人们已经认识到的地震的成因在于"板块论"，即地球本身的板块结构，人们也有一定预测某地爆发地震的能力，那么人们有没有这种经济力量去切割地球板块，以及是否有必要不惜一切代价，从而不让地震发生。结论是不证自明的。

上述三点，说明了主观和客观两个方面的原因，客观方面是自然演替规律无法改变的因素；主观方面是人们对灾害的认识，制止灾害力所能及和治灾经济效益的因素。这些因素，构成了灾害不可完全避免的原理。

认识和掌握灾害不可完全避免的原理，意义重大。

第一，不要夸大人对自然灾害的斗争能力。人类是在不断地与自然灾害作斗争，并且不断地总结与积累了与自然灾害作斗争的经验和教训，不断地提高抗衡自然灾害的能力，使自然灾害对人类的物质财富和生命的危害尽量减少到最小限度。但鉴于我们上述认识自然灾害有限、抗衡自然力量有限、经济能力有限，所以还不可能去驾驭自然力，我们必须正视这种客观现实，不要过高地估计人对自然灾害的斗争能力，夸大人对自然灾害斗争的作用，更不要错误地去信奉人能去灾、人定胜灾的教条，以免使人们误解我们已有能力防御和战胜各种大型自然灾害，产生麻痹情绪。

第二，不要助长人对自然灾害无所作为的意识。自然灾害在经济发展过程中不可完全避免，并不意味着人们在灾害面前就无能为力、无所作为。恰恰相反，灾害不可完全避免的原理，昭示着人们在自然灾害面前是可以有所作为、有能为力的。这就是人们可以预测灾害、可以防御灾害。随着科学技术的进步和生产力的发展，人们可以根据不同的灾害状况，采取不同的对策，如防御、控制、疏导、"舍卒保车"等，以避免或减轻灾害造成的损失。防御和控制灾害从而得益的例子，古今中外同样比比皆是，这是建立在灾害是可以被认识这个唯物主义认识论的基础上的。比如，在水利建设方面，我国从新中国成立至1987年累计投资890亿元，这在历年抗洪斗争中发挥了重要作用，据统计投资黄河防洪建设所取得的防洪经济效益，是同期国家投资的9倍。当然要做到对灾害预测、预防、防治和控制，就需要投入追加劳动（投资和劳动力）。在高度重视灾害的严重性、破坏性、残酷性、不可避免性的同时，必须力戒无能为力论，谨防松懈情绪。

第二节　反馈决策原理

无论自然灾害还是人为灾害，在时间上都服从自孕育期开始，经过潜伏期、爆发期、持续期、衰减期至平息期止的演化规律。所不同的只是各种灾害的阶段变化在时间长短上有差异。在灾害时间演化规律的不同阶段，人们所要作出的决策是不一样的，而决策的依据来自于有关灾情的信息反馈。恩格斯有过一段精彩的论述，他说："我们不要过分陶醉于我们对于自然界的胜利。对于每一次这样的胜利，自然界都报复了我们。每一次胜利，在第一步都确实取得了我们预期的结果，但是第二步和第三步却有了完全不同的、出乎预料的影响，常常把第一个结果又取消了。"（《马克思恩格斯选集》第三卷第517页）这里讲的"出乎预料的影响"就是灾变信息反馈。

在我们现实生活中，人们有意识地去制造灾害的情况鲜为人知，然而因人们贪图眼前利益或对自然规律认识不清引起的灾害，却比比皆是。比如，以开荒为目的的造荒之后果的事例，古而有之，迄今仍未绝迹。毁林开荒问题应该引起高度重视。据推算，10万亩森林所能含蓄的水量，相当于一座库容为200万 m^3 的水库。毁林之后果，一是不能蓄水，暴雨之后不能蓄水于山，使洪峰来势迅猛，峰高量大，加速水灾的频率；二是加重水土流失，洪峰冲刷水土，使水库淤积、库容减少，也使下游河道淤积抬升，降低了调洪和排洪的能力。我国由于各种原因，形成几次毁林开荒的高潮。以长江流域为例，由于森林大量砍伐，使水土流失面积扩展，全流域水土流失面积，80年代已由20世纪50年代的36万 km^2 增加到56万 km^2，年土壤侵蚀总量已达到22.4亿t，超过了黄河流域的土壤侵蚀总量。这是下游河道河床抬高的主要原因之一。从洞庭湖区石龟山站和城陵矶站的水文资料可见，由于河道淤积和垸田的发展，在相同的洪峰流量下，80年代水位比20世纪60年代水位分别高出了2~3m，洪水威胁明显增加。

当然，由于受到多方面因素的限制，人们还不可能在实施一项经济活动的始点，就将该项活动的几步结果都预见得清清楚楚，但是只要人们重视经济活动的信息反馈，也是能够逐步发现经济活动的每一步结果的。由此可见，认真研究有关灾情的信息反馈，是及时制定处理灾害对策的基本条件，没有全面、系统的灾害信息反馈，便没有处理灾害的对策可言。这就是灾害经济学中的反馈决策原理。

认识和掌握灾害的反馈决策原理，意义重大。

第一，收集灾害信息。

决策来自于信息反馈，这是决策的基础。为此，对灾害时间演化规律的不同阶段，即孕育期、潜伏期、爆发期、持续期、衰减期、平息期的每一阶段的有关灾情信息，都要尽一切可能地去收集、去获取，哪怕是一些枝节也不要放过，然后经过去粗取精、去伪存真的加工功夫，使收集的信息扎实可靠，为科学的决算奠定基础。

第二，建立信息库。

在收集灾害信息的基础上，需要花工夫建设不同的种类、不同规模的灾害信息库，形成一个完备的灾害信息库系统，同时还要研制信息自动化检索系统，满足查询的需要。

第三节　害利互变原理

害与利是一对矛盾。害是破坏、是灾难；利是收获、是效益。所以人们在害与利的选择上，用一句话来表达，那就是"趋利避害"。

害与利的关系又是辩证的。这种辩证关系有二：其一，害与利都不是绝对的。"害"不是绝对的害，纯粹的害，害中倚于利；"利"也不是绝对的利，纯粹的利，利中伏于害。中国古代著名思想家老子在《道德经》（下篇）第58章中指出："祸，福之所倚。福，祸之所伏。"极其深刻地揭示了福与祸、利与害的辩证关系。其二，害与利是可以转化的。害可以转化为利，利亦可转化为害，当然这种转化是要有条件的，而关键是人类自身的行为准则。当人们顺应自然，因势利导，采取科学的合理的行动，就能变害为利。而当人们逆向自然，为所欲为，违背科学的蛮干行动，则利也会变为害。这些现象我们也是屡见不鲜的。比如，毁林开荒、围湖造田、掠夺性的开采等。

研究灾害，也并非只有防治措施，它存在着变害为利的可能性。比如，远古时代的地壳剧烈运动，毁灭了多少地上资源，可谓是一场灭绝性的大灾难，然后正是这场大灾难给今日人类社会创下极为丰富的煤炭、石油等地下资源。又如我国北方就对近期不可避免的水土流失现象，采取分洪淤田的措施，将一个地方的表层土壤位移成另一个地方的表层土壤，实现造田和改良农地的效果。又如，1976年的唐山地震，是一件坏事，但又存在着"坏事"变好事的可能性，其中最重要的是灾后重建，使其从不设防城市变为设防城市。1987年大兴安岭特大森林火灾也是，人们从中吸取教训，提高警惕，必能实现变害为利。总之，无论从长期看还是短期看，有变害为利的可能性，这就是灾害经济学中的害利互变原理。

认识和掌握害利互变原理，有着重大意义。

第一，规范人类自身的行为准则。

害利互变原理告诉我们，害能变为利，利也能变为害，这里的关键因素是规范人类自身的行为准则。人们所从事的一切活动，必须顺应自然，遵循自然规律，保护好生态平衡。人类兴修水利，比如我国的三峡水利枢纽工程，这里既能防灾减灾，又能发电、通航，具有多重的变害为利的意义和价值。长江洪灾主要集中在中下游平原区，西起宜昌，东至湖口，地跨五省一市，总面积2.6万平方公里，耕地9000万亩，是我国重要的政治经济文化区域。长江洪灾据历史记载，1911年前的2000余年，平均10年一次；1911～1949年平均5～6年一次。1931～1954年出现过四次大的洪水灾害。1931年洪水，中下游平原区受灾农田5090万亩，受灾人口2855万，淹死14.5万人，武汉、南京被淹；1935年洪水，淹没农田2264万亩，受灾1003万人，淹死14.2万人。1954年洪水比1931年的洪水还大，但在党和政府的正确领导下，沿江广大人民努力奋战，保卫了荆江大堤、武汉市和南京市的安全，淹没农田4700余亩，约1900万人受灾。长江洪水的特点主要是洪峰高、洪量大、历时长，较大洪水出现频繁。三峡水利枢纽工程是由大坝、水电站和通航建筑物三部分组成，其利益和特点是：①防洪。它是减轻荆湖地区洪涝灾害的重要工程，防洪库容在73亿～220亿m³。遇1954年洪水，在堤防达标的前提下，能减少分洪100亿～150亿m³。②发电。装机26×70

（1820万）千瓦，年发电846.8亿度，主要供华中、华东地区。③航运。三峡工程位于长江上游与中游的交界处，地理位置得天独厚，对上可以渠化三斗坪至重庆河段，对下可以增加葛洲坝水利枢纽以下长江中游航道枯水季节流量，能较为充分地改善重庆至武汉间通航条件，满足长江上中游航运事业远景发展的需要。

第二，掌握转化的条件。

既然灾害不可完全避免，那么变害为利就是人们所追求的，为此就要积极创造这种转化的条件。我国是个大国，又是多灾重灾的国家。从气候分布来说，有寒带、温带、亚热带、热带的地区；从河流流域来说，有上游地区、中游地区、下游地区；从地域分布来说，有沿海地区、平原地区、山区、丘陵地区、沙漠地区等；从经济分布来说，有工业区、农业区、牧业区等。鉴于以上的差别，灾害的发生，灾害的程度，灾害的分布也必然会有很大的差异。以江河流域为例，河流的上游为开发耕地而毁林开荒，其结果必然加重中下游地区的水灾状况；还有上游地区拦截水资源，导致下游干涸断流，酿成"绿洲变沙漠"的悲剧。类似这种情况，在其他领域中也会出现。为此需要加强宏观调控，统筹兼顾，协调好各种利益关系，以及采取必要的补偿措施。

第四节　治标措施和治本措施互促合益原理

灾害是不可完全避免的，但灾害是可以防御的，人们对灾害可以采取防治措施，甚至可以采取综合防治措施，这是不言而喻的。在采取防治措施中，也有治标和治本的两大措施，二者不仅不可以偏废，而且各具特色，互相促进，产生合益。治标措施，具有投入少，见效快两大优点；缺点是效果持续性差。治本措施，具有效果持续性长的优点；缺点是投入大，见效慢。它们之间的关系显然不存在互相排斥的问题，而是短期对策与长期对策最优结合的关系。从实践看，治标过程会潜在地产生治本作用，治本过程也会显露出治标功能。二者实际上又是互促合益的关系。这就是灾害经济学中的标本互促合益的原理。

人们采取防治灾害的措施，自古有之。李冰父子修筑都江堰就是一个典范。都江堰坐落在成都平原西部岷江上，位于四川省都江堰市城西，是举世闻名的中国古代水利工程。秦国襄王五十一年（公元前256年）秦国蜀郡太守李冰和他的儿子，吸取前人的治水经验，率领当地人民主持修建了著名的都江堰水利工程。都江堰的整体规划是将岷江水流分成两条，其中一条水流引入成都平原，这样既可以分洪减灾，又可以引水灌田，变害为利。主体工程包括鱼嘴分水堤、飞沙堰溢洪道和宝瓶口引水口三部分，把三者融为一体，相互依赖，功能互补，巧妙融合，形成布局合理的系统工程，联合发挥分流、分沙，泄洪排沙，引水流沙的重要作用，使其枯水不缺，洪水不淹，科学地解决了江水自动分流，自动排沙，控制进水流量等问题，排除了水患。都江堰的创建，不破坏自然资源，又充分利用自然资源，使人、地、水三者高度协和统一，是全世界至今仅存的一项伟大的"生态工程"，开创了中国古代水利史上的新纪元，标志着中国水利史进入了一个新阶段，在世界水利史上写下了光辉的一章。所以《史记》中说，都江堰建成，使成都平原的"水旱从人，不知饥馑，时无荒年，天下谓之'天府'也"。

在我国治水史上，相传鲧（音"滚"，是禹的父亲）采取的是治标措施，而禹采取的是治本措施。鲧对洪水治理，运用的是修筑堤埂，水来土挡的办法，这与当时人们主要从事集渔猎生产，生产力低下，不可能对河流进行系统整治，人们"择丘陵而处之"，对河流洪水采取躲避的办法，用一些简单的堤埂把村落保护起来，抵挡洪水的漫延，因此有"鲧障洪水"的历史传说。禹则采用以疏导为主的治水方略。"决九川距（到）四海，浚畎浍距川"（当时的九川于今天津以南至山东北部地区），也就是疏通主干河道入海和在两岸加开若干排水沟，使漫溢出河床的洪水和积涝有可能迅速回归河槽的办法，以减少洪水的停蓄时间，经过人工疏导的河流，排水能力增加，已经部分改变了河流的自然状态，防治效果因而提高。禹的治水方略与鲧的办法相比，已从消极的防治进入到积极的防治。当然，疏浚的办法仍有其较大的局限性。古代还发展到应用堤防来治河防洪，这是治水历史的进步。所以古代的治水大体可归纳为破障—疏导—堤防等几个主要发展阶段。近代以来随着水库的兴建，以及大型的水利枢纽工程的建设，实现了对洪水来量的有计划调蓄。近几十年间防洪的非工程措施得到应用，防洪又进入一个历史的新阶段。可见，治标和治本是一个相对的概念，应该辩证地看待。

认识和掌握治标措施和治本措施互促合益的原理，意义重大。

第一，防止灾害扩大的趋势。

灾害具有孕育期、潜伏期、爆发期、持续期、衰减期和平息期，这就是灾前、灾中、灾后的全过程。无论处在哪个时期，对灾害的防御，对已经形成的灾害后果的处置，都可以根据经济实力和形势需要，采取或治标或治本的措施，使灾害或得到有效控制，或使其造成的损失实现最小化。如不这样，任其演变，后果可想而知，这是人们极其不愿意看到的。我们常常讲"防患于未然"，它正是通过标本兼治来体现的。这就是标本兼治原理的威力所在，这方面的例子不胜枚举。

第二，善于运用好二者的时机。

在制定防治灾害的决策时，究竟采取哪一种措施或兼而用之，则取决于以下三个因素：①救灾见效的时间限制。这是指救灾的紧迫性程度，如果救灾时间要求迫切，又能在短期内见到效果，则可采取治标措施，以对付紧急。②救灾的经济力量。这是指救灾的财力和物力，如果经济力量有限，加之救灾时间要求紧迫，一般也可采取先治标的办法。③灾害的地域分布。这是指灾害是局部性的或是全局性的问题，如果灾害地域分布带有局部性，加上救灾见效时间的限制，以及经济力量的制约，一般可采取先治标的方法。当然，在采取决策措施时，救灾的见效时间、救灾的经济力量、灾害的地域分布这三个因素，可能是主要因素，还可能有其他因素，也是我们在采取决策措施时需要注意到的。

第四章 灾害经济学的基本方法、指标体系与决策体系

第一节 灾害经济学的基本方法

任何一门经济学科,都会有自己的基本方法,这种具有特色的基本方法,构成了该经济学科显明的特点和重要的组成部分。灾害经济学也具有自身特点的基本方法。灾害经济学的基本方法也可称之为灾害经济学的评价方法。

灾害经济学之所以需要有评价方法,是因为如何评价灾害预测,灾害控制和灾害善后过程中的经济效益,即如何评价灾害防治和灾害善后的经济决策,就需要有与之相适应的评价方法。

研究灾害经济问题的评价方法,用我们的话来说都可称之为"减'负'得'正'"法。主要有三种方法。

一、价值评价法

价值评价法是一种简便易行的方法,也是目前普遍使用的一种方法。

价值评价法,由以下三部分内容构成:

①以灾害造成的物化劳动(固定资产)损失的价值计量,作为灾害的经济损失。

②以防治灾害投入的活劳动和物化劳动(人力和物力)的价值计量,作为防治灾害的耗费。

③以防治灾害而引起的灾害经济损失的减少部分的价值计量,作为防治灾害的效益。

以上①和②两项为负数,③项为正数。

我们现在的灾害经济效益计算,大都运用这种方法。

价值评价法是建立在马克思的劳动价值论的基础上的,它是以凝结的劳动为基础,用货币形式作为衡量标志。

价值评价法,有利有弊。

优点是：便于定量计算，尤其是将其与边际分析方法结合起来应用，可以作为容易被人接受的防治灾害的最优决策。

缺点是：难以处理实际上"不含有"价值量的自然资源损失的计量问题，更不能处理稀缺程度不同的自然资源的分别计量问题。

所以，价值评价法有其局限性。如1987年我国大兴安岭森林火灾的经济损失到底多大，就难以计算。国家公布的数字是5亿多元人民币，这种计算只包括物化劳动的损失，即已有固定资产的损失，而自然资源——活树被烧毁却是没有账而不计的。其实，这部分损失是应该计算的。据我们考察计算，过火点面积为133万顷，其中有林面积按70%计算，约为8000万m³，再根据标准化抽样调查以直接损失60%计算，活立木蓄积量损失约5000万m³，再按蓄积量折合商品材以70%计算，也至少在3000万m³这个数字上。如何计算这3000万 m³木材的价值？按当时的三种价格计算：①按成本价计算，即60元/m³计算，约为20亿元；②按计划调拨价计算，即160元/m³计算，约为50亿元；③按议价计算，即270元/m³计算，约为80亿元。这几个数字与国家公布的数字差距甚大。

二、效益评价法

效益评价法是我们设想的一种灾害经济评价的方法，应用起来难度比较大。

效益评价就不完全是价值评价，而是一种社会效益的评价。我们在日常生活中常常可以感觉到，人们奋力去保护自然资源（而这个自然资源实际上只具有社会效益，而不含有价值），其原因就是人们所关心的是物的社会效益。比如人们极力去保护植被，使其发挥水土保持作用，等等。这就是运用效益评价法的根据。

效益评价法如何使用？它也由三部分构成：

（1）它以灾害造成的物的社会效益损失作为灾害的经济损失。

（2）以防治灾害投入的物的社会效益作为防治灾害的耗费。

（3）以防治灾害 引起的物的社会效益损失的减少部分作为防治灾害的效益。

效益评价法与价值评价法，在公式上是一样的。不同的是，一个是价值量的直接计算，一个是以社会效益为基础换算的价值量来计算，也就是说最终都要用价值量来计算，但这里的内涵不一样。

效益评价法是建立在相关替代论的基础上的，它是通过连锁式的放射型替代关系来解决不同物的社会效益的同度量问题。举个例子来说，比如一块土地，它含有氮、磷、钾等元素，可以折合成一定量的化肥，农作物在正常的生长条件下可以获得一定量的收成。如果因灾，造成水土流失，其经济损失应该怎么计算呢？运用效益评价法，就不能因水土流失造成土壤中含有的氮、磷、钾元素折合成化肥，来计算社会效益损失，而应该把土壤流失后的农作物减产等，作为社会效益损失的计量因素。当然，以上还仅仅是微观的效益评价法。若运用宏观的效益评价法，则还要考虑流失土壤最终用于淤田或形成入海的冲积平原所造成的社会效益。这里出现了两个"社会效益"的数据，一个是所得，一个是所失，要进行抵销，真正的灾害损失是二者之差。在这里我们可以看到，不同物的社会效益可以通过连锁放射替代，实现同度量则是运用效益评价法的前提条件。

需要指出两点：①这里讲的效益不是物的使用价值，而是物的社会属性，使用价值是物的自然属性。物的自然属性是恒定的，比如一碗饭所能产生的热量就是恒定的；但物的社会属性是恒动的，它会随着物的稀缺以及替代物的多寡而发生变动，比如一碗饭它能形成的热量，会因人的饥饱程度不同而迥异。所以这里的效益不是物的使用价值。②这里讲的效益也不是价值。价值是凝结在物中的无差别的人类劳动，而效益是人们对物的社会作用的判断结果，人们对物的社会作用的判断，形成了我们上述所说的社会效益。

运用效益评价法，目前尚有一定难度，这也是一种新的评价方法产生过程中的必然现象。但随着这种评价方法的应用，以及各种相应的替代技巧的不断臻于完善，效益评价法将会逐步成为一种有特色的灾害评价方法。

三、机会成本评价法

机会成本评价法是引入的评价灾害经济效益的一种方法。

机会成本，简单地说是指利用一定的资源获得某种收入时所放弃的另一种收入。说得通俗一点，就是一笔钱投入甲处或投入乙处会产生不同的效益，可能出现投入甲处的效益大于或小于投入乙处的效益，这二者之比较，就构成机会成本的评价。

从灾害经济学来说，虽然它注重研究守业问题，即为守业必须进行投入，也正因为防治灾害总是以放弃某种收入去守住已有的收入，这里必然有个获得最佳效益的追求问题。所以，评价灾害经济效益引入机会成本评价法，也是顺理成章的。

机会成本评价法如何使用？它也是由三个部分组成：

(1) 以灾害造成已有收入的损失，作为灾害的经济损失。

(2) 以防治灾害投入所能获得的其他收入的最高额，作为防治灾害的耗费。

(3) 以防治灾害引起的已有收入损失的减少部分，作为防治灾害的效益。

机会成本评价法与价值评价法、效益评价法的不同之处，就是投入耗费部分的计算，它是以投入所能获得的其他收入的最高额来计算。这种评价方法是建立在边际效益论的基础上的，它是通过各种资源组合的两两比较，来解决救灾资源的最优组合问题。

运用机会成本评价法，对于研究灾害经济问题有两个方面的作用。其一，它可以保证为防治灾害所放弃的收入小于能够免遭损失的已有收入，这就是说，无论守业投入的所得，是机会成本或者不是，守住的业（即已有收入）必须大于防灾投入。其二，确定防治灾害投入的资源的最优组合，使其放弃的收入趋于最小，这就是说，以机会成本的计算为标志，使灾害防御投入的效益，与投入到其他任何地方所获得的效益相同或相近。

可见，机会成本评价法的特点，是联系地看问题，动态地看问题，把放弃的收入与所得到的收入进行比较。机会成本评价法作为一种评价方法，它与价值评价法、效益评价法有相通和互补的作用。如果说价值评价法所考虑的是为防治灾害投入的资源的价值量，那么机会成本评价法所考虑的是投入的资源所放弃的收入的价值量；如果说效益评价考虑的是显在的社会效益，那么机会成本评价法考虑的是潜在的社会效益。可以这样说，正因为上述三种方法既有区别又有联系，既相通又相异，它们才形成一个具有特色的评价方法群体。这对于我们科学地评估灾害防御投入的经济效益，无疑有着重大的意义。

第二节　灾害经济学的指标体系

　　研究灾害经济问题，设置一套反映灾情、灾害控制目标、处理灾害效果的指标体系，是一件必不可少的工作，也是一件工作量极大的工作。由于这些量度指标和判别指标必须分区域和按类型来确定，而我国地域辽阔，各地域情况差异很大，所以设置指标体系也不是轻而易举的。

　　下面仅对三条指标作一概述。

一、灾情指标

　　任何一个自然环境和生态系统，都有在一定限度内实现自我调节的能力，限值的高低则取决于环境和生态系统的质量。如果质量高，就不一定会发生灾变；如果质量低，超出了限度，则会产生灾变现象，这就是通常说的受灾。但受灾不等于成灾，成灾又有轻、中、重之分。基于受灾有如此重大的伸缩性，往往需要用一组指标来量度一个灾害，这一组组指标构成量度灾情的指标体系。比如考察洪水灾情的受灾面积和成灾面积，从理论上来说，有两个关系问题：一个是实物量指标与价值量指标的关系，一般用实物量指标反映受灾程度，用价值量指标反映成灾程度。另一个是实际灾情指标与灾害相对强度指标问题。这就是说，我们在反映灾情时，可以用两种指标：①实际灾情指标；②灾害相对强度指标，就是用相应反映灾情程度的标准量指标计算出灾害相对强度指标。

二、控制指标

　　控制指标是在灾情估测的基础上，根据不同区域、不同灾害类型和防治灾害的能力等实际情况，作出的防治灾害的目标，它也是量度型指标。例如，我们对城市噪声设置的控制指标，对化工厂排泄物设置的各种控制指标，对不同地区设置的森林覆盖率指标，对不同河流设计的多少年一遇的防洪标准等，都是为防治灾害所确定的必须达到的目标。确定控制目标的依据，主要是：①客观条件，即考虑自然、生态的实际情况；②主观条件，即考虑防治灾害的技术力量和经济力量。确定控制目标，既要符合实际，又必须具有先进性，是要经过一番努力才能达到的，或者说是可以达到的指标。如果控制指标无须努力就能达到，或者经过努力也无法达到，那么控制指标就失去了意义。控制指标从类型看，有积极性控制指标和消极性控制指标两种。积极性控制指标，是治本措施所要实现的目标；消极性控制指标，是治标措施所要实现的目标。规定控制指标时，可以有个上限和下限，这便于人们在一个阈值范围内选择防治灾害的最优措施组合。

三、灾害治理的效果指标

灾害治理的效果指标是指标体系中最为重要的指标，因为：①治理灾害是灾害经济学的主要研究内容之一；②它又是综合治理的决策和效应的检验。确定灾害治理的效果指标，大致要经过如下过程：首先，要对灾害可能造成的经济损失，以及经济损失在时间上、空间上的分布作出切合实际的判断；其次，要对治理灾害的技术能力和经济力量作出准确的估计；最后，对可能采取的各种治理灾害的可行性方案进行比较（一般是综合利与弊），根据利多弊少的原则，确定单项的和综合的灾害治理效果指标好的最优治理方案。

灾害治理效果指标的内容极其丰富，难以一一罗列，况且灾害类型不一样，指标内容也不尽相同。但从共性来说，有两个指标最为重要的：一个指标是，治理灾害引起的经济损失减少部分的计量值与治理灾害投入的资源值之差，也就是减负得正；另一个指标是，上述两项计量值之比，即减负得正之比。如果在诸可行性方案中，某一方案的这两个指标都最大，则它就是最优方案，否则就要在综合分析的基础上去选择最优方案了。

第三节 灾害经济学的决策体系

研究灾害经济问题，最为关键的是按照灾害时间演化规律和不同阶段、不同区域，及时地作出防治灾害的决策。

灾害是一个过程，从时间演化角度看，灾害过程可划分为孕育期、潜伏期、爆发期、持续期、衰减期、平息期六个阶段；从时间演化角度看，可分为灾源区、中介区、灾泛区、抑灾区四个区域。无论是时间方面的不同阶段，还是空间方面的不同区域，实际上都存在着相应的最优防治决策，它们合在一起构成一个完善的防治灾害的决策体系。决策的内容，大致是：①防治灾害措施；②投入资源的数量与构成；③投入的方式与频率；④投入点与投放点；⑤防治措施的最迟实施时间的确定等。对上述内容的决策，无疑是一种十分浩繁的工作，而且时间限制性特强，所以必须借助于各级灾害信息库和一套编制、选择防治灾害可行性方案的计算和程序，否则就无法得到令人满意的防治结果。

如何选择防治灾害的决策体系，是一种十分棘手的工作。但要把这种工作做好，一定要把决策建立在系统论、信息论和控制论的基础上的。这里有三层意思：其一，必须从整体观点决策，而不能拘泥于某一局部；其二，必须把握灾害变动规律，而不能穷于应付灾变现象；其三，必须注重信息反馈，不放过任何一个有利的控制时机，而且不能只作决策忽略各个决策的效果的信息反馈。

确定防治灾害的对策，又是一种技术性很强的工作。做好这种工作一定要借助数学模型和计算机，准确地处理好灾害的六个阶段的决策工作。具体地说：①根据有关灾情的历史资料和灾变先兆，及时发现灾害孕育期和潜伏期，并采用积极的防范措施，尽力缩小灾源区的范围，减少灾害的影响程度。②当灾害爆发时，要及时作出救灾对策，并把重点放在灾泛区，因为在这种情况下灾源区往往难以控制，而受到影响的灾泛区却是便于控制的。这里实际上也是一个"丢卒保车""丢车保帅"的比较问题。③在灾害持续期，要针对灾情趋于稳定这一现实，努力采取变害为利的措施，达到"堤内损失堤外补"的效果。④在灾害衰减期和平息期，一是要采取各种补救措施，二是要采取各种积极的防范措施，这就叫作：亡羊补牢，犹未晚也。

作为防治灾害的决策体系，除了各种有关的经济决策外，还包括行政决策和法律决策。法治和行政干预也是极为重要的决策手段，没有强有力的法律手段作保障，要守业是绝对不可能的。所以要制定法律和法规，要严格执法，真正做到有法可依，有法必依，执法必严，违法必究。我们在抗洪减灾方面，已制定有《中华人民共和国水法》《中华人民共和国防洪法》《中华人民共和国河道管理条例》《中华人民共和国水土保持法》等，我国还制订有《中华人民共和国气象法》《中华人民共和国防震减灾法》《中华人民共和国森林法》《中华人民共和国防沙治沙法》等。行政干预和制定必要的政策，也是绝对需要的。比如，在灾害损失的负担方面，一般应采取防治灾害的补助政策和诱发灾害的负担政策，即国家对采取防治灾害的单位酌情给以补助，对诱发灾害的单位酌情罚款和强制负担灾害善后工作；还有受益单位对受害单位的补贴问题，也应该制定有相应的政策，这在洪水灾害问题上是很明显的。此外，还应该有鼓励灾害科学研究的经费倾斜政策，灾害科学研究是灾害防御的技术基础，没有这种投入就不可能有灾害防御的先进装备，也不可能有灾害防御的良性效果。

第五章　灾害经济学的经济效益理论与实践

第一节　灾害经济学的经济效益理论

经济效益一般指劳动耗费与劳动占用同获得的适用社会需要的有用成果的数量对比关系。通俗地讲，就是投入与产出之比。但不能笼统地说投入越小越好，产出越大越好，这种说法是不科学的。科学的表述应该是：投入一定，产出越大越好；或产出一定，投入越小越好。这就是说，固定一头，计算另一头的变化与发展，准确地得出经济的效益。

凡是资金投入，总有一个追求经济效益的问题，这是不言而喻的。灾害经济学虽然是一种守业经济，为守业也有一个资金投入问题，这种资金投入不是一掷千金，听之任之，它也有一个经济效益的追求问题。

灾害经济学的经济效益观，笼统地说或用简洁、形象的语言来表述就是"减负得正""以负换正""负负得正"。这就是说，为防灾或守业追加的投入在理论上是一种"负"的效益，因为没有产出，受灾的经济损失，也是一种负效益，因为它是实实在在的损失；但正是由于这种防灾投入的"负"效益发挥作用，减少了灾害损失，这守住的部分就是正效益，这就是灾害经济学所追求的经济效益。

以上的表述，还很抽象，不具体。是不是为了守业，不惜投入，一掷千金？当然不是。灾害经济学关注的是为守业投入多少量最为合适这一命题。这就是说，它既不强调必须保证某些劳动成果（资源）免遭损失，而不惜付出一切代价，它也不强调尽可能地减少灾害引起的经济损失；而是注重为守业投入的追加劳动，必须不大于由此减少的物化劳动（资源）损失。这里运用的是边际分析方法。其理由是：灾害不是能够完全避免的，也不是可以将其减少到尽可能小的，即使在技术上可以避免或减少到尽可能小，在经济上也是不合理的。可以这样说，当继续追加的经济投入已不能使更多的物化劳动免遭损失时，不停止追加投入也是不合理的。所以灾害经济学把守业投入的追加劳动与由此减少的物化劳动损失之比，作为救治灾害最优经济效果的标志。打了个比方叫作"丢卒保车""丢车保帅"，而不是"丢卒保卒""丢车保车"。后者显然是无意义之举。

这里要指出一点，对于某些特例，比如不惜一切代价拯救人的生命等，其实质是体现社会主义制度的优越性和讲求人道主义，已经超出经济范畴的研究内容，因此不能简单地把它作为灾害经济问题去研究，否则就会作出不准确的结论。

第二节　灾害经济学经济效益理论的实践

这里论述的是防洪经济投入的经济效益的实例，引用的是水利部李文治先生的研究成果。

一、防洪经济计算

防洪经济计算包括经济分析计算和财务分析计算。

经济分析是从社会或国民经济角度，根据防洪工程费用（工程投资和年运行费用）和取得的收益，来分析评价工程方案的经济合理性。

财务分析是从防洪工程核算单位角度，根据核算单位本身实际收支，评价工程方案的财务可行性。鉴于防洪属于国家公益事业，尽管社会效益巨大，防洪本身无直接产品，一般是没有收入的。防洪设施和防洪措施所投入劳动，应通过不同渠道以不同方式给予补偿，因此，防洪工程的财务分析，也是非做不可的。其补偿来源，一方面是根据有关规定，自己收取防洪费用、或河道修建维护费用；另一方面是国家拨给防洪所需的各项经费（包括岁修费，维护费）。补偿的财源落实，则防洪工程设施才能得以为继。

计算防洪经济效益所需占有的资料：

（1）防洪保护区内的土地利用情况及乡镇企业情况；

（2）防洪保护区内的工业设备和生产情况，以及交通运输情况；

（3）防洪保护的城市的基础设施和民用建筑情况；

（4）防洪保护区内国家、集体、私人资财及居民个人财产情况；

（5）不同年型洪水灾害的损失数据资料；

（6）历史上发生洪水灾情的调查资料。

计算防洪年运行费所需占有的资料：

（1）有关部分需要的燃料动力费、维修费、管理费等年运行费的规定及费率；

（2）类似工程实际支付的年运行费和盈亏情况；

（3）有关折旧的费率、税收的税率等。

防洪工程投资的计算：

防洪工程投资是指达到防洪工程设计标准及其相应的效益所需要（投入）的全部建设费用，包括国家、集体、私人企业者、群众以各种方式为兴建防洪工程所投入的一切费用。

$$I = IP + IT + IO$$

IP：永久性工程投资。包括：①主体工程建设费用；②附属工程建设费用；③配套工程建设费用。

IT：临时工程投资。

IO 其他投资。包括：①移民安置补偿费用，淹没、浸没、挖压占地的赔偿费用；②处理防洪工程所带来的不利影响所需支付的费用；③保护或改善生态环境所需支付的费用；④勘测、规划、设计、科研等前期费用；⑤预备费和其他必需的投资。

防洪年运行费的计算：

防洪年运行费是防洪工程设施运行管理中每年所需支付的各项费用。

$$C = F + M + A + D$$

C：防洪年运行费

F：燃料动力费

M：维修费

A：管理费

D：补救、赔偿费

燃料动力费。防洪工程设施在运用、运行中所耗用的煤、油、电等项费用，这项费用与实际运用、运行情况有关。消耗指标可根据规划设计资料分年核算，求其均值。

维修费。维修、养护防洪工程设施所需支付费用，包括日常维修、养护、岁修和大修理等项费用。

管理费。包括管理机构的职工工资、工资附加和行政费及日常的防汛、观测和科研、试验等项费用。

补救、赔偿费。防洪工程设施投入运用、运行后所需支付的补救、赔偿性质的费用。如①为消除或减轻防洪工程设施的不良影响每年所需的补救措施费用，如水库泥沙沉积的清淤费、清冲费；②为扶持移民发展生产、改善生活，每年所需支付的补助（或提成）费用；③超过移民征地标准的水情时，应支付的救灾或赔偿费用。

集体、群众防洪工程投资的计算：

①资金投入。直接投入防洪工程中必需的资金，并列入预决算。

②劳务投入。群众投入的劳务，应按一定的标准折成资金，并列入预决算。在计算投入资金量时应加上"投劳折资"。

$$IL = Q(W - S)$$

IL：劳务投入折成资金

Q：劳动投入量

W：标准工资（或近期平均劳动日价值）

S：国家补给民工的日生活补助费

③物料投入。为兴建防洪工程集体或群众以实物形式的投资。投入的物料按当地当时合理的价格估算，折合成资金，并列入预决算。

④未给赔偿或赔偿不足的淹没、挖压占地或补偿不足的拆迁安置部分投资。计算时，加上国家制定的赔偿、补偿标准与实际赔偿、补偿的差值。

二、防洪经济效益计算

计算前的准备工作：

(1) 分析确定洪水的类型、规模、洪水等级；

(2) 确定洪水淹没范围，水深、历时，淹没程度；

(3) 实地调查确定各类财产的损失率。

计算的分项内容：

(1) 设计年的防洪经济效益。

(2) 多年平均防洪经济效益。水文随机性强，计算防洪经济效益，应尽可能采用长时间系列或其中某一代表期(不少于10年，包括丰水、平水、枯水等不同年型)，逐年进行计算。若资料短缺，可选包括丰水、平水、枯水几个设计代表年进行计算，然后点绘效益与相应经验频率的关系曲线，求其期望值，作为多年平均的年效益。

(3) 特大洪水年的防洪经济效益。防洪工程设施遇一次大洪水挽回的损失，即可抵充全部或相当部分的工程投资。如1954年洪水，启用了荆江分洪工程，开闸分洪，保住了武汉市，保全了荆江大堤，江汉平原粮棉产区安然无恙。

(4) 负效益。在计算防洪效益时，应扣除所产生的负效益。

①由于兴建新的防洪工程致使原有经济效益受到不利影响，而又不能采取适当措施加以补救时，应在该项防洪工程的经济效益中将这部分损失作为负效益予以扣除。

②不同洪水年份规划设计安排的行洪区、蓄(滞)洪区和水库等都会造成一定的淹没损失，在计算实际防洪经济效益时，应扣除这部分损失。

③为保全重要的目标，而运用分洪措施时，分洪会造成一定损失，在计算城乡的防洪经济效益时，应予扣除。

④水库淹没的负效益(造成农业生产的损失)，根据综合利用效益分摊到防洪部分的负效益值计算。挖压占地造成农业生产的损失，根据挖压占地受损失计算面积和当地当时作物单产及单价并扣除生产成本，按3年的均值计算。水库淹没和河道工程挖压占地赔偿费不属负效益，因为它已包括在防洪工程建设投资中。

防洪经济效益的界定：

采取防洪设施和措施后比采取前减免的洪灾经济损失。防洪经济效益以兴建防洪工程设施(或实施其他防洪措施)前与兴建后，洪灾所造成的直接经济损失的差值，有负效益时减去负效益值。

防洪经济效益的计算式如下：

$$B_F = (L_b - L_a) - B_n$$

B_F：防洪经济效益

L_b：防洪工程兴建前洪灾的直接经济损失

L_a：防洪工程兴建后洪灾的直接经济损失

B_n：防洪的负效益

计算防洪经济效益的主要方法：

（1）频率曲线法。

① 根据不同频率的洪水，分别求得采取某项防洪设施前的洪灾直接经济损失（见图（6-1中 L_b线），其相应多年平均损失为 $\overline{L_b}$。

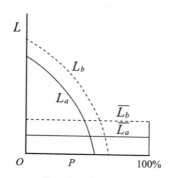

L：洪灾损失 P：洪水频率

图5-1 防洪经济效益计算示意图

② 根据不同频率的洪水，分别求得采取该项防洪措施后的洪灾直接经济损失（见图6-1中的 $\overline{L_a}$线），其相应多年平均损失为 $\overline{L_a}$。

③ $\overline{L_b}$与 $\overline{L_a}$之差即兴建该项防洪工程设施的多年平均经济效益。

$\overline{B_F}=\overline{L_b}-\overline{L_a}$：多年平均防洪经济效益

$\overline{L_b}$：防洪工程兴建前多年平均洪灾损失

$\overline{L_a}$：防洪工程兴建后多年平均洪灾损失

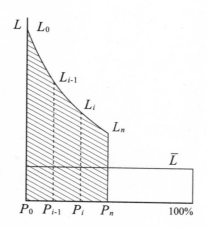

图5-2 某项洪水要素——淹没面积关系曲线

采取某项防洪工程设施前（或后）的多年平均经济损失 $\overline{L}$ 可用下式计算：

$$\overline{L} = \sum_{i=1}^{n} \Delta P_{-i} \overline{L}_i$$

L_n：年份（序号年）采取某项防洪工程设施前（或后）不同频率洪水造成的洪灾直接经济损失。

$\Delta P_i = P_i - P_{i-1}$

$\overline{L}_i = L_i - L_{i-1}/2$

L_0, L_{i-1}, L_i, L_n：

P_{i-1}, P_i, P_n：不同洪水频率

（2）实际典型年系列法。选一段洪水灾害资料比较完全的实际年系列，逐年计算洪灾直接经济损失，取其平均值作为多年平均洪灾损失。

$$\overline{L} = \frac{\sum_{i=1}^{n} L_i}{n}：多年平均洪灾损失$$

L_i：年洪灾损失

n：年份

（3）保险费法。为补偿洪水灾害损失，国家每年从财政预算中取一定支出充作扩大保险基金。遇洪灾时供防洪保险赔偿洪灾损失。在兴建防洪工程后，提高了防洪标准，增强了防洪能力，洪灾损失减少，为此，则每年保险赔偿相应减少，所需财政支出充作保险基金的数额也减少。所减少的部分，即为该项防洪工程平均防洪效益。

保险赔偿费为保险额（每年平均损失）与风险费之和。

保险法计算公式如下：

$$Dc = M + Q = M + \sqrt{\frac{\sum (L_i - m)^2}{n-1}}$$

D_C：保险赔偿费

M：保险额（年平均损失）用于防洪即为年平均洪灾损失

Q：均方差，代表风险费

L_i：各年洪灾损失

n：统计年数

第三节　新中国成立后的防洪经济效益

计算方法与步骤：

（1）根据调查资料，分析确定新中国成立初期防洪工程设施的防洪标准、防洪能力。

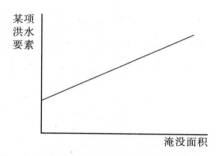

图5—3　洪水要素——淹没面积关系曲线

（2）根据新中国成立初期发生的洪水灾害，分析确定水位（或流量、洪量）与淹没耕地面积的关系。

（3）采取防洪工程设施前与洪水淹没面积相关较好的河道控制点处的洪水要素或形成洪水的气象要素，如洪峰流量，成灾流量，洪量，控制点上游流域内的面雨量或某站的点雨量。利用相关较好的要素点绘某项洪水要素——淹没面积关系曲线（见图5—3）。

（4）根据新中国成立以来还原后的历年水位（流量、洪量）和新中国成立初期的防洪能力相比较，凡发挥减免洪灾损失而产生经济效益的年份，即用该年的水位（流量、洪量）查水位（流量、洪量）-淹没耕地面积关系曲线，求得该年洪水在新中国成立初期防洪条件下可能淹没耕地面积。

（5）历年可能淹没耕地面积与洪水发生年实际淹没耕地面积之差，即为历年减免淹没耕地面积。

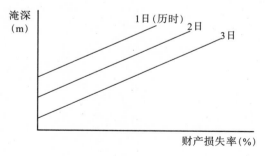

图5—4　淹深-历时-财产损失率曲线

（6）财产损失按实际损失计算，并按洪水淹深、历时分析计算各类财产的损失率，点绘淹深—

历时—财产损失率曲线(见图5—4)。

(7)财产增长率应预计算。计算新中国成立后的防洪经济效益,就要复原、还原、追算。而社会公有财产和私人财产均有增长,不能一一调查统计。需要经过典型调查、收集资料,以某一时点为基期,求出比较切合实际的财产增长率。如此,则计算比较方便,节约人力、物力、财力和时间。

(8)各类财产值各占比重作为权重,计算各类财产增长率的加权平均值,求各淹深、历时的总财产损失率,绘制平均淹深—平均历时—总财产损失率曲线。

(9)采取典型调查与逐一统计相结合等方法确定被保护范围内综合亩平均损失指标值或城市综合人均损失指标值。

(10)根据还原后的洪水特征值,利用淹没面积关系曲线,参考实际淹没情况,确定有防洪工程设施条件下的淹没面积,利用地形图和有关资料,结合水文水利计算,确定淹没范围 和淹深、历时。

(11)由历年的减淹面积与综合亩(人)损失指标值,求得历年减免洪灾直接经济损失值,即为防洪经济效益。

(12)防洪经济效益货币价值,可以其发生洪灾当年的价格计算,也可按某年的不变价格求得其折算值。

七江河流域防洪经济效益:

新中国成立后兴建了大量有效的防洪工程。国家投入巨额资金,相应也取得巨大的经济效益。全国七江河流域1949年至1987年防洪减灾的直接经济效益价值量为3191亿元,防洪工程资金投入总值为240亿元。资金投入与经济效益之比为1:13.3。扣除负效益后资金投入与经济效益之比为1:13。按全部投入(含投劳折资)计,资金投入与经济效益之比为1:7.8。

七江河流域的防洪经济投入的总和经济效益和七江河流域的各自经济效益,见表5—1。

表5—1　七江河流域防洪经济效益价值量表(1949～1987年)

流域名称	减淹耕地面积(亿亩)	防洪减灾效益(亿元)	防洪工程资金投入(亿元)	投劳折资(亿元)	负效益值(亿元)
长江	1.67	1190	58.7	82.3	11.5
黄河	1.53	552	44.5	10.1	8.3
淮河	2.69	556	44.1	35.2	26.9
海河	2.10	504	49.0	15.2	6.0
松江	1.17	267	28.3	5.8	2.6
珠江	2.30	122	14.9	11.6	3.3
合计	11.46	3191	240.0	160.0	59.0

表5-2　长江流域防洪经济效益计算表（1949～1987年）

分项	合计	其中		备注
		武汉市	汉江中下游	
减淹耕地（万亩）	16720.89		2955.5	
防洪经济效益（万元）	11899700.31	2108449	1316239.6	
其中：减免农村经济损失	9268005.31			
减免城市经济损失	2631695	2108449	1316239.6	
负效益（万元）	114602.93			资金投入项下的基建费等项，因分项资料不全，暂缺数字
防洪资金投入（万元）	587286.2		10216.15	
其中：基建费				
事业费				
运行费				
投劳折资：（万元）	822898.36			

表5-3　黄河中下游防洪经济效益计算表（1949～1987年）

分项	合计	其中	备注
减淹耕地（万亩）	15301.94		
防洪经济效益（万元）	5522026.66		
其中：减免经济损失		5431555.54	
其他		90471.12	如增加滩地利用
负效益（万元）	82872.91		
防洪资金投入（万元）	445484.38		
其中：基建费		483144.24	
事业费		91238.99	
运行费		71101.13	资金投入项下的基建费等项，因分项资料不全，暂缺数字
投劳折资：（万元）	101267.15		

表5-4　淮河流域防洪经济效益计算表（1949～1987年）

分项	合计	其中	备注
减淹耕地（万亩）	76877.67		
防洪经济效益（万元）	5556052.06		
其中：减免经济损失		5556052.06	
其他			
负效益（万元）			
防洪资金投入（万元）	441104.53		
其中：基建费		308512.36	
事业费		132592.17	事业费内含运行费
运行费			
投劳折资：（万元）	352297.5		

表5-5 海河流域防洪经济效益计算表(1949~1987年)

分项	合计	其中	备注
减淹耕地(万亩)	21017.44		
防洪经济效益(万元)	5035882.33		
其中：减免经济损失		5035882.33	
其他			
负效益(万元)			
防洪资金投入(万元)	490050.81		
其中：基建费		401140.89	事业费中含运行费
事业费		88909.92	
运行费			
投劳折资：(万元)	151678.72		

表5-6 松花江流域防洪经济效益计算表(1949~1987年)

分项	合计	其中	备注
减淹耕地(万亩)	5138.8		
防洪经济效益(万元)	1068198.6		
其中：减免经济损失		1068198.6	
其他			
负效益(万元)			
防洪资金投入(万元)	61843.5		
其中：基建费		58908.4	事业费包括在基建费中
事业费			
运行费		2935.1	
投劳折资：(万元)		19495.9	

表5-7 辽河流域防洪经济效益计算表(1949~1987年)

分项	合计	其中	备注
减淹耕地(万亩)	3292.1		
防洪经济效益(万元)	967133.2		
其中：减免经济损失		967133.2	
其他			
负效益(万元)			
防洪资金投入(万元)	145461.0		
其中：基建费		109972.0	事业费包括在基建费中
事业费			
运行费		35489.0	
投劳折资：(万元)	29958.0		

表5-8 珠江流域防洪经济效益计算表(1949～1987年)

分项	合计	其中	备注
减淹耕地(万亩)	23036.09		均为珠江流域广西、广东部分,不包括云南、贵州部分
防洪经济效益(万元)	1220179.5		
其中:减免经济损失		1220179.5	
其他			
负效益(万元)			
防洪资金投入(万元)	149219.5		
其中:基建费		61890.0	
事业费		66291.0	
运行费		18038.5	
投劳折资: (万元)	116679.71		

1991年防洪经济效益:

表5-9 水利工程在1991年防洪工程中经济效益(按流域统计)

流域名称	减淹耕地面积(万亩)	减免直接经济损失(亿元)
淮河流域	2673	312.3
河南	487	18.3
安徽	610	146.7
江苏	1367	125.4
山东	209	21.4
太湖流域	495	49.9
上海	71	5.2
江苏	260	31.8
浙江	164	6.5
松花江流域	1274	72.0
黑龙江	1192	65.5
吉林	82	6.5
滁河流域	56	30.02
江苏	56	22.0
安徽	(缺)	8.02

　　防洪工程设施不直接创造社会财富,也就是说灾害防御的投入没有产出,但正是由于防洪工程设施发挥作用,减轻洪灾程度、减免洪灾损失,其保全的部分就是经济效益。防洪工程设施还有安定民生,稳定社会的社会效益。此外,有的防洪工程设施还产生"衍生效益""附带效益",如由于减轻了洪水灾害,为某些土地改种经济价值高的作物创造了条件,为某些河滩、湖滩、洼地进行围垦创造了条件。

　　还必须指出,洪水仍为我国的心腹之患,它威胁着人民的生命财产的安全,威胁着国民经济的发展,所以治水问题既不能麻痹又不能松懈。在我国有一段时间由于对水利的认识不足,未能将水利摆在基础产业地位,发挥其基础作用。表现在该办的防洪工程未办,该早办的防洪工程未能早办;堤防防洪标准偏低;城市防洪标准也偏低;有的城市对于洪水甚至未予设防。我们可以从七大江河流域及沿海诸河流的洪水威胁范围的主要社会经济指标(见表5—11)看到防洪问题的严重性和紧迫性。虽然修建了三峡水利枢纽工程,但洪灾为患尚难避免。我们应该牢记防洪仍为我国人民长期与自然作斗争的任务。

表5—10　水利工程在1991年防洪工程中经济效益(按省、直辖市统计)

省、直辖市	减淹耕地(万亩)	减免直接经济损失(亿元)
合计	7466	738.6(1004.6)
上海	71.1	5.2
江苏	1593	142(249包括海塘)
浙江	377	14.7
安徽	610	171.9
山东	209	21.4(30.4含对江苏产生的效益)
河南	566	21.7
湖北	2400*	323.7
黑龙江	1563	78.4
吉林	131	9.4

注*:湖北2400万亩中含及时排涝面积。

表5—11　七大江河及沿海诸河洪水威胁范围主要社会经济指标(1987)

流域	耕地面积(km²)	耕地(万亩)	人口(万人)	工农业总产值(亿元)	工业总产值(亿元)	农业总产值(亿元)	工农业总产值/单位土地面积(万元)
合计	738049	49616	41716	11047	9047	2000	150
黄河	21638	1680	2347	365	285	80	168
淮河	200770	15184	10449	1372	799	573	68
海滦河	144961	1586	8008	1833	1487	346	126
长江	163955	8914	9682	2246	1792	454	137
太湖	25073	1982	2745	2029	1897	132	809
珠江	23621	1771	2189	765	651	114	324
辽河	42418	1722	1513	679	629	50	160
松花江	75040	3943	1239	627	572	55	84
沿海诸河	40573	2838	3544	1131	935	196	279
附*	134015	10902	7993	1150	748	402	86

*此行为黄河洪水威胁范围内(包括花园口以下威胁到淮河流域和海河流域部分)主要社会经济指标。

第四节 实现经济效益应处理好几个关系

要使灾害的防御投入达到最佳的经济效益,应该处理好以下几个关系。

一、处理好灾害防御与灾害意识的关系

要使灾害防御投入落到实处,实现经济效益,没有思想基础是不行的,所以必须要树立灾害意识。所谓树立灾害意识,就是树立灾害是客观存在的,灾害是可以防御的意识;灾害信息反馈决策的意识;变害为利的意识;治标与治本互促合益的意识等。树立灾害意识从根本上来说,是克服麻痹思想和侥幸心理,教育和动员人们做好防灾工作,以及推动灾害科学研究的重要的思想基础。在我国有没有这样一个思想基础,事关重大。多年来,包括1987年酿成的大兴安岭特大森林火灾,以及1991年太湖流域的水灾(太湖流域东部河道原有84条,如今只有十几条,而且太湖流域早有综合治理规划,由于上下游省市间在投资与其他利益关系问题未能协调妥当,以致工程未能实施,从而也无防御投入、减灾和效益一说)都与灾害意识缺乏有关。为此,除积极利用各种舆论工具进行宣传外,国家已确定每年5月12日为"防灾减灾日",从而把防灾意识教育经常化、制度化和法律化。还建议建立"自然灾害博物馆",通过展览,用形象、陈述的形式给人们以启迪。

二、处理好防御投入中的基础工程与重点、关键工程的关系

建立和健全防灾体系,是灾害防御的基础工程和系统工程,必须全面、配套地建立起来,这是灾害防御的不可缺少的物质基础。防灾体系通常应该有:预测预报系统、防灾工程系统、防灾救灾的组织系统、完备的灾害信息库系统等。总之,我们在抓好灾害防御的基础工程时,只有顺应灾害时间演化规律,才会达到预期的经济效益。在做好基础工程的同时,也必须对事关重大的重点、关键工程,在进行可行性论证的基础上作为国家的重点建设项目上马。现在国家在经济相当困难的情况下,已对一些重大项目作出决策,并已建成。如,黄河治理上的又一项伟大工程——小浪底水利枢纽工程,投资100亿元;治理淮河和太湖工程,国家投入90亿元;长江三峡水利工程,已经七届人大五次会议通过列入国民经济和社会发展十年规划,并已建成。关于防灾基金问题,像我们这个多灾重灾的国家应该进入国家预算,犹如国防基金一样。我们设置国防基金,是为了保卫国家和人民生命财产的安全,制止国内外敌人的侵犯。我们设置防灾基金,也是为了保卫国家和人民的生命财产的安全,免遭自然灾害的侵犯。二者在理论上是极其相似的,应该放到同等重要的地位,并使防灾基金及其使用纳入法制轨道。

三、处理好灾害防御投入与灾害科研的关系

灾害科学研究是灾害防御的技术基础，没有这种投入就不可能有灾害防御的先进装备，从而也不可能有灾害防御的良性效果。在当今我们强调科学技术是第一生产力的时候，我们也不得不为防御灾害的先进科技装备而呐喊。必须看到，当前在灾害的科研方面还是相当薄弱的环节，我们现有的研究灾害的科研机构、科研人员和科研经费都是很缺乏的，远远不能与高层次的研究任务相适应。为此，我们应该下大决心、花大力气把各个领域中的防灾的科研工作扎扎实实地开展起来，创造一个良好的环境。为了更好地培养防灾减灾的专业队伍，建议成立一所中国自然灾害研究大学。

四、处理好灾害防御投入过程中的上下左右和方方面面的利益协调关系

在灾害防御投入的过程中，必然会涉及部门之间、省份之间、单位之间等各方面的关系。这些关系，说到底是个经济利益问题。包括为防御的投入比例的分摊；投入后的得益分配比例；以及为作出牺牲而应该得到的补偿；等等。正确处理好这种利益关系是我们当前灾害防御中急待解决的问题，否则它将会延误我们的工作，导致难以想象的后果。比如太湖流域综合治理工程的搁浅，就是一个教训。我们应该有一个"一盘棋"的观念，要统筹，要规划，要协商，要公平。既要有服从于全局利益的原则，又要有兼顾到局部利益的办法。在投资上，在利益分配上，以及为保护某些区域而作出牺牲的灾区得到补偿等，制定出明确的章程，乃至立法。在尚未立法前，有关部门对于重大的决策项目，由于扯皮而未能付诸实施的，权威部门应该进行裁决。总之，上下左右、方方面面关系的协调和处理，应该有章可循，有法可治。为了更好地在全国建立一个防灾减灾的领导、指挥和协调中心，国务院下已设置国家减灾委员会。

第六章 　灾害与保险

第一节　保险在灾害经济损失补偿中的地位和作用

一、保险的地位和特点

灾害是不可完全避免的，因此灾害造成的经济损失也是不可完全避免的。那么灾害造成的经济损失有没有补偿方式呢？

补偿灾害经济损失的方式很多。政府财政补偿、自保补偿、互助补偿、保险补偿等都是补偿灾害经济损失的方式。

财政补偿是国家通过财政预算，拨出一笔后备基金（财政上称总预备费），以应付各种巨大的灾害事故和灾发事变。有人以为财政后备既然是以国家的财政收入为后盾，自然非常雄厚，而且它通过预算拨付，逐步达到合理性，因而是一种最理想的经济补偿形式。这种认识是不对的。第一，财政后备基金并没有想象的那样雄厚，如唐山地震时唐山市的直接经济损失为 120 亿元，财政用了近 10 年时间才把它消化掉。第二，财政后备的拨付不是根据对以往危险损失的测算，而是根据财政当年的收支计划确定（大致占当年财政收入的 1%）。如果拨多了会影响当年的收支平衡，也不利于这笔基金的合理应用；拨少了会影响弥补灾害的损失。而且后备基金只限于当年使用，不得将剩余部分逐年积累下去。因此，当发生巨额灾害损失时，财政后备受当年收支的制约，难以满足对巨灾损失的经济补偿。

自保补偿是经济组织预先提留一笔资金以备不测之需，这种方式类似于储粮备荒的做法。自保补偿对付经常发生又损失额较少的灾害是有效的，但自保纯属自助行为，必然受到积累速度与规模的制约，难以积累起足够的应急资金。事实上，自保因无法转嫁危险，所以要积累一笔与自身资产相等的应急资金来充分地补偿意外损失，既不可能也不合算。而且积累这笔资金也需要很长时间，如果在积累之初便遭受巨额灾害损失，经济补偿则无从谈起。因此，自保虽然是重要的补偿形式，不可能成为国家灾害补偿体系的主体。

互助补偿，包括社会救济、捐赠、国际性援助等，这是巨灾形成后经济补偿的特殊形式，对赈灾救灾也起着重大的不可或缺的作用。如2008年汶川地震我国接受了捐款总计797.03亿元（截至2009年9月30日。此材料引自中央电视台新闻节目，2010年1月6日），这还是相当可观的数字。但它带有极大的不确定性和不可预测性，只能作为辅助或补充的手段。

保险是一种社会互助性质的，是一种转移风险和经济补偿的方式，也是一种赔偿经济损失的合同。保险从经济学的角度讲，它是一种分摊经济损失的财务安排。因为投保人把损失风险转移给保险机构（集团或公司），保险机构通过收取保险费来补偿受损者的损失，也就是说受损者的损失由包括受损者在内的投保成员共同分担。保险从法律学角度讲，它是一种同意经济补偿的合同安排。因为同意经济补偿的一方是保险人，被经济补偿的另一方是被保险人，也就是说被保险人通过购买保险单把损失风险转移到保险人。所以保险具有如下基本特点：①互助性。这是指的经济损失的分摊，即受损者的损失由投保成员来共同分担。②合同性。这是指的经济补偿的法律保障，即受损者的损失由签订合同的保险机构来履行。③赔偿性。这是指的保险的目的与动机，即受损者的损失由保险机构进行经济补偿，这也是保险合同的主要内容。总之，保险是一种经济行为，也是一种法律行为，它是保险双方签订合同，投保人按合同向保险人（集团或公司）缴付保险费，保险人按合同履行职责和义务。

在以上几种灾害损失经济补偿的方式中，保险补偿在市场经济条件下应该成为灾害损失经济补偿的主要方式，应该成为诸多补偿方式的组合中占着支柱的地位和核心的作用。

二、保险的基本职能

保险作为一种转移风险、赔偿损失的特殊行业，有其特殊的职能。

第一，转移风险的职能。

灾害不可完全避免，所以灾害事故的发生具有必然性。灾害事故带来的后果就是或大或小的经济损失，而转移灾害经济损失的就是保险，它是通过被保险人以缴付小额和确定的保险费，来换取大额和不确定的经济损失的补偿费，这就是保险转移风险或分担风险的职能。

第二，补偿损失的职能。

保险的目的在于经济补偿，它是通过分摊损失来实现的，没有分摊损失就无法进行保险补偿，所以保险的产生和发展是一种满足补偿灾害经济损失的需要，而且它逐年积累形成的巨额的保险金，也是为了补偿将来可能发生特大灾害事故的损失，这就是保险的补偿损失的职能。比如我国四川汶川地震，中国平安保险公司的总赔付额为16.6亿元。

第二节　保险的作用

保险既然具有互助性、合同性和赔偿性的特点，保险就有其独特的功能。

一、有利于恢复和促进生产发展

保险很大的一个功能就是赔偿，凡是投保的企业或个人，遇到自然灾害等造成的经济损失，就有一个理赔问题。保险机构是个专门机构，积聚了资金，配备了专业人员，理赔力求迅速、主动，保险赔偿有利于受灾单位迅速恢复和促进生产和经营。如1981年四川省的水灾，造成1000多家投保企业受灾，赔款总额为7700万元，使受灾地区的生产迅速恢复。我国的农业生产也面临着自然灾害的严重影响，每年约有4亿亩农田受到各种自然灾害的侵袭，而且抗灾能力相当薄弱，靠国家补贴和自救总是有限的，所以开展各种农业保险业务对于补偿灾害损失和促进农业生产发展意义重大。目前我国种植业和养殖业的保险所占的比重尚小，保险机构为此应加强宣传和推广，把农村和农业这一块保险市场的工作做好做彻底。

二、有利于促进社会和谐稳定

随着我国的改革开放和市场经济的发展，人民的生活水平和质量是在不断改善和提高的，因此人们对保险的需求和欲望也在不断地增长中，比如家庭财产保险、基本养老保险、基本医疗保险、工伤保险、失业保险、生育保险、人身保险、中小学生平安保险等，以上各种责任保险都有利于保障受害人的经济利益和民事纠纷的解决，有利于促进社会和谐稳定。

三、有利于筹集资金促进投资

保险机构是吸纳社会闲散资金的重要渠道。企业和个人通过投保付出保险费将大量的闲散资金流入保险机构，据统计至2008年8月底，我国保险资产总额为3.04万亿元，2008年1～8月的原保险费收入为7133.99亿元（其中财产险原保险收入为1650.7亿元，人身险原保险收入为5483.255亿元），2008年1～8月保险业原保险赔付支出为1984.39亿元。保险机构吸纳的资金大部分存入银行，构成银行信贷资金的来源之一，开辟了储源。保险机构根据国家规定可将一部分资金进入股市，发挥着投资的功能。

四、有利于促进防灾防损

各级保险机构在防灾防损方面贯彻"积极、主动、参与、配合"的指导方针，做了工作，也取得一定成绩，减少了人身伤亡和财产损失。比如进行防灾防损的宣传（包括讲授、编印资料、播放电影、组织竞赛等），提高防灾防损的思想意识；参加各种安全组织的活动和安全检查，消除灾害隐患；结合理赔工作帮助企业搞好安全管理，提出整改建议；拨付防灾补助费，用于防灾宣传和修建防灾防损设施等，增强社会抗灾能力。

五、有利于促进为高新技术和工程的发展保驾护航

随着高新技术的开发和发展，一系列的巨型企业在举办中，如电子工业、宇宙航空、海洋开发、核能等。我国的三峡水利枢纽工程，静态投资901亿元，动态投资2000亿元；我国的宇宙航空事业迅猛发展，神舟系列在实施中，已经发射的有神舟1～10号，我国已发射绕月卫星，这些无疑都是我国保险史上保险金额最高的保险项目，从这个意义上讲保险在为高新技术的开发和发展保驾护航。

六、有利于促进对外经济关系的发展

保险是对外经济关系中的一个不可缺少的环节。在对外贸易中，无论是进口还是出口都必须办理保险，保险费用已经构成商品价格的主要组成部分。随着我国对外经济关系的发展，除了国际贸易外，还有技术交流、劳务合作、合资企业、旅游等，也都需要有保险。所以开展涉外保险业务，不仅能增加外汇收入，还能促进对外经济关系的发展。

第三节　我国的灾害与实施保险

一、建立灾害保险准备金

我国是个多灾重灾的国家，每年造成的灾害的直接损失约在2000亿～4000亿元人民币，对于如此庞大的灾害损失，除了财政后备、自保外，主要的补偿渠道就是保险，所以建立保险准备金的意义重大。

我国自1980年恢复国内保险业务以来，也开始设立巨灾保险准备金，特别是我国1976年发生的唐山地震其财产损失高达120亿元之巨，使人们越来越感到建立相当规模的巨灾准备金的紧迫性。

（一）确定需求规模的原则

从理论上讲，巨灾保险准备金的规模越大越好。但在实践中，规模太大一般是达不到的，也没有意义；而规模太小，又不能满足实际需要。因此要求有一个适度的规模，它既能应付可能的巨灾赔款，又能使这个适度规模达到具有现实的可能性。这个适度规模的确定，应以保险机构可能承担的巨灾赔付额为基础。从巨灾准备金的动用情况来看，如发生巨灾赔付，一般先动用当年可用于巨灾赔付的保险收入，即巨灾保险收入（当年全部保险费收入减去正常赔付、经营管理费用等），剩余部分用历年结存的未到期责任准备金弥补，仍不足的赔付部分，才动用巨灾保

准备金。因此,巨灾保险准备金的需求规模,应为可能的巨灾赔付额与这两种赔付资金之差。也可以此作为适度规模的上下限,在这一上下限之内的巨灾准备金即为我国巨灾准备金的需求规模。用公式表示:可能的巨灾赔付额-(历年结存未到期责任准备金+当年巨灾保费收入)≤适度巨灾准备金≤可能的巨灾赔偿额。

（二）建立巨灾准备金需求规模的可行性

确定我国巨灾准备金的可能规模,要从保费着手,即分析保险费率的构成及费率水平。

1.费率的构成理论。

保险公司据以收取保费的标准即保险费率,俗称毛费率。它由两部分组成:纯费率和附加费率。第一部分,纯费率。这是毛费率的主要组成部分,由它建立起来的赔付基金,除用于保险赔付外不能挪作他用。纯费率可分为通常危险费率和异常危险费率。通常危险费率主要用于应付财产险中的火灾等普通危险的损失赔付,这种赔付是大量的,数额是稳定的。异常危险费率是为应付地震、洪水等巨灾危险的非正常损失赔付,它构成巨额准备金的来源。因此巨额准备金是纯费率的组成部分。在没有巨额赔付的年份,这部分保费就作为保费剩余结存下来。第二部分,附加费率。它在毛费率中所占的比重较小,主要用于支付防灾防损和经营管理费用。

2.费率水平

费率水平包括毛费率、附加费率、纯费率。

3.毛费率

保险业务种类繁多,每个险种、每一类标的费率都不相同,要综合考核所有业务的费率水平很困难,这里采用平均费率指标。

平均费率指标,反映了保险企业在一定时期内某一类业务的费率水平。

4.附加费率

附加费包括财产险和人力险两类业务的费用,所以附加费率也可分别用财产险费用和人身险费用与承保额之比来计算。随着保险业务的增加和保险机构的扩大,附加费率有上升的趋势。

二、地震灾害与保险

（一）建立地震保险制度的必要性

我国是世界上大陆地震最活跃、地震灾害最严重的国家之一,我国几乎所有的省、自治区、直辖市在历史上都遭受过里氏6级以上的地震,我国41%的国土面积、50%的城市、70%的百万以上人口的大中城市,都位于7度或7度以上的地震高烈度区。从1303年到1976年唐山大地震的673年中,发生过里氏8级以上的大地震18次。由于地震的发生具有不确定性和小概率性,而且目前的科学技术水平难以作出精确预测,所以地震的发生难以避免。强烈地震的破坏力大,受灾区广,对经济的破坏性极大。如1976年在唐山地震,直接经济损失达120亿元,遇难人数达24万余人。

2008年5月12日的四川汶川地震,直接经济损失达8451亿元,遇难者8.7万多人(遇难人数69197人,失踪人数18341人)❶,而且随着社会经济的发展和社会财富的增长,突发地震事件对人民生命财产的威胁正在加重,对经济社会持续发展的制约和影响正在加深。对这种地震的巨灾危险,靠国家财政和自保是难以解决的。在市场经济条件下,需要通过建立保险制度来进行经济补偿,而且这个巨灾的经济补偿,甚至要积聚十几年、几十年的保险基金,才能承担,如果我们不积聚必要的保险基金作后备,一旦发生了强震将无法履行地震保险的偿付责任,造成决策失误。所以建立地震保险制度势在必行。第一,建立地震保险制度使防震减灾事业更加发展。我国现行的灾害救助主要动用国家的财政,而政府的地震救灾拨款主要用于灾区各类公用设施的重建,部分用于对灾民的救济,所以灾区居民和企业的补偿或重建难以得到满足,而随着我国经济的发展,民间拥有的财富越来越多,包括个人财产和民营企业的资产逐年增加,而一旦发生地震灾害,个人财产的损失已成为最主要的组成部分。因此地震灾害保险用于企业和个人,可以有效地弥补对企业和居民个人地震损失的补偿,这样既可以提高投保人震害防御的意识,又可以使全社会提高防震减灾能力的建设。第二,建立地震保险制度使保险业更好地服务国民经济和社会的发展。国民经济和社会的发展在一定程度上也受制于地震灾害,尤其是巨大的地震灾害会使经济发展蒙受损失与影响,建立地震保险制度,可出现国家、保险业、投保企业和个人来共同承担责任的新局面,有利于经济发展和提高灾区恢复重建的能力,而且地震保险制度的建立也能进一步改善投资环境,增强投资的安全感与稳定性,它可以使我国的保险业进一步与国际保险标准接轨,使我国的保险业与外资保险业公平竞争;它在一定程度上可以成为拉动内需,促进经济发展的新的增长点。第三,建立地震保险制度使国家救济与社会救助等融为一体。地震保险制度的建立可以使我国的地震灾害损失的救助方式更加完善,由依靠政府救助的单一模式向多渠道的救助模式转变,将政府救助与民众自救相结合,从而充分调动社会资源,增加救助力量。所以地震保险制度的建立可以使我国的保险体系趋于完善,它将成为我国保险体系的重要内容和组成部分。

我国地震保险从新中国成立初期到1958年,作为火险的附加险实行了一段时间,后来随着保险业在中国的消失,地震保险也随之消失。1979年,保险业恢复的初期,仍有地震保险;1985年后,由于对地震的保险风险过大,中国人民银行决定自1986年7月1日起将地震保险列为"财产保险的除外责任"不予承保,事实上终止了地震保险。2001年,企业财产地震保险作为附加险以个案形式恢复,但投保率较低,而家庭财产地震保险尚未举办。我国地震保险为什么会造成这种情况,其原因大致有:①民众的地震保险意识较低,依靠国家灾害救助的思想较重。在现实生活中一旦发生地震,政府为确保社会稳定,通常会动用财政力量和社会力量来承担经济损失,因而更削弱了民众的购买地震保险的意愿。②地震发生的区域也影响着地震保险的开展。我国地震主要发生在西部地区,而西部地区的经济发展相对比较落后,地震保费收取较为困难;而东部地区经济比较发达,有能力来支付高额保费,但东部地区地震活动并不频繁,企业和个人参与地震保险的热情不高。③受到保险企业承受能力的制约,地震属于巨灾风险,一旦发生地震其损失巨大,保险企业的赔付可能会超出其承受能力,甚至造成破产,这是我国保险业对开展地震保险较为谨

---

❶ 2008年9月4日国家新闻办公室就四川汶川地震及灾损评估情况举行发布会副主任史培军讲话。

慎的主要因素。所以建立地震保险制度需要提高地震保险意识和采取相应的政策措施。

提高地震保险意识，可从宣传、实例和制度几个方面来进行。宣传是一项重要的不可缺少的工作，要造成这种舆论需要做工作，通过各种途径和各种形式使人们懂得地震保险的必要性，从而产生地震保险的意愿。地震保险意识还与经济利益相联系，使人感到能得到实惠，这也需要用事实来教育和说服，四川汶川地震发生后，中国平安保险公司在总赔付额的16.6亿元中，有7.2亿元赔付给了"拉法基瑞安水泥有限公司"，使该公司的损失获得了补偿，对恢复生产起到了重要作用，这个实例也说明该公司有着良好的保险意识，并付之于实际行动，这种因与果的关系，是地震保险制度建设的丰富材料和实例。这个实例也会教育着企业和个人，随着经济发展和财富的增加，需要有意识地来保障财产的安全，而地震保险就为此提供了现实的可靠的保障，所以地震保险制度的建立既是为企业和个人的财产安全提供了选择，也是地震保险制度自身建设的条件和基础。

地震保险制度的建立需要有政策措施和支持。地震属于巨灾风险，保险企业必然承担着这种风险，因此如何有效地降低地震保险企业的风险，政策措施和技术措施就很重要，这里的关键是规避风险措施，如开展分散保险、共同保险、捆绑险、再保险、限额保险等，以及设立地震保险之外的地震保险基金，还有更重要的是政府的辅助与支持，地震保险的风险是能够有效地降低的。

（二）地震保险费率计算和最大可能损失的估计

地震保险费率计算和最大可能损失的估计，都是以地震的危险性分析为基础的。由于城市是人口和资产集中的地区，地震如发生在城市附近，将会造成巨大的损失。20世纪60年代以来，约30次里氏七级以上的强震发生于城市及工业中心附近，带来的灾难和损失极其严重。我国唐山地震的灾难令人难忘，四川汶川地震仍历历在目。全国现有的城市总数约660个城市，其中136个（约占全国城市人口的一半）位于烈度7度和7度以上的地震区，尤其是52个大城市有30个在这个地震区中，因此地震保险首先应解决全国各重点城市的地震危险性分析。所谓地震危险性分析，就是用概率统计方法评价在未来一定年限内各城市遭受不同程度地震作用的可能性。这种概率方法是1963年美国康内尔（C. A. Comell）开始的，以后有很大进展。

（三）实现地震保险的方案

世界各国实施地震保险的模式主要是：

1.政府承担主要责任的模式

如美国成立了由私营保险公司投资、公共机构管理的保险机构——加州地震局，其作用是强制保险公司提供地震保险。加州政府对加州地震局没有资金投入，而是给以政策性的税收优惠和资助。加州地震局除了以会员方式收取保险公司会费外，还通过贷款、再保险、投资等方式来募集保险基金。如发生地震赔付时，其可运用的资金降到某一水平时，国库局则以代理人的角色为其销售盈余公债。法律规定加州地震局不能宣告破产，购买保险者受到法律的保障，如发生重大地震灾害赔偿金不足时,则由所有投保人平摊费用,或按保单金额赔偿一部分或按遭受的损失分期赔付。

2.政府支持下的市场化运作模式

如日本于1966年制定了《地震保险法》,同年由所有保险公司共同出资成立了"日本地震再保险公司"。日本实行的是保险公司,"再保险公司"和政府共同承担责任的地震保险制度,承保的原保险公司、"再保险公司"和政府之间进行地震保险再保险业务。按2009年4月1日实施的修订法规,损失在1150亿日元以下的全部由"再保险公司"承担,损失在1150亿日元到19250亿日元的,其中1150亿日元由"再保险公司"承担,超出部分由政府和民营保险公司各承担50%,超出19250亿日元至最高限额55000亿日元时,超出部分由政府承担95%,民营保险公司承担5%。日本政府通过再保险的方式来参与,对特别重大的地震灾害予以经济补偿,是对民营保险公司的强有力的支持,政府还通过税收优惠政策鼓励国民购买地震保险。日本一些学者认为,地震发生频率损失程度难于应用大数法则,但在审议地震保险时,他们也承认从长远的观点看,地震赔款比火灾赔款并不是特别大,如果采取国家承担超额赔款再加上保险、贷款支助、防止逆选择和规定总支付限额等措施,地震保险是完全可以办理的。

3.市场化运作为主的模式

英国地震保险制度是一种以市场化运作为主的模式,由保险公司将地震风险纳入标准家庭及小企业财产保单的责任范围之内,业主可以自愿的在市场上选择保险公司投保。政府不参与分担风险,不参与地震保险的经营管理,政府的主要职责在于投资抗震工程,建立有效的防震减灾体系,并向保险公司提供震灾风险评估、灾害预警、地质研究资料等。只有在政府履行了这些职责的地区,保险公司才提供巨灾保险。英国政府与保险行业协会建立起密切合作的关系。由于英国再保险市场是世界第三大非寿险再保险市场,再保险市场非常发达与完善,所以商业保险公司在提供地震保险时,直接通过再保险市场将风险分散出去,政府不在其中参与❶。

(四)我国的地震保险可选择的方案

1.建立适度地震保险基金

我国的财产保险中,地震、火灾、洪水都属于保险责任。对地震采取由国家统包的做法显然是不妥的,也不符合经济体制改革的要求。因此,采取保险方式,为国家积聚适度的地震保险基金,用以补偿强震的灾害损失,是一种科学的方法。我国在国民收入分配上后备基金比例严重失调的状况下,用保险为国家积聚后备基金显得尤为重要。国家积聚到一定数额的后备基金就能应付我国强震灾害,能有足够的资金来恢复和重建震区,而不至于冲击国家的财政预算。地震保险基金是国家后备基金的重要组成部分,它是由少灾之年的保险费中提存出来的用以补偿大灾之年的。

2.实施法定地震保险

我国的《中华人民共和国防震减灾法》中明确规定实施法定地震保险,把地震作为一种特种

---

❶ 以上资料参考《自然灾害学报》第19卷第5期卢大伟等《我国建立地震保险制度的探讨》一文。

风险单独承保。这个规定为国家迅速建立一笔后备金创造了条件，也在法律上作出保障。

在实施法定地震保险时，要注意到如下问题：

第一，要减轻保险费负担。据测算，采取被保险人自负小额损失方式，可以大幅度降低费率，如自负保险金额2%损失，费率可降低55%～70%；自负保险金额5%损失，费率可降低75%～85%。这样可以大大减轻被保险人的保险费负担，也可以大大减少小额震害的理赔。

第二，要按地震带、建筑物确定费率的合理结构。

由于地震的危险程度对各个地区和各类建筑结构的差别很大，而且地震对建筑物和室内财产的损失也不同，以上这些都应在费率中反映出来。按地震带上的危险概率，划分几个区，对抗震建筑、非抗震建筑、砖木建筑、土木建筑划分几个等级，并对建筑物和室内财产分别制定费率。

根据慕尼黑再保险公司测算的数据，它们之间的关系见表5—12：

表5—12

建筑类别	各烈度最大可能损失(%)						
	VI	VII	VIII	IX	X	XI	XII
现代化建筑抗震结构	一	1	5	20	50	80	100
现代化建筑非抗震结构	一	5	20	50	80	100	100
砖、木	1	10	40	80	100	100	100
土	5	20	70	100	100	100	100

3.火灾保险上附加地震险

在火灾保险上附加地震险的做法，也就是将地震单列作为自愿附加保险。这种做法虽然解脱了保险人的巨灾危险，但却取消了保险对地震的补偿作用。世界上采取火灾保险自愿附加地震保险方式的，都存在着保险费率高、承保面不普及和收支难以预测等问题。我国地震带分布不匀，如果用自愿附加地震保险方式，就会产生不在地震带上的不保，小区划地震带上的积极加保，这种"逆选择"必然会提高保险费率，加上许多单位不保地震险使承保面下降，保险收入的稳定性必然受到影响。

三、洪水灾害与保险

我国的洪水灾害，具有频率高、范围广、灾情重的特性。在我国现有的经济和技术有限的情况下，洪水灾害仍然存在着不可避免性和不可预见性，仍然威胁着人民的生命和财产安全。

在人类与洪水灾害的斗争中，除工程措施外，还十分重视非工程的防洪措施。而在诸多非工程措施中，属于灾害发生后的善后施救与赔偿的，有社会救济和社会保险。社会救济是我国具有历史传统的一项重大措施，其作用不可低估。而社会保险的作用则是显而易见的。洪水保险是1980年中国人民保险公司重新恢复业务后才设立的一个险种，但它在1981年的四川洪水，1982年的武汉水灾，1983年的陕西安康洪水、1985年、1986年辽宁水灾，1989年的淮河、太湖流域水灾，

1991年的长江水灾等的灾害中，都得到了较大的理赔，表现出洪水保险的优越功能和作用。

洪水的保险模式，大致如下。

（一）通用型保险

指现行的一般企业财产保险、家庭财产保险、货物运输、农村的种植业和养殖业保险等。这是一种"一揽子"式的综合险种，没有把洪水灾害和其他自然灾害风险的特点区别对待。它只承担纯自然灾害状态下的洪水灾害风险，而把行滞洪区的洪灾保险排斥在外。洪水灾害的理赔，主要靠社会分摊风险原则下自身的积累基金，这对分担国家财政风险方面起到一定作用，但面对严重的洪水灾害，投保面越大，保险理赔的负担就越重，甚至会超过保险储备基金的承担能力。

（二）定向型洪水保险

这是一种被保险对象有特定范围，即专在一定的行洪、滞洪区内，其投保费用根据历史洪水概率测算而定，费用筹措主要由国家和省财政两级承担，行洪、滞洪区群众也承担一部分。行洪、滞洪区农户无论投保与否，均作为被保险户，行洪后国家不再拨付农作物直接水淹损失部分的救济费。国家承担的保险费用，将一次拨清，当历年累计赔偿金额超过国家拨给的保险费和群众历年缴纳的保险费累计总数时，由保险公司承担。

（三）集资型洪水保险

集资型洪水保险的被保险对象仍然是行洪和滞洪区范围内的农户，其基本要求与定向型洪水保险相同。最大不同点在于保险费的承担者除原来的中央和省地方财政和农户自筹外，规定同一洪泛区范围内的受益区的各行各业，必须承担适当的比例的分摊。这种集资方式，把同一洪泛区内的受益区和行洪、滞洪区（或受损区）看成同一整体，使损、益两区挂钩，这是分摊行洪、滞洪区风险的一条集资渠道。

（四）强制性全国洪水保险

强制性全国洪水保险是一种强制性的，符合我国洪水灾害特点的，也是适应社会主义现代化建设需要的一种模式。它是把洪水保险从一般自然灾害与意外事故的通用险种中独立出来，由国家颁布全国洪水保险法，实行强制性的全国洪水保险。实施强制性全国洪水保险，可以确定一个统一的洪水概率（100年一遇或50年、20年一遇等）为标准，或根据各大江河流域各自不同的特点，分别划定出洪水概率标准，规定凡在标准以下的地区均为洪泛区。所有在洪泛区内的农村、厂矿、企业，不论是全民的、集体的和个体的，也不论是受益区、受损区，都必须参加强制性的洪水保险。此外，根据洪泛区的特征和洪水保险法，可以制定统一的洪泛区（特别是行洪、滞洪区）的开发与控制政策。

四、农作物灾害与保险

(一)实施农作物灾害保险的必要性

我国农作物生产中的一个显著特点，就是灾害的面积又广又大。据统计全国受灾面积的均值约6亿亩，成灾面积的均值约2亿～3亿亩；在地域上，灾害程度呈现出从南到北、由东到西逐渐加重的现象，东北、西北和华北是重灾区。

我国农作物的灾害主要有五大类：旱灾、涝灾、风雹灾、霜冻灾和病虫灾害。

(1)旱灾。它是我国农作物生产面临的最严重的自然灾害，旱灾致灾面积占全国农作物总受灾面积的约53%，占总成灾面积约为48%。从地域上看，北方旱灾重于南方。

(2)洪灾。它是我国的第二大农业自然灾害。涝灾致灾面积在全国农作物的总受灾面积约占为17%，占总成灾面积约22%。从地域上看，南方重于北方。

(3)病虫灾害。它是我国的第三大农业自然灾害。其致灾面积在农作物总受灾面积和总成灾面积中分别约占14.6%和14.8%。在地域上，南方为重。

(4)风雹灾。它也是我国较为严重的自然灾害之一。在我国农作物总受灾面积和总成灾面积中，因风雹灾害所致的受灾、成灾面积分别约占8%和7%。在地域上，风雹灾以北方为重。

(5)霜冻灾害。它是我国经常出现的自然灾害之一。其致灾面积在总受灾面积和总成灾面积中，分别约占4.5%和3.5%，在地域上以北方为重。

针对我国农作物的受灾和成灾的状况，现实最紧要的问题是提高农作物生产的稳定性。这需要从两个方面作出努力。第一，提高农作物生产抵御自然灾害的能力。第二，建立后备基金。在自然灾害发生后，可以及时地对造成的直接经济损失予以补偿。

农作物保险是后备基金的一种形式，它是农作物生产者之间的互助合作关系，是保险人与被保险人之间的契约关系。与自保形式相比，保险保障范围广大，基金雄厚；与集中形式相比，保险基金规模不受财政收支水平限制，补偿水平高。总之，建立农作物保险制度，可以保障农作物生产者本期收益水平的稳定，从而保障了下期生产规模的稳定；可以加强了资金循环的稳定性，从而提高了农作物再生产过程的稳定性；可以减轻农业自然灾害对国民经济的冲击，从而保障农村社会的安定，保障农作物生产技术的进步。

(二)我国农作物保险险种选择

就一种农作物而言，有些省份对诸种风险的保险都是经济可行的；有些省份只对其中几种风险的特定风险为经济可行。根据这种情况，农作物保险，可以设立：①一切险。即对诸种风险都进行保险。②特种险。即对几种风险进行保险。③混合险。即对多种灾害共同组成的保险。比如，以风雹灾、霜冻和其他灾害共同组成混合险Ⅰ；以风雹灾、霜冻、病害虫和其他灾害共同组成混合险Ⅱ；在混合险Ⅱ的基础上再加上水灾，组成混合险Ⅲ。这样就构成了一个较宽的险种选择范围，扩大了承保责任，满足不同的需要。

根据农作物保险的目标和保障水平的要求，农作物保险险种选择应遵循如下原则：①在潜在保险基金规模既定的前提下，优先选择一切险保险；②如一切险保险在经济上不可行，则尽量选择较高层次的混合险保险；③如选择单一风险责任的特定保险，则为下策。